教育部高等学校
材料科学与工程教学指导委员会规划教材

● 丛书主编 黄伯云

U0642423

金属材料及热处理

主 编 崔振铎 刘华山
主 审 易丹青

Metal Materials and Heat Treatment

中南大学出版社
www.csupress.com.cn

内 容 简 介

　　本书为教育部高等学校材料科学与工程教学指导委员会规划教材，根据教育部高等学校材料科学与工程教学指导委员会制订的教学基本要求编写。"金属材料与热处理"是高等工科院校材料科学与工程专业的专业基础课之一，教学目的是使学生理解金属材料的组织、性能和加工工艺三者之间的关系，掌握金属材料的强化理论，为今后金属材料的选择及加工工艺制订的奠定坚实的理论基础。

　　全书共8章，分别为第1章概述了金属材料在人类社会中的作用，强调了热处理在材料生产中的地位，指明了全书的研究内容与目的；第2章讲述了金属材料的固态相变的基础理论；第3章介绍了钢的热处理原理与工艺；第4章介绍了有色金属材料的热处理原理与工艺；第5章介绍了金属材料的强韧化方法，并对材料失效做了初步分析；第6章介绍了常见的构件用钢、机器零件用钢和特殊性能用钢，并对铸铁进行了讲述；第7章介绍了常见的铝、铜等有色金属材料；第8章在前述内容的基础上，介绍了材料失效基础知识与典型金属材料的设计原则和方案。

　　本书可作为材料科学与工程专业(金属材料方向)，材料加工专业本科生教材，也可供冶金、机械等行业的研究生和工程技术人员参考。

教育部高等学校材料科学与工程教学指导委员会规划教材

编审委员会

主 任

黄伯云（教育部高等学校材料科学与工程教学指导委员会主任委员、中国工程院院士、
中南大学教授、博士生导师）

副主任

姜茂发（分指委*主任委员、东北大学教授、博士生导师）

吕　庆（分指委副主任委员、河北理工大学教授、博士生导师）

张新明（分指委副主任委员、中南大学教授、博士生导师）

陈延峰（材物与材化分指委**副主任委员、南京大学教授、博士生导师）

李越生（材物与材化分指委副主任委员、复旦大学教授、博士生导师）

汪明朴（教育部高等学校材料科学与工程教学指导委员会秘书长、中南大学教授、
博士生导师）

委 员
（以姓氏笔画为序）

于旭光（分指委委员、石家庄铁道学院教授）

韦　春（桂林工学院教授、博士生导师）

王　敏（分指委委员、上海交通大学教授、博士生导师）

介万奇（分指委委员、西北工业大学教授、博士生导师）

水中和（武汉理工大学教授、博士生导师）

孙　军（分指委委员、西安交通大学教授、博士生导师）

刘　庆（重庆大学教授、博士生导师）

刘心宇（分指委委员、桂林电子科技大学教授、博士生导师）

刘　颖（分指委委员、北京理工大学教授、博士生导师）

朱　敏（分指委委员、华南理工大学教授、博士生导师）

注：*　分指委：全称教育部高等学校金属材料工程与冶金工程专业教学指导分委员会；
　　**　材物与材化分指委：全称教育部高等学校材料物理与材料化学专业教学指导分委员会。

曲选辉（北京科技大学教授、博士生导师）

任慧平（教育部高职高专材料类教学指导委员会主任委员、内蒙古科技大学教授）

关绍康（分指委委员、郑州大学教授、博士生导师）

阮建明（中南大学教授、博士生导师）

吴玉程（分指委委员、合肥工业大学教授、博士生导师）

吴　化（分指委委员、长春工业大学教授）

李　强（福州大学教授、博士生导师）

李子全（分指委委员、南京航空航天大学教授、博士生导师）

李惠琪（分指委委员、山东科技大学教授、博士生导师）

余志明（中南大学教授、博士生导师）

余志伟（分指委委员、东华理工学院教授）

张　平（分指委委员、装甲兵工程学院教授、博士生导师）

张　昭（分指委委员、四川大学教授、博士生导师）

张　涛（分指委委员、北京航空航天大学教授、博士生导师）

张文征（分指委委员、清华大学教授、博士生导师）

张建新（河北工业大学教授）

张建勋（西安交通大学教授、博士生导师）

沈峰满（分指委秘书长、东北大学教授、博士生导师）

杨贤金（分指委委员、天津大学教授、博士生导师）

陈文哲（分指委委员、福建工程学院教授、博士生导师）

陈翌庆（材物与材化分指委委员、合肥工业大学教授、博士生导师）

周小平（湖北工业大学教授）

赵昆渝（昆明理工大学教授、博士生导师）

赵新兵（分指委委员、浙江大学教授、博士生导师）

姜洪义（武汉理工大学教授、博士生导师）

柳瑞清（江西理工大学教授）

聂祚仁（北京工业大学教授、博士生导师）

郭兴蓬（材物与材化分指委委员、华中科技大学教授、博士生导师）

黄　晋（分指委委员、湖北工业大学教授）

阎殿然（分指委委员、河北工业大学教授、博士生导师）

蒋　青（分指委委员、吉林大学教授、博士生导师）

蒋建清（分指委委员、东南大学教授、博士生导师）

潘春旭（材物与材化分指委委员、武汉大学教授、博士生导师）

戴光泽（分指委委员、西南交通大学教授、博士生导师）

总　序

　　材料是国民经济、社会进步和国家安全的物质基础与先导，材料技术已成为现代工业、国防和高技术发展的共性基础技术，是当前最重要、发展最快的科学技术领域之一。发展材料技术将促进包括新材料产业在内的我国高新技术产业的形成和发展，同时又将带动传统产业和支柱产业的改造和产品的升级换代。"十五"期间，我国材料领域在光电子材料、特种功能材料和高性能结构材料等方面取得了较大的突破，在一些重点方向迈入了国际先进行列。依据国家"十一五"规划，材料领域将立足国家重大需求，自主创新、提高核心竞争力、增强材料领域持续创新能力将成为战略重心。纳米材料与器件、信息功能材料与器件、高新能源转换与储能材料、生物医用与仿生材料、环境友好材料、重大工程及装备用关键材料、基础材料高性能化与绿色制备技术、材料设计与先进制备技术将成为材料领域研究与发展的主导方向。不难看出，这些主导方向体现了材料学科一个重要发展趋势，即材料学科正在由单纯的材料科学与工程向与众多高新科学技术领域交叉融合的方向发展。材料领域科学技术的快速进步，对担负材料科学与工程高等教育和科学研究双重任务的高等学校提出了严峻的挑战，为迎接这一挑战，高等学校不但要担负起材料科学与工程前沿领域的科学研究、知识创新任务，而且要担负起培养能适应材料科学与工程领域高速发展需求的、具有新知识结构的创新型高素质人才的重任。

　　为适应材料领域高等教育的新形势，2006—2010 年教育部高等学校材料科学与工程教学指导委员会积极组织了材料类高等学校教材的建设规划工作，成立了规划教材编审委员会。编审委员会由相关学科的分教学指导委员会主任委员、委员以及全国 30 余所有影响力和代表性的高校材料学院院长组成。编审委员会分别于 2006 年 10 月和 2007 年 5 月在湖南张家界和中南大学召开了教材建设研讨会和教材提纲审定会。经教学指导委员会和编审委员会推荐和遴选，逾百名来自全国几十所高校的具有丰富教学与科研经验的专家、学者参加了这套教材的编写工作。历经几年的努力，这套教材终于与读者见面了，它凝结了全体编写者与组织者的心血，充分体现了广大编写者对教育部"质量工程"精神的深刻体会，对当代材料领域知识结构的牢固掌握和对高等教育规律的熟练把握，是我国材料领域高等教育工作者集体智慧的结晶。

这套教材基本涵盖了金属材料工程专业的主要课程，同时还包含了材料物理专业和材料化学专业部分专业基础课程，以及金属、无机非金属和高分子三大类材料学科的实验课程。整体看来，这套教材具有如下特色：①根据教育部高等学校教学指导委员会相关课程的"教学大纲"及"基本要求"编写；②统一规划，结构严谨，整套教材具有完整性、系统性，基础课与专业课之间的内容有机衔接；③注重基础，强调实践，体现了科学性、实用性；④编委会及作者由材料领域的院士、知名教授及专家组成，确保了教材的高质量及权威性；⑤注重创新，反映了材料科学领域的新知识、新技术、新工艺、新方法；⑥深入浅出，说理透彻，便于老师教学及学生自学。

教材的生命力在于质量，而提高质量是永恒的主题。希望教材的编审委员会及出版社能做到与时俱进，根据高等教育改革和发展的形势及材料专业技术发展的趋势，不断对教材进行修订、改进、完善，精益求精，使之更好地适应高等教育人才培养的需要，也希望他们能够一如既往地依靠业内专家，与科研、教学、产业第一线人员紧密结合，加强合作，不断开拓，出版更多的精品教材，为高等教育提供优质的教学资源和服务。

衷心希望这套教材能在我国材料高等教育中充分发挥它的作用，也期待着在这套教材的哺育下，新一代材料学子能茁壮成长，脱颖而出。

黄伯云

前　言

　　"金属材料及热处理"是材料科学与工程专业，特别是金属材料专业的重要专业基础课程，目的在于研究金属材料的性能与其成分、内部组织结构之间的关系及变化规律，介绍改变金属材料性能的途径以及常用金属材料的基本知识与理论。

　　金属材料是一种历史悠久、发展成熟的工程材料，是现代文明的基础。热处理作为一种重要的工艺操作，它借助于一定的热作用，人为地改变金属或合金内部组织和结构，改善或提高金属材料的力学性能。本书在综合以往教材精华部分和新近的研究文献基础上，讲授金属材料的合金化基础理论，阐述常用金属材料的成分、组织、性能、用途、热处理工艺及它们之间的相互关系；在论述常用金属材料的固态相变的基础上，重点分析了钢铁材料、常见有色金属材料的基本知识；使学生掌握金属及合金中的化学成分、组织结构、生产过程、环境对金属材料各种性能的影响的基本规律，用来分析各种金属材料的化学成分设计、生产和使用中的问题，并获得有关金属学热处理的基本理论、基本知识和基本方法，以及正确选择、合理使用金属材料的方法，为今后学习相关课程奠定基础。

　　本课程主要特色是：

　　(1)注重理论与实践相联系，建立了材料基本理论—材料基本知识—材料工程应用的新体系，结构合理、逻辑性强，符合认识规律。

　　(2)引入了新材料、新技术知识，有利于培养学生的创新意识。当前科学技术发展迅速，金属材料中新型材料、新型处理工艺不断涌现。将这些新材料、新工艺等前沿知识，充实到内容中，同学感到课程内容新颖、有现代气息。

　　(3)重点突出，侧重金属材料的基础知识和相关的热处理工艺介绍。

　　(4)语言简洁，信息量大，科学性、实用性强。

　　(5)详细介绍有色金属及热处理基础知识，适应了现代工业生产中对于有色金属技术的需求。

本书共分为 8 章，第 1 章由天津大学崔振铎编写，第 2 章由西南交通大学杨川编写，第 3 章由北京理工大学王迎春编写，第 4 章由郑州大学朱世杰编写，第 5 章由天津大学魏强编写，第 6 章由华南理工大学康志新编写，第 7 章由中南大学肖于德、刘华山编写，第 8 章由华南理工大学康志新、天津大学魏强编写。全书由天津大学崔振铎、中南大学刘华山任主编，中南大学易丹青任主审。

　　本书的编写参考了部分国内外的有关教材、科技著作及论文，在此特向有关编者、作者和单位一并表示衷心感谢！由于水平有限，书中未能尽善尽美之处，恳请读者指正！

编 者

2010 年 9 月

目　录

第1章 绪 论

1.1 金属材料在人类社会发展中的作用与地位

材料是人类生产和生活的物质基础。人类社会发展史表明，人类社会的发展伴随着材料的发明和发展，材料的发展推动着人类社会的进步，成为人类文明发展的里程碑。

金属材料是金属元素或以金属元素为主构成的具有金属特性的材料的统称，包括纯金属、合金、金属间化合物和特种金属材料等。金属材料具有高强度、优良的塑性和韧性，耐热、耐寒、可铸造、锻造、冲压和焊接、良好的导电性、导热性和铁磁性等优良性能，因此是工业和现代科学技术中最重要的材料。通常金属材料可分为两大类，即黑色金属和有色金属。钢铁、铬、锰属黑色金属，除此之外其他金属材料均属于有色金属，亦称非铁金属。有色金属中相对密度小于3.5的(铝、镁、铍等)称为轻金属；相对密度大于3.5的(铜、铅、锌等)称为重金属；钛、钨、钼、钒等称为稀有金属；金、银、铂等称为贵金属；天然放射性的镭、铀、钍等称为放射性金属。

金属材料是一种历史悠久发展成熟的材料，是现代文明的基础。金属材料同人类文明的发展和社会的进步关系十分密切。随着人类文明的演进，金属材料一直扮演着重要的角色，继石器时代之后出现的铜器时代、铁器时代均以金属材料的应用为其时代的显著标志。从历史的发展来看，人类由石器时代进入青铜器时代，生产力产生了一次飞跃；进入铁器时代，生产力又得到迅猛发展。现代种类繁多的金属材料已成为人类社会发展的重要物质基础。

图1-1

人类在新石器时代晚期就开始使用天然金属。到公元前3800年，出现人工冶炼的铜器，在伊朗、美索不达米亚和埃及，出现了含少量砷或镍的铜器。公元前2800年，在美索不达米亚出现锡青铜。我国在夏朝(公元前2140年始)以前，青铜的冶炼就已开始，殷、西周时期已发展到很高的水平(见图1-1)。

自公元前12世纪起，铁器在地中海东岸地区使用日益广泛。到公元前10世纪，铁工具比青铜工具应用更为普遍。公元前8世纪到公元前7世纪，北非和欧洲相继进入铁器时代。

1

我国冶铁技术在春秋末期有很大的突破，特别是炼制生铁技术日臻完善，发明了生铁经退火制造韧性铸铁和以生铁制钢的技术，如生铁固体脱碳成钢、炒钢、炼制软铁、灌钢等。这标志着生产力的重大进步。我国从春秋战国时期（公元前770年—公元前221年）开始大量使用铁器。从兴隆战国铁器遗址中发掘出了浇铸农具用的铁模，冶铸技术已由泥砂造型水平进入铁模铸造的高级阶段。西汉时期炼铁技术有很大的提高，采用煤作为炼铁的燃料，比欧洲早1700多年。在河南巩

图1-2

县汉代冶铁遗址中，发掘出20多座冶铁炉和锻炉。炉型庞大，结构复杂，并有鼓风装置和铸造坑，生产规模壮观。河北沧州铁狮子铸于后周广顺三年（公元953年），距今已有一千多年的历史，采用"泥范明浇法"铸成，它的铸造比美国和法国的炼铁技术早七八百年（见图1-2）。

中国古代钢铁及非铁金属的生产技术和热处理技术，在明末科学家宋应星所著《天工开物》中有详细的阐述。

现代冶金技术的发展自19世纪中叶的转炉炼钢和平炉炼钢开始。19世纪末的电弧炉炼钢和20世纪中叶的氧气顶吹转炉炼钢及炉外精炼技术，使钢铁工业实现了现代化。在非铁金属冶金方面，19世纪80年代发电机的发明，使电解法提纯铜的工业方法得以实现，开创了电冶金新领域。同时，用熔盐电解法将氧化铝加入熔融冰晶石，电解得到廉价的铝，使铝成为仅次于铁的第二大金属。20世纪40年代，用镁作还原剂从四氯化钛制得纯钛，并使真空熔炼加工等技术逐步成熟后，钛及钛合金的广泛应用得以实现。

工业发展促进了新金属材料的应用。19世纪末，出现了新型的合金钢如高速工具钢、高锰钢、镍钢和铬不锈钢，并在20世纪发展为门类众多的合金钢体系。与此同时，铝合合、镁合金、铜合金、钛合金和难熔金属及合金等也先后形成工业规模生产。

金属材料学是研究金属材料的成分、组织结构与性能之间关系的一门技术科学，它对生产、使用和发展金属材料起着重要的指导作用。人们对金属及其合金的深入研究，在20世纪，尤其是近半个世纪取得了很大进展，对合金的化学成分、组织结构、生产过程、环境对合金各种性能之间影响的规律已有较充分的了解。近年来，由于现代科学技术和工业生产的迅猛发展，特别是航空航天、原子能科学、海洋工程、国防科学与技术等的发展需求，对金属材料提出了种种新的、更高的要求。因此可以认为目前金属材料学的发展，又进入了一个新的历史阶段。

到目前为止，工业化生产的金属材料有：钢铁材料（包括非合金钢、低合金钢、合金钢、

高温合金、铸钢和铸铁)、非铁金属材料(包括铝合金、镁合金、铜合金、钛合金、锆合金、锌合金等)、金属功能材料(包括磁性合金、电性合金、弹性合金、减振合金、形状记忆合金、储氢合金等),以及近代发展起来的金属间化合物材料和金属基复合材料。其中金属功能材料以其特有的物理性能,在新兴工业中得到广泛应用,其应用前景十分广阔。新型金属功能材料的研发,是今后相当长时期新材料发展的热点之一。

1.2　金属材料成分、工艺、组织与性能的关系

世界上最古老的关于青铜合金成分的文字记载:春秋战国时期《周礼·考工记》中写到"六分其金而锡居一,谓之钟鼎之齐(剂);五分其金而锡居一,谓之斧斤之齐;四分其金而锡居一,谓之戈戟之齐;三分其金而锡居一,谓之大刃之齐;五分其金而锡居二,谓之削杀矢之齐;金、锡半,谓之鉴燧之齐"。可见我们的祖先已经认识到了金属材料的成分和性能之间的密切关系。

材料科学与工程是关于材料成分、制备与加工工艺、组织与结构、材料性能之间相互关系的知识及应用的科学。材料的所有性能都是其化学成分和组织结构在一定外界因素(环境介质、应力状态、载荷性质等)作用下的综合反应,它们构成了互相紧密联系的系统,成为联系基础科学与工程设计的桥梁和纽带。它们之间有很强的依赖关系,相辅相成,而又是不可分割的。因此,材料化学成分和组织结构是其性能的内部依据,是认识材料和开发新材料的理论基础;而材料的性能则是具有一定化学成分和组织结构的外部表现。同时,性能又将材料的加工和服役条件相结合,综合考虑材料的各种行为,是材料科学和工程最终追求的目标。

1.3　金属热处理在金属材料生产中的作用与地位

热处理是借助于一定的热作用(有时兼之以机械作用、化学作用或其他作用)来人为地改变金属或合金内部组织和结构的过程,从而获得所需要性能的工艺操作。金属材料及制品生产过程中之所以需要热处理,其主要作用和目的:①改善工艺性能,保证工艺顺利进行;②提高使用性能,充分发挥材料潜力。

在从石器时代进展到铜器时代和铁器时代的过程中,热处理的作用逐渐为人们认识。早在公元前770年—公元前222年,中国人在生产实践中就已发现,铜铁的性能会因温度和加压变形影响而变化。白口铸铁的柔化处理就是制造农具的重要工艺。

公元前6世纪,钢铁兵器逐渐被应用,为了提高钢的硬度,淬火工艺遂得到了迅速发展。中国河北省易县燕下都出土的两把剑和一把戟,其显微组织中都有马氏体存在,说明其经过淬火处理。

随着淬火技术的发展，人们逐渐发现淬冷剂对淬火质量的影响。三国蜀人蒲元曾在今陕西斜谷为诸葛亮打制3000把刀，相传是派人到成都取水淬火的。这说明中国在古代就注意到不同水质的冷却能力了，同时也注意了油和尿的冷却能力。中国出土的西汉(公元前206年—公元24年)中山靖王墓中的宝剑，心部含碳量为0.15%～0.4%，而表面含碳量却达0.6%以上，说明已应用渗碳工艺。

1863年，英国金相学家和地质学家展示了钢铁在显微镜下的六种不同的金相组织，证明了钢在加热和冷却时，内部会发生组织改变，钢中高温时的相在急冷时转变为一种较硬的相。法国人奥斯蒙德确立的铁的同素异构理论，以及英国人奥斯汀最早制定的铁碳相图，为现代热处理工艺初步奠定了理论基础。与此同时，人们还研究了在金属热处理过程中对金属的保护方法，以避免加热过程中金属的氧化和脱碳等。

1850—1880年，应用各种气体(诸如氢气、煤气、一氧化碳等)进行保护加热取得了一系列专利。1880—1890年英国人莱克获得多项金属光亮热处理专利。

20世纪以来，金属物理的发展和其他新技术的移植应用，使金属热处理工艺得到更大的发展。一个显著的进展是1901—1925年，在工业生产中应用转筒炉进行气体渗碳；20世纪30年代出现露点电位差计，使炉内气氛的碳势达到可控，以后又研究出用二氧化碳红外仪、氧探头等进一步控制炉内气氛碳热势的方法；60年代，热处理技术运用了等离子场的作用，发展了离子渗氮、渗碳工艺；激光、电子束技术的应用，又使金属获得了新的表面热处理和化学热处理方法。

在各种金属材料和制品的生产过程中，为使金属工件具有所需要的力学性能、物理性能和化学性能，除合理选用材料和各种成形工艺外，热处理是不可缺少的重要环节之一。为了使金属材料获得所需要的性能，热处理技术发挥着重要作用，广泛应用于现代工艺中。与其他加工工艺相比，热处理一般不改变工件形状和整体的化学成分，而是通过改变工件内部的显微组织，或改变工件表面的化学成分，赋予或改善工件的使用性能。其特点是改善工件的内在质量，而这一般不是肉眼所能看到的。

金属整个生产过程中均可进行相应的热处理以改善金属材料性能。金属铸件通常需要进行消除内应力的低温退火，或完全退火，或正火，有的还需要淬火后回火(时效)。对金属锭的热处理、压力加工过程中的和成品的热处理，在冶金企业和机械工厂内，它是半成品和机器零件制造的主要工序之一。热处理作为中间工序，能改进工件的某些加工性能(如锻造性、切削性等)；若作为最后操作，它能赋予金属和合金以所需力学、物理和化学等综合性能，保证产品符合规定的质量要求。在影响金属材料结构变化的深度和多样性方面，热处理较机械加工或其他处理也更为有效。例如，各种钢材常须进行正火处理，以获得细而均匀的组织和较好的力学性能。调质钢需进行淬火及高温回火以保证良好的整体力学性能。此外，有色金属及其合金的半成品和制品的加工流程中，热处理更是重要的组成部分之一。铝合金一般须经过时效强化来提高强度，以达到所需的力学性能要求。

一般粉末冶金制品似乎不需要热处理，但烧结实际上也是一种热处理的特殊形式。特别是一些由粉末冶金和压力加工配合生产制品，更加需要热处理。如钨丝的生产，其流程大致为：制粉→压型→烧结→热旋锻→中间退火→拉伸→中间退火→拉伸→成品。

热处理还可与化学处理、形变加工和磁场作用等联合进行，进一步改善金属材料的性能。例如可控气氛热处理、真空热处理、辉光离子氮化等。

1.4 "金属材料及热处理"的研究对象、内容与目的

"金属材料及热处理"是研究金属材料的性能与其成分、内部组织结构之间的关系及变化规律，研究改变金属材料性能的途径以及常用金属材料的一门科学，是冶金、材料加工等专业的基础课。其目的是使学生掌握金属及合金中的化学成分、组织结构、生产过程、环境对金属材料各种性能的影响的基本规律，用来分析各种金属材料的化学成分设计、生产和使用中的问题，并获得有关金属学热处理的基本理论、基本知识和基本方法，以及正确选择、合理使用金属材料，充分发挥金属潜力的方法，并为以后学习相关课程奠定基础。

本课程是材料科学与工程专业的一门主要专业基础课，它的主要任务是讲授金属材料的合金化基础理论，正确地理解常用金属材料的成分、组织、性能、用途、热处理工艺及它们之间的相互关系。在论述常用金属固态相变的基础上，根据各种金属材料的性能要求，分析各类工程构件用钢、机器零件及工模具用钢、不锈钢、耐热钢及高温合金、有色金属及其合金、新金属材料等的合金化特征、热处理工艺特点及选择材料与使用材料的原则和方法；抓住材料的成分—工艺—组织—性能这一主线，阐明它们之间的内在联系及其衍变过程，进一步揭示发挥材料性能潜力的途径，以达到提高产品质量的目的。

学生通过本课程的学习，应达到"金属材料及热处理"课程的如下基本要求：

1）金属学和金属强韧化基本理论方面：掌握金属的固态相变过程的基本规律，了解金属强韧化基本原理和途径。

2）金属材料知识方面：掌握常用的碳钢、合金钢、有色金属材料、铸铁等金属材料的成分、组织、性能和用途的基本知识。

3）热处理工艺方面：掌握金属材料的主要热处理工艺，并能分析热处理工艺在零件加工过程中的地位和作用。

4）材料失效分析与选材方面：熟悉材料失效原因和方式，对合理选用金属材料进行初步训练。

思考练习题

1. 结合金属材料在人类社会发展中的历史，理解金属材料的重要作用。
2. 理解材料的成分、工艺、组织与性能关系，明确本课程的研究内容和目的。

第2章　固态相变导论

2.1　概　述

固态金属的晶体结构或有序化程度发生了变化，就称为发生了固态相变。

许多实用化的金属材料均存在固态相变，掌握固态相变的基本规律可以通过控制固态相变过程，从而控制相变后的组织达到控制性能的目的。因此人们非常重视对固态相变基本规律的研究。根据这些规律发展出工程材料不可缺少的技术——材料的热处理技术。热处理技术的本质，就是根据这些具体固态相变的基本规律，采用具体的控制措施，对相变过程进行必要的控制。

2.2　固态相变的基本类型

2.2.1　固态相变中的分类方法

金属材料固态相变的种类繁多，目前常见的分类方法有下面几种。

1. 按热力学分类

根据相变前后热力学函数的变化，可以将固态相变分为一级相变、二级相变或更高级相变。

相变时新旧两相化学位相等，但是化学位的一级偏微商不等称为一级相变。在一级相变发生时有热效应发生与体积变化。金属材料中大部分固态相变均属于一级相变。

相变时，新旧两相化学位相等，化学位的一级偏微商也相等但是化学位的二级偏微商不相等称为二级相变。发生二级相变时无明显热效应与体积效应。部分有序化转变，磁性转变均为二级相变。

2. 按相变方式分类

按照这种分类方式可以将固态相变分为有核相变与无核相变。

有核相变通过形核长大进行，新相晶核一般在界面或者某些有利的部位形成，核心形成后不断长大使相变过程完成。新相与旧相间有界面隔开。大部分相变均属于此类相变。

无核相变是指相变过程中无形核阶段。将某些固溶体冷却到低温，内部首先出现浓度起伏，在固溶体内部形成高浓度与低浓度区，在两个成分不同的区域点阵结构相同，因此两者间没有明显的界限，所以称为无形核阶段。然后通过上坡扩散使两个区域的浓度差别越来越大，最后将原来的单相固溶体分解成为成分不同而点阵结构相同的两个相。典型的无核相变的产物为调幅组织。这种相变有时也称为 Spinodal 分解（自发分解）。

3. 按原子迁移情况分类

按照相变过程中原子迁移情况可以将固态相变分为三种类型。

第一类是扩散型的相变。在这类相变过程中，必须依靠原子或离子的长距离扩散来完成，因而扩散是这类相变中起控制作用的主要因素。因为原子的扩散系数与温度呈指数关系，所以温度对相变过程有重要影响。温度越高原子活动能力越强，相变越容易进行。所以可以通过控制相变温度从而控制相变过程。绝大多数相变属于这一类。

第二类是无扩散型的相变。整个相变过程（结构变化、成分变化或有序度变化等）不是依靠原子或离子发生长程扩散来完成的相变，称为无扩散型相变。

关于扩散一般是这样定义的：原子的迁移称为扩散。在无扩散型相变过程中，并非原子不发生迁移，而是迁移的方式与扩散型相变有本质的区别。相变时原子通过类似范性形变过程中孪生变形那样做规则的迁移，相变前后各原子间的相邻关系不发生变化。使点阵发生改组但是化学成分不发生变化。钢中的马氏体相变是典型的无扩散型相变。

第三类转变是介于上述两类相变之间的一种过渡型转变，已发现的属于这类相变的有两种：一种叫块形转变，它接近于扩散型相变，相界面的移动也是通过原子逐个扩散而进行的，但在这里扩散只局限于原子横跨界面而进行的短距离扩散，而没有长距离的扩散，已在 Fe－Ni 合金及一些铜、铝合金中发现这类转变；另一种叫贝氏体型转变，接近马氏体转变，在这类转变过程中，若产生两个新相，则其中之一依靠扩散成长，另一相依靠切变成长；若只产生一个新相，则其中只有一个组元进行扩散，另一个组元不发生扩散，无论哪一种情况，扩散与非扩散二者都是相互影响或相互制约的，这种转变是以钢中的贝氏转变而命名的。

本章将按照这种分类方式具体说明固态相变中的主要类型。

2.2.2 扩散型相变的主要类型

扩散型相变主要有下面几种。

1. 脱溶沉淀

由过饱和固溶体中析出过剩相的过程称为脱溶沉淀或者脱溶反应。脱溶转变可以用下式表达：

$$\alpha' \rightarrow \alpha + \beta \tag{2-1}$$

（2－1）式中的 α' 是亚稳定的过饱和固溶体，β 是稳定的或亚稳定的脱溶物，α 是一个更稳定的固溶体，晶体结构与 α' 一样，成分更靠近平衡状态。这种相变的特点是旧相不消失，但是随着扩散过程的不断进行，新相的数量不断增加，旧相的成分与体积分数不断变化。过共析钢缓慢冷却二次渗碳体从奥氏体中析出、回火过程中碳化物从马氏体中析出均属于这类相变。在有色金属中为了提高硬度、强度，主要根据这类相变的基本规律，开发出淬火时效工艺。因此这种相变非常有实际应用价值，引起人们的研究兴趣。

2. 共析转变

共析转变是指具有特定成分的亚稳相(γ)分解为两个更稳定固相混合物($\alpha + \beta$)的转变。可以用如下反应式表示：

$$\gamma \rightarrow \alpha + \beta \tag{2-2}$$

共析转变生成的两个不同固相的结构和成分都与反应相不同。在加热时也可以发生 $\alpha + \beta \rightarrow \gamma$ 转变。在 Fe-C 合金中奥氏体向珠光体的转变是典型共析转变。

对具有共析转变的合金如果冷却速度较快，成分偏离共析成分的合金也有可能发生亚稳相(γ)分解为固相混合物($\alpha + \beta$)的转变，称为伪共析转变。

例如在 Fe-C 合金中，共析成分附近的合金缓慢冷却过程中，首先从奥氏体中析出先共析铁素体相或先共析渗碳体相，这是一种扩散性的脱溶转变。因此如果该成分合金奥氏体以较快的速度冷却，将对先共析相的形成有抑制作用，使先共析相难于析出。该成分的合金被过冷到图 2-1 中 ES 与 GS 的延长线以下时，将从奥氏体中同时析出铁素体与渗碳体。这一转变过程类似于共析转变，但转变产物中铁素体量与渗碳体量的比值不是定值，而是随奥氏体碳含量而变，一般称为伪共析转变。

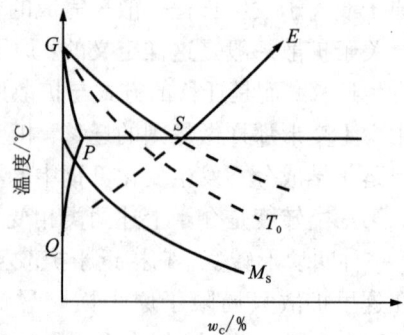

图 2-1 部分 Fe-Fe$_3$C 状态图

共析转变是非常有实际应用价值的一种相变。铁碳合金中的共析转变一方面是退火、正火工艺的理论基础，同时为了获得马氏体就必须利用共析转变的规律抑制共析转变的发生。

脱溶与共析这两类转变都会有与基体成分不同的相形成，因此要求原子必须有长程扩散。

3. 有序化转变

固溶体(包括以中间相为基的固溶体)中，各组成原子的相对位置由无序到有序的转变过程叫做有序化转变。铜-锌、金-铜等许多合金系中均可发生有序化转变。有序化转变可用下式表示：

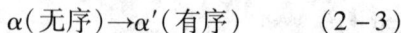

$$\alpha(无序) \rightarrow \alpha'(有序) \tag{2-3}$$

具有图 2-2 所示相图的合金可发生有序化转变。

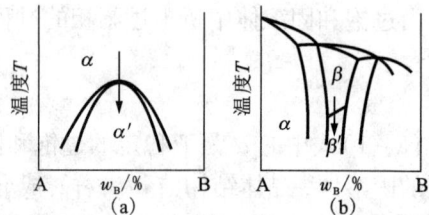

图 2-2 具有有序化反应合金的相图

4. 多型性转变

温度和压力改变时固溶体的晶体结构若发

生变化,则这种变化称为多型性转变。纯金属的这种变化称为同素异构转变。铁、钴、锡等都能发生同素异构转变。

5. 调幅分解

某些在高温下具有均匀单相固溶体组织的合金,冷却到某一温度范围内时,可分解为两种结构与原固溶体相同、但成分有明显差别的微区的转变称为调幅分解,可用下式表示:

$$\alpha \rightarrow \alpha_1 + \alpha_2 \qquad\qquad (2-4)$$

这种转变的特点是通过上坡扩散,使均匀的固溶体变为不均匀固溶体,同时是一个无须形核的转变。

2.2.3　无扩散型相变的主要类型

最主要的无扩散型相变就是马氏体型相变。无扩散型相变与扩散型相变有密切的联系,扩散型相变过程受原子的扩散控制,而原子的扩散能力与温度密切相关。因此,只要冷却速度非常快,在很短的时间内将合金冷却到低温,原子扩散不能够进行,都可能发生无扩散型相变。

例如,在 Fe - C 合金中,将奥氏体以非常快的速度过冷到低温,由于在低温下铁原子与碳原子都已不能或不易发生长程扩散,珠光体相变被抑制。这时铁原子以一种类似孪生变形的特殊方式移动使点阵发生改组,相变前后各原子间的相邻关系不发生变化,化学成分也不会发生变化。除铁 - 碳合金外,其他合金中也能发生马氏体转变。在某些陶瓷材料中也能发生马氏体转变。加热时也可发生马氏体转变。习惯上将加热时所发生的马氏体转变称为逆转变。

对某些具体相变而言,只要相变过程中表现出的特点符合最基本的特征,就将这种相变称为马氏体相变。马氏体相变的基本特征将在本书第 3 章中介绍。

2.2.4　介于扩散型与无扩散型间的相变

目前主要有两种类型:块状转变与贝氏体转变。

1. 块状转变

冷却速度不够快时,母相(γ 相)可能发生一种非扩散型相变,将 γ 相转变为 α 相。其特点是新相成分与母相成分一样,但是晶体结构不同。人们将这种转变称为块状转变。

块状转变与马氏体转变不同,虽转变前后新旧相成分相同,但新相形态及界面结构均不同于马氏体,块状转变时新相与旧相交界处原子有短距离扩散,转变所得新相呈块状。除纯铁及铁碳合金外,铜锌合金等也可以发生块状转变。也有学者将

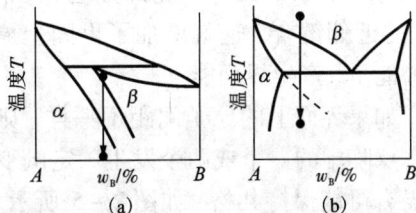

图 2-3　可能发生块状转变的合金相图

这类转变归类为扩散型相变。具有图 2－3 类型相图的合金，可能发生块状转变。

2. 贝氏体转变

人们首先在 Fe－C 合金中发现一种介于珠光体转变与马氏体转变之间的一种转变，后来在有色金属中也发现这种相变。对 Fe－C 合金而言，将奥氏体快速冷却到珠光体转变温度之下马氏体转变温度之上，此时铁原子扩散已极困难，但碳原子还有一定扩散能力。因此出现了一种独特的有碳原子扩散的不平衡转变称为贝氏体转变（又称中温转变）。转变产物为 α 相与碳化物的混合物。但 α 相的碳含量与形态以及碳化物的形态与分布均与珠光体不同，称为贝氏体。

2.3 固体中的相界面

2.3.1 相界面类型与界面能

固态相变发生时，新相与旧相都是固体，它们之间必然有界面隔离。相界面的结构对新相的形状、相变的机理研究等有重要的作用。如果新相与旧相均是晶体，根据界面上原子排列结构的不同，可把相界分为共格界面、半共格界面及非共格界面三类。

2.3.2 共格界面

当两相在界面上的原子存在一一对应关系，达到完全匹配以致晶界两侧的点阵越过界面是连续的，这样的界面就称为共格界面，如图 2－4 所示。若不考虑原子化学上的区别，那么只有界面上原子排列和在两相中的排列一样时才会形成共格界面，这就要求旧相与新相中各自存在的某些晶面中原子排列情况基本一样、点阵参数相差不大，当这样的两个晶面以特定的位向搭配时才有可能形成共格界面。这就要求相变发生时新相与旧相间必须有特殊的位向关系。

在每一个相的内部，每个原子都有最适宜的最近邻排列，从而处于低能状态。但是在界面上通常有成分变化，以便使每一个原子在另一侧部分地和"错误"的近邻键合，这就增加了界面上原子的能量，产生界面能 γ。

如果界面上的原子间距不一样，则两个点阵中的一个或两个发生一定畸变后仍有可能保持共格，如图 2－5 所示。由此所引起的点阵歪扭称为共格畸变。

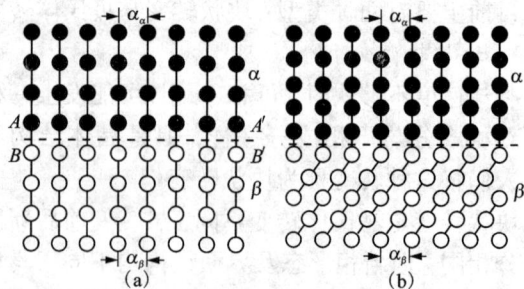

图 2－4 完全共格界面示意图

（a）两相的化学成分不同；（b）两相的晶体结构不同

若 a_α 及 a_β 分别为无应力时的 α 和 β 的点阵常数,则这两个点阵的不匹配(错配)度 δ 定义为

$$\delta = \frac{a_\beta - a_\alpha}{a_\alpha} \qquad (2-6)$$

错配会导致界面畸变能。显然为形成共格界面,两相的错配度就不能够过大,一般小于5%。对于共格界面,若错配很小,则界面能主要来自于界面处化学成分的变化,所以有

$$\gamma_{(共格)} = \gamma_{化学} \qquad (2-5)$$

有人曾经估算过 Cu-Si 合金的共格界面能,它的数值约为 $1\ \mathrm{mJ \cdot m^{-2}}$。一般共格界面能范围可高至 $200\ \mathrm{mJ \cdot m^{-2}}$。

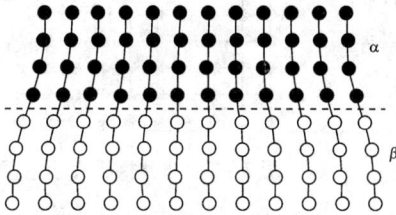

图 2-5　有微弱错配的共格界面示意图

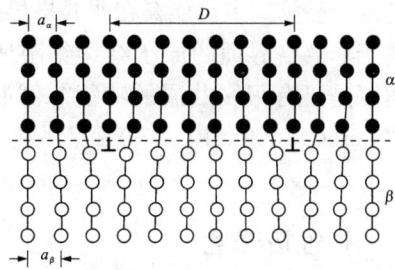

图 2-6　半共格界面示意图

2.3.3　半共格界面

当新相与旧相的错配度比较大时,不可能形成共格界面,但是可能形成半共格界面。在半共格界面上,错配可由错配位错周期地调整补偿(见图 2-6)。可以看出,一维点阵的错配可以在不产生长程应变场下用一组刃位错来补偿。这组位错的间距 D 应是

$$D = a_\beta/\delta \qquad (2-7)$$

对于小的 δ,可以近似地写成

$$D \approx b/\delta \qquad (2-8)$$

(2-8)式中 b 是位错的柏氏矢量,$b = (a_\alpha + a_\beta)/2$。在界面上除了位错区域以外,其他区域几乎完全匹配。在位错区域的结构发生畸变并且点阵面是不连续的。

可以近似地认为半共格界面的界面能由两部分组成:一部分是与完全共格界面一样由于界面化学变化引起的化学分量 $\gamma_{化学}$;另一部分是由于结构变化引起的结构项 $\gamma_{结构}$,它是由错配位错产生的结构畸变所引起的超额能量,即

$$\gamma_{半共格} = \gamma_{化学} + \gamma_{结构} \qquad (2-9)$$

从(2-8)式可以看到,错配度增加位错间距减小。对于小的 δ,界面中的结构项近似正比于界面处的位错密度。半共格界面能的值通常在 $200 \sim 500\ \mathrm{mJ \cdot m^{-2}}$ 范围内。

当 $\delta > 0.25$，位错区域将发生严重的畸变，这时就不能形成共格或半共格界面，而成为非共格界面。

2.3.4 非共格界面

当两个邻接的相在界面上的原子排列结构差异很大时，或是即使它们的排列相似但原子间距差异超过25%，界面两侧就不可能有很好的匹配,这两种情况都产生所说的非共格界面。见图 2 - 7。

一般来说，两个任意取向的晶体沿任意面接合就可获得非共格界面，然而，若两个晶体结构不同，在有取向关系的两个晶体间也可能存在非共格界面。

关于非共格界面的原子结构细节所知甚少，但它们和大角度晶界有很多共同的特征。例如，它们的能量都很高（为 $500 \sim 1000 \ \mathrm{mJ \cdot m^{-2}}$），界面能对界面取向都不敏感等。

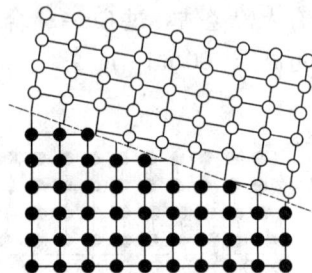

图 2 - 7 非共格界面示意图

2.3.5 弹性应变能

新相形成时应变能的来源可分两类：第一类是新相和母相间共格界面或者半共格界面引起的,形成共格界面或半共格界面时产生的应变能较小。当析出物和母相完全共格时，应变能是由共格应变引起的。如果母相是各相同性、并且母相和新相的弹性模量相等，则总的弹性应变能 ΔG_{st} 和析出物形状无关。假设泊松比 ν 为 $1/3$，在这种条件下弹性应变能 ΔG_{st} 为

$$\Delta G_{st} = 4G\delta^2 V \qquad (2 - 10)$$

式中：G——母相的切变模量；

V——新相所在区域原来母相的体积；

δ——错配度。

可见，弹性应变能的大小与母相的弹性性质有很大关系。金属材料的弹性模量都比较大，一般在几十至几百 GPa 范围，在晶核附近的局部弹性应变会产生很大的应变能。当新相弹性模量不同于母相时，则应变能与形状有关。新相弹性模量大时，呈现球状时应变能最小；若新相弹性模量小时，呈现圆片状时应变能最小（几乎为零），在垂直于片方向的错配度比较大。

第二类是发生固态相变时，新、旧相的比容一般不会相同，相变时必将发生体积变化。由于受到周围旧相约束，新相不能自由胀缩，因此新相与其周围的旧相之间必将产生弹性应变和应力，使系统额外地添加一项弹性应变能 E_s。

如果形成非共格界面，对于非共格析出物，这时没有上述的共格应变，仅有由于新相体积和新相所在区域原来母相体积的差异 $\Delta V(= V_\beta - V_\alpha)$ 引起的应变。

若将析出相看作旋转椭球体。设椭球体长轴为 a 轴，另一轴为 c 轴，这个旋转体的形状取决于 c/a 的比值。旋转椭球体引起的弹性应变能 ΔG_{st} 为

$$\Delta G_{st} = \frac{2}{3} G \frac{(\Delta V)^2}{V} f(c/a) \qquad (2-11)$$

式中 $f(c/a)$ 是考虑形状影响的因子。图 2－8 给出由于比容不同所产生的应变能相对值与其形状之间的关系。横坐标中的"a"代表旋转椭球体的长轴直径，"c"代表旋转椭球体短轴直径，比值 c/a 反映旋转椭球体的具体形状。$c \ll a$ 时为圆盘；$c = a$ 时为圆球；$c \gg a$ 时为圆棒(针)。纵坐标中 E_s 代表不同形状新相的单位质量应变能。E_0 代表圆球新相的单位质量应变能。

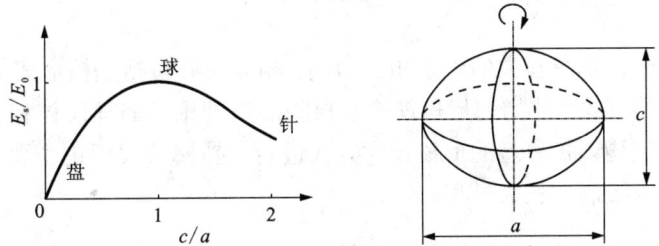

图 2－8　新相形状与应变能关系示意图

从图 2－8 中可以看出，新相呈球状时应变能最大，圆盘(片)状新相应变能最小，棒(针)状新相应变能居中。

2.3.6　界面能与应变能的作用

界面能与弹性应变能都是形核的阻力，它们在形核过程中它起很重要的作用。在固态相变中，新相和母相在界面上有可能形成共格界面、半共格界面以及非共格界面。显然，两相在界面上匹配程度取决于两相在界面上晶面间的错配度 δ 的大小。一般形核时总希望有最低的总表面能和最低的应变能。

如果母相和新相的晶体结构相近，并且错配度 $\delta < 25\%$，则可以在两相中各自找到原子排列与点阵常数相近的晶面。这时如果形成非共格界面，由于界面能太高使发生相变的阻力增加，晶核与母相将尽量多的出现共格或半共格界面。

在出现共格界面的情况下，一般认为当错配度 $\delta < 5\%$ 时，应变能的影响不如界面能影响重要，所以界面能成为形核的主要阻力，新相往往形成球形。但是随着新相长大到较大尺寸时，引起的弹性应变能太大，将会在界面上引入位错网络来降低弹性应变能，这时界面变成半共格界面。新相长大到更大尺寸时，共格(半共格)关系使总界面能的减少不足以补偿维持共格(半共格)所引起的弹性能增加，新相和母相间就失去共格关系。

如果母相和稳定的新相的晶体结构差异很大，或者虽然晶体结构差别不大，但是错配度 $\delta > 25\%$，以至于不管新、母相如何调整取向关系也不可能形成共格的低能界面，则有可能形成与母相呈现非共格界面关系的晶核。在形成非共格界面的情况下，界面能与应变能哪种将成为形核的主要阻力，可以根据体积错配度 $\Delta V / V$ 进行预测。其中 ΔV 代表新相体积和原来

新相所在区域原来母相体积的差，即 $\Delta V = V_\beta - V_\alpha$，$V$ 是新相所在区域原来母相体积。如果 $\Delta V/V$ 很小，界面能起主要作用；$\Delta V/V$ 很大，应变能起主要作用。

2.4 固态相变的一般规律

以形核长大的固态相变为例，相变主要包括晶核形成与长大过程。形核规律主要有均匀形核理论，非均匀形核理论及缺陷形核理论（如马氏体相变中的位错形核理论）。大多数的相变均以扩散型的形核长大方式进行，晶核长大理论主要包括：界面过程控制的长大与长程扩散控制的长大过程。

2.4.1 均匀形核基本规律

所谓均匀形核是指在固体内部各个区域形核的条件一致，均可以形成核心。固态相变中均匀形核的可能性很小。但是从均匀形核的物理模型得出的基本规律，与实际情况基本相符合，是进一步讨论非均匀形核的基础。均匀形核理论的基本模型如下：

在旧相中形成新相晶核，必然会产生新的界面，假定界面能各向同性，面积为 A 的界面产生界面能为 $A\gamma$，晶核的体积一般与母相原来所占据的空间不完全一致，要产生应变能 ΔG_s。这两项构成相变的阻力。相变形核的驱动力仍然是新、旧相间自由焓的差值 ΔG_V。固态相变均匀形核时自由焓总增值可写为：

$$\Delta G = -V\Delta G_V + A\gamma + V\Delta G_s \qquad (2-12)$$

式中：V——晶核的体积；

$\quad\quad \Delta G_V$——新、旧相单位体积的自由焓差值；

$\quad\quad A$——晶核界面面积；

$\quad\quad \gamma$——单位面积界面能；

$\quad\quad \Delta G_s$——单位体积应变能。

如果忽略界面能随界面位向的变化，并且假定晶核为球形，其半径为 r，用（2-12）式，对 r 求导数，并令导数为 0，固态相变时 ΔG 的极大值及对应的 r：

$$r^* = \frac{2r}{\Delta G_V + \Delta G_s} \qquad (2-13)$$

$$\Delta G^* = \frac{16\pi}{3} \times \frac{r^3}{(\Delta G_V + \Delta G_s)^2} \qquad (2-14)$$

上述结果可用图 2-9 表示。

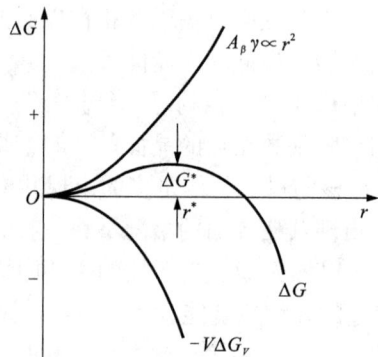

图 2-9 球状晶核尺寸 r 与 ΔG 的关系

用统计力学方法可以简单地求出单位体积的形核速率 I：

$$I = N\nu\exp\left(-\frac{Q + \Delta G^*}{kT}\right) \qquad (2-15)$$

式中：I——形核率；

　　　N——单位体积相中的原子数；

　　　ν——原子振动频率；

　　　Q——原子扩散激活能。

均匀形核理论可以用一系列公式及图形表示，利用这些公式进行定量计算与实际情况会有较大的差别，但是可利用均匀形核理论对一些相变问题进行定性解释。根据上述简单的模型，得到下面关于固态相变形核的一些基本规律：

1）只有 ΔG_V 大于 ΔG_s 才能使系统的 ΔG 降低，形核过程才能进行。由于多出一项应变能，所以固态相变比液态结晶的阻力大。

2）从图 2-9 可以看到，在形核过程中存在一个极值尺寸的晶核 r^*，当晶核的尺寸为 r^* 时，晶核尺寸减少或者增加，都导致 ΔG 下降。

3）如果形成晶核尺寸小于 r^*，当有原子附加到该晶核上将引起自由焓增加，所以不可能进行，意味着这种"小尺寸"的晶核不能够长大。从这个意义上说，即使母相中存在这种"小尺寸"的晶核，也不能说已经开始形核。

4）如果形成晶核尺寸等于 r^*，当有原子附加上这样的晶核后使 $r > r^*$，导致 ΔG 下降，意味着长大可以降低自由焓，所以它就成为一个实际存在的晶核。这种尺寸的晶核就被称为临界尺寸晶核。形成临界尺寸晶核所增加的自由焓 ΔG^* 称为临界晶核形成功。

5）从式（2-14）可以看到，减少界面能及应变能，均可使临界形核功变小，易于形核。

6）当形核尺寸大于 r^*，如果有原子附加到这样的晶核上，也会使 ΔG 减少，也可使晶核持续长大。但是新相与母相一般在结构或成分有所不同。尺寸越大，要求在母相中出现与新相相同结构或成分的区域就越困难。从这个角度分析，r^* 是最容易形成晶核的尺寸。

7）因为形核率 I 与温度呈指数变化关系，当 ΔG^* 变化不大时，会引起形核率急剧变化。而 ΔG^* 的大小依赖于驱动力，驱动力又是随温度变化的，这导致形核率 I 随过冷度激烈变化。虽然形核率在开始时随过冷度加大迅速增加，但由于 Q 几乎与温度无关，所以，在很大过冷时，形核率又重新降低，出现极值现象。

8）对加热转变（如钢中珠光体向奥氏体转变）形核率随过热度增加而急剧上升，不会出现极值现象。

2.4.2　非均匀形核基本规律

固态相变中新相晶核一般总是优先在位错、晶粒边界、堆垛层错等处形成，这些地方形核可以使缺陷消失，消失部分的缺陷会释放出一定的能量 ΔG_d，从而降低形核功。在缺陷处形核，形核的位置不是完全随机均匀分布的，所以称为非均匀形核。对于非均匀形核过程，自由焓表达式为：

$$\Delta G = - V\Delta G_V + A_\gamma + V\Delta G_s - \Delta G_d \qquad (2-16)$$

在不同缺陷处对形核提供的能量不同，在固态金属与合金中最普遍的形核位置是界面与位错，下面对这两种缺陷处形核的基本规律进行讨论。

2.4.3 在界面处形核

讨论在 α 相中形成 β 相的情况。假定应变能可忽略、界面是非共格的、晶核的表面能与取向无关，晶核是如图 2 – 10 中所示的两个相接的球冠，其 θ 角为

$$\cos\theta = \frac{r_{\alpha\alpha}}{2r_{\alpha\beta}} \qquad (2-17)$$

此时自由焓为：

$$\Delta G = - V\Delta G_V + A_{\alpha\beta}\gamma_{\alpha\beta} - A_{\alpha\alpha}\gamma_{\alpha\alpha} \qquad (2-18)$$

式中：V——晶核的体积；

$A_{\alpha\beta}$——新产生的新相的界面面积；

$\gamma_{\alpha\beta}$——α 与 β 界面能；

$A_{\alpha\alpha}$——形成新相时消失的母相界面面积；

$\gamma_{\alpha\alpha}$——母相的界面能。

图 2 – 10 晶界面上形核

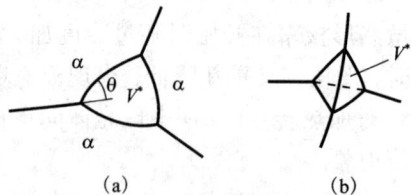

上述方程中的最后一项就是公式 2 – 16 中的 ΔG_d。

将球冠的面积与体积代入上式，并且仿照均匀形核的处理方法，对上式进行微分，可以得到球冠的临界半径

$$r^* = 2\gamma_{\alpha\beta}/\Delta G_V \qquad (2-19)$$

临界晶核的形核功为：

$$\Delta G^*_{非均匀} = \frac{1}{2}\Delta G(1-\cos\theta)^2(2+\cos\theta) \qquad (2-20)$$

$\Delta G^*_{均匀}$ 是均匀形核时临界晶核的形核功。

从 2 – 20 式可以得到重要结论：晶界形核降低形核功的能力取决于 $\cos\theta$ 也就是取决于 $\gamma_{\alpha\alpha}/\gamma_{\alpha\beta}$ 的比值。如果这一比值超过 2，那么 $\cos\theta = 0$ 于是不存在形核障碍。

三个晶粒的共同交界是一条线，称为界棱；四个晶粒交于一点构成界隅。如果在晶界棱上或晶粒相交的界隅上形核［如图 2 – 11(a)，(b)所示］，还可以进一步减小形核功。这是因为在界面形核时只有一个界面消失，在界棱形核时可以有三个界面被晶核吞食；在界隅形核时被晶

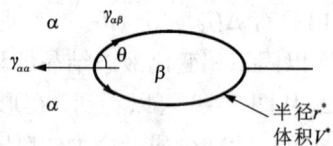

图 2 – 11 在界棱与界隅形核示意图

(a)界棱形核；(b)界隅形核

核吞食的界面是六个。所以从提供能量的角度分析界偶形核提供的能量最大。图 2 – 12 给出各种晶界形核位置 $\Delta G^*_{非均匀}/\Delta G^*_{均匀}$ 与 $\cos\theta$ 依赖关系。

2.4.4 在位错上形核

在位错区域容易形成新相的晶核已经被实验所证实。其原因可从以下几方面得到解释。

（1）在位错处形成晶核后位错消失，释放出畸变能降低了形核功

Cahn 等人分析围绕位错线形核大致过程如下：晶核沿位错线析出（如图 2 – 13 所示），核心在垂直位错线的截面成圆形，截面的半径沿位错线是变化的。图中中心线是原来位错线的位置。

单位长度位错线可以看成是一个半径为 r 的圆柱体，于是可以求出由于位错的消失释放出的能量为

$$A\ln\frac{r}{r_0} = A(\ln r - \ln r_0) \approx A\ln r \quad (2-21)$$

对于刃型位错，$A = \dfrac{Gb^2}{4\pi(1-\nu)}$，对于螺型位错，$A = \dfrac{Gb^2}{4\pi}$。将位错的影响区域看成是球形，$r_0$ 表示位错中心区域的大小；G 为切变模量；b 为柏氏矢量；ν 为泊松系数。因此在位错处形核单位长度晶核自由焓的变化就是

$$\Delta G = -\pi r^2 \Delta G_V + 2\pi r\gamma + \pi r^2 \Delta G_s - A\ln r \quad (2-22)$$

按照均匀形核类似的方法可以导出临界晶核半径为：

$$r_0 = \frac{2\pi r \pm \sqrt{4\pi^2 r^2 - 8\pi A(\Delta G_V - \Delta G_s)}}{4\pi(\Delta G_V - \Delta G_s)} \quad (2-23)$$

当 ΔG_V 及 A 值较大，$4\pi^2\gamma^2 < 8\pi A(\Delta G_V - \Delta G_s)$，即：$\pi^2 r^2 < 2\pi A(\Delta G_V - \Delta G_s)$ 时，r_0 无实根。在这种情况下，位错形核没有能量障碍。

（2）位错反应可能形成潜在的形核位置

如果相变的母相是 FCC 结构的 α 相，新相是有 HCP 结构的 β 相，在 FCC 晶体中，位错发生的分解，对新相的形成有利。因为在母相 FCC 晶体中 $\dfrac{a}{2}<110>$ 全位错可以发生位错反应，例如

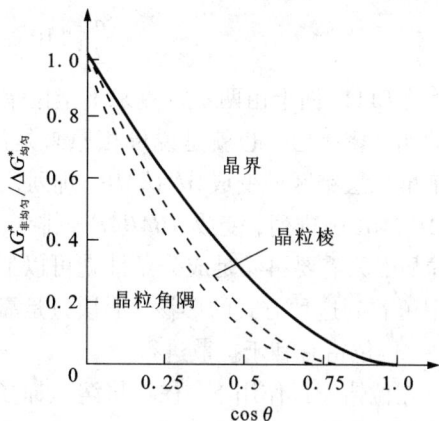

图 2 – 12 形核位置与 $\cos\theta$ 的关系

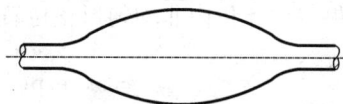

图 2 – 13 位错线上晶核形状示意图

$$\frac{a}{2}[110] \rightarrow \frac{a}{6}[121] + \frac{a}{6}[21\bar{1}] \qquad (2-24)$$

从而在 $(11\bar{1})$ 面上由两个肖克来不全位错分隔的堆垛层错带,因为堆垛层错实际上是 HCP 晶体的四个密排层。也就是说母相原来是沿着密排面按 $ABCABC\cdots$ 排列,但是由于位错反应,这个堆垛层错区域变成 $ABABAB\cdots$ 排列,而相变是想将 α 相变为 β 相,从结构角度分析就是将 $ABCABC\cdots$ 排列,变成 $ABABAB\cdots$ 排列。因此在该区域本身能作为一个 HCP 新相的潜在形核位置,只需要再满足成分条件就可以形成晶核。在 Al – Ag 合金的六方点阵过渡相 γ' 的脱溶中可看到这种方式的形核,形核只是靠银原子间层错扩散就可达到。

(3)位错有利于扩散进行

在位错能量作用下,往往将溶质原子吸引到位错线附近。当新相中溶质的含量较高时,在位错处形核很容易满足成分上要求。同时位错可以作为快速扩散的通道,有利于扩散的进行。

2.4.5　非均匀形核速率

如果单位体积内非均匀形核位置的浓度是 C_1,那么非均匀形核速率将由如下方程给出:

$$N_{非均匀} = \omega c_1 \exp\left(-\frac{\Delta G_m}{kT}\right) \exp\left(-\frac{\Delta G^*_{非均匀}}{kT}\right) 晶核 \cdot m^{-3} s^{-1} \qquad (2-25)$$

式中：ΔG_m——原子扩散激活能;

$\Delta G^*_{非均匀}$——非均匀形核功;

ω——一个常数。

对于非均匀形核,在很小的驱动力下就可以获得较高的形核率。非均匀和均匀体积形核率的相对大小可由下面公式给出

$$\frac{N_{非均匀}}{N_{均匀}} = \frac{C_1}{C_0} \exp\left(\frac{\Delta G^*_{均匀} - \Delta G^*_{非均匀}}{kT}\right) \qquad (2-26)$$

式中的 C_1,C_0 分别代表单位体积内部,非均匀形核的位置浓度与均匀形核的位置浓度。

因为 $\Delta G^*_{非均匀}$ 总是非常小,所以上述公式中的指数项数值会很大,会使非均匀形核速率很高。对于晶界形核过程,有

$$\frac{C_1}{C_0} = \frac{\delta}{D} \qquad (2-27)$$

式中：δ——晶界厚度;

D——晶粒尺寸。

对于晶粒棱上和角隅上的形核过程,C_1/C_0 会减小到 $(\delta/D)^2$ 和 $(\delta/D)^3$。

上面讨论的是恒定温度下等温转变过程中的形核。对于连续冷却过程,则形核的驱动力将随时间的延长而提高。如果 $\gamma_{\alpha\alpha}/\gamma_{\alpha\beta}$ 数值高,形核一般首先在晶粒角隅处开始;反之,若

$\gamma_{\alpha\alpha}/\gamma_{\alpha\beta}$ 较小，晶界的影响下降，在达到很大驱动力，均匀形核过程起主导作用的温度之前，形核将是不可能的。

2.4.6　晶核长大基本规律

新相晶核的界面向母相迁移的过程称为长大。长大驱动力是新相与母相自由焓差。不同类型的固态相变，其晶核长大的过程也有所不同。

（1）界面过程控制长大

当新相与母相成分相同时，界面上母相中的原子跨越过界面转移到新相中，使界面向母相迁移。对于共格晶核，只需靠近界面的母相原子进行位置调整；对于非共格晶核，晶界内的原子也可能要迁移。这种界面附近原子调整位置使晶核得以长大的过程，叫做界面过程。

界面过程控制的长大又可以分成非热激活型界面控制与热激活型界面控制长大的两种情况。

按照界面对长大过程影响分类，可以分成两种不同的界面：滑动界面与非滑动界面。滑动界面是依靠界面上位错滑动而迁移，使母相的点阵发生变化。滑动界面的迁移对温度不敏感，称为非热激活型界面控制长大过程。大多数界面是非滑动界面，它的迁移类似大角度晶界的迁移，即单个原子近乎随机地沿界面跳跃，原子从母相脱离迁移到新相上，所需要的能量由热激活提供。所以对温度非常敏感，称为热激活界面控制长大。

（2）受长程扩散过程控制的长大

当新相与母相成分不相同时，新相界面的推移除需要上述界面处原子跃迁外，还需要原子的长程扩散，满足成分变化的要求。因此长大过程可能受界面过程控制，也可能受长程扩散过程控制，还可能同时受界面过程与长程扩散过程控制。

下面分别讨论界面过程控制与长程扩散过程控制的长大。

2.4.7　热激活型界面过程控制长大

首先分析原子迁移的速率和长大速率与温度的关系。令母相为 β，新相为 α，原子振动频率为 ν，原子由母相进入新相的激活能为 Q，新旧相的自由焓差为 ΔG_V。由新相返回母相的激活能应为 $Q + \Delta G_V$。原子由母相转移到新相及由新相反回母相的频率分别为

$$f_{\beta\to\alpha} = \nu\exp(-Q/kT)$$
$$f_{\alpha\to\beta} = \nu\exp[-(-Q+\Delta G_V)/kT]$$

若单原子层的厚度为 δ，则界面迁移速度应为

$$u = \delta(f_{\beta\to\alpha} - f_{\alpha\to\beta}) = \delta\nu\exp(-Q/kT)[1-\exp(-\Delta G_V/kT)] \qquad (2-28)$$

当过冷度较小时，ΔG_V 很小，$\Delta G_V \ll kT$，此时

$$\exp(-\Delta G_V/kT) = 1 - \frac{\Delta G_V}{kT}$$

$$u = \frac{\delta \nu \Delta G_V}{kT} \exp(-Q/kT) \qquad (2-29)$$

在这种情况下，长大速度与驱动力 ΔG_V 成正比。与温度 T 的关系较复杂，随温度的下降先增后减。

过冷度较大时，$\Delta G_V \gg kT$，$\exp(-\Delta G_V/kT)$ 趋于零，此时

$$u = \delta \nu \exp(-Q/kT) \qquad (2-30)$$

在这种情况下，长大速度将随温度的下降单调下降。

但是当两相的结构不同并形成共格或半共格界面时，就可能出现另一种情况，虽然温度很高，原子有足够的跃迁能力，但是由于界面的特殊结构，将阻止界面处的母相中原子向新相中迁移。如图 2-14(a) 所示。假设母相是面心立方 α 相，新相是密排六方晶体 β 相，相变时只有结构变化没有成分改变，相界面是共格界面。它们形成共格界面时是各自的密排面互相平行。

新相长大通过界面原子跳动实现。如图 2-14 (b)所示，由于新相是沿密排面按 $ABAB\cdots$ 方式排列，新相的长大必须通过界面上原子的单个跳动，原来母相 FCC 中 C 位置的原子必须换成 B 位置原子。可以看出，由于两个上下紧挨着的原子都处于 B 位置，相当于在一个原子上直接重叠另一个原子，即出现简单立方的排列方式。这是一种不稳定的结构。同时，还出现围绕这个原子的肖克莱不全位错环，增加了能量。所以，一个原子即使作这样的跳动也是很不稳定的，很可能被迫跳回原来的位置。在两相形成半共格界面上的共格区域，也会遇到相同情况。由此可见，在这样的界面条件下，进行热激活型界面控制的长大过程是很困难的。即使温度很高，其迁移率也很低。

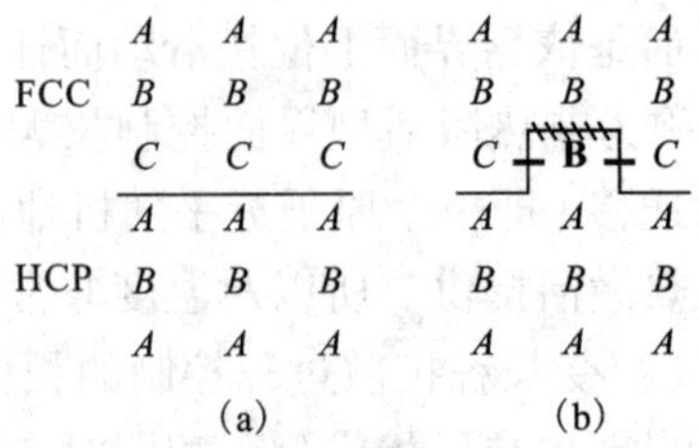

图 2-14 FCC 与 HCP 共格界面时界面原子难于迁移的示意图

针对这种情况提出一个台阶长大的热激活界面过程控制长大的机制。

设想界面为图 2-15 所示的台阶状，台阶的 ab、cd、ef 面上都有刃型位错。当 ab、cd 台阶的侧面 bc、de 向其法线方向移动时，ab、cd、ef 平面上的位错可以沿小箭头所指的方向滑动。结果，整个界面向大箭头所指的方向移动一个台阶厚度，ab 面上的位错移到了 cd 面的新位置上，cd 面上的位错移到了 ef 面的新位置上……所以界面的迁移是由台阶的横向移动来实现的。这样的晶核长大方式叫做"台阶机制"。

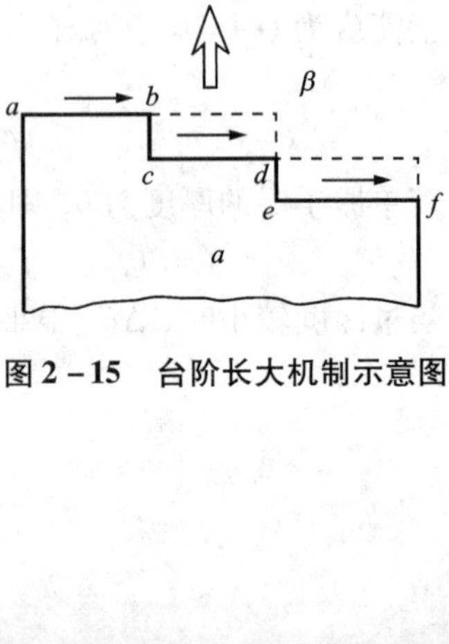

图 2-15 台阶长大机制示意图

借助于电子显微镜，在实际上在生长着的脱溶物表

面上观察到了一系列生长突台,为台阶机制提供了实验依据。

应当说明的是,如果新相形成时有成分变化,也可能存在类似的界面。因此新相也有可能按台阶机制长大。在这种情况下长大速率有可能受长程扩散控制。

2.4.8 非热激活型界面过程控制长大

这种长大方式主要是通过滑动界面的移动来实现,以切变方式使整层的母相原子转变为新相。其特点是:原子从母相迁移到新相,不需要跳离原来的位置,也不改变相邻原子的排列次序。

按照这种方式长大必须要有滑动界面。构成滑动界面的条件是:界面是半共格界面,同时界面所在的晶面不是界面上位错的滑移面,并且界面位错在两个相中的滑移面是连续的。

非热激活型界面过程控制长大的典型例子是在母相面心立方 FCC 结构中形成密排六方 HCP 新相。对这个典型的例子分析如下:

FCC 与 HCP 这两种结构都可以看成有密排面堆垛而成。面心立方结构是沿密排面按 $ABCABC\cdots$ 方式堆垛,而密排六方结构是沿密排面按 $ABAB\cdots$ 方式(或者是按 $ACACAC\cdots$ 方式)堆垛(见图 2-16)。

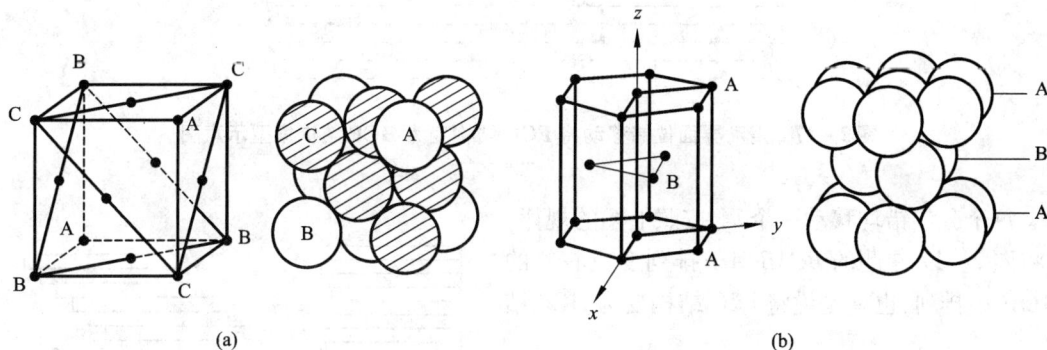

图 2-16 两种结构的单位格子与堆垛方式的示意图
(a)面心立方结构与堆垛方式;(b)密排六方结构与堆垛方式

图 2-16 中,在面心立方结构单位格子图中标明的 A、B、C 原子与堆垛方式中标明的 A、B、C 原子一一对应。同样在密排六方结构单位格子图中标明的 A、B 原子与堆垛方式中标明的 A、B 原子也是一一对应。面心立方结构中密排面就是 $\{111\}$ 面,密排六方结构中密排面是 $\{0001\}$ 面。从面心立方的单位格子可以看到,B 位置与 C 位置在平行于密排面方向上的距离对应于矢量 $b = \frac{a}{6}[11\bar{2}]$。设想在堆垛方式中,将某层 B 位置以上(包括 B 位置)所有的原子"固定起来"滑动一个矢量 $\frac{a}{6}[11\bar{2}]$,则原来的 B 位置就变成 C 位置,原来 B 位置上面的 C 位

置就变成 A 位置……依此类推。我们可以用下面的方式表示这种排列方式的变化：

$ABCA[BCABC\cdots$滑动一个 b 变成 $ABCA[CABCA\cdots$

如果按照上述方法将某层 B 位置以上(包括 B 位置)所有的原子"固定起来"滑动 2 个 b，则排列方式发生下面的变化

$ABCA[BCABC\cdots$滑动 $2b$ 变成 $ABCA[ABCA\cdots$

根据位错理论，这种滑动恰好是面心立方结构中具有柏氏矢量 $\frac{a}{6}[11\bar{2}]$ 肖克莱不全位错运动的结果。根据这样的结构模型设想出通过滑动界面上分位错移动，将 FCC 结构变成 HCP 结构的模型。该模型设想如下：

设想在 FCC 结构中每隔 1 个(111)面依次地存在 1 个肖克莱不全位错构成的 FCC 和 HCP 之间的半共格界面，如图 2 - 17 所示。

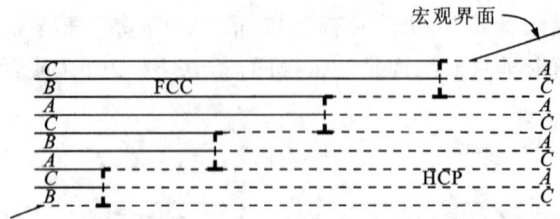

图 2 - 17   滑动界面位错移动将 FCC 结构变为 HCP 结构模型示意图

每个分位错均移动一个 b，按照上述的规律，就将图 2 - 17 左侧的 $BCABCA\cdots$排列变成右侧的 $CACAC\cdots$排列，也就是说将 FCC 结构变为 HCP 结构。

宏观界面由一组台阶构成，台阶高度为两个密排面的厚度，台阶的宽面是共格的。这种界面必然对应于两相的如下取向关系：

$$(111)_{\text{FCC}}//(0001)_{\text{HCP}}$$

$$<110>_{\text{FCC}}//<11\bar{2}0>_{\text{HCP}}$$

如果界面的位错是同一种位错，则界面移动会使晶体发生很大的宏观形状变化[图 2 - 18 (a)]，从而引起很大的应变能。如果在界面上包含 FCC 结构中(111)面上三种肖可莱位错，例

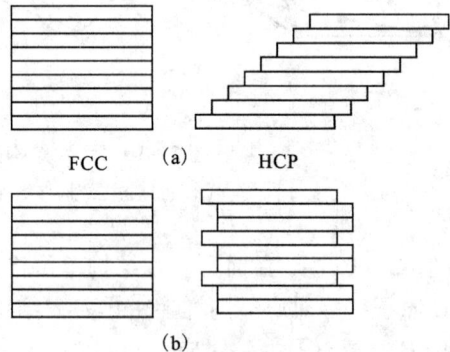

图 2 - 18   滑动界面位错移动将 FCC 结构变为 HCP 结构宏观变形示意图

如柏氏矢量分别为 $\frac{a}{6}[11\bar{2}]$、$\frac{a}{6}[1\bar{1}2]$、$\frac{a}{6}[\bar{1}12]$ 的位错,并且这三种位错的数量相等,这些位错滑动使滑动面两侧原子发生的排列次序和由单一种位错滑动时的相同。这样的晶界滑动后就不再会发生宏观的整体变形。

这类界面推移的速度往往是很大的,推移速度对温度不敏感。另外,上面所讨论的原则可以适用其他的滑动界面。

2.4.9　受长程扩散过程控制的长大

相变时成分发生变化需要长程扩散。此时新相长大既可能受界面过程控制,也可能受长程扩散过程控制。假定过程是受长程扩散控制,长大速率主要是利用扩散定律进行计算。

假定自母相 α 析出新相 β,母相成分为 C_0,界面为平直界面,相界面处 α 相与 β 相达到局部平衡,可以利用相图确定每个相的成分。设新相与母相的成分为 C_β 及 C_e 因 $C_e < C_0$,故在靠近界面的 α 相中存在浓度梯度(图 2-19)。

若单位面积的界面向前推进了 dx 距离,必然有 1·dx 体积的材料由单位体积 α 转化 β,新增的 β 相所需的溶质的量为 $(C_\beta - C_e)\mathrm{d}x$。这部分溶质原子需要 α 内的扩散供给。设溶质原子在 α 相中的扩散系数为 D,界面处 α 相中的浓度梯度为 $\left(\dfrac{\partial C_e}{\partial x}\right)_{x_0}$,由 Fick 第一定律可知,在 dt 时间内通过单位面积的溶质原子的流量为 $D\left(\dfrac{\partial C_e}{\partial x}\right)_{x_0}\mathrm{d}t$。将这样两个量列等式得:

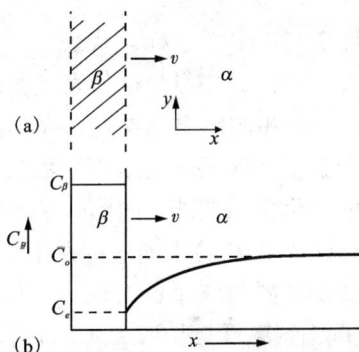

图 2-19　受长程扩散过程控制的长大界面推移示意图

$$(C_\beta - C_e)\mathrm{d}x = D\left(\frac{\partial C_e}{\partial x}\right)_{x_0}\mathrm{d}t \tag{2-31}$$

长大速度 $V = \mathrm{d}x/\mathrm{d}t$,因此有下式:

$$V = \frac{\mathrm{d}x}{\mathrm{d}t} = \frac{D}{(C_\beta - C_e)}\left(\frac{\partial C_e}{\partial x}\right)_{x_0}\mathrm{d}t \tag{2-32}$$

上式是受长程扩散过程控制的晶核长大的基本公式。方程虽然是近似的,并且是由平直界面推导而得到的,但是仍然可以反映长大的一些基本规律:

1)受扩散控制的晶核长大速度与扩散系数 D 成正比。由于 D 随温度的下降而急剧减小,所以晶核的长大速率单调地随温度的下降而降低。

2)进一步推导表明,在温度恒定时,长大速率随时间的变化关系可以用 $V \propto \sqrt{(D/t)}$ 表示。因此新相增长厚度与时间的关系,符合抛物线增长的规律,可以表示为 $X \propto \sqrt{(Dt)}$。

3)在低过冷度条件下,由于过饱和度低,其长大速度较慢;在过冷度大时,由于扩散速度低,长大速度也较缓慢。长大速度与过冷度存在极值关系。

4)当各个析出物的扩散区域开始重合时,方程2-32不再适用,长大速度降低得更快。

2.4.10　相变动力学

相变动力学是研究相变速度问题。固态相变的速度取决于形核速率与长大速率。一般说来固态相变的形核率与晶核长大速度均取决于转变温度与转变时间。为清楚的表示固态相变的动力学特点,对扩散性的相变通常采用两种方法处理。

2.4.11　转变动力学图 (TTT 图)

图2-20中横坐标均代表转变的时间对数值,图2-20(a)中纵坐标代表温度;(b)中的纵坐标代表新相的体积分数,T_1、T_2分别代表不同的转变温度。首先测定出不同温度下转变量与时间的变化关系曲线,如图2-20(b)中所示,然后在图2-20(a)中的坐标系下确定出各个温度下转变开始与终了的时间,再将转变开始点与终了点连接,得到图2-20(a)所表示的曲线。动力学曲线反映了冷却过程中发生的扩散型固态相变的两个基本特点:

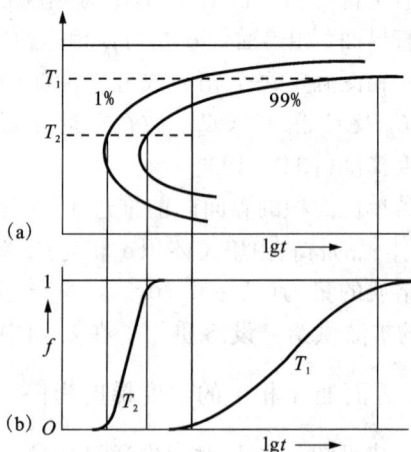

图 2 - 20　转变动力学图

1)将金属材料过冷到相变点以下,必须要经过一定的时间才可能开始形成晶核发生相变,即有孕育期。

2)存在一个极值温度,在此温度下转变速度最快。这是因为在接近于相变温度时驱动力很小,所以形核和随后的长大速度都慢,转变需要长时间。另一方面,当过冷度很大时,扩散速度慢,它也限制了转变速度。因此在中间温度范围得到最大的转变速度。

2.4.12　建立数学方程

目前还没有一个能够精确反映各类相变的转变速度与温度之间关系的数学表达式。对扩散型相变一般采用 Avrami 方程表示。该方程建立了转变的体积分数 $f(t, T)$ 与温度、时间的关系。下面以母相 α 中形成 β 相为例来推导该方程。

假设:在整个转变过程中,β 相的形核率 $\dot{N}$、长大速率 u 恒定,母相 α 成分不变。若 β 相为球形,在时间为零时形核的体积将遵循下式随时间 t 而变化:

$$V = \frac{4}{3}\pi r^3 = \frac{4}{3}\pi(ut)^3 \qquad (2-33)$$

在 τ 时刻形核的胞的体积为:

$$V' = \frac{4}{3}\pi u^3(t-\tau)^3 \qquad (2-34)$$

单位体积的未转变 α 中,在 $\mathrm{d}\tau$ 的时间间隔内所形成的晶核数量为 $\dot{N}\mathrm{d}\tau$,如果颗粒之间相互不接触,那么在单位体积内的总体转变量就是

$$f = \sum V' = \frac{4}{3}\pi \dot{N}u^3 \int_0^t (t-\tau)^3 \mathrm{d}\tau \qquad (2-35)$$

也就是

$$f = \frac{\pi}{3}\dot{N}u^3 t^4 \qquad (2-36)$$

这一公式只是在 $f \ll 1$ 时是有效的。因为只有在体积分数很小的条件下才能够实现已经形核的颗粒互相不接触。随着时间的延续,β 相长大最后要相互接触,转变速度也就会下降。对于随机分布的晶核及长时间和短时间都有效的方程是

$$f = 1 - \exp\left(-\frac{\pi}{3}\dot{N}u^3 t^4\right) \qquad (2-37)$$

然而在实际体系中,反应过程复杂,不定量与该式吻合。

根据形核和长大过程所作的假设不同,还可以获得类似方程,其形式如下:

$$f = 1 - \exp(-kt^n) \qquad (2-38)$$

式中:n 是一个幂指数,数值在 1 到 4 之间变化,只要形核的机理没有变化,n 是与温度无关的。但是,k 与形核和长大速度有关,因此对温度很敏感。例如在上述的情况中 $k = \pi\dot{N}u^3/3$,$\dot{N}$ 和 u 都是对温度很敏感的。

对于非扩散型相变由于转变速度非常快,所以动力学问题很复杂。将在其他章节中结合具体的相变进行介绍。

2.5 固态相变理论具体应用举例——第二相形状预测

众所周知,在金属材料中合金相的形状对材料的性能有着重要的影响。在某些情况下可以利用固态相变的基本规律,再结合其他的知识对形状进行预测。首先介绍利用 Wulff 极图预测晶体外形的方法。

在固体内如果形成新的表面时需要切断化学键,对同一晶体表面能是各向异性的。在极坐标下建立不同位向的晶面与表面能的关系图就被称为 Wulff 曲线。

在极坐标下矢径的长度 γ 代表表面能,夹角 θ 代表不同方位的晶面。图 2-21 就是只考虑原子最临近作用的 Wulff 极图。

在图中可以看到四个点，在这些点上 γ 不连续，这样的点称为脐点。

Wulff 认为一定体积的固体，必然构成总的表面自由能最低的形状。由此得到平衡条件下预测晶体外形的方法。具体方法如下：

1）首先得到到该晶体 Wulff 极图。

2）从极图的中心向曲线每一点引矢量，与曲线相交。过交点做垂直于矢径的平面，去掉这些平面相重叠的区域，剩下的体积最小多面体就与晶体平衡形状相似。

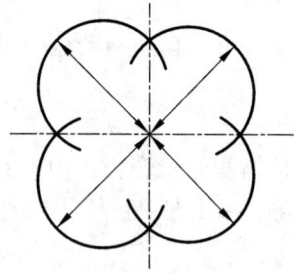

图 2-21 二维正方点阵 **Wulff** 极图

3）如果 Wulff 极图上出现脐点，可以直接从极图中心向脐点引矢量，然后过脐点引垂直该矢量的平面。

图 2-22 的 Wulff 极图是有 6 个脐点的曲线。从极图中心向脐点引矢量，然后过脐点引垂直该矢量的直线，获得的一个六方形，这就是晶体在平衡条件下的外形。将这种预测晶体外形的方法引入到固态相变中，将表面能换成界面能，利用同样的方法分析新相的形状。举例说明如下：

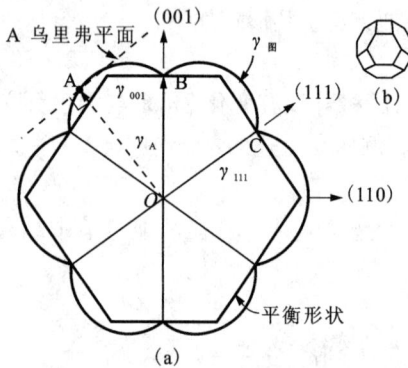

图 2-22 利用 **Wulff** 极图获得晶体平衡外形示意图

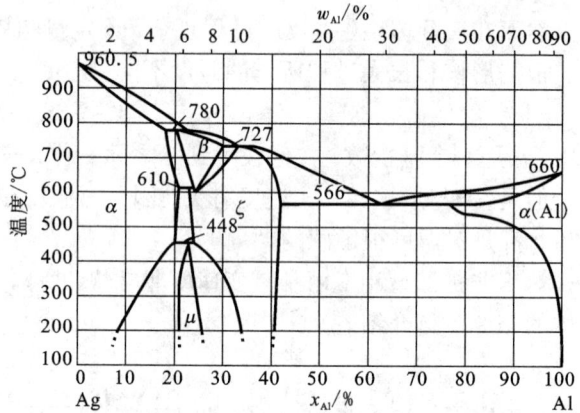

图 2-23 **Al-Ag** 合金相图

例1 Al-Ag 相图如 2-23 所示。含 4% Ag 的 Al-Ag 合金加热到 500℃后快速冷却，可得到过饱和的固溶体。如果再次加热到 200℃左右保温，将析出新相 G.P. 区。试分析新相晶核的形状。

具体分析如下：

1）Al 与 Ag 均是面心立方点阵，它们之间点阵常数错配度为 $\delta = 0.7\%$，根据这些数据可以推测出新相很可能形成共格界面。

2）由于错配度 δ 很小，形核的阻力主要是界面能。可以用其 Wulff 极图预测晶核的形状。

3）一般需要推导界面能与不同位向关系方程才能得到 Wulff 极图。这种计算必然很困难。但是根据新相与母相将形成共格界面的推测，可以推测出其 Wulff 极图。这是因为既然形成共格界面，就意味着在各位向上新相晶核与母相均为共格界面. 而共格界面的界面能在 $200\ \mathrm{mJ} \cdot \mathrm{m}^{-2}$ 以下，对于确定的材料数值一定是个固定的值，因此可以推测出，其 Wulff 极图一定是个圆形(空间曲面应当是球形)。

4）按照利用其 Wulff 极图确定晶核形状的方法，立即可以预测出新相晶核的形状应当是球形。

实际情况与上述预测结果相吻合。

例 2　新相与母相结构不同时，如果形成部分共格界面或半共格界面，并且体积错配度很小。试分析新相晶核的形状。

具体分析如下：

1）如果形成共格界面或者半共格界面，必然有位向关系。也就是说在形核时为了降低界面能，通过调整新相与母相的位向关系，会在某一个位向上形成共格 或半共格界面，其余位向形成非共格界面。

2）由于体积错配度很小，所以可以认为形核的主要阻力是界面能，因此可以利用 Wulff 极图确定晶核的形状。

3）如果新相与母相在各个位向上均形成非共格界面，非共格界面的界面能是一个定值，所以界面能与位向的关系图大致是球形。但是由于在某个位向上出现半共格或共格界面，而半共格界面或共格界面的界面能低于非共格界面，在该方向上极坐标图的极径要变短。因此在这个位向上出现很深的脐点。形成的图 2 - 24 所示的图形。

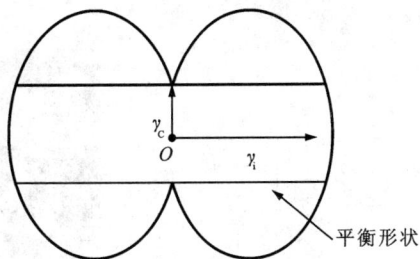

图 2 - 24　具有半共格或部分共格界面 Wulff 极图一个截面图

4）根据 Wulff 极图方法可以预测出，晶核的形状大致是个圆盘形（见图 2 - 24）。圆盘的直径与厚度的比值，应当是非共格界面能与共格界面能或者半共格界面能比值。

思考练习题

1. 下图表示面心立方的一组密排面，在 C_1，A_2，B_2 面上均有一个肖克莱不全位错。如果每个分位错均移动 $b = \dfrac{a}{6}[112]$，试分析不全位错扫过的区域形成何种结构？

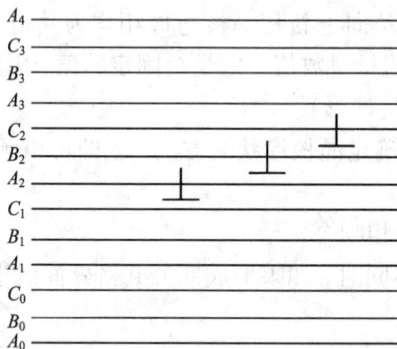

第 1 题图

2. 金属液体快速冷却可以得到非晶体的固体材料。下图是一种非晶材料组织形貌的扫描电镜照片。试分析为什么固态的颗粒均为球形？（提示：分析非晶材料的 Wuff 图形状）

第 2 题图

3. 下图为 Au－Ti 合金相图。试分析 Au－Ti 合金可否进行类似钢中获得马氏组织的淬火处理？如果不可以请说明理由。如果可以，请说明理由，并确定出可以进行淬火处理的成分范围。

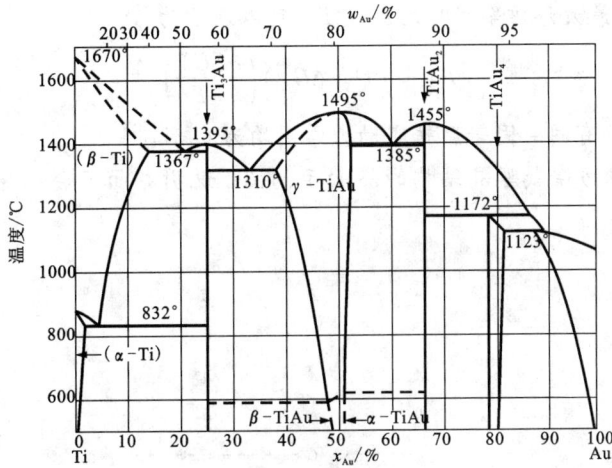

第 3 题图

4. 根据教材中建立的片状析出物长大模型，可得到在温度不变的条件下，析出物长大速度（增厚速度）随时间的变化关系，可以用 $V_\mu = \sqrt{(D/t)}$ 表示。试证明新相厚度 X 与时间的关系，符合抛物线增长的规律可以表示为 $X_\mu = \sqrt{(Dt)}$。（D 为扩散系数，t 为时间）

5. 下图是 20 钢退火后的组织。仔细观察组织，回答下面问题：

1）珠光体一般均出现在何位置？

2）根据固态相变形核的基本规律给予解释。

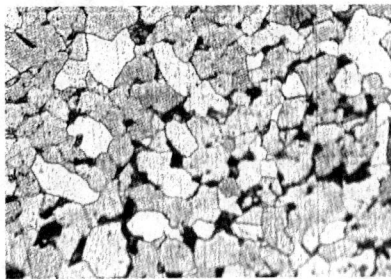

第 5 题图

6. 根据均匀形核理论，形核速率可以用下面公式表示

$$I = Nv\exp\left(-\frac{Q + \Delta G^*}{kT}\right)$$

式中：N，V 是常数，Q 为原子扩散激活能，ΔG^* 是形核功。请定性说明，形核率随温度变化存在最大值，试证明最大形核率对应的温度 T_{max} 可以表示为：

$$T_{max} = \left(Q + \Delta G^* \right) \left(\frac{\partial \Delta G^*}{\partial T} \right)$$

7. 试分析是否所有固 – 固等温转变动力学图均为 C 形？

8. 下图是面心立方金属孪晶结构的界面示意图，说明界面不会以原子随机跳跃界面的方式进行迁移。

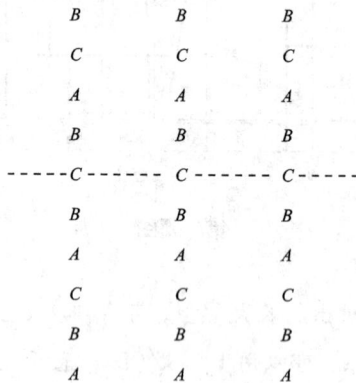

$$
\begin{array}{ccc}
B & B & B \\
C & C & C \\
A & A & A \\
B & B & B \\
\text{-----} C \text{-------} & C \text{-------} & C \text{-----} \\
B & B & B \\
A & A & A \\
C & C & C \\
B & B & B \\
A & A & A \\
\end{array}
$$

第 8 题图

第3章　钢的热处理原理与工艺

热处理既可用来改善毛坯在后续工序中的工艺性能，也可使工件获得优良的使用性能，从而充分发挥钢材的潜力，扩大其应用范围，因此热处理在机械制造工业中占有十分重要的地位。

钢的热处理是通过在固态范围加热、保温和冷却的方法，改变钢的内部组织结构，以改善钢的性能的一种工艺过程的总称。钢铁材料能够进行热处理的条件是其在加热、保温和冷却时内部的组织结构会发生变化，从而引起性能的变化。

根据各种钢铁工件对性能的不同要求，热处理的加热温度和冷却方式及获得的组织也就不同，由此形成各种不同的热处理方法，常见的有：退火、正火、淬火、回火，此外还有表面淬火、化学热处理等。

3.1　钢在加热时的组织转变

对钢铁材料而言，大多数热处理工艺首先都要将工件加热到钢的临界点以上，使原始组织部分或全部转变为奥氏体，然后再以适当的冷却速度冷却，使奥氏体转变为一定的组织并获得所需要的性能。钢在加热过程中，由加热前的组织转变为奥氏体的过程被称为钢的加热转变，即奥氏体化。

3.1.1　奥氏体的组织结构

奥氏体是碳溶于 γ – Fe 所形成的固溶体。碳原子位于 γ – Fe 八面体间隙的中心，即面心立方点阵晶胞的中心或棱边的中点，如图 3 – 1 所示。假如每一个八面体间隙中心各容纳一个碳原子，则碳在奥氏体中的最大溶解度应为 17.7%。但实际上碳在 γ – Fe 中的最大溶解度仅 2.11%。这是因为 γ – Fe 八面体间隙的半径仅为 0.052 nm，小于碳原子的半径 0.077 nm。碳原子的溶入将使该八面体间隙发生膨胀而使周围的八面体间隙减小。因此，其周围的间隙位置不可能都填满碳原子。

实际上，碳在奥氏体中呈统计性均匀分布，存在着浓度起伏，即存在着高浓度区域。用统计理论计算表明，在含碳 0.85% 的奥氏体中可能存在比其平均浓度高八倍的区域。碳原子的存在，使奥氏体点阵发生对称膨胀，点阵常数随碳含量升高而增大。

合金钢的奥氏体是碳和合金元素溶于 γ – Fe 中的固溶体。合金元素如 Mn、Si、Cr、Ni、Co 等在 γ – Fe 中取代铁原子的位置而形成置换固溶体。它们的存在也引起晶格畸变和点阵常数变化。所以合金奥氏体的点阵常数还与合金元素含量以及合金元素原子和铁原子的半径差等因素有关。

奥氏体组织一般由等轴状的多边形晶粒组成，晶内常可观察到相变孪晶(图3－2)。

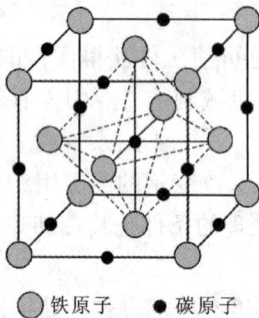

●铁原子 ●碳原子

图3－1 碳在 $\gamma-Fe$ 中可能的间隙位置

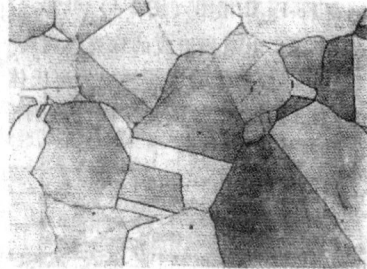

图3－2 奥氏体的金相组织

在钢的各种组织中，奥氏体具有面心立方点阵，因而其硬度和屈服强度均不高，碳的固溶也不能有效地提高其硬度和强度；面心立方点阵滑移系统多，使得奥氏体塑性很好，易于变形，这为钢铁材料的塑性成形提供了便利条件；面心立方点阵是一种最密排的点阵结构，致密度高，所以奥氏体的比体积最小，线膨胀系数最大，导热性能最差，故奥氏体钢在加热时应适当降低加热速度；奥氏体具有顺磁性。

3.1.2 奥氏体的形成

1. 奥氏体的形成条件

图3－3表示碳钢的临界转变点，由图可知，在 A_1 以下，碳钢的平衡相为铁素体和渗碳体；当温度超过 A_1 后，由两相组成的珠光体将转变为单相奥氏体。随着温度继续升高，亚共析钢中的过剩相——铁素体将不断转变为奥氏体，而过共析钢中的过剩相——渗碳体也将不断溶入奥氏体，此时，奥氏体的化学成分分别沿 GS 和 ES 曲线变化。当温度升高到 GSE 线以上时，都将得到单相奥氏体。钢加热转变时的相变驱动力是新相奥氏体与母相之间的体积自由能差 ΔG_V。图3－4示出了共析钢奥氏体和珠光体的体积自由能随温度的变化曲线，它们交于 A_1 点(727℃)。当温度等于727℃时，珠光体和奥氏体自由能相等，相变不会发生。当温度高于 A_1 时，ΔG_V 为负值，这时才有可能发生相变，珠光体将转变为奥氏体；反之奥氏体将转变为珠光体，亦即相变必须在有过热(过冷)的条件下才能进行。

加热(冷却)速度越大，过热(过冷)程度也越大。这就使加热和冷却时发生转变的温度(即临界点)不在同一温度。通常给加热时的临界点加角标 c，如 Ac_1、Ac_3、Ac_{cm} 等；而给冷却时的临界点加角标 r，如 Ar_1、Ar_3、Ar_{cm} 等。图 3 – 3 示出在加热速度和冷却速度均为 0.125 ℃/min 时的临界点。

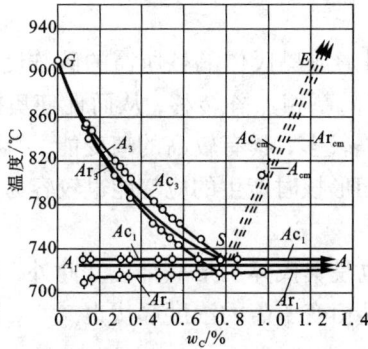

图 3 – 3　加热速度和冷却速度为 0.125°/min 时，
Fe – Fe$_3$C 相图中的临界点

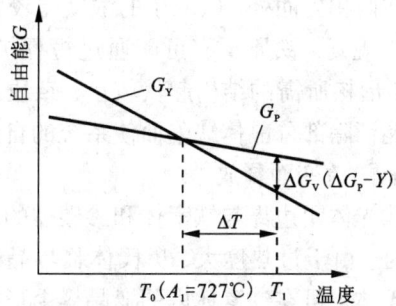

图 3 – 4　珠光体(P)和奥氏体(γ)
自由能和温度的关系曲线

2．奥氏体的形成机制

以共析钢为例，首先讨论珠光体转变为奥氏体的过程。根据 Fe – Fe$_3$C 状态图，由铁素体和渗碳体两相组成的珠光体加热到 Ac_1 稍上温度时将转变为单相奥氏体，即

相组成：　　　　　(α　　+　　Fe$_3$C)　　$\to$　　　　γ

碳含量：　　　0.02%　　　　6.69%　　　　　0.77%

点阵结构：　体心立方　　　复杂斜方　　　　面心立方

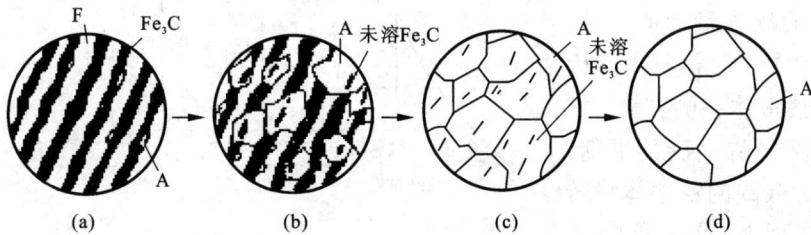

图 3 – 5　共析碳钢中奥氏体的形成过程示意图
(a) 奥氏体形核；(b) 奥氏体长大；(c) 剩余渗碳体溶解；(d) 奥氏体均匀化

由于奥氏体与铁素体及渗碳体的碳含量和点阵结构相差很大，因此，奥氏体的形成是一个由 α 到 γ 的点阵重构、渗碳体的溶解以及碳在奥氏体中的扩散重新分布的过程。如图 3 – 5 所示，转变的全过程可分为 4 个阶段：奥氏体核的形成、奥氏体核的长大、剩余渗碳

体的溶解、奥氏体成分的均匀化。

（1）奥氏体的形核

奥氏体的晶核通常首先在铁素体与渗碳体的交界面上形成。这是因为界面处能够满足奥氏体形核的成分条件、能量条件以及结构条件。

在两相界面处，碳原子的浓度差较大，有利于获得形成奥氏体晶核所需的碳浓度；原子排列不规则，铁原子有可能通过短程扩散由母相点阵向新相点阵转移，从而促使奥氏体形核，即形核所需的结构起伏较小；杂质及其他晶体缺陷较多，具有较高的畸变能，新相形核时可能消除部分晶体缺陷而使系统的自由能降低。新相形核时产生的应变能也较容易借助相界（晶界）流变而释放。

珠光体团边界与铁素体和渗碳体的相界面一样，也是奥氏体的形核部位。此外，在快速加热时，由于过热度大，奥氏体临界晶核尺寸减小，且相变所需的浓度起伏也减小，因此新相奥氏体也可在铁素体内的亚晶界上形核。

（2）奥氏体晶核的长大

奥氏体晶核在铁素体与渗碳体相界面上形成后，将同时出现 $\gamma - \alpha$ 和 $\gamma - Fe_3C$ 相界面。一般情况下，奥氏体核的长大是通过渗碳体的溶解、碳原子在奥氏体中的扩散以及奥氏体两侧的界面向铁素体及渗碳体的推移来进行的。下面我们结合 $Fe - Fe_3C$ 状态图来说明奥氏体核长大过程以及碳的扩散过程。

如图 3 - 6 所示，设在温度 T_1，在铁素体与渗碳体交界面形成了奥氏体的核。由图可知，奥氏体内碳的分布不均匀。与铁素体交界处碳含量为 $C_\gamma^{\gamma-\alpha}$，而与渗碳体交界处的碳含量为 $C_\gamma^{\gamma-Fe_3C}$。因 $C_\gamma^{\gamma-Fe_3C} > C_\gamma^{\gamma-\alpha}$，故在奥氏体内碳原子将向铁素体一侧扩散，扩散的结果破坏了界面碳的平衡。为恢复平衡，低碳的铁素体将转变为奥氏体而使碳含量降为 $C_\gamma^{\gamma-\alpha}$，高碳的 Fe_3C 将溶入奥氏体而使碳含量增为 $C_\gamma^{\gamma-Fe_3C}$，亦即奥氏体分别向铁素体与渗碳体推

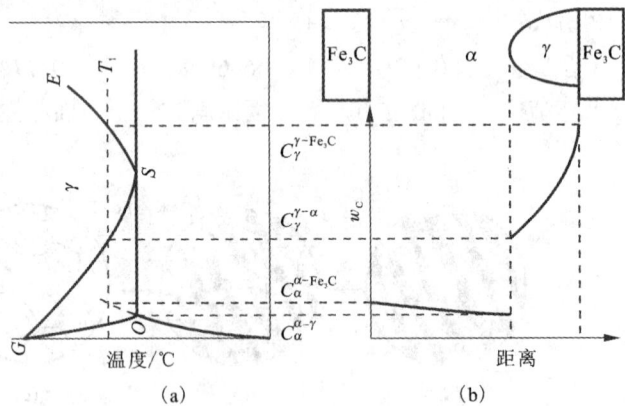

图 3 - 6 奥氏体的长大

（a）奥氏体形成时各相碳浓度；（b）奥氏体长大示意图

移，不断长大。显然奥氏体晶核的这一长大过程是受碳在奥氏体中的扩散所控制。

上面讨论的是原始组织为片状珠光体的共析钢奥氏体核的长大过程。当共析钢的原始组织为粒状珠光体时，奥氏体核的长大过程则是由碳在铁素体中的扩散所控制的。下面以

30CrMnSi 钢为例说明原始组织为粒状珠光体时奥氏体晶核的长大过程。原始组织是若干等轴的铁素体晶粒及细小颗粒状碳化物。奥氏体核在铁素体晶粒边界上形成，先是沿边界长成条状，然后向晶内长成颗粒状。奥氏体在消耗完与其相接触的、包括界面上的碳化物后，将为铁素体所包围。在此之前，奥氏体核的长大是受碳在奥氏体内的扩散所控制的。此后，奥氏体核的长大则是受碳在铁素体中的扩散所控制。在铁素体中，与渗碳体交界处的碳浓度为 $C_\alpha^{\alpha-\mathrm{Fe_3C}}$，与奥氏体交界处的碳浓度为 $C_\alpha^{\alpha-\gamma}$，如图 3-6 所示。因铁素体中两个界面处的碳浓度不同，即 $C_\alpha^{\alpha-\mathrm{Fe_3C}} > C_\alpha^{\alpha-\gamma}$，故碳不断由 $\alpha-\mathrm{Fe_3C}$ 界面向 $\alpha-\gamma$ 界面扩散。扩散的结果是铁素体中 $\alpha-\mathrm{Fe_3C}$ 界面处的碳浓度不断降低，$\alpha-\gamma$ 界面处的碳浓度不断增高。铁素体中 $\alpha-\mathrm{Fe_3C}$ 界面处的碳浓度不断降低，打破了铁素体与渗碳体界面的碳平衡，结果引起渗碳体的不断溶解，碳向该处不断扩散，以恢复原来的碳平衡。铁素体中 $\alpha-\gamma$ 界面处的碳浓度不断增高，为奥氏体的长大提供了浓度条件，使奥氏体的界面不断向铁素体推进。

（3）剩余渗碳体的溶解

奥氏体的长大过程是其界面不断向铁素体和渗碳体推移的过程。这个过程也可以看作是铁素体和渗碳体不断溶于奥氏体的过程。理论分析表明，在 780℃奥氏体界面向铁素体的推移速度是向渗碳体推移速度的 15 倍，而通常珠光体中铁素体片的厚度约为渗碳体片厚度的 7 倍。因此，共析钢珠光体向奥氏体等温转变时，总是铁素体先期消失，铁素体消失时奥氏体的平均碳含量低于共析珠光体的碳含量，使奥氏体长大后期剩余未溶碳化物。奥氏体形成第三阶段的重要问题就是要使剩余渗碳体溶解于奥氏体，直至剩余渗碳体完全溶解为止。

（4）奥氏体的均匀化

当共析成分的珠光体恰好完全转变为奥氏体时，奥氏体的成分仍是不均匀的。原渗碳体部位的碳含量高，原铁素体部位的碳含量低；高温下形成的奥氏体碳含量低，低温下形成的奥氏体碳含量高。当继续在奥氏体区保温时，碳原子在奥氏体中将从浓度高的部位向浓度低的部位扩散，使奥氏体中碳的分布均匀化。

亚（过）共析钢的平衡组织中有先共析相存在，故当亚（过）共析钢的共析组织转变成奥氏体后，还存在先共析相进一步转变为奥氏体的问题。这些都是靠原子扩散实现的。值得指出的是，非共析钢的奥氏体化碳化物溶解以及奥氏体均匀化的时间更长。

3.1.3　影响奥氏体形成速度的因素

1. 加热温度的影响

加热温度的影响如前所述，即加热温度愈高，奥氏体形成速度就愈快。而且随加热温度的升高，奥氏体的形核率及长大速度均增大，但形核率的增大速率高于长大速度的增大速率。因此，奥氏体形成温度越高，获得的起始晶粒度就越细小。同时，随加热温度升高，奥氏体向铁素体中的相界面推移速度与奥氏体向渗碳体中的相界面推移速度之比增大。例如，温度为 780℃时，二者之比为 14.9，而当温度升高至 800℃时，两者之比增大到 19.1。因此，奥氏体形成温度升高时，在珠光体中的铁素体相全部转变为奥氏体的瞬间，剩余渗碳体量增大，刚形成的奥氏体的平均碳含量降低（表3-1）。所以，实际热处理时加热速度愈大（或过热度愈大），钢中可能残留的碳化物数量就愈多。

表 3-1　奥氏体形成温度对基体碳含量的影响

奥氏体形成温度/℃	735	760	780	850	900
基体碳含量(α 相消失时)/%	0.77	0.69	0.61	0.51	0.46

　　综上所述，随着奥氏体形成温度的升高，奥氏体的起始晶粒细化；同时，相变的不平衡程度增大，在铁素体相消失的瞬间，剩余渗碳体量增多，因而奥氏体基体的平均碳含量降低。这两个因素均有利于改善淬火钢尤其是淬火高碳工具钢的韧性。

　　2. 碳含量的影响

　　钢中碳含量愈高，奥氏体形成速度就愈快。因为碳含量增高时，碳化物数量增多，铁素体与渗碳体的相界面面积增大，因而增加了奥氏体的形核部位，使形核率增大。同时，碳化物数量增多后，使碳的扩散距离减小，并且随奥氏体中碳含量增多，碳和铁原子的扩散系数增大，这些因素都加速了奥氏体的形成。但在过共析钢中由于碳化物数量过多，随碳含量增加会引起剩余碳化物溶解和奥氏体均匀化的时间延长。

　　3. 原始组织的影响

　　在钢的成分相同的情况下，原始组织中碳化物的分散度愈大，则相界面就愈多，形核率也就愈大。同时由于珠光体的片层间距减小，奥氏体中碳的浓度梯度增大，碳原子的扩散速度加快，而且碳原子扩散距离也减小，这些都增大奥氏体的长大速度。因此，钢的原始组织愈细小，奥氏体的形成速度就愈快。例如，奥氏体形成温度为760℃，若珠光体的片层间距从 0.5 μm 减至 0.1 μm 时，奥氏体的长大速度增加约 7 倍。原始组织中碳化物的形状对奥氏体的形成速度也有一定的影响。与粒状珠光体相比，由于片状珠光体的相界面较大，渗碳体呈薄片状，易于溶解，所以加热时奥氏体容易形成。

　　4. 合金元素的影响

　　钢中加入合金元素不影响珠光体向奥氏体的转变机制，但影响碳化物的稳定性及碳在奥氏体中的扩散系数，并且多数合金元素在碳化物和基体之间的分布是不均匀的，所以合金元素影响奥氏体的形核和长大、碳化物溶解、奥氏体均匀化的速度。

　　强碳化物形成元素如 Mo、W、Cr 等降低碳在奥氏体中的扩散系数，并形成特殊碳化物且不易溶解，所以显著减慢奥氏体的形成速度。非碳化物形成元素 Co 和 Ni 增大碳在奥氏体中的扩散系数，加速奥氏体的形成。Si 和 Al 对碳在奥氏体中扩散的影响不大，所以对奥氏体的形成速度无显著影响。

钢中加入合金元素可能改变相变临界点 A_1、A_3、A_{cm} 的位置，即改变相变时的过热度，从而影响奥氏体的形成速度。如 Ni、Mn、Cu 等降低 A_1 点，相对地增大了过热度，故使奥氏体的形成速度增大；Cr、Mo、Ti、Si、Al、W、V 等提高 A_1 点，相对地减小了过热度，所以减慢了奥氏体的形成速度。

钢中加入合金元素还可影响珠光体片层间距和碳在奥氏体中的溶解度，从而影响相界面浓度差和奥氏体中的浓度梯度以及形核功等，从而影响奥氏体的形成速度。

研究证明，钢中合金元素在原始组织各相中的分布是不均匀的。在退火状态下，碳化物形成元素（如 Mo、W、V、Ti、Cr 等）主要集中在碳化物相中，而非碳化物形成元素（如 Co、Ni、Si 等）则主要集中在铁素体相中。合金元素的这种不均匀分布现象直至碳化物完全溶解后还显著地保留在奥氏体中。因此，合金钢的奥氏体均匀化过程，除了碳的均匀化以外，还包括了合金元素的均匀化。由于合金元素的扩散系数比碳原子的扩散系数小 1000 ~ 10000 倍，同时碳化物形成元素还降低碳原子在奥氏体中的扩散系数，如若形成特殊碳化物（如 VC、TiC 等）则更难于溶解。因此合金钢的奥氏体均匀化过程比碳钢要长得多。鉴于上述原因，合金钢淬火加热时，为了使奥氏体均匀化，需要加热到更高温度和保温更长时间。

3.1.4　奥氏体晶粒长大及其控制

奥氏体晶粒大小对冷却转变过程及其所获得的组织与性能有很大影响。因此，了解奥氏体晶粒长大的规律及控制奥氏体晶粒大小的方法，对于热处理实践具有重要意义。

1. 奥氏体晶粒度的概念

在生产中习惯采用晶粒度来表示晶粒大小。n 为放大 100 倍时视野中每 645 mm^2（即 1 平方英寸）面积内的晶粒数，则下式中的 N 被用来表示晶粒大小的级别，称为晶粒度。

$$n = 2^{N-1} \tag{3-1}$$

晶粒越细，n 越大，N 也越大。

一般将 1 ~ 4 级成为粗晶粒（晶粒平均直径为 0.25 ~ 0.088 mm），5 ~ 8 级称为细晶粒（晶粒平均直径为 0.062 ~ 0.022 mm），8 级以上为超细晶粒。随着控制轧制、控制冷却工艺的发展，已经很容易获得 11 ~ 12 级超细晶粒钢（晶粒平均直径小于 10 μm）。奥氏体晶粒的细化使得钢铁材料的性能得到大幅度提高。

为了便于进行生产检验，相应的国家标准中备有标准评级图（如图 3 - 8），可将显微镜下观察到的组织或拍摄的照片与标准评级图对比即可确定奥氏体晶粒度。这种方法简便易行，在生产中广为采用。

奥氏体晶粒度有 3 种：

1）起始晶粒度——奥氏体形成过程刚结束时的晶粒度。

2）实际晶粒度——热处理加热终了时的晶粒度。

3）本质晶粒度——在（930 ± 10）℃、保温 3 ~ 8 h 下测定的奥氏体晶粒度。本质晶粒度为

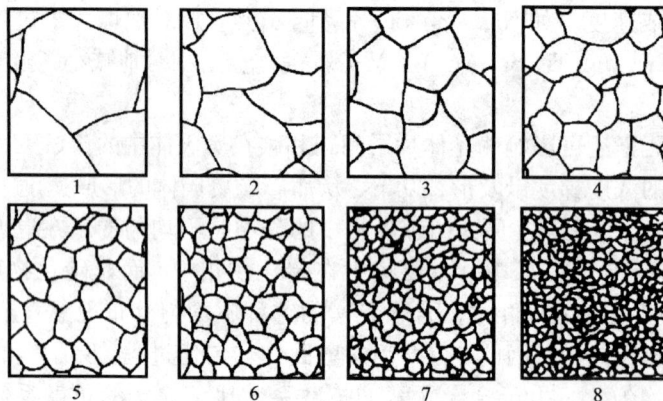

图 3-8　标准晶粒度 1~8 级示意图

5~8 级者称为本质细晶粒钢,而本质晶粒度为 1~4 级者称为本质粗晶粒钢。

本质晶粒度表示钢在一定的条件下奥氏体晶粒长大的倾向性,因钢种及冶炼方法的不同而异。应注意,本质晶粒度不同于实际晶粒度,如本质细晶粒钢被加热到 950℃ 以上的高温时也可得到十分粗大的奥氏体实际晶粒。相反,本质粗晶粒钢加热温度略高于临界点时也可得到细小的奥氏体晶粒。本质细晶粒钢 930~950℃ 以下加热时,晶粒长大倾向很小,所以其淬火加热温度范围较宽,生产上易于掌握。这种钢也可以在 930℃ 渗碳后直接淬火。但是,对本质粗晶粒钢必须严格控制加热温度,以防止过热而引起奥氏体晶粒粗大。

2. 影响奥氏体晶粒长大的因素

奥氏体的起始晶粒一般都比较细小,晶界多,晶界总面积大、界面能高,处于高能量状态。这就必然引起奥氏体晶粒的长大,以减少晶界,降低界面能。尽管奥氏体晶粒长大是一个自由能降低的自发过程,但不同的外界因素可以在不同的程度上促进或抑制其长大过程的进行。影响奥氏体晶粒长大的因素如下:

(1) 加热温度的影响

由于奥氏体的晶粒长大是通过原子的扩散来实现的,而原子的扩散能力随温度升高增大,因此奥氏体的晶粒也将随温度的增高而迅速长大,如图 3-9 所示。

(2) 保温时间的影响

在一定的加热温度下,奥氏体的晶粒随着温度的升高和时间的延长而长大。如图 3-10 所示,一开始晶粒随时间的延长长大较快,然后逐渐减慢,到一定时间后,即使再延长保温时间,也变化不大。所以时间对晶粒的长大不如温度作用大。

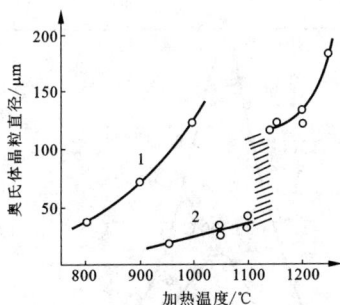

图 3 - 9　奥氏体直径与加热温度的关系

1—不含铝的 C - Mn 钢；2—含 Nb 钢

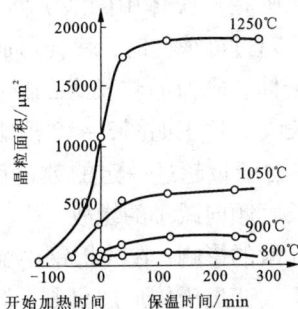

图 3 - 10　加热温度、时间对 0.48%C -

0.82%Mn 钢奥氏体晶粒大小的影响

（3）加热速度的影响

加热速度越大，过热度越大，形核率越高，奥氏体起始晶粒度越细。也就是说，快速加热至高温，短时保温，亦可获得细晶粒组织，如图 3 - 11 所示。

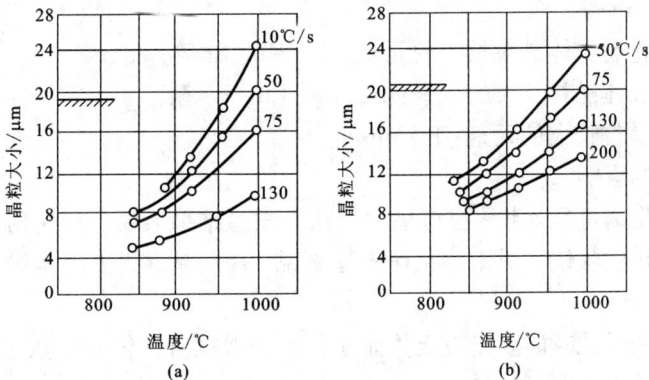

图 3 - 11　奥氏体晶粒大小与加热速度的关系

（a）普通淬火 840℃；（b）普通淬火 780℃

（4）化学成分的影响

钢中的含碳量和合金元素都会对奥氏体晶粒长大有显著影响。

含碳量的影响：在相同的加热条件下，当钢中的含碳量不超过一定的限度时，奥氏体晶粒长大的倾向随钢中含碳量的增大而增大，如图 3 - 12 所示。这是因为随着含碳量的增加，碳原子在奥氏体中的扩散系数及铁的自扩散系数均增大，从而增加了奥氏体的晶粒长大倾向。从图中可以看出，对应于每一加热温度，都已存在着一个晶粒长大最快的碳浓度，这就是该温度下碳在奥氏体中的最大溶解度。含碳量一旦超过该浓度时，就会形成过剩的二次渗碳体，成为晶粒长大的障碍物，阻碍晶粒长大。这正如图 3 - 12 所表示的那样，钢中含碳量超过一定的数值后，奥氏体晶粒长大倾向减小的缘故。

合金元素的影响：在共析钢中加入合金元素并不改变奥氏体形成机制，但由于合金元素的加入可以改变临界点的位置，影响碳在奥氏体中的扩散速度，还可与碳形成各种稳定性不同的碳化物或氮化物，从而影响奥氏体晶粒的长大速度。

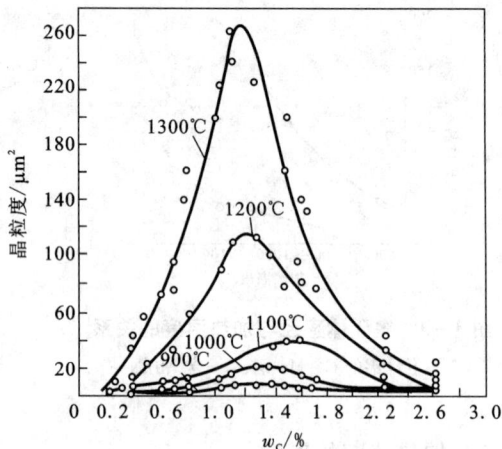

图 3 - 12　钢中碳含量对奥氏体晶粒长大的影响
保温时间均为 3 h

按照合金元素对奥氏体晶粒长大的影响，可以分为以下 4 类。

1）强烈阻止奥氏体晶粒长大的元素：Al、V、Ti、Zr、Nb、Ta 等；

2）中等程度阻止奥氏体晶粒长大的元素：W、Mo、Cr 等；

3）稍微阻止奥氏体晶粒长大的元素：Ni、Co、Cu、Si 等；

4）促进奥氏体晶粒长大的元素：P、Mn 等。

（5）原始组织的影响

珠光体中的碳化物可呈片状，也可呈颗粒状。试验结果表明，碳化物呈片状时，奥氏体晶粒的长大速度比颗粒状快。对于片状珠光体来说，片层越薄，奥氏体线长大速度越大，最终奥氏体晶粒越粗大。

存在未溶第二相微粒时能阻止奥氏体晶粒长大。微粒所占体积分数越大，半径越小，阻止奥氏体晶粒长大效果越明显。

3. 细化奥氏体晶粒的措施

（1）合理选择加热温度和保温时间

加热温度高一些，奥氏体形成速度就快一些，其晶粒长大倾向就越大，实际晶粒度也就越粗。延长保温时间也会导致奥氏体晶粒长大。加热温度对晶粒长大的影响要比保温时间的影响显著得多，因此要合理选择加热温度。

（2）合理选择钢的原始组织

原始组织主要影响起始晶粒度。碳化物弥散度越大，所得到的奥氏体起始晶粒就越细小。因此在生产中对高碳工具钢一般要求其原始组织为具有一定分散度的球化退火组织，因为这种粒状珠光体组织不易过热。

（3）加入一定量的合金元素

晶粒的长大是通过晶界原子的移动来实现的。加入合金元素，使其在晶界上形成弥散的化合物，如碳化物、氧化物、氮化物等等，这些弥散的化合物都对晶界的迁移起着"钉扎"作用，阻碍晶粒长大。另外钢中加入硼及少量稀土元素，主要吸附在晶界上并降低晶界的能量，从而减小晶粒长大的动力，也可限制或推迟晶粒长大。

（4）采用重结晶处理

所谓重结晶，就是将固态金属及合金在加热（或冷却）通过相变点时，从一种晶体结构转变成另一种晶体结构的过程。这里是指钢件加热到临界点稍上温度，使奥氏体重新形核并长大。实际生成中，工件经热加工（铸造、锻造、轧制、焊接等）后，往往晶粒粗大，力学性能降低。对此，可用重结晶来细化晶粒，例如对于有粗大晶粒的亚共析钢工件，可用完全退火或正火来细化晶粒。

3.2　钢的过冷奥氏体转变动力学图

钢在热处理时最关键的工序是冷却，冷却过程和条件决定钢的组织和性能。热处理生产中，钢在奥氏体化后的冷却方式通常分为两种：一是等温冷却，它是将奥氏体化的钢迅速冷却到临界温度以下某一温度保温，进行等温转变；另一种是连续冷却，它是将奥氏体化的钢连续冷却到室温使其在不同温度下进行转变。如图3－13所示，1是等温冷却，2是连续冷却。

当奥氏体冷至临界温度以下，即处于热力学不稳定状态时，称为过冷奥氏体。过冷奥氏体会发生分解，形成稳定相。过冷奥氏体分解是一个晶格改组和碳原子扩散再分配的过程。根据转变温度的高低以及转变机理和产物的不同，过冷奥

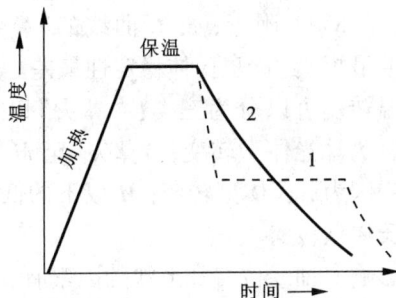

图3－13　连续冷却曲线与等温冷却曲线

氏体的转变可分为三种基本类型，即珠光体型转变（扩散型转变）、贝氏体转变（半扩散型转变）和马氏体转变（无扩散型转变）。

虽然转变类型主要取决于温度，但转变速度和程度往往与时间有关。也就是说，成分一定的过冷奥氏体的转变是一个与温度、时间（或转变速度）相关的过程。通常过冷奥氏体的冷却转变可以用表征转变程度与温度、时间之间关系的过冷奥氏体转变动力学图来表示。

过冷奥氏体等温转变动力学图和连续转变动力学图是制定热处理工艺、合理选择材料及预测零件热处理后工件性能的重要理论依据之一。

3.2.1 过冷奥氏体等温转变曲线

将一批经奥氏体化的钢试样急冷至临界点(A_1)以下各不同温度,并在此温度下保温不同时间,逐个取出试样迅速冷却下来,然后测定各不同等温温度下,转变产物的类型以及转变量与时间的关系,如图 3 – 14(a)。以温度(℃)为纵坐标,时间半对数(s)为横坐标,分别将各温度下过冷奥氏体转变开始和转变终了时间点连接起来,可以得到两条曲线,这就是过冷奥氏体分解的等温转变综合动力学图,如图 3 – 14(b)所示,通常简称为等温转变图或 TTT 图。由于图中的曲线形似"C"字母,故也称 C 曲线。图中 M_s 线是过冷奥氏体转变为马氏体的开始温度,M_f 是过冷奥氏体转变为马氏体的终了温度。

在组织转变开始之前的等温时间称为孕育期。A_1 以下不同温度组织转变的孕育期长短标志着过冷奥氏体的稳定性。以共析碳钢 C 曲线来看,在 550℃ 附近,即 C 曲线的"鼻尖"部分,孕育期最短,过冷奥氏体稳定性最差。过冷奥氏体等温转变可以分为三类:"鼻尖"以上的高温转变区为珠光体型转变;"鼻尖"至 M_s 之间的中温转变区为贝氏体型转变;M_s 以下的低温转变区为马氏体型转变。

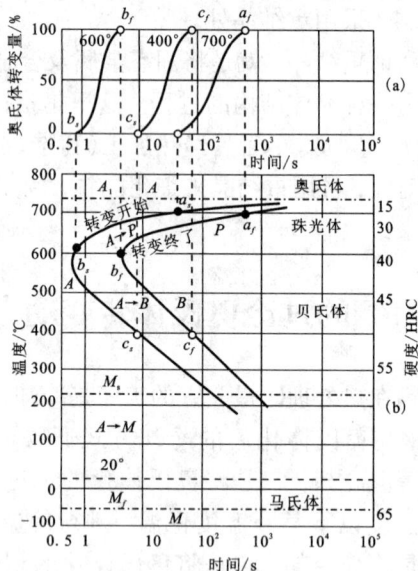

图 3 – 14 共析碳钢 C 曲线的测定与绘制

影响 C 曲线位置和形状的因素有:

(1)含碳量的影响

在常规奥氏体化的条件下,亚共析碳钢的 C 曲线随着含碳量的增加向右移,过共析碳钢的 C 曲线随着含碳量的增加向左移,故在碳钢中共析钢的过冷奥氏体最为稳定,亦即其 C 曲线处于最右的位置。

亚共析或过共析碳钢的 C 曲线形状大体上与共析碳钢相似,它们之间的差别在于高温单相奥氏体在等温转变时,于 A_3 或 A_{cm} 温度以下首先析出铁素体或二次渗碳体,因此,在 C 曲线上多了一条先共析相析出线,如图 3 – 15(a)(c)所示。如果过共析钢奥氏体化的温度在 A_1 与 A_{cm} 之间,那么其 C 曲线不一定会有先共析渗碳体析出线。

(2)合金元素的影响

除 Co 和质量分数为 2.5% 以上的 Al 外,所有溶于奥氏体的合金元素均增加过冷奥氏体的稳定性,使 C 曲线右移。强碳化物元素形成元素(如 Cr、Mo、W、V 等)还会使 C 曲线的形

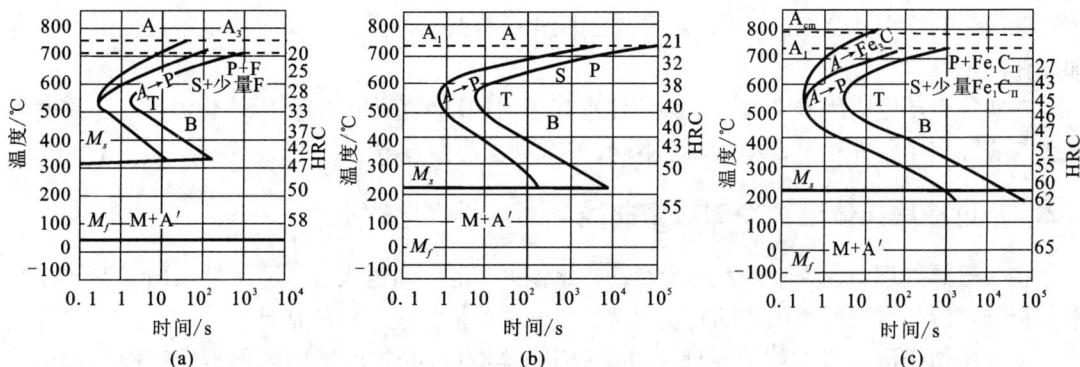

图 3 – 15　含碳量对 C 曲线形状和位置的影响
(a)亚共析钢；(b)共析钢；(c)过共析钢

状发生变化。图 3 – 16 表示合金元素对 C 曲线位置和形状的影响。

多种元素的综合作用比单一元素的作用要更加复杂。

必须强调指出，碳化物形成元素只有溶于奥氏体中才会增加过冷奥氏体的稳定性，使 C 曲线右移。如果加热温度低，则存在未溶的碳化物，起到非自发晶核的作用，促进过冷奥氏体的非马氏体转变，使 C 曲线左移。

(3)奥氏体化温度和保温时间的影响

奥氏体化时加热温度越高或保温时间越长，奥氏体晶粒越粗大，晶界减少，奥氏体成分趋于均匀，未溶碳化物数量减少，则使奥氏体转变的形核率越低，即过冷奥氏体的稳定性越大，使 C 曲线越趋向右移动；反之，会使 C 曲线左移。但应指出，奥氏体晶粒的大小对贝氏体转变速度的影响较小。

(4)塑性变形的影响

对奥氏体进行塑性变形，可以使奥氏体晶粒细化，或使其亚结构密度增加，有利于碳原子和铁原子的快速扩散。因此，无论是在高温(奥氏体稳定区)或低温(奥氏体亚稳定区)对

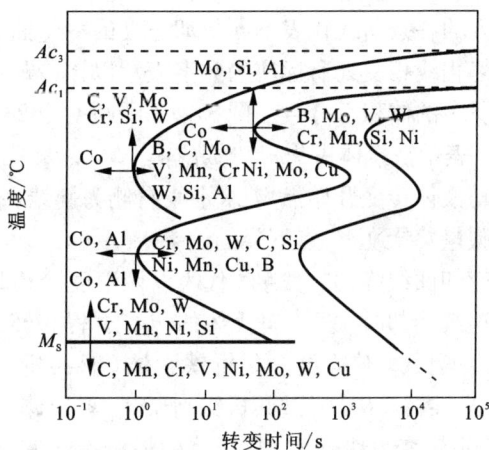

图 3 – 16　合金元素对 C 曲线位置和形状的影响

奥氏体进行塑性变形，都将加速珠光体的转变，使 C 曲线左移。但奥氏体的塑性变形对贝氏体转变的影响则不完全相同，表现为高温塑性变形对其有减缓作用，而低温塑性变形对其有加速作用。

在实际生产中应用 C 曲线时，必须注意其标明的试验条件，如奥氏体化温度、晶粒度等是否与实际应用条件相符，因为条件不同，C 曲线会有所差异。

3.2.2 过冷奥氏体连续冷却转变曲线

在一般热处理中，冷却多为连续冷却，如淬火、正火和退火等，虽然可以用等温转变图来分析连续冷却时过冷奥氏体的转变过程，但这种分析只是粗略的估计。

采用类似于测定 C 曲线的原理和方法（但为连续冷却），可测出各种钢的过冷奥氏体连续冷却转变曲线，也称为 CCT 图。CCT 曲线主要用来指导制定连续冷却条件下的热处理工艺，如分析淬火、正火、退火后所得到的组织和力学性能，还可以用来分析焊接热影响区的组织与力学性能等。

图 3-17 为 35CrMo 钢的 CCT 图，图中标注的符号的意义与 C 曲线图相同。自左上方至右下方的各条曲线代表不同冷却速度的冷却曲线。这些曲线依次与铁素体、珠光体和贝氏体转变终止线相交处所标注的数字表示以该冷却速度冷至室温后的组织中铁素体、珠光体和贝氏体所占的体积百分数。图 3-17 中硬度为 28HRC 的冷却曲线上分别标注有 7、5、85 三个数字，表示铁素体占 7%、珠光体占 5%、贝氏体占 85%，其余为马氏体和少量的残余奥氏体。马氏体转变开始点 M_s 水平线右侧为斜线，这是由于珠光体、贝氏体转变提高了奥氏体中的含碳量，导致 M_s 点下降的结果。

冷却曲线终端的数字，代表以该速度冷却时获得组织的室温维氏（或洛氏）硬度。

连续冷却时，过冷奥氏体的转变过程和转变产物取决于钢的冷却速度。在连续冷却时，使过冷奥氏体不析出先共析铁素体（亚共析钢）、先共析渗碳体（过共析钢高于 A_{cm} 奥氏体化）或不转变为珠光体、贝氏体的最低冷却速度，分别称为抑制先共析铁素体、先共析渗碳体、珠光体和贝氏体的临界冷却速度。它们分别用与 CCT 图中先共析铁素体和先共析渗碳体的析出线或珠光体和贝氏体转变开始线相切的冷却曲线对应的冷却速度来表示。

为了使钢件在淬火后获得完全的马氏体组织，应使奥氏体在冷却过程中不发生分解。这时钢件的冷却速度应大于某一临界值。此值应为先共析铁素体、先共析渗碳体、珠光

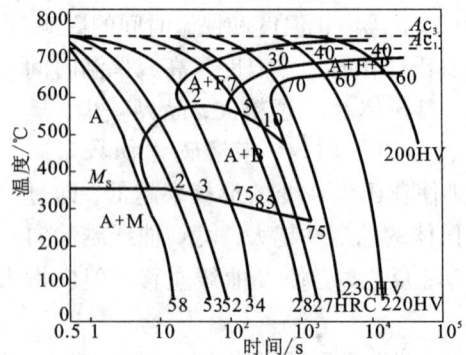

图 3-17 35CrMo 钢的 CCT 图

奥氏体化温度 800℃

体和贝氏体的临界冷却速度中的最小值，此值称为临界淬火速度，通常以 v_c 表示。v_c 是得到完全马氏体的最低冷却速度，代表钢接受淬火的能力，是决定淬透层深度的主要因素，也是合理选用钢材和正确制定热处理工艺的重要依据之一。

因为，连续冷却转变图在测定上困难，到目前为止还有许多钢的 CCT 图未被测定。等温冷却转变曲线测定比较容易，故通常用 C 曲线图来估计 v_c，即以与 C 曲线鼻尖相切的冷却速度为 v_c。

3.2.3　过冷奥氏体连续冷却转变曲线与等温转变曲线的比较

与等温转变相比，过冷奥氏体连续冷却转变有如下特点：

1) 任何一种钢的 CCT 曲线都在其 C 曲线的右下方。如图 3-18 所示。这是由于奥氏体连续冷却转变温度较低、孕育期较长所致。

2) 共析钢的 CCT 图只有高温的珠光体和低温的马氏体转变区，而无中温的贝氏体转变区。

3) 合金钢连续冷却转变时组织多变。可以有珠光体转变而无贝氏体转变，也可以有贝氏体转变而无珠光体转变，也可以两者兼而有之，具体图形由加入钢中合金元素的种类和含量而定。

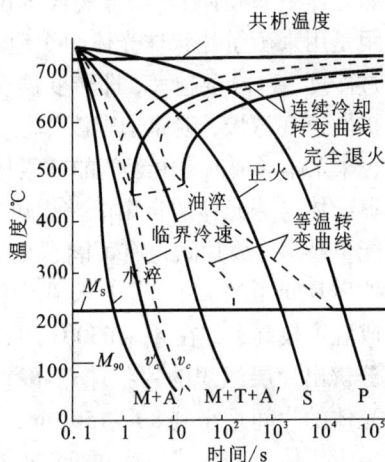

图 3-18　共析钢连续冷却转变曲线

3.3　珠光体转变与钢的退火和正火

铁碳合金经奥氏体化后缓慢冷却时，具有共析成分的奥氏体在略低于 A_1 的温度分解为铁素体与渗碳体双相组织的共析转变称为珠光体转变。因发生在过冷奥氏体转变的高温区，故又称高温转变，属于扩散型相变。钢中产生珠光体转变的热处理工艺称为退火或正火。

3.3.1　珠光体的组织形态与力学性能

珠光体是由铁素体和渗碳体组成的双相组织。珠光体在光学显微镜下呈现珍珠般的光泽，故称珠光体。按渗碳体的形态，珠光体可主要分为片状珠光体和粒状珠光体两种。

1. 片状珠光体

渗碳体为片状的珠光体称为片状珠光体。片状珠光体由相间的铁素体和渗碳体片组成，如图 3-19 所示。若干大致平行的铁素体与渗碳体片组成一个珠光体领域，或称珠光体团。在一个奥氏体晶粒内，可以形成几个珠光体团（图 3-20）。

图 3 – 19   T8 钢的珠光体组织

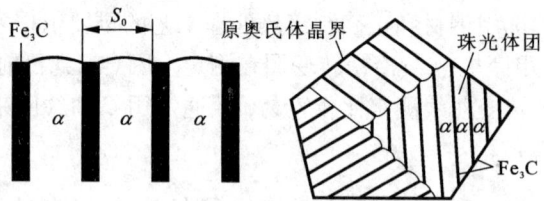

图 3 – 20   片状珠光体的片间距和珠光体团示意图

　　珠光体中渗碳体 Fe₃C 与铁素体 α 片厚之和称为珠光体的片间距, 用 S_0 表示 (图 3 – 20)。片间距是用来衡量片状珠光体组织粗细程度的一个主要指标。片间距的大小主要取决于转变时的过冷度, 过冷度越大, 即转变温度越低, 珠光体的片间距越小。这是因为转变温度越低, 碳的扩散速度越慢, 碳原子难以作较大距离的迁移, 故只能形成片间距较小的珠光体; 另一方面, 珠光体形成时, 由于新的铁素体与渗碳体界面的形成将使界面能增加, 这部分界面能是由奥氏体与珠光体的自由能差提供的, 过冷度越大, 所能提供的自由能越大, 能够增加的界面能也越多, 故片间距有可能越小。

　　按照片间距的大小, 生产实践中将片状珠光体分为珠光体、索氏体和托氏体。若珠光体的形成温度较高, 如在 A_1 ~ 650℃, 则片间距较大, 约为 150 ~ 450 nm, 这种在光学显微镜能明显分辨出片层组织的片状珠光体称为珠光体; 若形成温度较低, 如在 600 ~ 650℃ 范围内, 则珠光体的片间距小到 80 ~ 150 nm, 光学显微镜以难以分辨出片层形态, 这种细片状珠光体被称为索氏体。若形成温度更低, 如在 550 ~ 600℃ 范围内, 则片间距为 30 ~ 80 nm, 被称为托氏体[*]。只有在电子显微镜下, 才能分辨出托氏体组织中渗碳体与铁素体的片层形态。

　　片状珠光体的力学性能与珠光体的片间距、珠光体团的直径以及珠光体中铁素体片的亚晶粒尺寸等有关。硬度一般在 160 ~ 280 HBS 之间, 抗拉强度在 784 ~ 882 MPa 之间, 延伸率在 20% ~ 25% 之间。随着珠光体团直径以及片间距的减小, 珠光体的强度、硬度以及塑性均将升高。图 3 – 21 和图 3 – 22 给出了共析钢珠光体片间距与抗拉强度、断面收缩率的关系。由图可见, 抗拉强度和断面收缩随片间距的减小而增加。有的文献还给出了根据珠光体片间距计算屈服强度的经验公式:

$$\sigma_s = 139 + 46.4 S_0^{-1} \tag{3 – 2}$$

式中: σ_s——屈服强度, MPa;

　　　　S_0——片间距, μm。

─────────────

[*] 有人也称之为屈氏体。

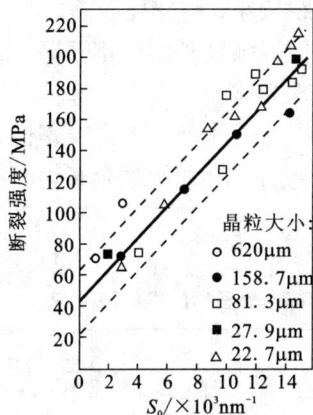

图3-21 共析碳钢珠光体强度与片间距 S_0 关系

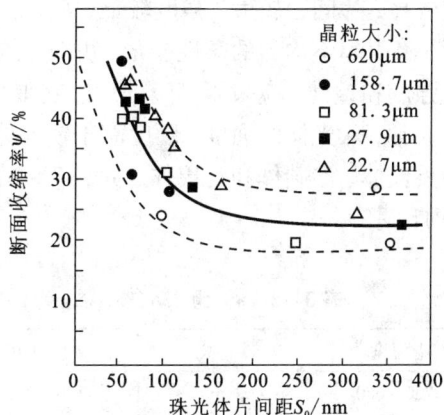

图3-22 共析碳钢珠光体断面收缩率与片间距关系

球光体片间距减小时,铁素体与渗碳体变薄,相界面增多,铁素体中位错不易滑动,故使塑变抗力升高。在外力足够大时,位于铁素体中心的位错源被开动后,滑动的位错将受阻于渗碳体片,渗碳体及铁素体片越厚,因受阻而塞积的位错也越多,塞积的位错将在渗碳体薄片中造成正应力,而使渗碳体片产生断裂。片层越薄,塞积的位错越少,正应力也越小,越不易引起开裂。只有提高外加作用力,才能使更多的位错塞积在相界面一侧,造成足够的正应力使渗碳体片产生断裂。当每一个渗碳体片发生断裂并且裂纹连接在一起时便引起整体脆断。由此可见,片间距的减小可以提高断裂抗力。

片间距的减小能提高塑性,这是因为渗碳体片很薄时,在外力作用下,塞积的位错可以切过渗碳体薄片引起滑移产生塑性变形而不使之发生正断,使渗碳体薄片产生弯曲,致使塑性增高。

片间距对冲击韧度的影响比较复杂,因为片间距的减小将使冲击韧度下降,而渗碳体片变薄又有利于提高冲击韧度。前者是由于强度提高而使冲击韧度下降,后者则是由于薄的渗碳体片可以弯曲、形变而使断裂成为韧性断裂,从而提高冲击韧度。这两个相互矛盾的因素使冲击韧度的韧脆转变温度与片间距之间的关系出现一极小值(图3-23),即韧脆转变温度随片间距的减小先降后增。

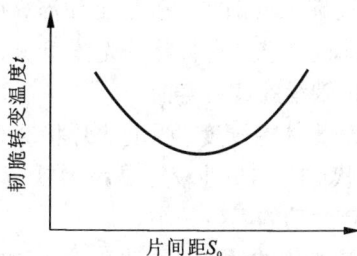

图3-23 珠光体片间距对韧脆转变温度的影响

若片状珠光体在连续冷却过程中在一定的温度范围内形成,则先形成的珠光体由于形成温度较高，片间距较大，强度较低，后形成的珠光体片间距较小，则强度较高。在外力的作用下，将引起不均匀的塑性变形，并导致应力集中，从而使得强度和塑性都下降。因此，为提高强度和塑性，应采用等温处理以获得片层厚度均匀的珠光体。

通常，珠光体的强度、硬度高于铁素体，而低于贝氏体、渗碳体和马氏体，塑性和韧性则高于贝氏体、渗碳体和马氏体，如表3－2所示。因此，一般珠光体组织适合于切削加工或冷成型加工。

表3－2　w_C 为0.84％、w_{Mn} 为0.29％钢经不同温度等温处理后的组织和硬度

等温温度/℃	组织	硬度/HBS	等温温度/℃	组织	硬度/HBS
720~680	珠光体	170~250	550~400	上贝氏体	400~460
680~600	索氏体	250~320	400~240	下贝氏体	460~560
600~550	屈氏体	320~400	240~室温	马氏体	580~650[①]

① 由58~62HRC换算而得。

2. 粒状珠光体

在铁素体基体中分布着颗粒状渗碳体的组织称为粒状珠光体(图3－24)或球状珠光体。粒状珠光体一般是通过球化退火等一些特定的热处理获得的。对于高碳钢中的粒状珠光体，常按渗碳体颗粒的大小分为粗粒状珠光体、粒状珠光体、细粒状珠光体和点状珠光体。渗碳体颗粒大小、形状及分布均与所用的热处理工艺有关，渗碳体的多少则决定于钢中的碳含量。

在成分相同的情况下，与片状珠光体相比，粒状珠光体的强度、硬度稍低，但塑性较好，如图3－25所示。粒状珠光体的疲劳强度也比片状珠光体高，如表3－3所示。另外，粒状珠光体的可切削性、冷挤压时的成型性好，加热淬火时的变形、开裂倾向小。所以，粒状珠光体常常是高碳工具钢在切削加工和淬火前要求预先得到的组织形态。碳钢和合金钢的冷挤压成型加工，也要求具有粒状珠光体组织。GCr15轴承钢在淬火前也要求具有细粒状珠光体组织，以保证轴承的疲劳寿命。

粒状珠光体的硬度、强度比片状珠光体稍低的原因是铁素体与渗碳体的界面比片状珠光体少。粒状珠光体塑性较好是因为铁素体呈连续分布，渗碳体呈颗粒状分散在铁素体基底上，对位错运动的阻碍较小。

粒状珠光体的性能还取决于碳化物颗粒的大小、形态与分布。一般来说，碳化物颗粒越细、形态越接近等轴、分布越均匀，韧性越好。

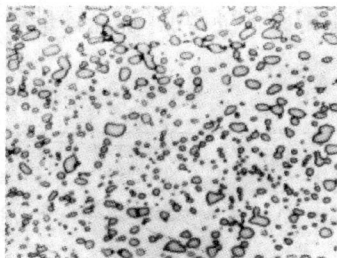

图 3-24　T8 钢中粒状珠光体组织(经球化退火)

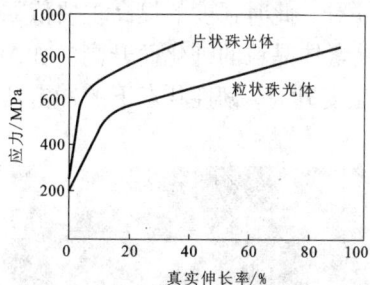

图 3-25　片状珠光体与粒状珠光体应力应变图

表 3-3　珠光体的组织形态对疲劳强度的影响

钢种	显微组织	σ_b/MPa	σ_{-1}/MPa
共析钢	片状珠光体	676	235
共析钢	粒状珠光体	676	286
w_C 为 0.7% 钢	细珠光体片状	926	371
w_C 为 0.7% 钢	回火索氏体	942	411

3. 特殊形态的珠光体

当钢中加入合金元素时,碳化物形成元素的原子 M 可能取代渗碳体中部分铁原子,形成 $(Fe, M)_3C$ 合金渗碳体,也可能形成 MC、M_2C、M_7C_3、$M_{23}C_6$ 等合金碳化物,即特殊碳化物。当钢中存在合金渗碳体或合金碳化物时,珠光体的组织形态除了片状珠光体和粒状珠光体这两种外,还有一些特殊形态的珠光体,如碳化物呈针状或纤维状的珠光体。

碳化物呈纤维状的珠光体其实是纤维状碳化物与铁素体的聚合体。这种聚合体的形态变化较多,有的像珠光体那样有球团组织;有的直接从奥氏体长出具有大体平行的边界;有的像枞树叶,纤维以一个中轴对称排列,如图 3-26 所示。纤维的直径约为 20 ~ 50 nm,其间距至少比普通珠光体组织小一个数量级,而且在碳的质量分数 w_C 为 0.2% 时,就可以使钢具有"全共析"组织。因此,这种组织具有很好的力学性能,例如,含 w_C 为 0.2% 和 w_{Mo} 为 4% 的钢,在 600 ~ 650℃ 转变后其屈服强度可达 770 MPa。已经在许多钢中,主要在直接等温处理或控制冷却中发现这种纤维状组织。就目前所知,以这种形态存在的特殊碳化物可以是 Mo_2C、W_2C、VC、Cr_7C_3 和 TiC。

珠光体转变的产物与钢的化学成分及热处理工艺有关。共析钢珠光体转变产物为珠光体,亚共析钢珠光体转变产物为先共析铁素体加珠光体,过共析钢珠光体转变产物为先共析渗碳体加珠光体。在亚共析钢中当珠光体量少时,珠光体对强度贡献不占主要地位,此时强度的提高主要依靠铁素体晶粒尺寸的减小。而当珠光体的量趋近 100% 时,珠光体对强度的贡献占主导，此时强度的提高主要依靠珠光体片间距的减小。塑性则随珠光体量的增多而下降，随铁素体晶粒的细化而升高。如图3－27所示，随钢中碳含量增加（珠光体量增加），韧脆转化温度升高，韧性状态下的冲击功显著下降。

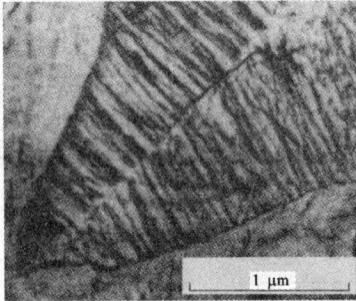

图3－26　0.2％C－4％Mo钢在650℃
保温2 h后的组织（复型）

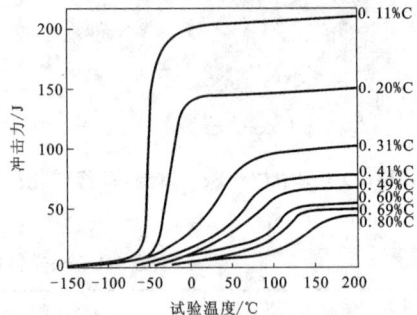

图3－27　碳含量（珠光体含量）
对正火钢的韧脆转化温度和冲击功的影响

3.3.2　珠光体转变机制

1. 珠光体转变的热力学条件

共析成分奥氏体过冷至 A_1 点以下将发生珠光体转变。珠光体转变的驱动力是珠光体与奥氏体的自由能差。由于珠光体转变温度较高，原子能够长距离扩散；珠光体又是在晶界形核，形核所需的驱动力较小，所以在较小的过冷度下即可发生珠光体转变。

图3－28为铁碳合金的奥氏体、铁素体和渗碳体三个相在 T_1、T_2 温度的自由能－成分曲线图。在 T_1（即 A_1）温度三个相的自由能－成分曲线有一条公切线，说明铁素体和渗碳体双相组织（即珠光体）的自由能与共析成分的奥氏体的自由能相等，自由能差为零，没有相变驱动力即在 T_1 温度共析成分的奥氏体不能转变为铁素体和渗碳体的双相组织（珠光体）。

当温度下降到 T_2 时，奥氏体、铁素体和渗碳体的自由能曲线的相对位置发生了变化，如图3－28（b）所示。由图可见，在三个相的自由能曲线间，可以作出三条公切线。这三条公切线分别代表三组混合相的自由能，即 d 成分的奥氏体与渗碳体；c 成分的奥氏体与 a 成分的铁素体；a' 成分的铁素体与渗碳体等三组混合相。共析成分的奥氏体的自由能在三条公切线之上。所以共析成分的奥氏体有可能分解为 d 成分的奥氏体与渗碳体、a 成分的铁素体与 c 成分的奥氏体以及 a' 成分的铁素体与渗碳体。由于后者的公切线位置最低，所以由共析成分的奥氏体转变为 a' 成分的铁素体与渗碳体（即珠光体）在热力学上的可能性最大。

当共析成分的奥氏体同时转变为 d 成分的奥氏体与渗碳体、a 成分的铁素体与 c 成分的奥氏体时，奥氏体的成分是不均匀的，与铁素体接壤处为含碳较高的 c 成分，与渗碳体接壤

处为含碳较低的 d 成分,如图 3 - 28(c)所示。因此,在奥氏体内部将出现碳的浓度梯度,碳将从高碳区往低碳区扩散,使奥氏体的上述转变过程得以继续进行,直至奥氏体消失,全部转变为自由能最低的、成分为 a' 的铁素体与渗碳体组成的两相混合物,即珠光体。

2. 片状珠光体的形成机制

下面以共析碳钢为例,讨论片状珠光体的形成过程。

珠光体转变时,共析成分的奥氏体将转变为铁素体和渗碳体的双相组织,这一反应可用下式表示:

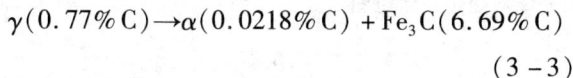

$$\gamma(0.77\%\,C) \rightarrow \alpha(0.0218\%\,C) + Fe_3C(6.69\%\,C) \tag{3-3}$$

可见,珠光体的形成包括两个不同的过程:一个是点阵的重构,即由面心立方的奥氏体转变为体心立方的铁素体和正交点阵的渗碳体;另一个则是通过碳的扩散使成分发生改变,即由共析成分的奥氏体转变为高碳的渗碳体和低碳的铁素体。

图 3 - 28　Fe - C 合金各相在
$T_1(A_1)$、T_2 温度的自由能 - 成分曲线

珠光体转变是一个形核和长大的过程。由于珠光体是由铁素体和渗碳体两相所组成的,因此就有领先相的问题。珠光体转变时的晶核究竟是铁素体还是渗碳体,很难通过实验直接验证,所以目前尚无定论。许多研究证实,珠光体形成时的领先相随相变发生的温度和奥氏体成分的不同而异。过冷度小时渗碳体是领先相,过冷度大时铁素体是领先相;在亚共析钢中铁素体是领先相,在过共析钢中渗碳体是领先相,而在共析钢中两者为领先相的几率相同。但是,一般认为共析钢中珠光体形成的领先相是渗碳体。

共析钢过冷奥氏体发生珠光体转变时,多半在奥氏体晶界上形核,也可在晶体缺陷比较密集的区域形核。这是由于这些部分有利于产生能量、成分和结构起伏,新相晶核易在这些高能量、接近渗碳体碳含量和类似渗碳体晶体点阵的区域产生。但当奥氏体中碳浓度很不均匀或有较多未溶渗碳体存在时,珠光体晶核也可在奥氏体晶粒内产生。

以渗碳体为领先相,片状珠光体的形成过程如图 3 - 29 所示。均匀奥氏体冷却至 A_1 点以下时,由于能量、成分和结构起伏首先在奥氏体晶界上形成一小片渗碳体晶核。渗碳体晶核形成后长大时,将从周围奥氏体中吸取碳原子而使周围出现贫碳奥氏体区。在贫碳奥氏体区

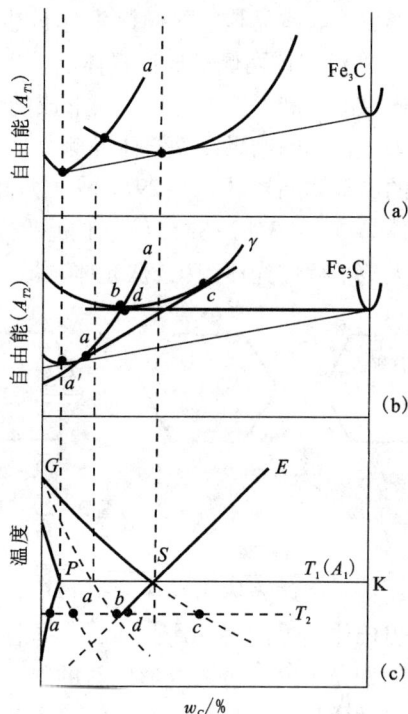

中将形成铁素体晶核，同样铁素体核也最易在渗碳体两侧的奥氏体晶界上形成［图 3 - 29 (b)］。在渗碳体两侧形成铁素体晶核以后，已经形成的渗碳体片就不可能再向两侧长大，而只能向纵深发展，长成片状。新形成的铁素体除了随渗碳体片向纵深方向长大外，也将向侧面长大。长大的结果在铁素体外侧又将出现奥氏体的富碳区，在富碳区的奥氏体中又可以形成新的渗碳体晶核［图 3 - 29(c)］。如此沿奥氏体晶界不断协调合作，交替地形成渗碳体与铁素体晶核［图 3 - 29(e)］，并不断平行地向奥氏体晶粒纵深方向长大。这样就得到了一组片层大致平行珠光体团(或珠光体领域)，如图 3 - 29(d)所示。

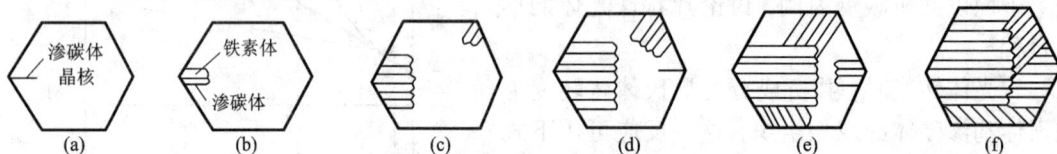

图 3 - 29　片状珠光体转变过程示意图

在第一个珠光体团形成的过程中。有可能在奥氏体晶界的另一个地点，或是在已经形成的珠光体团的边缘上形成新的另一个取向的渗碳体晶核，并由此而形成一个新的珠光体团［图 3 - 29(f)］，珠光体转变结束，全部得到片状珠光体组织。

图 3 - 30 表明片状珠光体长大过程受碳原子扩散控制。由图可知，转变在 T_1 温度进行，由图 3 - 30 得出与铁素体接壤的奥氏体的含碳量为 $C_\gamma^{\gamma-\alpha}$，高于与渗碳体接壤的奥氏体的含碳量 $C_\gamma^{\gamma-Fe_3C}$。因此，在奥氏体中形成了碳的浓度梯度，从而引起碳的扩散。扩散

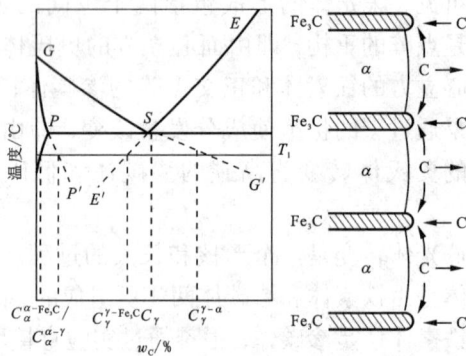

图 3 - 30　片状珠光体形成时碳的扩散示意图

的结果使与铁素体接壤的奥氏体中含碳量下降，与渗碳体接壤的奥氏体的含碳量升高，破坏了相界面上的碳的平衡。为了恢复平衡，与铁素体接壤的奥氏体将转变为含碳量低的铁素体，使 α/γ 界面向奥氏体一侧推移，并使界面处奥氏体的含碳量升高。与渗碳体接壤的奥氏体将转变为含碳量高的渗碳体，使 Fe_3C/γ 界面向奥氏体一侧推移，并使界面处奥氏体的含碳量下降。其结果就是渗碳体与铁素体均随着碳原子的扩散同时往奥氏体晶粒纵深长大，从而形成片状珠光体。此外，由图 3 - 30 还可见，由于 $C_\alpha^{\alpha-\gamma} > C_\alpha^{\alpha-Fe_3C}$，故 α 相中的碳将从 α/γ 界面向 α/Fe_3C 界面扩散，结果将导致渗碳体向两侧长大。

过冷奥氏体转变为珠光体时，晶体点阵重构是由部分 Fe 原子的自扩散完成的。

3．粒状珠光体形成机制

在奥氏体晶界形成的渗碳体核向晶内长大将长成片状珠光体。在奥氏体晶粒内形成的渗碳体核向四周长大将形成粒状珠光体。因此形成粒状珠光体的条件是保证渗碳体的核能在奥氏体晶内形成。而要达到形成粒状珠光体的转变条件，则需要特定的奥氏体化工艺条件和特定的冷却工艺条件。所谓特定的奥氏体化工艺条件是：奥氏体化温度很低（一般仅比 Ac_1 高 $10 \sim 20℃$），保温时间较短。所谓特定的冷却工艺条件是：冷却速度极慢（一般小于 $20℃/h$），或者过冷奥氏体等温温度足够高（一般仅比 Ac_1 低 $20 \sim 30℃$），等温时间要足够长。上述特定的奥氏体化工艺条件和特定的冷却工艺条件，实际就是普通球化退火和等温球化退火的工艺条件。

由于奥氏体化温度低，加热保温时间短，所以加热转变不能充分进行，得到的组织为奥氏体和许多未溶的残留碳化物，或许多微小的碳的富集区。这时残留碳化物已经不是片状，而是断开的、趋于球状的颗粒状碳化物。当慢速冷却冷至 Ar_1 以下附近等温时，未溶解的残余粒状渗碳体便是现成的渗碳体核。此外，在富碳区也将形成渗碳体核。这样的核与在奥氏体晶界形成的核不同，可以向四周长大，长成粒状渗碳体。而在粒状渗碳体四周则出现低碳奥氏体。通过形核长大，协调地转变为铁素体，最终形成颗粒状渗碳体分布在铁素体基体中的粒状珠光体。

如果加热前的原始组织为片状珠光体，则在加热过程中，片状渗碳体有可能自发地发生破裂和球化。这是因为片状渗碳体的表面积大于同样体积的粒状渗碳体，因此从能量考虑，渗碳体的球化是一个自发的过程。根据胶态平衡理论，第二相粒子的溶解度与粒子的曲率半径有关；曲率半径越小，溶解度越高，片状渗碳体的尖角处的溶解度高于平面处的溶解度。这就使得周围的基体（铁素体或奥氏体）与渗碳体尖角接壤处的碳浓度大于与平面接壤处的碳浓度，在基体（铁素体或奥氏体）内形成碳的浓度梯度，引起碳的扩散。扩散的结果破坏了界面上碳浓度的平衡。为了恢复平衡，渗碳体尖角处将进一步溶解。渗碳体平面将向外长大，如此不断进行，最后形成了各处曲率半径相近的粒状渗碳体。在 Ac_1 附近加热、保温、冷却或等温过程中，上述渗碳体球化过程一直都在自发进行。粒状渗碳体之所以还可以通过低温球化退火获得，就是按照上述片状渗碳体自发球化机理进行的。低温球化退火并不经过奥氏体化和珠光体转变过程，而是在 Ar_1 以下附近长时间等温加热，使片状珠光体直接自发地转变为粒状珠光体。

片状渗碳体的断裂还与渗碳体片内的晶体缺陷有关。图 3 - 31 表明由于渗碳体片内存在亚晶界而引起渗碳体的断

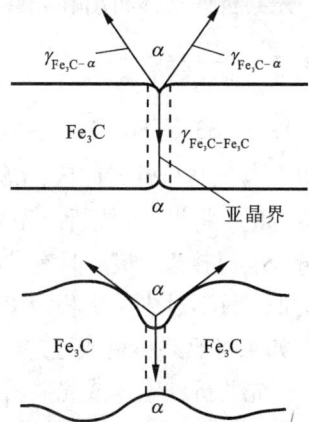

图 3 - 31　片状珠光体断裂机制示意图

裂。亚晶界在渗碳体内产生界面张力，使片状渗碳体在亚晶界处出现沟槽，沟槽两侧成为曲面。与片面相比曲面具有较小的曲率半径，因此溶解度较高，曲面的渗碳体将溶解，而使曲率半径增大，破坏了界面张力的平衡。为恢复平衡，沟槽将进一步加深。如此循环进行，直至渗碳体片溶穿，断为两截，然后再通过尖角溶解，平面长大而逐渐球化。同理，这种片状渗碳体断裂现象，在渗碳体中位错密度高的区域也会发生。

由此可见，如图 3-32 所示，在 Ac_1 以下状渗碳体的球化是通过渗碳体片的破裂，断开而逐渐成为粒状的。

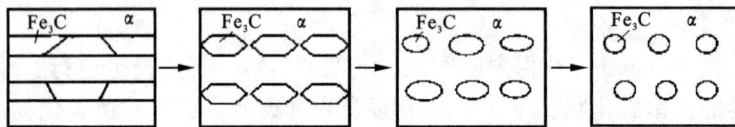

图 3-32　片状渗碳体在 Ac_1 以下球化过程示意图

除了上述球化退火工艺外，通过调质处理也可获得粒状珠光体。钢淬成马氏体后，通过高温回火，自马氏体析出的碳化物经聚集、长大成颗粒状碳化物，均匀分布在铁素体基体中，成为粒状珠光体。

对组织为片状珠光体的钢进行塑性变形，将增大珠光体中铁素体和渗碳体的位错密度和亚晶界数量，有促进渗碳体球状化的作用。

亚(过)共析钢的珠光体转变基本上与共析钢的珠光体转变相似，但需要考虑伪共析转变、先共析铁素体析出和先共析渗碳体析出问题。

3.3.3　伪共析转变

图 3-33 是 Fe-Fe$_3$C 平衡状态图的左下部分示意图，图中 GSE 线以上为奥氏体区，GS 线以左为先共析铁素体区，ES 线以右为先共析渗碳体区。由图可知，亚共析钢自奥氏体区缓慢冷却时，将沿 GS 线析出先共析铁素体。随着铁素体的析出，奥氏体的碳浓度逐渐向共析成分(S 点)接近，最后具有共析成分的奥氏体在 A_1 点以下转变为珠光体。过共析钢的情况与此类似，只不过先共析相为渗碳体。

如果将亚共析钢或过共析钢(如图 3-33 中合金Ⅰ或Ⅱ)自奥氏体区以较快速度冷却下来，在先共析铁素体或先共析渗碳体来不及析出的情况下，奥氏体被过冷到 T_1 温度以下区域，由于 GSG' 线和 ESE' 线分别为铁素体和渗碳体在奥氏体中的溶解度曲线，在此温度以下保温时，将自奥氏体中同时析出铁素体和渗碳体。在这种情况下，过冷奥氏体将全部转变为珠光体型组织，但合金的成分并非共析成分，并且其中铁素体和渗碳体的相对含量也与共析成分珠光体不同，随奥氏体的碳含量变化而变化。这种转变称为"伪共析转变"，其转变产物称为"伪共析组织"，$E'SG'$ 线以下的阴影区域称为"伪共析转变区"。由图可见，过冷奥氏体转变温度越低，其伪共析转变的成分范围就越大。

3.3.4 亚(过)共析钢先共析相的析出

先共析相的析出是与碳在奥氏体中的扩散密切相关的。亚共析钢或过共析钢(如图 3 -32 中合金 I 或 II)奥氏体化后冷却到先共析铁素体区(GSE' 线以左区域)或先共析渗碳体区(ESG' 线以右区域)时，将有先共析铁素体或先共析渗碳体析出。析出的先共析相的量决定于奥氏体碳含量和析出温度或冷却速度。碳含量愈高(或愈低)，冷却速度愈大、析出温度愈低，则析出的先共析铁素体(或先共析渗碳体)的量就愈少。

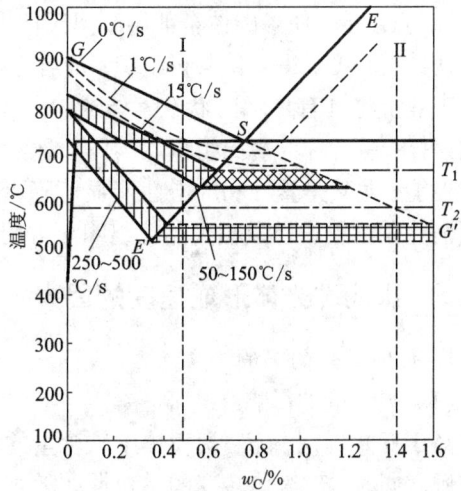

图 3 - 33　相与伪共析组织形成范围

在亚共析钢中，当奥氏体晶粒较细小，等温温度较高或冷却速度较慢时，铁原子可以充分扩散，所形成的先共析铁素体一般呈等轴块状，如图 3 - 34(a)所示。当奥氏体晶粒较粗大，冷却速度较快时，先共析铁素体可能沿奥氏体晶界呈网状析出，如图 3 - 34(b)、(c)所示。块状和网状铁素体形成时与奥氏体无共格关系。当奥氏体成分均匀、晶粒粗大、冷却速度又比较适中时，先共析铁素体有可能呈片(针)状，沿一定晶面向奥氏体晶内析出，此时铁素体与奥氏体有共格关系，如图 3 - 34(d)、(e)所示。

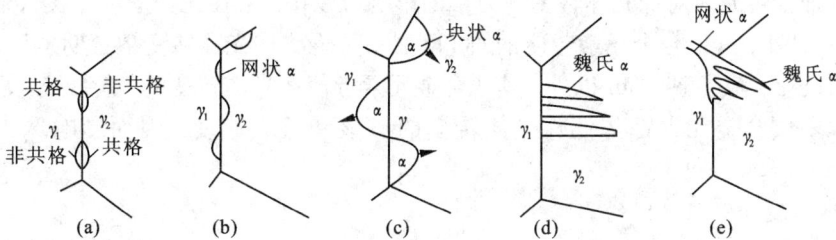

图 3 - 34　先共析铁素体不同形态形成示意图

在过共析钢中，先共析渗碳体的形态可以是粒状、网状或针(片)状。但过共析钢在奥氏体成分均匀、晶粒粗大的情况下，从奥氏体中直接析出粒状渗碳体的可能性很小，一般呈网状或针(片)状渗碳体，此时将显著增大钢的脆性。因此，过共析钢的退火加热温度必须在

A_{cm}点以下，以避免形成网状渗碳体。为了消除已经形成的网状或针（片）状渗碳体，应当加热到A_{cm}点以上，使渗碳体全部溶于奥氏体中，然后快速冷却，使先共析渗碳体来不及析出而发生伪共析转变，得到伪共析组织；最后进行球化退火处理。

工业上将具有片（针）状铁素体或渗碳体加珠光体的组织称为魏氏组织，前者称为魏氏组织铁素体，后者称为魏氏组织渗碳体。魏氏组织以及经常与其伴生的粗大晶粒组织会使钢的机械性能，尤其是塑性和冲击性能显著降低，并使钢的脆性转折温度升高。在这种情况下，必须消除魏氏组织以及粗大晶粒组织。常用方法是采用细化晶粒的正火、退火以及锻造等。

3.3.5 影响珠光体形成速度的因素

1. 化学成分的影响

（1）碳含量的影响

对于亚共析钢，随着奥氏体中碳含量的增高，析出先共析铁素体的孕育期增长，析出速度减慢。同时，珠光体转变的孕育期亦随之延长，转变速度减慢。这是因为，在相同转变条件下，随着奥氏体中碳含量的增高，铁素体的形核率减小，铁素体长大时所需扩散离去的碳原子的量增大，因而使铁素体析出速度减慢。

对于过共析钢，在完全奥氏体化（加热温度高于A_{cm}）情况下，随着钢中碳含量的增高，碳在奥氏体中的扩散系数增大，渗碳体的形核率增大，先共析渗碳体析出的孕育期缩短，析出速度增大。珠光体转变的孕育期亦随之缩短，转变速度增大。所以相对来说，共析钢的过冷奥氏体最稳定。如果不完全奥氏体化（加热温度在A_1和A_{cm}之间），加热组织为不均匀奥氏体加残余碳化物，则具有促进珠光体形核和晶体长大的作用，使珠光体转变时的孕育期缩短，转变速度加快。

（2）合金元素的影响

综合各种合金元素对珠光体转变动力学的影响可以得出：在充分固溶于奥氏体中的情况下，除了 Co 以外，其他合金元素皆使钢的 TTT 曲线右移，珠光体转变孕育期延长，即推迟珠光体转变的进行；除了 Ni、Mn 以外，其他合金元素皆使珠光体转变的"鼻尖"温度移向高温。这是因为大多数合金元素都降低珠光体转变的形核和长大速度，因而影响珠光体的形成速度。

2. 加热温度和保温时间的影响

加热温度和保温时间主要是通过改变奥氏体的成分和组织状态来影响珠光体转变的。若奥氏体成分不均匀，则有利于在高碳区形成渗碳体，在低碳区形成铁素体，并加速碳在奥氏体中的扩散，促进先共析相和珠光体的形成。钢中存在的未溶渗碳体，即可以作为先共析渗碳体的非均匀晶核，也可以作为珠光体领先相的晶核，因而也加速珠光体转变。所以，提高加热温度或延长保温时间，相当于增加奥氏体中碳和合金元素的含量，都使珠光体转变的孕育期增长，转变速度降低。另一方面，随着温度升高和保温时间延长，奥氏体的成分愈加均匀，奥氏体晶粒也愈加粗大。这些都导致珠光体的形核位置减少，降低形核率和长大速度，从而推迟珠光体转变。所以，加热温度低，保温时间短，均将加速珠光体的转变。

3. 奥氏体晶粒度的影响

奥氏体晶粒细小，单位体积内的晶界面积增大，珠光体的形核部位增多，将促进珠光体的形成。同理，细小的奥氏体晶粒也将促进先共析铁素体和先共析渗碳体的析出。

4. 应力和塑性变形的影响

对奥氏体施加拉应力或进行塑性变形，将造成晶体点阵畸变和位错密度增高，有利于碳和铁原子的扩散及晶体点阵重构，促进珠光体的形核和晶体长大，加速珠光体的转变。奥氏体塑性变形的温度越低，珠光体转变速度就越大。

对奥氏体施加等向压应力，将使原子迁移阻力增大，碳和铁原子的扩散及晶体点阵重构困难，将降低珠光体的形成温度，减慢珠光体的形成速度。

3.3.6　钢的退火与正火

一般机械零件的加工工艺路线为：坯料（铸造、锻造、焊接）→预先热处理→机加工（粗）→最终热处理→机加工（精）→成品。其中退火或正火经常作为预备热处理，对一些要求不高的零件也可以作为最终热处理。

退火和正火是最基本的热处理工序，其目的主要是：消除铸件、锻件及焊接件的工艺缺陷；改善金属材料的加工成型性能、切削加工性能和热处理工艺性能，稳定零件几何尺寸，获得一定的力学性能。退火或正火工艺是否正确，是关系到低消耗、高质量地生产机器零件或其他机械产品的重要问题。

1. 钢的退火

退火是将钢加热到适当的温度，经过保温后缓慢冷却，以降低硬度、改善组织、提高加工性的一种热处理工艺。

退火是热处理工艺中应用最广、花样最多的一种工艺，下面介绍机械制造工业中几种常见的退火工艺。

（1）完全退火

将亚共析钢工件加热到 Ac_3 点以上 20~30℃，保温足够时间，使钢完全转变成奥氏体并使奥氏体成分均匀化，然后缓慢冷却至小于 500℃ 出炉空冷，获得接近平衡组织的热处理工艺称为完全退火。

完全退火退火一般适用于含碳 0.30%~0.60% 的中碳钢，这些钢经完全退火后，可以降低硬度，便于切削加工或塑性变形加工；还可以细化晶粒、均匀组织和减小内应力，为淬火作好适宜的组织准备。

（2）球化退火

使钢中的碳化物球状化的退火工艺称为球化退火，其工艺特点是将工件加热至稍高于

Ac_1温度(Ac_1 + 10 ~ 20℃），充分保温以使渗碳体球状化，然后再随炉缓冷或在稍低于 Ar_1 的温度等温处理，形成球状体组织，即在铁素体基体上均匀分布着粒状渗碳体。

球化退火主要适用于共析或过共析成分的碳钢及合金钢。

球化退火的目的在于：①降低硬度，改善切削性能。实验证明，含碳量大于 0.6% 的钢，球状珠光体的切削性能优于片状珠光体，含碳量愈高，差别愈大，故对一般含碳量较高的钢均采用球化退火。②获得均匀组织，改善热处理工艺性能。在工具钢中，为了减少淬火加热时的过热敏感性、变形、裂纹的倾向性，要求淬火前的原始组织为球状珠光体。

在球化退火前，若钢的组织中存在严重的网状渗碳体，必须先进行一次正火处理，以消除网状渗碳体，然后再进行球化退火。

需要说明的是，近年来球化退火工艺应用于亚共析钢已获成效，使其获得最佳塑性和较低硬度，从而大大有利于冷挤、冷拉、冷冲等冷成型塑性加工。

（3）等温退火

它是将工件加热至 Ac_3 + (20 ~ 30)℃（亚共析钢）或 Ac_1 + (10 ~ 20)℃（共析、过共析钢）经保温后，再以较快的速度冷却至珠光体转变温度区域即 600 ~ 700℃（亚共析钢）或 Ar_1 -(10 ~ 20)℃（共析、过共析钢）进行等温转变，以获得珠光体组织，然后空冷的工艺方法。

等温退火可以明显缩短工艺周期而且组织较均匀，特别是某些合金钢，生产中常用等温退火来代替完全退火或球化退火。图 3 - 35 为 35CrNi 大锻件完全退火与等温退火的比较，可以看出，等温退火大大缩短了工艺周期。从性能上来看，经等温退火处理后钢的强度、塑性 、硬度都比完全退火处理的高。

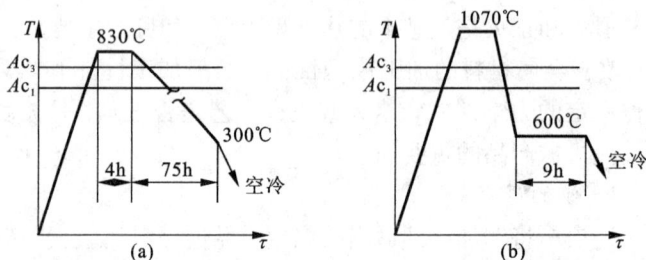

图 3 - 35　35CrNi 大锻件完全退火与等温退火的比较
（a）完全退火；（b）等温退火

（4）扩散退火

扩散退火又称均匀化退火，将金属铸锭、铸件在略低于固相线的温度下（一般为 1000 ~ 1200℃）长时间(10 ~ 15 h)保温，通过原子扩散消除或减少在结晶过程中产生的化学成分偏析及显微组织（枝晶）的不均匀性，以达到均匀化目的的热处理工艺称为扩散退火。

由于扩散退火在高温下进行，过程时间长，退火后奥氏体晶粒一般十分粗大。为了细化晶粒，应在扩散退火后，补充一次完全退火或正火。对铸锭来说，尚需压力加工，而压力加工可以细碎晶粒，故扩散退火后不必进行完全退火。

扩散退火耗能大，工件烧损严重，主要用于要求高的优质合金钢。

应该指出，用扩散退火解决钢材成分和组织结构的不均匀性是有限度的。例如对结晶过程中形成的化合物及夹杂物来说,扩散退火就无能为力,此时只能用反复锻打的方法才能改善。

(5)去应力退火(低温退火)

材料在加工过程中会产生残余应力,这种应力不消除,会引起工件在随后的加工或使用过程中的变形或开裂。去应力退火是将工件加热到 $Ac_1 - (100 \sim 200)℃$(碳钢一般为 $500 \sim 600℃$),保温一段时间,再缓慢冷却的热处理工艺。其主要目的是消除铸、锻、焊、冷冲压及机加工件中的残余应力,稳定尺寸,减小变形。

去应力退火的要点是保证均匀冷却,对于截面尺寸不同的零件尤其重要。因为冷却不均匀会产生新的应力。

(6)再结晶退火

该工艺是将工件加热至 A_1 以下,即再结晶温度以上 $100 \sim 200℃$(碳钢为 $650 \sim 700℃$),保温适当时间后炉冷或空冷。

再结晶退火仅仅适用于经过冷塑性变形加工的工件(如冷压低碳工件),用以消除加工硬化,提高塑性。一般作为冷塑性变形加工的中间工序。较详细的讨论将在第4章有色金属热处理部分给出。

2. 钢的正火

亚共析钢加热到 $Ac_3 + (30 \sim 100)℃$,过共析钢加热到 $Ac_{cm} + (30 \sim 50)℃$,经保温使之完全奥氏体化后在空气中冷却,得到珠光体类型的组织,这种热处理工艺称为正火。

正火与退火的主要区别在于冷却速度不同。正火的冷却速度比退火快,过冷度较大,奥氏体转变温度较低,使组织中珠光体量增多,且珠光体较细,因此强度和硬度较高。45 钢的退火和正火后的性能比较见表 3-4。

表 3-4　45 钢退火与正火状态的力学性能

状态	σ_b/MPa	$\delta_5/\%$	$\alpha_k/(J \cdot cm^{-2})$	HB
退火	650 ~ 700	10 ~ 20	46 ~ 60	~180
正火	700 ~ 800	15 ~ 20	50 ~ 80	~220

对于一般结构件来说,正火的目的,主要是细化晶粒,消除组织不均匀,提高力学性能;对于过共析钢而言,正火可以消除网状二次渗碳体,有利于球化退火的进行。正火主要可以应用于以下几个方面:

1)对于要求不高的结构件,正火可作为最终热处理。

2)对于低碳钢,正火可以适当提高钢的硬度,改善其切削性能。

3)对于性能要求较高的中碳钢零件,可以作为预备热处理,其目的是使组织均匀化和细化,得到正常的组织,硬度在 160～230HBS,具有良好的切削加工性能。另外还能减小淬火前的变形与开裂倾向,从显微组织上为淬火工序做好准备。

4)对于过共析钢,正火可消除网状二次碳化物,为球化退火作好组织准备。

退火与正火在加热温度、工艺曲线和硬度方面的比较如图 3－36 所示。图 3－36(a)为退火与正火加热温度范围。图 3－36(b)中阴影部分为适合切削加工的硬度。为保证切削加工工艺性能,针对不同含碳量的碳钢工件,切削前可由此图选择合理的的预备热处理工艺方法。

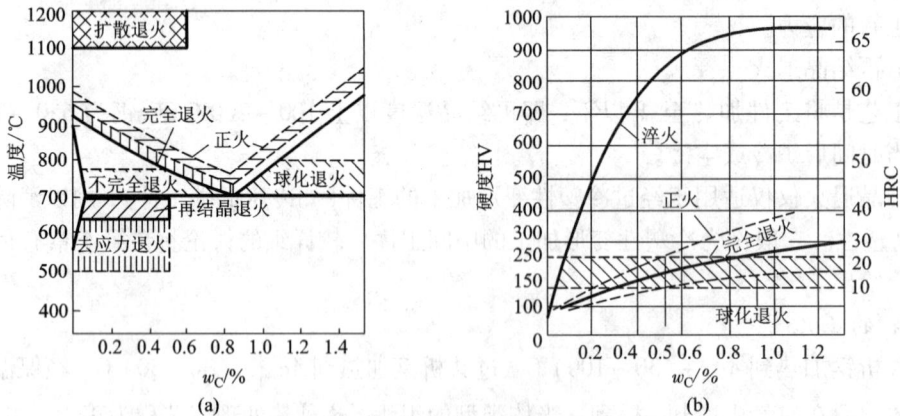

图 3－36　退火与正火比较
(a)加热温度范围;(b)碳钢热处理后的硬度

3.4　马氏体转变与钢的淬火

将钢经奥氏体化后快速冷却,抑制其扩散性分解,在较低温度下发生无扩散型相变称为马氏体相变。马氏体相变是最典型的切变共格型相变。切变共格型相变是指在相变过程中,晶体点阵的重组是通过切变即基体原子集体有规律的近程迁移来完成,新相与母相保持共格关系的相变。马氏体相变是钢件热处理强化的主要手段,产生马氏体相变的热处理工艺称为淬火。

3.4.1　马氏体转变的主要特征

马氏体转变具有一系列不同于奥氏体以及珠光体转变的特征。这里只介绍其中几个最重要的转变特征。

1. 切变共格和表面浮凸现象

马氏体相变时，在预先磨光的试样表面上可以出现倾动，形成表面浮凸(图 3－37)，这表明马氏体相变是能过奥氏体均匀切变进行的。奥氏体中已转变为马氏体的部分发生了宏观切变而使点阵发生改组，一边凹陷一边凸起，带动界面附近未转变的奥氏体发生弹塑性切变应变，如图 3－38 所示。若相变前在试样磨面上刻一直线划痕 ACB，则相变后产生浮凸时该直线变成折线 $ACC'B'$ 在显微镜光线照射下，浮凸两边呈现明显的山阴和山阳。由此可见，马氏体的形成是以切变方式进行的，同时马氏体和奥氏体之间界面上的原子是共有的，既属于马氏体，又属于奥氏体，而且整个相界面是互相相牵制的。这种界面称为切变共格界面，它是以母相的切变来维持共格关系的，故称为第二类共格界面。在具有共格界面的新旧两相中，原子位置有对应关系。新相长大时，原子只作有规则的迁动而不改变界面的共格状态。

图 3－37　马氏体表面浮凸(×650)

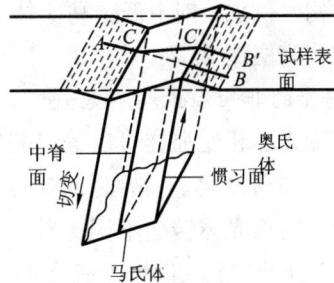

图 3－38　马氏体形成时产生表面浮凸示意图

2. 马氏体转变的无扩散性

马氏体转变时，晶体点阵的改组依赖于原子微量的协作迁移，而不是原子的扩散。这一特征称为马氏体转变的无扩散性。

首先，马氏体转变是通过奥氏体的均匀切变实现的，因此马氏体的成分与原奥氏体的成分完全一致；其次，马氏体可以在极低的温度下(例如 $-196℃$)进行，在如此低的温度下，无论是置换原子还是间隙原子都已经极难扩散，而此时马氏体的生长速度仍可达到 10^3 m/s，这意味着马氏体的生长速度已经达到了固体中的声速。这种情况下，马氏体转变是不可能依靠扩散来进行的。

3. 具有特定的位向关系和惯习面

通过均匀切变所得的马氏体与原奥氏体之间存在严格的晶体学位向关系。在钢中常见的位向关系包括 K－S 关系、西山关系、G.T 关系。K－S(kurdjumov－Sachs) 关系为 $\{111\}_\gamma$ // $\{011\}_{\alpha'}$；$<110>_\gamma$ // $<111>_{\alpha'}$。西山(Nishiyama) 关系为 $\{111\}_\gamma$ // $\{011\}_{\alpha'}$；$<112>_\gamma$ // $<110>_{\alpha'}$。G－T(Greninger－Troiano) 关系与 K－S 关系接近，只是角度存在一定偏差，$\{111\}_\gamma$ // $\{011\}_\alpha$ 差 1°；$<110>_\gamma$ // $<111>_\alpha$ 差 2°。

此外，马氏体转变有惯习面。由于马氏体转变是以切变共格的形式进行的，所以惯习面也就是新旧相的相界面，如图 3-37 所示。惯习面为不畸变平面，或称不变平面，即在转变过程中它不发生畸变和转动。

钢中马氏体的惯习面常见的有三种：$\{111\}_\gamma$、$\{225\}_\gamma$ 和 $\{259\}_\gamma$。惯习面随碳含量及形成温度不同而异。碳含量小于 0.6% 时为 $\{111\}_\gamma$，碳含量在 0.6%~1.4% 之间为 $\{225\}_\gamma$，碳含量高于 1.4% 时为 $\{259\}_\gamma$。随马氏体形成温度的降低，惯习面有向高指数变化的趋势。所以，同一成分的钢也可能出现两种惯习面的马氏体，如先形成的马氏体惯习面为 $\{225\}_\gamma$，而后形成的马氏体惯习面为 $\{259\}_\gamma$。

4. 亚结构

马氏体从形核到长大，在内部产生大量的晶体缺陷如位错、孪晶、层错等，形成了马氏体的亚结构。例如，钢中低碳马氏体的亚结构为位错，高碳马氏体的亚结构为孪晶，ε 马氏体的亚结构为层错。

5. 转变的非恒温性和不完全性

不像珠光体相变那样可以等温完成，马氏体相变必须在不断降温过程中进行。

奥氏体必须以大于临界冷却速度冷却到马氏体转变开始温度 M_s 才能发生马氏体转变。马氏体转变与珠光体转变不同，当奥氏体被过冷到 M_s 点以下任一温度时，一般不需经过孕育，转变立即开始，且以极大速度进行，但转变很快停止，不能进行到终了。为了使转变能继续进行，必须降低温度，即马氏体转变是在不断降温的条件下才能进行。当温度降到马氏体转变终了点 M_f 后，马氏体转变已不能进行。即使冷至 M_f 以下，马氏体转变量还未达到100%，这种现象称为马氏体转变的不完全性。如果某钢的 M_s 高于室温而 M_f 低于室温，则冷至室温时还将保留一定数量的奥氏体，称为残余奥氏体，常以符号 A' 表示。

高碳钢、高碳合金钢和某些中碳合金钢的 M_f 点一般均低于室温，当淬火冷却到室温时，就相当于在 M_s~M_f 间的某一温度中止冷却，这样在室温下将保留下来较多的奥氏体。例如，高碳钢 A' 可达 10%~15%，高碳合金钢（如高速钢）A' 可达 25%~30%。残余奥氏体相当大一部分在继续冷却到零下温度时还可转变为马氏体，生产上把这种深冷至零下温度的操作称为"冷处理"。

综上所述，马氏体转变区别于其他转变的最基本的特点有两个：一是转变以切变共格方式进行；二是转变的无扩散性。其他特点均由这个基本特点派生出来。

3.4.2 马氏体的晶体结构、组织形态与力学性能

1. 马氏体的晶体结构

一般碳钢中的碳含量远高于碳在 α 相中的溶解度，所以在发生马氏体转变时，原奥氏体中的碳原子完整保留在晶格中，其产生的畸变之大可想而知。因此，钢中马氏体通常被称为

碳在 α – Fe 中的过饱和固溶体。这些间隙碳原子在 $\frac{1}{2}$[001] 位置呈择优分布，由此造成 BCC 点阵畸变为体心正方结构，如图 3 – 39 所示。马氏体中最大含碳量 w_C 仅为 2%，也就是约 10 ~ 11 个晶胞才能分摊一个碳原子，但由于碳原子在 $\frac{1}{2}$[001] 的择优分布，其对点阵畸变的影响已经相当明显。点阵在一个方向上的伸长，引起了在垂直方向上的收缩，轴比 c/a 为

$$c/a = 1.005 + 0.045x \qquad (3-4)$$

式中：x——碳原子的质量分数。

据计算，约有 80% 的碳原子呈择优分布的状态。实际上，碳含量 w_C 小于 0.2% 的 Fe – C 马氏体具有体心立方结构；而碳含量 w_C 大于 0.2% 时的马氏体为体心正方结构，其原因可能是当碳量 w_C 小于 0.2% 时，碳原子偏聚于位错附近形成科垂尔(Cottrell)气团；只有当碳含量大于 0.2% 时，碳原子才在八面体间隙呈有序分布。碳含量对钢奥氏体和马氏体点阵常数的影响如图 3 – 40 所示。

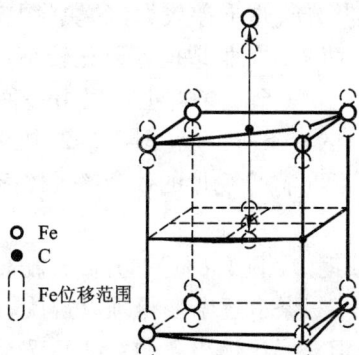

图 3 – 39　体心立方中的扁八面体间隙

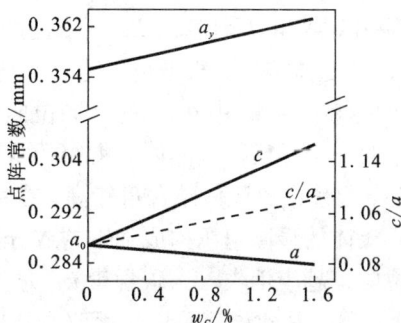

图 3 – 40　碳含量对钢奥氏体和马氏体点阵常数的影响

2. 马氏体的组织形态

钢中马氏体的组织形态随钢的碳含量、合金元素含量以及马氏体的形成温度等改变而改变。钢中马氏体有五种，包括板条状马氏本、透镜片状马氏体、蝴蝶状马氏体、薄片状马氏体及 ε 马氏体。其中以板条状马氏体及透镜片状马氏体最为常见，也最为重要。

(1) 板条马氏体

板条状马氏体是低碳钢、中碳钢、马氏体时效钢和不锈钢等合金中形成的一种典型的马氏体组织，其光学显微组织形态如图 3 – 41 所示。因其显微组织是由许多成群的板条组成，故称为板条状马氏体。又因为这种马氏体的亚结构主要为位错.通常也称为位错型马氏体。

板条状马氏体与奥氏体的位向关系绝大多数符合 K – S 关系，惯习面为 $(111)_\gamma$。板条状马氏体的组织形态与其晶体学之间存在对应关系。

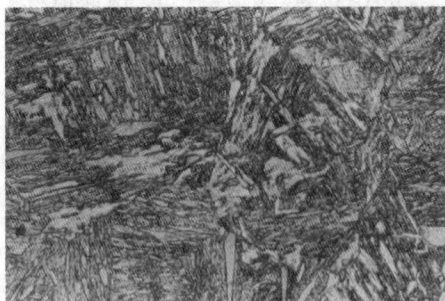

图 3-41　18Cr2Ni4WA 钢中板条马氏体组织

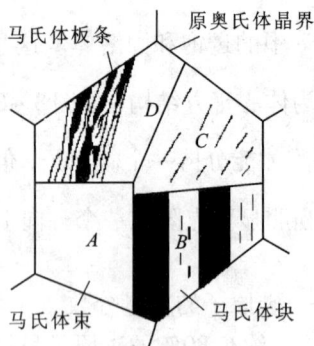

图 3-42　板条马氏体显微组织特征示意

图 3-42 是含碳量为 0.0026% ~0.38% 的低碳板条马氏体组织示意图。一个奥氏体晶粒由几个马氏体"束"构成(图 3-42 中 A),每一束对应奥氏体 {111}$_\gamma$(惯习面)晶面族中的一个晶面。每个束由平行的"块"构成。一个束内有几个不同取向(取向差较大)的块(图 3-42 中 B);每个块则由两种特定 K-S 取向的变体群构成,这两个变体群取向相差比较小,约 10° 左右。这种变体群称为板条群,是板条马氏体的基本单元。一个板条群也可以由一种同位向束所组成(图 3-42 中 C)。每个同位向束由若干个平行的板条所组成(图 3-42 中 D),每一个板条为一个马氏体单晶体。稠密的马氏体板条多被连续的高度变形的残余奥氏体薄膜所隔开,板条间残余奥氏体碳含量较高,在室温下很稳定。

板条马氏体的显微组织构成随钢的成分变化而改变。碳钢中,随含碳量的升高,板条马氏体的同位向束趋于消失。当碳含量 w_C 为 0.6% ~0.8% 时,板条群逐渐变得难以辨认。实验证明,改变奥氏体化温度可以显著改变奥氏体晶粒大小,但对马氏体板条的宽度几乎无影响;板条群的大小随奥氏体晶粒的增大而增大,两者之比大致不变。所以在一个奥氏体晶粒内生成的马氏体板条群的数量基本不变。随淬火冷却速度增大,马氏体板条群径和同位向束宽同时减小。因此,淬火时加速冷却有细化板条马氏体组织的作用。

(2)透镜片状马氏体

透镜片状马氏体是铁基合金中一种典型的马氏体组织,常见于淬火高、中碳钢中。当 w_C 小于 1.0% 时,与板条马氏体共存,只有 w_C 大于 1.0% 时才单独存在。它的立体形状是双凸透镜片状,与试样表面相截成针状或竹叶状,故又称片状马氏体或针状马氏体。当奥氏体被过冷到 M_s 点以下时,最先形成的第一片马氏体将贯穿整个奥氏体晶粒,将晶粒分为两半,使以后的马氏体的生长受到限制(马氏体不能互相穿越,也不能穿过母相晶界和孪晶界),因此马氏体的大小不一。图 3-43

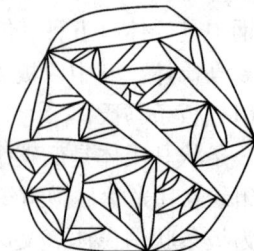

图 3-43　透镜状马氏体示意图

为透镜状马氏体示意图。多数透镜片状马氏体的中间有一条中脊线(按立体应为中脊面),其厚度约为 $0.5 \sim 1 \ \mu m$。一般认为中脊面是最先形成的,因比中脊面被视为转变的惯习面。根据钢含碳量的不同和形成温度的高低,惯习面为 $\{225\}_\gamma$ 或 $\{259\}_\gamma$。典型透镜片状马氏体的组织如图 3 – 44 所示。透镜状马氏体的亚结构主要是 $\{112\}_{\alpha'}$ 孪晶,因此也称透镜片状马氏体为孪晶马氏体。在马氏体的周围往往存在残余奥氏体,表明马氏体转变不完全。

(3) 其他形态马氏体

1)蝶状马氏体。在 Fe – Ni 合金和 Fe – Ni(– Cr) – C 合金中,当马氏体在板条状马氏体和片状马氏体的形成温度范围之间(如后述)形成时会出现一种立体外形为 V 形柱状,横截面呈蝶状的马氏体。蝶状马氏体组织如图 3 – 45 所示。

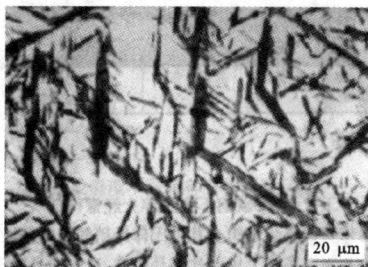

图 3 – 44　Fe – 1.22C 钢中马氏体组织

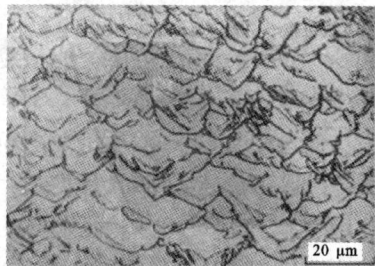

图 3 – 45　Fe – 29Ni – 0.26C 在 – 30℃
形变后所形成的蝶状马氏体

钢中的蝶状马氏体两翼的惯习面为 $\{225\}_\gamma$,两翼相交的结合面为 $\{100\}_\gamma$。电镜观察证实,蝶状马氏体的内部亚结构为高密度位错,无孪晶存在,与母相的晶体学位向关系大体上符合 $K – S$ 关系。

2)薄片状马氏体。在 M_s 点极低的 Fe – Ni – C 合金中可观察到一种厚度约为 $3 \sim 10 \ \mu m$ 的薄片状马氏体,与试样磨面相截呈宽窄一致的平直带状,带可以相互交叉,呈现曲折、分枝等形态,如图 3 – 46 所示。薄片状马氏体的惯习面为 $\{259\}_\gamma$,奥氏体之间的位向关系为 $K – S$ 关系,内部亚结构为 $\{112\}_{\alpha'}$ 孪晶,孪晶的宽度随碳含量升高而减小。平直的带中无中脊,这是它与片状马氏体的不同之处。

3)ε 马氏体。上述各种马氏体都是具有体心立方(正方)点阵结构的马氏体(α')。而在奥氏体层错能较低的 Fe – Mn – C 或 Fe – Cr – Ni 合金中有可能形成具有密排六方点阵结构的 ε 马氏体。ε 马氏体的光学显微组织如图 3 – 47 所示,ε 马氏体呈极薄的片状,厚度仅为 $100 \sim 300 \ nm$,其内部亚结构为高密度层错。马氏体的惯习面为 $\{111\}_\gamma$,与奥氏体之间的位向关系为 $\{111\}_\gamma /\!/ \{0001\}_\varepsilon$,$<110>_\gamma /\!/ (11\overline{2}0)_\varepsilon$。

图 3-46   Fe-31Ni-0.28C 合金的薄片状马氏体

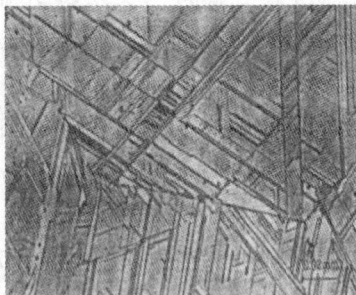

图 3-47   Fe-16.4Mn-0.09C 合金的 ε 马氏体

(4) 影响马氏体形态的因素

1) 化学成分。母相奥氏体的化学成分是影响马氏体形态及其内部结构的主要因素，其中尤以碳含量最为重要。如 Fe-C 合金，碳含量为 0.3% 以下为板条状马氏体，1.0% 以上为片状马氏体，碳含量在 0.3% ~ 1.0% 之间为板条和片状的混合组织。在 Fe-Ni-C 合金中，马氏体的形态和亚结构也随碳含量增加，由板条状向片状以及薄片状转化。合金元素中，凡能缩小 γ 相区的均能促进板条状马氏体的形成；凡能扩大 γ 相区的将促使马氏体形态从板条状转化为片状；能显著降低奥氏体层错能的合金元素(如 Mn)可促进 ε 马氏体的形成。

2) 马氏体形成温度。随马氏体形成温度的降低，马氏体的形态将按板条状→透镜片状→蝶状→薄板状的顺序转化(图 3-48)，亚结构则由位错转化为孪晶。由于马氏体转变是在 M_s ~ M_f 的温度范围内进行的，因此，对于一定成分的奥氏体来说，也有可能转变成几种不同形态的马氏体。M_s 点高的奥氏体(如含碳 w_C 小于 0.3% 的碳钢)有可能只形成板条状马氏体，M_s 点略低的奥氏体有可能形成板条状与透镜片状的混合组织；M_s 点更低的奥氏体(如碳含量大于 1.0% 的奥氏体)不再形成板条马氏体，转变一开始就形成透镜片状马氏体。M_s 点极低的奥氏体只能形成薄片状马氏体。

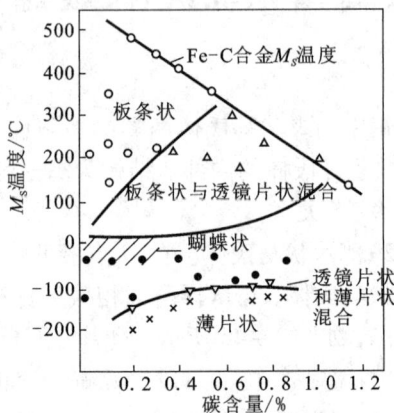

图 3-48   Fe-Ni-C 合金马氏体形貌与
形成温度碳含量的关系

3) 奥氏体的层错能。奥氏体层错能低时，易于形成薄片状 ε 马氏体。但层错能的大小对其他形态马氏体的影响还有争议。

4) 奥氏体与马氏体的强度。马氏体的形态还与 M_s 点处的奥氏体和马氏体的屈服强度有关。当奥氏体的屈服强度小于 196 MPa 时，如形成的马氏体的强度较低，则将得到惯习面为

近 $\{111\}_\gamma$ 的板条马氏体；如形成的马氏体的强度较高时，则得到惯习面为 $\{225\}_\gamma$ 的透镜片状马氏体。当奥氏体的屈服强度大于 196 MPa 时，则形成惯习面为 $\{259\}_\gamma$ 的透镜片状马氏体。这种现象的相变理论基础是相变应力的松弛，若转变在奥氏体和马氏体内都以滑移变形方式进行，则形成惯习面为近 $\{111\}_\gamma$ 的板条状马氏体；若转变在奥氏体内以滑移变形方式进行，而在马氏体内以孪生变形方式进行，则形成惯习面为 $\{225\}_\gamma$ 的片状马氏体；若转变只在马氏体内以孪生变形方式进行，则形成惯习面为 $\{259\}_\gamma$ 的片状马氏体。

综上所述，钢中奥氏体通过马氏体转变所得的马氏体可以有多种不同的形态及不同的亚结构。影响马氏体形态及亚结构的因素很多，其中最主要的因素是奥氏体的碳含量以及马氏体的形成温度。

3. 马氏体的力学性能

淬火成马氏体是强化钢的一种主要手段。淬成马氏体后，虽然还要根据需要进行回火，但回火后的性能在很大程度上取决于淬火所得的马氏体的性能，因此有必要对马氏体的性能特点进行全面了解。

（1）马氏体的硬度和强度

钢中马氏体最主要的特点是高的硬度和强度。实验证明，钢中马氏体的硬度主要取决于碳的含量而不是合金元素的含量。图 3 – 49 是4320 钢渗碳淬火后测得的碳含量与显微硬度、纳米压痕硬度和残余奥氏体的关系。显微硬度在碳含量低时随碳含量增加而提高，但 w_C 超过 0.4% 时趋于稳定，并与残余奥氏体量逐渐增多相对应。其原因在于显微硬度测量中压头的作用范围较大，包含了残余奥氏体的影响。采用纳

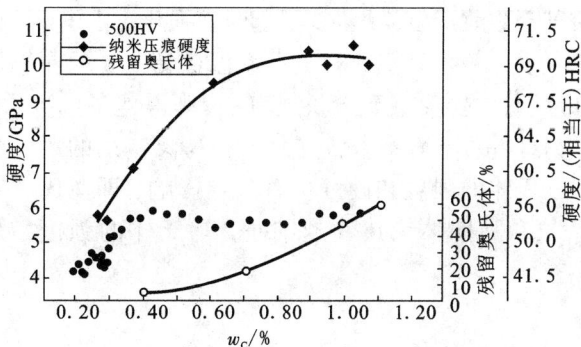

图 3 – 49　美国 4320 钢渗碳淬火后碳含量与显微硬度、纳米压痕硬度和残余奥氏体的关系

米压痕实验，则可以准确测定马氏体片的真实硬度。由图 3 – 48 可见，在 w_C 小于 0.8% 时，马氏体的纳米硬度一直随含碳量增加而提高 在高碳区硬度增长趋势明显减缓、但其硬度已经提高到相当于 70HRC。

马氏体之所以具有如此高的硬度和强度，是由固溶强化、相变（亚结构）强化和时效强化等因素引起的。

钢中马氏体是碳在 α – Fe 中的过饱和固溶体。在马氏体中碳原子处于一个对角线的长度小于其他两个对角线长度的扁八面体中心。碳原子的溶入不仅引起点阵的膨胀，还将使点阵发生不对称畸变，使短轴伸长，长轴稍有缩短。畸变的结果是在点阵内造成一个强烈的应

力场，能阻止位错运动，从而使马氏体的硬度和强度显著提高。当 w_C 超过 0.4% 后，由于碳原子靠得太近，相近应力场互相抵消，以致减弱了部分强化作用。合金元素在马氏体中多为置换元素，对点阵畸变的影响远不如碳原子强烈，故固溶强化的作用较小。

马氏体在形成过程中形成大量位错、孪晶等亚结构，这些晶体缺陷也是提高马氏体硬度和强度的重要因素。在 w_C 小于 0.3% 的碳钢中，马氏体为板条马氏体，亚结构为位错，这时主要靠碳原子钉扎位错引起固溶强化。进一步增加碳含量，亚结构中孪晶增多，孪晶能有效阻止位错运动，故孪晶的存在也将强化马氏体。在相同碳含量的条件下，孪晶马氏体的硬度和强度略高于位错马氏体。

由于碳原子极易扩散，马氏体在淬火过程中，或淬火后在室温停留过程中，碳原子也可能发生偏聚甚至弥散析出碳化物，引起时效强化。由图 3 -50 可见，Fe - Ni - C 合金在室温停留 3 h 的屈服强度明显提高，且碳含量越高，提高得越多。

另外，原始奥氏体晶粒大小和马氏体束的尺寸对马氏体的强度和硬度也有一定影响，即奥氏体晶粒和马氏体束尺寸越细小，马氏体的强度越高。

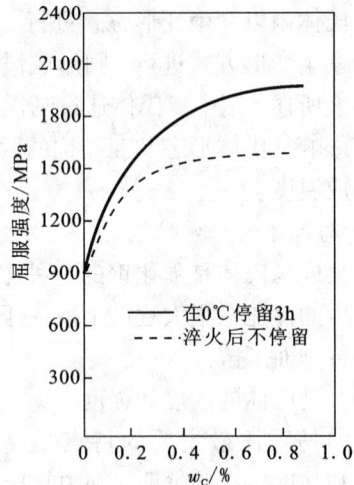

图 3 - 50 室温时效(3 h)对
Fe - Ni - C 合金屈服强度的影响

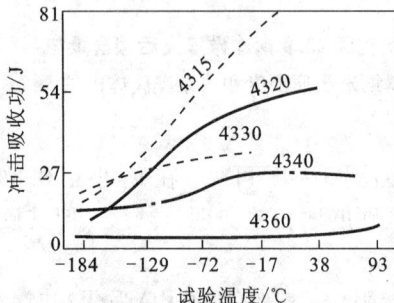

图 3 - 51 铬镍钼钢含碳量对冲击韧性的影响
(美国钢号)4315:015C; 4320:0.2C
4330:0.3C; 4340:0.40. C; 4360:0.6C

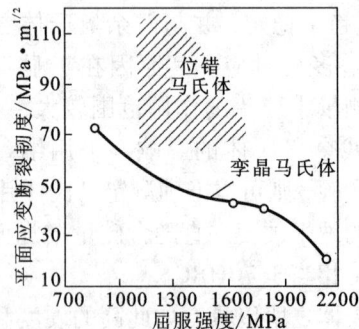

图 3 - 52 马氏体亚结构对钢断裂韧度的影响

（2）马氏体的韧性

一般认为马氏体硬而脆，韧性很低。但实际上马氏体的韧性取决于其碳含量和亚结构，可以在很大范围内变化。图 3 - 51 为碳含量对镍铬钼钢冲击韧性的影响。由图可见，$w_C <$ 0.4% 时，马氏体具有较高的韧性；$w_C > 0.4%$ 时，马氏体韧性很低，变得硬而脆，即使低温回火，韧性也不高。此外，碳含量越低，冷脆转变温度也越低。由此可见，从保证韧性考虑，马氏体的 w_C 不宜大于 0.4%。位错亚结构对马氏体韧性有影响。如含 w_C 为 0.17% 和 w_C 为 0.35% 的铬钢淬成马氏体后在不同温度回火，测出屈服强度与断裂韧度的关系，如图 3 - 52 所示。可见，强度相同时位错马氏体的断裂韧度显著高于孪晶马氏体。这是由于孪晶马氏体滑移系少，位错不易开动，容易引起应力集中，从而使断裂韧度下降。

（3）马氏体的相变塑性

金属及合金在相变过程中屈服强度显著下降，塑性显著增加，这种现象称为相变诱发塑性。钢在马氏体转变时也产生相变诱发塑性，称为马氏体相变诱发塑性。

图 3 - 53 为 Fe - 15Cr - 15Ni 合金在不同温度下进行拉伸时测得的伸长率。可以看出在 $M_s \sim M_d$（M_d 为形变马氏体转变开始点）温度范围内，钢的伸长率有了明显的提高。显然这是由于塑性形变诱发了马氏体转变，马氏体形成又诱发了塑性所致。

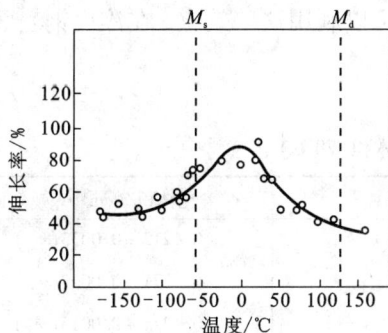

图 3 - 53　Fe - 15Cr - 15Ni 合金在 $M_s \sim M_d$ 温度 范围内的相变诱发塑性 M_d 形变马氏体开始点

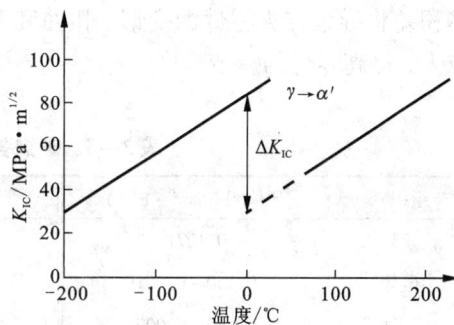

图 3 - 54　Fe - 9Cr - 8Ni - 2Mn - 0.6C 钢的断裂韧度与测定温度关系

马氏体相变所诱发的塑性还可以显著提高钢的韧性。图 3 - 54 示出了 Fe - 9Cr - 8Ni - 2Mn - 0.6C 钢的断裂韧度与测定温度的关系。钢经 1200℃ 奥氏体化后水冷，然后在 460℃ 挤压变形 75%，此时试样仍处于奥氏体状态，最后在 -196~200℃ 之间测定其断裂韧度。由图 3 - 54 可见，在 100~200℃ 的高温区，断裂过程没有发生马氏体相变，所以断裂韧度 K_{IC} 很低；而在 20 ~ -196℃ 的低温区断裂过程中伴随马氏体相变，结果使 K_{IC} 显著升高。

马氏体相变诱发塑性的原因可解释如下：①因塑性变形引起的局部区域应力集中，由于马氏体的形成而得到松弛，因而能够防止微裂纹的形成。即使微裂纹已经产生，裂纹尖端的应力集中亦会因马氏体的形成而得到松弛，故能抑制微裂纹的扩展，从而使塑性和断裂韧度提高。②在发生塑性变形的区域有形变马氏体形成，随形变马氏体量的增多，形变强化指数不断提高，这比纯奥氏体经大量变形后接近断裂时的形变强化指数还要大，从而使已发生塑性变形的区域难以继续发生变形，故能抑制颈缩的形成。

马氏体的相变塑性在生产上有许多应用，例如加压淬火、加压回火、加压冷处理、高速钢拉刀淬火时的热校直等。这些工艺都是在马氏体转变时加上外力，此时钢屈服强度小，伸长率大，工件在外力作用下能够按要求进行变形。应用马氏体相变诱发塑性理论还设计出相变诱发塑性钢（TRIP 钢），这种钢符合 $M_d > 20℃ > M_s$，即钢的马氏体相变开始点低于室温，而形变马氏体相变开始点高于室温。这样，当钢在室温变形时便会诱发出形变马氏体，而马氏体转变又诱发出相变塑性。因此，这类钢具有很高的强度和塑性。

（4）马氏体的物理性能

钢中马氏体具有铁磁性和高的矫顽力。马氏体钢是早期的永磁材料，其磁饱和强度随马氏体中碳含量和合金元素含量的增加而下降。马氏体的电阻率也较奥氏体和珠光体高。

在钢的各种组织中，马氏体与奥氏体的比体积差最大。表 3-5 列出碳钢中各种组织的比体积。由表可以计算，当 w_C 为 1% 时，马氏体与奥氏体的比体积差为 0.00525 cm^3/g。这一比体积差将导致淬火零件的变形、扭曲和开裂。但也可以利用这一效应，在淬火钢表面造成压应力，提高零件的疲劳强度。

表 3-5　碳钢各种组织的比体积（20℃）

组织	比体积/(cm^3·g^{-1})	组织	比体积/(cm^3·g^{-1})
铁素体	0.1271	奥氏体	$0.1212 + 0.0033(w_C)$
渗碳体	0.130 ± 0.001	铁素体 + 渗碳体	$0.1271 + 0.0005(w_C)$
ε 碳化物	0.140 ± 0.002	贝氏体	$0.1271 + 0.0015(w_C)$
马氏体	$0.1271 + 0.00265(w_C)$	0.25% C 马氏体 + ε 碳化物	$0.12776 + 0.0015(w_C - 0.25)$

（5）马氏体中的显微裂纹

高碳钢在淬成透镜片状马氏体时，经常在马氏体片的边缘以及马氏体片内出现显微裂纹。这种显微裂纹是淬火钢开裂的重要原因之一。当回火不及时或不充分时，在淬火宏观应力的作用下，它可以发展成晶内宏观开裂或晶界开裂。目前一般公认这种显微裂纹只在透镜片状马氏体内产生。裂纹形成相当大的应力场，高碳马氏体又很脆，不能通过相应的形变来消除应力，当应力足够大时就形成显微裂纹。

一般以单位体积马氏体内出现的显微裂纹的面积 S_V（mm^{-1}）作为形成显微裂纹的敏感指标。影响 S_V 的因素包括碳含量、奥氏体晶粒大小、淬火冷却温度和马氏体转变量等，其中奥氏体晶粒尺寸具有非常重要的影响，如图 3 - 55 所示。
原因在于奥氏体晶粒越大，初期形成的马氏体片越大，
产生的内应力越高，被其他马氏体片撞击的机会越多，
显微裂纹也就越多。在奥氏体晶粒相同的条件下，碳
含量越高，奥氏体与马氏体的比体积差越大，S_V 越大。
淬火冷却温度越低，马氏体形成量则越多，S_V 越大。
但在马氏体转变分数超过 27% 后，S_V 不再增加。原因
在于后期形成的马氏体片较小，不至于形成显微裂纹。

　　如果淬火过程中已经产生了显微裂纹，则可采取
及时回火以使部分显微裂纹通过弥合而消失。研究表
明，大部分马氏体的显微裂纹经 200℃ 回火可以弥合。
但进一步提高回火温度并不能使剩余的显微裂纹弥合，
只有当回火温度高于 600℃，碳化物在裂纹处析出才能
使裂纹消失。根据这些特点，在实际生产中，可以通过
改变钢的成分、采用较低的淬火加热温度或缩短加热
保温时间、等温淬火或淬火后及时回火等，来降低或避
免高碳马氏体中显微裂纹的产生。

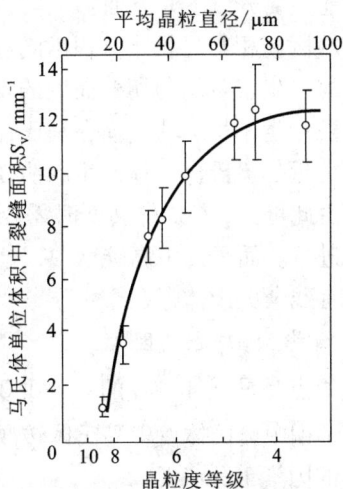

图 3 - 55　Fe - 1.22C 合金
奥氏体晶粒度等级对马氏体内
形成微裂缝敏感度的影响

3.4.3　马氏体转变的热力学

1. 马氏体转变的热力学特点

　　根据相变的一般规律，系统的自由能变化 $\Delta G < 0$ 时，相变才能进行。奥氏体与马氏体自
由能随温度的变化情况如图 3 - 56 所示。它们在 T_0 相交：温度大于 T_0 时，奥氏体自由能小于
马氏体，奥氏体为稳定相，马氏体应转变为奥氏体；低于 T_0 时，马氏体的自由能小于奥氏体，
马氏体是稳定相，奥氏体应转变为马氏体。但实际上
奥氏体向马氏体的转变并不是冷却到 T_0 就立即发生，
而是过冷到 T_0 以下某一温度 M_s 才能进行。这就是说，
只有在足够大的自由能驱动力 $\Delta^{\gamma \to \alpha'}$ 作用下，马氏体转
变才能发生。M_s 与 T_0 之差称为热滞，代表转变所需的
驱动力，其大小视合金而异。与冷却时的奥氏体→马
氏体转变相同，加热时马氏体→奥氏体的逆转变也是
在 T_0 以上某一温度 A_s 才发生。

　　马氏体转变的热滞取决于马氏体转变时增加的界
面能与弹性能之和。一般情况下，马氏体与奥氏体的
界面多为共格界面，因此弹性能是主要的影响因素。

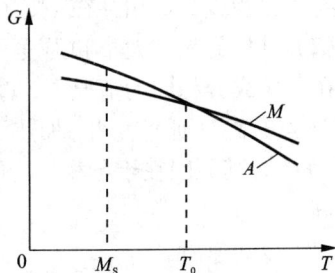

图 3 - 56　奥氏体与马氏体
自由能随温度的变化情况

弹性能主要分以下几方面：

1）因新相与母相比体积不同和维持切变而引起的弹性应变能。

2）产生宏观均匀切变而做的功。

3）产生不均匀切变而在马氏体内形成的高密度位错或孪晶所消耗的能量。

4）近邻奥氏体基体发生的协作形变而做的功。

由此可见，马氏体转变时需要增加的能量比较多，因此阻力比较大，需要很大的过冷度才能进行。而且在中高碳钢中，即使温度降低到 M_s 以下，奥氏体也不能全部转变为马氏体，即总有残余奥氏体存在。

2. 影响 M_s 点的因素

M_s 点是马氏体转变的一个重要参数，也是制定钢铁热处理工艺的主要参考依据。其高低决定了钢中奥氏体发生马氏体转变的温度范围及冷却到室温所得的组织状态。因此了解影响 M_s 点的因素十分必要。

（1）母相的化学成分

母相的化学成分是影响 M_s 点的主要因素。图 3-57 给出了 Fe-C 合金中碳的影响。随碳含量增加，M_s 和 M_f 不断下降，但下降趋势不同。$w_C < 0.6\%$ 时，M_f 较 M_s 下降得快，扩大马氏体转变的温度范围；$w_C > 0.6\%$ 时，M_f 低于室温，冷却到室温时仍将保留较多的残余奥氏体。与碳一样，氮也强烈降低奥氏体的 M_s 点。多数合金元素均降低 M_s 点，但作用相对较弱。

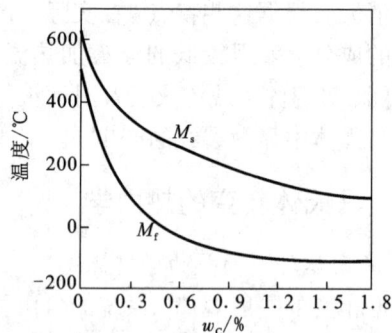

图 3-57　碳含量对碳钢 M_s 和 M_f 的影响

应注意，这里的成分是奥氏体的成分，而不是钢的成分。如加热时未完全奥氏体化，即有未溶碳化物或其他相存在，则钢的成分就和奥氏体成分不同。

（2）母相的晶粒大小和强度

在母相成分相同的情况下，母相的晶粒大小对 M_s 点有明显的影响。随着奥氏体晶粒的增大 M_s 点升高。研究表明，加热温度越高，奥氏体晶粒越粗大，奥氏体的屈服强度越低，导致 M_s 越高。其原因在于母相切变时，需要克服母相晶体的阻力。屈服强度越低，阻力越小，M_s 越高。

（3）冷却速度

冷却速度大于临界冷却速度时，奥氏体才能过冷到 M_s 点以下转变为马氏体。如果进一步提高冷却速度，则 M_s 点也会发生变化。对于 Fe-0.5C 合金，当冷却速度增加到 6600 ℃/s 时，M_s 点将上升，此外硬度也会提高。若加入减小碳扩散的元素（如 Co、W）则冷速增至 5000 ℃/s，可使 M_s 点升高；若加入加快碳扩散的元素（如 Ni、Mn），则冷速需增至 13000 ℃/s 才能

使 M_s 点升高。一般工业用淬火介质的冷却速度对 M_s 点基本没有影响。

（4）应力和塑性形变

单向弹性拉应力或压应力将改变马氏体的开始形成温度 M_s、马氏体变体的取向和形态，进而影响其性能。表 3-6 给出了应力对 Fe-Ni 和 Fe-Ni-C 合金 M_s 的影响。由于 Fe-Ni 和 Fe-Ni-C 合金从母相转变为马氏体时体积将膨胀，在惯习面上的分切应力提供了部分相变驱动力，结果单向拉伸使 M_s 点升高；单向压缩使 M_s 点升高，但 M_B 点（马氏体爆发式转变温度）下降；三向压缩则 M_s 和 M_B 点下降。从表 3-6 可以看到，实验值与将切应力作为部分相变驱动力计算所得结果符合得很好。

表 3-6　应力对合金 M_s 点的影响

应力	单向拉伸	单向压缩	三向压缩
合金成分	Fe-0.5C-20Ni	Fe-0.5C-20Ni	Fe-30Ni
每 7 MPa 应力下 M_s 点的变化	+1.0℃（实验值）	+0.65℃（实验值）	-0.57℃（实验值）
	+1.07℃（计算值）	+0.72℃（计算值）	-0.38℃（计算值）

塑性形变对马氏体转变也有很大影响。在 M_s 点以上一定温度范围内，塑性形变会诱发马氏体转变，称为形变诱发马氏体。马氏体转变量与形变温度和形变量有关。一般情况下，形变量越大，形变诱发马氏体越多；但当形变温度超过一定值时，形变不再能诱发马氏体转变，这一温度被称为形变马氏体点 M_d。但有一点应当注意，塑性形变虽能诱发形变马氏体转变，但对随后冷却发生的马氏体转变起抑制作用。由图 3-58 可见，当形变量大于 1.5% 时，即可看到形变诱发马氏体的作用，但随着形变量的增加，随后冷却时所形成的马氏体量越来越少。当形变量为 72% 时，随后冷却时的马氏体转变几乎被完全抑制。这种现象称为奥氏体的机械稳定化。其原因可能是大塑性形变强化了奥氏体，从而阻碍了马氏体转变。这种机械稳定化在 M_s 点以下和 M_d 点以上同样存在。

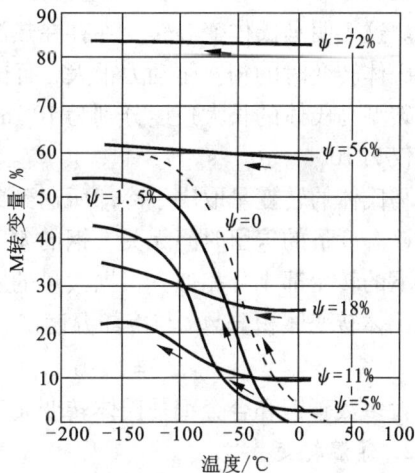

图 3-58　室温预变形对 Fe-22.7Ni-3.1%Mn 钢马氏体转变量的关系

3.4.4　马氏体转变的动力学

与其他转变一样，马氏体转变也是通过形核和长大过程进行的，其转变速度取决于形核率和长大速度。但多数马氏体的长大速度较高，形核率是马氏体转变动力学的主要控制因素。

国内外研究者曾提出多种模型来解释马氏体转变的形核机制，但是都不够完善。一般认为，马氏体相变是不均匀形核，是在奥氏体中通过能量及结构起伏在某些有利位置（如位错、层错、晶界等处）形成大小不同的具有马氏体结构的微区。这样的微区被称为核胚。从经典相变理论可知，冷却温度越低，过冷度越大，临界晶核尺寸就越小。当奥氏体被过冷至某一温度，该温度下临界晶核尺寸的核胚时就能成为晶核，长大成马氏体。这里不详细介绍具体的形核模型，仅对马氏体转变形式做简单介绍。

1. 变温转变

变温转变的特点：当奥氏体被过冷到 M_s 点以下某一温度时，马氏体晶核能瞬时形成并即刻长大到极限尺寸。若不再降温，转变即告终止。只有继续降低温度，转变才能继续。此时马氏体量的增加主要是通过新马氏体片的形成而不是通过原有的马氏体片的进一步长大。由此可见，马氏体的量取决于冷却温度，也就是 M_s 点以下的过冷度，而与在该温度的保温时间无关。这表明马氏体变温转变不存在热激活形核，因此也把变温转变称为非热学性转变。由于马氏体转变时的相变驱动力很大，而长大激活能极小，故长大速度极快。据测定，低碳型和高碳型马氏体的长大速度分别为 10^2 mm/s 和 10^5 mm/s 数量级，长成一片马氏体所需要的时间仅为 $10^{-4} \sim 10^{-7}$ s。

马氏体的转变量取决于冷却所达到的温度 T_q，即取决于 M_s 点以下的过冷度（$M_s - T_q$），而与该温度下的停留时间无关。钢的 M_s 点因成分不同而异，但若 M_s 点高于100℃。则在 M_s 点以下的转变都十分相似。根据大量的实验结果归纳得到碳含量在1%左右的碳钢和低合金钢马氏体转变体积分数 f 与冷却温度 T_q 之间的关系为：

$$f = 1 - 6.959 \times 10^{-5} \times \left[455 - M_s - T_q \right]^{5.32} \tag{3-5}$$

大多数碳钢和合金钢马氏体转变属于变温转变。

2. 等温转变

马氏体转变也有等温转变，随等温时间的延长马氏体量增多，即转变量是等温时间的函数。这表明马氏体晶核也能通过热激活形成。

等温转变的主要特点：马氏体形核需要一定的孕育期，形核率随过冷度增加先增后减，符合一般热激活形核规律。图3-59为 Fe-Ni-Mn 合金的等温马氏体转变动力学曲线，图中百分数代表马氏体转变量。可以看出，它与珠光体转变极为相似，曲线也呈"C"形。不同的是在任意温度下，等温马氏体转变都不能进行到底。

观察表明，等温马氏体的形成包括原有马氏体的继续长大和新马氏体的形成。

3. 爆发式转变

M_s 低于 0℃ 的 Fe – Ni、Fe – Ni – C 等合金的奥氏体被过冷到零下某一温度时，将形成惯习面为 $\{259\}_\gamma$ 的透镜片状马氏体。当第一片马氏体形成时，有可能在几分之一秒内激发出大量马氏体而引起所谓的爆发式转变。该转变往往伴有响声，并释放出大量相变潜热，爆发量达 70% 时可以使温度上升 30℃。图 3 – 60 是 Fe – Ni – C 合金的马氏体转变曲线，其中直线部分为爆发式转变，随后的降温又表现为正常的变温转变。随着 Ni 含量的增加，爆发转变量先增后减。其最大值可达 70%。习惯上用 $M_B(\leqslant M_s)$ 表示发生爆发式转变时的温度。除了合金成分的影响外，M_B 点随冷却速度的提高和晶粒尺寸的减小而降低。

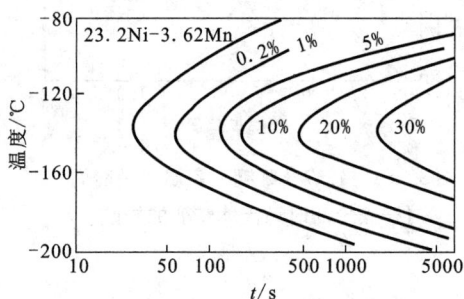

图 3 – 59　Fe – Ni – Mn 合金等温
马氏体转变动力学曲线

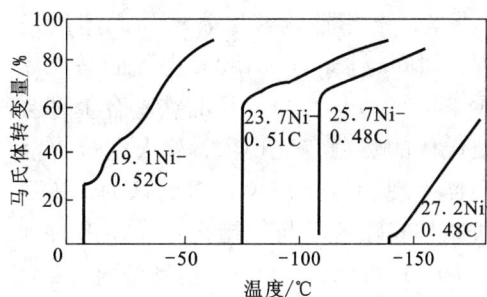

图 3 – 60　Fe – Ni – C 合金马氏体转变曲线

对 Fe – Ni – C 合金爆发式形成的马氏体组织的研究表明，这种马氏体的惯习面为 $\{259\}_\gamma$，有中脊，马氏体呈 "Z" 字形。据计算，在 $\{259\}_\gamma$ 马氏体的尖端存在很高的应力场。这个应力促使另一片马氏体核在另一取向的形成，即 "自促发" 形核，以致呈现连锁反应式转变。因此，能够进行大量爆发式转变的合金，必须具有较多的惯习面。惯习面之间的夹角又必须使转变的切应变在惯习面上产生足够大的切应力。

3.4.5　表面马氏体转变

在大尺寸块钢表面，往往在 M_s 点以上就能形成马氏体，其形态、长大速率和晶体学特征等都和整块试样在 M_s 以下形成的马氏体不同，称为表面马氏体。

表面马氏体也是在等温条件下形成的，但与等温形核、瞬时长大的大块试样的等温马氏体转变有所不同。表面马氏体转变的形核也需要孕育期，但长大速度极慢。对 Fe – 30Ni – 0.04C 合金的研究表明，表面马氏体的深度一般仅为 5～30 μm，呈条状，长度为宽度及厚度方向的千倍。一般认为，表面马氏体的形成是由于表面不存在静压力而使 M_s 提高引起的。在试样内部由于马氏体比体积大于奥氏体，因此马氏体转变将给周围造成很大的静压力，从

而降低 M_s。

3.4.6　奥氏体的热稳定化

奥氏体由于冷却缓慢或冷却中断引起的稳定化,称为奥氏体的热稳定化。

图 3-61 显示 w_C 为 1.17% 钢淬至室温后停留不同时间再继续冷却(冷处理)时,室温停留时间对奥氏体转变为马氏体的影响。由图可见,在室温停留 30 min 后继续冷处理至 $-150℃$ 时,比不停留连续冷却所得马氏体数量少(纵坐标的指针偏转量表示马氏体量);室温停留时间越长,在 $-150℃$ 得到的马氏体量越少。目前,已知含 C、N 的铁基合金都会出现奥氏体的热稳定化现象;淬火空位也能使奥氏体呈现稳定化现象。据此认为,热稳定化机制是间隙原子与位错交互作用形成柯垂尔(Cottrell)气团,增加位错运动的阻力,阻

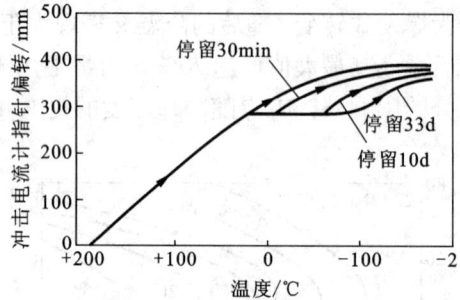

图 3-61　1.17%C 钢在室温停留时间
对继续冷却时马氏体转变的影响

碍转变的进行所致。按此机制,若将已经热稳定化的奥氏体加热到一定温度以上,由于原子热运动加剧,柯垂尔气团中的原子将会脱离位错使柯垂尔气团消失,从而使热稳定化作用降低或消失,即所谓反稳定化现象。出现反稳定化的温度因钢种和热处理工艺不同而异,高速钢中出现反稳定化的温度约为 500~550℃。利用高速钢的反稳定化,通过多次 550℃ 回火可以降低残余奥氏体含量,提高回火后硬度。除了柯垂尔气团机制外,停留过程中的应力弛豫对奥氏体的稳定化也有一定作用。因为淬火应力在一定条件下会有助于马氏体形核以及马氏体自触发形核。

在热处理实践中,利用奥氏体的热稳定化可以协调淬火后工件变形和硬度这一对矛盾。因而具有重要的意义。冷却速度越快,钢的马氏体量越多,残余奥氏体量越少,其硬度自然越高,但同时将使工件淬火变形加剧;反之,冷却速度慢,虽然工件淬火变形较小,但硬度可能不足。因此要恰当地制定热处理工艺,使之既能满足硬度要求,又能把淬火变形控制在合理的范围内。此外,某些钢中的残余奥氏体量较高,在使用过程中可能发生马氏体转变,导致尺寸增大并使脆性增加。因此有必要利用奥氏体的热稳定化现象来解决这些问题。

3.4.7　钢的淬火

把钢加热到临界点 Ac_1 或 Ac_3 以上,保温一定时间,使其奥氏体化后,以大于临界冷却速度(v_c)冷却,获得马氏体组织的热处理工艺方法称为淬火。

淬火是热处理工艺中最重要的工序,它可以显著地提高钢的强度和硬度。如果与不同温

度的回火相结合，则可以得到不同的强度、塑性和韧性的配合，以满足各种零件和工模具的使用要求。如高碳钢经过淬火和低温回火后，可以得到高硬度和高耐磨性；结构钢通过淬火和回火之后可得到强度、塑性、韧性均较好的综合力学性能。

1. 淬火加热温度的选择

淬火加热温度主要决定于钢的化学成分。为了防止加热时奥氏体晶粒长大，保证获得细马氏体组织，淬火温度一般在临界点以上 30 ~ 50℃。碳钢的淬火温度如图 3 - 62 所示。

亚共析钢的一般淬火加热温度为 Ac_3 以上 30 ~ 50℃
保温使完全奥氏体化后进行淬火冷却，获得马氏体组织，并有少量残余奥氏体。如果淬火加热温度在 Ac_3 ~ Ac_1 之间，称为亚温淬火，淬火组织中存在铁素体，使工件出现软点，降低强度与硬度。近年来发现对亚共析钢进行亚温淬火，获得细小均匀分布的铁素体与马氏体组织，可以提高材料韧性和使用寿命。加热温度若高出 Ac_3 太多，奥氏体晶粒易粗大，淬火后得到粗大马氏体，钢的性能变坏。

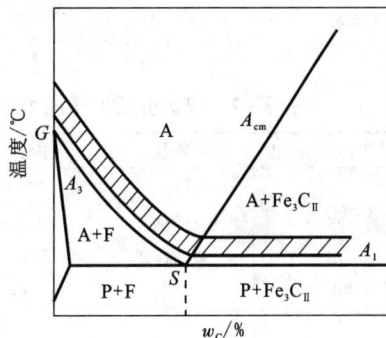

图 3 - 62　碳钢淬火加热温度

过共析钢的淬火加热温度为 Ac_1 以上 30 ~ 50℃，淬火冷却后获得细马氏体、粒状渗碳体和少量残余奥氏体。粒状渗碳体均匀分布于马氏体基体上，可提高硬度增加耐磨性。淬火加热温度若提高到 Ac_{cm} 以上，渗碳体全部溶入奥氏体中，使奥氏体晶粒长大，M_s 点下降，淬火冷却后组织为粗大马氏体和较多的残余奥氏体，降低了硬度和耐磨性，增加了脆性和工件的变形开裂倾向。

2. 淬火冷却介质

冷却是淬火成功与否的关键因素，因此，合理选择淬火冷却介质是淬火工艺的重要问题。为了保证得到马氏体组织，淬火冷却速度必须大于临界冷却速度 v_c，特别是在过冷奥氏体最不稳定区域(650 ~ 550℃)要快冷，防止过冷奥氏体分解为珠光体。

但淬火时快冷不可避免地造成很大内应力，往往会引起工件的变形和开裂。内应力的产生是由于淬火冷却中工件截面上的内外温差引起的。工件冷却时表层冷却比心部快，这样，一方面使工件内外收缩不能同步发生而引起热应力，另一方面使工件内外马氏体转变不能同时进行而引起组织应力。当这些内应力达到材料的屈服极限时就发生塑性变形，达到强度极限时就发生开裂。为了减小

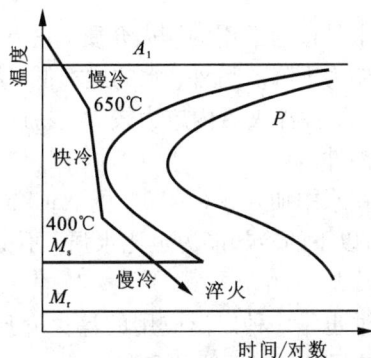

图 3 - 63　理想淬火介质冷却曲线

内应力, 必须使工件截面内外温差减小, 因此又需要慢冷。为了解决这一矛盾, 根据 CCT 和 TTT 曲线可知, 要获得马氏体组织并不需要在淬火冷却整个过程都进行快冷, 只要在曲线的 "鼻尖" 部分快冷, 而在高温区域和稍高于 M_s 点及以下马氏体转变区域 (300 ~ 200℃), 由于过冷奥氏体较稳定, 可以缓冷, 以减少马氏体转变时的内应力。因此理想的淬火介质的冷却曲线希望如图 3-63 所示, 这样既保证了马氏体的转变, 又不增加淬火应力。但是找到这种冷却能力的淬火介质是困难的。

工业上常用的淬火介质有水、盐水、碱水、油和熔融盐碱等。其冷却特性详见表 3-7 和表 3-8。

表 3-7 淬火介质冷却能力

淬火冷却介质	介质状态	冷却能力
水	静止	1
水	搅动	1.5 ~ 30
水	强烈搅动	3.0 ~ 6.0
水	喷射	6.0 ~ 12.0
油	静止	0.3
油	搅动	0.4 ~ 0.6
油	强烈搅动	0.6 ~ 0.8
油	喷射	1.0 ~ 1.7
盐水	静止	2.2
盐水	强烈搅动	7.5
空气	静止	0.2

注: 以静止状态的水的冷却能力为 1 作为参照。

表 3-8 常用淬火介质的冷却特点

淬火冷却介质	冷却能力/($℃ \cdot s^{-1}$)	
	650 ~ 550℃	300 ~ 200℃
水 (20℃)	180	770
水 (40℃)	90	560
水 (50℃)	50	380
水 (80℃)	30	200
10% NaCl 溶液 (20℃)	2100	1600 ~ 800
肥皂水	30	200
矿物机油	150	30

水是最为常用的淬火介质, 它有很强的冷却能力, 但使用温度不能超过 30 ~ 40℃, 否则冷却能力下降。另外, 水的成本低、易得到, 对工件无污染; 但缺点是在 300℃ 以下冷却能力偏强, 工件淬火后内应力较大, 易产生变形与开裂。故水主要用于形状简单及截面尺寸较大的碳钢件。

在水中加入 5% ~ 10% 的 NaCl 或 NaOH, 可大大提高其在 500℃ 以上时的冷却能力, 在 300℃ 以下的冷却能力也比水强, 不减小变形开裂倾向, 主要用于形状简单的大截面工件的淬火冷却。

油也是一种广泛应用的淬火介质。油的冷却能力比较低, 常用的有各种矿物油, 如机油、锭子油、变压器油和柴油等。油在 500℃ 以上的冷却能力比水微弱, 300℃ 以下的冷却能力比水弱很多, 这对减小淬火工件的变形是非常有利的, 一般适合形状复杂的合金钢工件的淬火。

如前所述, 水的冷却能力很大, 但冷却特性很不理想, 而油的冷却特性虽比较理想, 但其冷却能力又嫌低。因而寻找冷却能力介于水油之间，而冷却特性又比较理想的淬火介质，是目前研究淬火介质的中心问题。如在水中加入不溶于水而构成混合物的物质，如构成悬浮液（固态物质）或乳化物（未溶液滴）；或在水中含有气体，均将使冷却能力降低。又如目前发展的高速淬火油则是在油中加入添加剂，如添加磺酸盐、磷酸盐等金属有机化合物，可适当提高其冷却能力，同时还可推迟形成油渣。

随着可控气氛热处理的广泛应用，要求使用工件淬火后能达到不氧化的光亮淬火油，光亮淬火油除要求有较好的冷却性能和能耐老化性能外，还应具有不使工件氧化的性能。此外，如水玻璃，聚乙烯醇水溶液等介质都在原淬火介质的基础上前进了一步。

3. 淬火方法

由于目前还没有理想的淬火介质，因而实际生产中应根据淬火件的具体情况采用不同的淬火方法，以尽量取得很好的淬火效果。常用获得马氏体的淬火方法如图 3 – 64 所示（贝氏体等温淬火见本章 3.6 节）。

（1）单液淬火法

单液淬火法是把加热工件放入一种淬火介质中，连续冷却至室温的操作方法。如水淬和油淬都属于这种方法。这种淬火方法操作简单，易实现机械化。一般适用于形状简单的碳钢和合金钢工件。

（2）双液淬火法

双液淬火法是把加热工件先放入一种冷却能力较强的淬火介质中，冷却到稍高于 M_s 点的温度，避免珠光体转变，然后取出立即投入另一种冷却能力较弱的淬火介质中冷却至室温的操作工艺。常用的如碳钢的水淬油冷法，合金钢的油淬空冷法。这种方法利用了两种淬火介质的优点，得到较理想的冷却条件，既保

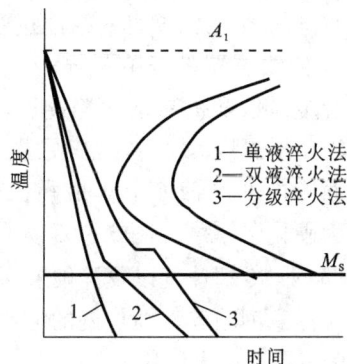

图 3 – 64　淬火方法示意图

证获得较高的淬硬层深度又可减少内应力，防止发生淬火开裂。缺点是操作复杂，在第一种淬火介质中停留的时间不易掌握，需要有实践经验的人操作。该方法主要用于形状复杂的高碳钢工件及大型合金钢工件。

（3）分级淬火法

分级淬火法是指将加热工件在 M_s 点附近的盐浴或碱浴中淬火，待工件内外温度均匀后取出缓冷的淬火方法。由于分级淬火时工件内外温度均匀，组织转变几乎同时进行，因而减少了内应力，显著地降低了变形或开裂倾向，硬度比较均匀，因此特别适用于复杂的工件淬火。但由于所用的盐浴或碱浴的冷却能力比油和水小，故大截面碳钢、低合金钢零件不适宜采用分级淬火。

（4）深冷处理

为了尽量减少钢中残余奥氏体以获得最大数量的马氏体，可采用冷处理，即把工件淬冷至室温后，继续冷却至 −70 ～ −80℃（或更低温度），保持适当时间，使残余奥氏体在继续冷却过程中转变为马氏体，这样可提高钢的硬度和耐磨性，并稳定工件尺寸。目前只对某些要求尺寸稳定性很高的精密零件如量具、精密轴承、精密丝杠等零件实行深冷处理。

3.4.8　钢的淬透性

1. 淬透性的概念

钢淬火时获得马氏体的能力或者钢被淬透的能力称为钢的淬透性。它主要和钢的过冷奥氏体的稳定性有关，或者说与钢的临界冷却速度有关。钢的 C 曲线位置越靠右，即过冷奥氏体越稳定，临界冷却速度越小，淬透性越大。因此，凡是使 C 曲线右移的因素都增加钢的淬透性，其中合金元素对 C 曲线位置的影响最显著。除 Co 和 Al 外，所有合金元素都提高钢的淬透性。钢的淬透性通常用淬硬层深度来表示。淬硬层深度指从淬火工件表面到内部的截面上淬成马氏体组织的厚度，也称为硬化层厚度。图 3 − 65 为圆柱形工件表面和心部不同冷却速度以及淬硬层深度示意图。

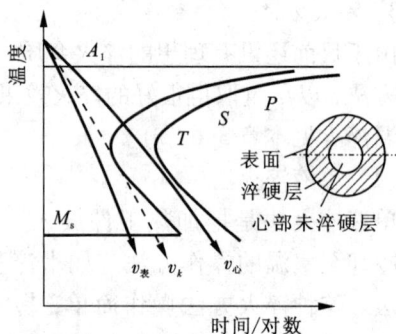

图 3 − 65　圆柱形工件截面冷却
速度淬透层深度示意图

应注意钢的淬透性与钢的淬硬性的区别。淬硬性是指钢在淬火时能够达到的最高的硬度，它表示钢淬火硬化的能力，主要和钢的含碳量有关，含碳量越多，硬度越高，抗滑移的能力越强，则钢的强度越高。含碳量是提高硬度和强度的前提条件，若钢中含碳量很少，使钢达到高强度和高硬度是很困难的或者干脆达不到。合金元素对淬火钢的硬度影响不大。

2. 淬透性的测定

淬透性的测定方法很多，目前应用最广泛的是"末端淬火法"，简称端淬试验。根据国家标准的末端淬火法规定，由表层马氏体到内里半马氏体区（50% M + 50% 非 M）的距离作为淬透层的标准。半马氏体区可用硬度法和金相法来确定，所得到的淬透性曲线和数据可作为机械零件设计的依据。各种淬透性曲线可在有关手册中查到。

端淬试验时，先将 $\phi 25 \times 100$ 的标准试样加热至奥氏体化温度。保温使钢奥氏体化后迅速放在端淬试验台上喷水冷却 [图 3 − 66（a）]。冷之之后从水冷端开始测定硬度，并将至水冷端距离和对应的硬度值绘制成曲线，即淬透性曲线 [图 3 − 66（b）]。

在末端淬火法中用淬透性值 $J = \dfrac{\mathrm{HRC}}{d}$ 表示钢的淬透性，J 表示末端淬透性值，HRC 为半

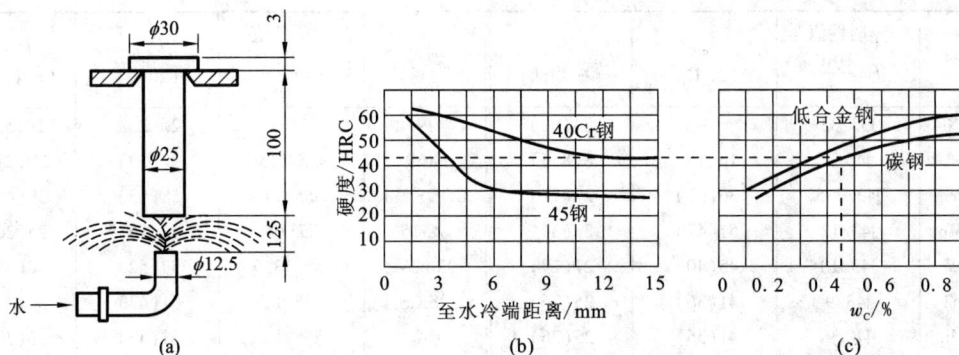

图 3 – 66　顶端淬火试验测定钢的淬透性曲线

(a)喷水装置；(b)淬透性曲线举例；

(c)钢的半马氏体(50 % M)硬度与钢的含碳量的关系

马氏体区硬度，d 为末端距半马氏体区的距离。例如，$J = \dfrac{42}{5}$，表示距顶端 5 mm 处的硬度为 HRC42。淬透性值可用于比较不同钢材淬透性好坏，可以作为机械零件设计时的参考。若 HRC 值相同，d 值越大，表示淬透性越好。

　　在生产上也常用临界淬透直径来衡量钢的淬透性。临界淬透直径是指钢在某种冷却介质中能够淬透的最大直径，用 D_c 表示。在相同条件下，D_c 值越大，钢的淬透性越好。表 3 – 9 是常用钢材淬透性值和临界淬透直径。

表 3 – 9　部分常用钢材淬透性值和临界淬透直径　　　　　　　　　　　单位：mm

牌号	淬透性值 $J = \dfrac{HRC}{d}$	$D_{c水}$ (20℃)	$D_{c油}$ （矿物油）	牌号	淬透性值 $J = \dfrac{HRC}{d}$	$D_{c水}$ (20℃)	$D_{c油}$ （矿物油）
20Mn2	J33/5	26(23)	12(13.5)	40MnVB	J43/18	71(66)	51(50)
20Mn2B	J33/12	51(47)	36(34)	40CrMnB	J43/22	84(77)	60(62)
20MnTiB	J33/8	38(34)	21(22)	40CrNi	J43/21	80(76)	58(60)
20MnVB	J33/15	61(57)	43(42)	40CrNiMo	J43/23	87(78)	66(63)
20Cr	J33/5	26(23)	12(13.5)	65	J50/9.5	43(39)	26(28)
20CrMnB	J33/17	66(64)	45(47)	65Mn	J50/10	45(40)	27(29)
20CrMoB	J33/12	51(47)	36(34)	55Si2Mn	J50/6.5	32(29)	16(18)
20CrNi	J33/9	41(36)	25(26)	50CrV	J45/15	61(57)	43(42)
20SiMnVB	J33/20	75(71)	54(56)	50CrMn	J45/17	66(64)	45(47)
12Cr2Ni3	J33/30	—	78(84)	50CrMnV	J45/33		84(96)

牌号	淬透性值 $J=\dfrac{HRC}{d}$	$D_{c水}$ (20℃)	$D_{c油}$ (矿物油)	牌号	淬透性值 $J=\dfrac{HRC}{d}$	$D_{c水}$ (20℃)	$D_{c油}$ (矿物油)
12Cr2Ni4	J33/33	—	84(96)	T9	J55/5	26(23)	12(13.5)
45	J43/3	16(15)	8(8.5)	GCr9	J55/7.5	32(33)	20(21)
40Cr	J43/7.5	36(32)	20(21)	GCr9SiMn	J55/14	58(55)	39(40)
40CrMn	J43/12	51(47)	36(34)	GCr15	J55/9	41(36)	25(26)
40CrV	J43/10	45(40)	27(29)	9Mn2V	J55/13.5	57(52)	38(37)
40Mn2	J43/9	41(36)	25(26)	9SiCr	J55/12	51(47)	36(34)
35SiMn	J40/9	41(36)	25(26)	Cr2	J55/12	51(47)	36(34)
30CrMnSi	J40/15	61(57)	43(42)	CrMn	J55/6	31(28)	15(17)
30CrMnTi	J40/12	51(47)	36(34)	CrW	J55/5.5	28(25)	15(17)
18CrMnTi	J33/9	41(36)	25(26)	9CrV	J55/7	35(31)	18(19)
30CrMo	J40/10	45(40)	27(29)	9CrWMn	J55/32	—	80(90)
40MnB	J43/15	61(57)	43(42)	CrWMn	J55/13.5	57(52)	38(37)

注：D_c 的两个数值表示其波动范围。

淬透性是合理选用钢材和正确进行热处理设计的重要依据。淬透性好的材料，在淬火过程中能充分发挥其性能的潜力，可做大截面和形状复杂的机械零件。在进行热处理工艺设计时，要根据淬透性的好坏来选择淬火介质和淬火方法，如淬透性好的材料可选用冷却能力小的淬火介质。

并不是在任何情况下都要求淬透性越高越好，在有些情况下，希望淬透性要小些。例如，承受弯曲和扭转力的轴类和齿轮类等零件，其外层受力较大，而心部受力较小，此时，一般用淬透性较低的钢，获得一定的淬硬层深即可。对于轴类，通常只要求淬硬层深度为轴半径的 1/3 或 1/2。

3. 影响工件实际淬硬层深度的因素

在设计和使用金属零件时要对性能进行准确的分析，确切了解它所需要达到的最高强度和该零件各断面性能的变化，只有这样才能选择合适的材料和进行正确的热处理工艺，在设计选用时才有充分的依据。对选用的材料来说要准确了解该材料工件能够被淬透的淬硬层深度，才能确定选材是否合适，因此必须深入了解影响实际淬硬层深度因素。主要影响因素有：

钢的淬透性：不同材料的同种工件，淬透性越好，实际淬硬层越深。

冷却介质：冷却介质的冷却能力越大，使零件能够达到临界冷却速度的深度就越大，淬硬层的深度越深，反之亦然。

工件尺寸：零件尺寸大则加热后所带的热量就多，由于每种介质的冷却能力是一定的，大尺寸零件的热量多，在相同介质中冷却速度相对较慢，工件截面上达到临界冷却速度的深度较浅，因此所得实际淬硬层深度较小；同样淬火条件下，小尺寸零件的实际淬硬层深度较大。这种随工件尺寸变化而变化的热处理强化效果的现象称为尺寸效应。在设计和使用工件时要给予充分注意。如淬透性曲线通常都是标准尺寸的试样测得的，在查热处理手册确定实际工件淬透层深时，要考虑尺寸效应的影响。

3.5　回火转变与钢的回火

　　将钢件淬火后，再加热到 Ac_1 以下的某一温度保温一定时间，然后冷却到室温的热处理工艺称为回火。回火是热处理工艺中应用较多而且重要的热处理方法之一。

　　淬火钢不经回火一般不能直接使用，为了避免工件在淬火后放置的过程中发生变形和开裂，淬火后应及时回火。

　　回火的目的如下：

　　1）降低脆性，减小或消除内应力，防止工件变形和开裂。

　　2）稳定组织。淬火马氏体和残余奥氏体都是不稳定的组织，在回火过程中会转变成较稳定的组织和性能，从而避免工件在使用时因发生组织转变导致性能、尺寸和形状变化，丧失使用精度。

　　3）获得所需性能。调整淬火后钢件的组织，获得所需的力学性能。

3.5.1　淬火碳钢回火时的组织转变

　　根据淬火碳钢回火加热时的性能变化以及金相观察，可揭示其在回火过程中的组织变化特征。一般可将淬火碳钢的回火转变按回火温度区分为如下几个阶段。应该指出，淬火碳钢在回火过程中的各种转变往往不是单独发生的，而是相互重叠的。

　　1．马氏体分解

　　（回火第一阶段，250℃以下）

　　在小于100℃回火时，钢的体积没有明显的变化，但此时在马氏体中将发生碳原子的偏聚。回火温度在100～250℃之间，随着回火温度升高以及回火时间延长，富集区的碳原子将发生有序化，继而转变为亚稳的 ε 碳化物而析出，即马氏体发生分解。随着分解的进行，马氏体的碳含量不断下降，点阵常数 c 减小，a 增大，正方度 c/a 减小，最终变成立方马氏体，并且立方马氏体的碳含量与淬火钢的碳含量无关。如图 3-67 所示，原始碳含量不同的马氏体，随着碳化物的不断析出，在高于200℃以后其碳含量趋于一致。马氏体经过分解后获得的立方马氏体和 ε 碳化物的混合组织称为回火马氏体，如图 3-68 所示。

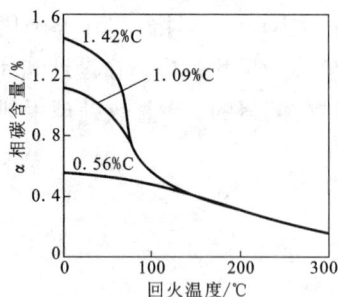

图 3-67　不同碳含量马氏体回火时碳浓度的变化

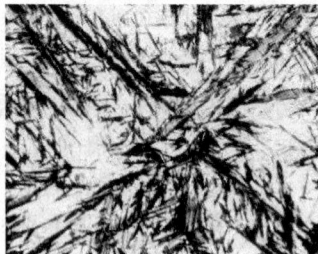

图 3-68　回火马氏体组织

　　此阶段马氏体析出的亚稳的 ε 碳化物,具有密排六方点阵,成分介于 $Fe_2C \sim Fe_3C$ 之间,一般用 $\varepsilon - Fe_xC$ 表示。在回火马氏体中, ε 碳化物与基体 α' 之间保持共格关系,存在一定的位向关系,惯习面为 $\{100\}_{\alpha'}$。析出的 ε 碳化物非常细小,不能用光镜分辨,但由于 ε 碳化物的析出使马氏体片极易被腐蚀成黑色,与下贝氏体极为相似。用电镜观察,可看到 ε 碳化物为长度约 100 nm 的平行于 $\{100\}_{\alpha'}$ 的条状薄片。因为 $\{100\}_{\alpha'}$ 晶面族中有三个互相垂直的 (100) 面,所以在 α' 晶内析出的 ε 碳化物薄片在空间也是互相垂直的,而在试样平面上则以一定角度交叉分布。用高分辨率电镜观察可知, ε 碳化物薄片是由许多 5 nm 左右的颗粒所组成。

　　2. 残余奥氏体转变

　　(回火第二阶段转变,200~300℃)

　　回火温度在 200~300℃之间,此阶段是残余奥氏体向低碳马氏体(~0.25% C)和 ε 碳化物分解的过程,所得组织为回火马氏体。

　　钢淬火后的残余奥氏体量主要取决于钢的化学成分。残余奥氏体本质上与过冷奥氏体相同,过冷奥氏体可能发生的转变,残余奥氏体都可能发生。但与过冷奥氏体相比,已经发生的转变将给残余奥氏体带来化学成分上以及物理状态上的变化,如塑性变形、弹性畸变以及热稳定化等等,这些因素都会影响残余奥氏体的转变动力学。

　　将淬火钢加热到 M_s 点以上、A_1 点以下各个温度等温保持,残余奥氏体在高温区将转变为珠光体,在中温区将转变为贝氏体。若将淬火钢加热到低于 M_s 点的某一温度等温保持,则残余奥氏体有可能等温转变成马氏体。实验证实,此时在 M_s 点以下发生的转变是受马氏体分解所控制的马氏体等温转变,即在已形成的马氏体发生分解以后,残余奥氏体才能等温转变为马氏体。虽然这种等温转变量很少,但对精密工具及量具的尺寸稳定性将产生很大的影响。

　　前面已经述及,淬火时冷却中断或冷速较慢均将使奥氏体不易转变为马氏体而使淬火至室温时的残余奥氏体量增多，即发生奥氏体热稳定化现象。奥氏体热稳定化现象可以通过回火加以消除。将淬火钢加热到较高温度回火，若残余奥氏体比较稳定，在回火保温时未发生分解，则在回火后的冷却过程中将转变为马氏体。这种在回火冷却时残余奥氏体转变为马氏体的现象称为"二次淬火"。例如，淬火高速钢中存在大量的残余奥氏体，若加热到560℃保温后，在冷却过程中残余奥氏体将转变为马氏体，其原因在于在560℃保温过程中发生了某种催化，提高了残余奥氏体的 M_s 点，因此增强了向马氏体转变的能力。

3. 碳化物析出与转变

（回火第三阶段转变，250～400℃）

在250℃以下由马氏体和残余奥氏体分解生成的亚稳 ε 碳化物在250～400℃之间将向稳定碳化物即渗碳体 Fe_3C 的转化。转化是通过 ε 碳化物溶解和 Fe_3C 重新从马氏体基体中析出的方式完成的。最终得到铁素体加极细片状（或极细颗粒状）渗碳体的混合组织，称为回火托氏体。如图 3–69 所示。

（1）高碳马氏体中的碳化物析出

回火温度高于250℃时，ε 碳化物将转变为较稳定的 χ 碳化物，具有复杂斜方点阵，其组成为 Fe_5C_2，可用表示。χ 碳化物呈薄片状，惯习面为 $\{112\}_{\alpha'}$，即片状马氏体中的孪晶界面，片间距与马氏体中孪晶界面间距相当，故可认为 χ 碳化物是在孪晶界面上析出的。χ 碳化物与基体 α' 之间存在一定的位向关系。

回火温度进一步升高时，ε 碳化物和 χ 碳化物又将转变为稳定 Fe_3C，即渗碳体 Fe_3C。Fe_3C 具有复杂斜方点阵，惯习面为 $\{110\}_{\alpha'}$ 或 $\{112\}_{\alpha'}$，与基体之间存在一定的位向关系。Fe_3C 也位于原孪晶界面，呈条片状。

图 3–69　回火托氏体组织

所以，淬火高碳钢回火过程中的碳化物转变序列可能为：

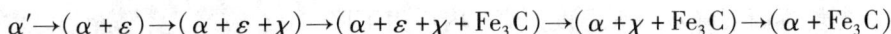

$$\alpha' \rightarrow (\alpha + \varepsilon) \rightarrow (\alpha + \varepsilon + \chi) \rightarrow (\alpha + \varepsilon + \chi + Fe_3C) \rightarrow (\alpha + \chi + Fe_3C) \rightarrow (\alpha + Fe_3C)$$

回火过程中碳化物的转变主要决定于回火温度，但也与回火时间有关，随着回火时间的延长，发生碳化物转变的温度降低，如图 3–70 所示。

（2）低碳马氏体中的碳化物析出

马氏体中碳含量低于0.2%时，当回火温度高于200℃，将在碳原子偏聚区通过单相分解自马氏体中直接析出 Fe_3C。

由于低碳钢的 M_s 点较高，在淬火形成马氏体的过程中，在温度降至200℃以前，有可能在已经形成的马氏体中发生自回火，析出 Fe_3C。自回火析出的碳化物均在马氏体板条内缠结位错区形成，形状为细针状。

在250℃回火时，未发生自回火的马氏体将发生回火，在马氏体板条内位错缠结处析出细针状 Fe_3C。此外，还将沿板条马氏体条界析出薄片状 Fe_3C。已经析出的碳化物将有一定程度的长大。

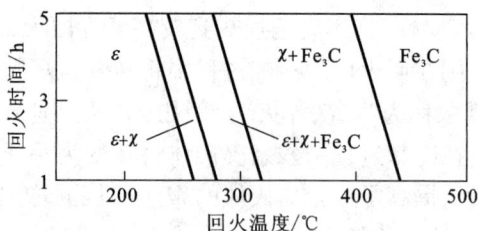

进一步提高回火温度，板条界上的 Fe_3C 薄片在长大的同时将发生破碎而成为短粗针状碳化物。随板条界间碳化物的长大，板条内的细针状或细颗粒状碳化

图 3 - 70   淬火高碳钢回火时三种碳化物的析出范围

物将重新溶入 α 相中。回火温度达到 500 ~ 550℃，板条内碳化物已经消失，只剩下分布在界面上较粗大的直径约为 200 ~ 300 nm 的碳化物。

（3）中碳马氏体中的碳化物析出

马氏体碳含量介于 0.2% ~ 0.6% 时，有可能在 200℃ 以下回火时先析出亚稳的 ε 碳化物。这是因为超过 0.2% 的碳将分布在扁八面体中心，能量较高，很不稳定，故将以碳化物形式析出。随回火温度升高，亚稳的 ε 碳化物将直接转变为稳定的 Fe_3C。由板条马氏体析出的碳化物大部分均呈薄片状分布在板条界上。中碳钢淬火可得到部分孪晶马氏体，由孪晶马氏体析出碳化物的过程与高碳马氏体相同。

4. α 相的回复再结晶及碳化物聚集长大

（回火第四阶段转变，400℃以上）

回火温度高于400℃，片状渗碳体将逐渐球化并聚集长大，铁素体基体也将发生回复和再结晶。一般将等轴铁素体加尺寸较大的粒状渗碳体的混合组织称为回火索氏体，如图 3 - 71 所示。

（1）内应力消失

淬火时，由于热应力和组织应力引起塑性变形使晶内缺陷及各种内应力增加。回火过程中，随回火温度升高，原子活动能力增强，晶内缺陷及各种残余内应力均逐渐下降。回火温度愈高，内应力下降愈快，下降程度愈大。

（2）回复与再结晶

中低碳钢淬火所得到的板条马氏体中存在大量位错，密度可达 0.3×10^{12} ~ $0.9 \times 10^{12}\ cm^{-2}$，与冷变形金属相似；而且马氏体晶粒形状为非等轴状，所以在回火过程中将发生回复与再结晶。在回复过程中，α 相中的位错胞和胞内位错线将通过滑移和攀移逐渐消失，晶体中的位错密度降低，剩余位错将重新排列成二维位错网络，形成

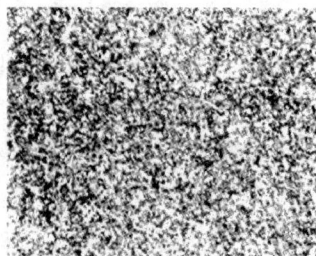

图 3 - 71   回火索氏体组织

由它们分割而成的亚晶粒。回复开始的温度尚无法确定，但回火温度高于400℃后，α相的回复已十分明显。回复后的α相形态仍呈板条状，只是板条宽度由于相邻板条合并而增加。回火温度高于600℃时，回复后的α相开始发生再结晶。一些位错密度很低的胞块将长大成等轴α相晶粒。这种位错密度很低的等轴α相新晶粒将逐步取代板条状α相晶粒。颗粒状碳化物均匀分布在等轴α相晶粒内，经过再结晶，板条特征完全消失。

　　高碳钢淬火得到的片状马氏体的亚结构主要是孪晶。当回火温度高于250℃时，马氏体片中的孪晶开始消失，但沿孪晶界面析出的碳化物仍显示出孪晶特征；当回火温度达到400℃时，孪晶全部消失，出现胞块，但片状马氏体的特征依然存在；当回火温度高于600℃时也将发生再结晶而使片状特征消失。由于碳化物能钉扎晶界，阻止再结晶的进行，故高碳马氏体α相的再结晶温度高于中低碳钢。

　　（3）碳化物的聚集长大

　　淬火碳钢高温回火时，渗碳体将发生聚集长大。当回火温度高于400℃时，碳化物已经开始聚集和球化。当温度高于600℃时，细粒状碳化物将迅速聚集并粗化。碳化物的球化、长大过程是按照小颗粒溶解、大颗粒长大的机制进行的。

3.5.2　合金元素对回火转变的影响

　　1. 合金元素对马氏体分解的影响

　　合金钢中的马氏体分解过程与碳钢基本相似，但其分解速度有明显差别。实验证明，在马氏体分解阶段，尤其是在马氏体分解的后期阶段，合金元素的影响十分显著。合金元素影响马氏体分解的原因和规律大致可归纳如下。

　　非碳化物形成元素（Ni）和弱碳化物形成元素（Mn）与C的结合力和Fe相比相差不大，所以对马氏体分解无明显影响。强碳化物形成元素（Cr、Mo、W、V、Ti等）与C的结合力较强，增大C在马氏体中的扩散激活能，阻碍C在马氏体中的扩散，从而减慢马氏体的分解速度。而非碳化物形成元素Si和Co能够溶解到$\varepsilon - Fe_xC$中，使$\varepsilon - Fe_xC$稳定，减慢碳化物的聚集速度，从而推迟马氏体分解。

　　碳钢回火时马氏体中过饱和碳完全脱溶温度约为300℃，加入合金元素可使完全脱溶温度向高温推移100～150℃。也就是说，合金钢在较高温度回火时仍可以保持α相具有一定饱和碳浓度和细小碳化物，从而保持高的硬度和强度。合金元素这种阻碍α相中碳含量降低和碳化物颗粒长大而使钢件保持高硬度、高强度的性质称为合金元素提高了钢的回火抗力或"抗回火性"。

　　2. 合金元素对残余奥氏体转变的影响

　　合金钢中残余奥氏体的转变与碳钢基本相似，只是合金元素可以改变残余奥氏体分解的温度和速度，从而可以影响残余奥氏体转变的类型和性质。

3. 合金元素对碳化物转变的影响

非碳化物化成元素（Cu、Ni、Co、Al、Si 等）与碳不形成特殊类型碳化物，它们只是提高 ε - Fe_xC 向 θ - Fe_3C 转变的温度范围。例如，钢中加入 Si，能明显提高钢的回火抗力。而强碳化物形成元素（Mo、V、W、Ti 等）不但会强烈推迟 ε - Fe_xC 向 θ - Fe_3C 的转变，而且还会发生渗碳体到其他类型特殊碳化物的转变。

合金钢回火时，随着回火温度升高或回火时间延长，将发生合金元素在渗碳体和 α 相之间的重新分配。碳化物形成元素不断向渗碳体中扩散，而非碳化物形成元素逐渐向 α 相中富集，从而发生由更稳定的碳化物逐渐代替原先不稳定的碳化物，使碳化物的成分和结构都发生变化。合金钢回火时碳化物转变的可能顺序为：

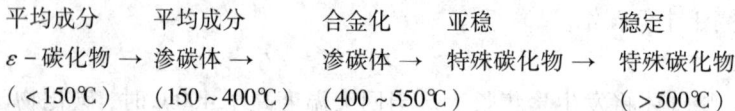

平均成分	平均成分	合金化	亚稳	稳定
ε - 碳化物 →	渗碳体 →	渗碳体 →	特殊碳化物 →	特殊碳化物
（<150℃）	（150~400℃）	（400~550℃）		（>500℃）

钢中能否形成特殊碳化物，取决于所含合金元素的性质和含量、碳或氮的含量以及回火温度和时间等条件。合金钢在回火过程中，通常都是渗碳体通过亚稳碳化物再转变为稳定特殊碳化物。例如，高铬高碳钢淬火后，在回火过程中的碳化物转变过程为

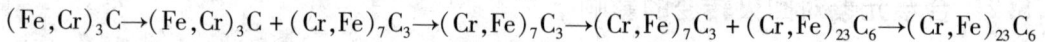

$$(Fe,Cr)_3C \rightarrow (Fe,Cr)_3C + (Cr,Fe)_7C_3 \rightarrow (Cr,Fe)_7C_3 \rightarrow (Cr,Fe)_7C_3 + (Cr,Fe)_{23}C_6 \rightarrow (Cr,Fe)_{23}C_6$$

特殊碳化物也是按两种机制形成的。一种为原位转变，即碳化物形成元素首先在渗碳体中富集，当其浓度超过合金渗体的溶解度极限时，渗碳体的点阵就改组成特殊化合物点阵。低铬钢中的 $(Fe,Cr)_3C$ 转变为 $(Cr,Fe)_7C_3$ 就属于这种类型。提高回火温度会加速碳化物转变过程。另一种为单独形核长大，即直接从 α 相中析出特殊碳化物，并同时伴有合金渗碳体的溶解。含有强碳化物形成元素 V、Ti、Nb、Ta 等的钢以及高 Cr 钢均属于这种类型。例如，1250℃淬火的 0.3%C、2.1%V 钢，低于 500℃ 回火时析出合金渗碳体，其中 V 含量很低。由于固溶 V 强烈阻止 α 相继续分解，此时只有 40% 左右的碳以渗碳体形式析出，其余 60% 仍保留在 α 相中。当回火温度高于 500℃ 时，从 α 中直接析出 VC。随回火温度进一步升高，VC 大量析出，渗碳体大量溶解。回火温度达 700℃ 时，渗碳体全部溶解，碳化物全部转化为 VC。

4. 回火时的二次硬化现象

在回火第三阶段，随着渗碳体颗粒的长大碳钢将不断软化，如图 3-72 所示。但是，当钢中含有 Mo、V、W、Ta、Nb 和 Ti 等强碳化物形成元素时，将减弱软化倾向，即增大软化抗力。当马氏体中含有足够量的碳化物形成元素时，在 500℃ 以上回火时将会析出细小的特殊碳化物，导致因回火温度升高，Fe_3C 粗化而软化的钢再度硬化，这种现象称为二次硬化。有时二次硬化峰的硬度可能比淬火硬度还高。图 3-73 示出了 Mo 含量对低碳（0.1%C）钼钢二次硬化作用的影响，可见，随着 Mo 含量增加，二次硬化作用加剧。其他强碳化物形成元素（如 Ti、V、W、Nb 等）也有类似作用。Cr 含量很高时（如大于 12%）才有不太明显的二次硬

化峰。碳钢中不发生二次硬化现象。

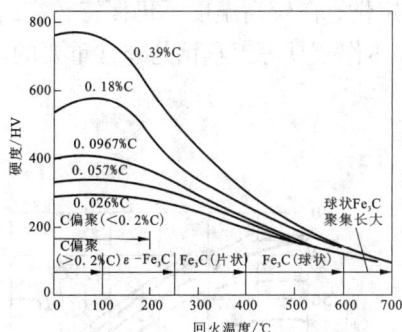

图 3 - 72　低、中碳钢在 100 ~ 700℃
回火 1 h 的硬度变化

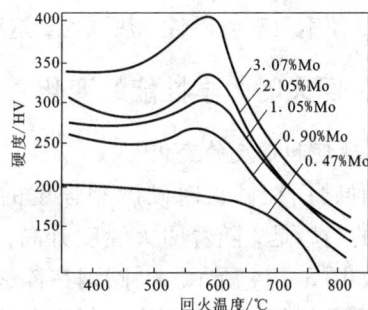

图 3 - 73　回火温度及 Mo 含量体对低碳 Mo 钢
(0.1%C) 马氏回火后硬度的影响

电镜观察证实，二次硬化是由于弥散、细小的特殊碳化物(如 Mo_2C、W_2C、VC、TiC、NbC 等)的析出造成的。具有二次硬化作用的特殊碳化物多在位错区沉淀析出，常呈极细针状或薄片状，尺寸很小，而且与 α 相保持共格关系。随回火温度升高，碳化物数量增多，碳化物尺寸逐步增大，与 α 相的共格畸变也逐渐加剧，直至硬度达到峰值。再继续升高温度，由于碳化物长大，弥散度减小，共格关系被破坏，共格畸变消失以及位错密度降低，从而使硬度迅速下降。综上所述，可以认为对二次硬化有贡献的因素是特殊碳化物的弥散度、α 相中的位错密度和碳化物与 α 相之间的共格畸变等。可以通过下述途径来提高钢的二次硬化效应：

第一，增大钢中的位错密度，以增加特殊碳化物的形核部位，从而进一步增大碳化物的弥散度。例如采用低温形变淬火方法等。

第二，钢中加入某些合金元素，以减慢特殊碳化物形成元素的扩散，抑制细小碳化物的长大和延缓这类碳化物过时效现象的发生。例如，钢中加入 Co、Al、Si、Nb、Ta 等元素，都可以使特殊碳化物细小弥散并与 α 相保持共格畸变状态，从而增大钢的回火稳定性。

利用二次硬化效应，可以选用具有二次硬化的合金钢制作在热状态下工作的工件，只要使用温度低于回火温度(产生二次硬化峰的温度)，钢件就可保持高的硬度和强度。

5. 合金元素对 α 相回复和再结晶的影响

合金钢在高温回火时，若能够形成颗粒细小的特殊碳化物，且又与 α 相保持共格关系，则能使 α 相保持较高的碳过饱和度，显著地延迟 α 相的回复和再结晶。因而使 α 相处于较大的畸变状态，仍然保持较高的硬度和强度，即具有很高的回火稳定性。

在合金钢中，常用合金元素(如 Mo、W、Ti、V、Cr、Si 等)均具有阻碍回火时各类畸变消除的作用，而且一般都延缓 α 相的回复和再结晶(提高再结晶温度)以及碳化物的聚集长大过程,从而提高钢的回火稳定性。合金元素含量增高,这种延缓作用增强。钢中同时加入几种合金元素,其相互作用加剧。合金钢具有高的回火稳定性,在较高温度下仍保持较高的硬度和强度,使钢具有红硬性、热强性,这对于切削刀具、热作模具等工具钢是非常重要的。

3.5.3 回火时力学性能的变化

1. 硬度和强度的变化

各种碳钢在回火时硬度和强度的变化基本相似,总的趋势是,随着回火温度升高,硬度和强度降低,如图 3-74 所示。低碳钢在淬火时已经发生碳原子向位错线偏聚和析出少量碳化物的自回火现象,所以在 200℃ 以下回火时其组织变化较小,硬度变化不大。但在低温回火时,随回火温度升高,碳原子偏聚的倾向增大,屈服强度,尤其是弹性极限随回火温度升高(低于 250℃)而增大。在 300～450℃ 回火时,各种碳钢的弹性极限最高。高碳钢(>0.8%C)在 100℃ 回火时硬度稍有上升,这是由于 C 原子偏聚以及 ε 碳化物析出造成的;而在 200

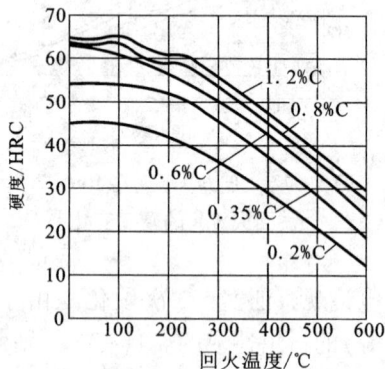

图 3-74 淬火钢硬度随回火温度的变化

～300℃ 回火时出现的硬度"平台"则是由于残余奥氏体转变(使硬度上升)和马氏体大量分解(使硬度下降)这两个因素综合作用的结果。

钢中加入合金元素能减小硬度和强度降低的趋势。由于合金元素有提高回火稳定性的作用,与相同碳含量的碳钢相比,在高于 300℃ 回火时,如果回火温度和时间相同,则合金钢常常具有较高的强度。加入强烈形成碳化物的合金元素还可以在高温(500～600℃)回火时析出细小弥散的特殊碳化物,产生二次硬化现象。

2. 塑性和韧性的变化

淬火钢在回火时,随回火温度升高,由于淬火内应力消除、碳化物聚集长大和球化以及 α 相回复和再结晶,在硬度和强度不断下降的同时,塑性(断面收缩率、延伸率)不断上升,如图 3-75。高碳钢在低温(低于 300℃)回火时其塑性几乎等于零,而低碳马氏体却具有良好的综合性能。

淬火钢在回火时的冲击韧性并不一定随回火温度升高而单调地增高,许多钢可能在两个温度区域内出现韧性下降的现象,如图 3-76 所示。这种随回火温度升高,冲击韧性反而下降的现象,称为"回火脆性"。回火脆性可分为第一类回火脆性和第二类回火脆性。

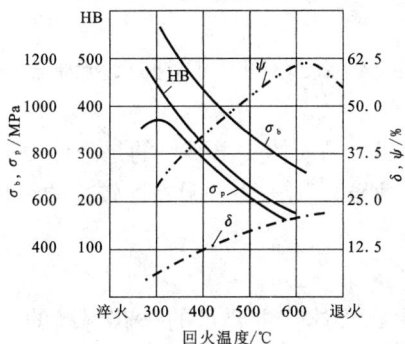

图 3－74　40 钢力学性能与回火温度的关系

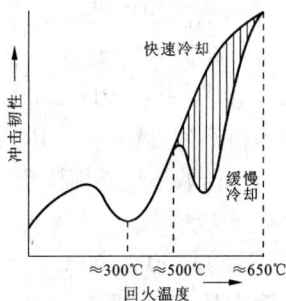

图 3－75　钢的冲击韧性与回火温度的关系

　　第一类回火脆性又称为低温回火脆性或不可逆回火脆性，是淬火钢在 250～400℃ 之间回火时产生的回火脆性，几乎所有的钢均存在这类回火脆性。其产生的主要原因是：钢材在此温度范围内，碳化物沿马氏体晶界析出并不断增厚，形成脆性薄壳，降低基体断裂强度。低温回火脆性不易消除，应避免在此温度区回火。

　　第二类回火脆性又称为高温回火脆性，也称可逆回火脆性。是含 Cr、Mn、Cr－Ni 等元素的合金钢在 450～550℃ 之间回火，或经更高温度回火后缓冷所产生的回火脆性。这种回火脆性是可逆的。将已经处于脆化状态的试样重新回火加热并快速冷却至室温，则可消除脆性，回复到韧化状态，使冲击韧性提高。与此相反，对处于韧化状态的试样，再经脆化处理，又会变成脆化状态，使冲击韧性降低。其产生的原因是 Cr、Mn、Ni 等合金元素本身在回火时易产生晶界偏析，而且还促使其他杂质元素偏聚在晶界，造成高温回火脆性。

　　生产上用来预防或减轻第二类回火脆性的方法有：

　　1）上述合金钢在回火时，提高加热温度到 500～650℃，回火后应用冷却介质快冷。

　　2）加入适量能抑制第二类回火脆性的合金元素（如 Mo、W 等）。

　　3）选用高纯度钢，降低钢中杂质元素的含量。

　　4）对亚共析钢采用亚温淬火方法，在淬火加热时，使 P 等元素溶入残留的 α 中，降低 P 等元素在原奥氏体晶界上的偏聚浓度。

　　5）采用形变热处理方法，细化奥氏体晶粒并使晶界呈锯齿状，增大晶界面积，减轻回火时杂质元素向晶界的偏聚。

　　从淬火钢回火时力学性能变化的分析中可知，回火马氏体保持高的硬度，具有良好的耐磨性，而塑性、韧性较差。回火托氏体具有高的屈服强度和弹性极限，而且还有一定的塑性和韧性。回火索氏体有最高的塑性和韧性，而且具有一定的强度水平，一般认为是强度、韧性综合力学性能较好的组织。

3.5.4 钢的回火工艺与应用

淬火钢回火后的组织性能决定于回火温度，根据回火温度范围，可将回火分为三类：

(1)低温回火

通常其温度范围为150~250℃，回火后的组织为回火马氏体。主要目的是降低淬火内应力和脆性，保持高硬度(一般 HRC55~64)和耐磨性。主要应用于要求耐磨性较高的刃具、冷作模具、量具、轴承及经表面淬火和渗碳的钢件等。

(2)中温回火

其温度范围为350~500℃，回火后的组织为回火托氏体。主要目的是获得高的屈服极限、弹性极限和较高的韧性，硬度一般为 HRC35~50。主要应用于弹簧和热作模具的处理。

(3)高温回火

其温度范围为500~600℃，回火后的组织为回火索氏体。主要目的是获得强度、塑性、韧性都较好的综合力学性能，一般硬度为 HRC25~35。主要应用于重要的结构件，如连杆、螺栓齿轮和轴类等零件。

在生产上一般把淬火与高温回火结合的热处理称为调质处理，目的是得到综合力学性能较好的回火索氏体，常作为提高和保证性能的最终热处理。对于重要零件也可作为预备热处理用。

回火保温时间一般采用1~3 h，目的是通过扩散使钢的组织性能发生变化，以保证性能。

回火后的冷却速度，一般对钢的组织性能影响不大，通常采用在空气中冷却的方式。对含某些合金元素(如 Cr)的钢为避免高温回火脆性，采用快冷(水冷或油冷)，但快冷有时会产生内应力，此时要采用一次低温退火来消除内应力。

3.6 贝氏体转变与钢的等温淬火

钢经奥氏体化后过冷到珠光体相变与马氏体相变之间的中温区时，将发生贝氏相变，亦称为中温转变。在此温度范围内，铁原子已难以扩散，而碳原子尚能扩散，其相变产物一般为铁素体基体加渗碳体的非层状组织。为了纪念著名的美国物理冶金学家 Bain 在中温转变研究方面的突出成果，20 世纪 40 年代末将奥氏体中温转变称为贝氏体相变，将相变所得产物称为贝氏体。

虽然人们对贝氏体转变了解得还很不够，但贝氏体转变在生产上却很重要，因为通过贝氏体转变得到下贝氏体组织具有非常好的综合力学性能，据此发展了等温淬火工艺，并开发了一系列贝氏体钢。因此，对贝氏体转变进行研究和了解，不仅具有理论上的意义，而且具有重要的应用价值。

3.6.1　贝氏体转变的基本特征

贝氏体转变兼有珠光体转变与马氏体转变的某些特征。归纳起来主要有以下几点：

1. 贝氏体转变有上、下限温度

对应于马氏体相变 M_s 点和 M_f 点，贝氏体相变也有一个上限温度 B_s 点和一个下限温度 B_f 点。奥氏体必须过冷到 B_s 点以下才能发生贝氏体相变，必须冷却到 B_f 点以下才有可能完全转变为贝氏体。有些合金的 B_f 高于 M_s，有些合金的 B_f 低于 M_s。当合金的 B_f 高于 M_s 时，在 B_f 以下等温，由于形成马氏体，而不可能获得 100% 贝氏体。多数合金贝氏体转变不能进行完全。

2. 转变产物为非层片状

贝氏全转变产物也是 α 相与碳化物的两相机械混合物，但与珠光体不同，贝氏体不是层片状组织，且组织形态与形成温度密切相关。碳化物的分布状态随形成温度不同而异，较高温度形成的上贝氏体，其碳化物是渗碳体，一般分布在铁素体条之间；较低温度形成的下贝氏体，其碳化物是渗碳体，也可以是碳化物，主要分布在铁素体条内部。在低、中碳钢中，当贝氏体形成温度较高时，也可能形成不含碳化物的无碳化物贝氏体。随贝氏体的形成温度下降，贝氏体中铁素体的碳含量升高。贝氏体中铁素体的形态不同于珠光体中的铁素体，而更多地类似于马氏体，故被称为贝氏体铁素体。贝氏体铁素体的碳含量一般均为过饱和状态。

3. 贝氏体转变通过形核及长大方式进行

贝氏体转变也是一种形核和长大过程。与珠光体转变一样，贝氏体可以在一定温度范围内等温形成，也可以在某一冷却速度范围内连续冷却转变。贝氏体等温形成时需要一定的孕育期，其等温转变动力学曲线也呈"C"字形。

4. 贝氏体转变的扩散性

贝氏体相变是扩散型相变。相变中有碳原子的扩散，而且碳的扩散速度控制贝氏体相变速率并影响贝氏体组织形貌。贝氏体相变时只有碳原子的扩散而无铁原子及合金元素原子的扩散，至少是合金元素原子与铁原子未发生较长距离的扩散。由此可见，贝氏体相变的扩散性指的是碳原子的扩散。

5. 贝氏体转变的晶体学

在贝氏体转变中，当铁素体形成时，也会在抛光的试样表面上产生"表面浮凸"。浮凸呈"V"形。这说明铁素体的形成与母相奥氏体的宏观切变有关，母相奥氏体与新相铁素体之间维持第二类共格（切变共格）关系，贝氏体中的铁素体与母相奥氏体之间存在着一定的惯习面和位向关系。

由上述主要特征可以看出，贝氏体转变与珠光体转变、马氏体转变既有区别，又有联系，表现出从扩散型转变到无扩散型转变的过渡性、交叉性，同时又具有自己的特殊性。

3.6.2 贝氏体的组织形态

如前所述,贝氏体一般是由铁素体和碳化物所组成的非层片状组织,其形态随钢的化学成分及形成温度的改变而变化。贝氏体按金相组织形态的不同可区分为上贝氏体、下贝氏体无碳化物贝氏体、粒状贝氏体、反常贝氏体以及柱状贝氏体等。下面主要介绍上、下贝氏体的组织形态。

1. 上贝氏体

上贝氏体是在较高温度区域内形成的贝氏体,对于中、高碳钢,上贝氏体大约在 $550 \sim 350\,^\circ\mathrm{C}$ 之间形成。

典型的上贝氏体组织在光镜下观察时呈羽毛状、条状或针状,在电镜下观察时可看到上贝氏体组织为一束大致平行分布的条状铁素体和分布于条间的断续条状碳化物的混合物(如图 3 – 77 所示)。条状铁素体多在奥氏体的晶界形核,自晶界的一侧或两侧向奥氏体晶内长大。条状铁素体束与板条马氏体很相近,束内相邻铁素体板条之间的位向差很小,束与束之间有较大的位向差。上贝氏体铁素体的亚结构为位错,位错密度较高,可形成缠结。条状铁素体的碳含量接近平衡浓度,条间碳化物为渗碳体型碳化物。

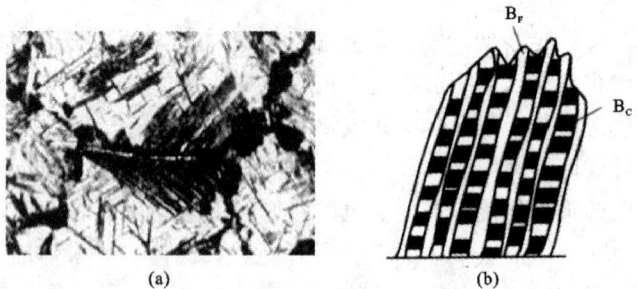

图 3 – 77 上贝氏体组织及示意图
(a) 上贝氏体组织;(b) 上贝氏体示意图

一般随着钢中碳含量增加,上贝氏体中铁素体条增多并变薄,条间渗碳体的数量增多,形态由粒状变为链珠状、短杆状,直至断续条状。当碳含量达到共析浓度时,渗碳体不仅分布在铁素体之间,而且也在铁素体条内沉淀,这种组织称为共析钢上贝氏体。形成温度对上贝氏本形态影响显著,随相变温度降低,上贝氏体中的铁素体条变薄,渗碳体细化且弥散度增大。

上贝氏体中的铁素体形成时可在抛光试样表面形成浮凸。上贝氏体中铁素体的惯习面为 $\{111\}_\gamma$,与奥氏体之间的位向关系为 K – S 关系。碳化物的惯习面为 $\{227\}_\gamma$,与奥氏体之间也存在一定的位向关系,因此一般认为碳化物是从奥氏体中直接析出的。

值得指出的是,在含有 Si 或 Al 的钢中,由于 Si 和 Al 具有延缓渗碳体沉淀的作用,使铁素体条之间的奥氏体为碳所富集而趋于稳定,因此很少沉淀或基本上不沉淀出渗碳体,形成在条状铁素体之间夹有残余奥氏体的上贝氏体组织。

2. 下贝氏体

在贝氏体相变区较低温度范围内形成的贝氏体称为下贝氏体。对于中、高碳钢,下贝氏体大约在350℃ ~ M_s 之间形成。碳含量很低时,其形成温度可能高于350℃。

典型的下贝氏体组织在光镜下呈暗黑色针状或片状,各片之间有一定的交角,如图 3 - 78(a)所示。其立体形态为透镜状,与试样磨面相交而呈片状或针状。下贝氏体既可以在奥氏体晶界上形核,也可以在奥氏体晶粒内部形核。在电镜下观察可以看出,在下贝氏体铁素体片中分布着排列成行的细片状或粒状碳化物,并以 55° ~ 60° 的角度与铁素体针长轴相交,如图 3 - 78(b)所示意。通常,下贝氏体的碳化物仅分布在铁素体片的内部。

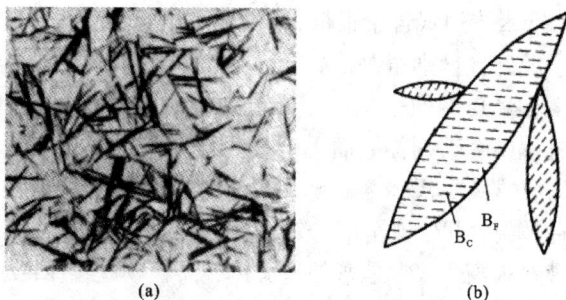

图 3 - 78　下贝氏体组织及示意图

(a)下贝氏体组织; (b)下贝氏体示意图

下贝氏体形成时也会在光滑试样表面产生浮凸,但其形状与上贝氏组织不同。上贝氏体的表面浮凸大致平行,从奥氏体晶界的一侧或两侧向晶粒内部伸展;而下贝氏体的表面浮凸往往相交呈“∧”形,还有一些较小的浮凸在先形成的较大浮凸的两侧形成。

下贝氏体中铁素体的碳含量远远高于平衡碳含量。下贝氏体铁素体的亚结构与板条马氏体和上贝氏体铁素体相似,也是缠结位错,但位错密度往往高于上贝氏体铁素体,未发现孪晶亚结构。

下贝氏体中铁素体与奥氏体之间的位向关系为 K - S 关系。下贝氏体中铁素体的惯习面比较复杂,有人测得为 $\{111\}_\gamma$,也有人测得为 $\{254\}_\gamma$ 及 $\{569\}_\gamma$。

下贝氏体中的碳化物也可以是渗碳体。但当温度较低时,初期形成 ε 碳化物,随时间延长,ε 碳化物转变为 Fe_3C。由于下贝氏体中铁素体与 Fe_3C 及 ε 碳化物之间存在一定的位向关系,因此一般认为碳化物是从过饱和铁素体中析出的。

3. 粒状贝氏体

低、中碳合金钢以一定速度连续冷却或在上贝氏体相变区高温范围内等温保温时可形成粒状贝氏体,如图 3 - 79 所示。如在正火、热轧空冷或焊缝热影响区组织中都可发现这种组织。

粒状贝氏体在刚形成时是由块状铁素体和粒状(岛状)富碳奥氏体所组成的。富碳奥氏体可以分布在

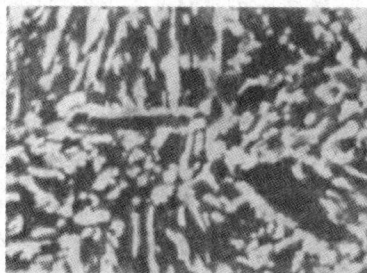

图 3 - 79　粒状贝氏体组织

铁素体晶粒内部,也可以分布在铁素体晶界上。在光镜下较难识别粒状贝氏体的组织形貌,在电镜下可看出粒状(岛状)物大都分布在铁素体之中,常常具有一定的方向性。这种组织的基体是由条状铁素体合并而成的,铁素体的碳含量很低,接近平衡浓度,而富碳奥氏体区的碳含量则很高。铁素体与富碳奥氏体区的合金元素含量与钢的平均含量相同,表明在粒状贝氏体形成过程中有碳的扩散而无合金元素的扩散。

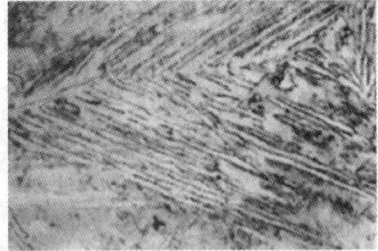

图 3-80 无碳化物贝氏体组织

岛状富碳奥氏体区在随后冷却过程中可能发生以下三种情况:部分或全部分解为铁素体和碳化物的混合物;部分转变为马氏体,这种马氏体的碳含量很高,常常是孪晶马氏体,岛状物是由 $\gamma + \alpha'$ 所组成;或者全部保留下来,成为残余奥氏体。

4. 无碳化物贝氏体

无碳化物贝氏体一般形成于低碳钢中,是在贝氏体相变区最高温度范围内形成的。无碳化物贝氏体由大致平行的单相条状铁素体所组成,所以也称为铁素体贝氏体或无碳贝氏体(图 3-80)。条状铁素体之间有一定的距离,条间一般为由富碳奥氏体转变而成的马氏体,有时是富碳奥氏体的分解产物或者全部是未转变的残余奥氏体。可见,钢中通常不能形成单一的无碳化物贝氏体组织,而是形成与其他组织共存的混合组织。

无碳化物贝氏体形成时也会出现表面浮凸,其铁素体中有一定数量的位错。无碳化物贝氏体与奥氏体之间的位向关系为 K-S 关系,惯习面为 $\{111\}_\gamma$。

3.6.3 贝氏体形成过程

由于形成温度以及奥氏体的碳含量不同,贝氏体相变过程将按照不同的方式进行,从而形成不同形态的贝氏体组织。

1. 高温区的贝氏体相变

在亚共析钢中,由于形成温度高、过冷度小、相变驱动力较小、所形成的铁素体板条数量就较少,且宽度较大。初形成的铁素体的过饱和度很小、碳的扩散能力强、铁素体中过饱和碳可以通过相界面很快扩散到奥氏体中而使铁素体碳含量降低到平衡浓度。在一个奥氏体晶粒中,当一个条状铁素体长大时,由于自促发作用在其两侧也有条状铁素体形成。由于扩散能力强,进入奥氏体中的碳很快向其内部扩散,使奥氏体的碳含量提高而不至于聚集在界面附近析出碳化物。随着条状铁素体的长大,奥氏体量逐渐减少,奥氏体内部的碳含量不断升高。形成温度愈高,碳的扩散愈充分,奥氏体内部的碳含量就愈高,从而使奥氏体转变就愈困难,故出现贝氏体相变不完全的现象。结果得到条状贝氏体铁素体加富碳奥氏体组织,即无碳化物贝氏体。这种富碳奥氏体有可能在继续等温以及随后冷却过程中转变为珠光体、其他类型贝氏体、马氏体或保留至室温成为残余奥氏体(图 3 – 81)。

2. 中温区的贝氏体相变

在 350 ~ 550℃ 的中温区,相变初期与高温区相变基本一样。首先在奥

图 3 – 81　无碳化物贝氏体形成过程示意图

氏体晶界附近形成铁素体晶核,并且成排地向奥氏体晶内长大。同时,铁素体中多余的碳通过扩散向两侧相界面移动。由于形成温度相对较低,碳的扩散能力有所下降,在奥氏体晶界形成的相互平行的条状铁素体密集而细小。由于碳在铁素体中的扩散速度大于在奥氏体中的扩散速度,此时碳在奥氏体中的扩散已经很困难,因而晶界附近的奥氏体,尤其是两个条状铁素体之间的奥氏体中的碳含量将随铁素体的长大而显著升高。当碳浓度升高到一定程度时,将在条状铁素体之间析出渗碳体而转变为典型的上贝氏体组织(图 3 – 82)。由于得不到奥氏体中碳原子的补充,这些在铁素体条间析出的渗碳体是不连续的。

因此,上贝氏体的转变速度是受碳在奥氏体中的扩散所控制的。随形成温度降低,条状铁素体变薄,铁素体条间析出的渗碳体颗粒细化。

图 3 – 82　上贝氏体形成过程示意图

3. 低温区的贝氏体相变

在中、高碳钢中,首先在奥氏体晶界或晶内某些贫碳区形成铁素体晶核,并按切变共格方式长大成片状或透镜状。由于相变温度更低,碳原子在奥氏体中已不能扩散,但在铁素体中尚有一定的扩散能力,仍能在铁素体中进行短程扩散,但较难扩散至相界面处。因此,当铁素体长大时,碳原子在铁素体晶内沿一定晶面或亚晶界偏聚,继而析出细片状碳化物。与马氏体相变类似,当一片铁素体长大时,会促发其他方向形成片状铁素体,因而形成典型的下贝氏体(图 3 – 83)。

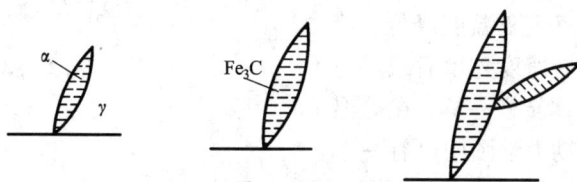

图 3 – 83　下贝氏体形成过程示意图

因此,下贝氏体的转变速度是受碳在铁素体中的扩散所控制的,碳化物析出和铁素体长大两个过程是同时进行的。随形成温度降低,碳化物颗粒变得细小、弥散。若形成温度不太低,且钢的碳含量较高时,也可以在铁素体边缘析出少量的碳化物。

4. 粒状贝氏体的形成

可以认为某些低合金钢中出现的粒状贝氏体是由无碳化物贝氏体演变而来的。当无碳化物贝氏体的条状铁素体长大到彼此汇合时,剩下的岛状富碳奥氏体便为铁素体所包围,沿铁

素体条间呈条状断续分布。因钢的碳含量低，岛状奥氏体中的碳含量不至于过高而析出碳化物。这样就形成粒状贝氏体。如果延长等温时间或进一步降低温度，则岛状富碳奥氏体有可能分解为珠光体或转变为马氏体，也有可能保留到室温。

综上所述，不同形态贝氏体中的铁素体都是通过切变机制形成的，只是因为形成温度不同，使铁素体中的碳脱溶以及碳化物的形成方式不同而导致贝氏体组织形态的不同。碳的扩散及脱溶沉淀是控制贝氏体相变及其组织形态的基本因素。阻碍碳的扩散或碳化物沉淀的合金元素都会提高富碳奥氏体的碳浓度而提高其稳定性。

3.6.4 影响贝氏体转变的因素

研究贝氏体相变动力学，不仅可以为制订与贝氏体相变有关的热处理工艺提供依据，而且可以为弄清贝氏体相变机制提供线索。

1. 贝氏体等温转变动力学

贝氏体相变是形核、长大的过程。形核需要孕育期，可以等温形成，这与珠光体转变类似，但贝氏体晶核比珠光体晶核的长大速度慢得多。与珠光体转变一样，贝氏体等温转变动力学曲线也呈 C 形，如图 3-84 所示。某一温度以上观察不到贝氏体相变，该温度被称为 B_s 点。在 B_s 点以下，随转变温度降低，等温转变速度先增后减。与珠光体转变一样，在等温转变动力学图中也有一个

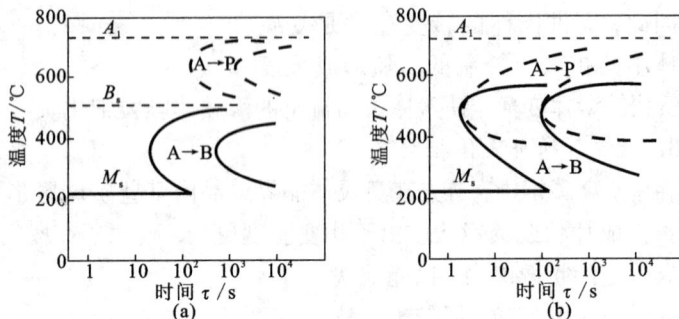

图 3-84 等温转变动力学图

（a）合金钢；（b）碳钢

鼻尖。依钢的化学成分不同，贝氏体转变 C 曲线可与珠光体转变的 C 曲线部分重叠，也可以彼此分离。

与珠光体转变不同，贝氏体等温转变不能进行完全。等温转变温度越高，越接近 B_s 点，等温转变量越少。

2. 影响贝氏体转变动力学的因素

（1）碳含量的影响

随奥氏体中碳含量的增加，贝氏体相变速度下降。这是因为碳含量高，形成贝氏体时需要扩散的碳原子数量增加。

（2）合金元素的影响

钢的常用合金元素中，除了 Co 和 Al 加速贝氏体相变速度以外，其他合金元素如 Mn、Ni、Cu、Cr、Mo、W、Si、V 以及少量 B 都延缓贝氏体的形成，同时也使贝氏体相变温度范围下降，从而使珠光体与贝氏体相变的 C 曲线分开。合金元素对贝氏体等温转变动力学图的影响可用图 3 – 85 示意地表示。

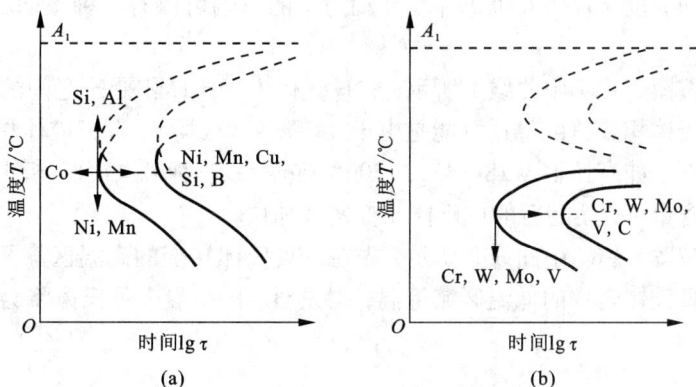

图 3 – 85 合金元素对贝氏体等温转变动力学图的影响
（a）非碳化物形成元素；（b）碳化物形成元素

（3）奥氏体晶粒大小和奥氏体化温度的影响

因过冷奥氏体的晶界是贝氏体形核的优先部位，故随奥氏体晶粒增大，晶界总面积减少。贝氏体形核率降低，贝氏体相变孕育期增长．转变速度减慢。

提高奥氏体化温度或延长时间，一方面使碳化物溶解趋于完全，使奥氏体成分均匀性提高，同时又使奥氏体晶粒长大，因而贝氏体相变速度减慢。但是，温度过高或保温时间过长时，又有加速贝氏体相变的作用，即形成一定数量贝氏体所需的时间缩短。如图 3 – 86 所示，曲线先上升，随后随奥氏体化温度的升高，形成一定量贝氏体所需时间曲线下降。

（4）应力的影响

拉应力加快贝氏体相变，随应力增加，贝氏体相变速度不断提高。如果在施加应力 3 ~ 5 min 后撤去应力，则转变开始阶段较快，随后变慢。

（5）塑性变形的影响

在高温区（800 ~ 1000℃）对奥氏体进行塑性变形，将使贝氏体相变孕育期延长，相变速度减慢，相变不完全程度增加。高温变形时可能产生两种相反的作用：一方面，塑性变形使奥氏体的晶体缺陷密度增高，有利于碳的扩散，故使贝氏体相变加速；另一方面，奥氏体的塑性变形会产生多边化亚结构，破坏晶粒取向的连续性，对铁素体的共格长大不利，故使贝氏体相变减慢。当后者占优势时，贝氏体相变将减慢。

在中温区(300~600℃)对奥氏体进行塑性变形,则贝氏体相变孕育期缩短,相变速度加快。中温塑性变形不仅使奥氏体中的缺陷密度增高,有利于碳的扩散,而且造成内应力,有利于贝氏体铁素体按切变机制形成,故加快贝氏体相变速度。中温塑性变形不仅促进碳化物析出,而且可以细化贝氏体铁素体晶粒。

(6)冷却时在不同温度下停留的影响

冷却时在不同温度下停留对贝氏体相变动力学的影响可以有三种不同的情况,如图3-87所示。

过冷奥氏体按图3-87中曲线1所示,在珠光体-贝氏体相变区之间的稳定区域内停留会加速随后的贝氏体相变速度。这可能是由于在等温停留过程中自奥氏体析出了碳化物,降低了奥氏体稳定性。如高速钢W18Cr4V在500℃保温一定时间后,由于析出了碳化物,降低了奥氏体中的碳含量,故使随后的贝氏体相变速度加快。

过冷奥氏体按图3-87中曲线2所示,先在上贝氏体转变的高温区停留,形成部分上贝氏体后再冷至下贝氏体转变的低温区域等温,则先形成的少量上贝氏体将会降低下贝氏体的转变速度。

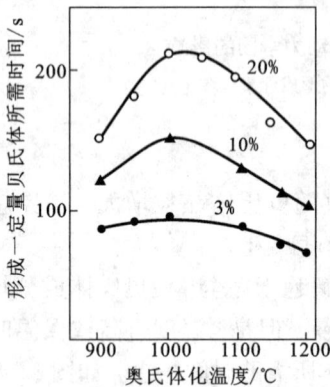

图3-86 奥氏体化温度对贝氏体转变速度的影响 图3-87 冷却时不同温度停留的三种不同情况

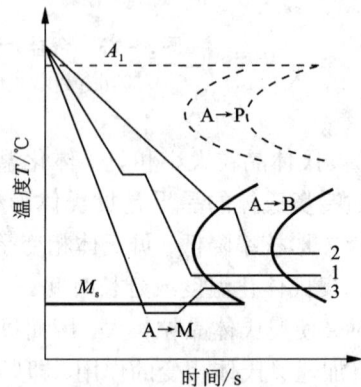

过冷奥氏体按图3-87中曲线3所示,先冷至M_s以下或贝氏体转变的低温区停留,使形成少量马氏体或下贝氏体,然后再升至贝氏体转变的较高温度区间,则先形成的马氏体及少量贝氏体可以使随后的贝氏体相变速度加快。如GCr15钢中有部分马氏体存在时将使以后450℃的贝氏体相变的速度提高15倍。另外,先在300℃短时停留形成少量下贝氏体后,也可使450℃的贝氏体相变速度增加6~7倍。

3.6.5　贝氏体转变产物的力学性能

贝氏体转变产物的性能取决于贝氏体的形态、尺寸大小和分布，以及贝氏体与其他组织的相对量等。由于铁素体和渗碳体是贝氏体中最主要的组成相，且铁素体又是基本相，因此铁素体的强度是贝氏体强度的基础。

1. 贝氏体的强度与硬度

贝氏体的强度随形成温度的降低而提高，如图 3-88 所示。贝氏体的硬度与形成温度的关系与此相似。

影响贝氏体强度的因素有：

1) 贝氏体铁素体的粗细。铁素体条越细，晶界越多，强度越高；晶粒越小，强度越高，符合 Hall-Petch 公式。因此，形成温度越低，强度越高。

2) 碳化物颗粒大小与分布。根据弥散强化理论，碳化物颗粒越小，分布越弥散.贝氏体强度越高。下贝氏体中碳化物颗粒小，颗粒量多，故下贝氏体强度高于上贝氏体。贝氏体形成温度越低时，碳化物颗粒越小、量越多，强度越高。

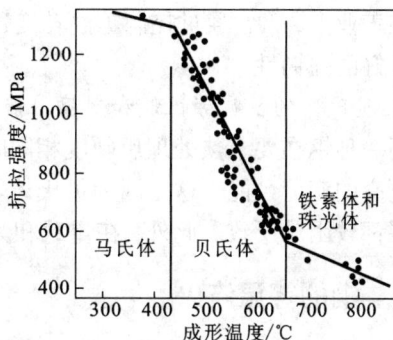

图 3-88　贝氏体抗拉强度与形成温度的关系

3) 铁素体过饱和度及位错密度。转变温度越低，铁素体的碳过饱和度越高，位错密度也越高，强度也越高。

总之，贝氏体形成温度越低，强度越高。

2. 贝氏体的韧性

(1) 贝氏体的冲击韧性和韧脆性转变温度

研究表明，下贝氏体的冲击韧性优于上贝氏体，且下贝氏体的韧脆转变温度亦明显低于上贝氏体，如图 3-89 所示。由图可见，随着上贝氏体抗拉强度的升高，韧脆转变温度明显上升，而在形成下贝氏体时，其韧脆转化温度突然下降，以后随抗拉强度的升高，韧脆转变温度又有所升高。

上贝氏体的冲击韧性低于下贝氏体的原因之一是因为上贝氏体有脆性 Fe_3C 分布于铁素体条间，造成脆性通道；其次上贝氏体由彼此平行的铁素体条构成，好似一个晶粒，而下贝氏体铁素体片彼此位向差很大，故每一片贝氏体铁素体片均能起分割晶粒的作用，将原奥氏体晶粒分割成小晶粒，所以下贝氏体的有效晶粒直径远

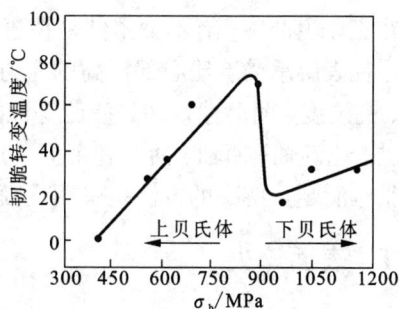

图 3-89　贝氏体的韧脆转变温度
与抗拉强度的关系

(w_c 为 0.1~0.5% 的 05Mo-B 钢)

远小于上贝氏体。

(2)贝氏体和马氏体回火组织的冲击韧性

在较高强度水平的情况下,强度相同时下贝氏体的韧性往往高于淬火＋回火钢,但其韧脆转变温度也常常高于后者。

在强度相同的条件下,低碳钢贝氏体组织的冲击韧性稍低于回火后板条马氏体的冲击韧性;而在高碳钢中,下贝氏体的冲击韧性则高于回火孪晶马氏体。

在工业上,常常通过控制等温转变过程获得适当数量的贝氏体加马氏体的复合组织,以获得良好的强韧性。

3. 贝氏体的抗疲劳性能和耐磨性能

同一种钢在要求热处理后硬度相同时,选用等温淬火获得的贝氏体组织较淬火回火组织具有更高的疲劳性能。这是因为贝氏体较其他组织具有最佳的强韧性配合,疲劳裂纹的产生和扩展都较困难所致。此外,在重载和大的冲击载荷工作条件下,应首选贝氏体组织钢。

3.6.6 钢的等温淬火

等温淬火法是指将加热工件在稍高于 M_s 点的盐浴或碱浴中冷却并保温足够的时间从而获得下贝氏体组织的淬火方法。等温温度和时间由 C 曲线确定。经这种方法处理的零件强度高、塑性和韧性好,具有良好的综合力学性能;同时淬火应力小、变形小。该方法多用于形状复杂和性能要求较高的较小零件。

3.7 钢的表面热处理

在工业生产中,有不少零件是在弯曲、扭转等交变载荷、冲击载荷和摩擦条件下工作的。这时零件表层承受着比心部更高的应力,表面不断受到磨损。因此这种零件表面要求具有高强度、高硬度、耐磨性好和耐疲劳等性能,而心部要求具有足够的塑性和韧性。例如,齿轮、凸轮轴、花键轴、曲轴、活塞和销等。这种性能要求依靠选择某种钢材,通过一般热处理方法已很难满足。解决的方法是采用表面热处理,即钢的表面淬火或化学热处理。

3.7.1 表面淬火

钢的表面淬火是将钢件表层加热到淬火温度以上,但不等热量传至心部便立即进行淬火冷却的一种热处理工艺方法。

表面淬火广泛应用于中碳调质钢或球墨铸铁制的机器零件。因为中碳调质钢经过预先处理(调质或正火)后,再进行表面淬火,既可以保持心部有较高的综合机械性能,又可使表面具有较高的硬度(＞HRC50)和耐磨性以及有利的残余压应力分布。例如机床主轴、齿轮、柴油机曲轴、凸轮轴等。基体相当于中碳钢成分的珠光体铁素体基的灰铸铁、球墨铸铁、可锻铸铁、合金铸铁等原则上均可进行表面淬火。其中以球墨铸铁的工艺性能最好，有较高的综合力学性能，应用最广。

要在工件表面有限深度内达到相变点以上的温度，必须给工件表面以极高的能量密度加热，使工件表面的热量来不及向心部传导，以造成极大的温差。根据加热方法的不同，表面淬火的方法较多。目前生产中采用最广泛的是感应加热表面淬火，其次是火焰加热表面淬火。

3.7.2 快速加热时的相变特点

钢在表面淬火时，其基本条件是有足够的能量密度提供表面加热，使表面以足够快的速度达到相变点以上的温度。例如高频感应加热表面淬火，其提供给表面的功率密度达 15000 W/cm^2，加热速度达 100℃/s 以上。因此，表面淬火时，钢处于非平衡加热状态。

钢在非平衡加热时有如下特点：

1）随着加热速度的增大，转变温度提高，转变温度范围扩大。

在一定的加热速度范围内，相变点 Ac_3 及 Ac_{cm} 随加热速度的增加而提高，但当加热速度超过某一值后，所有亚共析钢的转变温度均相同，如图 3－90 所示。加热速度对奥氏体开始形成温度影响不大，但随着加热速度的提高，显著提高了形成终了温度，如图 3－91 所示。即加热速度愈快，奥氏体形成温度范围愈宽，但形成速度快，时间短。

2）奥氏体成分不均匀性随着加热速度的增加而增大。

由于加热速度快，加热时间短，碳及合金元素来不及扩散，将造成奥氏体中成分的不均匀，随着加热速度的提高，奥氏体成分的不均匀性增大。例如 0.4%C 碳钢，当以 130℃/s 的加热速度加热至 900℃ 时，奥氏体中存在着 1.6%C 的碳浓度区。

显然，快速加热时，钢种、原始组织对奥氏体成分的均匀性有很大影响。对热传导系数

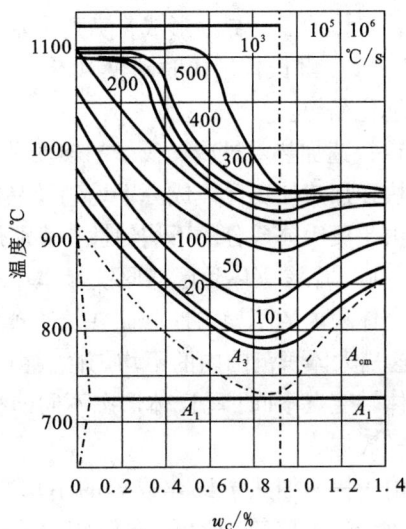

图 3－90 在快速加热条件下的非平衡 Fe－C 相图

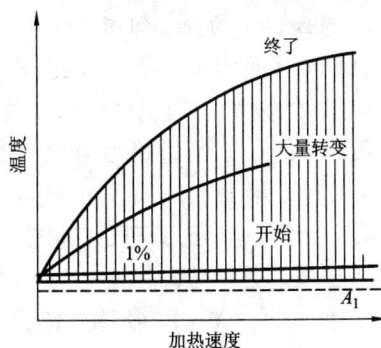

图 3－91 加热速度对珠光体向奥氏体转变温度范围的影响

小，碳化物粗大且溶解困难的高合金钢采用快速加热是有困难的。

3）提高加热速度可显著细化奥氏体晶粒。

快速加热时，过热度很大，奥氏体晶核不仅在铁素体—碳化物相界面上形成，而且也可能在铁素体的亚晶界上形成，使奥氏体的成核率增大。又由于加热时间极短（如加热速度为 $10^7℃/s$ 时，奥氏体形成时间仅 10^{-5} s），奥氏体晶粒来不及长大。当用超快速加热时，可获得超细化晶粒。

4）快速加热对过冷奥氏体的转变及马氏体回火有明显影响。

快速加热使奥氏体成分不均匀及晶粒细化，减小了过冷奥氏体的稳定性、使"C"曲线左移。由于奥氏体成分的不均匀性，特别是亚共析钢，还会出现二种成分不均匀性现象。在珠光体区域，原渗碳体片区与原铁素体片区之间存在着成分的不均匀性，这种区域很微小，即在微小体积内的不均匀性。而在原珠光体区与原先共析铁素体块区也存在着成分的不均匀性，这是大体积范围内的不均匀性。由于存在这种成分的大体积不均匀性，将使这二区域的马氏体转变点不同，马氏体形态不同即相当于原铁素体区出现低碳马氏体，原珠光体区出现高碳马氏体。

由于快速加热奥氏体成分的不均匀性，淬火后马氏体成分也不均匀，所以，尽管淬火后硬度较高，但回火时硬度下降较快，因此回火温度应比普通加热淬火的略低。

3.7.3　表面淬火后钢的组织与性能

1. 表面淬火的金相组织

钢件经表面淬火后的金相组织与钢种、淬火前的原始组织及淬火加热时沿截面温度的分布有关。

最简单的是原始组织为退火状态的共析钢，设其在淬火冷却前沿截面的温度分布如图 3-92（a）所示。淬火后金相组织应分为三区，如图 3-92（b）所示，自表面向心部分别为马氏体区（M）（包括残余奥氏体），马氏体加珠光体（M+P）及珠光体（P）区。这里所以出现马氏体加珠光体区，因快速加热时奥氏体是在一个温度区间、并非在一个恒定温度形成的，其界限相当于

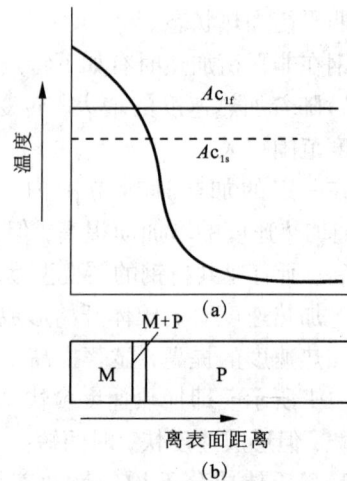

图 3-92　共析钢表面淬火沿截面温度分布及淬火后金相组织

沿截面温度曲线的奥氏体开始形成温度（Ac_{1s}）及奥氏体形成终了温度（Ac_{1f}）。在全马氏体区，自表面向里，由于温度的差别，在有些情况下也可以看到其差别，最表面温度高，马氏体较粗大，中间均匀细小，紧靠 Ac_{1f} 温度区，由于其淬火前奥氏体成分不均匀，如腐蚀适当，将能看到珠光体痕迹。在温度低于 Ac_{1s} 区，由于原为退火组织，加热时不能发生组织变化，故

为淬火前原始组织。

若表面淬火前原始组织为正火状态的 45 钢，则表面淬火以后其金相组织沿截面变化将要复杂得多。如果采用的是淬火烈度很大的介质，即只要加热温度高于临界点，凡是奥氏体区均能淬成马氏体；表面淬火加热时沿截面温度分布如图 3 – 93(a) 所示。自表面至心部的金相组织如图 3 – 93(b) 所示。按其金相组织分为四区，表面马氏体区(M)，往里相当于 Ac_3 与 Ac_{1f} 温度区为马氏体加铁素体(M + F)，再往里相当于 Ac_{1f} 与 Ac_{1s} 温度区为马氏体加铁素体加珠光体区，中心相当于温度低于 Ac_{1s} 区为淬火前原始组织，即珠光体加铁素体。在全马氏体区，金相组织也有明显区别，在紧靠相变点 Ac_3 区，相当于原始组织铁素体部位为腐蚀颜色深的低碳马氏体区，相当于原来珠光体区为不易腐蚀的隐晶马氏体区，二者颜色深浅差别很大。由此移向淬火表面，低碳马氏体区逐渐扩大，颜色逐渐变浅，而隐晶马氏体区颜色增深，靠近表面变成中碳马氏体。

若 45 钢表面淬火前原始组织为调质状态，由于回火索氏体为粒状渗碳化均匀分布在铁素体基体上的均匀组织，因此表面淬火后不会出现由于上述碳浓度大体积不均匀性所造成的淬火组织的不均匀。在截面上相当于 Ac_1 与 Ac_3 温度区的淬火组织中，未溶铁素体分布得比较均匀。在淬火加热温度低于 Ac_1 至相当于调质回火温度区，如图 3 – 94 中 C 区，由于其温度高于原调质回火温度而又低于临界点，因此将发生进一步回火现象。表面淬火将导致这一区域硬度降低(图 3 – 94)，其区域大小取决于表面淬火加热时沿截面的温度梯度。加热速度愈快，沿截面的温度梯度愈陡，该区域愈小。由于加热速度快，加热时间短，回火程度减小。

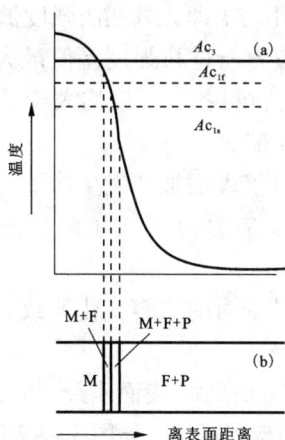

图 3 – 93　45 钢表面淬火沿截面温度
分布(a)及淬火后金相组织(b)

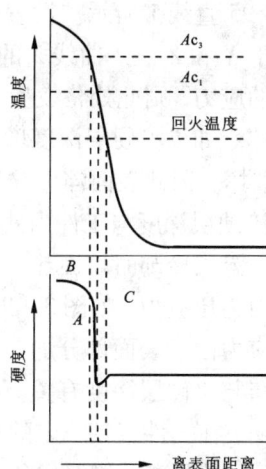

图 3 – 94　原始组织为调质状态的
45 钢表面淬火后沿截面硬度

表面淬火淬硬层深度一般计至半马氏体(50% M)区，宏观的测定方法是沿截面制取金相试样，用硝酸酒精腐蚀，根据淬硬区与未淬硬区的颜色差别来确定(淬硬区颜色浅)；也可借测定截面硬度来决定。

2. 表面淬火后的性能

1)表面硬度：快速加热，激冷淬火后的工件表面硬度比普通加热淬火高。例如激光加热淬火的 45 钢硬度比普通淬火的高 4HRC；高频加热喷射淬火的，其表面硬度比普通加热淬火的硬度高 2～3HRC。这种增高硬度现象与加热温度及加热速度有关。

2)耐磨性：快速加热表面淬火后工件的耐磨性比普通淬火的高。这与其奥氏体晶粒细化、奥氏体成分的不均匀，表面硬度较高及表面压应力状态等因素有关。

3)疲劳强度：采用正确的表面淬火工艺，可以显著地提高零件的抗疲劳性能。例如 40Cr 钢，调质加表面淬火(淬硬层深度 0.9 mm)的疲劳极限 $\sigma_{-1} = 324$ N/mm^2，而调质处理的仅为 235 N/mm^2 时。表面淬火还可显著地降低疲劳试验时的缺口敏感性。表面淬火提高疲劳强度的原因，除了由于表层本身的强度增高外，主要是因为在表层形成很大的残余压应力。表面残余压应力愈大，工件抗疲劳性能愈高。

3. 表面淬火淬硬层深度及分布对工件承载能力的影响

虽然表面淬火有上述优点，但使用不当也会带来相反效果。例如淬硬层深度选择不当，或局部表面淬火硬化层分布不当，均可在局部地方引起应力集中而破坏。

1)表面淬火硬化层与工件负载时应力分布的匹配：设有一传动轴承受扭矩，其截面切剪应力如图 3－95 直线 1 所示。设表面淬火强化后其沿截面各点强度如图中曲线 2 所示，则曲线 1 与 2 交于 X 和 Z 点。曲线 2 的 X Y Z 线段位于曲线 1 下方，即此处屈服强度低于该轴负载时所产生的应力，则此处将发生屈服。尤其在 Y 点处，应力与材料强度差值最大，可能在此处发生破坏。如果淬硬层深度增加，如曲线 3 所示，此时材料各点强度均大于承载时应力值，故不会破坏。因此表面淬火淬硬层深度必须与承载相匹配。

2)表面淬硬层深度与工件内残余应力关系：表面淬火时仅表面加热发生胀缩，故表面将承受压应力。淬火冷却时表面热应力为拉应力，而表面组织应力为压应力，二者叠加结果，表面残余应力为压应力，如图 3－96 所示。

这种内应力由于表面部分加热和冷却时的胀缩和组织转变时的比容变化所致，显然其应力大小及分布与淬硬层深度有关。

试验表明，在工件直径一定的情况下，随着硬化层深度的增厚，表面残余压应力先增大，达到一定值后，若再继续增厚硬化层深度，表面残余压应力反而减小，如图 3－97 所示。

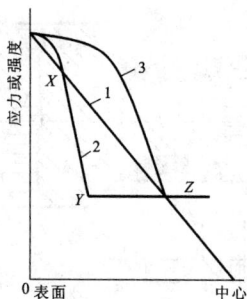

图3-95 表面强化与承载应力匹配示意图

1—工件负载时应力分布；2—浅层淬火时
沿截面各点屈服强度；3—深层淬火时沿
截面各点屈服强度

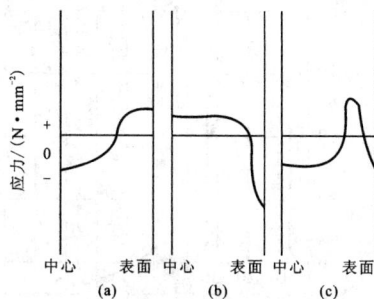

图3-96 表面淬火时残余应力分布

(a)热应力；(b)组织应力；(c)合应力

对每一个具体零件来说，都有一个合适的淬硬层深度及过渡区宽度。这时在静载荷下，不至于有局部地区的屈服强度低于零件工作应力，表面有足够大的残余压应力，而又不至于有太靠近表面的过高张应力峰值。对高频表面淬火而言，中、小尺寸零件淬硬层深度为工件半径的10%~20%，过渡区的宽度为淬硬层深度的25%~30%，实践证明较为合适。

3）硬化层分布对工件承载能力的影响：当工件进行局部表面淬火时，存在着淬火区段与非淬火区段间的过渡问题。图3-98为直径65 mm的圆柱经局部表面淬火后的硬度

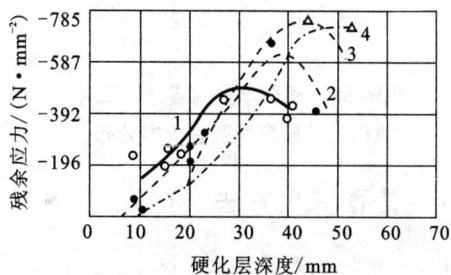

图3-97 不同钢材硬化层深度与
最大残余压应力关系

中空试样：外径66 mm，内径49 mm

1—45；2—18Cr2Ni4W；3—40CrMnMo；4—40CrNiMo

和残余应力分布。由图可见，在离淬硬层一定距离外存在着拉应力峰值，若和外加载荷所产生的应力叠加，特别是在截面突变区，很可能导致破坏。为了避免这种现象发生，要尽量避免在危险断面处出现淬硬层的过渡。如图3-99所示二种淬硬层的分布，正确者应采用(b)的淬硬层分布。

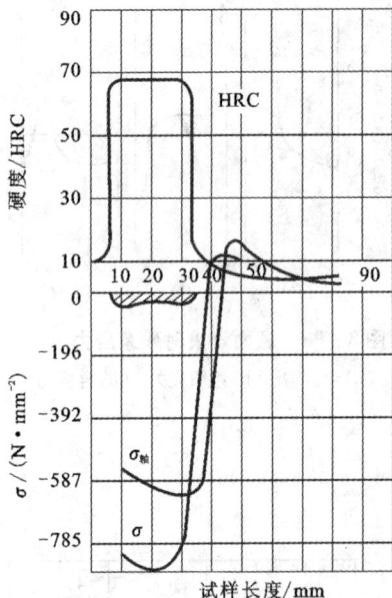

图 3 - 98 局部淬火的圆柱形工件
表面上的硬度和残余应力分布

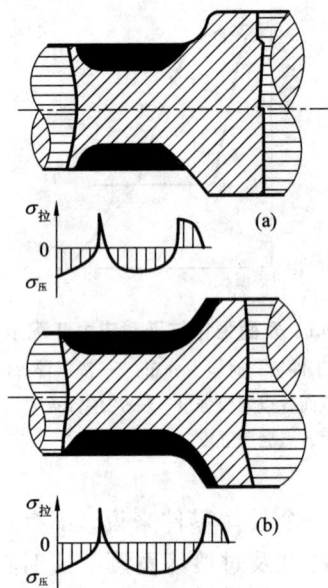

图 3 - 99 轴表面淬火后淬硬层及应力分布
(a)轴肩未硬化;(b)轴肩已硬化

3.7.4 表面淬火方法

1. 感应加热表面淬火

(1)感应加热的基本原理

感应加热表面淬火法如图 3 - 100 所示。把工件放入由空心紫铜管绕成的感应线圈中,线圈中通入一定频率的交流电,则在线圈内外产生交变磁场,工件在交变磁场的作用下产生感应电流。感应电流在工件中自成回路,称为"涡流",它使电能转变为热能将工件加热。涡流在工件截面上的分布是不均匀的,主要集中在工件的表层。通入感应线圈的电流频率愈高,涡流集中的表层愈薄,这种现象称为"集肤效应"。利用集肤效应,使工件表层在几秒钟内迅速被加热到淬火温度,而心部仍接近室温。在表层被加热奥氏体化后,立即喷水冷却,就使表层得到马氏体组织,达到了表面淬火的目的。

感应加热表面层深度主要与交流电频率有关,可用下面近似公式计算:

$$\delta = \frac{500 \sim 600}{\sqrt{f}} \qquad\qquad (3-6)$$

式中:δ——感应加热深度,mm;

f——电源频率,Hz。

从上述两式可看出,电流频率越高,感应加热表面层深度越浅。感应加热的频率选择及应用见表3-10。

表3-10 感应加热的频率选择及应用

加热方式(频率范围)	淬硬层深度/mm	应用范围
高频加热(200~300 kHz)	0.5~2.5	中小型零件,如小模数齿轮,中小型轴类
超音频加热(20~40 kHz)	0.5~2.5	中小型零件,如小模数齿轮,中小型轴类(能改善淬硬层沿零件轮廓的均匀分布)
中频加热(2.5~8 kHz)	2~8	直径较大的轴类和模数较大齿轮
工频加热(50 Hz)	≥10~15	较大直径钢材透热及要求淬硬层很深的大直径零件(如轧辊、火车车轮等)

(2)感应加热表面淬火的特点

与普通加热淬火相比,感应加热表面淬火有以下几个方面的特点:

1)感应加热速度极快,过热度大,使珠光体向奥氏体转变的温度高,转变所需时间很短,一般只需几秒或几十秒。

2)由于加热速度快,奥氏体来不及长大,因此冷却淬火后可得到很细小的马氏体组织,其硬度比普通淬火高2~3 HRC,具有较低的脆性。

3)由于表层存在残余压应力,能部分抵消在交变载荷作用下产生的拉应力,从而提高了疲劳极限。

4)由于感应加热速度快,零件表面不易氧化和脱碳,变形小。

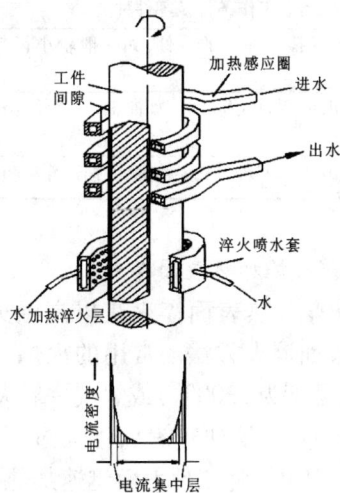

图3-100 感应加热表面淬火示意图

5)生产率高,适用于大批生产,淬硬层深度易控制,容易实现机械化和自动化。

6)感应加热的缺点是设备较贵,维修、调整比较困难,形状复杂的零件感应线圈不易制造,因而只适用于形状较为简单的工件(如轴类和平面件等)的批量生产。

(3)感应加热的技术条件

表面淬火前,常进行预先热处理,目的是提高淬硬层质量、心部的综合力学性能和改善零件的切削加工性。一般心部要求良好的强度与韧性配合时采用调质处理,若心部性能要求不高时,也可以正火处理。表面淬火后应进行低温回火。

感应加热表面淬火零件的一般工艺路线如下：

下料→锻造→正火或退火→机械加工（粗）→调质处理→机械加工（精）→感应加热表面淬火→低温回火→磨削加工。

1）表面硬度。淬火后表面硬度应达到 HRC50～58 以上，其后的回火温度根据零件最后硬度值（一般在 HRC40～58 之间）的要求来确定。

2）淬硬层深度与分布。选择淬硬层深度时，除考虑需要有适当厚度的耐磨层外，还必须考虑整体零件兼有足够的强度、韧性等综合力学性能。通常淬硬层深度为圆柱形零件半径的1/10 左右时可得到强度、韧性和耐疲劳性的很好配合。对于小直径（10～20 mm）零件，其淬硬层深度可取半径的 1/5，对截面较大的零件可取半径的 1/10。表 3－11 表示不同零件感应表面淬火所选用的淬硬层深度、材料及设备。

表 3－11   不同零件感应表面淬火所选用的淬硬层深度、材料及设备

工作条件及零件种类	所需淬硬深度/mm	选用材料	采用设备
工作于摩擦条件下的零件，如一般较小齿轮、轴类	1.5～2	45,40Cr	电子管式高频设备
承受扭曲、压力载荷零件，如曲轴，大齿轮、磨床主轴	3～5	45,40Cr,9Mn$_2$V、球墨铸铁	中频发动机
承受扭曲、压力载荷的大型零件，如冷轧轧辊	≥10～15	9Cr$_2$W、9Cr$_2$Mo	工频设备

2. 火焰加热表面淬火

火焰加热表面淬火是以高温火焰作为热源的一种表面淬火方法。常用的火焰有乙炔－氧火焰（最高温度为 3200℃）或煤气－氧火焰（最高温度为 2400℃）。火焰加热表面淬火过程如图 3－101 所示，高温火焰将工件表面迅速加热到淬火温度，随即喷水快冷，从而获得所需的表面硬度和淬硬层深度。调节烧嘴移动的速度和喷水管之间的距离，便可获得不同的淬硬层深度。火焰加热表面淬火的淬硬层一般为 2～6 mm，若要获得更深的淬硬层，则表面易过热甚至局部熔化、开裂。

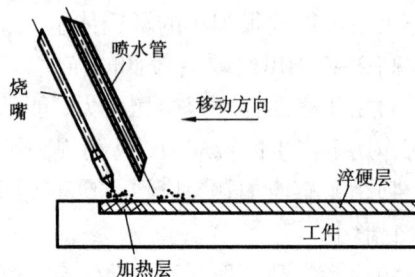

图 3－101   火焰加热表面淬火示意图

火焰加热表面淬火方法简单，不需要特殊贵重的设备，故适用于单件、小批生产及大型零件（如大型齿轮、轴、轧辊等）的表面淬火。但因其加热温度不易控制，零件表面易过热，淬火质量不够稳定等原因，限制了它的广泛应用。

3.7.5　钢的化学热处理

改变工件表层的化学成分、组织和性能的综合工艺过程称为化学热处理。通过化学热处理，可使同一工件的心部和表面具有不同的组织性能。例如，在保持心部具有高强韧性的同时，使表层具有高硬度、耐磨、耐蚀等性能，以适应各种复杂的服役条件。因此，化学热处理在各个工业部门应用极广。

化学热处理的种类很多，通常是以渗入元素来命名，如渗碳、渗氮、碳氮共渗、渗硼、渗铝等。不同渗入元素对表面性能有不同的影响，如渗碳、渗氮等可提高工件的表面硬度和耐磨性；渗铝、渗铬可提高表面抗氧化和耐高温性能。

化学热处理的实施是将工件置于一定的介质（渗剂）环境中加热、保温，由介质中分解出所需渗入元素的活性原子，该活性原子为工件表面所吸收并溶入铁的晶格形成固溶体或化合物。被吸收的原子在一定的温度下不断由表面向内部扩散，形成一定厚度的扩散层称为渗层。

1. 钢的渗碳

增加工件表层含碳量的化学热处理工艺称为渗碳。其主要目的是提高工件表面的硬度、耐磨性和疲劳强度，同时保持心部的良好韧性。渗碳主要用于表面受严重磨损并承受较大冲击载荷和较高接触应力的零件。例如，汽车、拖拉机齿轮、活塞销和套筒等。

渗碳用钢常采用低碳钢和低碳合金钢，例如 20、20Cr、20CrMnTi、$20Mn_2TiB$、20SiMnVB、$18Cr_2Ni_4WA$ 等。有时为了提高心部强度，钢的含碳量可以提高到 0.3%。

（1）渗碳工艺方法

渗碳是由一定的工艺来实现的，首先要将工件置于能产生活性碳原子的气氛中加热到合适的温度，保温足够时间使活性碳原子被吸收并扩散到一定的渗层深度，然后再冷却。

活性碳原子[C]产生的反应式有多种，最主要的有如下三种：

$$2CO \rightarrow CO_2 + [C]$$
$$CH_4 \rightarrow 2H_2 + [C]$$
$$CO + H_2 \rightarrow H_2 + [C]$$

1）渗碳温度：提高渗碳温度可以加速渗碳过程、增加渗层厚度。但温度过高易使工件晶粒粗大、性能恶化、变形严重。一般渗碳温度常在 900～950℃ 之间选取。

2）渗碳方法：按渗碳剂的状态，渗碳工艺有固体渗碳、液体渗碳和气体渗碳等。

①气体渗碳法：气体渗碳法是目前应用最广泛，占主导地位的渗碳方法。向密封的炉内通入渗碳气氛，主要成分为某种碳氢化合物气体（如天然气、液化石油气等）或为液体碳氢化合物（如煤油、甲醇等），使其在高温下裂化分解为渗碳气氛，得到活性碳原子[C]。气体渗碳法示意图如图 3 - 102 所示。

渗碳时间主要影响渗层深度，同时也在一定程度上影响渗层碳浓度梯度。一般当加热温度在 920~930℃时，为获得 0.4~1.4 mm 深的渗碳层，加热保温时间需要 3~9 h。

气体渗碳法的优点是它的生产率高，渗层质量易于控制，可以直接淬火，易于机械化、自动化操作，劳动强度低。适用于大批量生产。

②固体渗碳体：将工件埋入固体渗剂中，装箱密封，送入炉中加热，并保温一定时间后出炉。固体渗剂由主渗剂(70~90% 木炭) + 催渗剂(Na_2CO_3 或 $BaCO_3$)混合组成。固体渗碳装箱示意图如图 3-103 所示。获得 0.8~1.5 mm 的渗层厚度需要在渗碳温度下保温 10~15 h。

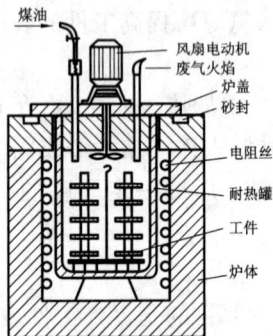

图 3-102　气体渗碳法示意图

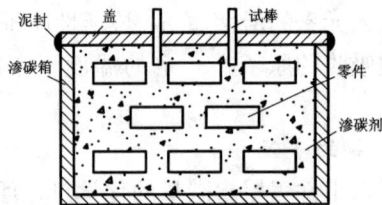

图 3-103　固体渗碳示意图

固体渗碳法的优点是操作简单，设备费用低，但劳动条件差，渗层质量不易控制，一般适用于小批量生产。

3)渗碳层的成分和组织：低碳钢工件渗碳后，其表面的含碳量一般以达到 0.85%~1.05% 为宜，由表面向内部含碳量逐渐减少到原始低碳钢的含碳量。渗碳缓冷后的组织由表面向心部依次为：珠光体 + 网状渗碳体→珠光体→珠光体 + 铁素体混合的亚共析原始组织。若渗碳层含碳量低，表面耐磨性差，抗疲劳性能也差；若含碳量过高，则渗层变脆，易脱落。

(2) 渗碳后的热处理及热处理后的组织与性能

1)渗碳后的热处理：渗碳后的热处理是淬火和低温回火，目的是进一步提高表面硬度和强度，强化心部性能。

生产渗碳零件的一般工艺路线如下：

下料→锻造→正火→机械加工(粗)→渗碳→淬火(或表面淬火)→低温回火→机械加工(精)。

2)渗碳热处理后的组织与性能

①渗层组织性能：热处理后的表层组织以回火马氏体 + 少量细小颗粒状渗碳体为主，再加上少量残余奥氏体。一般要求马氏体应是细小的，渗碳体成细粒状均匀分布。少量残余奥氏体的存在有利于延缓疲劳裂纹的产生与扩展。

渗碳热处理后表面硬度一般为 HRC58～63，由表面向心部硬度随含碳量的降低而降低。

②心部组织性能：对于大工件淬火一般可不淬透，其心部组织为低碳钢的原始组织，即为铁素体＋珠光体。对于小工件的心部组织，可得到回火马氏体，或回火马氏体、铁素体和珠光体的混合组织。其中大工件的心部硬度为 HRC10～15，而小工件为 HRC30～42。

③渗碳层深度：衡量渗碳件的主要技术指标之一，以测定"有效渗碳硬化层"深度作为标准。"有效渗碳硬化层"系指经渗碳、淬火并 150～170℃ 回火处理后的渗碳件由表面到维氏硬度为 HV550(约 HRC52)处的垂直距离。

工件渗碳及热处理后的渗层厚度应根据零件的尺寸和使用条件确定。一般要求表面和心部的性能有较好的匹配，以使工件在外加载荷作用下通过渗层传递到心部的应力低于心部的强度，保证工件能持续正常的工作。为此，可采取提高心部强度或增加渗层厚度的办法，或两者兼用。但渗层过深，可能导致表面碳浓度增加而使性能恶化。

为使表里性能匹配，常根据经验确定渗层深度 δ。下列经验公式及表 3 - 12 可供参考。

表 3 - 12　机床渗碳零件的渗碳层厚度

渗碳层厚度/mm	应 用 举 例
0.2～0.4	厚度小于 1.2 mm 的摩擦片,样板等
0.4～0.7	厚度小于 2 mm 的摩擦片,小轴,小型离合器,样板等
0.7～1.1	轴、套筒、活塞、支承销、离合器等
1.1～1.5	主轴、套筒、大型离合器等
1.5～2	镶钢导轨,大轴,模数较大的齿轮、大轴承环等

轴类：
$$\delta = (0.1 \sim 0.2)R \tag{3-7}$$
式中：R——半径，mm。

齿轮：
$$\delta = (0.2 \sim 0.3) \tag{3-8}$$
式中：m——齿轮模数，mm。

薄片工件：
$$\delta = (0.2 \sim 0.3)t \tag{3-9}$$
式中：t——工件厚度，mm。

一般渗 C 层深度约在 0.5～2.5 mm 范围内选择。

2. 钢的渗氮

在一定温度下，使活性氮原子渗入工件表面的化学热处理工艺称为渗氮，也称为氮化。其目的是提高工件的表面硬度和耐磨性，同时获得高的疲劳强度、红硬性和抗蚀性。

渗氮用钢多数采用中碳合金钢，以便调质后可获较好综合力学性能，渗氮后表层有较高的硬度和稳定性。要求高硬、耐磨、高疲劳强度的钢，宜采用含 Al、Ti、V 等元素的钢种。

38CrMoAlA 是应用较久的渗氮用钢。以提高疲劳强度为主零件，可选合金结构钢，40Cr、40CrMo。如果渗氮目的为提高抗蚀性，那么各种钢、铸铁都可以。

(1)渗氮工艺方法

渗氮方法有气体、液体、固体、离子渗氮等多种，以气体渗氮应用最广泛。

1)气体渗氮：它是利用氨气受热分解出活性氮原子[N]，被工件表面吸收后形成固溶体和氮化物，并逐渐向里扩散形成一定深度的渗氮层。氨气分解反应式为：

$$2NH_3 \rightarrow 3H_2 + 2[N]$$

渗氮温度一般选择在 500~570℃左右，这是因为铁素体在该温度下对氮有一定的固溶能力，而在该温度下形成的 Fe_2N 等化合物具有较高的硬度。

由于渗氮温度低，故渗氮速度慢、时间长而渗层薄。例如，欲获得 0.3~0.5 mm 厚的渗氮层需要 20~70 h。

渗氮层厚度一般在 0.15~0.7 mm 范围内选择，渗氮时间约为 10~100 h。表 3-13 为渗氮层厚度应用范围，可供参考。

表 3-13　渗氮层厚度应用范围

要求厚度/mm	厚度范围/mm	应用举例
0.3	0.25~0.4	套环、小齿轮、模具、垫圈
0.5	0.45~0.6	镗杆、螺杆、主轴、套筒、蜗杆、大模数齿轮

2)离子渗氮：进行离子渗氮时零件被置于充有氨气或氮、氢混合气的真空容器中，气体压力为 133 Pa~1333 Pa。常以零件作阴极，容器作阳极，并在其内加 500 V 左右的直流电压，容器中的稀薄气体便会电离，并在工件上产生辉光放电现象。电离后的氮离子在电场作用下高速冲向工件，渗入工件表面。

离子渗氮温度可选在 480~540℃，渗层厚度为 0.5 mm 左右。

离子渗氮的优点是：生产周期短，在同样渗层厚度的情况下仅为气体渗氮所需时间的 1/3~1/4。离子渗氮零件表面不易形成连续的白色脆性层。

(2)渗氮处理的特点

1)渗层组织：渗氮层仅为 0.15~0.7 mm，一般视为由两层组成，外层 ε 相(N 溶入 Fe_3N 形成的固溶体)与 $ε + γ'$ 相($γ'$ 相为 N 溶入 Fe_4N 形成的固溶体)，不易腐蚀，为白亮层；内层为腐蚀颜色较深的 $α + γ'$ 相(α 相是 N 在 α-Fe 固溶体)和高度弥散的合金氮化物(AlN、VN、Mo_2N、CrN 等)。

2)渗层性能特点

①较高的硬度和耐磨性。渗氮层硬度一般在 HV 600~800 以上，高的可达 HV1000~

1200，相当于 HRC70 左右。渗氮层的高硬度是由于表面形成氮化物所致。显然，渗氮具有比渗碳更高的硬度和耐磨性，并显著提高钢的疲劳强度。

②较高的红硬性。氮化物的硬度可保持到约 600 ~ 650℃，即渗氮件具有红硬性。

③耐蚀性较好。氮化物结构致密，化学稳定性好，能耐自来水、大气、蒸汽、碱等腐蚀，但不耐酸腐蚀。

④变形小。由于渗氮温度低，渗氮后无需进行热处理，故热处理变形小，能保持高的几何精度。

由于渗氮层薄，硬度高，相对较脆，故要求心部具有足够的强度以支持渗氮层。通常渗氮前为了保证心部的性能需要进行调质或正火等预备热处理，对精密零件，渗氮前在几道精加工工序之间应进行一、二次消应力处理。渗氮后一般无需处理即可获得高硬度，因此渗氮后至多只作精磨或研磨。因渗层薄，精磨余量不得过大，仅为 0.10 ~ 0.15 mm。

一般渗氮件的加工路线是：毛坯→粗机械加工→调质处理（或正火）→精机械加工→渗氮。

3）渗氮的用途：由于氮化层薄，不能承受冲击载荷与重载荷，不能受太大接触应力。同时由于渗氮工艺周期长，成本高，所以渗氮只用于不承受较大冲击载荷与重载荷的耐蚀、耐热和精度要求高的耐磨零件。如各种精密齿轮、高精度机床主轴（如磨床主轴）、高速柴油机曲轴、排气阀、阀门、阀杆等。

3. 钢的碳氮共渗

碳氮共渗是向钢的表层同时渗碳和氮的过程。习惯上碳氮共渗又称为氰化。目前以中温气体碳氮共渗和低温气体氮碳共渗应用较多，中温碳氮共渗以渗碳为主，其目的是提高钢的硬度、耐磨性和疲劳强度；低温气体氮碳共渗以渗氮为上，其主要目的是提高钢的耐磨性和抗咬合性。

（1）中温气体碳氮共渗

中温气体碳氮共渗以渗碳为主，工艺同气体渗碳相似，渗剂为煤油和氨气，在相同条件下比渗碳速度快。共渗温度一般取 820 ~ 880℃，如在 850℃ 时，保温时间为 4 ~ 5 h，共渗厚度达 0.6 ~ 0.7 mm。

中温气体碳氮共渗的零件经淬火 + 低温回火后，共渗层的表面组织为细片状回火马氏体和适量的颗粒状的碳氮化合物以及少量残余奥氏体组成。

中温碳氮共渗与渗碳相比，加热温度低，零件变形小，生产周期短，而且渗层具有较高的耐磨性、疲劳强度和抗压强度，并兼有一定的抗腐蚀能力。已获得较广泛的应用。

（2）低温气体氮碳共渗

低温气体氮碳共渗又叫软氮化。常用共渗介质为尿素，处理温度为 570℃，处理时间很短，仅 1 ~ 3 h。低温气体氮碳共渗的铁氮化合物层为 0.01 ~ 0.02 mm，碳氮共渗处理后，零件变形很小，处理前后零件精度变化不大，但能提高材料的耐磨、耐疲劳、抗咬合和抗擦伤性能。

渗层具有一定韧性,不易剥落,不受钢种限制,适合各种材料,如 3Cr2W8 压铸模低温碳氮共渗后可提高使用寿命 3 ~ 5 倍,高速钢刀具经氮碳共渗后一般可提高使用寿命 20% ~200% 。

3.8 形变热处理

形变热处理是将塑性变形与热处理相变结合的一种复合热处理工艺,它能获得形变强化与相变强化的综合作用,达到细化奥氏体晶粒,增高位错密度,增强碳化物弥散效果,是一种既可以提高强度,又可以改善塑性和韧性的有效方法。

形变热处理中的形变方式很多,可以是锻、轧、挤压、拉拔等。形变热处理中的相变类型也很多,有铁素体珠光体类型相变、贝氏体类型相变、马氏体类型相变及时效沉淀硬化型相变等。形变与相变的关系也是各式各样的,可以先形变后相变,也可以相变后再形变,或者是在相变过程中进行形变。目前最常用的形变热处理工艺有以下 2 种。

1. 高温形变热处理

高温形变热处理是将钢加热到 Ac_3 以上进行塑性变形,然后淬火回火,如图 3 – 104 所示。高温形变热处理工艺的关键是在形变时,为了保留形变强化的效果,应尽可能避免发生再结晶软化。形变后应立即快速冷却。由于形变过程中位错密度增加,从而使淬火马氏体细化,达到很好的强化效果。

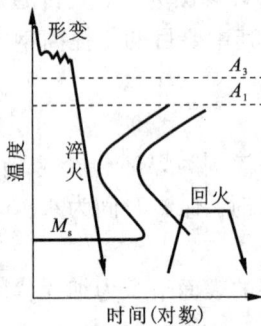

图 3 – 104 高温形变热处理工艺示意图   图 3 – 105 中温形变热处理工艺示意图

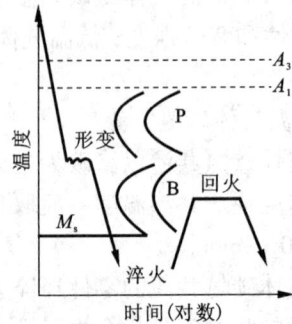

与普通热处理相比,高温形变热处理不但提高了钢的强度(约 10% ~ 30%),同时提高了塑性和韧性,使钢的综合力学性能得到明显的改善。高温形变热处理对钢材无特殊要求,可将锻造和轧制同热处理结合起来,利用锻、轧余热进行淬火,减少加热次数,节约能源;同时减少工件氧化、脱碳和变形程度;不要求使用大功率设备,生产上容易实现。目前在连杆、

曲轴、汽车板簧和热轧齿轮等工件上应用较多。

2. 中温形变热处理

将钢加热到 Ac_3 以上,迅速冷却到珠光体和贝氏体形成温度之间,对过冷奥氏体进行较大量的塑性变形(可达 70% ~90%),然后利用淬火 + 中温或低温回火的方法称为中温形变热处理,工艺如图 3 – 105 所示。中温形变热处理要求钢有较高的淬透性,以免在形变时产生非马氏体组织。

中温形变热处理可大幅提高钢的强度和抗磨损能力,而不降低塑性和韧性,甚至略有升高。这是由于形变不仅使马氏体组织细化,而且还能增加马氏体中的位错密度,同时细小的碳化物在钢中的弥散分布也起到强化作用。中温形变热处理的形变温度较低,而且要求形变速度快,所以加工设备功率大。因此,虽然中温形变热处理的强化效果好,但因工艺实施困难,应用受到限制。目前主要用于强度要求极高的零件,如飞机起落架、高速钢刀具、弹簧钢丝、轴承等。

思考练习题

1. 简述共析钢加热时奥氏体形成的几个阶段,并说明亚共析钢、过共析钢奥氏体形成的主要特点。

2. 请说明正火和退火的主要区别是什么?组织性能有何异同?

3. 说明 T12 钢(含碳量 1.2%)制工具,机加工前应采用热处理方法类型及原因?并简述热处理过程中的加热温度、冷却方式及所得的组织。

4. 简述钢中板条马氏体和片状马氏体的形貌特征、晶体学特点、亚结构及其力学性能的差异。

5. 简述淬火的冷却过程的特点,以及所得到组织类型与性能特点?

6. 淬火钢回火的目的是什么?经低温回火、中温回火、高温回火后的钢所得组织是什么,并说明在性能上有什么特点?

7. 试述一般渗碳零件的工艺路线,并说明该工艺路线中每道热处理工序的目的。

8. 现有低碳钢齿轮和中碳钢齿轮各一只,为了使齿轮表面具有高的硬度和耐磨性,应该选择何种热处理方法?并比较热处理后它们在组织和性能上的差别。

9. 以共析钢为例,说明将其奥氏体化后立即随炉冷却、空气中冷却、油中冷却和水中冷却,各得到什么组织?力学性能有何差异?

第4章 有色金属热处理原理与工艺

4.1 概 述

有色金属种类很多,但工业上应用较多的有色金属材料主要有铝、铜、铅、锌、镁、钛等。与黑色金属相比,有色金属及其合金具有许多优良的力学、物理和化学性能,因而在现代工业、国防、科学研究领域中占有极为重要的地位,是不可缺少的工程材料。

有色金属及其合金的半成品或制品的生产工艺流程如图4-1,从图中可以看出,热处理

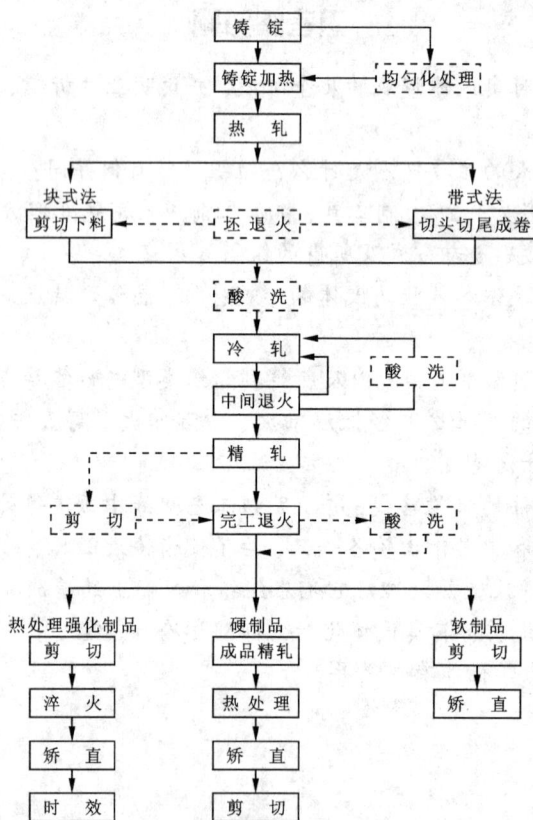

```
                    ┌─────────┐
                    │ 铸  锭  │─────────────┐
                    └─────────┘             │
                         │                  │
                    ┌─────────┐     ┌ ─ ─ ─ ─ ─ ─ ┐
                    │ 铸锭加热│◄────  均匀化处理
                    └─────────┘     └ ─ ─ ─ ─ ─ ─ ┘
                         │
                    ┌─────────┐
                    │ 热  轧  │
                    └─────────┘
                    ┌────┴────────────────────────────┐
              块式法                              带式法
          ┌─────────┐   ┌ ─ ─ ─ ─ ┐   ┌─────────────┐
          │ 剪切下料│◄─   坏 退 火 ◄─ │切头切尾成卷 │
          └─────────┘   └ ─ ─ ─ ─ ┘   └─────────────┘
                    ┌ ─ ─ ─ ─ ┐
                      酸  洗
                    └ ─ ─ ─ ─ ┘
                    ┌─────────┐
                    │ 冷  轧  │◄──────────┐
                    └─────────┘           │
                    ┌─────────┐   ┌ ─ ─ ─ ─ ┐
                    │中间退火 │──►   酸  洗
                    └─────────┘   └ ─ ─ ─ ─ ┘
                    ┌─────────┐
                    │ 精  轧  │
                    └─────────┘
      ┌ ─ ─ ─ ─ ┐   ┌─────────┐   ┌ ─ ─ ─ ─ ┐
        剪  切  ◄─  │完工退火 │──►   酸  洗
      └ ─ ─ ─ ─ ┘   └─────────┘   └ ─ ─ ─ ─ ┘
      ┌──────┬──────────┬──────────┐
  热处理强化制品      硬制品      软制品
  ┌──────┐    ┌────────┐   ┌──────┐
  │ 剪 切│    │成品精轧│   │ 剪 切│
  └──────┘    └────────┘   └──────┘
  ┌──────┐    ┌────────┐   ┌──────┐
  │ 淬 火│    │ 热处理 │   │ 矫 直│
  └──────┘    └────────┘   └──────┘
  ┌──────┐    ┌────────┐
  │ 矫 直│    │ 矫 直 │
  └──────┘    └────────┘
  ┌──────┐    ┌────────┐
  │ 时 效│    │ 剪 切 │
  └──────┘    └────────┘
```

图4-1 有色金属及其合金板带材的生产工艺流程示意图

是有色金属材料加工流程的重要组成部分。没有热处理工序，板带材的生产就不能进行。

有色金属材料常常存在残余应力、成分不均匀化、组织不稳定等缺陷，严重影响合金的工艺性能和使用性能，如合金的塑性低、耐蚀性差、强度不高、力学性能不好等。有色金属及其合金的热处理可依工艺性能和使用性能的不同而异。整个生产过程中的热处理主要有铸锭的均匀化退火、压力加工过程中的退火（去应力退火和再结晶退火）、成品的热处理（固溶处理及时效），形变热处理也有一定的应用。对于有些有色合金，除上述几种热处理形式外，还有其他的热处理，如激光热处理、化学热处理等。

有色合金的热处理作用有以下几个方面：①改善工艺性能，保证后道工序顺利进行。如铸锭的均匀化退火可以改善合金成分和组织的均匀性，消除内应力，从而改善热加工性能。中间退火可以使合金发生再结晶，改善合金的塑性变形能力。②提高使用性能，充分发挥材料的潜力。如铝合金合金经固溶处理及时效后可以提高合金的强度。

有色金属热处理主要类型有：

（1）均匀化退火

均匀化退火是用于消除或减少铸态合金非平衡态的热处理。其目的是通过高温长时间加热以使原子充分扩散，改善和消除铸锭或铸件在冶金过程中形成的偏析，从而实现合金的化学成分均匀化，组织达到或接近平衡状态，同时改善第二相的形状和分布，提高合金的塑性，改善加工性能和使用性能。

（2）基于回复、再结晶的退火

金属及合金因冷变形而造成的组织与性质处于亚稳定状态，组织和亚结构发生变化，内能增高，强度和硬度增大，塑性减小，有时还出现织构。冷变形金属被加热到较高温度时，由于原子活动能力增加，会发生回复和再结晶过程，织构也会发生变化，从而在一定程度上消除冷变形造成的亚稳定状态。这种热处理方法称为基于回复、再结晶的退火。其目的是提高金属塑性，以利于后续工序顺利进行；满足产品使用性能要求，以获取塑性与强度性能的配合，良好的耐蚀性和尺寸稳定性等等。

（3）基于固态相变的退火

这是一种以固态金属合金经高温保温和冷却所发生的扩散型相变为基础的热处理。与基于回复、再结晶的退火的区别在于后者不发生任何固态相变，而前者的先决条件和基本过程是扩散型固态相变。由于扩散型固态相变的类型很多，如多晶型性转变、共析转变、加热时的第二相的溶解等，对合金的组织和性能影响很大，因此这类退火应用比较广泛。

（4）固溶处理和时效

将合金加热到一定温度，使合金元素溶入到固溶体中，然后取出快速冷却，得到过饱和固溶体的热处理过程，称为固溶处理，由于在固溶处理过程中没有晶体结构的变化，又称为无多型性转变的淬火。而使高温相在冷却转变过程中转变成另外一种晶体结构的亚稳态，称为淬火，由于在此过程中有晶体结构的变化，又称为有多型性转变的淬火。

固溶处理获得的过饱和固溶体是亚稳态的，在室温放置或加热到一定温度下保持一定时间，将发生某种程度的分解，析出第二相或形成溶质原子聚集区以及亚稳定过渡相，这种过程称为脱溶或沉淀。脱溶过程使得溶质原子在固溶体点阵中的一定区域内析出、聚集、形成新相，将引起合金的组织和性能的发生变化，称为时效。时效由于弥散的新相的析出，可显著提高合金的强度和硬度，称为沉淀硬化或时效硬化。时效硬化是普遍现象，并具有重要的实际意义。工业上广泛采用的时效硬化型合金都是为达到这一目的设计和制造出来的。

（5）形变热处理

形变热处理是将塑性变形与热处理工艺紧密结合起来，以提高材料力学性能的一种热处理复合工艺方法。这是在金属材料上有效地综合利用形变强化和相变强化的综合强化作用，使材料成型工艺与获得最终性能统一起来，因此可以大大改善材料的工艺性能和使用性能，提高钢的综合力学性能，使材料最终获得高强度和高塑性（韧性）相结合的目的，从而提高零件的使用性能和寿命。形变热处理工艺中的塑性变形可以用轧、锻、挤压、拉拔等各种形式；与其相配合的相变有共析分解、脱溶等过程。形变与相变的顺序也多种多样：有先形变后相变；或在相变过程中进行形变；也可在某两种相变之间进行形变。

在实际应用中，无论哪一种具体的热处理工艺都可归于上述某种热处理类型，或上述几种热处理类型的结合。各种形式的热处理工艺在生产中不总是单独分开的，往往在一次热处理过程中，同一金属材料内部进行这多种形式的热处理过程。因此必须掌握各种有色合金的热处理基本原理和影响因素，才能正确制定生产工艺，解决生产中出现的问题，做到优质高产。

本章主要阐述有色金属材料的热处理基本原理和选择热处理工艺参数的基本原则，介绍某些典型有色合金的热处理规范。

4.2　均匀化退火

有色合金均匀化退火的对象是铸锭和铸件。是在高温下通过长时间加热以使原子充分扩散，消除或减小实际冶金过程中形成的晶内成分不均匀性和偏离于平衡的组织状态，消除内应力，以改善合金材料的工艺性能和使用性能的热处理工艺。铸锭和铸件由于浇铸时冷却速度较大，结晶在不平衡状态下进行，往往出现成分偏析、不平衡共晶、第二相粒子粗大以及硬脆相沿晶界分布等缺陷，合金的强度、硬度、抗腐蚀性能严重下降。另外，由于铸件壁厚不均匀，快速冷却等原因会造成内应力。因此均匀化退火的目的主要有以下几个方面：①充分提高铸件的力学性能，保证一定的塑性，提高合金抗拉强度和硬度，改善合金的切削加工性能等；②消除由于铸件壁厚不均匀，快速冷却等所造成的内应力；③稳定铸件的尺寸和组织，防止和消除因高温引起相变产生体积胀大现象；④消除偏析和针状组织，改善合金的组织和力学性能。

4.2.1　铸态合金的组织与性能特点

合金的凝固过程是和液相及固相内的原子扩散过程密切相关的，平衡结晶只有在极缓慢的冷却条件下才能实现。然而在实际生产中，液态合金浇入铸型之后，由于冷却速度较快，在一定温度下扩散过程尚未进行完全时温度就继续下降，这样就使液相尤其是固相内保持着一定的浓度梯度，造成各相内成分的不均匀。铸锭和铸件不可能得到完全平衡组织，其铸态组织会不同程度的偏离平衡态，这对合金的组织和性能有很大影响。

图 4-2(a)和(b)分别表示匀晶系合金和简单二元共晶系合金状态图及非平衡固结晶固相线。由图可知，在非平衡结晶条件下，固溶体合金会产生晶内偏析或枝晶偏析，共晶类合金会产生离异共晶、伪共晶。另外在铸造组织中出现非平衡过剩相也是比较普遍的现象，这些组织对合金的力学性能有很大的影响，所以研究他们具有一定的实际意义。

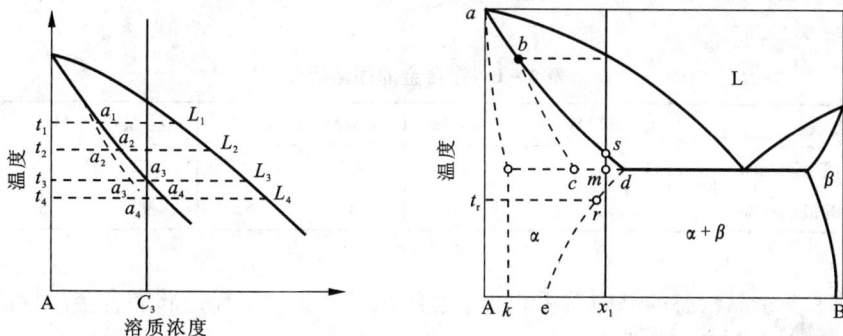

图 4-2　简单二元匀晶系合金(a)和共晶系合金(b)的状态图以及非平衡结晶

在通常工业生产的冷却条件下，铸造组织的不平衡特征表现在下列几个方面：①基体固溶体成分不均匀，产生晶内偏析或枝晶偏析，组织上不均匀性增加，其组织呈现树枝晶状；②形成伪共晶、离异共晶组织；③在某些情况下，平衡状态为单相成分的合金可能出现非平衡的第二相，而多相合金过剩相的数量会增多。如锡青铜 QSn6.5-0.1 平衡组织应为单相固溶体，但在实际结晶条件下，显微组织中除了有树枝状偏析的基体溶体外，在枝晶网胞间可能出现少量 $(\alpha+\delta)$ 共析体，甚至还可能出现极少量 $(\alpha+\delta+Cu_3P)$ 三相共晶，如图 4-3(a)所示。2Al2 合金的平衡组织应为 α 固溶体，在晶界上有少量的 θ、S、Mg_2Si、$MnAl_6$ 等化合物以及从 α 固溶体内析出的二次相。在实际的铸造条件下，α 固溶体呈现树枝状，在枝晶网胞间及晶界上除溶的少量金属间化合物外，还出现很多非平衡的共晶体，如图 4-3(b)所示。④可溶相在基体中的最大固溶度发生偏移。快速凝固时，高温形成的不均匀固溶体，由于合金元素浓度高的部分在冷却时不能进行充分扩散，来不及从固溶体中平衡析出，则此部分固溶体就会呈饱和状态，从而扩大了合金元素的固溶度极限，得到过饱和状态的固溶体。如表

4-1是某些快凝铝合金中所达到的溶质固溶量。另外，晶粒间还有气孔和显微缩孔、非金属夹杂，它们都能使晶粒彼此隔绝，从而阻碍扩散过程。

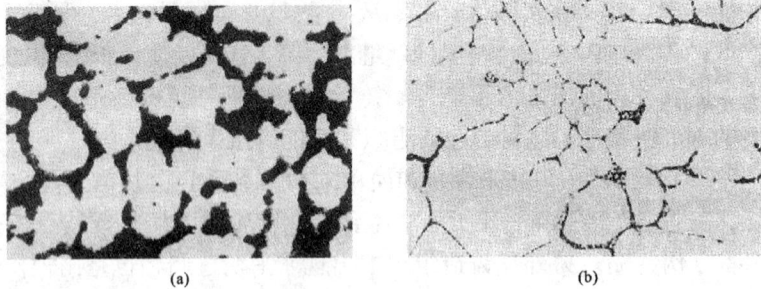

(a)   (b)

图4-3   QSn6.5-0.1合金(a)和2Al2(b)合金的半连续铸锭的显微组织

表4-1   铝合金的固溶极限

合金系	Al-Cu	Al-Si	Al-Mg	Al-Ni	Al-Cr	Al-Mn	Al-Fe	Al-Co
平衡最大固溶极限/at%	2.53	1.78	18.90	<1	<1.2	<2	<1	微量
快速凝固固溶极限/at%	18	16	40	8	6	9	6	5

上述非平衡结晶状态的晶内偏析和非平衡组织特征无疑对铸造状态合金的性能带来很大的影响。主要表现在以下几个方面：

1）若发生枝晶偏析和组织中出现非平衡脆性相，则合金塑性明显降低，特别在枝晶网胞边缘生成连续的粗大脆性化合物网状壳层时，合金的塑性将急剧下降。

2）对于铸件来说，非平衡组织状态有些情况下对合金的耐蚀性能是不利的。晶内偏析也使合金的抗蚀性能降低。枝晶网胞心部与边部化学成分不同，可形成浓度差微电池，因此降低材料的电化学腐蚀抗力。

3）粗大的枝晶和严重的枝晶偏析可能在随后的铸造坯料（铸锭）进行轧制及挤压时，具有不同化学成分的各显微区域拉长并形成带状组织。这种组织可促使成品工件产生各向异性和增加晶间断裂倾向。

4）非平衡组织状态对铸件使用过程中组织和性能的稳定性都是不利的。由于产生非平衡状态的原因是结晶过程中扩散受阻，因此这种状态组织在热力学上是亚稳定的，有自动向平衡状态转化的趋势。铸态合金组织及性能不稳定正是这种自动过程的体现。有铸态组织的铸件在高温工作时，可能逐渐发生固溶体成分均匀化和非平衡相的溶解，这将促进蠕变过程，并使性能发生不断变化，有时性能的变化可能超过容许的范围。

另外，固相线温度下移，使工艺过程的一些参数难以掌握。

4.2.2　均匀化退火过程中的组织性能变化

1. 均匀化退火时的组织变化

均匀化退火作为提高锭坯的冶金质量及挤压性能的手段已经得到了广泛的应用。均匀化退火是借助于原子的扩散来进行的，因此又称为扩散退火。均匀化退火时，由于温度高、原子扩散速度快，主要的组织变化是枝晶偏析消除，沿晶界分布的非平衡共晶体及其他非平衡相将被溶解，使合金溶质浓度逐渐均匀化。图4-4表示7075合金均匀化退火前后同一枝晶网胞范围内显微偏析的变化。

对于非平衡状态下仍为单相的合金（如 Cu - Ni）合金，均匀化退火所发生的主要过程为固溶体晶粒内成分均匀化，如图4-5为Cu-Ni合金均匀化退火前后的显微组织。

当合金中含有非平衡亚稳相时，则上述两个主要过程均会发生。如经均匀化退火后，QSn6.5-0.1合金的组织转变为成分均匀的α单相固溶体，其组织如图4-6所示。

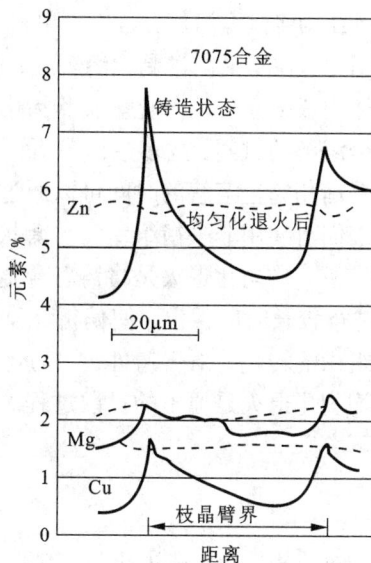

图4-4　均匀化退火对7075合金铸锭显微偏析的影响

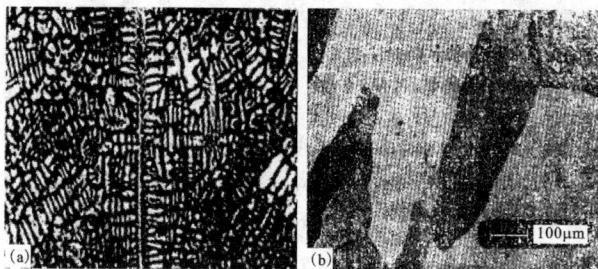

图4-5　Cu-Ni合金均匀化退火前后的显微组织
（a）铸态枝晶偏析组织；（b）扩散退火后的组织

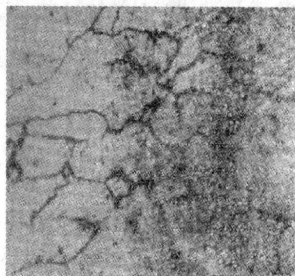

图4-6　QSn6.5-0.1合金均匀化退火后的显微组织

枝晶偏析消除及非平衡相溶解是相互制约的两个过程。在均匀化过程开始阶段，枝晶网胞与非平衡相的界面处将建立相应于该均匀化温度下的浓度平衡关系。例如图4-2(b)中所示的x_1合金，在t_r温度下均匀化时，首先α固溶体成分发生均匀化过程，使α枝晶与β相界面处α固溶体浓度达到低于r所表示的浓度值。由于界面处浓度关系破坏，β相将溶入α基体中，因而 α 固溶体枝晶边部浓度又升至平衡浓度。这样的过程不断进行，α/β 界面将逐渐向 β 相的方向移动，而固溶体内部成分逐渐均匀化。若合金在均匀化温度下的平衡状态为单相，则 β 相将完全溶解；若不为单相，则仍将保留一部分过剩相或共晶体。

通常，在非平衡过剩相溶解后，固溶体内成分仍为不均匀的，还需保温一定时间才能使固溶体内成分充分均匀化。实验指出，铝合金的固溶体成分充分均匀化的时间稍长于非平衡相完全溶解的时间，故多数情况下可用非平衡相完全溶解的时间来估计均匀化完成的时间，而非平衡相完全溶解的时间可以通过显微镜观察来确定。

人们可利用非平衡组织向平衡状态转化的趋势，生产上广泛应用均匀化退火的方法消除晶内偏析。均匀化退火是将铸态合金加热到低于固相线 100 ~ 200℃ 的温度，提高原子扩散能力，进行较长时间保温，使偏析元素充分进行扩散，达到成分均匀化，完成由非平衡组织向平衡组织的转化。对于铸件，均匀化过程一般在固溶处理时同时完成。

均匀化退火是原子的扩散过程。根据扩散定律，扩散路程(λ)与扩散所需时间(t)之间有如下关系：

$$t = \frac{\lambda^2}{2D} \tag{4-1}$$

应该指出，均匀化退火只能消除或减少晶内偏析，而对区域偏析的影响却极其微弱。根据铝合金计算，扩散距离为枝晶网胞尺寸时，在均匀化温度下原子扩散需数小时；而对于区域偏析所达的距离(假设为几厘米)，则需扩散数年之久。显然，这是生产条件所不容许的。此外，消除区域偏析需要晶间相互扩散，这种晶间扩散也因受到晶界夹杂及空隙等的阻碍而难以实现。

除上述主要的组织变化外，均匀化退火时还可能发生晶粒的长大、过饱和固溶体的分解、第二相的聚集与球化、相的转变和淬火效应等变化。

均匀化退火时基体无多型性转变的合金，一般不会发生晶粒长大现象，但发生多型性转变的合金晶粒可能粗化。在能热处理强化的工业镁、铝、铜合金中，第二相在基体中的溶解度随温度的变化而变化。对于含第二相体积分数不大(约为 10% ~ 15%)的合金，加热时当第二相溶入基体金属后，体积变化产生的应力不足以使基体相产生强烈的硬化，因此这些合金在铸态下加热至单相区均匀化处理时，除个别情况外，一般不产生显著的晶粒长大。而对于所含于第二相的体积分数较大的合金，如(α+β)双相黄铜，当其铸锭加热到 β 相区时，原来在室温数量较大的 α 相全部溶入 β 相中，破坏了铸态晶界的稳定性，这样 β 相可以长的很大。单相黄铜就观察不到晶粒显著长大的现象。

在均匀化退火温度下仍处于过饱和的固溶体，在均匀化保温过程中还会发生饱和的固溶体分解，析出过剩相。多组元合金中，不同组元所形成的相在固溶体中的固溶度与温度的关系具有不同的变化规律。在通常所选择的均匀化退火温度下，主要的过剩相在固溶体中有很高的固溶度，因此它们将发生溶解。但在快冷条件下形成饱和固溶体，在均匀化退火时，则第二相在均匀化退火的加热和保温阶段就会从固溶体中析出。例如，大多数铝合金快速结晶条件下，会形成溶有这些元素的过饱和固溶体。如表 4－1，由于均匀化温度下这些元素在铝固溶体中的平衡浓度低，所以在均匀化退火时，它们相应的化合物相就会从固溶体中析出。过饱和固溶体分解不仅在加热和保温阶段发生，在退火后的冷却阶段也常有发现。因为多数情况下固溶体的平衡浓度随温度降低而减小，所以生产条件下合金在退火后随炉冷却或空气冷却时将伴随二次相的析出。因此，铸态合金均匀化退火时，亦可能发生相转变。退火后冷却速度不同，析出相的尺寸和分布情况也有所区别。如果冷却速度过快，仍将得到有一定过饱和度的固溶体，即产生部分淬火效应。大多数合金基体无多型性转变，淬火效应表现为得到一定过饱和度的固溶体。

　　若合金在平衡状态下不呈单相，则均匀化退火时过剩相不能完全溶解，这些未溶的相在退火过程中就可能发生聚集和球化，以减少界面能，达到热力学更稳定的状态。聚集是过剩相质点粗化的过程，其特征是小尺寸颗粒溶解而大尺寸颗粒长大。球化是非等轴的过剩相质点（如片状、针状、树枝状及其他无规则形状）转变为接近于等轴的形状。

　　2. 均匀化退火时的铸件性能的变化

　　铸锭经均匀化退火后，由于发生了偏析的消除、非平衡相的溶解及过剩相的聚集、球化等组织变化，从而显著提高室温下塑性并使冷、热变形的工艺性能大为改善。表 4－2 数据表明，均匀化退火后 7A04 合金的变形抗力降低，而塑性大大增加。由此可降低铸锭热轧开裂的危险，改善热轧板、带的边缘质量，提高挤压制品的挤压速度。同时，由于降低了变形抗力，还可减少变形功消耗，提高设备生产效率。对于成型铸件而言，均匀化退火可改善综合力学性能，提高耐蚀性，稳定零件的尺寸和形状，防止使用过程中产生蠕变及力学性能的逐渐变化。

表 4－2　7A04 合金铸锭均匀化退火前后的力学性能

铸锭直径 d/mm	取样方向	取样部位	力学性能					
			未经均匀化		445℃均匀化		480℃均匀化	
			σ_b/MPa	δ/%	σ_b/MPa	δ/%	σ_b/MPa	δ/%
200	纵向	表层	240	0.6	191	4.1	196	6.7
		中心	274	1.8	197	4.9	219.5	7.1
	横向	中心	265.5	06	216.6	4.4	218.5	7.9
315	纵向	表层	219.5	0.7	202	4.2	201	6.0
		中心	197	1.0	192	3.8	196	5.6
	横向	中心	218.5	0.4	205	4.2	222	6.4

　　由于铸件壁厚不均匀，快速冷却等造成较大的残余内应力，如果铸锭的残余应力较大，

可能发生翘曲等弊端，会影响铸锭的锯切、铣面等机械加工的顺利进行。残余应力过大，可能造成铸锭爆裂，危及操作人员及设备的安全。均匀化退火可消除铸锭的残余应力，改善铸锭的机械加工性能。因此，对于残余应力较大且需进行均匀化退火的合金铸锭，分段、铣削等机械加工应在均匀化退火后进行。

对变形合金来说，铸锭均匀化退火作为热变形前的预备工序，其目的在于提高铸锭的变形能力。铸锭的非平衡组织状态不仅直接关系到铸锭的变形能力，而且对后续的加工工序以及制品的最终性质都会带来很大影响，因此往往是不可缺少的。均匀化退火对变形合金的影响具体表现为：

1)提高合金的塑性变形能力。均匀化退火可提高合金在各冷变形工序中的塑性，因而提高总的冷加工率，减少中间退火次数或缩短退火时间，改善冷轧板、带材边缘状态及它们的深冲性能。还可使某些合金制成品塑性提高，但使强度降低。例如经 490℃ × 24 h 均匀化退火 2A12 铝合金板材，其挤压效应消失，从而使挤压制品淬火时效后强度降低 10 ~ 15 MPa，延伸率提高百分之几，这一影响与均匀化退火消除了显微不均匀性及锰、铬等元素由固溶体中析出有关。

2)由于消除了化学成分的显微不均匀性，减弱了过剩相，减弱了过剩相在变形时拉长呈纤维状分布所造成的影响，有利于提高垂直纤维方向的塑性、冲击韧性和疲劳强度，并减小制品的各向异性。

3)可适当的提高合金制成品的耐蚀性能。

4)使固溶体内成分均匀，能防止某些合金再结晶退火时晶粒粗大的倾向。例如 3A21 合金半连续铸锭，塑性很好，但半成品(如板材)在再结晶退火后易出现粗大晶粒。若铸锭进行均匀化退火，则可防止粗晶，改善半成品的性质。3A21 退火时晶粒粗大原因与再结晶特征有关。

总之，铸锭均匀化退火提高合金的热变形塑性，对整个加工过程和产品质量产生很大的影响，因而广泛用作变形合金生产过程中热变形前的预备工序。但均匀化退火最主要缺点是温度高、时间长、费时耗能、经济效益较差。其次是高温长时间处理可能出现变形、氧化及吸气等缺陷。同时因合金经均匀化退火后，合金成品强度有所降低，对要求高强度的材料则是不利的。因此均匀化退火需要与否，主要根据合金本性及铸造方法而定，有时也需要考虑产品使用性能的要求。一般当铸造组织不均匀，晶内偏析严重，非平衡相及夹杂在晶界富集以及残余应力较大时，才有必要进行均匀化退火。

4.2.3　有色合金的均匀化退火的工艺

1. 制定均匀化退火规程的原则

均匀化处理作为提高锭坯的冶金质量及挤压性能的手段已经得到了广泛的应用。均匀化退火工艺规程的主要参数是加热温度及保温时间，对于某些合金加热速度和冷却速度有很重要的影响。

（1）加热温度

均匀化退火的加热温度取决于合金的成分和相图。根据扩散第一定律，扩散系数 D 与温度关系可用阿累尼乌斯方程表示：

$$D = D_0 \exp\left(-\frac{Q}{RT} \right) \tag{4-2}$$

上式表明，温度稍有升高将使扩散过程大大加速。温度愈高，愈接近共晶转变温度或固溶相线温度，原子的扩散系数 D 增大，扩散速度越快，均匀化退火越快。因此为了加速均匀化过程，应尽可能提高均匀化退火温度。但温度过高容易使晶界出现局部熔化、氧化，这就是过烧。过烧导致力学性能下降，造成废品。通常采用的均匀化退火温度为 $(0.90 \sim 0.95)T_m$，T_m 应采用实际的铸锭开始熔化温度，它低于状态图上的固相线，如图 4-7 中所示的 I 区域。在实际生产中，为了防止合金的"过烧"，采用的温度可比上述温度低 $10 \sim 15$℃。

有时在低于非平衡固相线温度进行均匀化退火不能达到组织均匀化的目的，即使能达到，也往往需要极长的保温时间，对生产不利。在保证不发生过热和过烧的前提下，可采用高温均匀化退火。高温均匀化退火是在非平衡固相线温度以上但在平衡固相线温度以下进行均匀化退火（图 4-7 中之 II 区域）。高温均匀化退火的有益影响对大截面工件的作用尤为明显。因为大型工件的铸态坯料承受的变形度小，铸锭的显微不均匀性不能彻底消除，容易出现明显的纤维组织和各向异性。而高温均匀化退火可更彻底地消除大型铸件的显微不均匀性，显著降低其各向异性。如 2Al2 合金非平衡状态开始熔化温度 507℃，而平衡熔化温度可达 530℃。铸锭在不同温度均匀化退火后，经 380℃ 挤压成型材，500℃ 保温 10 min 淬火和自然时效后的力学性能见表 4-3。高温均匀化退火后，2Al2 大截面型材垂直于纤维方向的延伸率能提高达 1.5 倍。铝合金能进行高温均匀化退火是与大多数铝合金表面有坚固和致密的氧化膜有关。

大多数合金不能直接采用高温均匀化退火。为使组织均匀化过程进行得更迅速、更彻底且避免过烧，生产中可采用分级加热的均匀化退火工艺，即先在低于非平衡固相线温度加热，待非平衡相部分溶解及固溶体内成分不均匀部分降低，从而非平衡固相线温度升高后，再加热升至较高温度保温，在此温度下完成均匀化退火过程。这种分级加热工艺

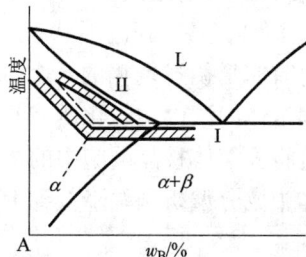

图 4-7　均匀化退火的温度范围

I 为普通均匀化退火；II 为高温均匀化退火

表 4-3　2Al2 型材不同条件下的力学性能

均匀化退火温度/℃	σ_b/MPa	δ/%
未均匀化	519	16.5
500	470	20
520	451	24

在镁合金等其他合金中也得到了应用。

合理的退火温度区间往往需要通过实验确定,特别对于多组元合金更是如此。可以先根据状态图和实际经验大致选择一温度范围,在此范围内先取不同温度(相同时间)退火后观察显微组织(是否过烧)及性能的变化,最后确定合理的温度区间。

(2)保温时间

保温时间取决于退火温度,包括非平衡相溶解及晶内偏析消除所需的时间。由于这两个过程同时发生,故保温时间并非此两个过程所需时间的简单加和。它还与铸锭的组织特征(偏析程度),第二相的形状、大小和分布,加热设备特性,铸锭尺寸、装料量及装料方式有关。对有非平衡过剩相的合金,以非平衡过剩相溶解所需的时间为主;无非平衡过剩相时则只由固溶体内浓度均匀化所需时间来决定。

若将固溶体枝晶网胞中的浓度分布近似地看成正弦波形,则可由扩散第二定律推导出使固溶体中成分偏析振幅降低到1%所需时间(τ_p):

$$\tau_\mathrm{P} = 0.467 \frac{\lambda^2}{D} \tag{4-3}$$

式中:λ——成分波半波长(如图4-8)。

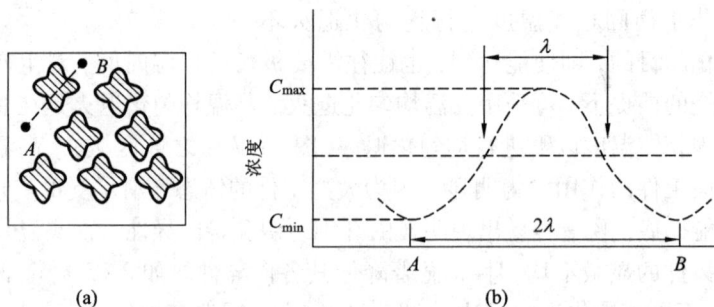

图4-8 铸锭中的枝晶偏析(a)和枝晶胞中溶质原子的浓度分布(b)

非平衡过剩相在固溶体中溶解的时间(τ_s)与这些相的平均厚度(m)之间的关系为:

$$\tau_\mathrm{s} = am^b \tag{4-4}$$

式中 a 及 b 为系数,由均匀化退火温度及合金本性而定。对于铝合金,此方程指数项 b 在1.5~2.5范围内。

由(4-3)及(4-4)式可知,对成分一定的合金,均匀化退火所需时间首先与退火温度有关。温度升高,扩散系数增大,故退火时间均缩短。

铸锭原始组织特征也有很大影响。合金化程度越高,组织越粗大,耐热性越好,所需要的时间越长。枝晶网胞愈小(λ 小),非平衡相愈弥散(m 小),第二相愈小,则均匀化过程愈迅速。铝、镁合金铸锭的均匀化退火所需时间一般为 8～36 h。铸锭的致密程度也影响保温时间。如果铸锭组织中存在疏松和空洞，原子无法通过该区域进行扩散，从而降低均匀化效果；如果在均匀化退火前进行一定量的热塑性变形，使铸造组织细化并使组织致密，可缩短均匀化退火时间。

因此，除尽可能提高均匀化温度外，还可以用控制组织的方法来加速均匀化过程。一种途径是增加结晶时的冷却速度，冷速愈大，枝晶网胞尺寸愈小，沿它们边界晶界的非平衡过剩相区愈薄，均匀化退火愈易溶解。第二种途径是退火前预先进行少量热变形使组织碎化。如对均匀化过程难以进行的合金铸锭，预先进行变形程度10%～20%的热轧或热锻可明显缩短均匀化退火时间。随着均匀化过程的进行，晶内浓度梯度不断减小，扩散的物质量也会不断减少，从而使均匀化过程有自动减缓的倾向。而过分延长均匀化退火时间不但效果不大，反而会引起金属氧化膜损失增加，炉子生产能力降低，热能消耗增加等不良后果。因此，过分延长均匀化退火时间是不适宜的。

生产中，保温时间一般是从铸锭(件)表面各部温度都达到加热温度的下限时算起。最合适的保温时间应依据具体条件由实验，依据均匀化退火后铸件的加工性能和半成品的力学性能来决定。一般在数小时至数十小时范围内。

(3)加热速度及冷却速度

加热速度的大小以铸锭(铸件)不产生裂纹和大的变形为原则。对于形状复杂，合金化程度高，组织复杂，塑性很差的铸件，加热速度及冷却速度都不能过快，否则所产生的应力会使铸件在加热和冷却过程中产生开裂。冷却速度值得注意，不能过快或过慢，有些合金冷却太快会产生淬火效应，而过慢的冷却又会析出较粗大的二次相，使加工时易形成带状组织，且淬火加热时粗大的二次相难以完全溶解，因此减小了淬火、时效后的强化效应。

2. 主要工业有色合金的均匀化退火工艺制度

有色合金均匀化退火仅用于铸锭或铸件。至于铸件均匀化过程一般与固溶处理同时结合进行。铝合金中，一般除纯铝和少数低合金化合金外，几乎所有铝合金铸锭都要进行均匀化退火。铜、镍、锌、钛和稀有金属合金铸锭很少采用独立的均匀化退火，因为效果不大。但对于枝晶偏析较大的锡磷青铜、白铜等合金，为提高塑性，有时也采用均匀化退火。

常用铝合金均匀化退火温度及保温时间列于表4-4。化学组成复杂和塑性低的合金铸锭，必须进行均匀化退火才能保证热变形工艺性能和产品性质。成分较简单和塑性较大的合金，应根据工厂条件和对产品性质要求决定是否采用均匀化退火。

镁合金均匀化退火工艺规程列于表4-5。含铝及锌较高的合金，由于非平衡结晶而易于生成低熔点组成物，为防止加热时非平衡相熔化造成过烧，可采用分级均匀化退火规程；对偏析严重的镁合金也可采用该工艺。镁合金中合金元素扩散慢，使镁合金在结晶过程中(甚至在冷速很小的情况下)易于形成明显的枝晶偏析。为达到均匀化目的必须长时间保温，经济效果差，氧化损失严重，因此，很多情况下不采用均匀化退火。为防止未均匀化铸锭热轧开裂，可适当降低最大压下量及热轧温度。生产锻件、模压件及管材时，可用预挤压坯料。生产预挤压坯料的铸锭，不必进行均匀化退火，只需在 320～350℃ 均热 6～10 h 即可。

表 4-4　常用铝合金铸锭均匀化退火工艺规程

合金牌号	加热温度/℃	保温时间/h	合金牌号	加热温度/℃	保温时间/h
5A02、5A03、5A05	465～475	12～24	2A17	505～520	24
5A12、5A13	445～460	24	2A50、2B50	515～530	12
3A21	595～620	4～12	2A70、2A80、2A90	485～500	12
2A02	470～485	12	6A02	525～540	12
2A02、2A06	475～490	24	6061	550	9
2A11、2A12、2A14	480～495	10～15	6063	560	9
2A16	515～530	12～24	7A04	450～465	12～38
2A10	500～515	20	7A09	445～470	24

表 4-5　常用镁合金均匀化退火工艺规程

合金牌号	加热温度/℃	保温时间/h	合金牌号	加热温度/℃	保温时间/h
MB1、MB8	410～425	12	MB5	390～405	18
MB2	390～420	18	MB7	390～405	18
MB3	385～420	14～18	MB15	360～390	10～13

铜合金中只有锡磷青铜、白铜和锌白铜进行均匀化退火，大部分铜合金都不采用这类退火。压力加工用锡青铜在铸造时由于易产生严重的偏析现象，甚至有($\alpha+\delta$)脆的共析体出现，使冷加工困难，因此为了消除铸锭在化学组成和组织上的不均匀性，提高塑性，防止加工时破裂，在轧制前必须进行均匀化退火，亦称扩散退火。有关铜合金的均匀化退火制度见表 4-6。

表 4-6　铜合金铸锭均匀化退火工艺规程

合金牌号	加热温度/℃	保温时间/h
QSn6.5-0.1、QSn6.5-0.4、QSn7-0.2	650～700	4～8
B19、B30、BFe30-1-1	1000～1050	2～4.2
BMn40-1.5	1050～1150	2～4.2
BZn15-20	940～970	2～3.5
BMn3-12	830～870	1.5～2.5

　　难熔金属及合金的均匀化退火使铸锭中合金元素及间隙杂质趋向均匀，脆性相聚集、球化，而且由于退火过程均需在高真空中进行，可使铸锭中气体含量降低，合金的变形能力提高。均匀化退火有实际意义的是铌合金和钼合金。铌锭均匀化退火温度为 1800 ~ 2000℃，真空度为 10^{-4} ~ 10^{-5} mmHg，一般保温 5 ~ 10 h。含 Ti、Zr 的钼合金铸锭均匀化退火可在氢气保护下进行，温度为 2065 ~ 2200℃，时间约 2 ~ 3 h。

4.3　基于回复与再结晶过程的退火

4.3.1　冷变形金属的组织和性能

　　合金经塑性变形后，无论在结构或性能上都发生明显地变化，体系处于热力学上的高能态，是热力学不稳定的。基于回复与再结晶过程的退火主要意义就在于使不稳定状态通过释放能量而逐渐达到稳定状态，消除金属及合金因冷变形而造成的组织，在结构、性能等方面恢复或基本恢复到变形前的状态。其目的是回复与提高金属塑性，以利于后续工序顺利进行；满足产品使用性能要求，以获取塑性与强度性能的配合，良好的耐蚀性和尺寸稳定性等等。

　　金属冷变形所消耗的变形功除大部分以热的形式放散外，小部分（占总变形功的 2% ~ 10%）以储能的形式留在金属内部。储能的结构形式是晶格畸变和各种晶格缺陷，如点缺陷、位错、亚晶界、堆垛层错等。冷变形储能可以表示为冷变形后金属的自有能增量，它是冷变形金属发生组织变化的驱动力。

　　经塑性变形后材料的显微组织和性能发生变化。首先，晶粒形状发生了明显的变化。随变形度增大，等轴状晶粒沿变形方向伸长，变形量很大时，晶粒沿材料流变伸展方向呈纤维组织。如图 4 - 9 所示，使材料表现出各向异性。当金属中组织不均匀，如有枝晶偏析或夹杂物时，会形成带状组织。同时随变形度增大，位错密度迅速增大，位错组态和分布等亚结构发生变化。在形变强烈的晶体中，对层错能较高的金属如铁、铝和铜，变形度增大，位错密度增大。由于大量的位错增殖和易于交滑移，在变形区，位

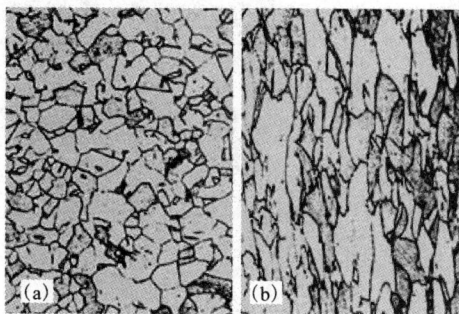

图 4 - 9　某合金强烈变形前后的显微组织

（a）等轴晶；（b）塑性变形后的长晶粒（170 ×）

错呈纷乱不均匀分布，位错缠结，形成位错胞，如经强烈的冷轧或冷拉变形，则形成细长状变形胞，各个胞之间有取向差。变形金属中胞状亚结构的形成不仅和变形量有关，还决定于

材料的类型。另外，多晶体中晶粒滑移时，原任意取向的各个晶粒逐渐转动，取向趋于一致，这就是形变织构。形变织构的形成实际上是由各向同性到各向异性的转变，是晶粒在空间上的择优取向。

塑性形变使合金产生加工硬化现象。在金属塑性形变时，随着形变量的增加，金属的形变抗力不断增加，强度升高，塑性下降。塑性变形过程中位错密度的增加及其所产生的钉扎作用是导致加工硬化的决定性因素。

经塑性变形后的金属材料，由于点阵畸变，空位和位错等结构缺陷的增加，其物理性能和化学性能也发生一定的变化。如塑性变形通常可使金属的电阻率增高，增加的程度与形变量成正比。由于塑性变形使得金属中的结构缺陷增多，自由焓升高，因而导致金属中的扩散过程加速，金属的化学活性增大，腐蚀速度加快。

4.3.2　冷变形金属在退火过程中组织和性能变化

冷变形金属加热退火时会发生回复、再结晶和晶粒长大等过程，经完全再结晶的金属，其组织和性能将回复到平衡状态。在退火过程中的组织变化如图 4 - 10，性能和能量变化如图 4 - 11。冷变形金属加热时发生的基本过程如图 4 - 12 所示。加热过程中，大量涉及到工艺问题。例如，回复退火时的软化和强化、再结晶晶粒大小、再结晶织构、双重组织等。若合金成分一定，则除变形条件外，保证质量的关键在于退火工艺。

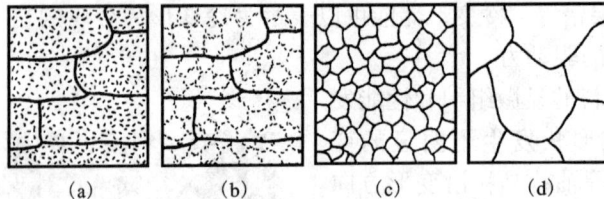

(a)　　　　(b)　　　　(c)　　　　(d)

图 4 - 10　冷变形金属在退火过程中显微组织的变化

根据加热退火时，冷变形金属所发生过程的实质，可将这类退火分为消除应力退火、回复退火和再结晶退火等。

1. 回复

（1）回复机制

回复是冷变形金属在退火时发生组织性能变化的早期阶段。此阶段产生的亚结构和性能变化的阶段，回复的本质是点缺陷的运动和位错运动与重新组合。回复驱动力为形变储存能。回复过程中性能的变化是一个渐变过程，组织结构没有明显的变化，仍保持着纤维状或扁平状。

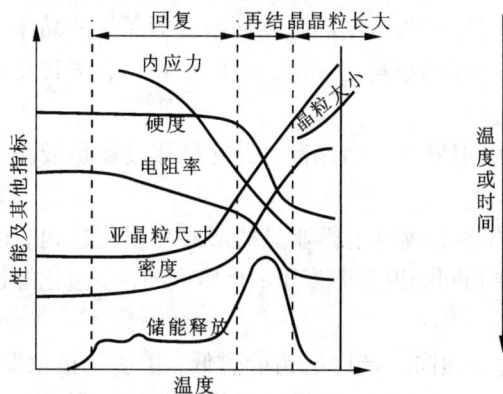

图4-11　冷变形金属在退火
过程中的性能和能量变化

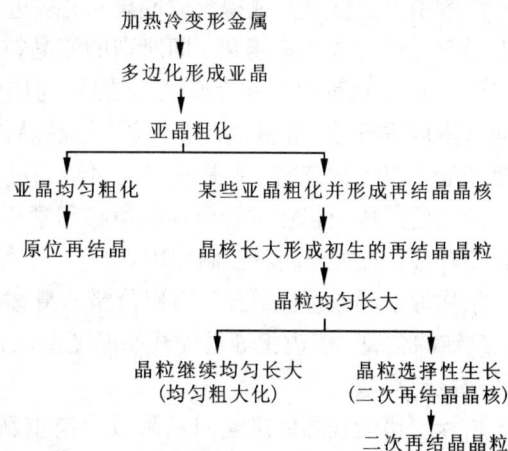

图4-12　冷变形金属加热时发生的组织变化

回复机制随回复退火温度而异，分为低温回复、中温回复和高温回复三种。

低温回复主要与点缺陷的迁移有关，而胞状亚组织等细微结构基本不改变。金属冷变形时产生大量的点缺陷（空位和间隙原子），点缺陷运动所需的激活能较低，因而在较低的温度下就可进行。研究结果表明：低温回复是点缺陷运动主要表现为塑性变形所产生的过量空位消失，从而使点缺陷的密度下降。空位消失有四种可能：空位迁移到晶体的自由表面或晶界而消失；空位与塑性变形所产生的间隙原子重新结合而消失；空位与位错发生相互作用而消失；空位聚集成空位对、空位群和空位片，然后崩塌成位错环而消失。

进一步升高温度将发生中温回复。这一时期会发生位错运动和重新分布。回复的机制主要与位错的滑移有关：同一滑移面上异号位错因相互吸引而抵消；位错偶极子的两根位错线相消等。

高温回复是指温度在$0.3T_m$附近的退火过程。这一时期以位错运动（滑移和攀移）与重新组合为主，包括空位进一步消除、异号位错的对消、多边化形成亚晶以及变形胞状亚组织转变为典型的亚晶粒。这些过程将使金属的细微结构发生明显的变化。

需要指出的是攀移是高温下的位错运动形式，激活能高，但高温回复温度高，刃型位错可获得足够的能量产生攀移。攀移的结果：一是使滑移面上不规则的位错重新分布，刃型位错垂直排列成墙，降低位错的弹性畸变能；二是同号位错沿垂直于滑移面方向排列并具有一定取向差的位错墙（小角度晶界亚晶），以及由此产生的亚晶，即多边化结构。多边化的驱动来自应变能的下降。多边化产生的条件：①塑性变形使晶体点阵发生弯曲；②在滑移面上有塞积的同号刃型位错；③需加热到较高温度使刃型位错能产生攀移运动。

随着退火温度升高或退火时间延长，多边化和胞状亚组织形成的亚晶会通过亚晶界迁移和亚晶合并的方式逐渐粗化，即所谓的亚晶粒长大。在一定条件下，亚晶可以长到很大尺寸（~10 微米），这种情况称为原位再结晶。但应注意，原位再结晶是在原始变形晶粒的晶体学位向范围内进行的，相邻亚晶（原位再结晶晶粒）仍保持小角度界面（<10°~15°），按其实质仍属于亚晶粗大化范畴，不是真正的再结晶过程。

亚晶的形成及粗化过程位错的滑移和攀移，由于攀移激活能高，因此攀移过程是最缓慢的转变环节，对过程起着控制作用。

杂质原子形成柯氏气团，阻碍位错的滑移和攀移，故也阻碍亚晶的形成和粗化过程。因此，愈纯的金属，多边化等过程开始温度愈低；在相同的退火温度下，金属愈纯，多边化等过程的速度也愈快。

堆垛层错能强烈的影响回复阶段位错重新组合倾向。堆垛层错能愈低，扩展位错愈宽，愈难发生亚晶的形成合粗化所需的交滑移过程。因此，具有高堆垛层错能而位错分裂甚微的铝，这些过程易于进行，而在低堆垛层错能的黄铜中，则一般观察不到亚晶的形成及粗化等过程。

（2）回复动力学

在回复过程中，金属某些结构敏感性能（如强度性能、电性能等）是随温度和时间而改变的。因此，可在不同温度下，用这些性能随时间而改变的关系，来表示回复动力学特征。设金属在恒温下的加热时，由变形前退火状态（视为无缺陷）下的性能 P_0 值经过回复阶段发生变化后的同一性能 P 需要的加热时间为 t。则：

$$\ln(P - P_0) = -A\exp(-Q/RT) \cdot t \tag{4-5}$$

式中：A——常数；

Q——回复过程的激活能；

R——气体常数；

T——绝对温度。

作 $\ln t$—$1/T$ 图，如为直线，则由直线斜率可求得回复过程的激活能。

式（4-5）表示回复阶段性能随时间 t 而衰减并服从指数函数规律。回复动力学曲线具有图 4-13 的形状。由图可知，在一定温度时，回复速率开始很快，随后逐渐变小直到趋近于零。此外，在每一温度下，回复过程有一极限。退火温度愈高，性能 P 愈接近 P_0，而达到此极限所需的时间愈短。所以，进行回复退火时，无过分延长保温时间的必要。

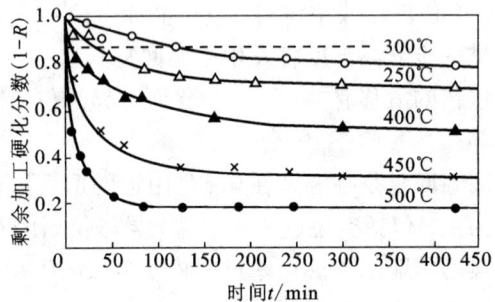

图 4-13　回复动力学曲线

材料本身的属性也决定着回复的程度及动力学过程。一个最重要的参量是堆垛层错能，它强烈影响回复阶段位错重新组合倾向。堆垛层错能通过影响位错分解的程度来决定位错攀移的速率。低堆垛层错能金属中，位错攀移难，因而位错结构的重组难以产生。而在高堆垛层错能金属中，位错攀移迅速，因而回复过程迅速且回复程度亦高。

应该指出的是，回复与再结晶是相互竞争的过程，它们的驱动力都是变形状态下的储能，一旦再结晶开始，形变亚结构消失，回复就不会再进行。因此，回复的程度取决于再结晶的难易程度。相反，因为回复会降低再结晶的驱动力，所以回复也会影响到再结晶动力学。

（3）回复阶段性能的变化

各种金属及合金的本质不同，它们在回复时期的结构变化规律不一样，因此反映在性能变化上也有不同特点。图 4-14 表示恒温下随退火时间增加，以及在等时条件下随退火温度升高，不同金属及合金强度性能变化的三种典型情况。由图可见，在回复阶段加工硬化可相当完全的保留（曲线1）、部分保留（曲线2）以及几乎完全消失（曲线3）。

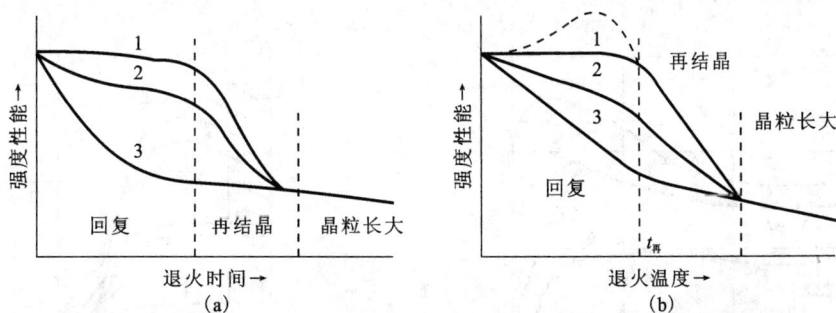

图 4-14　合金强度性能与（a）退火时间（温度恒定）及（b）退火温度（时间恒定）之间的关系

电阻率对点缺陷非常敏感，而强度与位错结构及晶粒尺寸有关。低温回复时只发生点缺陷运动而位错密度变化不大，加工硬化将基本保留，因此，性能表现为电阻率发生不同程度的下降，而力学性能基本保持不变。高温回复时发生了亚晶形成及粗化这一类过程，由于消除了亚晶内位错，加工硬化部分保留以及几乎完全消失，因此，性能表现为电阻率下降，硬度和强度大幅度下降。其屈服强度 σ_s 值与亚晶尺寸 d 的关系可用 Hall-Petch 公式 $\sigma_s = \sigma_0 + Kd^{-1/2}$ 来估计。亚晶愈大，σ_s 愈小。说明回复 σ_s 过程中亚晶长大倾向愈大，加工硬化降低愈剧烈。

由于多边化等位错重组过程的倾向与金属的堆垛层错能有关，因而回复时的软化能力与堆垛层错能有直接关系，不同金属及合金会表现出不同的软化倾向。在常用的金属及合金中，铜、镍及银等由于堆垛层错能较低，不易发生多边化等过程，因此它们在回复阶段发生软化很少；铝、α-Fe、钛等堆垛层错能高，在回复阶段加工硬化将明显降低；某些体心立方晶格的难熔金属(如钨、钼等)在回复阶段软化最剧。由于未再结晶的钨及钼具有较低的冷脆温度,因此可以仅利用回复退火来消除加工硬化并获得良好的塑性。

回复过程中电阻率的明显下降主要是由于过量空位的减少和位错应变能的降低;内应力的降低主要是由于晶体内弹性应变的基本消除;硬度及强度下降不多,约占总变化的1/5,则是由于位错密度下降不多,变形金属仍保持很高的位错密度,亚晶还较细小之故。回复阶段,塑性变化不大。

某些金属及合金在低温回复退火温度下,硬度、强度等,特别时屈服极限和弹性极限不仅不降低,反而升高[图4-14(b)中之虚线],这种现象被称为回复退火硬化效应。工业中可利用这种效应提高弹簧及簧膜的弹性极限,因此,冷变形后进行低温退火,在工业中可作为提高弹簧及共振簧片弹性的一种辅助手段。大多数铜基及镍基合金存在这种硬化效应,甚至能提高100-200 MPa。对这些合金的研究表明,硬化效应与固溶体成分有关,在极限溶解范围内,固溶体浓度增高,硬化值加大(图4-15)。有些合金的退火硬化值也与冷变形程度有关,随冷变形程度增加,硬化值增加(图4-16)。

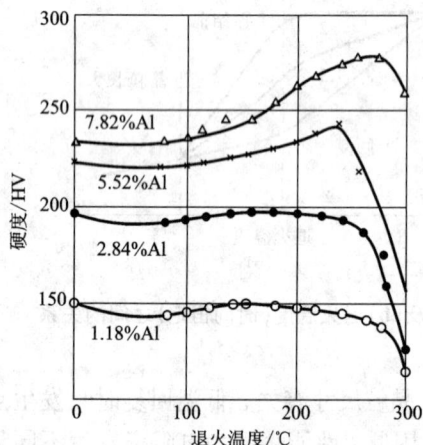

图4-15 退火温度对铝青铜硬度的影响

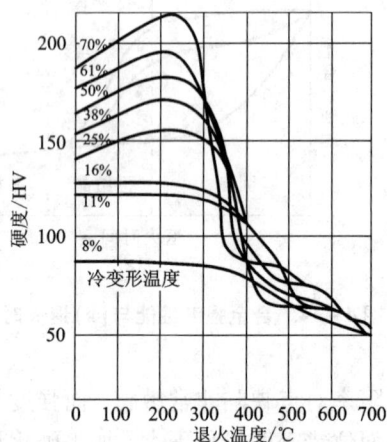

图4-16 退火温度对不同变形程度的 H68黄铜硬度的影响

低温退火的硬化常可呈可逆性,即已发生退火硬化的合金冷变形引起软化,随后退火又可重新硬化。引起软化的压缩率为1%~5%。例如,纯镍冷轧后$\sigma_{0.005} = 392$ MPa,200°C退火后提高到470 MPa。随后将其冷轧压缩3%,则又降至392 MPa。

低温退火的硬化效应是较为普遍的现象。这种硬化效有各种不同机制,它们因合金不同而有所区别。一般认为退火硬化与形成有序固溶体或溶质原子在位错周围构成气团有关。最普遍的原因是变形材料中的可动位错和退火时由多边形产生的位错壁中之可动位错发生闭锁；而锁住位错的原因则因合金不同而有所区别。高纯金属低温退火硬化较小，而当杂质及合金元素增加时硬化值增加。这一事实证明，退火时杂质及合金元素原子形成的气团(柯垂尔气团、铃木气团)可使位错进一步被钉扎；铜基及镍基固溶体在回复退火时弹性极限急剧升高与扩展位错堆垛层错上形成铃木气团以及在固溶体内发生短程有序有关。退火后冷变形的软化则是由于破坏了这些区域并使位错由气团中脱出之故。体心立方晶格的铌在回复退火时弹性极限升高可能的原因是间隙原子气团使位错锚住。工业纯金属及单相合金回复退火硬化的原因之一可能是时效，此时在位错上析出杂质及合金元素组成的弥散相质点，阻碍了位错的运动。

2. 再结晶

进一步提高退火温度，达到某一临界值，就可以看到力学性能和物理性能的急剧变化，加工硬化完全消除，性能可以恢复到冷变形前的状态，显微组织也发生了明显的改变，由拉长了的纤维状组织变成无畸变的等轴晶粒，这个过程就是再结晶，如图 4-10(c)。再结晶晶粒在放大倍数不太大的光学显微镜下能观察到。再结晶的驱动力是变形金属经回复后未被释放的储存能(相当于变形总储能的 90%)。通过再结晶退火可以消除冷加工的影响，故在实际生产中起着重要作用。

(1) 再结晶过程

再结晶是一种形核和长大过程。但再结晶过程不是相变，它是一种组织变化而无晶格类型和化学成分的变化，位错密度降至 $10^6 \sim 10^8 \text{cm}^{-2}$。

再结晶晶粒与基体间的界面一般为大角度界面，这是再结晶晶粒与多边化等过程所产生的亚晶间最重要的区别。再结晶过程的第一步是在变形基体中形成一些晶核，这些晶核由大角度界面包围且具有高度结构完整性。然后，这些晶核就以"吞食"周围变形基体的方式而长大，直到整个基体由新生晶粒占满为止。

再结晶晶核的必备条件是它们能以界面移动方式吞并周围基体而形成一定尺寸的新生晶粒，故只有与周围变形基体有大角度界面的亚晶才能成为潜在的再结晶晶核。因此，再结晶晶核一般优先在原始晶界、夹杂物界面附近、变形带、切变带等局部高能区域内生成。再结晶晶核是以多边化形成的亚晶为基础形核。

再结晶的形核机制主要有以下两种，这两种机制与冷变形程度有关。

第一种是晶界弓出的形核机制。当冷变形程度较小(如 <20%)的金属，一般多采用所谓的弓出形核机制来描述，其形核过程如

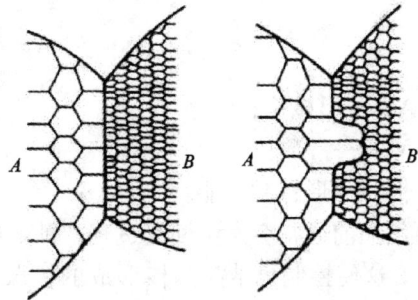

图 4-17　弓出形核示意图

图4-17。这种机制的特点是在原始晶粒大角度界面中的一小段(尺寸约几个微米)突然向一侧弓出,弓出的部分即作为再结晶晶核吞食周围基体而长大(图4-18)。从图4-17中可以看出,原有晶界弓出部分的后面留下一个无位错区,此无位错区(新晶粒)与原旧晶粒具有相同的取向。此过程的驱动力来自因变形不均匀而导致的晶界两侧的位错密度差。

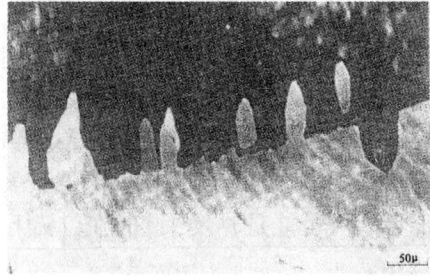

图4-18 压缩40%并在328℃退火
1 h后铝的晶界弓出形核机制

第二种是亚晶长大的形核机制。对于变形度较大的金属,再结晶形核往往采用这种方式。对于冷变形较大的金属晶体,再结晶形核优先地发生于多边化区域。因此,对于这类晶体多边化是再结晶形核的必要准备阶段。亚晶间的位向差取决于位错壁中同号位错的数量。同号位错过剩量愈大,则亚晶间的位向差愈大。当亚晶长大(回复过程)时,原分属各亚晶界的同号位错都集中在长大后的亚晶界上,使位向差角增大,逐渐演变成为大角度界面。此时,界面迁移速率突增,开始真正的再结晶过程。再结晶晶核通过亚晶界的迁动吞并相邻的形变基体和亚晶而生长,或是通过两亚晶之间亚晶界的消失使两相邻亚晶粒合并而生长。前者称为亚晶迁移机制,通常发生在变形度大,而层错能低的金属中;后者称为亚晶合并机制,发生在变形度大且具有高层错能的金属中。

亚晶长大产生大角度晶界,必须存在位向梯度。图4-19(a)表明,此种情况的亚晶合并不产生大角度晶界,因而不能成为再结晶晶核。而图4-19(c)表示的情况则是亚晶间存在位向梯度,这组亚晶合并后则可能形成大角度晶界,因而可成为再结晶晶核。

再结晶形核机制起主要作用的是扩散过程,包括位错攀移、亚晶转动所必需的体扩散等等,因此,再结晶形核随温度升高而加速。形核率与温度关系可用阿累尼乌斯方程表示:

$$\dot{N} = \dot{N}_0 \exp\left(-\frac{Q_N}{RT}\right) \tag{4-6}$$

式中:$\dot{N}$——形核率;

$\dot{N}_0$——常数;

Q_N——形核激活能。

再结晶前通常会发生回复过程,回复对再结晶形核的影响有两重性。回复时空位浓度大大减少,这使控制再结晶晶核形成的扩散过程减慢。回复时多边化等过程的影响则较为复杂:在变形程度较小的某些金属中,亚晶将以大约相同的速度在整个体积中形成和长大,并可能达到较为均匀粗大的尺寸和结构的高度完整性。当发生原位再结晶时,亚晶结构极为稳定,这种状态可能使金属一直到熔点还观察不到再结晶过程发生;若在变形金属中位错分布

| (a) | 1 | 2 | 3 | 2 | 1 | 3 | 2 | 3 | 1 | 2 | 0 | 1 |

| (b) | 1 | 3 | 2 |

| (c) | 1 | 2 | 4 | 5 | 6 | 8 | 9 | 10 | 12 | 13 | 15 | 16 |

| (d) | 1 | 9 | 15 |

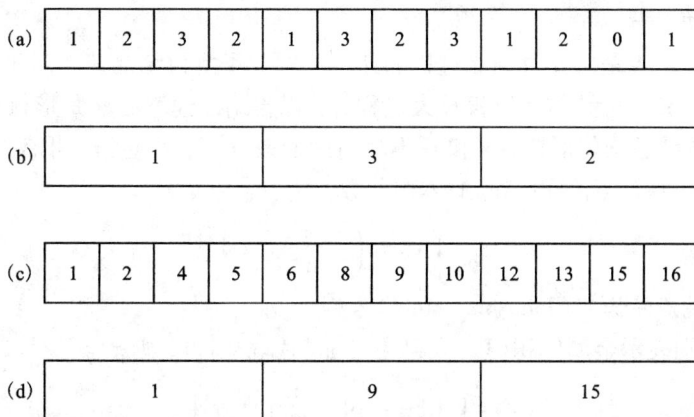

图 4 - 19　具有位向梯度材料的回复

图中的数值表示亚晶粒的位向(以度记)，以显微组织的左侧为基准：(a)位向差的平均
值，并且不存在长程梯度；(b)为(a)的回复，不产生大角度晶界；(c)存在长程取向梯
度；(d)为(c)的回复，形成大角度晶界

不均匀，则在条件有利的部位多边化将进行较快而生成粗大的亚晶，而后会吞食相邻亚晶而
长大，逐步成为再结晶晶核。因此，这种情况下的多边化将成为再结晶的起始阶段，有利于
再结晶过程。

再结晶晶核是消除加工硬化、结构上较为完整的新晶粒，但晶核外的基体仍处于变形状
态，它们间的储能差就成为晶界迁移的驱动力。在这种驱动力作用下，晶核将以晶界向周围
变形基体中推进的方式而长大。

再结晶晶核是依靠晶界的迁移而长大的。以弓出方式形成的晶核，当 $r > r_c$ 便会借助于
界面向高畸变区域长大。以亚晶迁移机制形成的晶核，一旦形成大角度晶界就可迅速移动，
扫除其遇到的位错，留下无应变的晶体。晶界迁移的驱动力为新、旧晶粒之间的应变能差。
晶核长大迁移方向总是背向曲率中心，向着畸变区推进，变形基体将全部转变为再结晶状
态。当旧的晶粒完全消失，全部被新生的、无畸变的再结晶晶粒所取代时，再结晶过程即告
终结，此时的晶粒尺寸即为再结晶的起始晶粒尺寸。

与形核过程一样，晶核长大也是热激活过程。因此，温度必然会使长大加速。长大速率
与温度关系亦可用阿累尼乌斯方程表示：

$$\dot{G} = \dot{G}_0 \exp\left(-\frac{Q_G}{RT}\right) \tag{4-7}$$

式中：$\dot{G}$——长大速率；

$\dot{G}_0$——常数；

Q_G——长大激活能。

（2）再结晶动力学

再结晶动力学主要是研究再结晶过程的速率问题。了解再结晶速率对于制定退火工艺规程有一定的指导意义。再结晶是形核长大过程，所以再结晶速率必然是形核率 $\dot{N}$ 与长大速率 $\dot{G}$ 的函数。假设再结晶均匀形核、$\dot{N}$ 和 $\dot{G}$ 不随时间而改变，孕育期（τ）可略去不计的情况下，在恒温下经过 t 时间后，已经再结晶的体积分数 x_t 为：

$$x_t = 1 - \exp\left(-\frac{\pi}{3}\dot{N}\dot{G}^3 t^4\right) \qquad (4-8)$$

此式称为约翰逊－迈尔（Johnson－Mehl）方程。

若 V_0 及 V_t 分别表示金属体积（V_0）及已再结晶的体积（V_t），则 $x_t = V_t/V_0$，故：

$$V_t = V_0\left[1 - \exp\left(-\frac{\pi}{3}\dot{N}\dot{G}^3 t^4\right)\right] \qquad (4-9)$$

再结晶速率为：

$$\mathrm{d}V_t/\mathrm{d}t = \frac{4}{3}\pi V_0 \dot{N}\dot{G}^3 t^3 \exp\left(-\frac{\pi}{3}\dot{N}\dot{G}^3 t^4\right) \qquad (4-10)$$

对不同长大速率 $\dot{G}$ 及形核率 $\dot{N}$，约翰逊－迈尔方程的图形见图 4－20，称为再结晶动力学曲线（$T-x_t-t$ 曲线），它与相变的动力学曲线相似。从曲线中可以看出，$\dot{G}$ 对再结晶体积分数的影响较 $\dot{N}$ 大得多；恒温动力学曲线具有"S"形；在转变曲线上有一明显的孕育期。这说明转变过程是一个热激活过程。退火温度越高孕育期越短；等温下，再结晶速度呈现"慢、

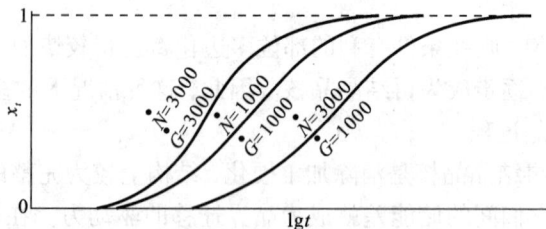

图 4－20 不同长大速率 $\dot{G}$ 及形核率 $\dot{N}$，约翰逊－迈尔方程的所示曲线

快、慢"的特点。开始再结晶时，转变速率很低，随着转变量的增加，转变速率逐渐加快，到转变量为 50% 左右时转变速率最快，转变量再增加，转变速率又减慢。退火温度升高，转变曲线逐渐左移，即转变加速。

式（4－8）虽表示了再结晶体积分数与时间关系的一般规律，但此方程在推导过程中作了很多限定，因此此方程的应用就有一定的限制。

作为修正，阿弗瑞米（Avrami）提出再结晶动力学曲线可以用下面的方程表示：

$$x_t = 1 - \exp(-kt^n) \qquad (4-11)$$

式中，k 及 n 均为系数。此方程称阿弗瑞米方程，较约翰逊－迈尔方程更为适用，k、n 可由实验确定。当再结晶是三维时，k 在 3~4 之间，当再结晶是二维时，如薄板，k 在 2~3 之间；

而如果再结晶是一维时，如线材，k 在 1 ~ 2 之间。

一切影响形核率和长大速率的因素均影响再结晶速率。除退火温度外，主要因素还有退火前的变形程度、合金成分及原始组织等。总之，凡有利于提高冷却变形储能及原子的自扩散迁移能力的因素，均有利于提高再结晶速率；反之，则降低再结晶速率。

（3）再结晶温度及影响因素

再结晶是热激活过程，因此必须要有一定的温度条件，人们把冷变形金属开始进行再结晶最低温度称为再结晶温度（T_R）。再结晶温度是金属的一种重要特性，在实用上具有较为重要的意义。依据它可较为合理的选择退火温度范围，可用它作为选择变形热 – 力规程的重要参考数据，也可用它来衡量材料在高温使用时的行为。

再结晶温度并不是一个物理常数，它不仅随材料而改变，同一材料其冷变形程度、退火温度和时间、原始晶粒度等因素也影响着再结晶温度。要精确判断再结晶的开始温度是很困难的，生产上通常采用金相法或硬度法测定。硬度法是通过测量金属退火后（60 min）硬度的变化，将硬度下降变化 50% 时所对应的温度定为再结晶温度。金相法是通过金相显微镜观察到出现第一颗再结晶晶粒时对应的温度定为再结晶温度。工业生产中通常将变形程度在 60% ~ 70% 以上，退火 1 ~ 2 h（常用的退火时间）的最低开始再结晶温度定义为再结晶温度。

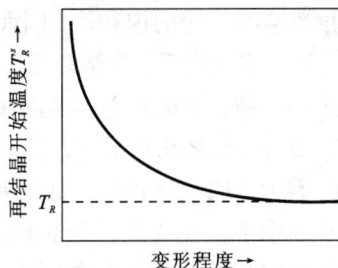

图 4 – 21　变形程度与再结晶开始温度的关系

冷变形程度是影响再结晶温度的重要因素。当退火时间一定（一般取 1 h）时，变形程度与再结晶开始温度呈图 4 – 21 所示的关系。随着冷变形程度的增加，形变储存能也增多，再结晶的驱动力就越大，因此再结晶温度越低，同时等温退火时的再结晶速度也越快。但当变形量增大到一定程度后，再结晶温度就基本上稳定不变了，T_R 趋近于一定值。对工业纯金属，经强烈冷变形后的最低再结晶温度 T_R(K) 约等于其熔点 T_m(K) 的 0.35 ~ 0.40。

其他条件相同时，金属原始晶粒越细小，则变形的抗力越大，冷变形后储存的能量较高，再结晶温度则较低，同时形核率和长大速度均增加，有利于再结晶。

退火工艺参数（加热速度、退火温度和退火时间）对金属的再结晶也有很大的影响。退火时间的影响如图 4 – 22 所示，在一定范围内延长保温时间，T_R 下降；退火时的加热速度过慢或过快均有升高再结晶温度的倾向，前者是回复过程的影响，后者则与再结晶来不及进行有关。当变形程

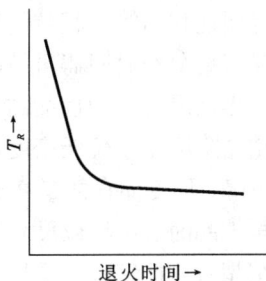

图 4 – 22　退火时间与再结晶开始温度的关系

度和退火保温时间一定，退火温度越高，再结晶速度愈快。

在固溶体范围内，加入微量溶质元素都提高再结晶温度，阻碍再结晶过程。且金属愈纯，微量元素的作用愈明显。元素浓度继续增加，再结晶温度的增量逐渐减小，并在达到一定浓度后基本上不再改变，有时甚至开始降低，在固溶线附近可能达到再结晶温度的极小值。

微量溶质原子的存在对金属的再结晶的影响是两方面的。一方面，以固溶状态存在于金属中，会产生固溶强化作用，有利于再结晶；另一方面，微量溶质原子存在显著提高再结晶温度的原因在于是溶质原子与位错及晶界间存在着交互作用，使溶质原子倾向于在位错及晶界处偏聚，对位错的滑移与攀移、位错的重新组合和晶界的迁移起着阻碍作用，从而不利于再结晶的形核和晶核的长大，提高再结晶温度，阻碍再结晶过程。总体上起阻碍再结晶的作用。要使再结晶过程得以进行，只有在更高温度下通过强烈的热扰动破坏柯垂耳气团，实际上就意味着提高了再结晶温度。在原始条件不变的金属中，位错密度一定，气团中异种原子的浓度就会有一定的饱和值，因而在合金元素进一步增加时，再结晶温度的增加量会逐渐减小，达到一定浓度后，再结晶温度不再增高。

金属愈纯，溶质元素愈少，溶质元素提高再结晶温度的作用愈明显。例如，在最纯的金属中，加入万分之几甚至十万分之几的某些元素，有时可使再结晶开始温度升高100℃甚至更多。因为金属纯度较低，则位错上已存在杂质原子组成的气团，影响加入元素的作用；而高纯金属中不存在或只有少量的这种既成气团，因而微量元素的影响就极为明显。另外，金属基体中固溶度小的元素提高再结晶温度最强烈。

由固溶体过渡至两相区时，随着第二相数量增加，再结晶温度又急剧上升。

第二相粒子对再结晶温度的影响与分散相粒子数量、大小与分布有关。第二相粒子不多且弥散度不大时，可能会降低再结晶温度；合金中含有大量第二相粒子时，它们会阻碍再结晶晶核界面迁移。第二相粒子尺寸较大，间距较宽（>1 μm），促进再结晶；第二相粒子尺寸较小且又密集分布时阻碍再结晶形成。

（4）再结晶过程中性能的变化

再结晶阶段由于位错密度显著降低，强度和硬度显著降低，而开始塑性上升，晶粒粗化后塑性下降，形变储存能量释放完毕。亚晶粒尺寸在回复的前期变化不大，但在后期，尤其在接近再结晶时，亚晶粒尺寸就显著增大。回复阶段基本消除完毕宏观应力，而微观应力消除需再结晶后才能完成。变形金属的电阻在回复阶段已表现明显的下降趋势。合金的密度在回复阶段变化不大，再结晶阶段发生急剧增高。

3. 再结晶晶粒长大及晶粒大小

（1）再结晶晶粒长大

晶粒长大是指再结晶结束之后晶粒的继续长大。如图4-10（d）。当变形基体完全由新生的再结晶晶粒所取代时，就意味着再结晶过程终结。再结晶结束后，材料的晶粒一般是比较细小的等轴晶，若继续升温或延长保温时间，会发生进一步的组织变化，再结晶晶粒会继续长大。即一部分晶粒的晶界向另一部分晶粒内迁移，结果一部分晶粒长大而另一部分晶粒消失，最后得到相对均匀的较为粗大的晶粒组织，这个过程称为再结晶晶粒长大。由于一方面无法准确掌握再结晶恰好完成的时间，另一方面在整个体积中再结晶晶粒决不会同时相互接触。所以，通常退火所得到的晶粒都发生了一定程度的长大。

晶粒长大是一个自发过程。因为金属总是力图使其界面自由能最小。就整个系统而言，晶粒长大的驱动力来自总的界面能的降低，因而晶粒长大的驱动力比再结晶驱动力约小两个数量级，所以晶粒长大速率比再结晶速率小。若就个别晶粒长大的微观过程来说，晶粒界面的不同曲率是造成晶界迁移的直接原因。

晶粒长大是靠晶界的迁动而不是靠晶粒的合并。再结晶晶核产生在某些条件有利的部位，具有相对的不均匀性；在晶核长大过程中，晶界的迁移速率也是不均匀的。因此，各晶粒在不同瞬间并且在其表面的不同出发点发生接触，使再结晶完毕后的晶粒具有不同尺寸以及各种偶然的不正规形状。这些晶粒间的晶界总界面能高，在界面各处表面张力往往不平衡，因而仍处于热力学不稳定状态。

实际上晶粒长大时，晶界总是向着曲率中心的方向移动。其原因如下：加热时，原子的热运动对于处在晶界凹入一边的原子来说，由于与之接触的同一晶粒内的原子数目较多，所以比处于晶界凸出一边的原子更稳定，因而原子跳动的总效果是使晶界向曲率中心迁动。同样，在单相金属中，如三晶粒交界处的三个交角互不相同，则具有比较尖锐角的晶粒上的原子由于周围的本晶粒的原子数目少，因而容易变钝。从能量角度来看，稳定的各晶界的界面张力应处于平衡状态。

首先，用二维模型分析晶界上表面张力的平衡关系。设再结晶刚完成后 A、B 及 C 三晶粒交点如图 4 – 23(a)所示，根据表面张力的平衡将有：

$$\sigma_1 - \sigma_2 \cos \frac{\theta}{2} - \sigma_3 \cos \frac{\theta}{2} = 0 \qquad\qquad (4-12)$$

在纯金属或单相合金中，可认为所有大角度界面上的表面张力大致相等，即 $\sigma_1 = \sigma_2 = \sigma_3 = \sigma$。所以只有在 $\sigma = 2\sigma \cos \frac{\theta}{2}$（或 $\cos \frac{\theta}{2} = \frac{1}{2}$）的条件下此结点才处于稳定的状态。也就是说，平衡状态晶粒的形状应该是正六边形，三晶粒衔接点的各顶角均为 120°（因 $\cos \frac{\theta}{2} = \frac{1}{2}$，故 $\cos \frac{\theta}{2} = 60°$），即 $\theta_1 = \theta_2 = \theta_3 = 120°$，在整个体积中构成正六边形界面网格。实际金属中不可能达到这种理想状态。

若 $\theta < 120°$，则 $\sigma_2 \cos \frac{\theta}{2} + \sigma_3 \cos \frac{\theta}{2} > \sigma_1$，三叉结点将向左移动以使 θ 达 120°[图 4 – 23(b)]。在三叉结点移动的同时，A/C、A/B 界面向 A 晶粒中推移，B 及 C 靠消耗 A 而得到长大。若 $\theta > 120°$ 显然会发生与上述相反的情况，A 长大而 B、C 逐渐减小并消失。因此，纯金

属或单相合金的晶界当相遇不成120°时，较尖锐的晶界将被消耗，使三晶界交界处更趋近于彼此成120°。

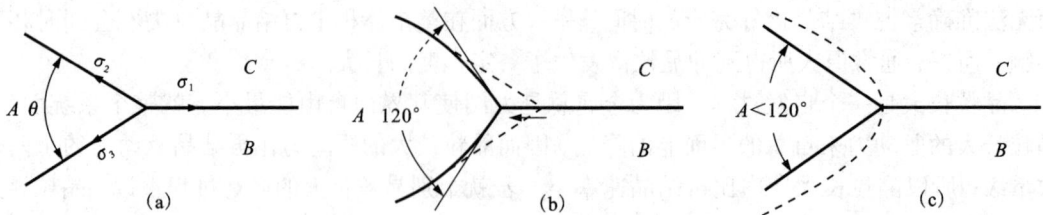

图4-23　不同退火瞬间晶粒的交叉点图

(a) 再结晶刚完成；(b) 界面弯曲使三叉结点处表面张力平衡；(c) 三叉结点因界面拉直使张力平衡破坏

根据表面张力平衡规律，在二维晶粒模型中边数小于6的晶粒将具有凹面向着晶粒内部的晶界；边数大于6的晶粒晶界凹面将向着相邻晶粒。晶界迁移方向将如图4-24中箭头所示。

实际晶粒是三维的多面体，三维平衡的界面网络远较二维模型复杂，在显微组织观察截面上不会出现二维模型中的理想情况，但它们的平衡关系仍可用同样规律来分析。根据以上叙述可知，晶粒长大的驱动力是界面能，而其长大的必要条件是表面张力的不平衡性。若晶粒细小但具有接近平衡轮廓的界面网络，即使单位体积中具有较高的总界面能，晶粒也可能不长大。

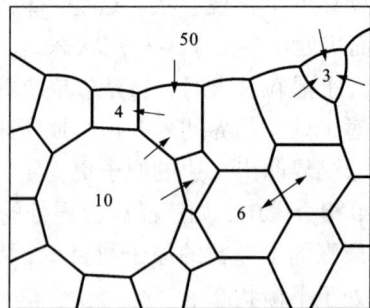

图4-24　由不同边数晶粒所构成的金属组织之二维模型(箭头表示晶界迁移方向)

界面愈弯曲，曲率半径愈小，则界面迁移速率愈大。可以认为，等轴晶的界面曲率半径正比于其直径(D)，因此再结晶晶粒长大速率 dD/dt 应该反比于晶粒直径(D)而正比于表面张力(σ)，即

$$\frac{dD}{dt} = K\frac{\sigma}{D} \tag{4-13}$$

式中：$K = A\exp(-Q/RT)$，当 T 一定时，K 为一定值。

将(4-13)式积分，得

$$D^2 = D_0^2 = K\sigma t \tag{4-14}$$

式中：D_0——再结晶晶粒起始直径；

　　　　t——退火时间。

若起始晶粒直径(D_0)较 t 时直径(D)小得多，因而 $D_0^2 \ll D^2$，则可忽略 D_0，得：

$$D \approx Bt^{1/2} \tag{4-15}$$

实验指出，纯金属及单相合金中实际平均晶粒尺寸与退火时间关系偏离于上面得理论公式，应该用下式计算：

$$D = Bt^n \tag{4-16}$$

式中：B 为与温度有关的常数；$n = 0.1 \sim 0.5$。n 值一般较理论值($1/2$)小，说明晶粒长大速率较理论推导值也小一些，这是由于实际金属及合金中还存在着各种阻滞晶粒长大的因素。

杂质及合金元素是阻碍再结晶晶粒长大的重要因素。固溶体中溶质原子易吸附在晶界附近，在晶界迁移过程中，吸附的原子起着拖曳作用，必然增加晶界移动的阻力。此外，晶界在推移过程中，还会不断遇到它扫过地区的溶质原子，使界面上溶质原子浓度不断增加，因而迁移的阻力更为加大。

晶界在迁移过程中若遇到第二相质点，在驱动力很大的情况下，晶界可能带动这些质点一同运动。随着晶界运动驱动力不断减小，第二相质点的阻滞作用不断增加：即首先质点不再随晶界运动；继而使界面钉扎，迫使晶界从质点绕过；最后，在晶界运动驱动力更小时，第二相质点将完全使晶界运动中止。夹杂相体积分数愈大、尺寸愈小，则退火时最终获得的晶粒尺寸愈小。总之，晶粒长大的最大障碍是合金中存在的体积分数很大的高度弥散第二相，粗大的第二相影响则较小。

薄片退火时，当再结晶晶粒尺寸达到薄片厚度范围后，长大速率就会减慢；当大到厚度的 $2 \sim 3$ 倍时，长大将完全停止。这种由薄片厚度控制晶粒尺寸的现象称为"厚度效应"。厚度效应的原因之一是板片表面晶界露出处在退火过程中通过热蚀生成沟槽。这种沟槽将使晶界系结在相应的表面部分，难于进一步迁移(图 4-25)。

再结晶完成时所产生的织构可能使再结晶晶粒长大速率减小，这种现象称为"织构制动"。因为织构的存在本身就说明晶粒间位向差不大，晶界的界面能低。根据 $\mathrm{d}D/\mathrm{d}t = K\sigma/D$，很容易理解织构对晶粒长大的制动作用。

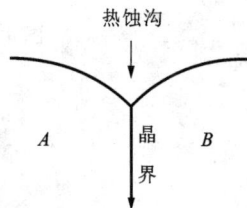

图 4-25　金属表面热蚀沟切面

（2）再结晶晶粒大小及影响因素

晶粒大小及其均匀性是再结晶后的主要组织特征，直接影响到材料的使用性能和工艺性能（如冲压性能）以及表面质量等。因此，调整再结晶退火参数，控制再结晶的晶粒尺寸，在生产中具有一定的实际意义。

运用约翰逊—梅厄方程，可以证明再结晶后晶粒尺寸 d 与形核率 $\dot{N}$ 及长大速率 $\dot{G}$ 之间存在着下列关系：

$$d = A \left(\frac{\dot{G}}{\dot{N}} \right)^{\frac{1}{4}} \qquad\qquad (4-17)$$

式中 A 为常数。此式说明，形核率高而晶核长大速率小时，会生成细小的再结晶晶粒。凡是影响形核率及长大速率的因素，均影响再结晶晶粒大小。

再结晶后晶粒大小与变形程度、退火温度、原始晶粒尺寸及微量溶质原子等因素有关。

1) 冷变形程度

冷变形程度对再结晶后晶粒大小的影响如图 4-26 及图 4-27 所示。通常，把对应于再结晶后得到极粗大晶粒(有时达几厘米)的变形程度称为"临界变形程度"，用 ε_c 表示，一般金属 $\varepsilon_c = 1\% \sim 15\%$。

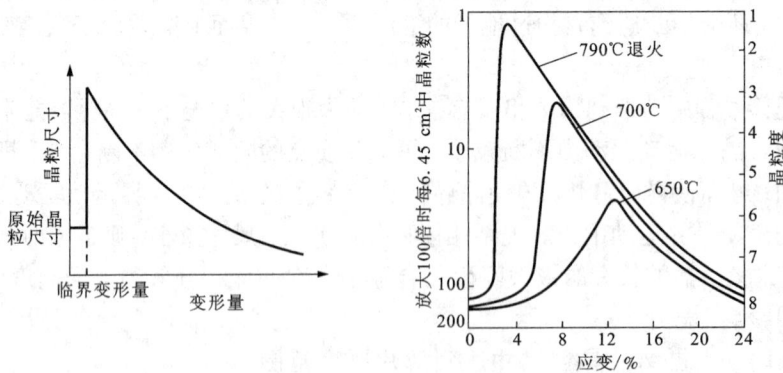

图 4-26 冷变形程度对再结晶后晶粒大小的影响

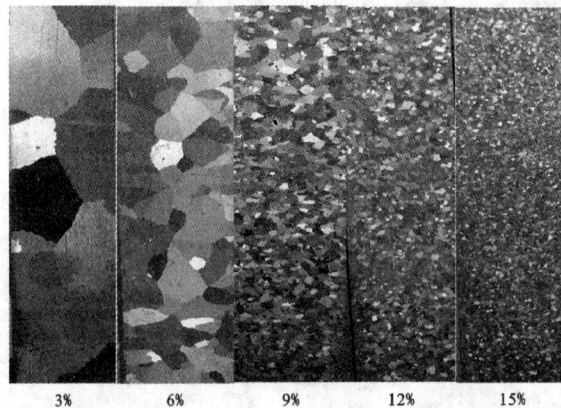

图 4-27 纯铝薄片在拉伸变形不同程度后于 500℃退火的晶粒大小

当变形程度很小（小于 ε_c）时，晶粒尺寸即
为原始晶粒的尺寸，这是因为变形量过小，造成
的储存能不足以驱动再结晶，退火时只发生多边
化过程，原始晶界只需作短距离迁移（晶粒尺寸
的数百万分之一到数十万分之一）就足以消除应
变的不均匀性，所以晶粒大小没有变化。当变形
程度增大到一定数值后，个别部位变形不均匀性
很大，此时的畸变能已足以引起晶界大规模移动
而发生再结晶，但由于变形程度不大，此时 $\dot{N}$
小，$\dot{N}/\dot{G}$ 比值很小（图 4 – 28），因此得到特别粗
大的晶粒。当变形量大于临界变形量之后，变形
度愈大，$\dot{N}/\dot{G}$ 比值不断增加，再结晶晶粒愈
细化。

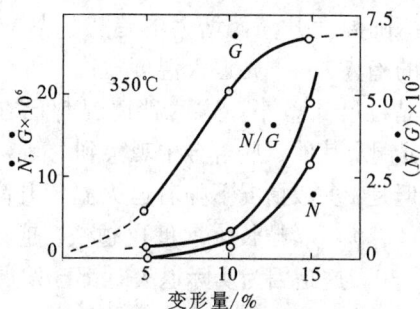

图 4 – 28　变形量对纯铝再结晶
形核率 $\dot{N}$ 和长大速率 $\dot{G}$ 的影响

退火温度对刚完成再结晶时晶粒尺寸影响比较弱，这是因为它对 $\dot{N}/\dot{G}$ 比值影响微弱。
但退火温度愈高，再结晶的速度愈快，临界变形程度愈小（见图 4 – 26）。因为在相同驱动力
时，退火温度升高使原子热激活的几率增加，易于打破驱动力与阻力间的平衡。若再结晶已
经完成，随后还有一个晶粒长大阶段很明显，则温度越高，晶粒越粗。

变形温度增高，变形后退火时所呈现的临界变形
程度亦增加（如图 4 – 29）。这是因高温变形的同时会
发生动态回复，使变形储能降低之故。这一现象说
明，为得到较细晶粒，高温变形可能需要更大的变
形量。

金属愈纯，临界变形程度愈小。但加入不同元素
影响程度不同。例如，在铝中加入极少量锰可显著提
高铝的临界变形程度，但加入锌和铜时，即使加入量
较大，其影响也微弱。这与锰能生成阻碍界面迁移的
弥散质点 $MnAl_6$ 有关。

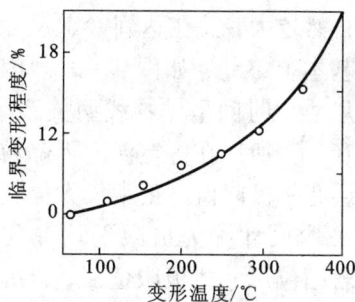

图 4 – 29　铝的变形程度与变形温度
的关系，450 ℃退火 30 min

当变形程度一定时，原始晶粒越细，再结晶晶粒
越小。

临界变形程度有重要的实际意义。为了退火时得到细小均匀的晶粒，应防止变形程度落
在 ε_c 附近。但有时为了得到粗晶、两晶粒晶体以及单晶体，可应用临界变形得到粗晶粒这一
特性。

2）退火工艺参数

退火温度升高，形核率和晶核长大速率增加。若两参数以相同的规律随温度而变化，则

再结晶完成瞬间的晶粒尺寸应与退火温度无关；若
形核率随温度升高而增大的趋势较晶粒长大速率
增长的趋势为强，则退火温度愈高，再结晶完成瞬
间的晶粒尺寸愈小。这两种情况都已在铝、铝合
金、黄铜及其他一些合金中观察到。

但是，多数情况下随着退火温度升高，晶界迁
动速度越大，晶粒长大速度也越快，越易粗化，如
图 4 - 30。这是因为实际退火时都已发展到晶粒长
大阶段，这种粗化实质上是晶粒长大的结果。温度
愈高，再结晶完成时间愈短，在相同保温时间下，
晶粒长大时间更长，高温下晶粒长大速率也愈大，
因而最终得到更为粗大的晶粒。

晶粒长大速度 u 可表示为：

$$u = u_0 \exp(-Q_G/RT) \qquad (4-18)$$

式中：u_0——常数；

　　Q_G——晶粒长大的激活能。

但式(4-18)式并非对所有金属在任何条件下都适用。

在一定温度下，退火时间越长，
晶粒自然越大，并在达到一定尺寸后
长大基本上终止，如图 4 - 31。因为
晶粒尺寸与时间呈抛物线型关系[式
(4-16)]，所以在一定温度下晶粒尺
寸均会有一极限值。正常长大停止时
晶粒平均尺寸称为极限平均晶粒尺
寸。若晶粒尺寸达极限值后，再提高
退火温度，晶粒还会继续长大一直达
到后一温度下的极限值。这是因为：
①原子扩散能力增高了，打破了晶界
迁移力与阻力的平衡关系；②温度升高可使晶界附近杂质偏聚区破坏，并促进弥散相部分溶
解，使晶界迁移更易于进行。

除退火温度及保温时间外，加热速度对晶粒尺寸也有较大的影响。加热速度高，再结晶
后晶粒细。由表4-7可知，在实验所采用的加热速度范围内，加热速度对纯金属和单相合
金晶粒大小的影响没有对两相合金那么敏感。增大加热速度细化再结晶晶粒的主要原因为：
快速加热时，回复过程来不及进行或进行得很不充分，因而不会使冷变形储能大幅度降低。

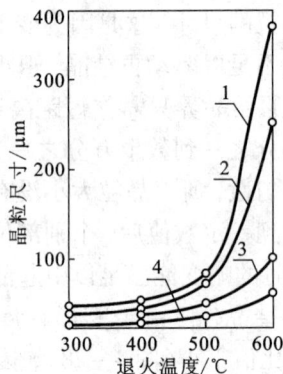

图 4 - 30　铝基铝合金退火后晶粒尺寸
与退火温度的关系(保温 1 h)
1—99.7Al；2—Al + 1.2Zn；
3—Al + 0.6Mn；4—Al + 0.55Fe

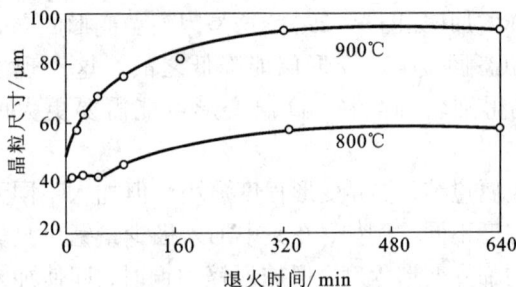

图 4 - 31　镍在不同温度下退火时
晶粒尺寸与保温时间的关系

另外，快速加热提高了实际开始发生再结晶的温度，使形核率加大。再有，快速加热能减少阻碍晶粒长大的第二相及其他杂质质点的溶解，使晶粒长大趋势减弱，这也是加热速度对复相合金更为敏感的原因。

表 4 – 7　不同加热速度退火后晶粒的大小（冷轧 30%，退火温度 420°）

加热方式	成　分			
	99.95Al	Al + 4Cu	Al + 0.5Si	Al + 1Mg$_2$Si
	晶粒大小晶粒数/mm^2			
箱式炉随炉加热	36	225	49	30
盐浴加热	36	1150	64	145

增大加热速度细化再结晶晶粒的主要原因为：快速加热时，回复过程来不及进行或进行得很不充分，因而不会使冷变形储能大幅度降低。另外，快速加热提高了实际开始发生再结晶的温度，使形核率加大。再有，快速加热能减少阻碍晶粒长大的第二相及其他杂质质点的溶解，使晶粒长大趋势减弱，这也是加热速度对复相合金更为敏感的原因。

3）合金元素及杂质含量

一般来说，随着合金元素及杂质含量增加，晶粒尺寸减小。因为不论是合金元素溶入固溶体中，还是生成弥散第二相微粒，均阻碍界面的迁移，使晶粒长大速度降低，有利于得到细晶粒组织。通常认为，由于微量杂质原子与晶界的交互作用及其在晶界区域的吸附，形成了一种阻碍境界迁移的柯氏气团，从而随着杂质含量的增加，显著地降低晶界的迁移速度。利用分散微粒阻碍高温下晶粒的长大，已广泛应用于金属材料和非金属材料中。

但某些合金如果固溶体成分不均匀，则反而可能出现粗大晶粒组织，生产中常遇到的一个典型例子就是以半连续铸锭作坯料的 3A21 加工材局部粗大晶粒现象。其原因如下：Al – Mn 合金半连续铸锭由于冷速大，加上锰本身有晶界吸附现象，不可避免地出现晶内偏析，即晶界附近区域含锰量较晶粒内部高。锰强烈提高铝的再结晶温度，因此，锰含量不同的区域再结晶温度也将不同。含锰高的区域再结晶较含锰低的区域高。合金变形后退火时，若加热速度不太快，则温度达到低锰区的再结晶温度后，该区就会形核生成再结晶晶粒。但高锰区此时不仅不发生再结晶，而且可能因回复而降低储能水平使再结晶温度更为提高。继续升温至高锰区能发生再结晶时，低锰区晶粒早已长大，高锰区可能自己形核也可能以低锰区再结晶晶粒为核心而长大，最后形成局部粗大的晶粒组织。

为防止这种原因造成的粗晶组织，第一个是对铸锭进行均匀化退火，使固溶体成分均匀。3A21 半连续铸锭于 600 ~ 640℃保持 8 h 均匀化退火就是为此目的。第二个措施是再结晶退火时快速加热，使退火温度迅速达到较高温度，防止在不同浓度区域再结晶先后发生。

第三个措施是控制化学成分,例如铁可减小 3A21 的晶内偏析,钛可细化晶粒,故 3A21 中有较高铁含量及含有钛时,不用均匀化退火就能得到细晶粒。

4) 原始晶粒

当合金成分一定时,变形前的原始晶粒对再结晶后晶粒尺寸也有影响。一般情况下,原始晶粒愈细,由于原有大角度界面愈多,因而增加了形核率,使再结晶后晶粒尺寸小一些。但变形程度增加,原始晶粒的影响会减弱(见表 4 - 8)。

表 4 - 8　原始晶粒大小对再结晶晶粒尺寸的影响（99.7%Al, 600℃退火 40 min）

变形程度 /%	原始晶粒尺寸/mm	
	1.13	0.06
5	2.64	0.75
10	2.05	0.51
50	0.54	0.44

相邻晶粒间的位向差对晶界的迁移有很大的影响。当晶界两侧的晶粒位向较为接近或具有孪晶位向时,晶界迁移的速度很小。但若晶粒间具有大角度晶界位向差时,则由于晶界能和扩散系数相应增大,晶界迁移的速度增大。

（3）再结晶晶粒尺寸的不均匀性

正常情况下,再结晶完成后的晶粒长大一般是晶粒相对较为均匀的粗大化过程,再结晶晶粒尺寸在整个体积中应该大致均匀相等,但有时也可能观察不到希望出现的组织不均匀性,这些不均匀性的基本形式及产生的条件大致如下:

1) 均匀的晶粒尺寸不均匀性,其特征是在整个体积中粗晶粒及细晶粒群大致均匀的交替分布。这种不均匀性可能产生于二次再结晶未完成阶段。

2) 局部的晶粒尺寸不均匀性,其特征是粗晶粒分布在某一特定区域中。这种情况往往发生在强烈局部变形时,此时变形程度由强烈变形区的最大值一直过渡到远离该区的未变形状态。在过渡区中必然会存在处于临界变形程度附近的区域,退火时该区就会成为粗晶区。假若这种局部变形情况在工艺上无法避免,则应采用回复退火以防止粗晶出现。

3) 带状的晶粒尺寸不均匀性,其特征是粗、细晶粒分别沿主变形方向呈带状分布。当变形制品中弥散质点呈纤维状分布时,再结晶退火时可能造成带状晶粒尺寸不均匀性。

4) 岛状的晶粒尺寸不均匀性,其特征是粗晶粒群与细晶粒群在整个体积中无规律分布。这种不均匀性可能原因之一是铸锭中成分偏析,并因之而造成变形不均匀以及再结晶不均匀,因而形成程度不等的粗、细晶粒群。

以上所述的各种晶粒尺寸不均匀性及其产生条件都是一般性的。实际上,晶粒尺寸的不均匀性是多种多样的,其原因可由成分以及从铸锭到制品的整个工艺过程来寻找,具体情况应具体分析。晶粒尺寸不均匀对材料性能不利。对基体无多型性转变的合金来说,一旦发生这些不均匀组织,则不论随后采用何种热处理都不能使其消除,应力求避免。

4. 二次再结晶

再结晶完成后的晶粒长大一般是晶粒相对较为均匀的粗大化过程,称为正常长大(也称为

连续晶粒长大)。但当具备了一定条件时,
在晶粒较为均匀的再结晶基体中,某些个
别晶粒可能急剧生长并吞食周围再结晶基
体,最后使整个材料都由粗大晶粒所组成
(如图 4 – 32),这种现象称为二次再结晶
(又称为不连续晶粒长大),是一种特殊的
晶粒异常长大现象。

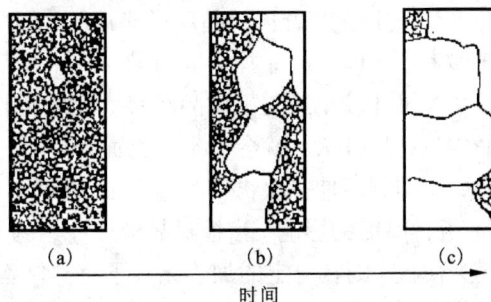

图 4 – 32　二次再结晶示意图

　　从现象看,二次再结晶与再结晶类
似。但再结晶发生于冷变形晶体,晶核
为长大了的亚晶,驱动力来自于形变储
存能的释放;二次再结晶发生于已再结晶的基体,晶核是少数再结晶晶粒,不需重新形核。
因此,二次再结晶是少数再结晶晶粒突发性地迅速地粗化,使晶粒间的尺寸差别显著增大。
二次再结晶的驱动力来自于界面能的降低。

　　二次再结晶是许多金属固有的现象,二次再结晶晶粒常具有择优取向,这种择优取向是
退火织构的一种。

　　二次再结晶是再结晶基体中大多数晶粒长大趋势很小,只有少数晶粒能急剧长大的现
象。二次再结晶的必要条件是组织中存在使大多数晶粒边界比较稳定或被钉扎(如分散相粒
子、织构或表面的热蚀沟等),使正常晶粒长大强烈受阻;在此前提下,由于某种原因使个别
晶粒边界易迁移,长大不受阻碍,则它们就会成为二次再结晶的核心。因此,凡阻碍正常晶
粒长大的因素均对二次再结晶有影响。

　　1)弥散相的影响。再结晶后组织中有细小弥散的第二相粒子,对正常晶粒长大起阻滞作
用最为明显。这种阻滞作用与它们的弥散度、体积分数、分布特性和聚集与溶解的能力有关。
若阻碍作用小,晶粒会正常长大;若阻碍作用很小(如弥散相体积分数很大),则再结晶晶粒过
早稳定化,不仅正常长大不再进行,也难于使某些晶
粒得到偶然长大的机会。只有当弥散质点阻碍晶粒
长大作用很强,而且由于某种原因(其中最主要是温
度升高)使它们局部聚集或溶解,从而减少对某些晶
粒长大的阻碍作用的情况下,这些晶粒就可能成为
二次再结晶晶核。例如 Fe – 3Si 合金中,少量锰和硫
会形成弥散的 MnS 质点。加热至 850 ~ 950° 时,MnS
质点逐渐溶解或粗化,由于 MnS 质点分布总存在着
微观不均匀性,所有总会有些晶粒能首先解脱弥散
质点束缚而得到长大,如图 4 – 33。因之,由弥散质
点而导致的二次再结晶,只有在退火温度能使这些

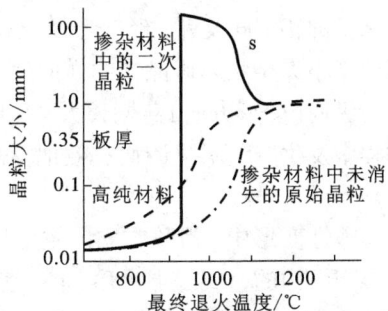

图 4 – 33　纯的和含 MnS 的 Fe – 3Si 冷轧
后再结晶退火的晶粒尺寸与温度的关系

质点逐渐开始聚集粗化并发生溶解时，才有可能出现。

2）织构的影响。若再结晶后形成再结晶织构，晶粒位向差小，则会存在"织构制动效应"晶界迁移率小。但在明显择优取向的材料中总存在少数不同位向的晶粒（如原始晶界附近），这些晶粒若尺寸较小或与平均晶粒尺寸相等，则会被周围晶粒所吞并。若这些位向的晶粒尺寸较平均晶粒尺寸大，就会发生长大而开始二次再结晶过程。原再结晶织构愈完善，则因正常长大更受抑制而使二次再结晶愈明显。

3）板材厚度的影响。当板材晶粒尺寸达到厚度的 2～3 倍时，则正常晶粒长大完全停止。若金属为薄板，则在一定的加热条件下有热蚀沟出现钉扎位错。但当各晶粒自由表面（板面）的表面能不同时，表面能较低的晶粒就会长大。因为再结晶晶粒存在择优取向，大部分晶粒自由表面能相近，只有少数有一定位向差的晶粒才具有不同表面能，这种低表面能的少数晶粒就会成为二次再结晶晶核。理论证明，这种条件产生的二次再结晶，不要求晶核尺寸比平均晶粒尺寸大，它的唯一要求是表面能差。

4）退火气氛的影响。自由表面能与表面吸附有关，因而不仅与退火温度有关，而且与退火气氛也有关。故可用改变气氛的方法控制同一种材料产生不同类型的二次再结晶，也可使产生了一种二次再结晶的材料转变成另一种二次再结晶。例如，若将 Fe-3%Si 合金在含有微氧气氛（如工业纯氩）中退火，则 {100} 面为自由表面（板面）的晶粒表面能低，最后将形成 {100}<001> 二次再结晶结构（立方织构）。若将其转入真空或含氢气氛中，则表面能对 {110} 面有利，因而将转变成 {110}<001> 二次再结晶织构（高斯织构）。这种二次再结晶的转变称三次再结晶。从现象看，三次再结晶是小晶粒吞并大晶粒的过程。

二次再结晶能产生粗大的晶粒，一般应防止。但在某些条件下，可以利用。例如二次再结晶主要用于变压器钢（Fe-Si 合金）。因该类合金 <001> 为易磁化方向，在含有微量杂质（如 Mn、S 时），通过二次再结晶可得到 {110}<001> 织构（高斯织构），形成磁各向异性。此外，二次再结晶获得粗大晶粒也使矫顽力降低。因此，变压器效率可大大提高。

二次再结晶另一重要应用实例是改善钨灯丝的力学性质，提高灯泡的使用寿命。在钨中渗入微量的铝、硅及钾，经变形及退火后，沿变形方向形成链状的所谓"钾泡"。由于"钾泡"或其他细小夹杂物阻碍晶粒的横向生长，当退火温度达 2100℃ 以上时，发生的二次再结晶晶粒将沿纵向（变形方向）急剧长大，生成一种长晶粒的纤维状组织，这种组织能防止灯丝在使用过程中发生"下垂"，因而有效地提高了使用寿命。

5. 退火织构

在塑性变形中，滑移方向向主变形方向移动，使该晶粒发生定向排列，这称为形变织构。具有形变织构的金属经退火后，由于形核和长大均具有某种位向关系，一般也会出现择优取向，即退火织构。退火织构包括回复织构、再结晶织构和二次再结晶织构。

回复过程主要涉及亚晶的形成和长大，所以回复织构和变形织构基本一致。

通常具有形变织构的金属经再结晶后的新晶粒仍保持织构组织，叫做再结晶织构。实践中发现，具有形变织构的金属经退火后再结晶织构和原形变织构之间存在以下三种可能性：①与原有的变形织构相一致。这种情况包括回复织构和一部分再结晶织构。②原有的织构消失而代之以新的织构。这种情况是与原有的变形织构完全一致或部分一致，再结晶织构和二次再结晶织构常见的情况。如面心立方金属及合金中铜型变形织构 $\{112\}<111>+\{110\}<112>$ 转变成再结晶立方织构 $\{100\}<001>$；黄铜型变形织构 $\{110\}<112>$ 转变成再结晶立方织构 $\{225\}<73\overline{4}>$；含 1% P 的铜磷合金的主要变形织构为 $\{110\}<100>+\{110\}<112>$，而主要再结晶织构为 $\{110\}<112>$。Fe – Si 合金再结晶退火时由 $\{111\}<112>+\{112\}<110>+\{001\}<110>$ 变形织构转变成主要成分为 $\{111\}<112>+\{110\}<001>$ 的再结晶织构，高温长期退火后又可生成 $\{110\}<001>$ 或 $\{100\}<001>$ 二次再结晶织构。③经再结晶退火所形成的晶粒呈任意取向，即原有的织构消失不再形成新的织构，这种情况少见。

关于再结晶织构的形成机制，有两种主要理论：定向生长理论和定向形核理论。

定向生长理论的依据是位向与界面迁移速率的关系。认为在变形基体内已存在各种取向的晶核，再结晶开始阶段晶核不必有特殊取向，但只有那些相对于基体的某些有利取向的晶核才有较大的长大速度，形成再结晶织构，其他取向的晶核因界面迁移速度太慢，在竞争生长中被淘汰。实验表明，具有最大晶界迁移速度的晶核与基体之间的取向关系视金属的晶体结构不同而不同。定向生长理论可以较好的解释许多织构的规律性，如具有铜型形变织构的金属，在再结晶时形成立方织构。但不能完满说明再结晶织构和形变织构一致的现象。

定向形核理论认为再结晶后金属的择优取向产生于再结晶晶核形成阶段，只有一定位向的亚晶采具有较短的形核孕育期，因而退火时，由于回复作用，这些亚晶会转变成再结晶晶核并吞并变形基体而长大成再结晶晶核，最终形成再结晶织构。这些在形变织构基体上形成特定的晶体学取向的晶核长大而成的晶粒必然会具有相对于基体位向的某种特定取向。因为基体是择尤取向的，所以这些晶核长大后的晶粒也必然具有择尤取向。关于定向形核理论，有高能微区说和低能微区说。前者认为再结晶晶核在晶格弯曲最大的区域形成，因退火时高能区易形核释放能量。后者认为在能量最小的稳定区域内核优先形成。定向形核理论可以解释再结晶保持或部分保持变形织构的各种情况以及其他现象，但该理论不能说明再结晶过程中织构类型的变化。

以上两种理论虽然都有一定的实验依据，并各自能解释一些再结晶织构的形成，但是各有不完善的地方。考虑两种理论的实验基础，有人提出了"定向形核—选择长大"的综合再结晶织构形成理论。这种理论是根据电镜研究材料微区位错结构及晶体学位向的结果而提出的。该理论认为，再结晶晶核的位向实际上与它们所在的变形基体局部区域的位向相同，但在存在织构的材料中，不同位向晶核具有不同长大速率，再结晶织构是定向形核及其选择性长大的结果。该理论可以比较方便地说明再结晶织构的类型。

金属材料的再结晶织构一般都很复杂，影响因素也很多。实验表明，金属材料的晶体结构、合金元素、杂质种类和多少、变形织构和组织、晶界和相界特征、晶粒形状、退火温度、时间与气氛等各种内部和环境因素都对再结晶织构的类型、强弱及漫散程度产生影响。

化学成分对再结晶织构影响很大，有时微量元素都表现出明显的作用。例如，在铜种加入铝(0.2%)和镉(0.1%)促进再结晶立方织构的形成，而加入磷(原子分数0.0025%)则可以阻止再结晶立方织构的出现。对于Fe-Si合金，若没有一定杂质，则高温退火只发生正常晶粒长大、若含有少量硫、锰等杂质，则在高温下会发生二次再结晶，形成$\{110\}<001>$高斯织构。成分的影响极为复杂，应通过实验来具体了解其规律性。

在一定冷轧变形率条件下，原始组织愈细，愈易获得明显的立方织构。

退火前冷变形程度的影响较为复杂。一方面变形程度提高有利于变形织构的形成，以及某种织构的明显变化，因而有利于增加与变形基体具有一定位向关系的再结晶晶核。另一方面变形程度提高也增加了显微不均匀性，例如切变带、过渡带等，因而也可能增加晶核位向的混乱程度。因此，冷变形程度的影响结果是难以预测的。例如，对Fe-Si合金，为要形成高斯织构，最佳的变形程度为40%~70%，高于或低于此变形量往往产生与变形织构相同或其他类型的再结晶织构。纯铜变形程度需大于80%，而坡莫合金则不应低于95%，小于此种变形程度，则将生成其他类型的择优取向，因而减小立方织构的完整性。

退火温度及保温时间是影响再结晶织构的重要因素。很多金属在低温退火或快速加热至高温短时退火，再结晶织构和变形织构相同或基本相同。原因是在这种条件下生成的各种再结晶晶核与变形材料各微观区域中胞状亚晶位向一致(定向形核)。升高温度和延长保温时间，再结晶晶粒发生长大，一定条件下发生二次再结晶等过程。此时，因某些位向晶粒择优生长而发生再结晶织构发生重大变化。例如，Fe-3%Si合金冷轧后在650℃退火，再结晶织构与变形织构基本上相同，因织构成分较复杂，所以织构不够明显。在大于925℃温度下退火，因发生二次再结晶，生成$\{110\}<001>$高斯织构，其他成分的取向较弱，所以织构的显现程度明显增加。

由于再结晶织构的影响远较变形织构复杂得多，因此除了解其一般特点外，还需要通过科学实验和生产时间，来研究和掌握各因素对再结晶织构的影响，掌握织构变化的规律，有目的地控制再结晶织构为工业生产和科学研究服务。

利用织构来改善材料的性能主要体现在软磁材料上，如变压器希望得到高斯织构或立方织构，前者只有一个方向磁导率高，后者在板面两个互相垂直方向上均有较高的磁导率，股分别称为单取向和双取向织构。若使用这种具有$<001>$型织构的硅钢片来制造变压器，就能大大减少铁损，提高效率。弹性合金也可以利用织构的各向异性。如立方晶格金属在$<111>$晶向弹性模量最高，则可顺$<111>$方向截取弹性元件。工业用深冲立方金属，深冲性能良好的最有利的板面取向是$\{111\}$，不利的板面取向是$\{100\}$。为了尽量获得具有扁平晶粒的$\{111\}$再结晶织构，08Al钢的再结晶退火加热速度要慢，且不宜让AlN析出；而08F钢的加热速度要快，要尽快越过碳化物强烈析出的温度。深冲用铜板和3004铝合金板经再结晶退火后可能产生强的{001}＜100＞立方织构。立方织构强时会使深冲件产生与轧向成0°和90°的大的制耳缺陷而报废。密排六方晶格金属可利用织构来得到强化，例如有理想(0001)织构的铍板和钛板，在平面负荷双向应力作用下具有很高强度，特别适用于制造承受双向应力的工作，如高压锅炉壁等。

在很多场合下，织构是有害的。特别是用具有明显板织构的材料深冲、深拉或深压制品时，会发生制耳现象及表面呈木纹花样等。为了获得尽量小的制耳率，工业上采用控制轧制、改变退火工艺和参数、加入合金元素等措施促使材料中形成轧制与再结晶织构"平衡"的最佳比例状态。例如：①控制退火前的变形程度。如为了防止面心立方晶格金属出现立方织构，退火前的变形程度应较小；②退火在较低的温度下进行或快速高温短时加热，控制和定向生长有关的晶粒长大及二次再结晶等过程；③加入一定量的其他元素或减少某些引起元素的含量，以控制某织构的生成。如硅钢片导磁性能良好的有利取向为戈斯取向{011}＜100＞。为了尽量获得该织构，在原料中加入 Sn、Sb 等元素，控制钢板的适中轧制变形程度。控制退火气氛以及采取其他办法等。

4.3.3　有色合金的去应力退火

在铸造、锻造、冷变形、焊接、热轧、切削加工及其他工艺过程中，制品可能产生较大的残余应力。多数情况下，工艺过程结束后，金属内部将保留一部分残余应力，在单个晶体或晶体一部分平衡的第二类应力以及由于晶格缺陷造成的第三类应力。内应力使合金的应力腐蚀倾向显著增加，组织及力学性能稳定性下降，因此必须进行去应力退火，又称为回复去应力退火或低温退火，是把合金加热到一个较低的温度(低于材料的再结晶起始温度)，保温一定时间，缓慢冷却的一种热处理工艺。对于冷变形材料而言，这些残余应力是冷变形储存能的体现。

去应力退火作为半成品或制品的最终处理，主要用于两个方面，一是用来消除铸件、锻件、焊接件、热轧件、冷拉件等的残余应力，稳定铸件尺寸，减少变形。如果这些应力不予消除，将会引起钢件在一定时间以后，或在随后的切削加工过程中产生变形或裂纹。二是保证材料的强度与塑性有较好的结合，多用于热处理不可强化合金。

1. 残余应力的产生和作用

第一类残余应力的产生是制件不同部位发生不均匀塑性变形和比容变化不均匀的结果。根据其产生原因，残余应力可分为变形应力、热应力和相变应力。在一个工序中可能同时产生几种不同的残余应力。如热变形时除变形不均匀造成的应力外，还可能发生热应力；热变形后快速冷却，也可能发生相变应力。根据工艺过程，残余应力又可分为铸造应力、焊接应力、淬火应力、机械加工应力等。残余应力的存在将使制品在加工、应用以及储存时出现一些反常行为。

残余应力可能起加强或减弱工作应力的作用。若残余应力为较大的拉应力，那么往往在负载不大(特别是冲击载荷)时就会使制件过早破坏。表层的残余拉应力促进疲劳裂纹发生,因而特别不利于交变负荷下工作的零件。残余应力提高金属化学活性,在残余拉应力作用下特别易造成晶间腐蚀破裂。残余应力可引起零件在加工、使用和储存时发生形状及尺寸变化。

残余应力也有可利用的一面。若能因残余应力的存在而使工作拉应力减小,则可提高零件使用寿命。比如在工件表层有意制造压缩残余应力,喷丸、渗氮等表面处理为有效的方法。

但总的来看,铸造、焊接、压力加工、机械加工、淬火等残余应力是有害的,应完全或部分消除之。

2. 退火消除残余应力的机制

常用退火法来消除或减小残余应力。均匀化退火、回复退火、再结晶退火以及其他热处理过程可能使残余应力消除,但这只是主要热处理过程中的一种伴生现象。若专门为消除应力而进行的退火则称为去应力退火。

退火时应力消除有两种机制:①当应力超过屈服极限时,通过塑性变形使应力减小或消除。残余应力是弹性应力,根据虎克定律,它正比于弹性模量及弹性应变量,即 $\sigma = E\varepsilon$。温度升高,E 稍降低,因而残余应力也会相应减小(图4-34曲线1)。对成分一定的材料来说,屈服极限也是温度的函数,温度升高,屈服极限降低,且其下降的趋势较残余应力下降趋势大(图4-34曲线2)。必然存在

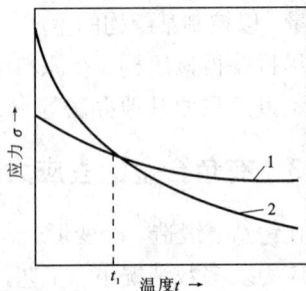

图4-34 温度对残余应力及屈服极限的影响

一定温度 t_1,此时残余应力与材料屈服极限相等。当温度高于 t_1 时,残余应力大于屈服强度,大部分位错发生热激活,它们迅速增殖、滑移、组合,导致材料塑性变形,使弹性能迅速释放,因而残余应力急剧减小。根据这种机制,温度愈高,残余应力消除的愈彻底。②当应力小于屈服极限时,通过蠕变松弛应力 当 $t < t_1$ 时,不会发生位错大量增殖及滑移,而只能按能量起伏规则,少量位错逐渐运动。温度较高,也可能有部分位错攀移。这种位错运动导致金属缓慢的塑性流变(蠕变),使应力得以松弛。

位错运动会因位错缠结、弥散质点或晶界的阻碍而逐渐停止,当残余应力不断减小时,位错运动的驱动力也不断降低。所以,在一定温度下,应力松弛速率随时间延长会逐渐减小直至趋近于零。高温下残余应力的迅速释放有时有不利影响。因为应力一般沿断面及长度方向分布不均匀,突然释放会破坏内力及力矩的平衡造成工件的翘曲。原始残余应力愈大,翘曲的危险愈大。因此,以蠕变方式松弛应力较为理想。

3. 去应力退火工艺

若单纯为了消除和减小应力,加热时就要防止其他转变发生,否则就不能达到所预期的

目的。如为消除热处理强化铝合金的淬火应力,需要加热至 230~260℃,此时会发生过时效,违背淬火目的;为完全消除冷变形后的残余应力,需发生再结晶,很多情况下这也是不容许的。因此,若单纯为了消除应力,退火往往是在低于完全消除应力的温度下进行,这就使残余应力难以完全消除。所以从实质上讲,称为减少应力退火更为恰当。若要使应力消除得更彻底而提高温度,则不得不牺牲材料得力学性能或某些其他性质。

影响去应力退火质量最主要的是加热温度,因此选择去应力退火的加热温度很重要。去应力退火的加热温度范围很宽,通常是在再结晶温度以下。加热温度过低,需要较长的保温时间,才能充分地消除残余应力,影响生产效率;加热温度过高,将导致工件的硬度和强度下降过多,不能满足产品质量要求。去应力退火所需的时间主要取决于工件截面尺寸、装炉量、残余应力大小和希望消除应力的程度。去应力退火的冷却速度也应该控制,尽量缓冷以防产生新的热应力。退火温度越高,保温时间越长,残余应力的消除越彻底。

为消除冷变形的铝、铜、镍、钛及其其他变形合金的残余应力,如冷轧板和冲压零件等,去应力退火温度一般低于再结晶开始温度,以保持较高的强度。含锌量大于 20% 的黄铜,更需进行消除应力退火,以防应力腐蚀。若变形铝合金大型半连续铸锭不进行均匀化退火,那么在分段成坯料前最好在 300~350℃ 退火以减少残余应力,防止切割时破裂造成人身和设备事故。

表 4 - 9 为一些铝合金的去应力退火工艺规范。变形铝合金的去应力退火主要用于防锈铝合金和工业纯铝,铸造铝合金的去应力退火主要是为减小在切削加工后产生的变形。为消除应力,除采用一般的去应力退火工艺外,还可以采用两种特殊热处理方法,即热循环法及热冲击法。

表 4 - 9　常用防锈铝合金的去应力退火工艺规范

合金	退火温度/℃	保温时间/min	
		厚度 <6mm	厚度 >6mm
5A02、纯铝	150~180	60~120	—
5A03、5A05、5A06	270~300	60~120	—
3A21	250~280	60~150	60~150

热循环法工艺主要应用于铝合金铸件,是将零件冷至 -400℃ 至 -196℃,然后使温度回升至室温并加热到150℃,再冷至室温作为一个循环。Al - Si 合金零件经三个同样循环后残余应力可减少30% ~70%。若仅在150℃长期退火,则应力减少值要小得多。热循环法对 Al - Si 合金及其他含有明显不同线膨胀系数的第二相合金最适用。在 Al - Si 合金中,固溶体(α)基体与 Si 相线膨胀系数相差 6.5 倍,导致界面上有较大的显微应力。冷处理时这些显微应力加强,并在加热时与残余应力结合在一起引起较大塑性变形。因此,交替地进行过冷至

零下温度并随后加热，加强了微观范围地塑性流动，促使残余应力更大的松弛。

热冲击法是将制品迅速加热来制造瞬时过载热应力使残余应力松弛，消除铝合金板材、模压件及其他零件的淬火应力可采用此法。铝合金淬火应力往往不能用正常退火法来取消，因会造成过时效。若将制品置于液氮(−196℃)中，然后迅速在沸水(或蒸气流)中加热，可使原始残余应力减少80%左右，这种方法在技术上又称为"逆向淬火法"或"上坡淬火法"。

表4−10为一些钛合金的去应力退火工艺规范。钛合金的去应力退火为了消除冷变形、铸造及焊接等工艺过程中产生的内应力。为不完全退火，退火温度低于再结晶温度，一般为450~650℃。

表4−10 常用钛及钛合金的去应力退火工艺规范

合金牌号	退火温度/℃	保温时间/min	合金牌号	退火温度/℃	保温时间/min
工业纯钛	480~595	15~240	TC4	580~620	60~90
TA4、TA5、TA6	640~660	60~90	TC6	630~670	60~90
TA7、TA8	610~630	60~90	TC7	550~650	30~120
TC1	520~560	60~90	TC9	550~650	30~60
TC2	550~580	60~90	TC10	480~650	60~480
TC3	550~650	30~240	TB2	610~630	60~90

说明：(1)纯钛可采用：540℃×30~60 min；或480℃×120~240 min；或427℃×480 min。

(2)TA7可采用：540~650℃×30~240 min。

(3)TC4可采用：480~650℃×60~300 min；TC10可采用：590℃×120 min。

镁合金的去应力退火既可以减小或消除变形镁合金制品在冷热加工、成形、校正和焊接过程中产生的残余应力，也可以消除铸件或铸锭中的残余应力。凝固过程中模具的约束、热处理后冷却不均匀或者淬火引起的收缩等都会导致镁合金铸件中出现残余应力。此外，机加工过程中也会产生残余应力，所以在最终机加工前最好进行中间去应力退火处理。某些热处理强化效果不明显的镁合金通常选择退火作为最终热处理工艺。表4−11为部分变形镁合金去应力退火工艺规程。对于尺寸要求严格的镁合金铸件，必须进行去应力退火。如ZM5合金铸件的去应力退火为250℃，保温时间1 h后空冷。

表4−11 部分变形镁合金去应力退火规程

合金牌号	产品类型	退火温度/℃	保温时间/h
MB1	板材	205	1
	挤压件和锻件	260	0.25
MB2	板材	150	3~5
	挤压件和锻件	260	0.25
MB3	板材	250~280	0.5
MB15	挤压件和锻件	260	0.25

铜合金的去应力退火对合金的强度和硬度影响不大，而变形程度很大的合金在低温下进行退火时，往往会出现"退火硬化"现象。冷变形黄铜、铝青铜和硅青铜的应力腐蚀破裂倾向严重，必须进行去应力退火。铜合金的去应力退火温度约为 230 ~ 300℃，成分复杂的铜合金的去应力退火温度约为 300 ~ 350℃。保温时间 30 ~ 60 min。

4.3.4　有色合金的回复退火和再结晶退火

按冷变形金属或合金退火时的组织变化，退火可分为回复退火和再结晶退火两大类。回复退火一般作为半成品或制品的最终处理，以消除应力或保证材料的强度与塑性有较好的结合，多用于热处理不强化合金。此外，回复时的硬化效应，可用来提高弹簧或簧膜的弹性。

再结晶退火指将冷变形后的金属加热到再结晶温度以上，保温一定的时间后，使变形晶粒转变为无应变的等轴新晶粒，从而消除加工硬化和残余内应力的热处理工艺。再结晶退火的目的细化晶粒，充分消除残余应力，降低硬度，提高塑性，变形加工更容易。有色金属或合金不同退火工艺的加热温度的区别如图 4 - 35。

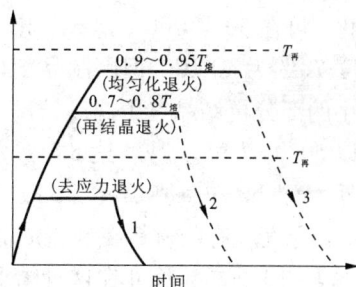

图 4 - 35　去应力退火，再结晶退火和均匀化退火规范示意图

完全再结晶退火是应用最为广泛的热处理工艺之一，可分为完全退火、不完全退火及织构退火。再结晶退火可用作热变形后冷变形前坯料的预备退火，冷变形过程中的中间退火以及获得软制品的最终退火。不完全再结晶退火一般用作最终退火以得到半硬制品，主要用于热处理不强化的合金。织构退火目的在于获得有利的再结晶织构。

在工业生产中往往将有色合金的退火分为高温退火及低温退火。这种分类仅具有温度及性能上的意义，不能说明退火过程中组织变化的实质。

高温退火目的在于使材料充分软化，通常完全再结晶退火、坯料退火（预备退火）、中间退火和软制品最终退火属于高温退火。坯料退火是指压力加工过程中第一次冷变形之前的退火，其目的是为了使坯料得到平衡组织和具有最大的塑性变形能力。中间退火是指冷变形间的退火，其目的是为了消除加工硬化，以利于继续冷加工变形。一般来说，一般中间退火的工艺制度基本上与坯料退火制度相同。成品退火是根据产品技术条件的要求，给予材料以一定的组织和性能的最终热处理。

低温退火目的是为了稳定性能，消除应力或得到半硬物质。因为有些合金在回复阶段即可基本软化，因而高温退火可能仍在回复阶段，而有些合金只有产生部分再结晶才能达到半硬状态，故某些合金为此目的的低温退火也属再结晶退火范畴。

再结晶退火工艺的主要参数为加热温度和保温时间，有些情况下加热速度和冷却速度也很重要。为了获得细晶粒组织,必须控制加热温度、保温时间和加热速度三个因素。退火温度主要取决于退火的目的和合金的本性,而退火材料的质量一般情况下是用力学性能来衡量。因此,再结晶加热温度应在再结晶温度以上,可根据力学性能和温度关系图(等时退火曲线)进行选择。影响再结晶温度的主要因素是变形程度,变形程度越大,再结晶温度越低。统计表明有色金属或合金的再结晶退火温度为 $0.7 \sim 0.8\ T_m$。对于不同要求和目的,可选择高的或低的再结晶退火温度。如需要有充分塑性,便于变形加工,采用高温的退火温度,一般选在再结晶温度以上 $100 \sim 200\ ℃$;而对于要保持一定强度和硬度,采用低温的退火温度,如获得到半硬物质的低温退火的退火温度稍高于再结晶温度。

如图 4 – 36 是退火温度对 T_2 铜电阻和力学性能的影响。由图 4 – 36 可知,为使冷变形 T_2 铜充分软化;可在 $500 \sim 700\ ℃$ 退火 1 h。T_2 铜再结晶开始温度 T_R 约为 $400\ ℃$,但因制品变形不均匀,变形程度小的部分再结晶终了温度偏高,所以退火温度下限以 $500\ ℃$ 为妥。温度达 $800\ ℃$ 左右时,σ_b 及 δ 均降低,说明晶粒急剧长大了,故退火温度以不超过 $700\ ℃$ 为宜。有些材料在制造成品时需进行深拉或弯曲等加工,晶粒尺寸在这种情况下显得特别重要。因为晶粒粗大有时在一定范围内对力学性能

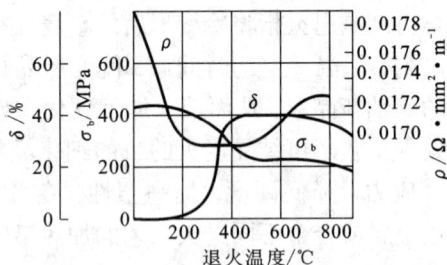

图 4 – 36　退火温度对 T2 铜电阻
和力学性能的影响

无明显影响。此时,晶粒度就成为退火质量的重要指标之一。单相铜合金带材及板材常用于深冲制品,因此制订了晶粒度分级标准,可根据不同用途来控制退火时的晶粒度。

就合金的本性而言,纯金属或单相合金可用再结晶温度作为选择退火温度的主要依据。而多相合金,特别是能热处理强化的合金,在加热和冷却过程中有溶解和析出相变。因此,选择退火温度除考虑再结晶温度外,还应考虑第二相的溶解和析出过程。退火温度高,第二相溶解多,固溶体浓度越高,分解所需的时间越长,所以要求及慢的冷却速度,而缓慢冷却在经济上是不利的。但是较高的退火温度,可使第二相通过溶解和析出而变成尺寸较小,分布均匀的颗粒,有利于提高材料的性能。

保温时间的影响不如退火温度明显。在工业成批退火条件下,保温时间通常为 $1 \sim 3$ h。故在选择退火规程时主要根据 1 h 等温退火曲线选择退火温度,然后针对具体情况(炉型、装料量、堆料方式、工件尺寸和加热炉的控制精度等)对保温时间做适当调整。

从生产效率的观点出发,在保证退火工件不发生变形、开裂和其他缺陷的条件下,常采用快速加热的方式。快速加热可使再结晶晶粒细化,所以对那些退火时晶粒易粗大的合金最好采用快速加热方法。

总之,对于同一合金来说,加快加热速度,提高加热温度,有利于提高生产效率,获得细小的晶粒组织,但保温时间要越短,否则会使合金晶粒长大。加热温度越低,保温时间就应

越长，否则合金再结晶过程进行不充分，达不到再结晶退火的目的。但保温时间长，将降低生产效率。

对于不能热处理强化的纯金属、合金及单相合金退火后冷速对性能无重大影响，无需考虑冷却方式，一般可直接放在空气中冷却。有时在生产中对紫铜、锡青铜等半成品，退火后用水冷却，目的是使氧化皮爆裂，以减少酸洗时间及金属损失。

对能产生淬火和时效强化的合金，在加热和冷却过程中有溶解和析出相变，在进行再结晶退火时，冷却速度关系很大，这类合金必须按照规定冷却速度进行冷却。这类合金在加热及保温过程中，第二相将溶入基体，并在冷却时又从固溶体中析出。冷却速度快，将形成过饱和的固溶体；而冷却速度很慢，第二相从固溶体中充分析出并长大成粗大的颗粒状，合金的硬度和强度下降，塑性升高。因此高温退火后应控制冷却速度，总的要求是缓慢冷却，使合金在冷却过程中使溶入基体的强化相能平衡析出，防止淬火效应，达到充分软化的目的。

由于再结晶退火后合金的硬度和强度低，塑性高，塑性变形能力强，故在材料的冷变形加工过程中，当其硬化到难于继续变形时，常常对它们进行再结晶退火，使其软化。这种为了软化金属，便于继续冷变形加工的退火成为中间退火。

4.3.5　典型有色金属及合金的回复退火及再结晶退火工艺

退火工艺制度的选择主要根据压力加工工艺的需要和材料使用部门对产品性能的要求来确定。

1. 铝及铝合金

铝及其合金的退火有高温退火及低温退火两大类。高温退火通常为完全再结晶退火，对于不同的目的和要求，可选择高的或低的再结晶退火温度。对于形状复杂的加工件，需要充分的塑性，便于变形加工，则采用高的再结晶退火温度；如需要保持一定的硬度和强度，则需要稍低的再结晶退火温度；对于能热处理强化的铝合金，为消除强化和冷作硬化效应，以利于继续加工，也应该采用高的再结晶退火温度。常用铝合金的再结晶退火工艺制度如表 4 - 12 和表 4 - 13。

在半成品生产过程中，坯料退火（预备退火）、中间退火控制不如成品退火那么严格。此外，坯料退火是为了消除热变形后的部分加工硬化及淬火效应，因而从某种意义上讲，热处理强化铝合金的坯料退火可认为属于基于固态转变的退火范围。例如，铝合金热轧板坯的轧制终了温度为 280～330℃，在室温冷却后，加工硬化现象不能完全消除。特别是能热处理强化的铝合金，冷却速度较快，再结晶过程完成不了，过饱和固溶体也来不及彻底分解，仍保留一部分加工硬化和冷却过程中产生的淬火效应。不经退火继续冷轧是有困难的，因此必须进行坯料退火。铝及其合金常用的坯料退火工艺制度如表 4 - 14。工业纯铝及热处理不强化铝合金（如 3A21），塑性高，可不进行坯料退火，直接进行冷加工。

表 4-12　形变铝合金再结晶退火制度

合金牌号	退火温度/℃	保温时间/min		冷 却 方 式
		厚度 <6mm	厚度 >6mm①	
工业纯铝	350~400	烧透为止	30	空冷或炉冷
3A21	350~420②			
5A02、5A03	350~400			
5A05、5A06	310~335			
2A11、2A12、2A16、6A02	350~370	40~60	60~90	炉冷
2A30、2A50	350~400	40~60	60~90	炉冷
2A14	350~370	40~60	60~90	炉冷
7A04	370~390	40~60	60~90	炉冷

注:(1)工件厚度 >10 mm 时,在效硝盐槽中加热时工件厚度每增加 1 mm,应增加 2 min,在空气循环炉中加热应增加 2 min;

(2)为防止晶粒粗大,3A21 可在盐浴中退火,加热温度为 450~500℃,保温 7~30 min,水冷。

表 4-13　经热处理强化后形变铝合金再结晶退火制度

合金牌号	退火温度/℃	保温时间/h	冷 却 方 式
2A06、2A11、2A12、2A16、2A02	390~420	1~2	炉冷,冷速为 30℃/h,冷至 250℃出炉,7A04 冷至 200℃出炉空冷
7A04	390~430	1~2	炉冷,冷速为 30℃/h,冷至 150℃出炉空冷

表 4-14　铝合金坯料退火制度

合金牌号	材料种类	退火温度/℃	保温时间/h	冷却方式
2A11、2A12	厚度小于 4 mm 厚的板材	390~440	1~3	以 30℃/h 的冷速炉冷冷至 270℃以下出炉空冷
	冷轧或冷拉伸管材毛坯料	430~450	3	
2A16、7A04	厚度小于 4 mm 厚的板材	390~440	1~3	同上
5A03	厚度小于 4 mm 厚的板材	370~420	2	空冷
	冷轧管毛坯料	390~400	2.5	
	冷拉伸管毛坯料	450~470	1.5	
5A05、5A11	厚度小于 4 mm 厚的板材	390~410	1~3	同上
	冷轧管毛坯料	370~400	2.5	
	冷拉伸管毛坯料	450~470	1.5	
5A06	厚度小于 4 mm 厚的板材	370~420	1~3	同上
	冷轧管毛坯料	315~335	1	
	冷拉伸管毛坯料	450~470	1.5	

对于塑性好和不能热处理强化的合金,加热和保温后可直接在空气中冷却。对能热处理强化的合金,在加热和冷却过程中有溶解和析出相变,高温退火必须按照规定冷却速度进行冷却。例如,超硬铝合金软化退火时必须以每小时30℃的冷却速度缓冷至150~200℃,才能在空气中冷却。为提高生产效率,对于成垛退火的板材,也可在保温后出炉,盖上石棉板进行缓冷;也可采用倒炉的办法进行缓冷,例如,超硬铝合金7A04在400~420℃退火后,直接转移到余热温度为230℃的低温炉中,保温3 h后,然后出炉空冷,同样也可得到与缓冷效果完全相同的组织和性能。

铝合金的坯料退火可以在空气循环式电阻炉中进行,也可在重油或石油液化气等燃料炉中进行。

一般经坯料退火后的材料,在承受45%~85%的冷变形后,如不进行中间退火而继续进行冷加工时将发生困难。中间退火工艺制度与坯料退火工艺制度基本相同。根据对冷变形程度的不同要求,中间退火还可分为完全退火(总变形程度 $\varepsilon = 60\% \sim 70\%$)、简单退火(总变形程度 $\varepsilon < 50\%$)和轻微退火(总变形程度 $\varepsilon < 30\% \sim 44\%$)三种。前两种退火温度与坯料退火一样,轻微退火是加热到320~350℃,保温1.5~2 h后空冷。对能热处理强化的合金,以不大于30℃/h的冷速炉冷至270℃以下出炉空冷,防止淬火效应。

成品退火是根据产品技术条件的要求,也有高温退火(生产软制品)和低温退火(生产不同状态的半硬制品)。成品高温退火是保证材料获得完全再结晶组织和良好的塑性,因此温度不宜过高,保温时间不宜过长。

低温退火主要用于工业纯铝及热处理不强化铝合金,以稳定性能、消除应力以及获得半硬制品。退火后可直接放在空气中冷却。纯铝及 Al – Mg 系合金的低温退火主要属于回复退火,Al – Mn 系等合金在低温退火时可能已发生部分再结晶。总之,经低温退火后,在保证合金高强度的同时,应具有一定的塑性,以便于随后成型时的弯折、卷边等操作。

铝及其合金半成品种类很多,生产方案不一,同一种合金不同半成品的退火工艺制度可能有所区别。所以表4 – 12至表4 – 15所示的工艺数据只是一个大致参考范围,应用时尚需根据现场实际情况加以调整。

表4 – 15 铝合金低温退火制度

合金牌号	退火温度/℃	保温时间/h	冷却方式
5A02、5A03、5A05、5A06	270~300	1~2	空冷
3A21	250~280	1~2.5	空冷
5A02、纯铝	150~180	1~2	空冷

为提高生产效率并获得高质量退火制品,目前愈来愈多地采用快速退火工艺。快速退火不仅用于铝合金,对其他合金亦同样适用。它的特点是加热速度快,高温下保温时间短,保

温后快速冷却。要满足这种工艺条件,首先装料不能多(一般板、带材是单张或数张,管、棒材是单根或数根,线材是单线或数线),炉温应大大高于退火时金属所需达到的温度(如铝合金退火时,金属温度需400℃左右,炉温可取600~700℃)只有这样才能使金属快速达到所需温度,并在高温下迅速完成再结晶过程。由于加热速度快、退火温度较高,且在高温下保温时间很短,因而得到细小晶粒,也不会产生淬火效应。由于装料少,加热也很均匀,基本上不会发生性能不均匀现象。实现这种工艺的方法一般采用连续式退火联合机,也可采用接触电加热、感应加热等。

　　2A11、2A12、6A02 合金快速退火制度如图4-37 所示。整个退火过程可分成四段,总退火时间约在 20~30 min 以内。按此工艺设计的快速退火炉(联合机)每小时生产能力可达 4 t,而普通退火炉每小时只能生产 150 kg,生产效率提高 25 倍以上。

　　2. 镁及镁合金

　　镁合金退火是镁合金应用最广的热处理工艺,其目的与铝合金相同,其完全退火包括高温退火和低温退火。完全退火可以消除镁合金在塑性变形过程中产生的加工硬化效应,恢复和提高其塑性,以便进行后续变形加工。成品采用高温退火得到软制品;低温退火得到半硬制品。在选择再结晶退火规程时,应注意高温下镁合金晶粒易长大的倾向。因镁合金变形时允许的变形程度较小,这种长大倾向特别明显,因此再结晶退火温度不应太高。由于镁合金的大部分成形操作在高温下进行,因此一般很少对变形镁合金进行完全退火处理。表4-16 为部分变形镁合金完全退火工艺规程。

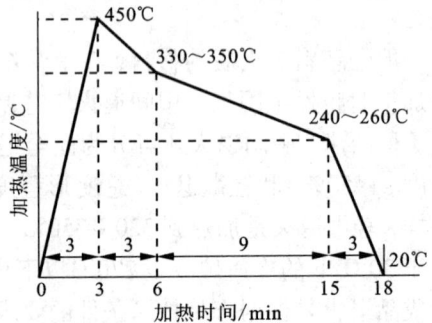

图 4-37　2A12 等合金快速退火制度

表 4-16　部分变形镁合金完全退火规程

合金牌号	退火温度/℃	保温时间/h	合金牌号	退火温度/℃	保温时间/h
MB1	340~400	3~5	MB7	350~380	3~6
MB2	350~400	3~5	MB8	250~320	2~3
MB5	320~350	0.5~4	MB15	380~400	6~8
	350~380	3.0			

　　3. 铜及其合金

　　铜及其合金的退火有完全退火(高温退火)及低温退火之分。完全退火可用于加工工序的中间退火及获得软制品的成品退火，目的是消除加工硬化，回复塑性和获得细晶粒组织。两者工艺基本相同，但一般中间退火温度稍高，控制不如成品退火那么严格。完全退火温度比再结晶开始温度（T_R）高 200~300℃。不同纯度铜的 T_R 为 180~230℃；大多数黄铜和青铜的 T_R 位于 300~400℃；含镍量大于 10% 的白铜及某些耐热铜合金，T_R 则在 400~500℃ 以上。因此，各种铜合金的退火温度有较大差异。主要铜合金的完全退火规程列于表 4-17。工业纯铜的完全退火温度为 500~700℃。

表 4-17　常用铜合金中间退火和成品退火规程（煤气加热）

合金牌号	退火温度/℃		保温时间 /min
	中间退火	成品退火	
T2、H96、H90、HSn70-1、HFe59-1-1	500~600	420~500（半硬）	30~40
H62	600~700	550~650	30~40
H80、H68、HSn62-1	500~600	450~500（半硬）	30~40
QSn6.5-0.1、QSn6.5-0.4、QSn4-3、HPb63-3	600~650	530~630	30~40
QSn4-4-2.5	580~650	530~630	30~40
HPb59-1、QA15、QA17、QA19-2	600~750	500~600	30~40
BZn15-20、BA16-1.5、BMn40-1.5、BFe30-1-1	700~850	630~700	40~60
B19、B30	780~810	500~600	40~60
BMn3-12	700~750	500~520	40~60

黄铜的晶粒度对其冷加工性能及退火后的力学性能有很大的影响。细晶粒组织的合金的强度高，加工成形后表面质量好，但变形抗力大，成形难度大；粗晶粒组织的合金易加工，但表面质量差，疲劳性能也差。因此用于加工单相黄铜合金板、带材完全退火时有两个重要问题必须注意：

（1）控制晶粒度

晶粒度是衡量黄铜退火质量的主要标准。不同晶粒度等级所适用的冷冲类型见表 4-18。从表可知，变形愈剧烈，要求晶粒愈大，但考虑到表面质量，则又须限制一定大小。表中数据适应于高锌黄铜。含锌量较低的黄铜，冷作硬化效率低，可以用较小的晶粒度，如深冲件可采用 0.035 mm 的。黄铜的成分、退火温度与晶粒尺寸关系示于图 4-38。可根据这种类型的图来选择适合所需用途的退火温

表 4-18　冷却用退火铜合金晶粒尺寸要求

晶粒尺寸/mm	适用范围
0.015	轻度成形
0.025	轻冲件
0.035	冲压后要求有高度光洁表面
0.050	深冲件
0.070	冲厚尺寸工件

度标准晶粒。

（2）织构

铜合金高温退火后的再结晶织构较明显。纯铜主要为立方织构，黄铜、锡青铜等通常以 $\{113\}$ $<21\bar{1}>$ 为主。织构使冲制成型时出现制耳，所以应加以防止。实践证明，最后两次冷变形（有中间退火）的变形程度增加，最后一次中间退火温度降低，以及最终退火温度升高，均可能使再结晶织构明显。因此，应特别控制整个加工过程的最后几次变形量及退火工艺。

由于铜及铜合金在加热时容易氧化，特别是含氧铜，为防止氧化，提高表面质量，需要在保护气氛或真空中进行退火。线材和带材退火时应应防止粘结。

铜合金的低温退火只用于成品，以生产半硬制品或硬制品，主要是消除变形加工、铸造和焊接

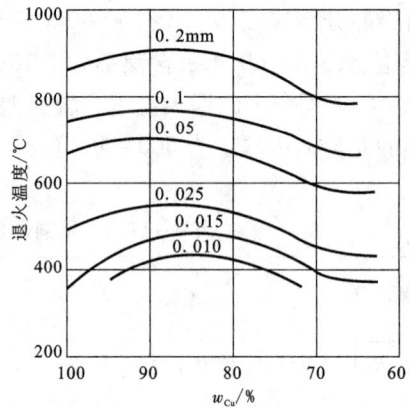

图 4-38 Cu-Zn 合金的成分、退火温度与晶粒尺寸的关系

带材、冷压 44% 后退火 30 min

过程中产生的残余应力，防止在切削过程中产生变形。变形黄铜、铝青铜和硅青铜应力腐蚀破裂倾向比较严重，必须进行去应力退火。去应力退火温度通常低于再结晶开始温度 30 ~ 100℃，约为 230 ~ 300℃。成分复杂的铜合金，去应力退火温度约为 300 ~ 350℃，保温时间 30 ~ 60 min。如果温度接近或超过再结晶温度，内应力消除虽较彻底，但会使强度较低。为获得半硬制品，低温退火温度通常可达开始再结晶温度。

需要注意的是变形程度很大的合金在较低温度退火时，往往产生"退火硬化"现象。退火硬化现象可能与形成有序固溶体或溶质原子在位错周围构成气团有关。Zn 含量大于 10% 的黄铜，Al 含量大于 4% 的铝青铜，Mn 含量大于 5% 的锰青铜等合金的这种现象尤为明显。

4. 钛及其合金

钛合金退火主要有完全退火（高温退火）及不完全退火（消除应力低温退火）两种。退火的主要目的是提高塑性，消除应力，稳定组织，保证一定的力学性能。

完全退火目的是使钛合金的组织和性能更均匀，完全消除加工硬化，得到具有最高塑性及其他综合力学性能的材料；对于耐热钛合金是使其在高温下具有尺寸和组织的稳定性。完全退火时有 α 相、β 相在组成、形态和数量上的变化，大部分 α 和 $\alpha+\beta$ 钛合金都是在完全退火状态下使用。再近 α 与 $\alpha+\beta$ 合金在再结晶过程中常伴随着 α 相的溶解及 β 相成分的变化。

按工艺特征，完全退火又有简单退火、等温退火、双重退火及真空去氢退火几种形式。因为钛及其合金有多型性转变，近 α、α/β 及近 β 合金在完全退火过程中有相变重结晶发生。

表 4-19 为常用钛及其合金 $\alpha+\beta/\beta$ 的转变温度、再结晶温度及退火温度。结晶温度根据合

金成分的不同，会有较大变化。例如 TA7 约为 600℃，TC4 合金约为 700℃，而 TB2 合金则为 750℃。从表 4 - 19 可知，完全退火时大部分合金退火温度低于再结晶温度。这是由于 α - Ti 堆垛层错能高，极易发生多边化而使加工硬化基本消除。其次，同一合金板材及板材制品退火温度低于模压件、锻件及棒材退火温度。这是因为棒材及锻件退火后一般需进行切削加工，可消除表面氧化层，稍高的退火温度不会有不利影响，反而可使金属得到更大软化。板材及板材制品难以进行去除表面层的加工，故退火温度应降低以减少氧化与吸气。若板材在保护气氛及真空中退火，温度可与锻件相同。简单退火的保温时间决定于半成品及制品的断面厚度，大致可采取的保温时间如表 4 - 20。断面厚度大于 50 mm 时，保温时间可增至 2 h。

表 4 - 19　常用钛合金 $\alpha + \beta / \beta$ 转变温度、再结晶温度及退火温度

合金牌号	$\alpha + \beta / \beta$ 转变温度/℃	再结晶温度/℃		完全退火温度/℃		不完全退火温度 /℃
		开始	终了	板材及板材制品	棒、锻、模压件	
TA1	885 ~ 900	600	700	520 ~ 540	670 ~ 680	445 ~ 485
TA4	–	880	950	700 ~ 750	800 ~ 850	580 ~ 600
TA5、TA6		880	950	750 ~ 800	800 ~ 850	580 ~ 600
TA7	950 ~ 990	880	950	700 ~ 750	800 ~ 850	550 ~ 600
TC4	980 ~ 1010	850	950	750 ~ 780	750 ~ 800	600 ~ 650
TC8	980 ~ 1020	900	980	等温退火或双重退火		–
				第一阶段:920 ~ 950	第二阶段:850 ~ 600	

表 4 - 20　退火的保温时间与半成品及制品的断面厚度之间的关系

最大断面厚度/mm	1.5	1.6 ~ 2.0	2.1 ~ 6.0	6.0 ~ 50
保温时间/min	15	20	25	60

对于 α 型和低浓度的 $\alpha + \beta$ 型合金，退火温度一般选择在 $\alpha + \beta$ 相区内，约为 650 ~ 800℃，退火后可采用空冷，而含有较多 β 稳定元素的 $\alpha + \beta$ 合金以及 β 合金，退火冷却速度对其组织稳定性影响较大，为使组织稳定，应注意控制退火后的冷却速度，因冷却速度不同会影响 β 相的转变方式。对于亚稳定 β 型合金，退火温度选择在 T_s 以上 80 ~ 100℃，冷却采用快冷，因慢冷会导致 α 相析出，降低塑性。

等温退火及双重退火应用于 $\alpha + \beta$ 合金。合金等温退火时，首先将合金加热至较高温度保温，以进行多边化或再结晶，然后炉冷或转入另一炉中进行较低温的第二阶段保温，随后再空冷。与简单退火比较，在第二阶段保温时，β 相可更加稳定，因此可保证更高的塑性、热

稳定性和长时强度,适用于耐热合金。对于 β 稳定元素含量较高的 $\alpha+\beta$ 型合金,最好采用等温退火。这是因为 β 相稳定性高,空冷不能使 β 相充分分解,而采用等温冷却可使 β 相完全转变。耐热钛合金为了保证在高温及长期应力作用下组织及性能稳定,通常采用双重退火:第一次高温退火的加热温度高于或接近于再结晶终了温度,使再结晶充分进行但又不使晶粒明显长大,并控制初生 α 相的数量;第二次低温退火加热至稍低的温度,使组织更接近于平衡状态。双重退火可改善 $\alpha+\beta$ 合金的塑性、断裂韧度和组织稳定性。

双重退火与等温退火的区别仅在于,第一段保温后合金空冷到室温,然后重新加热至第二阶段保温。其他工艺均与等温退火同。第一段保温后空冷时,β 相除部分析出 α 相外,它仍未达到平衡成分(有部分淬火效应),第二段加热保温时,β 相又发生分解,析出较弥散的 α 相,使合金部分强化。因此,双重退火后合金性能与简单退火及等温退火后性能有所不同。

不完全退火的目的在于减少和消除冷加工、冷成形或焊接工艺所造成的残余内应力,钛合金不完全退火温度一般在 $450 \sim 650 ℃$,退火保温时间取决于工件截面尺寸、残余应力等;一般机械加工件保温为 $30 \sim 120$ min,然后空冷,焊接件为 $120 \sim 720$ min。

真空退火是消除氢脆的主要措施之一,氢在钛中的溶解析出过程是可逆的,故可采用真空退火方法降低钛中的氢浓度。退火温度为 $650 \sim 680 ℃$,保温 $1 \sim 6$ h,真空度应不低于 1.33×10^{-1} Pa。

钛合金退火一般不宜加热至 β 单相区。因在 β 单相区中晶粒急剧长大,在随后冷却时会从粗大 β 晶粒中析出大的片状 α 相魏氏组织,严重降低材料塑性,这就是所谓“β 脆性”。β 晶粒粗化可使塑性急剧下降,故应严格控制加热温度与时间.并慎用在 β 相区温度加热的热处理。近来研究发现,某些合金(TA7、TC4)过热敏感性小,β 相区退火可使断裂韧性提高 $15\% \sim 20\%$,屈服极限也能提高,塑性仍可满足要求。因此,当断裂韧性要求高时,亦可考虑“β 退火”工艺。

β 退火有利于断裂韧性的原因可能为:β 退火所得到的组织为片状 α 相,裂纹扩展时遇到片状组织会发生转折和分枝,因而造成主干裂纹的钝化及其顶部应力松弛,使裂纹进一步跃迁的能量增加,所以断裂韧性增高。两相区退火形成等轴 α 组织,虽具有较好的拉伸性能,较高的疲劳强度(裂纹不易萌生),但阻止裂纹的扩展能力低,故断裂韧性较差。

当钛合金含铝量不变时,所有各类退火温度均随 β 稳定元素含量增加而降低。各种退火加热温度范围如图 4 - 39。

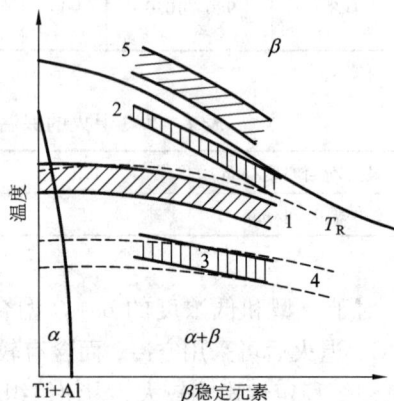

图 4 - 39　铝量不变时,β 稳定元素系合金退火加热温度与再结晶温度的关系

1—简单退火;2、3—等温退火及双重退火高、低温阶段;4—去应力退火;5—β 退火

5. 难熔金属及合金

回复退火在 ⅥA 族难熔金属(W、Mo)生产中也用作中间退火,因为这些金属再结晶退火时会发生脆化。若随后进行冷加工,回复退火是惟一软化手段。

难熔金属的再结晶退火亦称完全退火。铌、钽合金再结晶退火后不显冷脆性,但若晶粒长大,将使其强度和塑性降低,故再结晶退火时要控制温度上限和保温时间。

钨、钼及其合金按其再结晶退火后的综合性能可分为两组。一组是纯钨、纯钼及大多数常用合金,这类合金经再结晶退火后在室温下强度及塑性降低,而当晶粒长大后,在室温下完全过渡到脆性状态。如果材料具有多边形化亚结构,则其冷脆温度降低。因此,在这类合金的加工过程中,接近成品的中间退火或半成品退火,一般采用回复退火。另一组是再结晶退火后不出现脆性的 W – Re、Mo – Re、Mo – W – Re 及 Mo – Zr – Ni – C 系合金,这些合金只有晶粒粗化时才在室温转变成脆性状态。

对于再结晶造成冷脆性的合金,其退火规程与退火目的有关。若退火后进行热压力加工,则应进行再结晶退火,以保证高温下具有更好的塑性;若退火后进行冷变形,则应选择回复退火。最终退火类型的选择与制品工作温度有关。若制品工作温度高于再结晶温度,则最终退火应为再结晶退火;若制品在不发生再结晶的温度下工作,则可选用回复退火或者根本不进行热处理。一般情况下,回复退火温度低于再结晶温度 $50 \sim 200℃$,再结晶退火温度则高于再结晶开始温度 $100 \sim 300℃$。

4.4　基于固态相变过程的退火

基于固体相变的退火在有色金属材料的热处理中并不占有重要的地位,因为许多实际应用的有色合金,例如单相黄铜、青铜和电工镍合金等,它们在固态下基本上不存在可供利用的相变。但在一些有色合金中,基于固态相变的退火仍然得到了一定的应用。根据相变类型的不同,有色金属材料中基于固态相变的退火大体有两类:基于固溶度变化的退火和重结晶退火。

4.4.1　基于固溶度变化的退火

一些有色合金,其固溶度随温度变化而变化。如图 4 – 40 中 C_0 成分的合金,加热时有 β 相的溶解,因而 α 固溶体的浓度增大;在冷却过程中有 β 相从 α 相中析出,α 固溶体的浓度减小。若固溶度随温度升高而减小,则加热和冷却时将发生与上述情况相反的变化(加热时有第二相的析出,冷却时发生第二相的溶解)。

在发生脱溶的情况下,脱溶相的大小与脱溶温度有关。例如图 4 – 40 中的 C_0 合金,当它自 α 相区过冷至 $\alpha + \beta$ 相区的不同温度时,脱溶相 β 的尺寸将随过冷度的增加(即脱溶温度的降低)而减小;若将 C_0 成分的 α 固溶体加热至双相区的不同温度,其脱溶相 β 的尺寸将随脱溶温度的提高而增大。就是说,在一定温度下,与一定浓度的固溶体基体相平衡的第二相应具有一定的尺寸。

根据上述原理,可以通过合适的热处理工艺,使复相合金中获得不同大小和分布的第二相,以得到所需的性能,这就是所谓多相化退火。

工业上应用的许多有色金属材料,如硬铝、镁铝合金、铍青铜以及镍铬系合金等,都是以固溶体为基体的复相合金。它们的共同特点是:固溶度随温度降低而减小,在缓冷时有第二相从固溶体中析出,而加热时有第二相溶解。第二相的相对量一般不超过整个合金体积的 10% ~ 15%,第二相溶解或析出时不会引起合金组织的根本改变(因基体的晶体结构不会由于

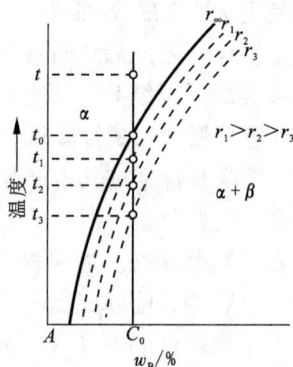

图 4 - 40   合金固溶度随温度变化的曲线

加热或冷却而发生变化,这与钢铁材料不同),但适当地控制加热和冷却工艺,可以获得不同浓度的基体相,并改变第二相的大小、形状和分布,从而使合金得到不同的性能。如果设法使固溶体基体达到尽可能低的浓度,第二相粒子及其间距又足够大,则合金将发生软化,即多相化软化。为达到这种软化目的而采取的热处理工艺就是多相化退火。

许多可热处理强化的合金,由于基体固溶体的浓度随温度降低而减小,当合金以较快的速度冷却时可能发生淬火硬化效应。对于这些合金,原则上均可采用多相化退火,使合金软化。

1. 完全退火和不完全退火

所有热处理强化铝合金(如硬铝、超硬铝等),都可以运用多相化退火改善合金在冲压、弯折、卷边或其他冷塑性变形工艺操作之前的塑性。例如热轧硬铝卷材,由于轧后是在空气中冷却而产生部分淬火硬化,此时即可采用多相化退火来减少或消除这种硬化,使随后的冷轧易于进行,并减少(甚至免除)冷轧过程中的中间退火。

多相化退火工艺分完全退火和不完全退火两种。完全退火是将已产生部分淬火硬化的合金加热至相变临界点(如图 4 - 40 中的 t_0)以上的温度保温,使合金变成单相固溶体,然后缓慢冷却(一般为随炉冷)。不完全退火则是加热至相变临界点一下的某一适当温度保温,然后较快冷却(一般为空冷)。完全退火可以最大限度地消除淬火硬化,使合金完全软化;不完全退火只能部分消除淬火硬化,使合金部分软化。

完全退火和不完全退火的具体加热温度、保温时间以及冷却速度即可通过实验确定。例如硬铝 2A12 合金在不同温度加热然后炉冷或空冷,其抗拉强度如图 4 - 41 所示。由图可见,该合金的软化温度是:完全退火约 380 ~ 400℃,不完全退火约 350 ~ 370℃。若温度太低,淬火硬化不能充分消除,合金的硬度仍然较高;若温度过高,由于强化相 S 相和 θ 相的溶解和

随后冷却时的不充分析出，固溶体的浓度较高，这也会减弱退火软化的作用。

　　大多数可热处理强化的铝合金，其完全退火是将合金加热至 380 ~ 420℃，保温 10 ~ 60 min，随后以每小时小于 30℃ 的速度炉冷，可使合金完全软化；不完全退火的加热温度为 350 ~ 370℃，保温 2 ~ 4 h，随后空冷或水冷。不完全退火的保温时间虽较长，但因加热温度低，而且又采用空冷或水冷，故总的生产周期比完全退火短，在实际生产中仍然是可取的。

　　除铝合金外，其他许多合金也可采用多相化退火来达到软化的目的。例如，若双相黄铜热加工后从 β 相区以很快的速度冷却下来，由于合金组织中含有大量脆性的 β' 相，其塑性和韧性会降低。为了消除脆性，可将合金加热至 β 相区然后慢冷，让片状 α 相从 β 相中充分析出，使合金软化。

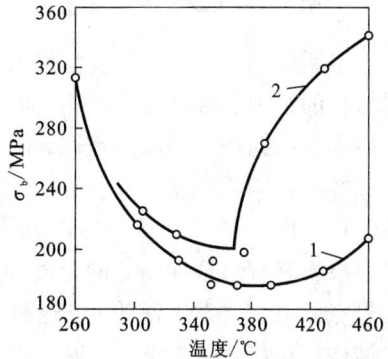

图 4 – 41　退火温度对 2A12 合金
冷轧材最终强度的影响

1—炉冷至 200℃；2—空冷

　　需要指出，在实际生产中，变形合金（如变形铝合金）在热轧后、第一次冷轧之前，很少采用纯粹的多相化退火工艺，而往往是将多相化退火与消除部分冷加工硬化的退火结合起来，这就是通常所说的预备退火和坯料退火。例如，铝合金热轧板坯的终轧温度一般为 280 ~ 330℃，在不采用中温轧制的条件下，热轧后通常是空冷至更低的温度。对于热处理强化的变形铝合金，这种工艺不仅会产生加工硬化，而且会引起部分淬火硬化。为了便于冷轧，一般都需要进行预备退火。经退火后，坯料将发生软化。显然，退火时的多相化过程对软化也做出了贡献。由于坯料退火时除发生多相化过程外，还发生再结晶，故应选择较高的加热温度，加 2A12 合金的加热温度达 440 ~ 450℃（保温 1 ~ 3 h，以不超过 30℃/h 的速度冷至 270℃ 以下再出炉空冷）。

　　2. 提高耐蚀性的多相化退火

　　复相合金的耐蚀性与第二相的大小、形状和分布有关。利用多相化退火，可使合金获得一定大小和分布的第二相，从而提高合金的耐蚀性。

　　例如，镁含量超过 5% 的铝合金，其组织基本上为铝基固溶体和较多的 β 相（Mg_2Al_3）。由于 β 相的标准电极电位与铝基固溶体有较大的差异，合金的耐蚀性较差；特别当 β 相在晶界上呈网状析出时，耐蚀性会严重恶化（易于晶间腐蚀和应力腐蚀）。若采用适当的变形工艺，并辅之以恰当的多相化退火使 β 相在晶内和晶界均匀分布，就可以提高合金的耐蚀性。如 5A06 合金，在其最后冷加工之前先加热至 320℃ 进行多相化退火，可使 β 相几乎均匀地分布于铝基固溶体晶粒之内，从而使合金的耐蚀性得到明显的改善。

4.4.2 重结晶退火

这里所说的重结晶是指多型性转变和共析转变时晶体结构类型的变化。由于这种变化，金属材料的组织、结构也可能发生根本的改变。尽管有色金属合金中基于重结晶的退火工艺的应用远不如钢铁材料那样普遍，但在有些情况下也有应用。

一些纯金属、固溶体和金属化合物中都有多型性转变。例如，除了 Fe 以外，有色金属中的 Ca、Co、Li、Sn、Ti、Tl、U、Zr 等都可发生多型性转变。

如果将具有多型性转变的金属加热至相变临界点以上使之发生多型性转变，然后又冷却至临界点以下使之发生逆转变，这种热作用的循环并不会改变金属在一定温度下所应具有的晶体结构，但多型性转变也是形核和长大的过程，像再结晶一样，只要适当控制加热和冷却操作，就可能使金属的组织（晶粒大小）发生符合人们需要的变化。据此，可以运用重结晶退火来消除某些纯金属和固溶体合金的铸件和加工件的粗大晶粒，以改善其性能。不过，若多型性转变时新、旧两相的比容差别小，在加热时相变应变不足引导起再结晶，则重结晶退火就并不能使晶粒细化。

重结晶退火也可用来消除金属材料中不希望有的织构。例如核工程中的铀棒，其塑性变形是在 $\alpha - U$ 相区的温度范围（$<668℃$）进行的，变形时会产生晶粒择优取向，即形成织构。存在织构的铀棒在使用过程中（反复的热循环以及由此而引起的热应力同时作用）会出现明显的热膨胀异相性，甚至在一个方向明显"长大"，另一方向则收缩，这是不希望的。若铀棒（或线材、板材等）在 α 相区加工后采用重结晶退火，即将其加热至高于相变临界点 668℃ 的温度然后冷却，由于退火过程中发生了 $\alpha - U \Rightarrow \beta - U$ 这一多型性转变，材料内部的织构将会消失，其热膨胀系数不再呈现异相性，这就大大改善了材料在热循环条件下的使用性能，即显著降低反复热循环时铀棒在某个方向的"长大"速度。若在退火过程中若采用较低的加热温度和快的冷却速度，可望获得细小的晶粒。

在实际生产中，重结晶常与再结晶同时发生。上述铀棒的重结晶退火就伴随有再结晶过程，但重结晶起主要作用。其他由具有多型性转变的金属或固溶体合金制成的制品（特别是加工制品），在重结晶退火时也会发生再结晶，有时甚至再结晶对材料的最终性能起决定性的作用，某些钛合金的"β 退火"就是如此。

需要特别注意的是，重结晶退火时，由于热应力和相变应力以及高温的综合作用，无论是加工制品和铸件，都可能导致晶粒的明显粗化。因此当采用重结晶退火时，应恰当地控制工艺参数，特别是加热温度和冷却温度。

4.5　淬火与时效

有色合金的有效的强化方式之一是通过合金淬火(固溶处理)加时效处理,来提高材料的强度等性能。时效硬化是普遍现象,并具有重要的实际意义,工业上广泛采用的时效硬化型合金都是为达到这一目的设计和制造出来的。例如:铝合金、镁合金、铜合金等的固溶处理和时效等。

本部分主要介绍合金的时效过程的热力学和动力学,时效时合金组织和性能的变化规律,影响时效的因素;简要介绍铝合金、镁合金、铜合金和钛合金的时效工艺过程。

4.5.1　基本概念

铝铜合金系是最早研究的时效硬化合金系。1906 年德国人 Alfred Wilm 发现含有 4% Cu 及微量 Mg 的 Al–Cu–Mg 合金经高温淬火后硬度不高,但在室温放置或于稍高温下恒温处理一段时间后硬度显著上升。这种时效硬化现象的发现引起了广泛的兴趣,此后人们致力于时效本质的研究,并于 1916 年用于制造飞机过程中。1938 年法国科学家 Guinier 和英国科学家 Preston 各自独立地运用 X 射线试验分析 Al–4% Cu 合金时效初期的单晶体,结果发现在母相 α 固溶体的｛100｝面上出现一个原子层厚度的薄片状 Cu 原子聚集区(约含99% Cu),由于与母相保持共格联系,Cu 原子层边缘的点阵发生畸变,产生应力场,成为时效硬化的主要原因。1950 年代透射电子显微镜的发明可直接观察析出粒子,使析出硬化之理论快速进展而逐渐建立。

有色合金的淬火是将合金加热到一定温度,使合金元素溶入到固溶体中,然后取出快速冷却下来,得到过饱和状态的固溶体,或使基体转变成晶体结构与高温状态不同的亚稳状态的热处理形式。其工艺操作与钢基本相似,但强化机理与钢有本质上的不同。合金能否淬火可由相图确定。若合金在相图上有多型性转变或固溶度转变,原则这些合金可以淬火。在这方面,淬火与基于固态相变的退火相似。但淬火通常要快冷,以抑制扩散型相变,这是淬火与基于固态相变的退火的根本区别。根据淬火时合金组织、结构变化(即基体是否发生多型性转变)的特点,可将淬火分为两类:无多型性转变合金的淬火和有多型性转变合金的淬火。两类合金淬火本质上有很大差别。但由于历史原因,实际研究和生产中常把"固溶处理"和"时效"用于基体无多型性转变合金,如铝合金、铜合金及钛合金;而把"淬火"和"回火"用于基体有多型性转变的合金。

大多数有色合金的淬火时由于快速冷却抑制了合金元素原子的扩散和重新分配来不及进行,得到亚稳定的过饱和固溶体。因为是亚稳定的,所以存在自发分解趋势。有些合金室温就可分解,但它们中的大多数需要加热到一定温度,增加原子热激活几率,分解才得以进行。这种室温保持或加热以使过饱和固溶体分解的热处理称为时效。时效时过饱和固溶体析出第二相或形成溶质原子聚集区以及亚稳定过渡相，这个过程称为脱溶或沉淀。由于弥散的新相的析出，可显著提高合金的强度和硬度，称为沉淀硬化或时效硬化。合金具有沉淀强化效果的先决条件是合金基体金属中加入的合金元素应有较高的极限固溶度，且在平衡状态图上有固溶度的变化，并且固溶度随温度降低而减少；同时淬火后形成过饱和固溶体在时效过程中能析出均匀，弥散的共格或半共格的亚稳相，在基体中能形成强烈的应变场。如在铝合金中，Cu 有很好的沉淀强化效果，因此为达到好的性能效果，一般在二元合金中常加入第三或第四合金组元，构成了三元以上的多元合金系列。

固溶处理主要目的的为了获得高浓度的过饱和固溶体，为时效热处理做准备。固溶处理时基体不发生多型性转变的合金系的典型二元状态图如图 4 - 42 所示，设有 A、B 两种组元，B 组元在 A 中的固溶度是有限的，并且固溶度随温度降低而减少，图中 MN 是固溶度线。①如果将成分为 C_0 的合金自单相 α 固溶体状态缓慢冷却到 MN 以下温度（如 T_3）保温时，β 相将从 α 相固溶体中脱溶析出，α 相的成分将沿固

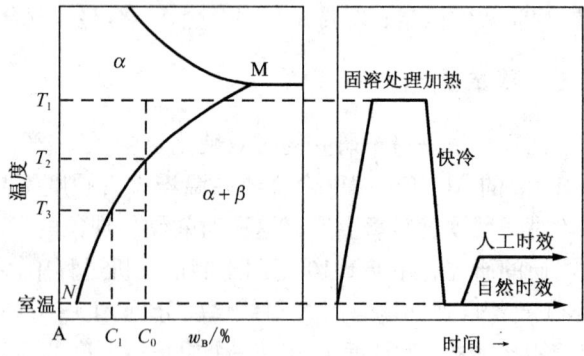

图 4 - 42　固溶处理与时效处理的工艺过程示意图

溶度线变化为平衡浓度 C_1，这种转变可表示为：$\alpha(C_0) \rightarrow \alpha(C_1) + \beta_{II}$。$\beta$ 为平衡相，可以是端际固溶体，也可以是中间相，反应产物为 $(\alpha + \beta)$ 双相组织。②当组元 B 含量为 C_0 的合金加热到低于固相线的温度（如 T_1），保温一定时间，使 B 组元充分溶解，获得单相的 α 相固溶体，之后取出快速冷却，B 组元的原子的扩散和重新分配来不及进行，β 相就不可能沿 MN 线析出，而且由于基体固溶体在冷却过程中不发生多型性转变，因此合金形成的室温组织为成分 C_0 的单相过饱和 α 固溶体，这就是淬火（无多型性转变的淬火）。在固溶处理时获得的固溶体，不仅溶质原子是过饱和的，而且空位（晶体点缺陷）也是过饱和的，即处于双重过饱和状态，例如当温度接近纯铝熔点时，空位浓度接近 10^{-3}，即每 1000 个原子中有 1 个空位，空位的原子间距约 10 个原子间距；而在常温下，空位浓度为 10^{-11}，二者相差 10^{-8} 数量级。

固溶处理后的组织不一定只为单相的过饱和固溶体。如图 4 - 42 中成分超过 M 点合金在低于共晶温度下的任何温度都包含有 β 相。加热至 T_1，合金的组织为饱和 α 固溶体加 β 相。若自 T_1 淬火，α 固溶体中过剩 β 相来不及析出，合金室温的组织仍与高温相同，只是 α 固溶体成为过饱和的了。可见，除成分与相图上固溶度曲线相交的合金能固溶处理外，凡在不同温度下平衡成分不同的合金原则上均可运用固溶处理工艺。这种工艺广泛应用于铝合金、镁合金、铜合金、镍合金及其他有色合金。

4.5.2　合金固溶处理后性能的变化

合金固溶处理后性能的改变与相成分、合金原始组织及淬火状态组织特征、淬火条件、预先热处理等一系列因素有关，不同合金固溶处理后性能的变化大不相同。一些合金固溶处理后，强度提高而塑性降低；另一些合金则相反，经处理后强度降低而塑性提高；还有一些合金强度与塑性均提高；也有很多合金固溶处理后性能变化不明显。表 4 – 21 为某些合金的不同状态的性能。可以看出，变形合金（如 2A11、2A12）固溶处理后常见的情况是在保持高塑性的同时提高强度，其塑性可能与退火合金的塑性相差不大；有少数合金（如 QBe2）固溶处理后与退火状态比较，强度降低而塑性升高。因此像铍青铜这种类型的合金，在半成品生产过程中，为提高冷变形塑性往往采用淬火而不用退火。铸造合金（如 ZL101、ZL301）固溶处理所得到的单相固溶体的强度与塑性均提高，因此这类合金的最终热处理常采用固溶处理。

固溶处理后合金的强度及塑性之所以如此不同，主要是由于固溶强化程度和过剩相对材料性能的影响不同。若过剩相质点对位错运动的阻滞作用不大，则过剩相溶解造成的固溶强化必然会超过溶解而造成的软化，使合金强度提高，即固溶处理后合金的强度提高。若过剩相溶解造成的软化超过基体的固溶强化，则合金强度降低。若过剩相属于硬而脆的大尺寸质点，它们的溶解也必然伴随塑性提高。

表 4 – 21　一些合金的不同状态的性能

合金	σ_b/MPa		δ/%		合金	σ_b/MPa		δ/%	
	退火态	固溶处理	退火态	固溶处理		铸造	固溶处理	铸造	固溶处理
2A11	196	294	25	23	ZL101	157	196	2	6
2A12	255	304	12	20	ZL301	147	294	1	2
QBe2	539	500	22	46	ZM5	157	246	3	9

与铸态相比，铸造合金固溶处理后合金的强度及塑性均提高（表 4 – 21）。这是由于铸造合金中过剩相一般较粗，质点间距较大，对位错运动不产生很大阻力，当它们溶入基体后，使固溶度增加而使合金强度增高；因这些相一般较脆，固溶处理时它们溶解、聚集、球化会使合金塑性也同时提高。铸造合金的组织特征一般是在固溶体晶粒周围存在粗大的共晶组织，固溶体内部浓度的不均匀性和存在粗大第二相质点，晶粒间不仅有气孔和显微缩孔，而且还有非金属夹杂，它们都能使晶粒彼此隔绝，从而阻碍着扩散过程的进行，因此铸造铝合金和变形铝合金固溶处理和时效处理有很大的不同。变形铝合金组织致密，保温时间只有几十分钟，很少超过 1 ~ 2 h。而铸造铝合金在固溶处理温度下需要经过长时间保温，往往要几

小时，甚至十几小时，才能使强化相在 α 固溶体中达到最大的溶解度。另外铸造铝合金铸件形状复杂，壁厚不均匀，为了避免热处理变形，有时需要特制的热处理夹具和在温度较高的水（50～100℃）或油中淬火。

对于大多数合金来说，固溶处理后合金的强度有所提高，但提高幅度不大，要想使合金的强度大大提高，必须在固溶处理之后进行时效处理。固溶处理和时效作为金属材料的强化手段有其独特的优点，可在不改变材料形状的情况下获得优异的综合力学性能，因而是发挥有色金属材料的有效方法。

另外，一些合金可用固溶处理作为冷变形之前的软化手段，即起中间退火作用。一些合金用作最终热处理，以给予产品所需的综合性能，如固溶处理所得到的单相固溶体强度、塑性和耐蚀性都显著地提高。

4.5.3 过饱和固溶体分解机制

过饱和固溶体大多是亚稳定的，若在室温放置或加热到一定温度下保持一定时间，将发生时效。时效过程使得溶质原子在固溶体点阵中的一定区域内析出、聚集、形成新相，将引起合金的组织和性能的发生变化。如图 4－42 所示，在室温放置过程中过饱和固溶体脱溶，使合金产生强化的效应称为自然时效；若加热到某一温度使过饱和固溶体脱溶，合金产生强化的效应称为人工时效。时效的实质是过饱和固溶体的脱溶沉淀。但在平衡相出现之前，根据合金成分不同，往往会出现若干个亚稳脱溶相（又称为过渡相）或溶质原子聚集区。

根据合金脱溶过程的机理不同，脱溶可以分为两大类：一类是形核和长大型；另一类是调幅分解型，后者不是按照形核长大机理析出的。

1. 过饱和固溶体按照形核－长大机制分解

形核－长大型相变机制指在母相中形成新相的核和核不断长大使相变过程得以完成。新相与母相之间有明显的界面分开。大部分金属中的固态相变属于形核－长大型相变。过饱和固溶体时效时的脱溶分解是一种扩散型相变，脱溶时的能量变化符合一般的固态相变规律，脱溶驱动力是新相和母相的化学自由能差，脱溶阻力是形成脱溶相的界面能和应变能。

现在已经弄清了 Al－4％Cu 合金过饱和固溶体分解的过程，因此以 Al－4％Cu 合金讨论过饱和固溶体分解热力学特征。图 4－43 为 Al－Cu 二元合金状态图的一角，图中 α 是铜以铝为基的固溶体，θ－$CuAl_2$ 为化合物，按 $CuAl_2$ 化学式计算其含铜量 54.08％，而实际上含铜量 52.5％～53.9％，因此 θ 为以化合物 $CuAl_2$ 为基的二次固溶体。Al－4％Cu 合金在室温时的平衡组织为 α 相固溶体和 θ－$CuAl_2$ 相。在室温时的最大溶解度为 0.5％Cu，而在共晶温度 548℃时，铜在铝中的极限溶解度为 5.65％Cu，即随温度降低固溶度急剧减小。若将该合金加热到固溶线以上保温足够长的时间，第二相 $CuAl_2$ 完全溶入 α 相固溶体中，淬火急冷后获得铜在铝中的过饱和 α 相固溶体，过饱和 α 固溶体的化学成分就是合金的化学成分，即固溶体中铜含量为 4％，这样有 3.5％Cu 过饱和固溶于 α 相中。然后在一定的温度下进行时效，过饱和固溶体脱溶。

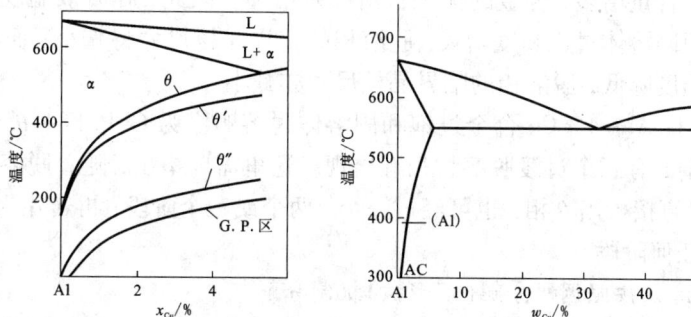

图 4 – 43　铝 – 铜二元合金状态图

Al – Cu 合金在某一温度下脱溶时各相的化学自由能 – 成分之间关系示意图如图 4 – 44 所示。根据相平衡的公切线原理，由图 4 – 44 可知，C_0 成分合金形成 G. P. 区时，可用公切线法确定基体和脱溶相的成分分别为 $C_{\alpha 1}$ 和 $C_{G.P.}$；同理，形成 θ'' 相时，分别为 $C_{\alpha 2}$ 和 $C_{\theta''}$；形成 θ' 相时，分别为 $C_{\alpha 3}$ 和 $C_{\theta'}$；形成 θ 相时，分别为 $C_{\alpha 4}$ 和 C_{θ}。各公切线与过 C_0 的垂线的交点 b、c、d 和 e 分别代表 C_0 成分母相 α 中形成 G. P. 区、θ'' 相、θ' 相和 θ 相时两相的系统自由能。采用图解法可求得，由过饱和 α 固溶体分解时：① $\alpha \rightarrow \alpha_1 +$ G. P. 区时，α 和 G. P. 区的自由能差为 $\Delta G_1 = a - b$；② $\alpha \rightarrow \alpha_2 + \theta''$

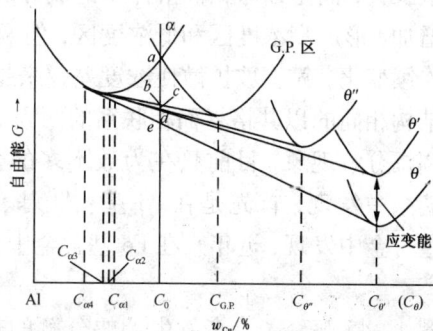

图 4 – 44　Al – Cu 合金析出过程各个阶段在某一等温温度下的自由能 – 成分关系曲线示意图

时，α 和 θ'' 自由能差为 $\Delta G_2 = a - c$；③ $\alpha \rightarrow \alpha_3 + \theta'$ 时，α 和 θ' 的自由能差为 $\Delta G_3 = a - d$；④ $\alpha \rightarrow \alpha_4 + \theta$ 时，α 和 θ 自由能差为 $\Delta G_4 = a - e$。这些自由能差即为相变驱动力。

由图 4 – 44 可见，$\Delta G_1 < \Delta G_2 < \Delta G_3 < \Delta G_4$，即在 4 种不同的析出相中，形成 G. P. 区时的相变驱动力最小，而析出平衡相 θ 相时的相变驱动力最大。尽管形成 θ 相时 α 相和 θ 相的化学自由能差最大，亦即相变驱动力最大，但由于析出 α 相需要克服的能垒较大，θ 相与基体非共格，形核和长大时的界面能较大，所以不易形成。而 G. P. 区与基体完全共格，形核和长大时的界面能较小，形核功小，这在相变的初期界面能起着决定性的作用，且 G. P. 区与基体间的浓度差较小，易通过扩散形核并长大，所以一般过饱和固溶体脱溶时首先形成 G. P. 区，之后再向自由能更低更稳定状态转变。

过饱和固溶体脱溶时,脱溶相的临界晶核尺寸和晶核临界形成功随体积自由能差增大而减小,随溶质元素含量增多,合金的体积自由能差增加。因此,在时效温度相同时,随溶质元素含量增加,即固溶体过饱和度增大,脱溶相的临界晶核尺寸将减小;而在溶质元素含量相同时,随时效温度降低,脱溶相的临界晶核尺寸亦减小。

研究结果表明,Al – 4% Cu 合金过饱和固溶体脱溶顺序为 G. P. 区→θ''相→θ'相→θ 相。在平衡相出现之前,有三个过渡脱溶物相继出现。这里需要指出,随着脱溶条件或合金成分的不同,α 相即可直接析出 θ 相,也可经过一个、两个或三个阶段,再转化为 θ 相,同时时效过程也可停留在任何阶段。

2. 过饱和固溶体按照调幅分解(不形核)机制分解

某些合金在高温下具有均匀单相固溶体结构,但冷却到某一温度范围时可分解成为与原固溶体结构相同但成分不同的两个微区,如 $\alpha \rightarrow \alpha_1 + \alpha_2$,这种转变称为调幅分解(Spinodal 分解)。调幅分解又称为增幅分解或拐点分解,是连续型相变,其特点是新相的形成不经新相的形核长大,而是以母相固溶体中的成分起伏作为开端,通过自发的成分涨落,浓度的振幅不断增加,形成高浓度区和低浓度区,但两者之间没有明显的界线,由高浓度区到低浓度区成分连续变化,靠上坡扩散使浓度差越来越大,最后导致一个单相固溶体分解为成分不同而晶体结构相同的以共格界面相联系的两固溶体相。

调幅分解现象,目前只在为数不多的合金系及玻璃系中发现,首先是在 Ni 基、Al 基、Cu 基等有色合金中发现,近年来在 Fe 基合金中也被发现。

图 4 – 45 解释了合金发生调幅分解的热力学条件。图 4 – 45(a)为可发生调幅分解的合金相图,图 4 – 45(b)为 T_2 温度下相应的自由能 – 成分曲线。该曲线由左右两段向下凹的曲线以及中间一段向上凸的曲线组成。众所周知,具有极小值的向上凸的曲线的二阶导数大于零,即 $\dfrac{\mathrm{d}^2 G}{\mathrm{d} C^2} > 0$,具有极大值的向下凹的曲线的二阶导数小于零,即 $\dfrac{\mathrm{d}^2 G}{\mathrm{d} C^2} < 0$。在两种曲线的连接处 $\dfrac{\mathrm{d}^2 G}{\mathrm{d} C^2} = 0$,该连接点习惯上被称为拐点。发生调幅分解的条件是,合金的成分必须位于自由能 – 成分曲线的两个拐点之间。

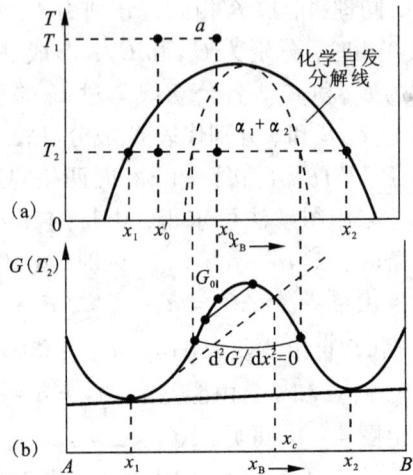

图 4 – 45　调幅分解的模型

(a)二元合金相图;(b)T_2 时自由能 – 成分曲线

合金的调幅分解过程不经历形核阶段,不出现另一种晶体结构,也不存在明显的相界面。如果单从化学自由能考虑，即忽略界面能和畸变能的话，则调幅分解不存在形核功，不需要克服热力学能垒，其生长是通过扩散，并使浓度起伏不断增加，直至分解为成分为 x_1 的 α_1 和成分为 x_2 的 α_2 两个平衡相为止。

调幅分解过程中，浓度随时间的变化受互扩散系数 D 控制，当成分处在拐点线之内时，$\dfrac{\mathrm{d}^2 G}{\mathrm{d} x_B^2} < 0$，因而扩散系数为负值，组元扩散的方向变成是从低浓度向高浓度，称之为"上坡扩散"。合金中的溶质原子是从低浓度向高浓度的扩散，浓度高的部分浓度越来越高，低的越来越低，逐渐形成调幅结构，达到化学位相等。

由于这种调幅组织很难在光学显微镜下分辨，所以这种新相的形成机制，曾是长期辩论的话题。从 1897 年提出调幅分解概念起，经过 71 年，直到 1968 年卡恩（Cahn）等人通过对 Al – Zn 系和 Al – Ag 系的研究，才在理论和实验上得到了证实。

图 4 – 46 是 Cu – Ni – Fe 合金的调幅分解组织，实际上调幅分解是在空间内发生的。大多数调幅分解组织具有定向排列的特征，这是由于实际晶体的弹性模量总是各向异性的。因此，调幅分解所形成的新相将择优长大，即选择弹性变形抗力较小的晶向优先长大。调幅分解组织的方向性容易受应力场和磁场的影响，利用这一点可以调整调幅分解的结构。

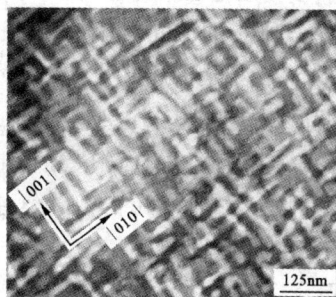

图 4 – 46　Cu – Ni – Fe 合金 600℃
时效 50 h 后的透射电镜照片

一般情况下，经调幅分解后合金屈服强度提高，它的强化作用对韧性的削弱较小，这可能与组织中的晶体结构相同，定向生长畸变度不十分高和组织中无过多的位错堆积有关。

4.5.4　脱溶序列及产物的结构特征

时效过程中过饱和固溶体分解使合金基体的结晶点阵恢复到较稳定的状态。固溶体过饱和程度愈大，时效温度愈高，上述过程进行得愈激烈。随着脱溶条件或合金成分的不同，在平衡相出现之前，会出现一种或多种过渡脱溶物，脱溶物逐步项稳定相过渡，这就是阶次规则。

1. 脱溶沉淀过程的等温动力学

脱溶沉淀过程的等温动力学图可以阐述不同结构脱溶产物的析出顺序。

过饱和固溶体的脱溶过程包括形核和长大过程，是通过原子扩散来进行的，其驱动力是化学自由能差。因此与珠光体及贝氏体转变一样，随着时效温度升高，原子的活动能力增强，扩散迁移率增大，脱溶速度加快；但与此同时，温度升高时固溶体过饱和度减小，自由能差减小，临界形核功增大，临界晶核尺寸增大，因而又使脱溶速度减慢，所以过饱和固溶体的等温脱溶动力学图也呈 C 字形，如图 4-47 所示。图中：G. P.、β' 和 β 分别表示 G. P. 区、过渡相和平衡相；$T_{G.P.}$、$T_{\beta'}$ 和 T_{β} 分别表示 G. P. 区、过渡相 β' 和平衡相 β 完全固溶的最低温度；$\tau_{G.P.}$、$\tau_{\beta'}$ 和 τ_{β} 分别表示在 T_1 温度下开始形成 G. P. 区、过渡相 β' 和平衡相 β 所需时间。从脱溶沉淀过程的等温动力学曲线可以看出，G. P.、β' 和 β 脱溶沉淀过程具有各自独立的 C 曲线，且相互交差在一起；无论是 G. P. 区、过渡相和平衡相，都要经过一定

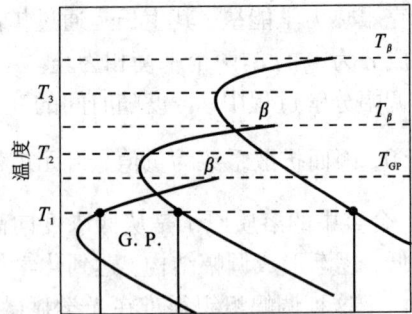

图 4-47　脱溶沉淀过程的等温动力学图

的孕育期后才能形成。在接近 $T_{G.P.}$ 或 $T_{\beta'}$、T_{β} 温度下需经过很长时间才能分别形成 G. P. 区或 β' 相、β 相。由于 G. P. 区的成分和结构与基体相差甚小，故其形成的孕育期最短，过渡相 β' 相的孕育期稍长，平衡相 β 相的孕育期更长。由图可见，在较低温度（如 T_1）时效时，时效初期（经 $\tau_{G.P.}$）形成 G. P. 区，经过一段时间 $\tau_{\beta'}$ 后形成过渡相 β'，经 τ_{β} 最终形成平衡相 β。当时效温度高于 $T_{G.P.}$（如 T_2）时效时，仅形成过渡相 β' 和平衡相；当时效温度高于 $T_{\beta'}$（如 T_3）时效时，则仅形成平衡相 β。因此不同温度时效可能的析出序列见表 4-22。

表 4-22　同一成分合金在不同温度下可能的析出系列

时效温度	驱动力			可能的析出系列
	$\Delta G_{G.P.}$	$\Delta G_{\beta'}$	ΔG_{β}	
高	正→	正→	负	平衡相
中	正→	负→	更负	过渡相 → 平衡相
低	负→	更负→	最负	G. P. 区 → 过渡相 → 平衡相

　　由脱溶沉淀过程的等温动力学图，可归纳出脱溶过程的一个普遍规律：时效温度越高，固溶体的过饱和度就越小，脱溶过程的阶段也就越少；而在同一时效温度下合金的溶质原子浓度越低，其固溶体过饱和度就越小，则脱溶过程的阶段也就越少。

　　2. 脱溶相的形成及其结构特征

　　(1) G. P. 区的形成及结构

　　过饱和固溶体在发生分解之前有一段准备阶段（即形成第二相质点的准备阶段），这段时间称为孕育期。随后溶质原子（Cu 原子）在铝基固溶体的 {100} α 晶面上偏聚，形成铜原子微观的富集区。人们为纪念 Guinier 和 Preston，将固溶体中若干原子层范围内溶质原子的偏聚

区称为 G.P. 区。G.P. 区的特点：第一，G.P. 区发生在室温或低温下时效的初期，且形成速度很快，通常为均匀分布。这是由于经固溶处理后，由于急冷至室温，保存了高温时的空位平衡浓度，形成过饱和的空位，时效时加快了原子的扩散。第二，G.P. 区在热力学上是亚稳定的。其晶体结构类型仍与基体 α 相过饱和固溶体相同，无明显界面，其原子间距因富集溶质原子有所改变，G.P. 区与母相保持第一类共格关系。第三，G.P. 区中溶质原子的浓度在晶格内部局部区域较高，引起共格变形，使点阵严重畸变，阻碍位错运动，因而合金的强度、硬度提高。

　　G.P. 区没有完整的晶体结构。Al – Cu 合金中 G.P. 区的显微组织及其结构模型如图 4 – 48 所示。模型为 G.P. 区右半部的横截面（左半边与之对称），图面平行于 Al 原子点阵 $(100)\alpha$ 面，而与 $(001)\alpha$ 和 $(010)\alpha$ 面垂直。因为 $<001>\alpha$ 方向上的弹性模数最小，Cu 原子层在 $(001)\alpha$ 面上形成。Cu 与 Al 的原子半径差约高达 11.5%，所以当一层铜原子（图中黑点）集中在 $(001)\alpha$ 面上时，附近的晶格必然要发生畸变，两边邻近的 Al 原子层间距将沿 $[001]\alpha$ 方向以 Cu 原子层为中心向内收缩。原始 Al 原子间距 d_0，最邻近 Cu 原子层的 Al 原子层收缩量最大，约为 10%，与 Cu 原子层的间距为 d_1，$d_1 < d_0$。次近邻各 Al 原子层亦有不同程度的收缩，距离 Cu 原子层越远，Al 原子层的收缩量就越小，其影响范围大约为 16 个 Al 原子层。偏聚区的形状和尺寸取决于合金系统和处理条件。

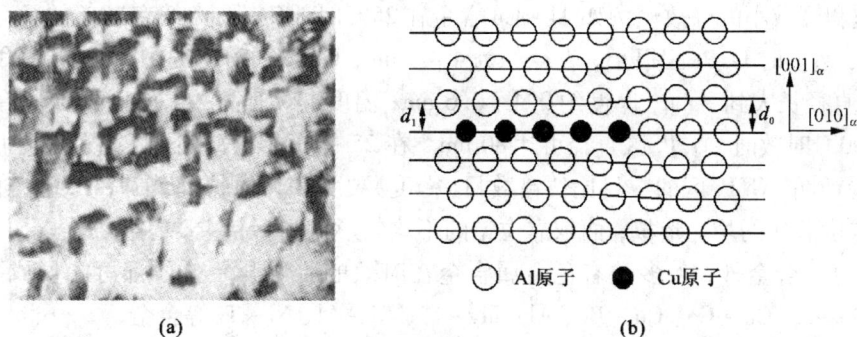

图 4 – 48　Al – 4%Cu 系合金中的 G.P. 区(a)及其结构模型(b)

　　由于 G.P. 区与母相保持共格，故其界面能较小，而弹性应变能较大。G.P. 区的形状与溶质和溶剂的原子半径差有关，原子差别大时，G.P. 区与基体的比容差别就大，因而引起的畸变能也大。根据理论计算，当析出物体积一定时，其周围的弹性应变能按球状（等轴状）→ 针状 → 圆盘状（薄片状）的顺序依次减小，即球状脱溶相的界面能最小，圆盘状的应变能最小。一般认为，当合金系统的溶质的原子半径与溶剂的原子半径差大于 5% 时，畸变能较高，为降低畸变能，共格析出物的形状常呈圆盘状。如 Al – Cu 合金系，由于 Cu 与 Al 的原子半径差约高达 11.5%，故在 Cu 原子层形成时产生的弹性畸变能较大，因而 Al - Cu 合金中的 G. P. 区呈圆盘状，盘面垂直于基体低弹性模量方向，即 <001>α。当溶质与溶剂的原子半径差小于 3% 时，共格析出物的形状主要按界面能最小原则趋于呈球状；如 Al - Ag 和 Al - Zn 合金系，溶质和溶剂的原子半径差很小，G. P. 区形成时所产生的弹性应变能较小，所以 G. P. 区呈球状。如表 4 - 23 是不同合金系各种形状的 G. P. 区。偏聚区在基体中是比较均匀分布的，其密度大约为 10^{18} 个/cm^2。

表 4 - 23　不同合金系各种形状的 G. P. 区

G. P. 区形状	合金系	原子直径差/%	G. P. 区形状	合金系	原子直径差/%
球状	Al - Ag	+ 0.7	盘状	Al - Cu	- 11.8
	Al - Zn	- 1.9		Cu - Be	- 8.8
	Al - Zn - Mg	+ 2.6	针状	Al - Mg - Si	+ 2.5
	Cu - Co	- 2.8		Al - Cu - Mg	- 6.5

G. P. 区的尺寸和密度与合金成分、时效温度和时效时间等因素有关。一般来说，温度低时，G. P. 区的尺寸随温度升高而增大，而其密度会减小。这可能是由于温度升高，扩散加快，而过饱和度减小的缘故。例如 Al - Cu 合金在 25℃时效 24 h，大约有 50% 的 Cu 原子偏聚在 G. P. 区，室温时 G. P. 区很小，直径约为 4 ~ 6 nm，G. P. 区间距约为 8 nm；130℃时效 15 h，G. P. 区直径长大到 9 nm，厚度约 0.4 ~ 0.6 nm；温度继续升高，G. P. 区数目开始减少，直径增大，200℃时效时，G. P. 区直径可达 80 nm。在 25 ~ 100℃时效时，G. P. 区的厚度约为 0.4 nm。试验证明，G. P. 区的数目比位错数目（密度）要大得多。据此认为，G. P. 区的形核主要是依靠浓度起伏的均匀形核，而依靠位错的不均匀形核则不起主要作用。

除 Al - Cu 合金外，大多数有色金属合金在时效的脱溶开始阶段都可能形成 G. P. 区。Al - Zn、Al - Ag、Cu - Co、Cu - Be、Al - Mg - Si、Ni - Al、Ni - Ti 等合金。

（2）过渡相 θ″相的形成及结构

G. P. 区形成之后，当时效时间延长或时效温度提高时，为进一步降低体系的自由能，在 G. P. 区的基础上铜原子进一步偏聚，G. P. 区直径进一步扩大，Cu 原子和 Al 原子发生有序化转变，逐渐变成规则排列，形成较 G. P. 稳定的过渡相 θ″相（也称为 G. P. Ⅱ区）。从 G. P. 区转变为过渡相的过程可能有两种情况：一是以 G. P. 区为基础逐渐演变为 θ″相，如 Al - Cu 合金；二是与 G. P. 区无关，θ″相独立地在基体中形核长大，并借助于 G. P. 区的溶解而生长，如 Al - Ag 合金。

在 Al - Cu 合金中，随着时效的进行，一般是以 G. P. 区为基础，沿其直径方向和厚度方向（以厚度方向为主）长大形成过渡相 θ″相。θ″相具有正方晶格类型，其结构如图 4 - 49（b）。

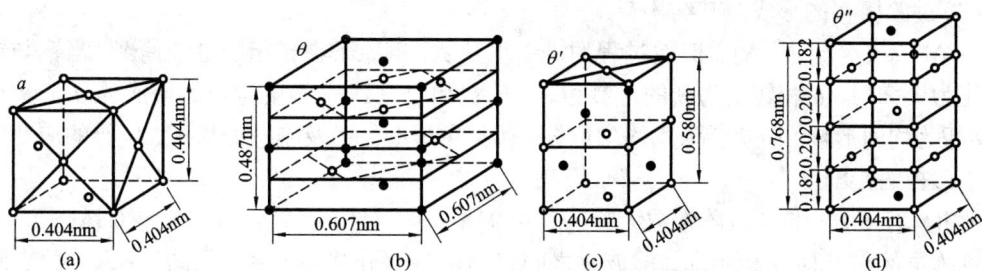

图4－49　Al－Cu 合金中 θ''、θ' 和 θ 相的结构及形态图

(a)－Al；(b)－θ；(c)－θ'；(d)－θ''

点阵常数 $a = b = 4.04\text{Å}$，与母相 α 相同，在另一个方向 $c = 7.68\text{Å}$，较 α 相的点阵常数两倍(8.08Å)略小一些。θ'' 相的晶胞有五层(001)原子面，中央一层为 100% Cu 原子层，最上和最下的两层为 100% Al 原子层，而中央一层与最上、最下两层之间的两个夹层则由 Cu 和 Al 原子混合组成(Cu 约占 20 ~ 25%)，总成分相当于 CuAl$_2$。θ'' 相仍沿母相的 {100} 面析出，与基体 α 相保持完全共格关系。θ'' 相有一定的取向，形状为薄片状，片的厚度约 0.8 ~ 2 nm，直径约 14 ~ 15 nm，惯习面 {100}$_\alpha$，具有 {100}$_{\theta''}$ // {100}$_\alpha$ 的位向关系。随着 θ'' 相的长大，在其周围基体中产生的应力和应变也不断地增大，造成的弹性共格应力场或点阵畸变区都大于 G. P. 区产生的应力场。在透射电镜中，θ'' 相的形貌与 G. P. 区相似，但因共格应变大，在照片上可观察到更强的衍射效应，如图 4－50。

θ'' 相结构与基体已有差别，且与基体保持共格关系，由于在 z 轴上不同，产生约 4% 的错配度，因此 θ'' 相周围基体产生一个比 G. P. 区周围的畸变更大的弹性共格应变场，或晶格畸变区。如图 4－51，形成的 θ'' 相的密度也很大，对位错运动的阻碍进一步增大，因此时效强化作用更大。θ'' 相析出阶段为合金达到最大强化的阶段。

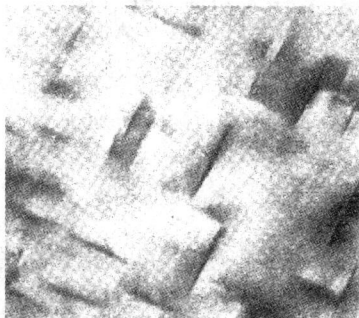

图4－50　θ'' 相的 TEM 图像(× 290000)

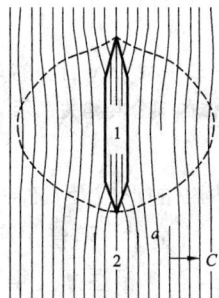

图4－51　θ'' 相周围的弹性畸变区

1—θ'' 相；2—α 相

（3）过渡相 θ' 的形成及其结构

在 Al – Cu 合金中，随着时效过程的进一步发展，铜原子在 θ'' 相区继续偏聚，当铜与铝原子之比为 1:2 时，θ'' 相转变为新的过渡相 θ' 相，θ' 相也是通过形核与长大形成的。与 θ'' 相不同，θ'' 相为均匀形核，而 θ' 相为不均匀形核，通常在螺型位错及胞壁处形成，位错的应变场可以减小形核的错配度。

θ' 相具有正方点阵，点阵常数为 $a = b = 4.04\text{Å}$，$c = 5.80\text{Å}$。θ' 相的成分与 $CuAl_2$ 相当。θ' 相的点阵虽然与基体 α 相不同，但彼此之间仍然保持部分共格关系，如图 4 – 52，两点阵各以其 $\{001\}$ 面联系在一起，界面由被位错分开的半共格界面构成，形状为片状。θ' 相是脱溶过程中第一个能够用光学显微镜就可以直接观察到的脱溶产物，其大小取决于时效时间和时效温度，尺寸可达到 200 nm 数量级，厚度约 10 ~ 15 nm，密度为 10^8 原子/mm^3，如图 4 – 53 所示，可见到局部高清晰的相界面。θ' 相的惯习面也是 $\{100\}_\alpha$，θ' 相和 α 相之间具有下列位向关系：$(100)_{\theta'}/\!/(100)_\alpha$，$[001]_{\theta'}/\!/[001]_\alpha$。$\theta'$ 相与基体 α 相保持部分共格关系，而 θ'' 相与 α 相则保持完全共格关系，这是两者的主要区别之一。由于 θ' 相的点阵常数发生较大的变化，Z 轴方向上的错配度过大（约 30%），故当 θ' 相形成时在（010）和（100）面上与周围基体的共格关系遭到破坏，θ' 相与基体之间由完全共格变为局部共格，对位错运动的阻碍作用亦就减小，故合金的硬度和强度开始降低。

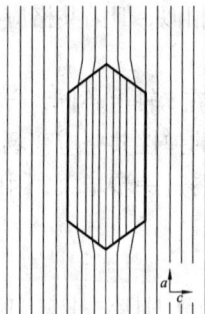

图 4 – 52 Al – Cu 合金的 θ' 相
与基体的部分共格关系示意图

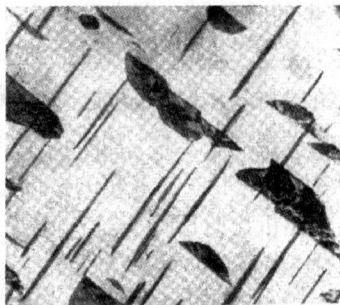

图 4 – 53 Al – Cu 合金中 θ' 相的
TEM 图像（× 210000）

（4）平衡相 θ 的形成及其结构

在 Al – Cu 合金中，随着 θ' 相的成长，其周围基体中的应力和应变不断增大，弹性应变能也越来越大，因而 θ' 相逐渐变得不稳定。当 θ' 相长大到一定尺寸后，共格破坏，θ' 将与 α 相完全脱离，形成与基体之间有明显相分界面的独立的平衡相 $CuAl_2$，称为 θ 相。θ 相也具有正方点阵，点阵常数为 $a = b = 6.066\text{Å}$，$c = 4.874\text{Å}$，与 θ' 及 θ'' 相差甚大。θ 相呈块状，与基体无共格关系，共格畸变也随之消失，θ 相与基体 α 界面一般为大角度晶界，但 θ 相与基体 α 相仍有一定的晶体学位向关系，如表 4 – 24。θ 相的形核是不均匀的，由于界面能较高，往往在晶界或其他较明显的晶体缺陷处形核以减小形核功。

表 4 – 24　一些合金脱溶相与基体之间的晶体学位向关系

合金系	基 体		脱溶相		位向关系
	名称	晶格	名称	晶格	
Al – Ag	α 固溶体	面心立方	γ 相($AgAl_2$)	密排六方	$(0001)_\gamma /\!/ (111)_\alpha$; $[11\bar{2}0]_\gamma /\!/ [110]_\alpha$
			γ' 过渡相	密排六方	$(0001)_{\gamma'} /\!/ (100)_\alpha$; $[11\bar{2}0]_\gamma /\!/ [110]_\alpha$
Al – Cu	α 固溶体	面心立方	θ 相($CuAl_2$)	正方	$(100)_\theta /\!/ (100)_\alpha$; $[001]_\theta /\!/ [120]_\alpha$
			θ' 过渡相	正方	$(100)_{\theta'} /\!/ (100)_\alpha$; $[001]_{\theta'} /\!/ [001]_\alpha$
Cu – Be	α 固溶体	面心立方	γ 相 (CsCl 型)	立方	G. P. 区在 $(100)\alpha$ γ 相 $(100)_\gamma /\!/ (100)_\alpha$; $[010]_\gamma /\!/ [100]_\alpha$

随时效温度的提高或时间的延长，θ 相的质点聚集长大，合金组织趋向稳定状态。因此，合金的强度将显著下降，塑性则明显提高，这一过程是在较高温度下进行的。

综上，Al – 4% Cu 合金时效时脱溶顺序可以概括为：过饱和固溶体 $\alpha_3 \to \alpha_2 +$ 形成铜原子偏聚区（或称 G. P. 区）$\to \alpha_2 +$ 铜原子富集区有序化（θ'' 区）$\to \alpha_1 +$ 形成过渡相 $\theta' \to$ 析出稳定相 θ（$CuAl_2$）+ 平衡的 α 固溶体。其中中 α_3 是过饱和固溶体，α_2 和 α_1 是有一定过饱和度的固溶体，α 是饱和固溶体，θ' 是亚稳过渡相，θ 是平衡相。G. P. 区、θ'' 和 θ' 相都可以直接从 α 固溶体形成，也可以在一个晶体中直接存在。出现中间亚稳的过渡相，但次序并非严格不变，合金成分、时效温度和时效时间的变化都会引起时效次序的变化，因此合金的脱溶不一定均按同一顺序进行。表 4 – 25 是不同含 Cu 量的 Al – Cu 合金在不同温度下时效时最先出现的脱溶相与时效温度之间的关系。Al – Cu 合金在 190℃ 时效时，含 2% Cu 合金首先形成 θ' 相，而 4.5% Cu 首先形成 G. P. 。一般过饱和度大的合金更容易出现 G. P. 区或过渡相。相同成分的合金，时效温度不同，合金的析出系列不一定相同。一般情况下，时效温度高，G. P. 区或过渡相可能不出现或出现的过渡结构较少；时效温度低，有可能只停留在 G. P. 区或过渡相阶段。

表 4 – 26 列出了几种时效硬化型合金的析出序列及形态。可以看出，合金时效时脱溶过程是一个十分复杂的物理化学过程，并非所有的合金的脱溶过程均按照同一顺序进行。主要表现在下列几个方面：

1）时效过程与合金系的性质有密切的关系，各个合金系的析出系列不一定相同，甚至有些合金不一定出现 G. P. 区或过渡相。G. P. 区、过渡相的形状、大小和分布与合金成分及相界面的性质有直接的关系。对于 G. P. 区，由于与基体完全共格，晶格是连续的，故表面能很低，可以忽略不计；而且 G. P. 区尺寸很小，弹性能不高，因此 G. P. 区的形核功很低，在基体内各处均可形核，即均匀形核。另外形核的速度也相当快，甚至在淬火过程中都可能发生。而对于半共格或完全不共格的过渡相和平衡相，与基体之间表面能已较高，成分差异也较大，弹性能则视两相晶格错配度而定，形核比较困难，需要比较大的能量起伏和成分起伏，因此过渡相和平衡相的形核属于不均匀形核，其形核部位优先在晶体缺陷处。

表 4 – 25 Al – Cu 合金时效时最先出现的脱溶相

时效温度/℃	2% Cu	3% Cu	4% Cu	4.5% Cu
110	G. P.	G. P.	G. P.	G. P.
130	θ' 或 θ'' 或 G. P.	G. P.	G. P.	G. P.
165	—	θ' + 少量 θ''	G. P. + θ''	—
190	θ'	θ' + 极少量 θ''	θ'' + 少量 θ'	G. P. + θ''
220	θ'	—	θ'	θ'
240			θ'	

表 4 – 26 几种时效硬化型合金的析出系列

基本金属	合金	析出系列	平衡析出相
Al	Al – Ag	G. P. 区（球）→γ'（片）	→γ（Ag_2Al）
	Al – Cu	G. P. 区	→θ（$CuAl_2$）
	Al – Mg	（盘）→θ''（盘）→θ	→β（Al_3Mg_2）
	Al – Zn – Mg	G. P. 区（杆）→β'	→η（$MgZn_2$）（Laves 相）
		G. P. 区（球）→η'（片）→T'	→T（Mg_3Zn_2Al）
	Al – Zn – Cu – Mg	G. P. 区（球）→η'	→η（$MgZn_2$）
	Al – Mg – Si	G. P. 区	→β（Mg_2Si）
	Al – Mg – Cu	（球）→β''（杆）→β'	→s（Al_2CuMg）
Cu	Cu – Be	G. P. 区（杆或球）→s'	→γ（CuBe）
	Cu – Co	G. P. 区（盘）→γ'	→β
Fe	Fe – C	G. P. 区（球）	→θ（Fe_3C）
	Fe – N	$\varepsilon(\eta)$ - 碳化物 *	→γ'（Fe_4N）
Ni	Ni – Cr – Ti – Al	α'（盘）	→γ（Ni_3TiAl）
		γ'（球状或立方体）	

* 在析出 ε - 碳化物之前，也形成 C 的富集区。

在 Al – Mg 合金中，淬火后几秒内即在高能区域（晶界、位错处）形成 G. P. 区，其直径为

1.0 ~ 1.05 nm，绝大多数过饱和空位以气团形式存在于区的周围，故应变强度低，甚至没有应变，从而也没有明显的时效硬化现象，在室温下时效几年，G. P. 区才长大到 10 nm。生成 G. P. 区的临界温度为 47 ~ 67℃，高于此温度，则直接形成 β' 相。Al – Mg 合金中的平衡相为 β 相（Mg_5Al_6）。

在 Al – Si 合金中，时效初期，G. P. 区在过饱和的空位处丛聚成核，其直径约为 1.5 ~ 2.0 nm。随后被一个位于基体（111）或（100）面上的片层状沉淀物所代替。新相很快与母相失去共格，因而强化效应是极其有限的。

在 Al – Zn 合金中，G. P. 区呈球形，其直径为 1 ~ 6 nm，密度为 10^{12} ~ 10^{16} 个原子/mm^3，并在淬火空位凝聚的位错环上形成。G. P. 区的大小主要取决于时效时间和时效温度，即在 [111] 方向伸长，形成椭圆形，其长轴约为 10 ~ 15 nm，短轴约为 3 ~ 5 nm，此时强化效果最大，随后即由 α' 相所代替。高温下进行时效，并不形成 G. P. 区，而直接形成过渡相。

2）同一系列不同成分的合金，在同一温度下时效，可能有不同的析出系列。

3）合金在一定温度下时效时，由于多晶体的各个部位的能量条件不同，在同一时期可能出现不同的脱溶产物。例如在晶内广泛出现 G. P. 区或过渡相，而在晶界上可能出现平衡相，即 G. P. 区、过渡相和平衡相可能在同一时期出现。

4）合金中各种脱溶相可能出现的时间顺序（等温条件下）和温度顺序（等时条件下）有三种可能性。一是各种脱溶相独立形核。在较稳定的脱溶相形核时，较不稳定的脱溶相逐步溶解，所偏聚的溶质元素逐渐转移到较稳定的脱溶相中。二是在新相和母相结构相差不大的情况下，稳定较小的脱溶相经晶格改组转变为更稳定的脱溶相。三是较稳定的脱溶相通过原位形核在较不稳定的脱溶相形核，然后在基体中长大。

由于沉淀相的结构、质点尺寸、形态和分布是影响合金性能的主要组织特征，因此掌握各合金系的时效序列及不同沉淀物的形核分布特点对控制合金的性能十分重要。针对具体要求，通过调整合金成分，选择适当的生产工艺和热处理制度，取得预定的组织特征参数，即为合金的设计。

3. 脱溶相的粗化

脱溶相（包括 G. P. 区、过渡相和平衡相）形成后，在一定的条件下，溶质原子继续向晶核聚集，使脱溶相不断长大。在脱溶沉淀的后期，脱溶相的量和溶质的浓度十分接近于相图上用杠杆定律确定的体积分数。尽管如此，合金的微观组织还会发生变化，此时脱溶相的尺寸比较小，存在大量的脱溶相和母相的界面，系统中存在着大量的界面能，界面能的降低有利于整个系统自由能的降低，使系统趋于更加稳定的状态，是热力学的必然。界面能的降低就是脱溶相粗化的驱动力。因此脱溶相较大的质点颗粒进一步长大，小的质点颗粒不断消失，在脱溶相总的体积分数基本不变的情况下，使系统的自由能下降，这就是脱溶相的粗化（聚集）过程，又称为 Ostwald 熟化过程。

如图 4 – 54 为脱溶相颗粒长大原理图。图 4 – 54（a）为 A、B 两个组元组成的二元合金。

从 α 固溶体中脱溶析出两个半径不等的 β 相颗粒，半径分别为 r_1 和 r_2，且 $r_1 > r_2$，两颗粒的自由能曲线为 $G_\beta^{r_1}$ 和 $G_\beta^{r_2}$。根据公切线原理可知，与脱溶相平衡的 α 相浓度（即脱溶相在 α 相中的溶解度）与质点的尺寸（半径）有关。若在合金中存在尺寸不同但属同一类型的脱溶相，尺寸小者，分布在其表面的原子分数较大，因而 1 mol 脱溶相占有的平均自由能较尺寸大的为高。

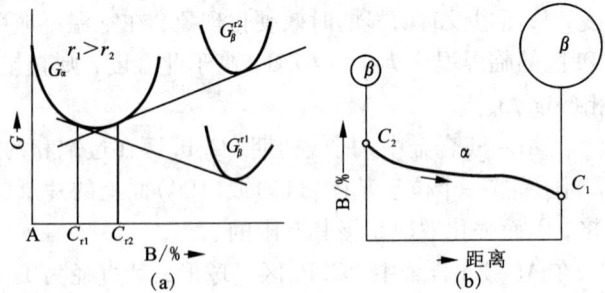

图 4 - 54　脱溶相颗粒长大原理图解

(a) α 相、大颗粒 β 相（半径 r_1）、小颗粒 β 相（半径 r_2）的自由能 - 成分曲线；(b) 溶质元素在小颗粒和大颗粒 β 相周围 α 相内建立的浓度梯度

当温度一定时，根据 Gibbs - Thomson 定律，溶解度与颗粒的半径 r 有关，可以用公式（4 - 19）表示：

$$\ln \frac{C_{\alpha(r)}}{C_{\alpha(\infty)}} = \frac{2\gamma V_\beta}{RTr} \tag{4 - 19}$$

式中：$C_{\alpha(r)}$ 和 $C_{\alpha(\infty)}$ 分别为颗粒半径为 r 和 ∞ 时的溶质原子 B 在 α 相中的溶解度，γ 为第二相粒子和基体界面的单位面积界面能，V_β 为 β 相的摩尔体积；T 为绝对温度；R 为气体常数。

可见，颗粒半径 r 越小，溶解度越大，即 $C_2 > C_1$，如图 4 - 54（b）。即图中两个半径不同的 β 相粒子周围的 α 相中的浓度不等，存在浓度梯度，在此浓度梯度作用下，溶质原子 B 将按箭头所示方向从小颗粒周围向大颗粒周围扩散，原子的扩散破坏了颗粒间的局域平衡，为了恢复平衡，小颗粒必须不断溶解，而大颗粒将长大。该过程不断进行，其结果将导致小颗粒溶解直至消失，大颗粒不断长大而粗化。显然在小颗粒溶解和大颗粒不断长大的过程中，两粒子的半径差别越来越大，两粒子之间的溶质原子浓度差也越来越大。只要温度条件许可，这一过程一直进行到小颗粒完全溶解为止。同时，颗粒间距也增加。

新相颗粒在一定温度 T 下随时间的延长而不断长大，Lifshitz 等人推导出颗粒平均半径与温度的关系：

$$\bar{r}^3 - \bar{r}_0^3 = \frac{8D\gamma V_B C_{\alpha(\infty)}}{9RT} \tag{4 - 20}$$

式中：$\bar{r}_0$——粗化开始时 β 相颗粒的平均半径，$\bar{r}$ 为经过时间 τ 粗化后 β 相颗粒的平均半径，D 为溶质原子 B 在 α 相中的扩散系数，γ 是界面能，V_B 是一摩尔溶质原子所占的体积，$C_{\alpha(\infty)}$ 是质点曲率半径为 ∞ 时 α 基体的浓度，这个浓度相当于相图上按固溶度曲线所标示的值。

4. 回归现象

可热处理强化的铝合金在时效过程中会发生时效强化。若将经过低温时效的合金放在固溶处理温度以下的某一温度下短时间加热保温,使硬度和强度下降,基本上恢复到固溶处理状态的水平,然后再进行时效处理,获得具有人工时效的强度和分级时效态的应力腐蚀抗力的最佳配合,这种工艺称为回归再时效处理,简称 RRT(Retrogrssion and Reaging Treatment)。RRT 适合于 Al – Cu – Mg、Al – Mg – Si、Al – Zn – Mg – Cu 等铝合金。

理论上早已确认,回归再时效合金的强度主要取决于基体析出相的尺寸与分布,抗应力腐蚀性能则主要取决于晶间析出相及晶界的状态。

回归现象首先是在硬铝中发现的。经过回归的合金,不论是保持在室温还是于较高的温度下保温再次进行时效时,它的强度与硬度及其他性能的变化都和新淬火合金的相似,会重新产生硬化,只是其变化速度较为缓慢。

回归处理的温度取决于合金中溶质原子的浓度。硬铝发生回归现象的加热温度约为 250℃,保温时间仅为 20 ~ 60 s。如图 4 – 55 是硬铝合金自然时效在 200 ~ 250℃短时加热后迅速冷却时性能变化。从图中可见回归后的合金可重新发生自然时效。超硬铝 7050 铝合金经 477℃加热 30 min 固溶处理后,如果采用 120℃时效 24 h 单级时效后的抗拉强度 565 MPa,在应力腐蚀条件下 83 h 即发生断裂;经过 120℃时效 8 h、再于 170℃经 8 h 分级

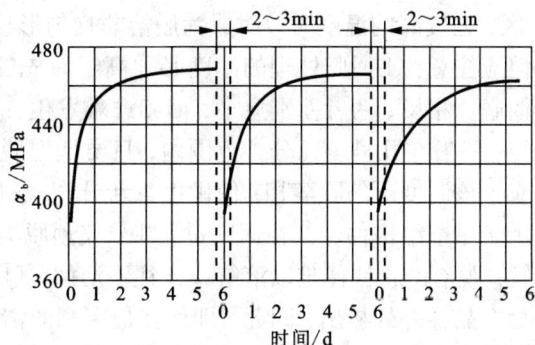

图 4 – 55 硬铝的回归现象(回归处理温度 214℃)

时效后的抗拉强度仅为447 MPa,在应力腐蚀条件下720 h 仍未发生断裂,虽然抗应力腐蚀寿命大大提高,但抗拉强度降低太多;改为回归再时效处理工艺,即:首先120℃时效 24 h,于200℃短时加热 8 min 后油冷做回归处理,随后原时效工艺于120℃时效 24 h,合金的抗拉强度略有降低,为542 MPa,但在应力腐蚀条件下720 h 仍未发生断裂。

根据 Al – Cu 合金的亚稳相图,通过低温时效一般只形成尺寸较小的 G. P. 区和 θ'' 相,当含有这些脱溶产物的合金在加热到稍高于 θ'' 相固溶度曲线温度以上时,G. P. 区和 θ'' 相将发生重新溶解到固溶体中,G. P. 区和 θ'' 相所引起的强化作用消失,而过渡相和平衡相则由于保温时间过短而来不及形成,没有新脱溶的强化作用,就出现性能上的回归,使硬度基本上恢复到原来固溶处理状态。

如果在合金发生回归后立即快速冷却至室温,则在低温时可以重新形成 G. P. 区,即 G. P. 区的形成和瓦解是可逆的。若发生回归后,延长保温时间,合金其他脱溶相以形核 – 长大方式进行时效过程,又使硬度和强度指标又重新上升。因此,经回归后的合金,仍可以进行时效。

回归过程十分迅速，其原因是淬火铝合金中存在大量空位。G. P. 区的形成受空位扩散所控制，大量的空位集中于脱溶区及其附近，故溶质原子的扩散加速，因而回归过程迅速。合金回归后重新再在同一温度时效时，时效速度比固溶处理后直接时效慢几个数量级，这是因为回归处理温度比淬火温度低得多，快冷至室温后保留的过剩空位少得多，因而扩散减慢，时效速度显著下降。

回归现象在工业上有一定的意义。例如零件的整形和修复，可以利用回归热处理来恢复塑性，以便于冷加工，或为避免淬火变形和开裂而不宜重新进行固溶处理时，可以利用回归现象。例如在飞机制造中用的铆钉合金，就利用了回归处理这一现象，对已处于 T4 状态的硬铝铆钉施加回归后可继续进行铆接。对于一些高强度合金进行双时效处理，时效分两步进行：首先在 G. P. 区进行较低温度的时效，然后再在较高的温度时效。前一阶段得到高弥散的G. P. 区，在较高的温度时效时成为脱溶非均匀形核位置。

但应注意：①回归处理的温度必须高于原先的时效温度，两者差别愈大，回归愈快，回归愈彻底。相反，两者差别愈小，回归愈难发生，甚至不发生。②回归处理的加热时间一般比较短，一般在几秒至几分钟范围内，只要低温脱溶相完全溶解即可。如果时间过长，则会出现应于该温度下的脱溶相，使硬度重新升高或过时效，达不到回归的效果，因而该工艺无法应用于厚壁结构件。③在回归过程中，仅预脱溶期的 G. P 区（Al – Cu 合金还包括 θ'' 相）重新溶解，脱溶产物往往难以溶解或往往不溶解。④由于低温时效不可避免的总有少量的脱溶期产物在晶界等处析出，因此，即使在最有利的情况下合金也不可能完全回归到刚淬火的状态，总有少量性质的变化是不可逆的。这样，既会造成力学性能的一定损失，也容易使合金产生晶间腐蚀，因而必须控制回归处理的次数。⑤回归愈完全，时效后的力学性能愈高。

4.5.5 脱溶产物的组织特征

时效过程往往具有多阶段性，各阶段脱溶相结构有一定的区别，因此会反应在微观组织的不同。过饱和固溶体的分解是依靠原子的扩散过程，所以分解程度、脱溶相的类型、脱溶相的弥散度、形状与合金的成分及时效工艺有关，脱溶沉淀后的性能又与脱溶析出相的种类、形状、大小、数量和分布等有关。

1. 时效后脱溶相与基体间的界面结构及脱溶相的形状

按脱溶相和基体相界结构特点，可脱溶相分为共格相、半共格相和非共格相三种类型。脱溶相的形状有薄片状（或盘状）、等轴状（或球状、或粒状）和针状。由于脱溶过程为固态相变，阻力大，所以需要通过新相的形状、析出位置和界面形态的调整，来尽量降低相变的阻力。脱溶相的形状取决于界面能和应变能的共同作用。

共格脱溶相与基体间为有畸变的完全共格相界，原因脱溶相与基体为两个晶体结构不同的相，两相间点阵常数不可能相等，在形成共格界面时，必然在脱溶相周围产生一定的弹性畸变，晶面间距较小者发生伸长，较大者产生压缩，以互相协调，使界面上原子达到匹配，因此共格相界具有较高的弹性应变能。

半共格脱溶相与基体在相界面处的晶面间距相差较大,则在界面上不可能做到完全的一一对应,界面是由共格区和非共格区相间组成的半共格界面。析出半共格的相所造成的应变能较完全共格的脱溶相小,而界面能较大。

共格或半共格脱溶相在相界面上晶格连续过渡,两相间晶格错配度越大,应变能越大。当固溶体组元间原子半径差小于3%时,共格脱溶相的形状主要按照界面能最小原则而趋于等轴状;当组元间原子半径差大于5%时,共格应变能较高,为降低应变能,共格脱溶相的形状呈薄片状。有时共格脱溶相呈现针状

非共格脱溶相与基体在相界面处的原子排列相差很大时,只能形成非共格界面。界面附近的基体不发生大的应变,因而应变能较小,界面能较大。形成非共格脱溶相时,在体积相同时,新相呈碟形(盘片状)体积应变能最小,针状次之,呈球形应变能最大。所以当应变能为主要控制因素时,新相多为碟形(盘片状)或者针状;当界面能为主要控制因素时,新相多趋于球状。

2. 时效过程中脱溶类型及其微观组织

从相变动力学的角度来说,过饱和固溶体脱溶是典型的扩散型相变。过饱和固溶体脱溶的类型很多,主要分类有:① 从脱溶相的分布来分类,脱溶可分为普遍脱溶和局部脱溶。② 从脱溶产物与母相的界面关系来分类共格脱溶和非共格脱溶。脱溶产物与母相的晶体学关系取决于过冷度、温度以及脱溶产物的晶体结构。脱溶过程中,脱溶产物与母相的界面呈共格关系的为共格脱溶,脱溶产物与母相的界面呈非共格关系的为非共格脱溶。亚稳相多数为共格脱溶,稳定相多数为非共格脱溶。③ 从合金的脱溶方式和显微组织特征分为局部脱溶、连续脱溶和非连续脱溶。下面主要介绍局部脱溶、连续脱溶和非连续脱溶及脱溶后的显微组织。

(1)局部脱溶及显微组织

局部脱溶是不均匀形核引起的。局部脱溶的析出物的晶核优先在晶界、亚晶界、滑移面、孪晶界面、位错线、孪晶及其他缺陷处形成新相的核心,这是由于这些区域能量高,可以提供形核所需的能量。而其他区域或不发生脱溶,或依靠远距离的扩散将溶质原子输送到脱溶区来达到脱溶的实际效果。

常见的局部脱溶有滑移面析出和晶界析出。这里的滑移面是切应力所造成的,而切应力一般是在淬火时形成的,在淬火后时效处理前施以冷变形也可以形成切应力。

某些铝基、钛基、镍基等时效型合金在晶界析出的同时,还会在紧靠晶界附近形成一个无析出区,显微组织中表现为一亮带,如图 4 - 56 所示。有些无析出的区宽度很小,如铝合金无析出的区宽度仅有 1 μm,所以只在电镜下才能观察到;β 型钛合金的无析出区宽度有几个微米,在光学显微镜下就能观察到。在无析出区既不形成 G. P. 区,也不析出过渡相和平衡相。

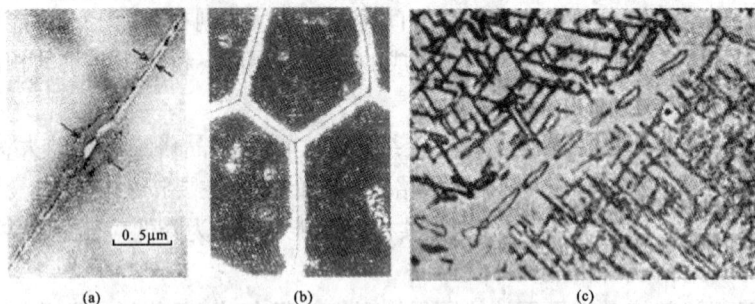

图 4 - 56　晶界晶界析出及无析出区

(a) Al - 5.9% Zn - 2.9% Mg 合金，180℃时效 3h 后的无析出区；(b) BT15 钛合金，900℃固溶处理450℃时效 15h 后的组织；(c) Al - 20% Ag 合金的晶界析出及无析出区

关于无析出区的形成原因有两种机制。较早提出的是贫溶机制。该机制认为晶界处脱溶较快，较早的析出脱溶相，因而吸收了附近的溶质原子，使周围基体溶质贫乏而无法析出脱溶相，造成无析出区。事实上经常观察到无析出区中部晶界上存在粗大的脱溶相，说明这一机制是有一定根据的。但存在纯粹的不含粗大的脱溶相的无析出区，用这种机制不能充分解释，因此又提出了贫空位机制。

贫空位机制认为无析出区的形成是因为该区域空位密度低。空位密度低的原因是在固溶淬火过程中，靠近晶界的空位扩散至晶界而消失，使该区域空位密度降低，造成溶质原子扩散困难，因此使 G.P. 区及过渡相难以析出，而形成无析出区。按照这一观点可以采用时效前的变形来增加无空位区的缺陷，从而促进 G.P. 区及过渡相的析出；也可以采取提高固溶处理时的冷却速度，以防止空位向晶界扩散。

一般认为贫溶机制和贫空位机制均能解释无析出区的形成。高温时效以贫溶机制为主，低温时效以贫空位机制为主。为减小无析出区的宽度，应提高固溶处理加热温度，加快冷却速度，降低时效温度。

避免出现无析出区的办法可在固溶处理后时效前采用一定量的预变形，使该区产生大量位错，从而促进过饱和固溶体的分解，防止无析出区的形成。

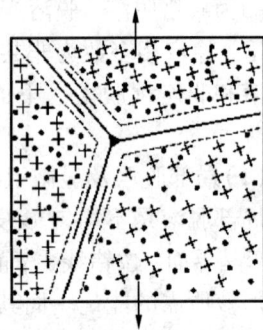

图 4 - 57　在应力作用下沿晶界无析出区开始破断的模型

大多数人认为，无析出区的存在是有害的，因为无析出区将降低合金的屈服强度，在应力作用下易于在该区发生塑性变形，导致晶间破断，如图 4 - 57 所示。另外，发生塑性变形

的无析出区相对于晶粒内部而言,无析出区是阳极,易于发生电化学腐蚀,从而使应力腐蚀加速,成为增强晶间断裂的原因。图 4-58 是 Al-6%Zn-1.2%Mg 合金在 450℃加热 200℃分级淬火后,再在 120℃时效 24 h 后的力学性能和无析出区宽度之间的关系。结果表明无析出区宽度对强度的影响较小,塑性随无析出区宽度的增加而降低。但要注意的是在无析出区宽度的增加时,晶界上优先脱溶的相数量和尺寸均增加,直至形成连续薄膜,所以并不能肯定塑性降低仅由无析出区宽度增加引起。

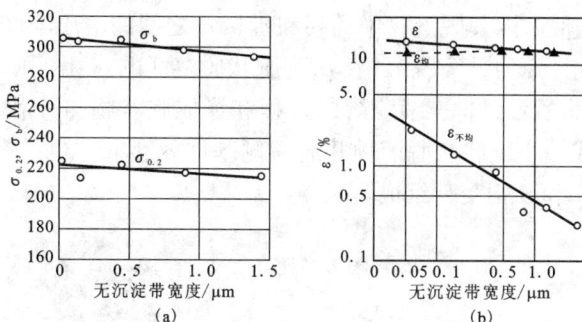

图 4-58　Al-6%Zn-1.2%Mg 合金的
力学性能和无析出区宽度之间的关系

也有人认为无析出区的存在是有益的,原因是无析出区较软,应力在其中发生松弛。无析出区越宽,应力松弛越完全。因而裂纹越难以萌生和发展,这对力学性能特别是塑性是有利的。

当析出过渡相以至平衡相时,析出物与基体相之间的共格关系逐渐被破坏,由完全共格变为部分共格,甚至为非共格关系。虽然如此,在连续脱溶的显微组织中,析出物与基体相之间往往仍然保持着一定的晶体学位向关系,其截面一般呈针状。

(2)连续脱溶及显微组织

连续脱溶是过饱和固溶体最重要的脱溶方式。在合金的连续脱溶过程中,随着新相的形成,脱溶物附近基体中的浓度变化为连续的,称为连续脱溶。连续脱溶是由新相的析出是在整个固溶体内部发生均匀形核引起的,因而脱溶物均匀分布在基体中,而与晶界、位错等缺陷无关。

连续脱溶除能反映脱溶相的分布特征外,还反映了基体变化的主要特征:① 脱溶在整个体积内各部分均可进行,亦即脱溶的析出物可能按几率任意分布。但由于各个部位能量条件不同,可能出现不同的形核和长大速率;② 各脱溶相晶核长大时,脱溶物附近基体的浓度变化为连续的,且晶格常数也发生连续变化,这种连续变化一直进行到多余的溶质排出为止;③ 在整个转变过程中,原固溶体基体晶粒的外形及位向保持不变。

一般情况下普遍脱溶对力学性能有较好的影响，它使合金具有较高的疲劳强度，并减轻合金晶间腐蚀及应力腐蚀的敏感性。

(3)非连续脱溶及显微组织

非连续脱溶与连续脱溶相反，脱溶相 β 一旦形成，其周围一定距离内的固溶体立即由过饱和状态逐渐达到饱和状态，其脱溶物中的相和母相 α 之间的溶质浓度不同，形成截然的分开界面。在很多情况下，这个界面是大角度晶界，通过这个界面，不但浓度发生了改变，而且取向也发生了变化，因此非连续脱溶也称为两相式脱溶或胞状脱溶。脱溶时两相耦合成长，与珠光体转变很相似。因其脱溶物中的相和母相 α 之间的溶质浓度不连续而称为非连续脱溶。若 α_0 为原始 α 相，β 为平衡脱溶相，α_1 为胞状脱溶区的 α 相，则非连续脱溶可表示为：$\alpha_0 = \alpha_1 + \beta$。如图 4 - 59 所示，非连续脱溶的过程和形成胞状物与片状珠光体很相似。这种胞状物 β 在晶界上形成一小颗胞状脱溶物并向一侧基体 α 生长，也可在晶界两侧同时生长。胞状脱溶产物是由 α 相和 β 相交替组成。

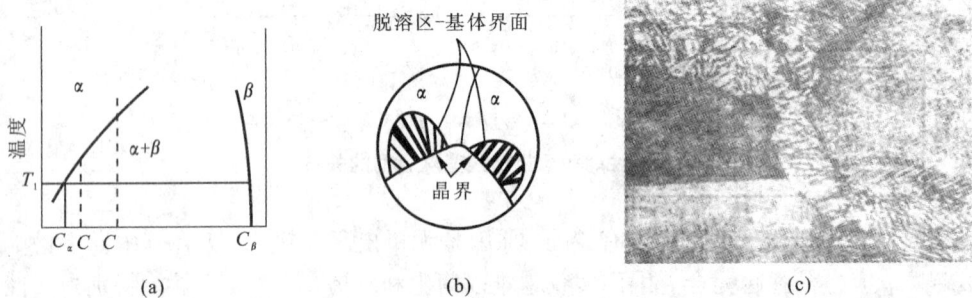

图 4 - 59　非连续脱溶的胞状析出及显微组织

(a)表示 α 相及 β 相溶解度曲线的相图；(b)非连续脱溶的胞状脱溶示意图；(c)Co - Ni - Ti 合金晶界上的胞状析出

非连续脱溶形成胞状物时一般伴随着基体的再结晶。G. P. 区和过渡相析出时均与基体保持共格关系，随着析出的进行，所产生的应力和应变逐渐增大，当达到一定程度时，基体会发生回复以至再结晶，称为应力诱发再结晶。由于析出及其伴生的应力和应变以及应力诱发再结晶通常优先发生于晶界上，因此这种析出又称为晶界再结晶反应型析出，简称为晶界反应型析出。这种再结晶从晶界开始，随着析出相的长大，逐渐向周围扩展，直至整个基体。在发生再结晶的区域，其应力、应变和应变能显著降低。胞状物中的析出物为平衡相，它与基体间的共格关系完全被破坏，也不再存在晶体学位向关系(形成再结晶织构者除外)。基体中的溶质原子浓度降至平衡值。这种再结晶与一般的再结晶一样，亦为扩散型的形核和长大过程。

导致非连续脱溶的条件如下：① 晶界能量高，在晶界上有利于非均匀形核；② 晶界具有较高的界面扩散系数；③ 晶界上具有高的脱溶驱动力。

非连续脱溶的显微组织特征是沿晶界不均匀形核，然后逐步向晶内扩展，在晶界上形成界限明显的领域，称为胞状物、瘤状物，形成的新相与母相之间无共格关系。胞状物一般由两相所组成：一相为平衡脱溶物，大多呈片状；另一相为基体相，系贫化的固溶体，成分有一定的过饱和度但接近平衡相的固溶体。

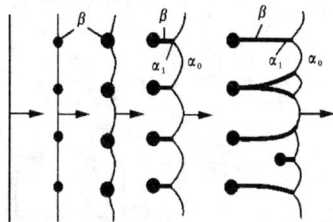

图 4 - 60 非连续脱溶的机理示意图

非连续脱溶的机理如图 4 - 60 所示。在过饱和固溶体 α 相中，溶质原子首先在晶界处发生偏聚，接着以质点形式脱溶析出 β 相，并将部分晶界固定住。随脱溶过程进行 β 相呈片状长入与其无位向关系的母相晶粒中在片状 β 相两侧将出现溶质原子贫化区（α_1 相）而其外侧沿母相晶界又可形成新的 β 相晶核。此时，β 相和 α_1 相以外的母相仍保持原有浓度 α_0。随脱溶过程继续进行，β 相不断向前长成薄片状，并与相邻的 α_1 相组成类似珠光体的、内部为层片状而外形呈胞状的组织。

胞状组织与珠光体组织的区别在于：由共析转变形成的珠光体中的两相（$\gamma \to \alpha + Fe_3C$）与母相在结构和成分上完全不同，而由非连续脱溶所形成的胞状物的两相（$\alpha_0 \to \alpha_1 + \beta$）中必有一相的结构与母相相同，只是其溶质原子浓度不同于母相而已。

过饱和固溶体的非连续脱溶与连续脱溶相比，除界面浓度变化不同外，还有以下三点区别：①前者伴生再结晶，而后者不伴生再结晶。在连续脱溶过程中，虽然应力和应变也不断增加，但一般未达到诱发再结晶的程度；②前者析出物集中于晶界上，至少在析出过程初期如此，并形成胞状物；而后者析出物则分散于晶粒内部，较为均匀；③前者属于短程扩散，而后者属于长程扩散。

一般来说，过饱和固溶体的连续脱溶与非连续脱溶是有区别的，而连续脱溶和局部脱溶只具有相对意义，并无严格的界限。连续脱溶可以是整个固溶体脱溶，也可以是局部脱溶；而非连续脱溶往往是局部脱溶。实际合金几乎都属于非连续脱溶，而连续脱溶是很少见的。

3. 时效过程中微观组织变化

在过饱和固溶体的时效过程中，可以形成各种各样的显微组织。过饱和固溶体脱溶产物的显微组织的变化顺序可有三种情况：连续非均匀脱溶加均匀脱溶、非连续脱溶加连续脱溶和仅发生非连续脱溶，如图 4 - 61 所示。

（1）连续非均匀脱溶加均匀脱溶

如图 4 - 61 的 1 中所示，首先发生局部脱溶，然后再发生连续均匀脱溶。

过饱和固溶体首先在滑移面和晶界等能量高的地方析出，发生连续非均匀脱溶，接着发生连续均匀脱溶。此时，连续均匀脱溶物尺寸十分细小，不能用光镜分辨，如图 4 - 61 中 1(a)。

随时间延长，晶界和滑移面上的连续非均匀脱溶物也已经长大，在晶界两侧形成了无析

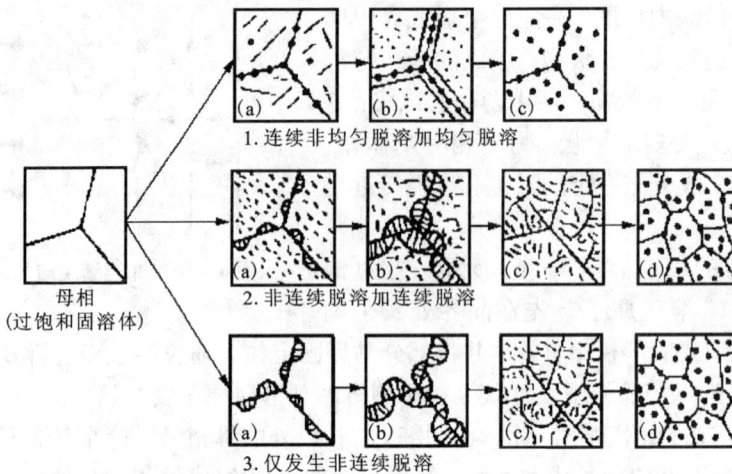

图4-61 脱溶析出产物显微组织变化的顺序示意图

出区;沿滑移线析出的相也已长大(图中未画出);连续均匀脱溶物也已经长大,能以光学显微镜分辨。这说明已经发生了过时效,如图4-61中1(b)。

随时效过程进一步发展,析出物已经发生粗化和球化,经球化后,连续非均匀脱溶和均匀脱溶的析出物已经难以区别。基体中的溶质浓度已贫化,但基体未发生再结晶,如图4-61中1(c)。

(2)非连续脱溶加连续脱溶

如图4-61的2中所示,首先发生不连续脱溶,接着发生连续均匀脱溶。

图4-61中2(a)表示首先在晶界上发生非连续脱溶形成胞状物,而在晶内发生连续脱溶。从2(a)到2(c),表示随脱溶过程进一步发展,非连续脱溶的胞状组织(包括伴生的再结晶)从晶界扩展至整个基体。图3-61中2(d),表示析出物发生了粗化和球化。基体中溶质已发生贫化,并已经发生了再结晶而使基体晶粒细化。

(3)仅发生非连续脱溶

如图4-61的3中所示,仅发生非连续脱溶。

图4-61中3(a)到3(c)表示在晶界上仅发生非连续脱溶,形成胞状组织(包括伴生的再结晶),不断增大,从晶界扩展至整个基体。析出物不断粗化并球化,最后得到如图4-61中3(d)所示的组织。

一般来说,脱溶产物显微组织变化的顺序并不是一成不变的,而是与下列因素有关:合金的成分和加工状态,固溶处理的加热温度和冷却速度,时效温度和时效时间,固溶处理后和时效处理前是否施以冷加工变形等等。

4.5.6　时效前后合金性能变化(时效硬化曲线及影响时效硬化的因素)

固溶处理所得的过饱和固溶体在时效过程中，组织和结构发生变化，其力学性能、物理性能和化学性能均随组织结构的变化而变化。对结构件用的合金而言，最主要的是硬度和强度，因此，这里主要讨论硬度和强度在时效过程中的变化。

1. 时效硬化曲线

由于固溶强化效应，固溶处理所得的过饱和固溶体的硬度和强度均较纯溶剂为高。在时效过程中，随着沉淀相的析出，硬度和强度将发生一系列变化。在时效初期，随时效时间的延长，硬度将进一步升高，习惯上将时效引起的硬度提高称为时效硬化。时效时强度或硬度随时间变化的曲线称为时效硬化曲线，如图 4 - 62 所示。按时效硬化曲线的形状不同，可将时效分为冷时效和温时效。图 4 - 63 为 Al - 38% Ag 合金时效时的硬度变化曲线。表 4 - 27 为 704B(Al - Zn - Mg - Cu - Mn) 合金不同时效状态的力学性能。

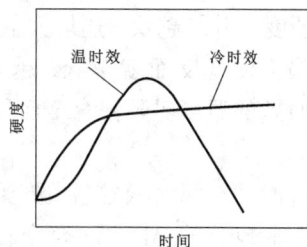

图 4 - 62　合金时效过程中
硬度变化示意图

表 4 - 27　为 704B 合金不同时效状态的拉伸力学性能

状态	抗拉强度/MPa	屈服强度/MPa	伸长率/%
固溶处理	395	206	23.9
自然时效 100 天	535	387	15.8
120℃人工时效 8 小时	570	488	—
120℃人工时效 22 小时	595	535	—
120℃人工时效 30 小时	约 550	约 510	—

冷时效是指在较低温度下进行的时效，其硬度变化曲线的特点是硬度一开始就迅速上升，达一定值后硬度缓慢上升或者基本上保持不变，如图 4 - 62 和表 4 - 27。冷时效的温度越高，硬度上升就越快，所能达到的硬度也就越高。故在低温条件下，可采用提高时效温度的办法缩短时效时间，提高时效后的硬度。一般认为在 Al 基和 Cu 基合金中，冷时效过程中主要形成 G. P. 区。

温时效是指在较高温度下发生的时效，硬度变化规律是：在时效初期有一个停滞阶段，硬度上升极其缓慢，称为孕育期，一般认为这是脱溶相形核准备阶段。接着硬度迅速上升，达到一极大值后硬度又随时间延长而下降。把达到极大值硬度称为峰时效，极大值出现之前称为欠时效,超过极大值后出现硬度的下降称为过时效。
欠时效阶段随着时效时间的延长,合金的强度不断升高,
过时效阶段合金的强度随着时效时间的延长而逐渐下降。
温时效过程中将析出过渡相和平衡相。温时效的温度越
高,硬度上升就越快,达最大值的时间就越短,但所能达
到的最大硬度反而就越低,越容易出现过时效。冷时效
与温时效的温度界限视合金而异,铝合金一般约在100℃
左右。

冷时效与温时效往往是交织在一起的。图4-64示
出了不同成分的 Al-Cu 合金在130℃和190℃时效时硬
度与脱溶相的变化规律。由图4-64可见:

第一,硬度随时间延长而增高,即产生了时效硬化。

第二,合金在130℃时效时,时效硬化曲线上出现了
双峰,第一个峰对应 G. P. 区,第二个峰对应 θ'' 相。说明
时效的前期为冷时效,时效的后期为温时效。Al-Cu 合

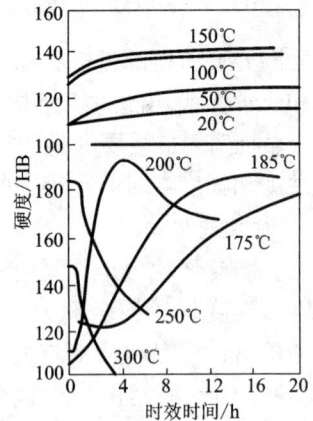

图4-63　Al-38%Ag 合金
时效过程硬度变化曲线

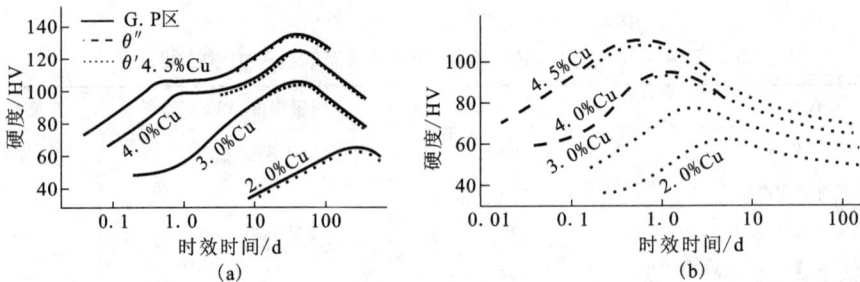

图4-64　不同含铜量的 Al-Cu 合金在130℃(a)和190℃(b)时效时时效硬化曲线

金的时效硬化主要依靠形成 G. P. 区和 θ'' 相,尤其以形成 θ'' 相的强化效果最大,4 种合金开始
出现 θ'' 相的时间基本相同。峰值硬度总是与 θ''、θ' 并存的组织对应,出现在 θ'' 相的末期和 θ'
过渡相的初期,一旦 θ'' 消失,合金进入过时效阶段,硬度开始下降。当大量出现 θ 相时,软
化已非常严重。说明不同的脱溶产物有着不同的强化效果。

第三,时效硬化随着含铜量的增加而上升,表明时效析出相的数量是时效硬化基础,各
条曲线(含2%Cu 合金除外)的峰值硬度与合金的含铜量成正比。

第四,不同成分合金在不同温度下具有不同的脱溶序列。含2%Cu 合金在时效时未测出
G. P. 区,或析出量少。其他合金有 G. P. 区预脱溶,合金出现二步性,G. P. 区可以达到饱和
状态,硬度出现平台;含铜量的增加,平台越宽,说明 G. P. 区数量达到稳定后,尺寸不随时

间的延长而长大。

时效时硬度变化是由以下因素引起的：①固溶体的贫化；②基体的回复再结晶；③新相的析出。前两个因素均使硬度随时效时间延长而单调下降，而第三个因素则使硬度升高，但当析出相与母相的共格关系被破坏以及析出相粗化后，硬度又下降。

在时效前期，弥散析出相所引起的硬化超过了另外两个因素所引起的软化，因此硬度将不断升高并可达到某一极大值。在时效后期，由于析出相所引起的硬化小于另外两个因素所引起的软化，故导致硬度下降，此即为温时效。若时效时仅形成 G.P. 区，硬度将单调上升并趋于一恒定值，此即为冷时效。

许多合金的硬度变化规律都与 Al – Cu 合金相同，但在某些时效型合金中，会出现多个硬度峰，其原因可能是在不同时间内形成几种不同的 G.P. 区、过渡相和平衡相所致。

2. 时效硬化机理

时效硬化是有色合金的主要强化手段，造成此种硬化的原因目前一般应用位错理论来解释。按照位错通过析出相的方式不同，时效硬化可用以下几种强化机制来加以说明，但这些强化机制不是截然分开的，只是在某个时效阶段，根据析出相的特点，某种强化机制占主要作用。

（1）内应变强化

所谓内应变强化是指析出相或溶质原子，当其与母体金属之间存在一定的错配度时，在其周围将产生畸变区，形成应力场，阻碍的位错运动。

一般认为，对于时效过程来说由于析出相的点阵结构及点阵参数均与母相不同，在析出相周围将产生不均匀畸变区，即形成不均匀应力场。处于不同应力场的位错具有不同的能量。为了降低系统能量，位错均力图处于低能位置，即处于能谷位置。

在固溶处理或经过轻微时效状态下，溶质以原子状态(或者以小的溶质原子集团)高度弥散的存在于溶剂之中，在每一个溶质原子周围均形成一定的应力场。由于溶质原子数量多，相邻溶质原子间距很小，例如溶质浓度为 1%（原子比）时，每隔 4~5 个溶剂原子就有一个溶质原子。那么溶质原子与母相之间的错配度所引起的应力场是弥散的，若以小圆圈代表应力场，这种情况如图 4 – 65(a)所示。在这种应力场中的位错，取低能量的方式，弯弯曲曲的绕着应力场，在应力场"谷"（应力最小处）中通过，位错弯曲曲率半径要非常小，大约为粒子间距的数量级。由于位错曲率半径愈小，则使位错弯曲所需的力就愈大，所以要使位错绕过每一个溶质原子而使位错的每一段都处于能谷位置是不可能的，因为位错的曲率半径越小，为使位错弯曲所需的力就越大。可能情况是，位错基本上仍保持平直，其中部分位错段处于能谷位置，部分位错段处于能峰位置，部分位错段处于能峰两侧。当该位错线在外力作用下移动时，部分位错将从低能位置移向高能位置，故受到一阻力作用。而另一部分位错段则从高能位置移向低能位置，故受到一推力作用。作用在位错线上的阻力和推力大致相当，故固溶状态下的溶质原子所形成的应力场不能阻止位错运动，此时的固溶体处于较软的状态。

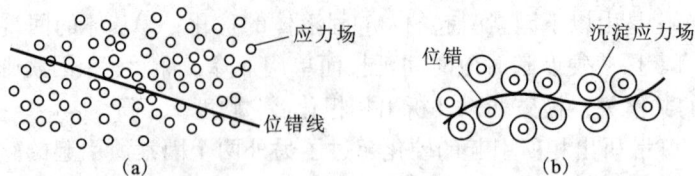

图 4 - 65   位错线在应力场中的分布

(a)位错通过高度弥散应力场；(b)应力场较大时位错弯曲的情况

当合金进一步时效，溶质原子发生偏聚，从而使应力场的间距开始拉开，形成脱溶相时，形成沉淀应力场，如图 4 - 65(b)所示。新相颗粒间距远远大于固溶状态下的溶质原子间距。当析出相间距增大到位错线能够绕过每一个析出相颗粒而成为弯曲位错时，整根位错有可能全部处于能谷位置。

位错弯曲半径和应力之间的关系如下：

$$R = \frac{Gb}{2\tau} \qquad\qquad (4-21)$$

式中：R——位错弯曲半径；

G——切变模量；

b——位错的柏氏矢量；

τ——相应的切应力。

此时位错弯弯曲曲地全部通过能谷位置，故位错因应力场间距增大而变成"柔性"，这种柔性位错在外力作用下滑移时，每一段位错都可独立地通过反应区，位错线任何部分都将从能谷位置移向能峰位置，整根位错线将受到阻力作用而使硬度和强度得到提高，这是合金硬化的原因之一。由此而引起的强化称为内应变强化，内应变强化随析出相的增多而增强。

(2)位错切过析出相颗粒强化

造成上述硬化时第二相质点或溶质原子集团不必处于位错所在的滑移面上，只需其应力场能达到位错通过的滑移面即可。若析出相颗粒位于位错线的滑移面上，且析出相不太硬而可以和基体一起变形的话，位错线可以切过析出相颗粒而强行通过。如图 4 - 66 所示。位错线切过析出相颗粒时要消耗三种能量，运动阻力来自三个方面：一是需要克服析出相颗粒与基体的错配所造成的应力场；二是位错切过粒子后，析出相颗粒被切成两部分而增加了表面能；三是通过粒子时，改变了析出相内部原子之间的邻近关系，因而使能量升高，引起了所谓化学强化。

对于铝合金，根据薄膜透射电镜观察，已证明位错可以切过 Al - Zn 系合金的 G. P. 区，Al - Cu 系合金的 G. P. 区和 θ'' 过渡相、Al - Zn - Mg 系合金的 η' 相和 Al - Ag 系合金的 γ' 相。大致可以认为，如果沉淀相与基体共格，位错可以从中通过；如沉淀相与基体部分共格，而

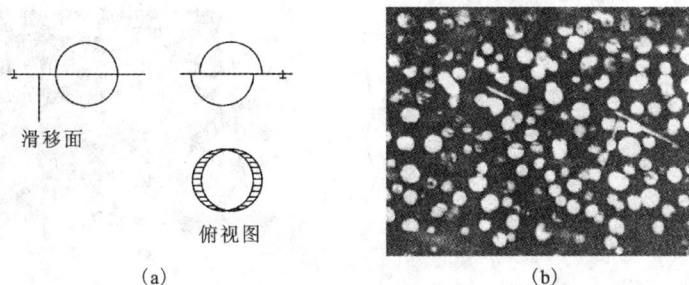

图 4 – 66　位错线切过析出相

（a）位错线切过析出相示意图；（b）位错 Al – Li 合金中切割 Al₃Li 相的 TEM 照片

其晶体结构又与基体相近时，位错也可能切过。因此铝合金在预沉淀阶段或时效前期，运动位错多以切过的方式通过沉淀相。

（3）位错绕过析出相强化

Orowan 指出，当位于位错滑移面上的析出相颗粒间距足够大，且颗粒又很硬，位错不能切过时，在外力作用下位错线将在析出相颗粒之间凸出、扩展、相遇、相消、重新连接成一根位错线，并在析出相颗粒周围留下一圈位错环，如图 4 – 67 所示。故位错密度不断提高，粒子的有效间距不断减小，造成硬化率增加。绕过析出相的位错在外力作用下继续前进。位错绕过析出相颗粒时所留下的位错圈将使下一根位错线通过该处时变得困难，从而引起形变强化。位错线按此方式移动时所需的切应力 τ 为：

$$\tau = Gb/L \qquad\qquad (4-22)$$

式中：G——切变模量；

　　b——柏氏矢量；

　　L——相邻析出相颗粒间距。

可见，位错移动所需的切应力 τ 与析出相颗粒间距 L 成反比，L 愈小，则 τ 愈大。当时效进行到一定程度后，随着析出相颗粒的聚集长大，颗粒间距 L 增大，切应力 τ 随之减小，即硬度和强度下降，这就是所谓过时效的本质。当提高时效温度，延长时效时间后，沉淀相聚集，相间距加大时，位错可以绕过粒子间凸出去，因为这样要比切过粒子更容易一些。

按照上述几种时效硬化机理，合金的强化效应是由两种结构状态所引起的，一种是由固溶体内溶质原子的偏聚或有序化引起的强化，另一种是由共格或非共格的析出相粒子引起的强化。合金的强化是由于各种沉淀物的结构状态本身的性质和结构与基体不同，质点周围产生应力场，沿滑移面运动的位错与析出相质点相遇时，就需要克服应力场和相结构本身的阻力，因而使位错运动发生困难。这可以对图 4 – 64 中不同成分的 Al – Cu 合金在 130℃ 时效时的硬度变化的特征归纳如下：

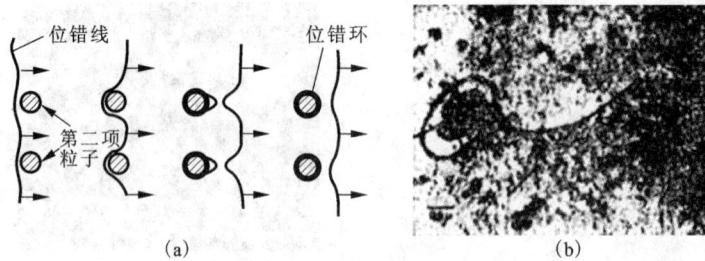

图 4 – 67　位错线绕过析出相示意图

（a）位错线绕过析出相示意图；（b）位错某合金中第二相的 TEM 照片

第一，时效初期固溶体点阵内原子重新组合，出现溶质原子的 G.P. 区，G.P. 区与基体保持共格关系，伴随着点阵畸变程度增大，内应变强化效应增加。同时脱溶相尺寸较小，位错可以切过，产生切过强化效应而使硬度显著升高。随着时间的延长，G.P. 区数量的增多，硬度不断升高。当 G.P. 区所占的体积分数增长到某一平衡值时，硬度不再增加，出现一个水平台。

第二，在 G.P. 区之后，合金元素的原子以一定比例进行偏聚，析出的 θ'' 相也与母相保持共格关系，在其周围也形成强内应力场，另外位错线也可以切过 θ'' 相，故 θ'' 相的析出使硬度和强度进一步升高，并随 θ'' 相体积分数及半径的增加而增加。经过一段时间当体积分数变为恒定值时，θ'' 相半径由于粗化仍在增大。在此期间，硬度有所提高，但不大。当 θ'' 相粗化到位错线能够绕过时，随着颗粒尺寸和颗粒间距的增大，硬度开始下降，开始出现了过时效现象，析出 θ' 相。大量的 θ'' 相和少量的 θ' 亚稳相相结合，时效强化达到最大的效果，使合金得到最高的强度。

第三，析出 θ' 相时，由于 θ' 相是不均匀形核，与母相保持半共格关系，且形成后很快粗化到位错线可以绕过的尺寸，半共格关系也很快被破坏，因此 θ' 相出现不久硬度即开始下降。θ' 相的析出只能导致硬度下降。

第四，形成第二相质点和第二相质点的聚集。亚稳相转变为稳定相，细小的质点分布在晶粒内部，较粗大的质点分布在晶界，还相继发生第二相质点的聚集，点阵畸变剧烈地减弱，显著地降低合金的强度，提高合金的塑性。

上述几个阶段不是截然分开的，有时是同时进行的，低温时效第一、二阶段进行的程度要大些，高温时效第三、四阶段进行得强烈些。

从以上分析可以看出，在实际工作中，要得到高强度合金应从以下几个方面考虑：首先能够获得体积分数大的脱溶相。因为在其他条件相同，脱溶相的体积分数越大，则强度越高。例如 Cu – Be 合金和一些镍基合金中脱溶相具有较高的体积分数，前者的强度可达 980

MPa，后者的强度可达 1370 MPa，这是时效强化最突出的例子。第二是获得高度弥散的第二相质点。一般来说平衡脱溶相与基体不共格，界面能比较高，形核的临界尺寸大，晶粒长大的驱动力大，不易获得高度弥散的第二相质点。而形成 G. P. 区和与基体保持共格或半共格的过渡相可使合金得到高的强度。通常，为使合金有效强化，脱溶相间的间距应小于 1 μm。第三是获得的脱溶相质点本身对位错的阻力。大的错配度引起大的应力场，对强化有利；界面能或反向畴界能高，也对强化有利。

4.5.7　影响时效过程及材料性能的因素

1. 合金的化学成分的影响

合金的时效过程与合金的化学成分、固溶体过饱和度等有直接关系。在相同的时效温度下，合金的熔点越低，脱溶速度就越快。这是因为熔点越低，原子间结合力就越弱，原子活动性就越强，所以低熔点合金的时效温度较低，如 铝合金在 200℃ 以下，而高熔点合金的时效温度较高。

一般来说，随过饱和固溶体中溶质浓度增加，脱溶过程加快。溶质原子与溶剂原子性能差别越大，脱溶速度就越快。

其他组元的存在对合金的时效脱溶速度也有影响，这主要取决于组元的存在情况。如果以固溶态存在，影响不大；如果以化合物存在，且化合物高度弥散，有可能作为时效沉淀相的非自发晶核时，将促进沉淀相的析出，如在 Al − 4.2% Zn − 1.9% Mg 合金中加入 0.24% Cr 将使析出过程显著加快，加入 Zr 和 Mn 也使析出过程加快。

合金的时效强化与合金的化学成分有直接关系。一种合金能否通过时效强化，首先取决于组成合金的元素能否溶解于固溶体以及固溶度稳定变化的程度。例如 Si、Mn、Fe、Ni 等在铝中的固溶度比较小，且随温度变化不大，而 Mg、Zn 虽然在铝基固溶体中有较大的固溶度，但它们与铝形成的化合物的结构与基体差异不大，强化效果甚微。故 Al − Si、Al − Mn、Al − Fe、Al − Ni、Al − Mg 等合金不能进行时效强化处理。如果在铝中加入某些合金元素能形成结构与成分复杂的化合物（第二相），如二元 Al − Cu 合金，三元 Al − Mg − Si 合金或多元 Al − Cu − Mg − Si 合金等，它们在热处理过程中有溶解度和固态相变，能形成 $CuAl_2(\theta)$、Mg_2Si（β）、$Al_2CuMg(S)$、$Mg_2Zn(M)$ 等，则在时效析出过程中形成的 G. P. 区的结构就比较复杂，与基体共格关系引起的畸变亦较严重。因此，合金的时效强化效果就较为显著。

合金的时效后强度的绝对值还与淬火合金的原始强度有关系。基体固溶体强度一般随溶质元素的浓度的增加而提高，故接近共晶温度极限固溶度成分的合金，淬火温度强度最高，时效后强度也有最大的强度增量。因此，最高强度的时效合金在相图上位于接近极限固溶度成分的位置，并且由于饱和度程度愈高，脱溶过程越快，达到最大的强度值时间愈短。

有些少量元素对时效各个阶段的影响是不同的，如 Cd、Sn、In、Be 等原子与空位结合能较 Cu 更高，他们极易与空位结合，故在 Al − Cu 合金中加入 Cd、Sn 使空位浓度下降，使

G. P. 区形成速度显著降低，导致合金时效过程减慢。但 Cd、Sn 又是内表面活性物质，极易偏聚在基体与 θ' 相的界面，使界面上形成的 θ' 相的界面能显著降低，使 θ' 相的临界晶核尺寸减小，增大形核率及析出密度，故能促进 θ' 相沿晶界析出。此外，由于界面能降低，粗化过程减慢，这使得材料在高温使用时不易软化。少量的 Ag 元素加入到 Al – Zn – Mg 系合金中，集中于脱溶相中，使其体积自由能降低，增加脱溶驱动力，降低临界晶核功，增加脱溶密度，使 η' 相细化。

2. 固溶处理工艺的影响

为获得更好的时效强化效果，固溶处理时应尽可能使强化组元最大限度的溶解到固溶体基体中。实践证明，固溶处理温度越高，冷却速度越快，淬火中间转移时间越短，所获得的固溶体过饱和程度越大，经时效后产生的时效强化效果越大，并在某些情况下提高硬度峰值。固溶处理的效果主要取决于下列三个因素：

一是固溶处理温度。固溶处理温度越高，时效后产生的时效强化效果越大，并在某些情况下提高硬度峰值。其原因如下：固溶处理温度越高，空位的数量增加，固溶处理后固溶体就能保留跟高的过饱和空位浓度，加速扩散，促进过饱和固溶体分解；温度越高，强化相在基体中的溶解速度越快、愈彻底，因而固溶处理后固溶体的过饱和度愈大，在随后的时效时，脱溶速度加快，强化效果越好。温度越高，还可使合金成分变得更均匀，晶粒变粗，晶界面积减小，有利于时效时普遍脱溶。

一般加热温度的上限低于合金开始过烧温度，而加热温度的下限应使强化组元尽可能多地溶入固溶体中。为了获得最好的固溶强化效果，而又不使合金过烧，有时采用分级加热的办法，即在低熔点共晶温度下保温，使组元扩散溶解后，低熔点共晶不存在，再升到更高的温度进行保温和淬火。固溶处理时，还应当注意加热的升温速度不宜过快，以免工件发生变形和局部聚集的低熔点组织熔化而产生过烧。

二是保温时间。保温时间是由强化元素的溶解速度来决定的，这取决于合金的种类、成分、组织、零件的形状及壁厚等。铸造铝合金的保温时间比变形铝合金要长得多，通常由试验确定，一般的砂型铸件比同类型的金属型铸件要延长 20% ~25%。

三是冷却速度。表 4 –28 固溶处理后冷却速度对 Cu – 2.32% Be 合金时效硬度的影响。可以看出，冷却速度越快，时效后硬度越高。淬火时给予零件的冷却速度越大，使固溶体自高温状态保存下来的过饱和度也越高，否则若冷却速度小，有第二相析出，在随后时效处理时，已析出相将起晶核作用，造成局部不均匀析出而降低时效强化效果。但冷却速度越大所形成的内应力也越大，使零件变形的可能性也越大。淬火时冷却速度越高，时效后硬度愈高。冷却速度可以通过选用具有不同的热容量、导热性、蒸发潜热和粘滞性的冷却介质来改变，为了得到最小的内应力，铸件可以在热介质(沸水、热油或熔盐)中冷却，也可采用等温淬火，即把经固溶处理的铸件淬入 200 ~250℃的热介质中保温一定时间，把固溶处理和时效处理结合起来。有些合金过饱和固溶体比较稳定，可以以较慢的速度冷却。

表4-28　固溶处理后冷却时间对 Cu-2.32%Be 合金时效后硬度的影响

780℃加热后冷却时间/h	时效后的硬度/HBS	780℃加热后冷却时间/min	时效后的硬度/HBS
24	136	30	169
12	136	10	338
6	144	1	353
3	149	水中急冷	387
1	169		

因此，固溶处理温度选择原则是在保证合金不发生过热、过烧及晶粒长大的前提下，固溶处理温度尽可能提高，保温时间长些，有利于获得最大过饱和度的均匀固溶体。

3. 时效工艺的影响

合金的时效强化的效果与时效工艺有关。合金的时效过程亦是一种固态相变过程，析出相的形核与长大伴随着溶质原子的扩散过程，在不同温度时效时，析出相的临界晶核大小、数量、分布以及聚集长大的速度不同。时效温度是影响过饱和固溶体脱溶速度的重要因素。

若温度过低，原子扩散困难，时效过程极慢，G.P.区不易形成，效率低，且时效后强度、硬度低。时效温度高，原子活动性就越强，扩散易于进行，脱溶沉淀过程加快，合金达最高强度所需时间缩短，但温度过高时聚集的过程进行得愈激烈，则过饱和固溶体中析出相临界晶核尺寸大、数量少，化学成分更接近平衡相，结果最高强度值会降低，强化效果不佳；但是随着时效温度升高，化学自由能差减小，同时固溶体的过饱和度也减小，这些又使脱溶速度降低，甚至不再脱溶。可以看出，合金在较高的温度下短期保温或在较低的温度下长期保温，都可以得到要求的强度。因此，在一定的温度范围内，可以提高温度来加快时效过程，缩短时效时间。如将 Al-4%Cu-0.5%Mg 合金的时效温度从200℃提高到220℃，时效时间可以从4 h 缩短为1 h。

合金在不同温度时效时，析出相的临界晶核大小、数量、分布以及聚集长大的速度不同，因而表现出不同的时效强化曲线。各种不同合金都有最适宜的时效温度。在某一时效温度时，能获得最大硬化效果，这个温度称为最佳时效温度。不同成分的合金获得最大时效强化效果的时效温度是不同的。统计表明，合金达最大硬度及强度值的人工时效温度（即最佳时效温度）与合金熔点之间存在如下关系：

$$T_{时} \approx (0.5 \sim 0.6) T_{熔} \tag{4-23}$$

此式曾在各种铝、镁、铜及镍基合金中证明了其正确性。淬火后稳定性小的材料，如变形状态，特别是淬火还进行一定变形的材料，采用下限温度；稳定性大、扩散过程缓慢的材料，如铸态零件及耐热合金等，采用上限温度时效的保温时间对合金的性能同样有很大影响。若时效时间过长析出相聚集长大，反而使合金软化，产生过时效。时效温度提高，峰值强度下降,出现峰值的时间提前。因此,在一定的时效温度内,为获得最大时效强化效果,应有一最佳时效时间。Al – Cu 合金的最佳时效时间是在 θ'' 产生并向 θ' 转变时所需的时间(θ'' 相的末期和 θ' 过渡相的初期),此时出现硬度与强度峰值。几种铝合金的时效温度 – 时效时间和铝合金性能的关系如图 4 – 68 所示。

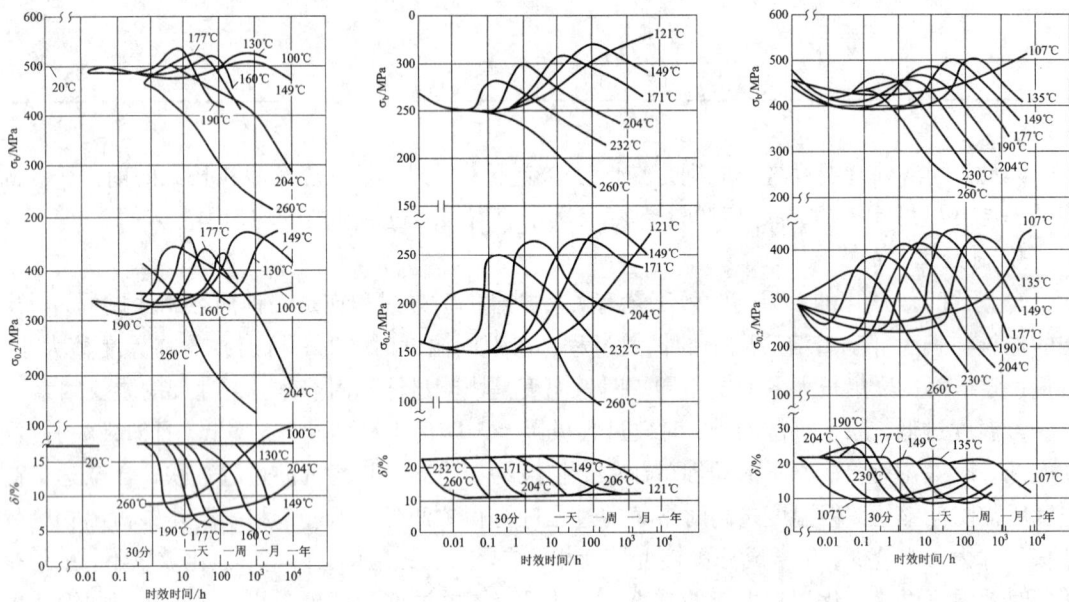

图 4 – 68　2024、6061、2014 铝合金板材的时效硬化曲线

从固溶处理到人工时效之间停留时间也有影响。研究发现,某些铝合金如 Al – Mg – Si 系合金在室温停留后再进行人工时效,合金的强度指标达不到最大值,而塑性有所上升。如 ZL101 铸造铝合金,固溶处理后在室温下停留一天后再进行人工时效,强度极限较固溶处理后立即时效的要低 10 ~ 20 MPa,但塑性要比立刻进行时效的铝合金有所提高。一般固溶热处理的淬火转移时间应尽可能地短,以免合金元素的扩散析出而降低合金的性能。

时效工艺方法对时效强化效果也有一定的影响。时效分为单级时效或分级时效。单级时效指在单一温度下进行的时效过程。单级时效工艺简单,但组织均匀性差,抗拉强度、屈服强度、条件屈服强度、断裂韧性、应力腐蚀抗力性能很难得到良好的配合。分级时效是在不同温度下进行两次时效或多次时效。按其作用可分为预时效和最终时效两个阶段。预时效温度 T_1 和最终时效温度 T_2 与析出相形核的临界温度 T_c 之间的关系如图 4 – 69。每种合金都有自己的 G. P. 区和亚稳过渡相存在的温度范围,有一个临界温度 T_c。低于 T_c,亚稳过渡相不能析出,高于 T_c,亚稳过渡相就能析出。T_c 不是一个常数,与合金成分和状态有关。分级时效一般采用先低温后高温,在较低温度进行预时效,目的在于使合金获得高密度和均匀的G.P.区,由于 G.P. 区通常是均匀成核的,尺寸小而弥散,当其达到一定尺寸后,就可以成为随后沉淀相的核心,为双级时效形成均匀的过渡相及稳定相提供了均匀形核的条件,借以控制基体析出相的弥散度、晶界析出相的尺寸及晶间无析出区的宽度,从而提高了组织的均匀性。在稍高温度保持一定时间进行最终时效,如图 4 – 69 中 T_2 温度,其目的是达到必要的脱溶程度以及获得尺寸较为理想的脱溶相。双级时效调整析出相的结构、尺寸和分布。双级时效由于有一级时效的基础,G.P. 区的

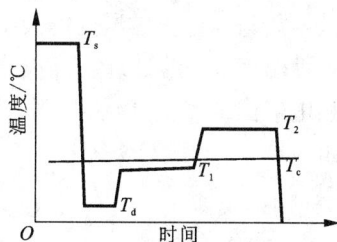

图 4 – 69　分级时效温度 – 时间关系示意图

T_s—固溶处理温度;T_d—淬火介质温度;
T_1—第一阶段时效温度;T_2—第二阶段时效温度;T_c—临界温度

尺寸已接近过渡相形核的邻界尺寸,G.P. 区迅速转变成为过渡相,强度达到最大值;但由于温度稍高,合金进入过时效区的可能性增大,故所获得合金的强度比单级时效略低,但是这样分级时效处理后的合金,其断裂韧性值高,并提高了应力腐蚀抗力。例如硬铝 2A04 于 200℃经 24 h 单级时效后的抗拉强度 600 MPa,但抗应力腐蚀寿命较短,在应力腐蚀条件下 58 h 即发生断裂,而与 200℃经 8 h 时效后再于 170℃经 8 h 分级时效后的抗拉强度仅有 574 MPa,在应力腐蚀条件下 1500 h 仍未发生断裂。如果分级时效后抗应力腐蚀提高,但强度降低较多时,可考虑采用回归再时效处理工艺。

双级时效提高合金性能的主要原因有两个:一是低温预时效能够抑制合金中位错的形成,位错的形成要消耗基体中的空位和溶质原子,位错所消耗的空位和溶质原子是高温时效强化相析出形核的核心,因此低温预时效能够促进强化相的形核析出;二是在低温下进行预时效,增加了固溶原子的过饱和度,从而增加了固溶原子在高温时效过程中的析出动力,使得形成的强化相更为致密。

4. 晶体缺陷的影响

一般来说,增加晶体缺陷,将使新相易于形成,使脱溶速度加快。但不同的晶体缺陷对不同的脱溶沉淀的影响是不一样的。

G.P. 区的形成主要与固溶体中的空位浓度有关。试验发现,测得的 Al – Cu 合金中 G.P. 区的实际形成速度比按 Cu 在 Al 中的扩散系数计算出的形成速度高 10^7 倍之多,而且还与固溶处理的温度、固溶处理后冷却速度等有关。随着等温时间的延长,已形成的 G.P. 区量的增多,G.P. 区的形成速度不断减小。

Fine 从 520℃快速冷却至 27℃的 Al – 2%Cu 合金测得的在 27℃形成 G.P. 区的速度,计算出 Cu 原子的扩散系数为 2.8×10^{-18} cm²/s,而常规方法测得的 Cu 在 Al 中的扩散系数为 2.3×10^{-25} cm²/s,前者较后者大 1.2×10^7 倍。这是因为固溶处理后淬火冷却所冻结下来的过

剩空位加快了 Cu 原子的扩散，即 Al – Cu 合金中 G. P. 区形成时，Cu 原子按空位机制扩散，故其扩散系数与空位扩散激活能及空位浓度有关，而空位浓度又与形成空位所需的激活能以及固溶处理温度、固溶处理后淬火冷却速度有关。所以当固溶处理后的冷却速度足够快，在冷却过程中空位未发生衰减时，冷却后空位和溶质原子处于双重饱和状态，扩散系数 D 可由下式求出：

$$D = A_{\exp}\left(-\frac{Q_D}{kT_A}\right)\exp\left(-\frac{Q_F}{kT_H}\right) \qquad (4-24)$$

式中：A——常数；

k——玻尔兹曼常数；

Q_D——空位扩散激活能；

Q_F——空位形成能；

T_A——时效温度；

T_H——固溶处理温度。

按 4 – 24 式计算所得的扩散系数与实测值基本符合。可见，固溶处理加热温度愈高，加热后的冷却速度愈快，所得的空位浓度就愈高（见表 4 – 29），G. P. 区的形成速度也就愈快。在母相晶粒边界出现的无析出区，就是因为晶界附近空位极易扩散至晶界而消失所致。随时效时间的延长和 G. P. 区的形成，固溶体中的空位浓度不断降低，故使新的 G. P. 区的形成速度愈来愈小。Al – Cu 合金中的 θ'' 相、θ' 相及 θ 相的析出也是需要通过 Cu 原子的扩散，主要与固溶体中的空位浓度、位错密度有关。

表 4 – 29　纯铝在不同温度下的空位浓度

温度/K	空位浓度	温度/K	空位浓度
933	$10^{-3} \sim 2 \times 10^{-3}$	700	$10^{-6} \sim 10^{-5}$
900	$10^{-4} \sim 10^{-3}$	600	$10^{-9} \sim 10^{-8}$
800	$10^{-5} \sim 10^{-4}$	300	$10^{-12} \sim 2 \times 10^{-11}$

位错、层错以及晶界等晶体缺陷具有与空位相似的作用，往往成为过渡相和平衡相的非均匀形核的优先部位。其原因：一是可以部分抵消过渡相和平衡相形核时所引起的点阵畸变；二是位错线是原子的扩散通道，加速迁移，使溶质原子在位错处发生偏聚，形成溶质高浓度区，易于满足过渡相和平衡相形核时对溶质原子浓度的要求。

另外，塑性形变可以增加晶内缺陷，故固溶处理后的塑性形变可以促进脱溶。

综上所述，正确控制合金的固溶处理（淬火）工艺，是保证获得良好的时效强化效果的前提。一般说来，在不发生过热、过烧的条件下，淬火加热温度高些，保温时间长些比较好，有利于获得最大过饱和度的均匀固溶体。其次，淬火冷却时要保证淬火过程中不析出第二相。时效温度是决定合金时效过程与时效强化效果的重要工艺参数。

4.5.8　淬火(固溶处理)与时效的工艺

合理的淬火－时效规程能够赋予材料最优良的使用性能。材料的使用条件和环境是多种多样的(例如,承受的负荷不同,使用温度不同),因此对材料的使用性能就有不同要求。一般结构材料,最主要的要求是强度特性。常温下使用材料,淬火时效规程应能使材料获得很高的强度性能。高温下使用的材料,则必须考虑其热强度。材料使用过程中,接触到各种各样的介质,材料在介质中的化学稳定性与其内部结构及组织有很大关系。因此,淬火－时效工艺也应满足在不同条件下使材料有良好的耐蚀性能。对于有特殊性能要求的材料,规程的合理性在于能否保证材料的特殊性能得到满足。此外,材料的表面质量、尺寸及形状都应予保证。所有这些方面的问题,都是在制定淬火－时效规程时应该考虑的。

1. 淬火规程的选择原则

(1)淬火加热温度的选择

淬火加热温度原则上,可根据相图来确定这类合金的加热温度。温度越高,强化元素溶解速度越快,强化效果越好。如图4－70,在固溶处理时,为保证强化相充分固溶,淬火加热温度的下限为固溶度曲线(ab),温度愈高,固溶愈快,也愈完全,时效强化效果也更显著。但上限为开始熔化温度,否则合金将发生局部熔化,即造成过烧,这将严重降低合金的性能。成分为C_0的合金的淬火加热温度可在$T_1 - T_2$之间选择。可以看出,淬火温度的要求比较严格,容许的波动范围小。例如,2A12硬铝规定淬火加热温度为498℃±3℃,低于495℃,为淬火不足,高于507℃,三元共晶体($\alpha + CuAl_2 + S$)熔化,其淬火温度仅容许有(±2～±3)℃的波动,还要求在加热过程中金属温度能够保证较好的均匀性。因此,淬火加热所采用的设备一般为温度能够准确控制以及炉内温度均匀的浴炉和气体循环炉,工件以单片或单件的方式悬挂于炉中,这不仅能保证均匀加热,而且能保证淬火时均匀冷却。当然,对于淬火温度范围较宽的合金,淬火加热就易于控制。另外,淬火加热也要注意防止晶粒过分长大及板材包铝层的污染。

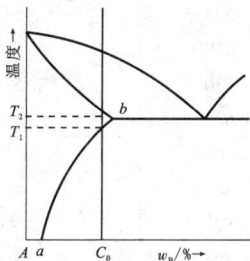

图4－70　选择淬火温度示意图

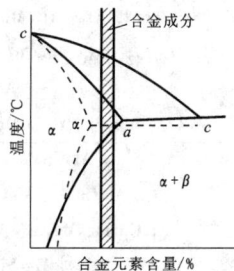

图4－71　非平衡冷却时相图中相界的变化

ca—平衡冷却时固相线;ca'—非平衡冷却时固相线

由于铸件的冷却速度较大，合金处于非平衡状态下结晶（图4－71），会出现非平衡的共晶体，因此选择淬火温度时，如果仅仅根据固相线或共晶转变温度线来决定，往往会出现"过烧"。过烧是淬火时易于出现的缺陷，表现为晶界上低熔点共晶体熔化或固溶体的晶粒粗大，其特征是晶内出现共晶复熔球、晶界变宽、三叉晶界呈三角形。轻微过烧时，表面特征不明显，显微组织观察到晶界稍变

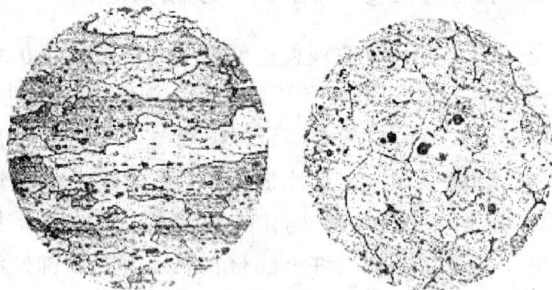

图4－72 2A11合金正常淬火(a)
和过烧(b)组织   200×

粗，并有少量球状易熔组成物，晶粒易较大。反映在性能上，冲击韧性降低，腐蚀速率大为增加。严重过烧时，除了晶界出现易熔物薄层，晶内出现球状易熔物外，粗大的晶粒晶界平直、严重氧化，三个晶粒的衔接点呈黑三角，有时出现沿晶界的裂纹。在制品表面，颜色发暗，有时也出现气泡等凸出颗粒。过烧组织如图4－72(b)所示。常用变形铝合金的强化相、固溶处理温度和熔化开始温度列于表4－30。

表4－30 常用变形铝合金的强化相、固溶处理温度和熔化开始温度

合金牌号	强化相(括号中为少量的)	加热温度/℃	熔化开始温度/℃
2A01	$CuAl_2$，Mg_2Si	495～550	535
2A02	$Al_2CuMg(CuAl_2$，$Al_{12}Mn_2Cu)$	495～506	510～515
2A06	$Al_2CuMg(CuAl_2$，$Al_{12}Mn_2Cu)$	503～507	518
2A10	$CuAl_2(Mg_2Si)$	515～520	540
2A11	$CuAl_2$，$Mg_2Si(Al_2CuMg)$	500～510	514～517
2A12	$CuAl_2$，$Al_2CuMg(Mg_2Si)$	495～503	506～507
2A16	$CuAl_2$，$Al_{12}Mn_2Cu(Ti_3Al)$	528～593	545
2A17	$CuAl_2$，$Al_{12}Mn_2Cu(Ti_3Al$，$Al_2CuMg)$	520～530	540
6A02	Mg_2Si，Al_2CuMg	515～530	595
2A50	Mg_2Si，Al_2CuMg，$Al_2CuMgSi$	503～525	>525
2A70	Al_2CuMg，Al_9FeNi	525～595	—
2A80	Al_2CuMg，Mg_2Si，Al_9FeNi	525～540	—
2A90	Al_2CuMg，Mg_2Si，Al_9FeNi，$AlCu_3Ni$	510～525	—
2A14	$CuAl_2$，Mg_2Si，Al_2CuMg	495～506	509
7A03	$MgZn_2(Al2Mg_2Zn_3$，$Al_2CuMg)$	467～470	>500
7A04	$MgZn_2(Al2Mg_2Zn_3$，Al_2CuMg，$Mg_2Si)$	465～485	>500

为了获得最好的固溶强化效果，而又不使合金过烧，应该采取分级加热保温的办法，即先在低于共晶温度 5 ～ 10℃ 的温度下保温，使组成共晶体的含低熔点的第二相溶解后，从而使组元低熔点共晶不存在，然后再升温到接近固相线的温度短期保温和淬火，使剩余的第二相尽可能地溶入 α 固溶体中，这样就能获得较高的力学性能而不致"过烧"。还应注意加热的升温速度不宜过快，以免铸件发生变形和局部聚集的低熔点组织熔化而产生过烧。

淬火时金属内部会发生一系列物理－化学变化，除最主要的相态变化外，还会产生再结晶、晶粒长大以及与周围介质的作用等，这些变化对淬火后合金的性能都会带来影响。在确定淬火温度时，应根据不同合金的特点予以考虑。例如，在不发生过烧前提下，提高淬火温度有助于时效强化过程，但某些合金(6A02 铝合金)在高温下晶粒长大倾向大，则应限制最高的加热温度。

(2)淬火加热保温时间

保温的目的在于使工件透热，相变过程能够充分进行(过剩相充分溶解)，使组织充分转变到淬火需要的形态。因此保温时间是由强化相的溶解速度来决定的。在工业成批生产条件下，保温时间当自炉料最冷部分达到淬火温度的下限算起。保温时间的长短，主要取决于合金的种类、成分、原始组织、加热温度和变形程度，保温时间还与装炉量、工件厚度、加热方式等有关。对于铸件还应考虑铸造方法和铸件的形状及壁厚。

温度愈高，相变速率愈大，所需保温时间愈短。例如 2A12 在 500℃ 加热，只需保温 10 min 就足以使强化相溶解，自然时效后获得最高强度(441 MPa)；若 480℃ 加热，则需保温 15 min，自然时效后的最高强度也较 500℃ 淬火的为低(412 MPa)。

材料的预先处理和原始组织(包括强化相尺寸、分布状态等)对保温时间也有很大影响。通常铸态合金中的过剩相较粗大，溶解速率较小，它所需要的保温时间比变形后的合金应显著增长，通常由试验确定，一般的砂型、厚壁铸件比同类型的金属型、薄壁铸件要延长一些。强化相的扩散速度大，则保温时间可以相应地缩短，如 Mg_2Si 的扩散速度最大，$CuAl_2$ 次之，而 Mg_2Al_3 最小，所以 Al－Si－Mg 合金的保温时间就可比 Al－Cu、Al－Mg 合金少一些。就同一变形合金来说，变形程度大的要比变形程度小的所需时间短，这是因为变形程度大，强化相尺寸越小，强化相较快。退火状态合金中，强化相尺寸已淬火－时效后的合金粗大，故退火状态合金加热保温时间较重新淬火的保温时间长得多。

装炉量愈多、工件愈厚，保温时间应愈长。浴炉加热比气体介质加热(包括热风循环炉)速度快，时间短。铸件加热时间较长，通常需几十分钟到几小时；变形产品，组织细密，加热时间较短，例如板材，根据板厚，只需几分钟到几十分钟。

(3)淬火冷却速度

淬火冷却速度是重要工艺参数之一，其大小取决于过饱和固溶体的稳定性。冷却速度可以通过选用具有不同的热容量、导热性、蒸发潜热和粘滞性的冷却介质来改变。

过饱和固溶体稳定性可根据 C 曲线位置来估计。若合金从淬火温度下以不同速度 V_1、V_2

…进行冷却(图4-73),则与C曲线相切的冷却速度V_c称为临界冷却速度,即可防止固溶体在冷却过程中发生分解的最小冷却速度。当制品中心点的冷却速度大于V_c时,整个制品的各个部分就能把高温状态的固溶体保留下来,此种情况就表示这种制品"淬透了"。

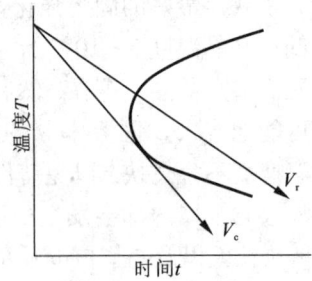

图4-73 临界冷却速度

临界冷却速度与合金系、合金元素含量和淬火前合金组织有关。不同系的合金,原子扩散速度不同,基体与脱溶相间表面能以及弹性应变能不同。因此,不同系中脱溶相形核速率不同,使固溶体稳定性有很大差异。如Al-Cu-Mg系合金中,铝基固溶体稳定性低,因而V_c大,必须在水中淬火;而中等强度的Al-Zn-Mg系合金,铝基固溶体稳定性高,可以在静止空气中淬火。Mg-Al-Zn系合金淬火后也可采用空冷。

固溶加热后水中淬火所能达到的冷却速度高于大多数铝、镁、铜、镍及铁基合金制件临界冷却速度(尺寸很大的零件除外)。但淬于水中易使制件产生大残余应力及变形。为克服这一缺点,把水温适当升高,或在油、空气及其他冷却较缓的介质中淬火。此外,也可采用一些特殊的淬火方法,如等温淬火、分级淬火等。

同一合金系中,当合金元素浓度增加,基体固溶体过饱和度增大时,固溶体稳定性降低,因而需要更大的冷却速度。因此,固溶热处理的淬火转移时间应尽可能地短,一般应不大于15 s,以免合金元素的扩散析出而降低合金的性能。

若淬火温度下合金中存在弥散的金属间相和其他夹杂物相,这些相可能诱发固溶体分解而降低过冷固溶体的稳定性。例如,铝合金中加入少量锰、铬、钛,在熔体结晶时,这些元素就以过饱和状态存在于固溶体中,随后的均匀化退火、变形前加热及淬火加热,均可从固溶体中析出这些元素的弥散化合物。这些化合物本身可作为主要的脱溶相晶核,它们的界面也是主要脱溶相优先形核场所,因而使固溶体稳定性降低。对于这类合金,淬火需要采用较大冷却速度。

淬火转移时间在淬火工艺中也是一个重要问题。对于那些不能在空气中冷却淬火的合金,自加热炉中取出转移至淬火槽,必然要在空气中冷却一段时间。若在这段时间内固溶体发生部分分解,则不仅会降低时效后强度性能,而且对材料晶间腐蚀抗力也有不利影响。例如7A04铝合金板材在空气中淬火转移时间对力学性能的影响如表4-31,7A04铝合金在空气中转移时间由3~5 s增加至20 s,会使时效后的抗拉强度降低10~15 MPa,屈服强度降低30~40 MPa;转移时间由3~5 s增加至40 s,会使时效后的抗拉强度降低100 MPa以上,屈服强度降低近150 MPa。因此这类合金应尽量缩短转移时间。一般规定铝合金的厚度小于4 mm时,淬火转移时间不得超过30 s;当成批量工件同时淬火时,转移时间应增长;对于硬铝和锻铝,淬火转移时间可增至20~30 s,超硬铝和锻铝,淬火转移时间可增至20~30 s。

表 4 – 31　7A04 铝合金板材在空气中淬火转移时间对力学性能的影响

淬火转移时间/s	σ_b/MPa	$\sigma_{0.2}$/MPa	δ/%	淬火转移时间/s	σ_b/MPa	$\sigma_{0.2}$/MPa	δ/%
3	522	493	11.2	30	480	377	11.0
10	515	475	10.7	40	418	347	11.0
20	507	452	10.3	60	396	310	11.0

　　对于铸造合金淬火时给予铸件的冷却速度越大，使固溶体自高温状态保存下来的过饱和度也越高，从而使铸件获得高的力学性能，但同时所形成的内应力也越大，使铸件变形的可能性也越大。为了得到最小的内应力，铸件可以在热介质(沸水、热 油或熔盐)中冷却。

　　为获得细晶粒组织并防止晶粒长大，在保证强化相全部溶解的前提下，尽量采用快速加热及短的保温时间是合理的。

　　另外，为了保证铸件在淬火后，同时具有高的力学性能和低的内应力，有时采用等温淬火，即把经固溶处理后的铸件直接淬入到该合金人工时效温度的介质中，并保温到人工时效完毕，把固溶处理和时效处理结合起来。可缩短处理时间，提高合金的抗拉强度，且由于淬火介质温度提高，故零件的淬火变形也可减少。

　　2. 时效规程的选择

　　时效强化的效果还与淬火后的时效温度和时间有关。时效温度和时间的选择取决于对合金性能的要求、合金的特性、固溶体的过饱和程度以及铸造方法等。为了适应的使用条件，通过改变时效温度和时间，人工时效尚可分为完全时效(亦称峰时效)、不完全时效(亦称欠时效)及过时效、稳定时效等。一般对于要求比较高的强度，同时保留较高的塑性和韧性，但耐腐蚀性能可能比较低工件，常采用比较低的时效温度或较短的保温时间；对于要求最大的硬度和最高的抗拉强度，但伸长率较低，常采用即较高的时效温度和较长的保温时间，时效达到时效强化的峰值；若要求合金保持较高的强度，同时塑性有所提高，特别是为了得到好的抗应力腐蚀性能，常采用更高的温度下进行时效；若合金为了消除应力、得到稳定的组织和零件几何尺寸，时效应该在更高的温度下进行，进行即稳定化时效和软化处理。

　　实际生产中最主要的时效工艺是等温时效或单级时效，即选择一定温度和保温一定时间，以达到所要求的性能。这种工艺简单易行，但有时不能得到均匀的显微组织，因而材料的综合性能也不十分理想。为了进一步改善材料的性能，某些合金采用分级时效工艺，就是先于某一温度时效一定时间后，再提高(或降低)时效温度，完成整个时效过程。除上述两种工艺外，还有形变时效和回归处理与回归再时效处理等。

　　(1)等温时效(单级时效)

　　等温时效是一种最简单也最普及的时效工艺制度，在淬火(或称固溶处理)后只进行一次时效处理。等温时效分为自然时效和人工时效，大多时效到最大硬化状态，前者以 G. P. 区强化为主，后者以沉淀相强化为主。只热处理强化的变形铝合金才有明显的自然时效强化效应。在室温下大多数时效型合金的时效过程不能进行，或进行极为缓慢，因此只能采用人工时效。

对结构材料来说，选择时效规程往往以保证达到最高强化为原则。这种时效是在时效硬化曲线上的峰值点进行的时效，称为完全人工时效。但有些制品不要求最高强度值，而是要求具有强度、韧性、塑性、抗应力腐蚀能力……等多方面综合性能，则采用不完全人工时效、过时效及稳定化时效等。

不完全人工时效规程相当于图 4 - 74 中曲线的上升段，与完全人工时效相比较，温度较低保温时间较短，虽强度性能未达到最高值，但塑性较好。过时效规程相当于图中曲线的下降段，与不完全时

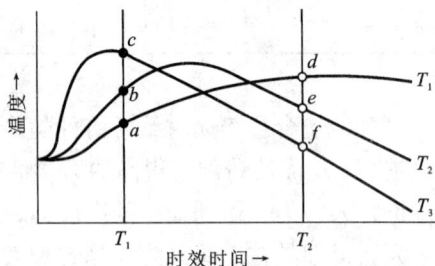

图 4 - 74　在不同温度下时效时强度与时效时间之间的关系

效比较，过时效后组织较稳定，具有较好的综合力学性能及抗应力腐蚀能力。稳定化时效是过时效的一种形式，其特点是时效温度更高或保温时间更长，目的在于使制件的性质和尺寸更稳定。对于高温条件下工作的耐热合金，为保证在使用条件下性质和尺寸的稳定性，一般采用过时效或稳定化时效。

（2）分级时效

与一次时效相比，虽然分级时效工艺复杂，但时效后组织均匀，合金的拉伸性能、抗疲劳和断裂性能、应力腐蚀抗力之间能够获得良好的配合，而且能够缩短生产周期。分级时效工艺主要用于 Al - Zn - Mg 系和 Al - Zn - Mg - Cu 系合金，效果良好。与高温单级时效相比较，分级时效使脱溶相密度更高，分布更均匀，合金有较好的抗拉、抗疲劳、抗断裂以及抗应力腐蚀等良好的综合性能。例如 Al - Zn - Mg 系合金，若先于 100 ~ 120℃ 时效，然后再在 150 ~ 175℃ 时效，则可增加 η 相的密度及均匀性，与在 150 ~ 175℃ 一次时效相比，合金不仅强度较高，且应力腐蚀抗力变好。

分级时效也有先高温后低温，但应用少，仅某些耐热镍合金采用这种工艺。

在实际生产中，有色合金的淬火时效工艺往往需要通过实验来确定，这是一项比较繁杂的工作。因为淬火规程与时效规程是统一的整体，规程中的各参数（淬火加热温度、保温时间、淬火冷却速度、时效温度及时效时间）是否合理都对合金最终性能带来影响。为了选定一个合金正确的淬火时效工艺，除依据上述的原则初选各参数的大致范围外，还需进行实验，以获得最佳的工艺参数。经典的试验方法是逐个参数进行比较，不仅试验量大，而且对各参数的互相制约、综合作用无法全面分析。因此，这个多参数的试验最好采用正交试验法。

3. 主要工业合金的淬火 – 时效工艺

（1）铝合金的淬火和时效工艺

根据合金的成分和生产工艺不同将铝合金分为铸造铝合金和变形铝合金，图4 – 75。成分位于 F 与 D 之间的变形铝合金和铸造铝合金均可通过淬火时效处理强化。

1）变形铝合金的时效强化特点

详细内容见第7章相关章节。

2）变形铝合金淬火

制定变形铝合金淬火规程时遵循有色合金淬火的一般原则，即必须防止过烧和使第二相最大限度的溶入固溶体。表4 – 32是几种典型变形铝合金的淬火与时效制度。

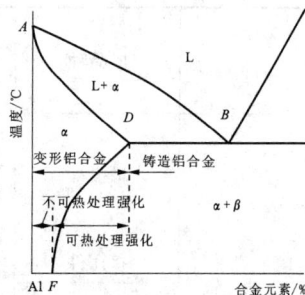

图4 – 75　铝合金分类示意图

表4 – 32　变形铝合金的淬火和时效温度

合金牌号	半成品种类	淬　火			时　效	
		最低温度/℃	最佳温度/℃	过烧危险温度/℃	时效温度/℃	时效时间/h
2A12	板材,挤压件	485 ~ 490	495 ~ 503	505	185 ~ 195	6 ~ 12
2A16	各类	520 ~ 525	530 ~ 542	545	160 ~ 175	10 ~ 16
					200 ~ 220	8 ~ 12
2A17	各类	515	520 ~ 530	—	180 ~ 195	12 ~ 16
2A02	各类	490	495 ~ 508	512	165 ~ 175	10 ~ 16
6A02	各类	510	525 ± 5	595	150 ~ 165	6 ~ 15
2A50.2A60	各类	500	515 ± 5	545	150 ~ 165	6 ~ 15
2A70	各类	520	535 ± 5	545	180 ~ 195	8 ~ 12
2A80	各类	510	525 ~ 535	545	165 ~ 180	8 ~ 14
2A90	挤压件	510	510 ~ 530	—	135 ~ 150	2 ~ 4
2A14	各类	490	500 ± 5	515	175 ~ 185	5 ~ 8
7A04	包铝板	450	455 ~ 480	525	120 ~ 125	24
	不包铝零件				135 ~ 145	16
	铝板				120 ± 5	3
	型材				160 ± 3	3

合金牌号	半成品种类	淬火			时效	
		最低温度/℃	最佳温度/℃	过烧危险温度/℃	时效温度/℃	时效时间/h
7A06	模锻件	450	455～473	—	100±5	5
					155～160	8～9
					145±5	16
7A09	挤压件	450	455～480	520～530	140±5	16
	模锻件				110±5	6～8
					117±5	6～10

  铝合金淬火加热一般在硝盐槽或空气循环电炉中进行。硝盐槽是目前铝合金广泛使用的淬火加热及设备，一般利用 35%～65% $NaNO_3$ 及 65%～35% KNO_3 混合盐。为防止硝盐对材料的腐蚀，保证表面品质，其中碱度换算成 K_2CO_3 的含量不应超过 1%，氯化物含量换算成 Cl^- 含量不应超过 0.5%。此外，可加入 0.3%～2.0% K_2CrO_7。硝盐槽的最大特点是加热迅速均匀，例如它比循环空气电炉的加热速度快 5～7 倍，比不循环空气电炉快 10 倍。此外，它控制简单，对可以同时加热而保温时间不同的断面制品，可以不同时的装料和取出而不破坏加热规程。硝盐不能在 550℃ 以上工作，因为此时硝盐开始显著分解、沸腾并蒸发。硝盐槽最主要的缺点是：①易燃烧，析出有害气体及盐液飞溅等，在一定条件下（与镁、硫、碳、烟尘及其他物质作用）可发生爆炸，这些都对安全不利。②盐浴加热后的材料必需清洗，否则留有盐痕易引起材料腐蚀。③淬火加热后，由于必须给硝盐下流时间，使得淬火转移时间较长。这些缺点采用循环空气电炉可以克服，因此循环空气电炉得到愈来愈广泛的应用。

  在制定变形铝合金淬火规程时，除一般原则外，还应注意下列问题：① 很多铝合金淬火温度上限距熔点很近。合金元素浓度偏高者以及变形程度小的零件或半成品易于过烧，此时加热温度应适当降低。② 为提高板材耐蚀性，其表面往往覆有包铝层。淬火加热时，铜及镁等组元会向包铝层扩散。为防止合金组元素穿透包铝层降低耐蚀性，加热时间应短。根据同一理由，若包铝板材重复淬火，保温时间一般应比第一次淬火时间缩短一半，重复加热的次数以不穿透包铝层为原则。③ 很多铝合金挤压制品有挤压效应现象。在需要保持挤压效应时，淬火加热温度及保温时间均应取下限。④ 铝合金淬火介质一般为水，以保证快速冷却，变形产品的淬火水温一般低于 40℃。

  对于壁厚差大的型材和形状复杂的大型锻件，淬火易产生大的内应力并导致变形。为减小内应力和变形开裂倾向，可将水温提高至 50～80℃ 进行热水淬火。除必须控制水温外，水的成分对制品腐蚀是一个重要问题。水成分中对铝材有重要腐蚀作用的是 Cu^{2+}、HCO_3^-、Cl^-、SO_4^{2-} 等离子，腐蚀作用按上述顺序递减。为减少水的腐蚀，在有条件的情况下采用去离子水。此外，应使用循环水并在循环回路中安设过滤设备，以滤掉砂子、木纤维、藻类以及其他各种赃物及腐蚀产物。为减少腐蚀现象，水池中金属部分及料框、料夹等应镀锌，以免形成大面积阴极。

除水外，生产中还可采用新的淬火介质和新的淬火方法，如油、液氮和某些有机介质（如聚二醇、聚醚等），可使制件冷却较为和缓均匀，明显减小变形和内应力。但这些介质价格昂贵，只能在个别特殊情况下应用。利用分级淬火及等温淬火法（图4-76）可使制件内外温差减小，

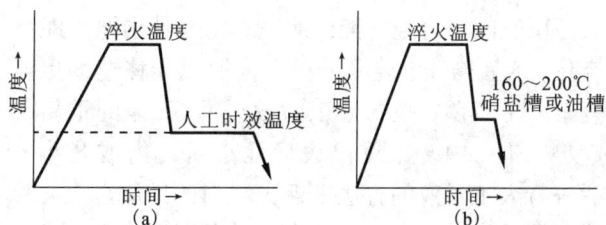

图 4-76　铝合金的等温淬火(a)和分级淬火(b)工艺

从而减小淬火应力。但这些方法会使制品时效后强度降低(20~30 MPa)。

3）变形铝合金的时效

一般变形铝合金均有自然时效效果，有些合金自然时效强化效果比人工时效更大。究竟那种时效工艺合适，则需要根据合金本性及用途，综合比较不同时效工艺处理后的性能来确定。如工业铝合金中，Al-Cu-Mg 系硬铝合金可采用自然时效，这类合金有 2A11、2A12 等，时效后屈服强度较人工时效后稍低，但晶间腐蚀抗力较高，同时工艺也比较简单，淬火后在室温放置 96 h 后，性能基本上就达到稳定阶段，宜作常温下应用的材料。Al-Zn-Mg-Cu 系超硬铝合金自然时效往往达不到最高强化效果，常采用人工时效，如 6A02、7A04 等，时效后可以充分发挥时效强化效果，而且抗应力腐蚀性能较好。7A04 自然时效时间长 3 个月，应力腐蚀抗力较人工时效差，故一般用人工时效。对于高温下工作的零件，应采用人工时效，以保证合金组织和性能的稳定性。

铝合金自然时效后的性能特点是塑性高($\delta > 10\% \sim 15\%$)，抗拉强度和屈服强度差值较大($\sigma_{0.2}/\sigma_b = 0.2 \sim 0.8$)，良好的冲击韧性和抗蚀性。而人工时效则相反，强度较高，屈服强度增加更为明显，$\sigma_{0.2}/\sigma_b$ 达 0.8~0.95，但塑性、韧性和抗蚀性一般较差。

采用人工时效工艺时，应注意热处理工序之间的协调，由于大多数变形铝合金停放时会发生明显的自然时效，存在所谓停放效应，即淬火后在室温停放一段时间再进行人工时效处理时将使合金的时效强化效应降低，这种现象在 6A02、7A04 等合金中尤为明显，因此必须注意淬火后到人工时效前的间隔时间。间隔时间长，人工时效后强度有所降低(约降低20MPa)。例如 Al-1.75Mg$_2$Si 合金淬火后，在室温下分别停留 3 min、10 min、30 min 和 2 h，再在 160℃进行人工时效，合金硬化变化如图 4-77 所示，Al-Mg-Si 系合金自然时效降低人工时效效果，其中以淬火后放置 2 h 的影响最大。

为了减轻或消除淬火后停留时间对合金力学性能的不利影响，可考虑在淬火后立即进行

一次短时预人工时效，使 G. P. 区长大到可以作为稳定的晶核尺寸。但是，这种措施在生产中不方便，难以推广使用。后来发现添加一些合金组元，如在 Al - Mg - Si 系合金中加入(0.2~0.3)%Cu 可以大大减小淬火后停留时间对合金性能的影响，原因是铜原子能稳定空位，或者与镁、硅原子和空位形成迁移速度更慢的复杂原子集团，减弱人工时效时 G. P. 区的重新溶解趋势。工厂中多采用淬火后几小时之内或几小时之后进行人工时效的方法来保证材料的性能。

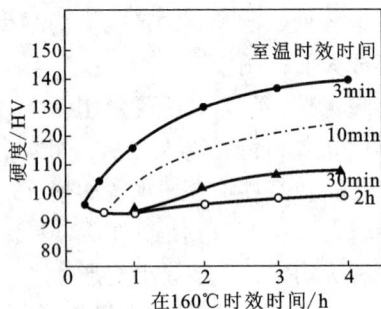

图 4-77　自然时效对 Al - 1.75Mg₂Si
合金在 160℃人工时效硬度的影响

为弥补单级时效的缺点，缩短生产周期，分级时效在实用中颇受重视，特别是对 Al - Zn - Mg 和 Al - Zn - Mg - Cu 系合金收到很好的效果。为了正确选定铝合金的分级时效制度，必须了解主要热处理参数对铝合金显微组织及性能的影响，显微组织包括基体沉淀相和晶界沉淀相的结构、尺寸和分布，以及晶界无沉淀带的性能和宽度。

晶界沉淀相一般是过渡相或平衡相，它们在淬火与时效过程中均可形成。固溶温度低、保温不足和冷却速度慢时，容易在晶界析出粗大的第二相质点。时效过程中形成的晶界沉淀相则尺寸小，密度高。晶界沉淀相的形态和分布对合金性能有明显影响，其中以连续的网膜状分布对性能最为不利，容易在相界面生成裂纹，严重降低合金的力学性能和抗蚀性能，分散的质点则影响最小。为此，应提高固溶处理温度，增加淬火速度，以避免或减少晶界沉淀相，或调整时效工，使晶界沉淀相发生聚集，成为间距较大的孤立质点。

基体沉淀相是决定合金性能的主要因素。为了获得最大强化效果，时效组织应以 G. P. 区和过渡相为主，但过渡相一般在缺陷和晶界处择优形成，即非均匀形核。为了保证组织的均匀性，分级时效的预时效(即形核处理)温度应低于 G. P. 区的溶解温度。每种合金都有自己的 G. P. 区和亚稳相存在的温度范围，即有一个临界温度 T_c，T_c 取决于合金成分。例如 Al - Zn5.9% - Mg2.9%合金的 $T_c = 155℃$，Al - Cu4%合金的 $T_c = 175℃$。当时效温度 T_A 高于 T_c 时(见图 4-78(a))，由于缺少现成的 G. P. 区做核心，人工时效后沉淀相主要在位错线或其他缺陷上形核，结果形成不均匀分布和尺寸较大的沉淀相，这是一种不合理的时效制度。Al - Mg 合金因临界温度低(<50℃)，在常规热处理后就获得这种组织。当时效温度 T_A 低于 T_c 时[见图 4-78(b)]，G. P. 区可连续形成和长大，则得到高度细密均匀的组织，而亚稳相不能析出。Al - Cu - Mg 和 Al - Mg - Si 系合金因临界温度高，一般单级时效温度低于 T_c，故属这种类型。图 4-78(c)所示为一种典型的分级时效制度，预时效处理温度 T_{A1} 低于 T_c，形成大量的 G. P. 区，成为二次时效(T_{A2})沉淀相的核心，保证了组织的均匀性。通过改变 T_{A1} 和 T_{A2}，可调整沉淀相的结构和弥散度，以满足性能要求。Al - Zn - Mg 系合金常采用这种分级时效制度。

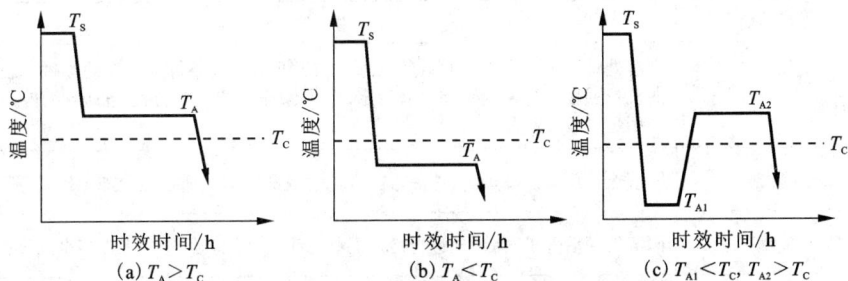

图 4 - 78　几种等温淬火与时效制度示意

4）变形铝合金的各种淬火（固溶处理）、时效状态

变形铝合金的淬火及时效工艺非常复杂，为满足需要，开发了多种淬火及时效的综合工艺，因此出现了以多种淬火时效状态供应的产品。变形铝合金的淬火时效状态以 T 表示，在 T 之后添加一位或多位阿拉伯数字表示 T 的细分状态。在 T 后添加 0～10 数字，表示细分状态（称作 T×状态），T 后面的数字表示对产品的处理程序，其热处理工艺和应用如表 4 - 33 所示。实际上，T2、T3、以及 T8、T10 的工艺均属于形变热处理范畴。还有一类代号是在上述 T×、T××、T××× 后添加 51、510、511、52 或 54，表示经历了消除应力处理的状态。×代表 3、4、6、8。在 T×代号后再添加一位（T××）或两位（T×××）阿拉伯数字，表示某种改变产品特性（如力学性能、抗腐蚀性能等）的特定工艺处理的状态。

表 4 - 33　变形铝合金主要热处理的分类

代号	热处理类别	用 途 说 明
T0	淬火、自然时效	固溶处理后，经自然时效再通过冷加工的状态；适用经冷加工提高强度的产品
T1	不淬火、自然时效	由高温成形过程冷却，然后自然时效至基本稳定的状态。适用于由高温成形过程冷却后，不再进行冷加工的产品
T2	不淬火、经冷加工自然时效	由高温成形过程冷却，经冷加工后自然时效至基本稳定的状态。适用于由高温成形过程冷却后，进行冷加工，以提高强度的产品
T3	淬火、自然时效	固溶处理后进行冷加工，再经自然时效至基本稳定状态。适用于固溶处理后，进行冷加工，以提高强度的产品
T4	淬火、自然时效	固溶处理后经自然时效至基本稳定状态。适用于固溶处理后，不再进行冷加工的产品
T5	不淬火、人工时效	由高温成形过程冷却，然后进行人工时效的状态。适用于由高温成形过程冷却后，不经过冷加工，直接人工时效的产品
T6	淬火、人工时效	固溶处理后进行人工时效的状态。适用于固溶处理后，不进行冷加工直接人工时效的产品

代号	热处理类别	用 途 说 明
T7	淬火、稳定化回火（人工过时效）	固溶处理后进行人工过时效的状态。用于处理高温条件下工作的零件，既获得足够高的抗拉强度又能使组织和尺寸稳定，或为保证某些重要特性（如韧性、应力腐蚀抗力）采用过时效的产品
T8	淬火、软化回火	固溶热处理后经冷加工，然后进行人工时效的状态。适于经冷加工提高强度的产品
T9	淬火、人工时效	固溶处理后人工时效，再进行冷加的状态工。适用于经冷加工提高高强度的产品
T10	不淬火、工人工时效	由高温成形过程中冷却后，进行冷加工然后人工时效状态。适于经冷加工提高强度的产品

5）铸造铝合金淬火和时效

铝合金在铸态下的力学性能往往不能满足使用要求，所以除 Al – Si 系的 ZL102、Al – Mg 系的 ZL302 和 Al – Zn 系的 ZL401 合金外，都要通过热处理进一步提高铸件的力学性能和其他使用性能。

铸造铝合金的固溶处理可以消除偏析和针状组织，提高铸件的抗拉强度和硬度，保证一定的塑性，改善合金的切削加工性能和耐腐蚀性能；还可以消除由于铸件壁厚不均匀，快速冷却等所造成的内应力。

铸造铝合金一般含较多的合金元素，成分接近共晶点，具有良好的铸造性能，可直接铸造成型各种形状复杂的零件；并有一定的力学性能和其他性能，通过热处理等方式改善其力学性能，且生产工艺和设备简单，成本低。因此尽管其力学性能不如变形铝合金，但在许多工业领域仍然有着广泛的应用。根据合金中加入主要合金元素的不同，铸造铝合金可分为：铝硅基（Al – Si）铸造铝合金、铝铜基（Al – Cu）铸造铝合金、铝镁基（Al – Mg）铸造铝合金和铝锌基（Al – Zn）铸造铝合金四大类。铸造铝合金合金的强化相有 θ 相（$CuAl_2$）、β 相（Mg_2Si）及 S 相（Al_2CuMg）等，使合金在淬火时效后获得高的强度和硬度。

单纯的 Al – Si、Al – Cu 二元合金和 Al – Si – Cu、Al – Cu – Si 合金，铸造淬火没有明显效果。在一定条件下对 Si 和 Mg 元素同时存在的合金采用铸造淬火，可以获得比较满意的力学性能。这主要是因为 Si 和 Mg 能形成 Mg_2Si 强化相，具有很大的淬火效应，从而对时效硬化有最大的影响。如果 Mg 量超过 1%，形成过多的 Mg_2Si 相，不能全部溶入 α 固溶体，而游离分布在晶界上，也明显降低铸造淬火的效果。在 Al – Si 合金中同时加入 Mg 和 Cu，比单独加入其中一种元素所获得的热处理效果要好，Al – Si – Cu – Mg 系铸铝合金，ZL110、ZL105、ZL108、ZL109 均属此类。这些合金的强化相有 θ、β 及 S 相等，使合金在淬火时效后获得很高的强度和硬度。在 Al – Cu 系铸造合金中添加 Mn 生成 $Al_{12}CuMn_2$ 相，该类合金进行热处理使合金强化。

铸造铝合金热处理原则上与变形合金相同，区别仅在于时效工艺。根据使用要求，铸造铝合金淬火及时效规程有 T1、T2、T4、T5、T6、T7 及 T8 等。其中 T1 为铸态加人工时效、T2 为退火、T4 为淬火加自然时效、T5 为淬火加不完全人工时效、T6 为淬火加完全人工时效、T7 为淬火加稳定化回火处理、T8 为淬火软化回火处理、T9 为冷热循环处理。且 T4、T5、T6、T7 及 T8 淬火条件相同。

　　铸造铝合金的固溶处理温度较高,接近于共晶体的熔点。由于铸造组织较粗大,存在着枝晶偏析,以及呈针状或片状的金属间化合物。加热时强化相的溶解,以及时效时强化相的析出及聚集过程进行得非常缓慢。因此,在固溶处理温度下,保持足够长的时间,并随后快速冷却,使强化组元最大限度的溶解。

　　固溶处理后,应立即进行时效。可以采用自然时效,也可以采用人工时效。时效过程可以是单级时效,也可以是多级时效,这都是根据铝合金的组织转变特征和性能需求确定的。但由于铸造铝合金硬脆相较多,为了保证合金有足够的塑性和韧性,只能采用欠时效。

　　铸件的外形及断面形状多种多样,这些都使铸造铝合金的淬火与时效具有下列特点:①形状复杂的大铸件加热速度应较慢,以防翘曲,有时应采用分段加热。②为保证粗大强化相较彻底的溶解,加热时间应较变形合金长得多。③为防止翘曲及开裂,可以采用较慢的冷却速度,如淬火介质用 60 ~ 100℃的水或热油。有些合金铸件在冷凝过程中就存在部分淬火现象。④时效温度较高。根据零件用途不同,时效温度在 150 ~ 330℃之间。高温下时效实际上是软化过程。

　　为减少铸件的淬火畸变,可采用等温淬火。所谓等温淬火是合金在固溶处理后,直接淬火到该合金人工时效温度(200 ~ 250℃)的介质中,并保温到人工时效完毕,然后空冷。该工艺实际上是将淬火与时效合并。如 ZL101 合金的等温淬火工艺为:541 ± 3℃固溶处理 4 h,然后在 171℃的盐浴中淬火并时效。而其普通工艺为:538℃固溶处理 15 h,在 65℃的水中淬火,室温停留 24 h,再在 171℃时效。可见等温淬火 – 时效工艺缩短时间,提高效率,且提高合金的抗拉强度,减小变形。

　　铸造淬火将刚凝固仍处于高温状态下的铝铸件直接淬入火中,使固溶体处于过饱和状态,再加以人工时效,可以得到和 T5 或 T6 相似的热处理效果。它可以省去将已冷却的铸件重复加热到淬火温度的工序,对于缩短生产周期、降低电能消耗、节约生产成本等具有一定的经济价值。铸造淬火的效果受合金成分、淬火温度、淬火前铸件的冷却速度等因素的影响颇大。

　　(2)镁合金的固溶处理和时效工艺

　　镁可以和多数元素形成固溶体,合金元素在镁中的溶解度通常随温度的降低而下降,因此大多数镁合金具有时效硬化效应,但是镁合金的时效硬化程度远低于铝合金。可热处理强化的变形镁合金有三大系列,即 Mg – Al – Zn 系(AZ)、Mg – Zn – Zr 系(ZK)和 Mg – Zn – Cu 系(ZC)。凡是高温下在镁中有较大固溶度、随温度降低固溶度降低较大的合金系可采用淬火 + 人工时效。典型镁合金的时效析出相列于表 4 – 34。一般镁合金淬火后无自然时效效应，淬火后在室温下放置仍能保持淬火状态的原有性能，主要是因为镁的扩散激活能较低。通常需采用人工时效，而且时效时间比铝合金长得多。

表 4-34 典型美合金的时效析出相

时效后期(稳定相)	镁合金系	时效初期(G.P.区等)	时效中期(中间相)
$\beta - Mg_{17}Al_{12}$ 相(立方)连续和不连续两种方式析出	Mg - Al	—	—
$\beta' - Mg_2Zn_3$(三方，非共格)	Mg - Zn	G.P. 区板状(共格)	$\beta' - MgZn_2$(立方，共格)
$\alpha - Mn$(立方)棒状	Mg - Mn	—	—
β 相: $Mg_{24}Y_5$(体心立方)	Mg - Y	β'' 相: DO_{19} 晶体结构	β' 相: 底心正交
β 相: $Mg_{12}Nd$(体心立方)	Mg - Nd	G.P. 区棒状(共格) β'' 相: DO_{19} 晶体结构	β' 相: 面心立方
β 相: $Mg_{14}Nd_2Y$(面心立方)	Mg - Y - Nd	β'' 相: DO_{19} 晶体结构	β' 相: $Mg_{12}NdY$(底心正交)
β 相: $Mg_{12}Ce$(六方)	Mg - Ce	—	中间相(?)
β 相: $Mg_{24}Dy_5$(立方)	Mg - Gd Mg - Dy	β'' 相: DO_{19} 晶体结构	β' 相: (正交)
β 相: $Mg_{23}Th_5$(面心立方)	Mg - Th	β'' 相: DO_{19} 晶体结构	—
Mg_2Ca(六方)，添加 Zn 微细析出	Mg - Ca Mg - Ca - Zn	—	—
$Mg_{12}Nd_2Ag_3$ 复杂板状(六方，非共格)	Mg - Ag - RE(Nd)	G.P. 区棒状及椭圆状	γ 相(六方，共格) β 相，等轴(六方，半共格)
MgSc	Mg - Sc		

1)镁合金的淬火和时效类型

镁合金常用热处理工艺包括: 在铸造或锻造后直接人工时效; 淬火不时效; 淬火 + 人工时效和退火等，具体工艺规范应根据合金成分特点和性能要求而定。镁合金的热处理的特点: 第一，固溶和时效处理时间较长，其原因是镁合金中合金元素的扩散和合金相的分解过程极其缓慢。由于同样的原因，过饱和固溶体比较稳定，镁合金淬火时冷却速度无严格要求，不需要进行快速冷却，通常在静止的空气中或者人工强制流动的气流中或 80~95℃热水中冷却即可达到固溶处理的目的。一般情况下，镁合金在空气、压缩空气、沸水或热水中都能进行淬火。第二，镁合金组织一般较粗大，因此淬火加热温度较低；第三，合金元素在镁中扩散速度慢，故镁合金淬火保温时间较长；而绝大多数镁合金对自然时效不敏感，时效时若为自然时效，脱溶沉淀过程必然极慢，故镁合金一般都进行人工时效。镁合金常用的淬火及时效有 T1、T4、T6、T61 等几种形式。

T1 为不经淬火直接人工时效。有些镁合金，如 MB15 等，在成形铸造和加工变形后，不进行固溶处理而直接人工时效。这种工艺简单，也可获得相当高的时效强化效果。特别是

Mg – Zn 系合金，因晶粒容易长大，重新加热淬火会使晶粒粗化，时效后的综合性能反而不如直接人工时效状态。

Mg – Zn 系合金的时效过程比较复杂，存在预沉淀阶段。在 110℃ 以下，观察到 G. P. 区 →β′→β(MgZn)。在 110℃ 以上，不形成 G. P. 区，而是 α→β′→β。β′ 为亚稳定过渡相，具有与 MgZn$_2$ 同样的结构，稳定性较高，在 250℃ 时效时，可保持 5000 h。Mg – Zn 系合金时效为连续析出，β′ 相尺寸很小，呈片状，并与基面平行。Mg – Zn 系合金的时效强化效果超过 Mg – Al 系，且随含锌量的增加而提高。但 Mg – Zn 系合金晶粒容易长大，故工业合金中常添加少量锆，以细化晶粒，改善力学性能。

T4 为固溶处理后不经人工时效的状态。有些镁合金，如 ZM5、MB6 等，在成形铸造和加工变形后，只进行固溶处理而不进行人工时效。经 T4 处理后可同时提高合金的抗拉强度和伸长率，因此某些合金往往在 T4 状态下使用。因很多镁合金时效强化效果小，故 T4 为常用的热处理形式之一。

为了获得最大的过饱和固溶度，淬火加热温度通常只比固相线低 5 ~ 10℃。镁合金原子扩散能力弱，为保证强化相充分固溶，需要较长的加热时间，一般都超过 4 h，特别是对砂型厚壁铸件。对薄壁铸件或金属型铸件加热时间可适当缩短，变形合金则更短，这是因为强化相溶解速度除与本身尺寸有关外，也与晶粒度有关。例如，ZM5 金属型铸件，固溶处理加热规范为 415℃ ×8 ~ 16 h，薄壁(<10 mm)砂型铸件加热时间延长到 12 ~ 24 h，而厚壁(>20 mm)铸件为防止过烧应采取分段加热，即 360℃ 3h + 420℃ 21 ~ 29 h。固溶处理加热后一般进行空冷。

T6 为空气固溶处理加完全人工时效。目的是提高合金的屈服强度，但塑性相应有所降低。T6 状态主要应用于 Mg – Al – Zn(AZ)系及 Mg – RE – Zr 系合金。

Mg – Al 二元合金的时效析出过程为：α→β，即从过饱和固溶体中直接析出稳定性较高的 β 相。含铝量大 2% 时，铸造组织中的化合物相为 β 相，β 相具有成分 Mg$_{17}$Al$_{12}$(44.0% Al) 和 α – Mn 型立方单胞结构，晶格常数为 1.056 nm。β 相随铝含量的增加而增加。当铝含量超过 8% 时，这些化合物以共晶形式沿晶界呈不连续网状分布。430℃ 左右的退火或固溶处理可以使全部或部分 β 相溶解。在随后的固溶处理时效过程中，平衡 β 相直接在镁基体的 (0001)基面上析出，无 G. P. 区或中间化合物析出。β 相与基体之间主要具有以下位向关系：(110)$_β$//(0001)$_{Mg}$；[112]$_β$//[0110]$_{Mg}$。由于无共格或半共格中间沉淀相析出，因而 Mg – Al 系合金时效硬化效果不明显。向 Mg – Al 二元合金中添加 Zn 元素后形成 Mg – Al – Zn 三元合金(AZ91)，其时效析出过程与 Mg – Al 二元合金相同，且 Zn 增加了析出相的含量，促进了时效过程。

Mg – Al 合金中，沉淀相 β – Mg$_{17}$Al$_{12}$ 可以以连续和不连续两种方式从镁固溶体中析出。当时效温度高于约 205℃ 时，Mg$_{17}$Al$_{12}$ 以连续方式析出；当时效温度较低，铝含量大于 8% 时，通常以不连续沉淀方式析出。β 相的非连续析出大多从晶界或位错处开始，β 相以片状形式按一定取向往晶内生长，附近的 α 固溶体同时达到平衡浓度。由于整个反应区呈片层状结构，故有时也称为珠光体型沉淀。反应区和未反应区有明显的分界面，后者的成分未发生变化，仍保持原有的过饱和度。从晶界开始的非连续析出进行到一定程度后，晶内产生连续析出。β 相主要以细小片状形式沿基面(0001)生长。与此相应，基体 Al 含量不断下降。如图 4-79 为透射电镜下拍到的连续析出和不连续析出区域的照片。连续析出及非连续析出在时效组织中所占相对量与合金成分、淬火加热温度、冷却速度及时效规范等因素有关。在一般情况下，非连续析出优先进行。特别是在过饱和程度较低，固溶体内存在成分偏析及时效不充分的情况下，更有利于发展非连续析出。反之，在含铝量较高，铸锭经均匀化处理及采用快速淬火与时效温度较高时，则连续析出占主导地位。

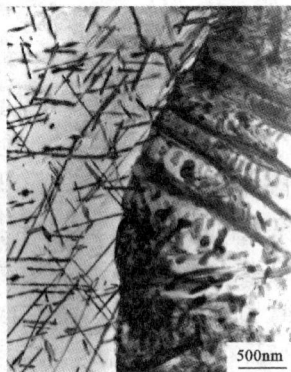

图 4-79 AZ91 合金连续析出(右)和不连续析出(左)区域的 TEM 照片

Mg 合金 T61 为热水中淬火加完全人工时效。一般 T6 为空冷淬火，T61 则采用热水淬火，可提高时效强化效果。特别是对冷却速度敏感性较高的 Mg-RE-Zr 系合金，例如 MJ110 合金[Mg-Nd(2.2%~2.8%)-Zr(0.4%~1.0%)-Zn(0.1%~0.7%)]。和铸态性能相比，T6 处理使强度提高40%~50%，而 T61 处理可提高60%~70%，而伸长率仍可保持原有水平。这是因为时效后组织特征与淬火冷却速度有关。淬火冷却速度慢，以不连续脱溶为主，生成片层状的胞状结构。淬火冷却速度快，时效产生连续脱溶，平衡相质点均匀弥散分布，合金具有较高强度及塑性。这里要注意的是固溶处理后要用70℃以上的热水冷却，不能用冷水，以防止工件的变形和可能沿晶界产生晶间裂纹。

对于 Mg-RE 系合金的时效序列，目前尚有分歧意见。一些著作认为，在这类合金的过饱和固溶体分解过程中，不存在明显的预析出阶段，直接形成 $\beta(Mg_9Nd)$ 或 Mg_9Ce 等平衡相，另外有一些试验结果则表明存在中间过渡相，沉淀序列为过饱和 α 固溶体→G.P.区→β''→β'→β，过渡相与基体之间保持共格关系。Mg-RE 系的时效产物弥散度高，与硬化峰值相对应的时效组织在普通光学显微镜下难以分辨，只是晶界处有较深的侵蚀色，这是由于强化相优先在晶界析出所致。ZK61 合金时效处理时过饱和的 α-Mg 固溶体具有类似的沉淀顺序，沉淀硬化效应显著。

Mg-Y 合金也具有明显的时效硬化特征。对 Mg-8.7Y 合金的时效硬化试验表明，当时效温度为200℃时，硬化效果最明显，温度超过260℃时，无时效硬化特性。时效过程分为三个时期：初期和中期分别析出非平衡的 β'' 相和 β' 相，β'' 相具有 DO19 晶体结构，β' 相具有面心斜方晶格；时效后期析出平衡相 β 相($Mg_{24}Y_5$)。但是有关时效过程，目前仍存在不同见解。随着合金中含 Y 量的增加，Mg-Y 合金的延性由高→中→脆性演变，当 Y>8%时，Mg-Y

合金就会产生脆性。

　　需要注意的是高温工作的镁合金，时效温度应超过工作温度以保证使用过程中组织与性质的稳定性。

　　2) 典型镁合金固溶处理和时效工艺

　　镁合金性能不仅与其化学成分有关，还与热处理和冷加工状态有关。镁合金铸件的力学性能可通过固溶和时效方式改善。锻件既可单独也可以用冷加工、退火、固溶或时效等方式进一步调整镁合金的力学性能。固溶温度和时间对 ZM5 合金性能的影响如图 4-80 所示。

　　镁合金氧化倾向强烈，当氧化反应产生的热量不能及时散发时，容易引起燃烧。因此镁合金热处理时，在工艺上

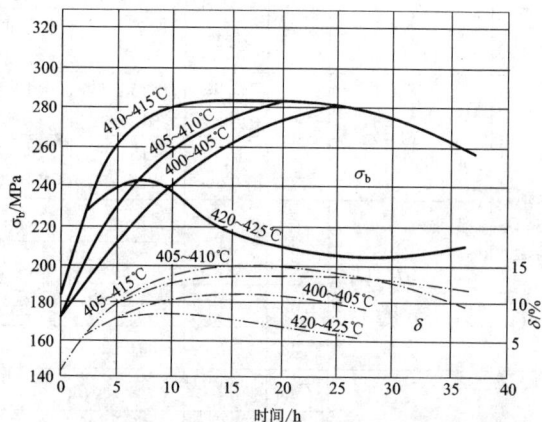

图 4-80　固溶温度和时间对 ZM5 合金性能的影响
（图中实线为 σ_b 曲线；点划线为 δ 曲线）

主要应注意防止零件在高温加热过程中发生氧化及燃烧，不宜在燃气炉或固、液体燃料炉中加热，特别禁用硝盐槽加热，以防爆炸或火灾。还要防止局部过热。加热炉常用热风循环电炉，炉温波动应不大于 ±5℃，加热体与零件之间应安置屏蔽罩，一般用不锈钢制作。热处理加热炉内需保持一定的中性气氛（CO_2 或 Ar）或通入含体积分数为 0.5% ~ 1% 的 SO_2 气氛保护，并应密封加热炉。SO_2 由管道通入炉膛或事先在炉内按质量浓度为 0.5 ~ 1 kg/m^3 的比例放置黄铁矿（FeS_2）或黄铜矿（$CuFeS_2$），这样就可保证镁合金安全进行热处理操作。

　　镁合金常见的热处理缺陷为淬火不完全、晶粒长大、表面氧化、过烧及变形等。对于压铸件，由于其中含较多的压缩气体，特别是氢气，在高温长时间固溶处理时，由于气体的膨胀往往会导致表面起泡。

　　常用镁合金固溶处理和时效工艺规程如表 4-35。MB7 及 ZM5 通常用 T4 处理。MB7 及 MB15 亦可用 T1 处理，因这些合金热变形后空冷有淬火效应。

　　(3) 钛合金固溶处理和时效处理工艺

　　1) 钛合金时效强化特点

　　钛合金有 α 型钛合金、β 型钛合金和 α+β 型钛合金三大类，分别用 TA、TB、TC 表示。钛合金中具有不同的相变，可以利用这些相变产生强化，如淬火（或固溶）时效。α 钛合金为单相固溶体，不能通过热处理强化，所以钛合金的时效强化处理主要用于 α+β 型钛合金和 β 型钛合金。有的加入了 β 稳定元素的近 α 钛合金有时也能采用强化热处理，但因其组织中 β 相数量较少，其强化效是低于 α+β 及亚稳 β 钛合金。钛合金的时效强化必须是人工时效，而不能进行自然时效。

表 4 – 35　镁合金淬火 – 时效工艺规程举例

合金类别	合金系	牌号	热处理类型	固溶处理			时效		
				加热温度/℃	保温时间/h	冷却介质	加热温度/℃	保温时间/h	冷却介质
高强度铸造镁合金	Mg – Al – Zn	ZM5	Ⅰ. T4	415 ± 5	14 ~ 24	空气	175 ± 5	16	空气
			T6	415 ± 5	14 ~ 24	空气	200 ± 5	8	空气
			Ⅱ. T4	415 ± 5	14 ~ 24	空气	175 ± 5	16	空气
			T6	415 ± 5	14 ~ 24	空气	200 ± 5	8	空气
	Mg – Zn – Zr	ZM1	T1	—	—	—	175 ± 5	28 ~ 32	空气
				—	—	—	195 ± 5	16	空气
		ZM2	T1	—	—	—	325 ± 5	5 ~ 8	空气
		ZM8	T6	480(H2)	24	空气	150	24	
耐热铸造镁合金	Mg – RE – Zn – Zr	ZM3	T1	—	—	—	250 ± 5	10	空气
			T2	—	—	—	325 ± 5	5 ~ 8	空气
		ZM4	T4	570 ± 5	4 ~ 6	压缩空气	—	—	—
			T6	570 ± 5	4 ~ 6	压缩空气	200	12 ~ 16	空气
		ZM6	T6	530 ± 5	8 ~ 12 (4 ~ 8)	压缩空气	205	12 ~ 16 (8 ~ 12)	空气
	Mg – Y	ZM9	T1	—	—	—	310	16	空气
高强度变形镁合金	Mg – Mn	MB1	T2	—	—	—	340 ~ 400	3 ~ 5	空气
	Mg – Mn – Ce	MB8	T2	—	—	—	280 ~ 320	2 ~ 3	空气
	Mg – Al – Zn	MB2	T2	—	—	—	280 ~ 320	3 ~ 5	空气
		MB3	T2	—	—	—	250 ~ 280	0.5	空气
		MB5	T2	—	—	—	320 ~ 380	4 ~ 8	空气
		MB6	T2	—	—	—	320 ~ 350	4 ~ 6	空气
			T4	380 ± 5	—	—	—	—	—
		MB7	T2	—	—	—	200 ± 10	1	空气
			T6	415 ± 5	—	—	175 ± 5	10	–
	Mg – Zn – Zr	MB15	T6	515	2	水	150	2	空气
耐热变形镁合金	Mg – Nd – Zr	MA11	T6	490 ~ 500	—	水	175	24	空气
		MA12	T6	530 ~ 540	—	水	200	16	空气
锂镁合金	Mg – Li		T2	—			175	6	空气
				—			150	16	空气

　　在快冷时生成的亚稳定相在时效时向平衡组织转变。这种相转变过程可分为 β 相的分解、ω 相分解、马氏体 α' 或 α'' 的分解和过饱和 α 相分解 4 种类型。钛合金的时效强化主要是由 α'' 马氏体和亚稳态 β' 分解，而 α' 相的分解所产生的强度提高不明显，ω 相数量多时易使合金变脆，应避免形成 ω 相。因此，钛合金的热处理原则是固溶处理应获得尽量多的 α'' 马氏体和亚稳态 β' 而避免 ω 相。时效的原则是尽量时效强化相高度弥散，以获得最佳的强化效果。正确选择时效工艺(如采用高一些的时效温度)，即可使 ω 相分解为平衡的 $\alpha + \beta$。

　　钛合金的固溶处理的加热温度一般在 $800 \sim 950℃$，但具体加热温度却很窄，应根据合金成分和所需要的性能要求来确定。$\alpha + \beta$ 型钛合金常在 $\alpha + \beta$ 相区加热，以使合金中保留一部分 α 相，加热温度通常比两相区上限温度低 $50 \sim 60℃$，还可防止晶粒过分长大；β 型钛合金固溶处理加热温度超过两相区上限温度 $10 \sim 40℃$，以利于所有合金元素均匀地溶于 β 相中。

　　近 β 及亚稳 β 钛合金加热后快冷，或 $\alpha + \beta$ 型钛合金加热到低于某一临界 t_k 温度快冷，则冷却过程中不发生相变，仅得到亚稳 β 组织。若对亚稳 β 组织时效，则可获得弥散相使合金强化。这种情况类似于铝合金的固溶时效强化机制。主要区别在于铝合金固溶时，得到的是溶质过饱和的固溶体，而钛合金得到的是 β 稳定元素欠饱和的固溶体；铝合金时效时靠过渡相强化，而钛合金时效时是靠弥散分布的平衡相强化。

　　对于 $\alpha + \beta$ 钛合金从高于 t_k 或近 α 钛合金从高于 M_s 温度快冷时，β 相发生无扩散相变，转变为马氏体。钛合金的马氏体相变不引起合金显著强化，这与钢铁马氏体相变不同。主要区别在于：一是钢淬火所得的马氏体硬度高，可造成强化或硬化，而回火是为了降低马氏体硬度，提高韧性；而钛合金则相反，钛合金淬火所得马氏体硬度不高，马氏体不引起显著强化，强化主要是依赖淬火形成的亚稳相(包括马氏体相)的时效分解所得到的弥散相，这与亚稳 β 相的时效强化机制相同。二是钢只有一种马氏体强化机理，而同一成分的 $\alpha + \beta$ 型钛合金的强化机制取决于淬火组织(马氏体或亚稳 β 相)，有两种强化机理：高温淬火 β 相中所含 β 稳定元素小于临界浓度，得到马氏体，时效时马氏体分解产生弥散强化；低温淬火 β 相中所含 β 稳定元素大于临界浓度，得到亚稳定 $\beta + \alpha$，再经时效 β 相分解为弥散相使合金强化。

　　一般情况下，淬火所得的亚稳相的时效强化效果由强到弱的次序为：亚稳 β，α''，α'。合金中 β 稳定元素越多，淬火后的亚稳 β 相数量就越多，时效强化效果也就越大。β 稳定元素含量达到一定值时，时效强化效果最大。含量进一步增加时，因亚稳 β 相时效时析出的 α 效量减少，强化效果反而下降。几种 β 稳定元素同时加入时，综合强化效果大于单一元素的强化效果。表 4 - 36 中列出了几种工业用钛合金的热处理强化效果。

　　2) 钛合金淬火和时效处理工艺

　　β 稳定元素含量较少的两相钛合金，淬火温度超过 t_k(相变点，如表 4 - 37)后，淬火态的强度增加，这是因组织中出现了强度略高的 α' 之故，如图 4 - 81(a)所示。β 稳定元素含量较高的合金，淬火温度升高时，由于组织中出现了硬度较低的 α'' 相，故淬火后强度并不增加，如图 4 - 81(b)所示。含 β 稳定元素更多的 β 钛合金，在 β 相变点附近淬火时，强度出现最低值，如图 4-81(c)所示。这是由于在此条件下淬火应得到单一亚稳 β 组织，故其强度必然低于 β 相变点以下淬火得到的 α + 亚稳 β 组织。

表 4-36　几种钛合金的热处理强化效果

合金成分	抗拉强度/MPa		热处理强化效果 /%
	退火态	淬火时效态	
Ti6Al4V	95	110	16
Ti6Al3Mo0.3Si	100	120	20
Ti5.5Al3Mo1V	90	120	33
Ti13V11Cr3Al	88.5	133	50

表 4-37　常用钛合金的 $\alpha + \beta \rightarrow$ 相变温度

合金牌号	β 转变点/℃	合金牌号	β 转变点/℃	合金牌号	β 转变点/℃
工业纯钛	890~920	TC1	910~930	TC7	1010~1030
TA4	960~980	TC2	920~940	TC8	1000~1020
TA5	980~1000	TC3	960~970	TC9	1000~1020
TA6	1000~1020	TC4	980~990	TC10	930~960
TA7	1000~1020	TC5	950~980	TB1	750~780
TA8	950~980	TC6	950~980	TB2	740~760

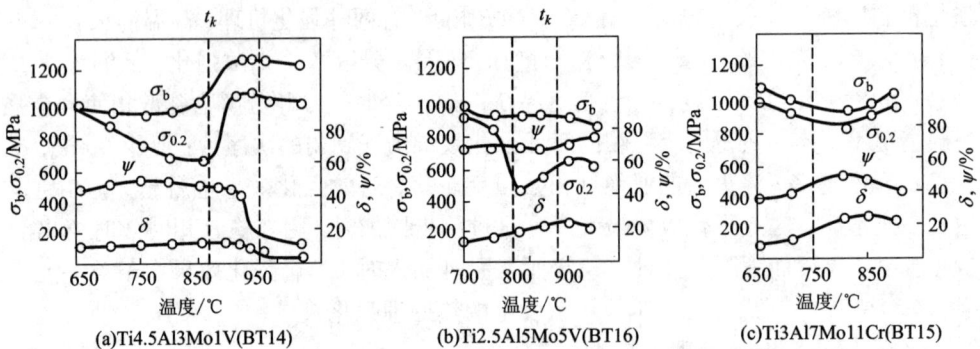

图 4-81　钛合金淬火后拉伸性能与淬火温度的关系

两相钛合金如果在 t_k 温度附近淬火，$\sigma_{0.2}$ 出现最低值，如图 4-81(a)、(b)所示。这是由于在拉伸应力作用下，C_k 成分附近的亚稳 β 相中形成了应力诱发马氏体之故。此时合金具有良好的冷变形性。

时效后的性能可反映热处理强化效果,淬火温度对所得各亚稳相比例的影响见图4-82。亚稳相比例不同,时效强化效果也不同。一般条件下,组织中的亚稳β或α″越多,时效强化效果越明显。不同β稳定元素含量的两种钛合金,淬火温度对其时效后强度的影响如图4-83所示。β稳定元素含量较低的两相钛合金,在t_k附近淬火,时效强化效果最好[图4-83(a)];而β稳定元素含量较高的两

图4-82 TC4合金不同温度淬火相组成

相钛合金,在略低于β相变点附近淬火时,时效强化效果最好[图4-83(b)],因为在这种淬火条件下,组织中可得到较多的α″或亚稳β。因此,两相钛合金一般宜在t_k与β相交点温度之间淬火。

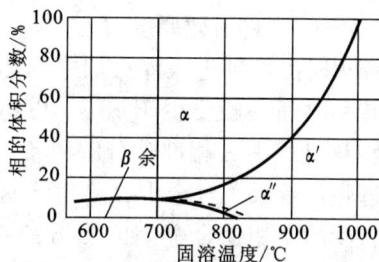

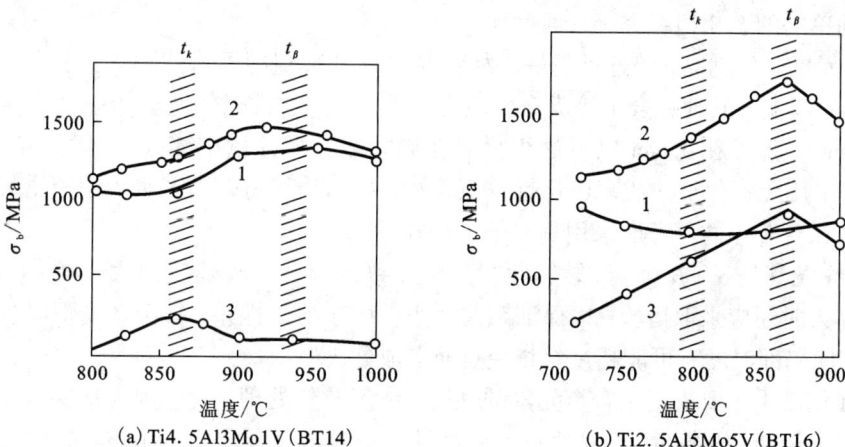

(a) Ti4.5Al3Mo1V(BT14)

(b) Ti2.5Al5Mo5V(BT16)

图4-83 两相钛合金(ϕ12 mm棒材)时效后强度与淬火温度的关系

Ti-6Al-4V合金在900℃固溶处理10 min后水淬后的金相照片如图4-84所示,黑色区域为α相,大概占总体积分数的50%,其余为β相,表面平整,没有起伏形貌。

亚稳β钛合金(TB1、TB2)的固溶处理温度一般在稍高于β相变点。淬火温度过高,β晶粒易粗化,也可根据性能需要,在两相区选择淬火温度。

淬火加热保温时间应根据淬火温度、合金化程度并参照退火保温时间确定。钛合金固溶处理温度通常比较高,氧化比较严重,在热透的前提下应尽量缩短保温时间。保温时间可以按照下列经验公式计算:

$$T = (5-8) + AD \qquad (4-25)$$

式中:T——保温时间,min;

A——保温时间系数；

D——工件有效厚度。

淬火时出炉到进入淬火剂之间的工件转移时间一般要少于 10 s，以防止在转移过程中 β 相部分分解，降低热处理强化效果。合金中 β 稳定元素含量较少的两相钛合金（如 TC4），其 β→α 转变迅速，时间超过 2 s 就会导致 α 相析出，使力学性能下降；截面积大的零件也不能超过 10 s。合金中 β 稳定元素含量较多时，转移时间可相应延长。β 钛合金甚至在空气中冷却也可得到单一的 β 相组织。

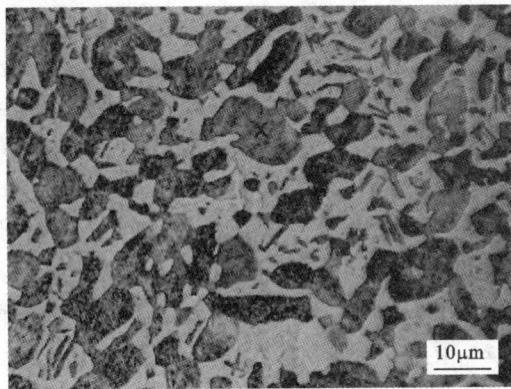

图 4-84　Ti-6Al-4V 合金 900℃固溶后水淬的金相照片

β 稳定元素含量越高，淬透性越好。如亚稳 β 钛合金空冷即可达到淬火目的，淬透直径可达 150 mm 以上。其他钛合金淬火介质应为冷水，但淬透性仍较低。如 TC4 合金的淬透直径仅约 25 mm。厚度在 4 mm 以下的板材可在硝盐或亚硝盐槽中淬火。板材的淬火比较复杂，一般应采用无氧化加热或高纯惰性气氛保护，以防止板材表面产生大面积富氧层。截面尺寸较小的钛合金零件可考虑采用真空炉加热并淬火。

钛合金（尤其是 α+β 合金）导热性差。可导致钛合金淬火热应力大，淬火时零件易翘曲。因此淬火时还应采取措施，以保证翘曲最小。由于导热性差，钛合金变形时易引起局部温升过高，使局部温度有可能超过 β 相变点而形成魏氏组织。

时效强化效果主要决定于合金元素的性质、浓度及热处理规范，因为这些因素将影响所形成的亚稳定相结构、数量、分解程度及弥散性。对同一合金系，在相同的淬火时效条件下，强化效果随合金浓度的增加而提高。一般在临界浓度 C_k 附近，达到强化峰值，对应 C_A 浓度含金淬火可获得 100% 的亚稳 β 相，而且 β 相在时效过程中，分解也最充分。超过 C_A 值，过冷 β 相稳定性增加，时效分解程度下降，强化效果反而减弱。不同成分的合金时效强化效果亦不同，一般是稳定 β 相能力越强（C_k 值越低）的元素，时效强化效果越大。

时效温度和时间的选择应以获得最好的综合性能为准则。达到最好强化效果的时效温度与淬火温度有关。一般在 420~600℃，时效 2~24 h，具体的时效工艺应根据不同温度淬火后的时效曲线或有关性能指标来确定，大多数两相钛合金在 450~550℃时效强度最高。时效温度低于 450℃时效塑性较低，高于 600℃后，强度明显下降，塑性增加不多。尽管如此，钛合金有时仍采用较高温度的过时效，以改善断裂韧性和热稳定性。由于钛合金多含有 Mo、V、Cr、Mn 等，时效温度较低时，易形成脆性的 ω 相的钛合金，应选择高一些的时效温度（通常在 500℃以上），使 ω 相分解为平衡的 α+β。不易形成 ω 相的合金，可选用低一些的时效温度，此时，亚稳相分解析出的平衡相分布更为弥散。冷却方式均采用空冷。

有的钛合金中 β 稳定元素含量不高，在 t_k 以上淬火时，组织中有较多的 α' 相，在 t_k 以下淬火，则组织中有较少的亚稳 β 相，若时效规范合适，用这两种淬火温度均可获得相同的强化效果。这是因为较少的亚稳 β 相时效产生的强化，与较多的 α' 时效产生的强化相当。采用较低的淬火温度，淬火后组织中有较多的初生 α，可使合金的疲劳性能及塑性高于淬火温度较高时的情况。因此，对这类合金，要特别注意淬火温度与时效温度的合理匹配。

时效时间对力学性能的影响不如时效温度的影响明显。β 稳定元素含量高的合金，时效时间应长一些。Ti – 6Al – 4V 合金 900℃固溶水淬后 500℃时效 1 h 和 8 h 后的金相照片如图 4 – 85(a)、(b)所示，可见 900℃水淬后在 500℃时效 1 h 后水淬后残留 β 相中的 α' 有所长大，显示表面起伏形貌；时效 8 h 后 α' 相进一步长大，依旧能看到表面起伏形貌。

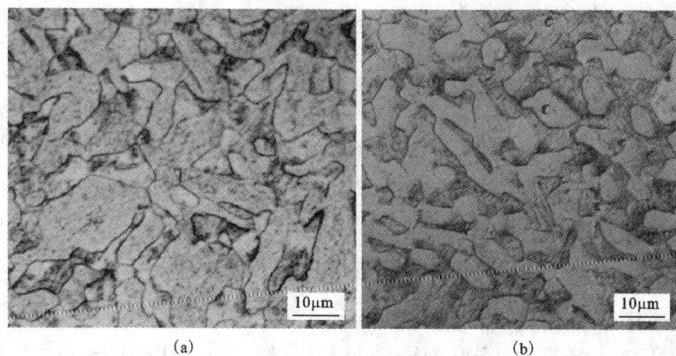

图 4 – 85　Ti – 6Al – 4V 合金 900℃固溶水淬后 500℃时效 1 h(a)和 8 h(b)后的金相照片

钛合金最常用的是一次时效，与铝合金的分级时效类似，为了控制析出相的大小、形态和数量，某些钛合金可采用分级时效。第一次时效温度较低，目的是为了产生大量新相核心，使第二相均匀、弥散析出，以获得较高的强度。第二次时效温度较高，使已析出的第二相颗粒部分聚集，亚稳相进一步分解，改善塑性和组织稳定性。如先在 450℃时效较长时间，再加热到 550℃以上时效几分钟。

为了使合金具有较好的热稳定性，可采用在使用温度以上进行时效，使组织稳定，这种时效又称稳定化处理。在时效前进行冷加工和低温预时效都显著加速 β_m 的分解速度，并使析出 α 的相更为弥散，提高时效强度。

综上所述，钛合金热处理参数对热处理强化效果的影响比较复杂，其中最主要的参数是淬火温度及时效温度。在制定热处理规范时，必须认真参阅有关手册和资料。对于新型合金或热处理工艺不成熟的合金，必须经过一定的实验来确定热处理规范。如表 4 – 38 所示为某些钛合金的时效处理工艺。

表 4 - 38　某些钛合金的固溶处理和时效处理工艺

合金牌号	产品类型	固溶处理			时效		
		加热温度/℃	保温时间/h	冷却介质	加热温度/℃	保温时间/h	冷却介质
TC3	—	800 ~ 850	—	水	420 ~ 500	4 ~ 6	空气
TC4		925 ± 10	0.5 ~ 2	水	500 ± 10	4	
	棒材、锻件、型材	900 ~ 950	0.5 ~ 1	水	510 ~ 590	2 ~ 3	空气
TC6		840 ~ 880	1 ~ 1.5	水	550 ~ 560	2 ~ 4	空气
TC9		900 ~ 950	1 ~ 1.5	水	500 ~ 600	2 ~ 6	空气
TC10	板材	880 ~ 930	0.25 ~ 0.5	水	570 ~ 595	4 ~ 8	空气
	棒材、锻件、型材	870 ~ 930	0.5	水	540 ~ 620	4 ~ 8	空气
TB2	—	800 ± 10	0.5	水	500 ± 10	8	空气

（4）铜合金的固溶处理和时效工艺

工业铜合金有青铜、黄铜和白铜。其中含铍、钛、锆、铬等合金元素的铜合金，在固态铜中的溶解度随温度降低而剧烈减少，因而可以通过固溶处理和时效进行强化，这些铜合金有铝青铜、铍青铜、铬青铜、钛青铜等特殊青铜，以铍为合金化元素的铍青铜是最典型的一种。而各种黄铜和锡青铜是不可以热处理强化的铜合金。

铍青铜的时效硬化程度的大小则由处理温度、含铍量及微量添加元素等所决定。热处理强化后的抗拉强度可高达 1250 ~ 1500 MPa，硬度可达 350 ~ 400 HBS，远远超过任何铜合金，可与高强度合金钢媲美。其热处理特点是：固溶处理状态具有良好的塑性，可进行冷加工变形。固溶处理后进行冷加工变形，再进行时效处理后，却具有极好的弹性极限，同时硬度、强度也得到提高。因此淬火不仅用于时效前的预备热处理，也是压力加工时中间热处理的一种形式。

Cu - Be 合金时效强化的主要原因是铜原子与铍原子半径差约 11.5%，时效时形成与基体共格的 G. P. 区和富铍的 γ' 相时，周围将产生很大应变。由图 4 - 86 所示 Cu - Be 合金相图可知，Be 在 Cu 中具有有限溶解度，可形成具有面心立方晶格的 α 固溶体、具有体心立方晶格的 β 固溶体以及体心立方晶格的 γ 固溶体。在 864℃ 时 α 固溶体的含铍量达到 2.1%，随着温度降低，α 固溶体的溶解度曲线显著地移向铜端。α 固溶体的含铍量逐渐减少，同时析出

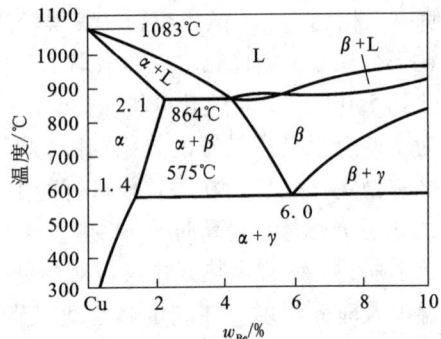

图 4 - 86　Cu - Be 合金相图

β相，直到β相在575℃发生共析转变生成α + γ相为止。继续冷却，从α相中不断析出高硬度的γ相，当温度降到200℃，α固溶体的含铍量为0.2%。不管是β相、γ相的析出，还是β相的共析转变，都是一种扩散过程。多数人认为铍青铜的过饱和固溶体进行时效处理，将发生连续脱溶过程，即过饱和α固溶体→γ″→γ′相→γ相。γ″为原子有序排列的片状过渡相，与基体完全共格。γ′也是过渡相，与基体部分共格。γ相是在时效温度高或时效时间很长时由γ′相转变而成。同时，脱溶贫化后的基体发生回复和再结晶，但在正常峰值实效过程中，

图 4 – 87　Cu – Be 合金时效析出前（a）后（b）的显微组织

还处于γ″和γ′相生长阶段，由于共格应力应变场的存在，合金将保持高强度水平，所以一般看不到γ′→γ的转变。在铍青铜合金时效过程中，除了在晶内发生连续脱溶外，还在晶界发生不连续脱溶和晶界再结晶反应，其过程可以归纳为α过饱和固溶体→α′ + γ₁→（再结晶）α + γ。α′是脱贫区已贫化了的基体，γ是平衡相，这种不连续脱溶对零件的性能是不利的，需要控制。Cu – Be 合金时效析出前后的显微组织如图 4 – 87。由于γ″相与基体的比容差及共格应变大，时效强化效果最高。如含 2.0% Be 的铍青铜经 800℃ 水淬、300℃ 时效 2 小时后，其 σ_b 可达 1250 – 1500 MN/m²，硬度（HB）可达 350 ~ 400，而其延伸率仍可保持 2% ~ 4%。其强度和硬度远远超过目前常用的所有其他铜合金。

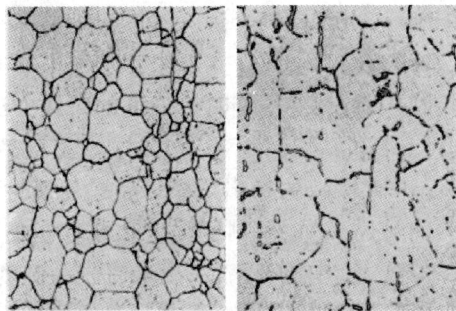

　　铍青铜固溶处理温度和保温时间的选择原则是使合金过剩相充分固溶，而且使晶粒保持在 0.015 ~ 0.45 mm 范围之间。一般铍青铜的固溶处理温度在 780 ~ 820℃ 之间，以防晶粒粗化；对用作弹性组件的材料，采用 760 ~ 780℃，主要是防止晶粒粗大影响强度。含钴量较多的铍青铜的固溶处理温度在 920 ~ 930℃ 之间。固溶处理炉温均匀度应严格控制在 ±5℃。保温时间一般按照 1 h/25 mm 计算。铍青铜 α 固溶体极不稳定，淬火需极快冷却。此外，还要注意尽量缩短在空气中转移时间，以免时效后的力学性能达不到要求。薄形材料不得超过 3 s，一般零件不超过 5 s。一般简单零件用水淬（流动水，水温 <40℃），并保持清洁、经常更换；复杂零件为了避免变形也可用油淬。铸造铍青铜固溶处理的保温时间一般需要 3 h 以上，以消除铸造组织的枝晶偏析。

　　铍青铜在空气或氧化性气氛中进行固溶加热处理时，表面会形成氧化膜。虽然对时效强化后的力学性能影响不大，但会影响其冷加工时工模具的使用寿命。为避免氧化应在真空炉或氨分解、惰性气体、还原性气氛（如氢气、一氧化碳等）中加热，从而获得光亮的热处理效果。

　　铍青铜的时效处理是获得理想的强度、硬度和其他所要求的性能，一般淬火后的铍青铜经峰时效处理后，其强度、硬度、弹性极限和弹性模量可达到或接近峰值，峰时效后的显微

组织特征是在晶内有明显的析出线条，在晶界出现 2% ~5% 的晶界反应物。铍青铜的时效温度在 310 ~340℃ 为好，因为时效温度再高，时效过程进行很快，生产操作上困难。对于要求硬度和耐磨性为主的零件，时效时间 1 ~2 h。对于弹性零件，时效时间为 2 ~3 h。铍青铜的欠时效是一种稍低于峰时效温度的时效方法。对材料的强度、弹性要求稍低，而对要求有一定塑性和韧性的零件可采用欠时效，其时效温度一般为 250 ~280℃，欠时效后的显微组织特征是晶内有轻微的析出线条，晶界易腐蚀，粗化成沟槽状。铍青铜的过时效温度在 340 ~400℃ 的时效，这时材料的强度和硬度明显下降，但导电性能有所改善。对一些弹性和强度要求不高，而工作温度高，要求有较高温度稳定性的零件才能使用过时效。过时效后的显微组织特征是晶内有较深的线条，晶界出现不连续的瘤状结构，晶界反应物达 10% 以上。

铍青铜的时效温度与 Be 的含量有关，含 Be 小于 2.1% 的合金均宜进行时效处理。铍青铜时效有两个重要特性：①时效温度较低（室温 ~350℃）时，由于 G. P. 区及 γ' 相脱溶伴随着巨大切变应力，使基体碎化，出现细的晶块组织，并且由此造成的不均匀状态使 α 固溶体中发生上坡扩散现象。因此，等温时效时，脱溶过程可进行得超过状态图所限定的范围，即析出较状态图所规定的数量更多的脱溶相。继续增加时效时间，多余的脱溶相又发生溶解。这样，在合金中就发生了比较特殊的脱溶后又溶解的过程。②时效温度较高（>300℃）发生不连续脱溶，在晶界附近可观察到脱溶的胞状物。这种胞状组织在 200 ~250℃ 长时时效后亦可出现，但在 300℃ 以上温度形成速率较快。当脱溶胞自晶界向晶内长大时，晶内才逐步开始以正常方式普遍脱溶。因此，在晶粒内部由于脱溶而硬化时，晶界部分早已过时效，造成组织及性质的不均匀性。QBe1.9 合金经 800℃ ×15 min 水淬后，进行不同温度时效，其不同温度下时效硬化曲线如图 4 – 88。

时效温度更高（如 600℃），则会出现明显的魏氏体组织，这是一般强化热处理所不希望的。基于上述情况，对于 Be 大于 1.7% 的合金，最佳时效温度为 310 ~330℃，保温时间 1 ~3 h（根据零件形状及厚度）。Be 低于 0.5% 的高导电性电极合金，由于溶点升高，最佳时效温度为 450 ~480℃，保温时间 1 ~3 h。不同 Be 的含量对铍青铜时效效果的影响如图 4 – 89。主要铍青铜固溶加热及时效温度范围列于表 4 – 39。

表 4 – 39　几种铜合金淬火及时效温度

合金	淬火加热温度/℃	时效温度/℃	合金	淬火加热温度/℃	时效温度/℃
QBe2.0	765 ~785	310 ~320	QAl10 – 3 – 1.5	830 ~860	300 ~350
QBe1.9	760 ~780	310 ~320	QAl10 – 4 – 4	910 ~930	640 ~660
QBe1.7	755 ~775	320 ~330	QAl11 – 6 – 6	925	400
QAl9 – 2	790 ~810	390 ~410	QSi1 – 3	790 ~810	410 ~475
QAl9 – 4	840 ~860	340 ~360	QCr0.5	1000 ~1050	440 ~460

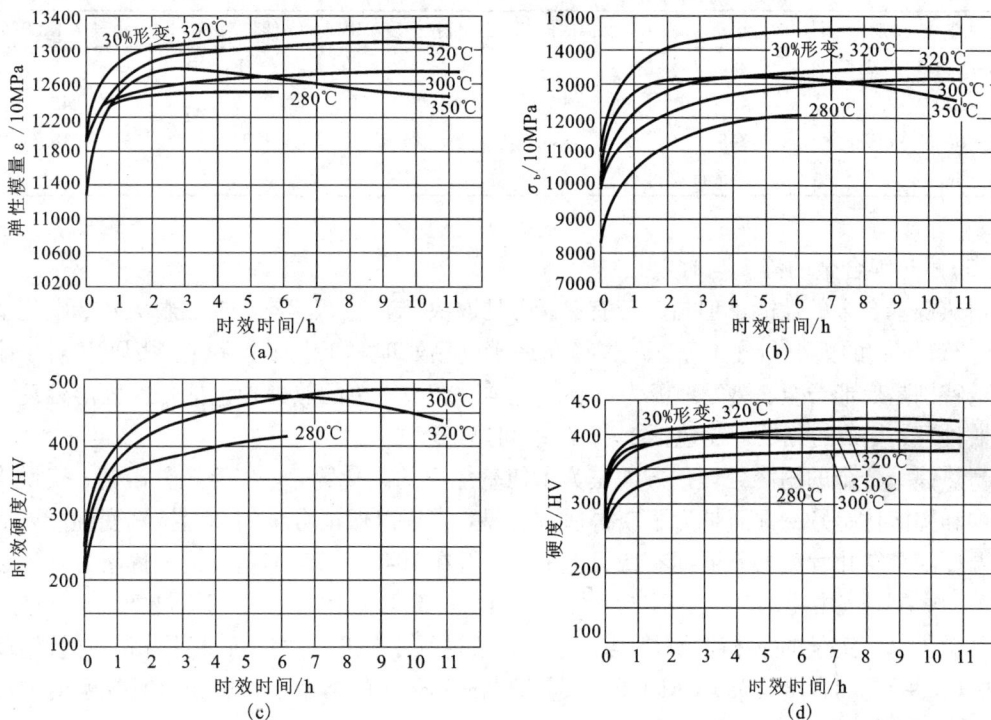

图 4 - 88 QBe1.9 合金固溶处理(800℃×15 min 水淬)后在不同温度下时效硬化曲线

铸造铍青铜的时效特征与成分相同的变形合金基本一致。四种铸造铍青铜的时效制度及性能列于表 4 - 40。近年来还发展出铍青铜的双级和多级时效,即先在高温短时时效,形成大量的 G. P. 区,而后在低温下长时间保温时效,使 G. P. 区逐渐长大,但又不形成大量的过渡相,这样做的优点是性能提但变形量减小。为了提高铍青铜时效后的尺寸精度,可采用夹具夹持进行时效,有时还可采用两段分开时效处理。

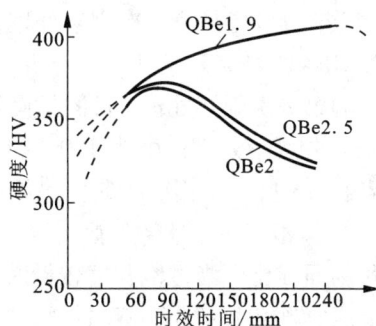

图 4 - 89 QBe1.9、QBe2.0 和 QBe2.5 在 320℃时效的硬化曲线

表 4 - 40　　四种铸造铍青铜的时效温度及性能

化学成分/%	时效温度/℃	保温时间/h	抗拉强度/MPa	伸长率/%	电导率 IACS/%
Cu - Be0.5 - Co2.5	480	3	720	10	45
Cu - Be0.4 - Ni1.8	480	3	720	9	45
Cu - Be1.7 - Co0.3	345	3	1120	2.5	18
Cu - Be2.0 - Co0.5	345	3	1160	2	18

（5）耐热镍合金的淬火与时效

耐热镍基合金的性能不但与成分有关，而且取决于其组织状态，如晶粒大小、碳化物形态和分布、γ' 相的大小和分布等，而这些都是通过热处理等工艺来控制的。因此，对于耐热镍合金特别是变形合金，热处理极为重要。这类合金最简单的热处理包括一次固溶处理和最终时效处理，复杂的热处理还包括 1~2 次中间热处理。

耐热镍基合金的固溶处理一方面是为了使基体内的碳化物、γ' 相等充分溶解，获得均匀的过饱和固溶体；另一方面是为了获得适宜的晶粒度，以保证合金的高温抗蠕变性能。固溶处理温度随合金化程度的不同而有明显差异，一般在 1040~1230℃ 范围内。固溶处理加热和保温后，常在空气中冷却，一般不产生大量析出。但高合金化的合金基体过饱和度极大，空冷时可能析出一定量的 γ' 相。耐热镍基合金时效过程中析出 γ' 相及碳化物相。时效温度与合金中（Al + Ti）的含量有关，（Al + Ti）总量增加时，γ' 相的溶解温度升高，时效温度亦应相应提高，一般在 700~1000℃ 范围内。

对于某些合金，两阶段热处理（即固溶处理 + 时效）不能得到满意的组织和性能，故在第一次固溶处理之后及最终时效处理之前进行 1~2 热处理，即此中间热处理。中间热处理可能是中间时效，也可能是第二次固溶处理，以 γ' 相溶解温度为界。

GH37、GH43、GH49 等复杂合金化的合金，生产中即进行两次固溶处理。在 1180~1200℃ 进行的第一次固溶处理，目的是使相充分固溶以保证空冷过程中形成大尺寸的立方体形 γ' 相。第二相固溶处理温度为 1000~1150℃，目的之一是使第一次空冷时形成的小尺寸 γ' 相质点溶解，大尺寸 γ 相继续长大，然后空冷时再析出尺寸更小的球状 γ' 相，以获得大、小两种尺寸的 γ' 相，改善综合性能。第二次固溶处理的另一目的是调整晶界组织，使晶界析出链状碳化物而强化。当过饱和度较低时，还会析出晶界贫 γ' 区，过饱和度高时，在链状碳化物周围形成 γ' 相包覆膜，改善晶界塑性和增加沿晶断裂阻力。也有的合金进行两次时效处理，即在 800~850℃ 进行一次高温时效，获得均匀的大尺寸立方体形 γ' 相，然后再在 700~760℃ 进行一次低温时效，以便在立方体形 γ' 相之间析出细小的球状 γ' 相，这样也可得到两种尺寸的 γ' 相。

综上所述，中间热处理的目的可归纳为两方面：①调整晶界析出相的类型、大小和分布形态；②调整晶内 γ' 相的分布，获得两种尺寸的 γ' 相粒子。

4.6　有色合金的形变热处理

　　形变热处理是将塑性变形(如锻、轧等压力加工)与热处理工艺紧密结合起来,以提高材料力学性能的一种热处理复合工艺方法,这是在金属材料上有效地综合利用形变强化和相变强化的综合强化作用,同时达到成形和改善显微组织的双重目的。该工艺可用于铝、镁、钛、铜等为基的有色金属工件的处理。这种工艺可以采用各种热变形、温变形、冷变形成形方法,如锻、轧、挤压、拉拔等整体压力加工,旋压、摆动辗压、强力喷丸等表面或局部形变。形变热处理主要用于有色合金的板材、带材、管材、丝材等,也可用于几何比较形状简单的锻件和挤压件。与常规热处理比较,形变热处理改善过渡相的分布和合金的精细结构,其主要组织特征是具有高的位错密度,及由位错网络形成的亚结构(亚晶)。因此,形变热处理所带来的形变强化的实质就是这种亚结构的强化。

　　形变热处理的主要优点是:①利用金属材料在形变过程中组织结构的改变,影响相变过程和相变产物,使材料的成形与获得材料的最终性能结合在一起,简化了生产过程,节约能源消耗及设备投资。②与普通热处理比较,形变热处理可以大大改善材料的工艺性能和使用性能,使材料最终获得高强度和高塑性(韧性)相结合的目的,从而提高零件的使用性能和寿命。

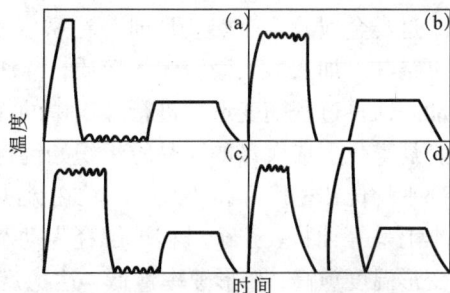

图 4-90　时效性合金形变热处理工艺图
(a)低温形变热处理;(b)高温形变热处理;
(c)综合形变热处理;(d)预形变热处理

　　形变与相变的顺序多种多样:有先形变后相变;或在相变过程中进行形变;也可在某两种相变之间进行形变。形变热处理的类型很多,第一是按变形温度(即冷、热变形)的高低将形变热处理分为高温形变热处理和低温形变热处理两种形变热处理。第二是按相变类型分为时效型形变热处理及马氏体转变型形变热处理两大类。其中时效型合金的形变热处理多用于有色合金,其基本形式如图 4-90 所示,图中齿形线表示塑性变形。

4.6.1　热变形时金属组织的变化

　　一般热变形指在再结晶温度以上进行的变形。有色合金在热变形过程中组织和性能的变化极为复杂,在变形的开始,中间及末期,变形速度、变形程度及变形温度不断发生变化。同时,不同合金、不同的变形方式及设备都具有不同的应力 - 应变图特征。复杂的组织变化主要是由形变造成的加工硬化与动态回复及动态再结晶造成的软化同时发生。

1. 动态回复的机制及组织变化

热变形时，所有金属可能同时发生加工硬化及动态回复。动态回复分为三个阶段：微应变阶段、均匀应变阶段、稳态流变阶段。

动态回复时，随着应变量的增加，位错通过增殖，金属中的位错密度不断增加，由 $10^{10} \sim 10^{11} m^{-2}$ 增加至 $10^{11} \sim 10^{12} m^{-2}$，形变储存能增加。随着位错密度的增大，形成位错缠结和位错胞。但由于变形温度较高，从而为动态回复提供了热激活条件，导致回复过程的发生。位错通过刃型位错的攀移和和螺型位错的交滑移、位错结点的脱钉，以及随后的新滑移面上异号位错相遇而消失，位错消失率也增大。位错消失的速率随应变的增大不断增大，最后终于使位错增殖与位错消失达到平衡，位错密度维持在 $10^{14} \sim 10^{15} m^{-2}$，不再发生加工硬化的稳态流变阶段。

位错的攀移在动态回复中起主要的作用。层错能的高低是决定动态回复进行充分与否的关键因素。层错能高的金属，如 Al、$\alpha - Fe$、Mo、W、$\alpha - Zr$、Be、Zn 及其合金，在热变形时易发生位错交滑移及攀移，因此它们易发生动态回复。往往在大变形程度下也不会发生动态再结晶。这类金属及合金热变形时位错密度较低，亚晶较粗且更完善，剩余的储能不足以引起动态再结晶。加入溶入固溶体的溶质，特别是加入低层错能原子将显著阻碍动态回复过程。

动态回复过程随变形的进行金属中的晶粒延伸纤维状，而增殖的位错会通过多边化或位错胞规整化形成大量的亚晶粒组织始终保持等轴状。即使形变量很大时，由于亚晶的位向及内部平均位错密度保持不变，晶粒在流线方向不断增长，但经多次动态多边形化后，亚晶仍基本上呈等轴状。这个过程被解释为动态回复过程中亚晶界的迁移和多边化的结果。

变形温度愈高，变形速率愈低，达稳定变形阶段的应力愈小，位错密度愈小，生成的亚晶愈粗大。亚晶的尺寸及相互间位向差取决于金属类型、形变温度和应变速率。亚晶的平均直径(D)与温度和变形速率($\dot{\varepsilon}$)的关系为：

$$\left. \begin{aligned} D^{-1} &= a + b\lg z \\ z &= \dot{\varepsilon} \exp\left(\frac{Q}{RT}\right) \end{aligned} \right\} \qquad (4-26)$$

式中：a、b——常数；

z——用温度校正过的应变速率。

对于给定金属材料，动态回复亚晶粒的大小受形变温度和形变速率的影响：形变温度越高或形变速率越低，亚晶粒越大。动态回复所获得的亚稳组织可通过热变形后的迅速冷却而保留下来，其强度远远高于再结晶组织的强度这已成功地应用于提高建筑合金挤压型材的强度方面。但若从高温缓冷下来，则将发生静态再结晶。

2. 动态再结晶的机制和组织变化

动态再结晶易在层错能较低的金属(如铜、镍、$\gamma - Fe$、银、金、铅、钴及不锈钢)中发生。因为它们的扩展位错较宽，位错难以从结点和位错网络中解脱，难以通过交滑移和攀移而相互抵消，因而动态回复过程缓慢，位错密度高，亚晶尺寸较小，剩余的储能往往足以引起再结晶形核。因此在热变形程度较大时，便会出现动态再结晶。变形速率小，通过现存晶界弓出形成再结晶晶核而后长大；变形速率大时，变形强化值也大，易出现大角度位向差的亚晶，这种亚晶即可成为再结晶晶核而长大。动态再结晶也分成三个阶段：加工硬化阶段、动态再结晶开始阶段和稳定流变阶段。

在高应变速率下，流变应力随应变增加到一定数值后，由于开始发生再结晶而下降（软化）。随变形量增加位错密度不断增高，使动态再结晶加快，软化作用逐渐增强，当软化作用开始大于加工硬化作用时．曲线开始下降。当变形造成的硬化与再结晶造成的软化达到动态平衡时，曲线进入稳定阶段。

在低应变速率下，与其对应的稳定态阶段呈周期性波浪形形应力 - 应变曲线，周期大体相同，但振幅逐渐衰减。这是由于位错增殖速度小，在发生动态再结晶软化后，继续进行再结晶的驱动力减小，再结晶软化作用减弱，以致不能与新的加工硬化平衡，从而重新发生硬化，曲线重新上升。等到位错再度积累到一定程度，使再结晶又占上风时，曲线又重新下降。这种反复变化的过程将不断进行下去，变化周期大致不变，但振幅逐渐衰减。因此这种情况下，动态再结晶与加工硬化交替进行，使曲线呈波浪式。波浪曲线上每一波峰对应于新的动态再结晶开始，而波谷对应于动态再结晶完成。层错能偏低的材料如铜及其合金，奥氏体钢等易出现动态再结晶。故动态再结晶是低的层错能金属材料热交形的主要软化机制。

动态再结晶在应变速率较低时通晶界弓出形核，这是由于晶界局部被缠结位错构成的亚晶界钉扎，同时弓出段两侧存在着较大的应变能差；在应变速率较高时以亚晶合并长大方式形核，这是由于位错缠结形成较多的亚晶粒，使晶界被钉扎点间的距离缩小，可弓出段长度太小，以致弓出形核难以实现。再结晶晶粒长大是通过新形成的大角度晶界及随后移动的方式进行。

动态再结晶阶段金属的组织特征是：① 反复形核、有限长大。金属各晶粒内大小和亚结构不均匀，某些区域发生了再结晶，某些部位只发生动态回复或仍为加工硬化状态；② 晶界呈锯齿状，这是因为新生再结晶晶粒不断弓出形核所致；③ 新晶粒大多出现在原始晶界周围；④ 晶粒常为等轴状，晶粒较为细小，与动态回复阶段拉长的晶粒有所区别。等轴晶内存在被缠结位错所分割成的亚晶粒，其尺寸取决于应变速率和变形温度。

若动态回复过程剧烈进行，则可能在达到最大变形程度时，金属中的位错密度还不足以导致动态再结晶形核，因而一般不会发生动态再结晶。铝合金挤压制品往往出现这种情况，低层错能金属（镍、铜、钴、奥氏体等）在热变形程度较大时，可能获得动态再结晶形核所必需的临界位错密度，因此多出现动态再结晶。只有在变形程度较小（如热轧一道次）时，这类金属才停留在动态回复阶段。

除层错能的影响外，产生动态再结晶的倾向也与晶界迁移的难易程度有关。在固溶体合金中，虽然有些溶质元素减小金属回复的能力，增加动态再结晶倾向。但一般情况下，溶质原子也减小晶界的迁移速率，减小再结晶速率。弥散分布的第二相能稳定亚晶，组织晶界迁移，也阻碍动态再结晶进行。

在热变形终了后停止，若金属不剧冷，则在热变形余热的作用下，就会发生一系列使位错密度减小的软化过程。这些过程包括静态回复、静态再结晶和亚动态再结晶。前两过程与冷变形后退火发生的过程相同，而亚动态再结晶则是已开始的动态再结晶的继续发展。金属热变形后实际上处于不断冷却之中，因而组织变化规律较为复杂。因此通过采用低的变形终止温度、大的最终变形量、快的冷却速度可获得细小晶粒。

3. 热变形材料的组织和结构

热变形可以改善铸造状态的组织缺陷，提高材料的致密性和力学性能。可使铸态组织中的气孔、气泡、疏松及微裂纹焊合，提高金属致密度，还可以使铸态的粗大树枝晶通过变形和再结晶的过程而变成较细的晶粒，某些高合金钢中的莱氏体和大块初生碳化物可被打碎并使其分布均匀、降低偏析等。这些组织缺陷的消除会使材料的性能得到明显改善。提高强度、塑性、韧性。

热变形形成流线（纤维组织），使材料出现各向异性。在热加工过程中铸态金属的枝晶偏析、晶界杂质偏聚、夹杂物或第二相粒子、晶界等逐渐沿变形方向延展，在宏观工件上勾画出一个个"流线"，即指动态再结晶形成等轴晶粒而夹杂物（或第二相）仍沿变形方向呈流动状的纤维组织。顺流线方向比横向具有更高的力学性能，特别是塑性和韧性提高明显。在制订热加工工艺时，要尽可能使纤维流线方向与零件工作时所受的最大拉应力的方向一致。

复相合金中的各个相在热加工时，沿着变形方向交替的呈带状分布，形成带状组织。使材料呈现各向异性。为防止和消除带状组织，应避免在两相区变形，减少夹杂元素含量，采用高温扩散退火或正火。

通过控制热加工工艺，以获得细小的晶粒组织。通过动态回复和动态再结晶后，在晶粒内部都形成了亚晶粒，具有这种亚组织的材料，其强度、韧性提高，为亚组织强化。当动态回复造成的亚晶粒被保留下来时，金属室温下的强度可用下列公式表示：

$$\sigma_s = \sigma_0 + Nd^{-\rho} \tag{4-27}$$

式中：σ_0——不存在亚晶粒时粗晶材料的屈服强度；

N——常数；

d——亚晶粒的平均直径，指数 ρ 对大多数金属约为 $1 \sim 2$。

这个公式在形式上与 Hall-Petch 公式相同，只是指数 ρ 有所不同。将正在进行动态再结晶的金属快冷，可使较多的位错在室温下保留下来。控制形变温度，形变速率，形变量和形变后在高温停留时间，可获得一定的晶粒尺寸和位错密度，使金属具有适宜的强度和硬度。

在工业条件下，热挤压为一次变形，变形程度往往很大。若在变形区中仅发生动态回复，则挤压制品冷却时可能有图 4-91(a) 及 (b) 所示的两种情况。是否会发生静态再结晶与金属本质（层错能）、变形程度、变形速率及变形温度有关。若热挤压时变形区中发生了动态再结晶，则在挤压制品出口处，金属中还可能出现亚动态再结晶及静态再结晶[图 4 - 91(c)]。在热轧一道次压下量很大时，可能出现图 4 - 91(c)所示的情况。而热轧是分多道次进行的，每道次变形量不大，因而一般在变形区中(辊间)只进行动态回复，晶粒仍为长形。在辊出口端变形结束，层错能高的金属只产生静态回

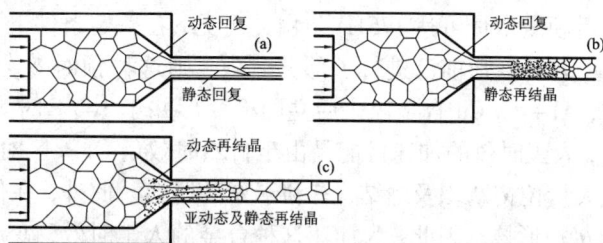

图 4 - 91　热挤压时动态和静态的综合图

复，晶粒形状不变；层错能低的金属回复过程不充分，变形结束后还可能发生静态再结晶而生成等轴晶粒。若热轧各道次间无静态再结晶，则加工硬化效应发生积累，虽然每道次变形程度较小，但达到一定道次后，由于总变形量较大，在变形区就可能发生动态再结晶。

4.6.2　有色合金的形变热处理类型

1. 有色合金的低温形变热处理

时效合金的低温形变热处理是将合金淬火，然后在时效前进行冷变形。与不经冷变形的合金比较，这种处理能获得较高抗拉强度及屈服强度，但塑性有所降低。

时效前冷变形在合金中导入大量位错，随后时效时，基体中发生回复，形成亚晶组织。而未经冷变形的合金，时效后基体仍为淬火后的再结晶状态。因此，低温形变热处理首先会因亚结构强化而使强度在时效前处于较高的水平。但更重要的是冷变形对时效过程的直接影响。

冷变形对时效过程影响的基本规律较为复杂。它与淬火、变形和时效规程有关，也与合金本性有关，对同一种合金来说，与时效时析出相的类型有关。简言之，主要依靠形成弥散过渡相而强化的合金，时效前冷变形会使合金强度提高。这类合金淬火后，经冷变形后加热到时效温度时，脱溶与回复过程同时发生。脱溶将因冷加工而加速，脱溶相质点将因冷变形而更加弥散。与此同时，脱溶质点也阻碍多边形化等回复过程。若多边形化过程已发生，则因位错分布及密度的变化，脱溶相质点的分布及密度也会发生相应的改变。

以弥散过渡相强化的合金，冷变形对强度性能的影响可用图 4 - 92 来说明。淬火后不进行冷变形，Nimonic90 合金在 450℃ 16 h 时效后强化效果很差，硬度

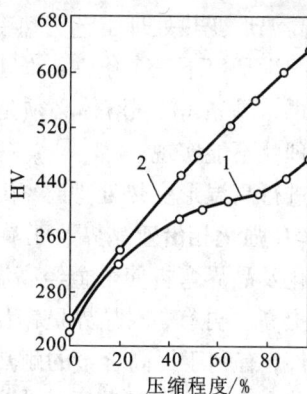

图 4 - 92　Nimonic90 合金线材淬火
($\phi = 4$ mm, 1000℃)
后冷拉变形率与时效后硬度的关系

1—冷拉；2—450℃时效 16 h

仅增加约 15HV。时效前冷变形程度增加，时效后强化增量不断增高，压缩率达 90% 时，时效后硬度增量可达 175HV。由此可见，在一定条件下，时效前冷变形的作用是十分明显的。

若冷变形前已进行了部分时效，则这种预时效会影响最终时效动力学及合金性质。例如，Al-4%Cu 合金淬火后立即冷变形并于 160℃ 时效只需 8~10 h 达硬度最高值。后种情况，人工时效的加速可能是由于自然时效后 G.P. 区对变形时位错运动阻碍所致，这种阻碍造成大量位错塞积及缠结，有利于 θ′ 的脱溶。此外，在位错附近也存在铜原子富集区，也有利于 θ′ 相形核。因此，为加速这种合金的人工时效，变形前自然时效是有利的。这样，就形成了低温形变热处理工艺的一种变态，即淬火—自然时效—冷变形—人工时效。

预时效也可用人工时效，根据同样原因将使最终时效加速，增加强化效果。这样就形成了低温形变热处理工艺的另一种变态，即淬火—人工时效—冷变形—人工时效。对不同基体的合金，可广泛用不同的低温形变热处理工艺组合。低温形变热处理亦可采用温度形。在温度形时，动态回复进行得较激烈，有利于提高形变热处理后材料组织的热稳定性。

低温形变热处理广泛应用于铝、镁、铜合金及铁基奥氏体合金半成品与制品生产中。例如 2A12 合金板材淬火后变形 20%，然后在 130℃ 时效 10~20 h；与标准热处理相比，经这种处理后 σ_b 可提高 60 MPa，$\sigma_{0.2}$ 提高 100 MPa，塑性尚好。2A11 合金板材淬火后在 150℃ 轧制然后在 100℃ 时效 3 h；淬火后直接按同一规程时效的材料相比，σ_b 可提高 50 MPa，$\sigma_{0.2}$ 提高 130 MPa，但 δ 值降低 50%。Al-Zn-Mg 系合金按淬火—短时人工时效—冷变形—在同一温度下再时效这一工艺进行处理，合金具有较大的应力腐蚀抗力，强度降低不多。时效前冷轧可使 QBe2.0 合金的 σ_s 提高 20%。

2. 有色合金的高温形变热处理

高温形变热处理工艺为热变形后直接淬火并时效。进行高温形变热处理必须要求所得到的组织满足以下三个条件：① 热变形终了的组织未再结晶；② 热变形后可以防止再结晶（无静态再结晶）；③ 固溶体必须是过饱和的。若前两条件不能满足而发生了再结晶，高温形式热处理就不能实现。

进行高温形变热处理时，由于淬火状态下存在亚结构，以及时效时过饱和固溶体分解更为均匀（强化相沿亚晶界及亚晶内位错析出），因而使强度提高。另外，固溶体分解均匀、晶粒碎化及晶界弯折使合金经高温形变热处理后塑性不会降低。对铝合金来说塑性及韧性甚至有所提高。再有，因晶界呈锯齿状以及亚晶界被析出质点所钉扎，使合金具有较高的组织热稳定性，有利于提高合金的耐热强度。

若合金淬火温度范围较为狭窄（如 2A12 仅为 ±5℃）则实际上很难保证热变形温度在此范围内。这种合金就不易实现高温形变热处理。

淬火后不发生再结晶的合金，过饱和固溶体分解较迅速，若这种合金淬透性不高，高温形变热处理时就难以保证淬透，因而也难实现高温形变热处理。

铝的层错能高，易发生多边形化。铝合金挤压时，因变形速率相对较低，往往易形成非常稳定的多变化组织，因此铝合金进行高温形变热处理原则上是可行的。但由于上述两个原因，目前只有 Al - Mg - Si 系及 Al - Zn - Mg 系合金能广泛应用。该两系合金具有宽广的淬火加热温度范围(Al - Zn - Mg 系为 350～500℃)，淬透性也较好，薄壁型材挤压后空冷以及厚壁型材在挤压机出口端直接水冷均可淬透，因而简化了高温形变热处理工艺，使这种工艺能在工业生产条件下具体应用。

高温形变热处理虽然强化效果不及低温形变热处理显著，但由于在提高强度的同时还能保证较高的韧性，并且变形时不要求特别大功率的加工设备，有较好的工艺适应性，因此可在工业上广泛的应用。作为高温形变热处理的一种改进，在生产中可考虑采用高低温形变处理，即热变形 - 淬火 - 冷变形 - 时效。这种工艺可使材料强度较单用高温形变热处理时有所提高，但塑性会有所降低。

3. 有色合金的预形变热处理

预形变热处理是在淬火、时效之前预先进行热变形，将热变形及固溶处理分成两道工序。虽然这种工艺较高温形式热处理复杂，但由于变形与淬火加热分成两道工序，工艺条件易于控制，在生产中易于实现。实际上，这种工艺早已应用于铝合金半成品生产。例如，具有挤压效应的 2A12 型、6A04 型合金的挤压制品的生产，实质上就是预形变热处理工艺。

实现预形变热处理有三个基本条件：①热变形时无动态再结晶；②热变形后无亚动态再结晶；③固溶处理时亦不发生再结晶。保证了这些条件，就可达到亚结构强化目的。再通过随后的时效，实现亚结构强化与相变强化有利的结合。

为了保证上述实现预形变热处理的基本条件，首先需要了解各种合金在不同变形条件下可能的组织状态。

冷变形程度决定了储能大小以及随后加热时再结晶难易程度，但热变形后储能大小及可能的组织状态与变形程度、变形温度及变形速度均有关。因为加工时热变形程度常达稳定变形阶段，为使分析简化，可忽略变形程度的影响，而只研究变形温度 - 变形速度 - 组织状态间的关系，根据这种关系建立的图形为组织状态图。

瓦因布拉特(Ю M Вайнблат)提出了铝合金的组织状态图(图 4 - 93)。对热处理强化的铝合金来说，

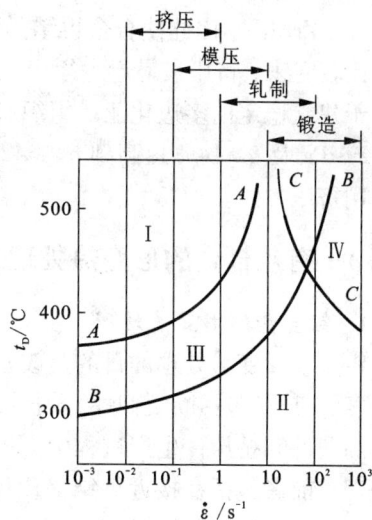

图 4 - 93　形变 50% 后再 520℃淬火加热的 6A02 合金组织状态图

最重要的是淬火加热温度下的组织，因此铝合金的组织状态图应在标准淬火加热条件下建立。这种图形可作为制订预变形热处理规程的依据。

图 4-93 中的 I 区表示变形后淬火不发生再结晶的区域，AA 线称为临界状态线，它表示两个临界热变形参数，即变形速度($\dot{\varepsilon}$)与变形温度(t_D)间的关系。低于临界速度高于临界温度时，随后进行的标准热处理不会导致合金再结晶。例如，若 A、B 合金以约 $10^{-1} s^{-1}$ 的速率形变，要得到未再结晶淬火制品需使变形温度高于400℃。若在400℃以上温度变形，则变形速率必须小于 $10^{-1} s^{-1}$ 才能得到未再结晶的淬火制品。BB 线以下的 II 区为完全再结晶区域。AA 及 BB 线间的 III 区为部分再结晶区域。CC 线以上的 Ⅳ 区则表示热变形结束后无需淬火就已发生再结晶的区域。由图 4-93 可知，不同加工方法对热变形后的组织影响很大，要得到亚结构强化，最好采用热挤压、热模压等。自由锻造时由于变形速度大，难以得到未再结晶组织。

从实践中发现，某些铝合金(如硬铝等)挤压制品的强度比轧制及锻造的都高，这种现象称为"挤压效应"。"挤压效应"的实质是挤压半成品淬火后还保留了未再结晶的组织，而轧制及锻造制品则已再结晶。不过后来又发现，一系列合金轧制与模压制品(如 Al-Zn-Mg 系合金制品)在适当的条件下同样可获得未再结晶组织，因而使合金强度提高。于是，由"挤压效应"概念发展到"组织强化效应"。即凡是淬火后能得到未再结晶组织，使时效后强化超出一般淬火时效后强化的效应，称为"组织强化效应"。这种强化效应不仅可通过添加各种合金元素的方法来达到。例如，锰、铬、锆等元素在铝合金中能生成阻碍再结晶的弥散化合物($MnAl_6$、$ZrAl_3$)，因此使合金再结晶开始温度升高，在热变形时更不易发生再结晶。

比较起来，挤压最易产生组织强化效应，这与挤压时变形速率较小，变形温度较高，因而易于建立稳定的多边化亚晶组织有关。例如，挤压的 2A12 棒材，其强度与延伸率可由 $\sigma_b \geqslant 372$ MPa 及 $\delta \geqslant 14\%$ 提高到 $\sigma_b \geqslant 421$ MPa 及 $\delta \geqslant 10\%$。因此，为得到较高强度的制品，可考虑采用挤压方法。

4.6.3 有色合金的形变热处理工艺规程

1. 铝合金的形变热处理

铝合金形变热处理的目的是改善过渡沉淀相的分布及合金的微观精细结构，以获得较高的强度、韧性(包括断裂韧性)及抗应力腐蚀性。可用于板材和厚板，也可用于几何形状比较简单的锻件和挤压件生产过程中。铝合金有两类形变热处理，即中间形变热处理和最终形变热处理。前者包括在接近再结晶温度下压力加工，使合金晶粒细化或在随后的热处理期间(包括固溶处理和时效)能大量保持其热加工组织，改善 Al-Zn-Mg-Cu 系合金的韧性和抗应力腐蚀能力(不降低强度)，特别是提高厚板的短横向性能。

最终形变热处理是在热处理工序之间进行一定量的塑性变形，按照变形时机的不同又可分为以下几种情况：①淬火后立即进行冷(温)变形，随后进行自然时效和人工时效；②淬火后，自然时效期间或自然时效后进行变形，随后再进行人工时效；③部分人工时效后，在室温进行变形，接着再补充人工时效；④部分人工时效后，在时效温度进行变形，随后补充人工时效。

塑性变形为过渡相 G. P. 区的非均匀形核提供了更多的位置，使过渡相更加弥散分布，加速时效过程。推荐的 2A12 合金的最佳形变热处理工艺为：

1）固溶处理：加热温度为 490～500℃，保温时间应以使过剩相充分溶解为原则，采用室温水冷。

2）第一次时效：时效温度为 185～190℃，保温 105～135 min，迅速冷至室温。

3）15%～20% 的塑性变形（包括轧制、锻造、拉伸或其他形式的机械变形）。

4）第二次时效：时效温度为 144～154℃，保温 25～35 min，迅速冷至室温（防止组织发生变化）。

5）进行 15～25% 的附加塑性变形。

6）第三次时效：时效温度为 144～154℃，保温 35～40 min，迅速冷至室温。

厚度为 3.17 mm 的板材经上述工艺后，力学性能为：$\sigma_b = 598～668$ MPa，$\sigma_{0.2} = 527～598$ MPa，$\delta = 8\%～10\%$。

铝合金的形变热处理还可提高合金的高温力学性能。2A12 合金在人工时效后进行塑性变形，可使 100℃ 下瞬时抗拉强度提高 13%～18%。

从以上可以看出，形变热处理过程中组织结构变化是相当复杂的，既包括变形对沉淀过程的影响，也涉及变形组织在随后时效期间的变化，两者互相影响，交叉进行。因此，最终的结果可能是相互矛盾的，必须针对具体合金的产品性质，通过试验确定恰当的工艺规范。

2. 钛合金的形变热处理

除淬火时效外，形变热处理也是提高钛合金强度的有效方法。常用的钛合金形变热处理工艺有高温形变热处理和低温形变热处理两种。这两种形变热处理可以分别进行，也可以组合进行，如图 4-94。形变热处理不但能显著提高钛合金的室温强度和塑性，还可以提高钛合金的疲劳强度、热强性和抗蚀性。在这两种工艺过程中，变形终了时立即淬火，使压力加工变形时细小的晶粒及晶粒内部产生的高密度位错或其他晶格缺陷全部或部分地保留至室温，在随后的时效过程中，作为析出相的形核位置，使析出相高度弥散，并均匀分布，从而显

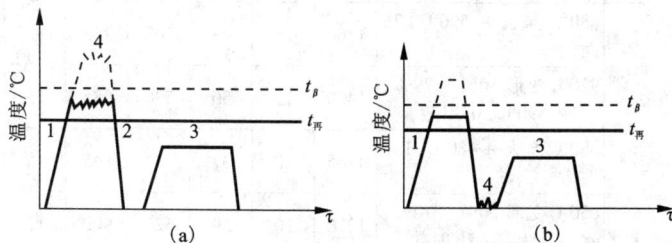

图 4-94　钛合金常用的形变热处理工艺过程

1—加热；2—水冷；3—时效；4—冷变形或低温变形；t_β—β 相相变点；$t_{再}$—再结晶温度

著增强时效强化效果。在时效前预先对合金进行冷变形，也可在组织中造成高密度位错及大量晶格缺陷，随后进行时效，可获得同样效果。

对 $\alpha + \beta$ 两相钛合金和 β 相钛合金进行形变热处理，σ_b 可比一般的淬火时效处理提高 5% ~ 20% 左右，$\sigma_{0.2}$ 提高约 10% ~ 30%。比较可贵的是，对许多钛合金来说，形变热处理在提高强度的同时，并不损害塑性，甚至还会使塑性有一定提高，还可提高疲劳、持久及耐蚀等性能。但有时会使热稳定性下降。

影响形变热处理强化效果的主要因素是合金成分、变形温度、变形程度、冷却速度及时效规范等。合金中 β 相稳定元素增加时，淬火后亚稳 β 相的数量增加，使形变热处理效果增大。变形程度的影响规律比较复杂，一般加大变形量，形变热处理时效效果增大。

$\alpha + \beta$ 两相钛合金多采用高温形变热处理，变形终止后立即水冷。变形温度一般不超过 β 相变点，变形度为 40% ~ 70%。目前此工艺已用于叶片、盘形件、杯形件及端盖等简单形状的薄壁锻件，强化效果较好。β 钛合金可采用高温或低温形变热处理，也可将两者综合在一起。β 钛合金淬透性较好，高温变形终止后可进行空冷，高温变形温度对其影响不如对两相钛合金的敏感。因此，在生产条件下，β 钛合金更容易采用高温形变热处理工艺。低温形变热处理应在淬火后快速加热至变形温度，以防止塑性较好的亚稳 β 相过早的分解。几种钛合金最佳形变热处理工艺规范及力学性能列于表 4 - 41。

表 4 - 41　几种钛合金最佳形变热处理工艺规范及力学性能对比

合　　金	热处理工艺	室温性能				450℃高温瞬时			450℃持久强度	
		σ_b /MPa	δ /%	ψ /%	σ_{-1} /MPa	σ_b /MPa	δ /%	ψ /%	应力 /MPa	破坏时间 /h
Ti - 6Al - 2.5Mo - 2Cr - 0.3Si - 0.5Fe(BT3 - 1)	850℃淬火 + 550℃,5h 时效	1150	10	48	560	770	15	46	690	73
	850℃变形 50% ~ 70%, 水冷,500℃,5h 时效	1460	10	45	610	920	13	67	690	163
Ti - 6Al - 4V(TC4)	880℃淬火 + 590℃,2h 时效	1160	15	43	500	743	18.5	63.5	750	110
	920℃变形 50% ~ 70%, 水冷,590℃,5h 时效	1400	12	50	590	985	15	63	750	120
Ti - 4.5Al - 3Mo - 1V	880℃淬火 + 480℃,12h 时效	1165	10	37	590	845	15	67	600	24
	850℃变形 50% ~ 70%, 水冷,480℃,12h 时效	1270	10	39	620	900	17	65	600	86
BT22	820℃ 变 30%, 水冷, 630℃,2h 时效	1350	10	35	—	—	—	—	—	—

思考练习题

1. 试述 Al – Cu 合金的时效过程和脱溶物的结构, 写出时效序列。

2. 试述过饱和固溶体脱溶转变的动力学及其影响因素。

3. 试述时效脱溶过程中合金性能变化的规律及影响因素。

4. 什么是时效合金的回归现象? 举例说明其应用。

5. 试述界面能和弹性应变能在无核相变中起的作用。

6. 举例说明马氏体时效钢的时效过程和强化机制。

7. 合金元素对铝合金时效过程有什么影响? 举例说明。

8. 说明有色金属与钢材热处理方法的步骤, 并分析它们的异同性。

9. 简述铝合金的时效过程和影响铝合金的时效强化的因素。

10. 从机理、组织与性能变化上比较铝合金淬火、时效处理与钢铁的淬火、回火处理的异同之处。

11. 铜和铜合金有哪几种强化方法?

12. 镁合金的热处理有什么特点? 镁合金的热处理过程中应注意哪些问题?

13. 钛合金的强化方式与钢, 铝合金的有什么异同点?

第5章 金属强韧化导论

金属材料具有优异的综合力学性能和理化性能，成为近代一个多世纪的主流结构材料，已经被人类广泛应用于各个领域。从普遍应用的角度来说，力学性能是金属结构材料的最重要的性能。它是衡量金属材料的极其重要的指标，是选择、使用金属材料的重要依据。金属材料的力学性能主要有：强度、塑性、韧性、硬度等。

韧塑性是材料可靠性的量度。强度既是一种材料设计准则，也是材料科学与技术发展的一个重要标志。经过几十年的研究已开发出多种提高金属材料强度的有效途径，但随着材料强度的提高，韧性或塑性会急剧下降，反之亦然。因此材料强度和韧性或塑性相互倒置的关系成为十分突出的问题。如何实现强度和韧性或塑性的同步提高，已成为国内外金属材料领域普遍关注的重大科学问题，同时也必将成为该领域未来相当长时期内的核心问题之一。

任何金属材料都工作在一定的环境介质中，一般的力学性能指标都是在空气室温下测量的。金属在环境介质中的力学行为是介质和力共同作用的结果。其效果并不是二者分别作用的简单叠加，往往是互相促进。由于环境的多样性，金属的力学行为表现出复杂性，具有不同的特征、过程和机制。其中腐蚀和高温是其中两种重要的环境条件。

5.2 金属材料的强度、塑性和韧性

金属材料的力学性能是指金属材料在受外加载荷（外力或能量）作用时，或载荷与环境因素（温度、介质和加载速率）联合作用下所反映出来的性能，通常表现为金属的变形和断裂。对于金属结构材料而言，改善金属材料强韧性始终是金属材料领域中重要的研究方向之一。

5.1.1 金属材料的强度

金属材料在外力作用下抵抗永久变形和断裂的能力称为强度。强度是衡量零件本身承载能力（即抵抗失效能力）的重要指标。强度是机械零部件首先应满足的基本要求。按外力作用的性质不同，主要有屈服强度、抗拉强度、抗压强度、抗弯强度等，工程常用的是屈服强度和抗拉强度，这两个强度指标可通过拉伸试验测出。屈服强度反映材料抵抗永久变形的能力，而抗拉强度反映材料抵抗断裂前所承受的最大应力，二者是零件设计与材料评价的重要指标。图 5-1 为低碳钢的应力-应变拉伸试验曲线，其中 σ_s 和 σ_b 分别代表材料的屈服强度和抗拉强度。

屈服强度 σ_s：屈服强度表示在拉伸过程中载荷不增加或增加很小的情况下，试样发生明

显变形的最小应力

$$\sigma_s = P_s/S_0 \qquad (5-1)$$

式中：P_s 即在屈服阶段的载荷。

对大多数金属来说没有明显的屈服现象，因此规定产生 0.2% 永久变形时的应力作为屈服极限，称为条件屈服极限，以 $\sigma_{0.2}$ 表示。屈服强度的大小规定了微量塑性变形的界限，它是评定金属对微量塑性变形抗力的重要指标。

抗拉强度 σ_b：抗拉强度是材料断裂前所能承受最大载荷 P_b 时的应力，即

$$\sigma_b = P_b/S_0 \qquad (5-2)$$

抗拉强度的物理意义是表征材料承受

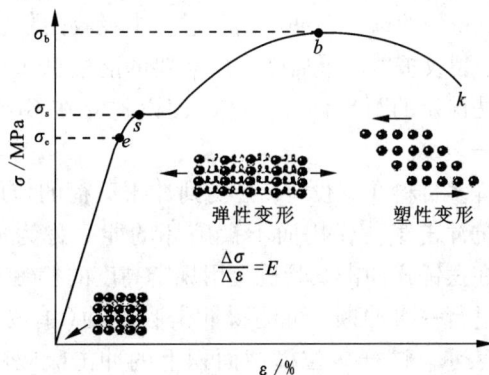

图 5-1 低碳钢的应力-应变拉伸试验曲线

最大均匀塑性变形的抗力，也表征材料在拉伸条件下抵抗破坏所能承受的最大应力值。

5.1.2 金属材料的塑性与韧性

塑性和韧性，同强度一样也是金属材料的重要力学性能指标。目前塑性和韧性还没有统一的定义。在物理意义上，塑性和韧性是对变形和断裂的综合描述。它们与应力集中、应力缓和、能量的吸收和消散、加工硬化以及裂纹的形成和扩散等过程有关。

金属具有良好塑性的原因来源于金属键。当金属发生塑性变形(即晶体中原子发生了相对位移)后，正离子与自由电子间仍能保持金属键的结合，使金属显示出良好的塑性。在力的作用下，金属产生不可恢复的永久变形称为塑性变形。金属塑性是指金属在外力作用下，发生不可恢复的变形而保持其完整性不被破坏的性质。它反映了金属的变形能力，是金属的一种重要的加工性能。工程上通常采用静拉伸时的伸长率 δ 和断面收缩率 ψ 指标进行描述。

$$\delta = \frac{L_1 - L_0}{L_0} \times 100\% \qquad (5-3)$$

$$\psi = \frac{S_0 - S_k}{S_0} \times 100\%$$

式中：L_1——试样破断后的标距长度；

L_0——试样的原始标距长度；

S_0——试样的原始截面积；

S_k——试样断裂后的最小截面积。

韧性是表征材料断裂抗力的一种力学参量，可以反映材料在快速载荷作用下抵抗断裂和内部裂纹扩展的能力。通常认为，韧性是指材料塑性变形和断裂全过程中吸收能量的能力，

它是强度和塑性的综合表现。通常表示的韧性有两种含义：一是用标准试样按标准试验方法测定，得到的试样在冲击断裂过程中吸收的断裂功。其反映了冲击载荷作用下在试样中形成裂纹、裂纹扩展和最后断裂所需要的能量总和。另一种广泛使用的材料韧性数据是用断裂韧性方法测定的断裂韧性。这个理论建立在 Grriffith 脆性材料理论基础上，假定材料含有缺陷——裂纹。

许多材料在服役时，会受到冲击载荷的作用。材料抵抗冲击载荷作用而不被破坏的能力称为冲击韧性。在摆锤式冲击试验机上用规定高度的摆锤对缺口试样进行一次冲断，可测得冲击吸收功（单位为 J），用 A_k 表示。试样单位横截面积上的冲击吸收功称为冲击韧性，用 a_k 表示。值得注意的是材料的冲击韧性随温度下降而下降。在某一温度范围内 a_k 值发生急剧下降的现象称为韧脆转变。发生韧脆转变的温度范围称为韧脆转变温度，如图 5-2 所示。

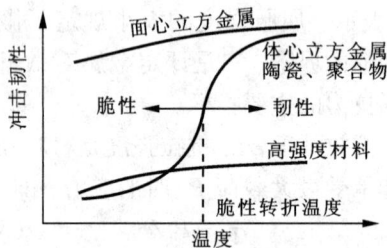

图 5-2 韧脆转变示意图

工程上有时会出现材料在远低于抗拉强度的情况下发生的断裂现象。断裂力学认为，材料中存在缺陷是绝对的，常见的缺陷是裂纹。根据受力情况，裂纹分为张开型（Ⅰ型）、滑开型（Ⅱ型）、撕开型（Ⅲ型）三种基本类型，如图 5-3

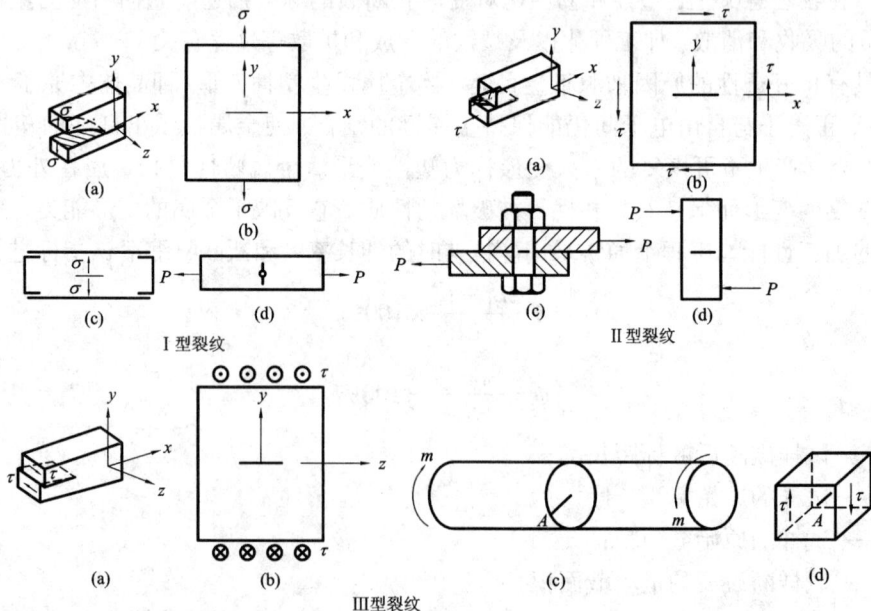

图 5-3 裂纹扩展形式

所示。在应力的作用下，裂纹将发生扩展，一旦扩展失稳，便会发生低应力脆性断裂。材料抵抗内部裂纹失稳扩展的能力称为断裂韧性。它反映了裂纹尖端很小一部分体积内材料的强度和塑性性能。其表达式为：$K_{IC} = \sigma_c \sqrt{\pi a_c}$。$K_{IC}$称为平面应变条件下的断裂韧度；$\sigma_c$称为断裂应力或裂纹体断裂强度；$a_c$为临界裂纹尺寸半长。

5.1.3　金属材料的强韧化

人们在利用材料的力学性质时，希望所使用的材料既有足够的强度，又有较好的韧性。但通常材料往往二者只能居其一，要么是强度高，韧性差；要么是韧性好，但强度却达不到要求。寻找办法来弥补材料各自的缺点，这就是材料的强化和增韧所要解决的问题。

金属材料的强韧化方法有很多，从材料学成分、组织（结构）与性能的思路可分为，添加合金元素的强韧化和改变组织结构的强韧化。强韧化的基本点都与金属在变形和断裂过程中位错的运动、增殖和交互作用（位错之间的交互作用、位错与点缺陷的交互作用）等微观过程有关。

1）合金化对金属材料强韧化的作用。不同种类和不同含量的元素对金属材料性能可产生不同的影响。合金元素加入后，由于不同元素间的相互作用及对基体金属结构的影响，进而对金属材料的强度、塑性和韧性产生一定的作用。

2）组织结构对金属材料强韧化的作用。金属内部存在着不同的晶体结构及晶休缺陷。利用金属内部这些结构因素的相互作用，对金属材料力学性能产生一定的影响，进而改变金属的性能。

值得说明的是，在实际金属中强韧化往往是多种强韧化作用机制综合作用的结果。

随着现代制造业的发展，对材料提出了愈来愈高的要求，单纯的强化和单纯的韧化都难以满足各种机械零部件的服役条件，通过何种方法可以得到最佳的强、韧度匹配，一直是材料学科和热处理工作者深入探讨的课题。对于金属材料而言，当其冶金成分和冶金质量一定时，其潜在的力学性能是一定的，在机械制造中，根据机械零部件的服役条件和设计要求，总是通过各种不同的热处理方法赋予其不同的性能指标，从而千方百计使其各项力学性能指标达到最佳匹配，最大限度地挖掘和发挥材料的潜力。热处理是材料强韧化特别有效的方法，经过一定工艺热处理，既可得到高的强度、硬度、耐磨性，又能保持高的韧性，从而使"鱼和熊掌"兼而得之。

5.1.4　环境作用下金属材料强韧性行为

金属材料的力学性能决定于材料的化学成分、组织结构、冶金质量、残余应力及表面和内部缺陷等内在因素，但外在因素如载荷性质（静载荷、冲击载荷、交变载荷）、载荷谱、应力状态（拉、压、弯、扭、剪切、接触应力及各种复合应力）、温度、环境介质等对金属强韧性等力学性能也有很大影响。也就是说，相同的金属材料（包括成分和组织结构），在不同的外界条件下，也会有不同的性能。

　　随着材料科学的发展，许多学者已认识到材料学研究不仅局限于组织、成分与性能的相互关系，更表现为材料的性能，即材料在给定外界条件下所表现的行为，这种表现也是材料的一种变化。因此我们也需要结合环境作用去理解金属材料强韧化行为。

5.2　强化机制

　　使金属强度(主要是指屈服强度)增大的过程称为强化。因此强化金属就是提高其屈服强度。对于单晶体金属，屈服强度是塑性变形开始时滑移系上的临界切应力。但对组织状态复杂的金属材料，屈服强度则是使塑性变形能在金属中传播，从而使整个金属产生宏观塑性变形的应力。也就是说，它是使位错开动、增殖并在金属中传播的应力。

　　金属材料强化途径一般分为两种：

　　1)提高金属原子间结合力，完全消除或尽可能减少晶体中的位错和其他缺陷，抑制位错源的开动，从而使金属材料接近金属晶体的理论强度。

　　2)大大增加晶体缺陷密度，在金属中造成尽可能多的阻碍位错运动的障碍。通常采用的合金化强化、加工硬化和热处理强化就是主要的工艺手段。

　　目前虽然能够制出无位错的高强度的金属晶须，但实际应用它还存在困难，因为这样获得的高强度是不稳定的，对于操作效应和表面情况非常敏感，而且位错一旦产生后，强度就大大下降。因而，对于工程实际应用的金属材料而言，强化机制的基本出发点是抑制位错源的开动，设法增大金属中位错滑动的阻力，阻碍位错运动。阻碍位错运动的根本原因，是晶体中的点阵缺陷。即位错以各种形式与各种点阵缺陷交互作用，而使位错运动受到阻碍。

　　工程中的金属材料具有形式复杂多样的组织状态，其基本组成部分为基体、界面和第二相。各部分都能以不同的形式阻碍位错的运动。每种阻碍方式就是一种强化金属的方法，其中主要的强化作用有以下几种方式：固溶强化、细晶强化、形变强化和第二相强化。需要指出的是，由于不同的应用背景，强化方式的分类、范畴和名称可能有所不同。如所谓合金强化一般包括固溶强化和沉淀强化，相变强化包括时效沉淀强化和马氏体相变强化，第二相强化有时也被称为析出强化。

　　实际的材料往往会综合有多种强化机制，钢中马氏体相变强化就是这样一种强化机制，它实际上是固溶强化、弥散强化、形变强化、细晶强化的综合效应。因此，通过对以上几种方式单独或综合加以运用，便可以有效地提高金属材料的强度以满足实际工程上的需要。

5.2.1　固溶强化

　　当溶质原子溶入基体金属中形成固溶体强化金属时，称为固溶强化。图 5-4 是铜镍二元合金固溶强化效果示意图，一般来说随着固溶度的增加合金强度明显增加。加入合金元素强化固溶基体是提高金属材料强度的一种重要方法。

当合金元素作为溶质原子溶入固溶体时，固溶体的状态和性质发生了变化，在许多方面与溶剂金属不同。此外，固溶体中的溶质原子在溶剂金属中的分布是不均匀的。一方面，溶质原子趋向于集聚在晶体缺陷附近，如位错、层错和晶界处；另一方面，由于溶质原子和溶剂原子的化学结合能不同，使溶质原子不可能均匀地分布，或形成溶质原子的丛聚团，或与溶质原子共同形成短程有序的组织。溶质原子在固溶体中形成的上述种种效应最终都会影响固溶体的强度。

固溶强化的出发点是以合金元素作为溶质原子，溶质原子与位错交互作用而阻碍位错运动。固溶强化现象的原因是复杂的，主要是通过两个方面表现出来的。

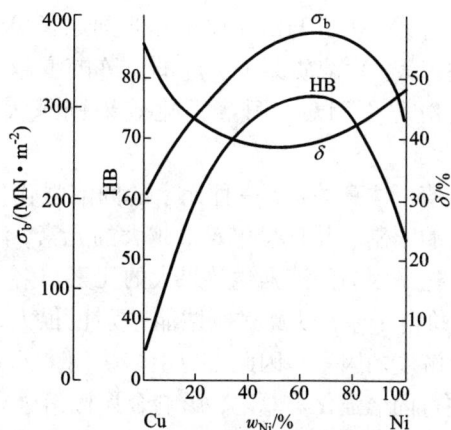

图 5 - 4　铜镍二元合金固溶强化效果示意图

(1)溶质原子与位错的弹性相互作用

固溶体中，由于原子大小不同，会破坏晶体点阵的规则性，使溶质原子在其周围引起弹性畸变，形成应力场。另一方面，在位错周围有弹性应力场存在。溶质原子应力场和位错应力场相互作用，总畸变能可能减小，从而可降低整个系统的弹性能。因此，其强化机制为：由于溶质原子与基体金属原子大小不同，因而使基体的晶格发生畸变，造成一个弹性应力场。该应力场与位错本身的弹性应力场交互作用，增大了位错运动的阻力，从而导致强化。

上述弹性交互作用是溶质原子造成的点阵畸变引起的。溶质浓度越高，点阵畸变越大，强化效果越显著。因而，固溶体强度随溶质浓度而增高。不同溶质原子引起的点阵畸变不同，固溶强化效果也不同。一般认为，间隙溶质原子的强化效应远比置换式溶质原子强烈，其强化作用约相差 10～100 倍。

(2)溶质原子与溶剂原子的化学交互作用

有些溶质可以降低金属的层错能，这些溶质将在扩展位错的层错区集聚，形成所谓的铃木气团。扩展位错滑动时，层错区将脱离铃木气团，使层错能增高。为了使扩展位错脱离铃木气团的钉扎，必须额外增大外加应力，表现为金属屈服强度提高。

另一方面，滑动的位错与其他位错交截或进行交滑移时需要束集。由于溶质使层错能降低，铃木气团将使层错区加宽，从而使束集变得困难，金属强度也会由此而得到提高。

此外，溶质原子通过与位错的电化学交互作用而阻碍位错运动。溶质原子与溶剂原子的价电子差是形成固溶强化的一个原因。溶质原子使其附近区域原子的电子结构发生变化，因此，必然与位错之间存在电子相互作用，从而强化固溶体。

研究表明，固溶强化的程度，一方面，在不超过固溶体极限的情况下，加入合金元素量越大，强化效果越明显。另一方面与溶质原子和溶剂原子尺寸差有关，尺寸差越大，由溶质原子引起的点阵畸变越大，从而导致位错滑移更困难，固溶强化效果则越大，如图 5 – 5 所示。

值得注意的是，一种元素的固溶强化作用有时受溶解度的限制。并且强化效果越大的元素，溶解度往往越小。这是因为固溶强化效果大的元素与溶剂原子的体积差、价电子差，以及其他性能差别也很大，这些正是限制溶解度的因素。因此工业上多采用多元微量合金化方法进行固溶强化。总之，影响金属固溶强化作用的主要原因是错配度和固溶度两方面，要综合考虑。此外，固溶强化作用愈大，塑性和韧性下降越明显，在固溶强化的同时，还要考虑对塑性和韧性的影响。

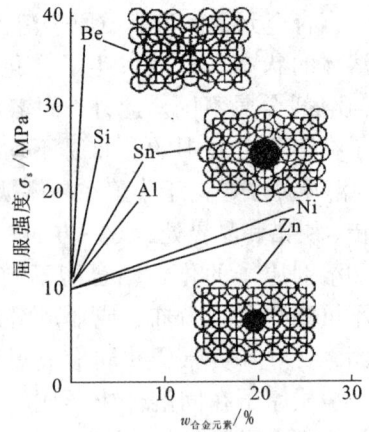

图 5 – 5　几种合金元素
对铜的屈服强度的影响

镍、锌与铜的原子尺寸大致相同，
而铍、锡与铜的尺寸有很大差别

5.2.2　细晶强化

工程中的金属材料是由大量晶粒组成的多晶体。在两个晶粒之间有晶界，它不能离开两侧的晶粒而单独存在，但它又是具有特殊结构的一个层区，其厚度约几个原子层。晶界因其特殊的结构而表现出特殊的性能，当晶粒变形时位错不能穿越晶界层，晶界成为位错运动的障碍，进而阻碍了材料变形的产生，如图 5 – 6 所示。此外，晶界本身的强度随温度而变化，当温度低于约 $0.5T_{熔}$ 时晶界层的强度比晶内高，成为强化层；当温度高于约 $0.5T_{熔}$ 时晶界层的强度低于晶粒

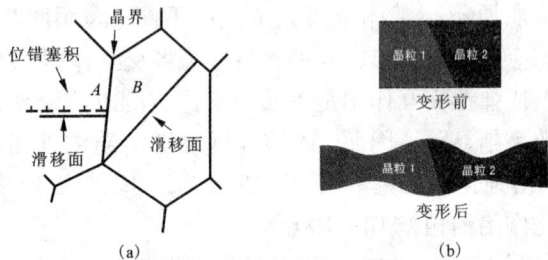

图 5 – 6　晶界阻碍位错运动和金属材料塑性变形
（a）位错在晶界处塞积示意图；（b）双晶粒试样拉伸时变形示意图

内部，能产生粘滞流动，晶界成为弱化层。因此对于一般金属材料而言，在室温下晶界本身就是一种强化因素。

室温下，通过细化晶粒增加晶界数量、增加塑性变形抗力以提高金属材料强度的方法称为晶界强化，也称为细晶强化。晶界强化机制是：多晶体中各个晶粒塑性变形开始的先后不同。由于晶界的存在，引起在晶界处产生弹性变形不协调和塑性变形不协调，进而在晶界处

诱发应力集中，以维持两晶粒在晶界处的连续性。导致晶界附近引起二次滑移，使位错迅速增殖，形成加工硬化微区，阻碍位错运动。此外，由于晶界存在，使滑移位错难以直接穿越晶界，从而破坏了滑移系统的连续性，阻碍了位错的运动。

总之，由于晶界的存在而使位错运动受阻，从而使金属强化。晶界强化的出发点是增加晶界以阻碍位错运动。金属晶粒越细，晶界越多，阻碍位错运动的作用越大，需要协调的具有不同位向的晶粒越多，金属塑性变形的抗力越高，表现为强化效果越好。

在大量试验基础上，建立了晶粒大小与金属（主要是体心立方金属，包括钢、钼、铌、钽、铬、钒等以及一些铜合金）屈服强度的定量关系，即著名的霍尔 – 配奇（Hall – Petch）公式。该公式描述了晶界强化的基本规律，其形式为

$$\sigma_s = \sigma_0 + K_s \cdot d^{-\frac{1}{2}} \tag{5-4}$$

式中：σ_s——屈服强度；

σ_0——单晶体中位错运动的摩擦阻力（派纳力）；

d——晶粒直径；

K_s——晶界障碍强度系数，是一个和材料本质有关而与晶粒直径无关的参数。

霍尔 – 配奇（Hall – Petch）公式实质上表示了晶界给多晶体塑性变形所带来的阻力，克服这种阻力依靠晶体内部位错塞积群所形成的应力集中效应。而这种应力集中效应与位错塞积群的长度有关，位错塞积群的长度决定于晶粒大小，从而得出了 Hall – Petch 公式。图 5 – 7 是几种低碳钢的抗拉强度与晶粒大小的关系。由图可知，金属晶粒愈细小，晶界面积愈大，金属的强度和硬度愈高。这表明由位错塞积理论推导出的 Hall – Petch 公式与实验结果相符合。

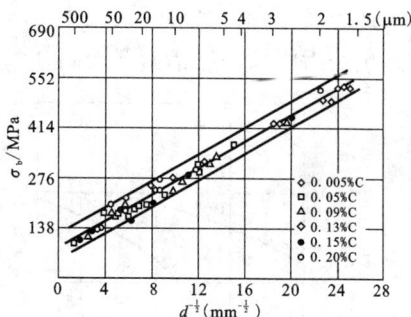

图 5 – 7　几种低碳钢的抗拉强度与晶粒直径的关系

值得说明的是，由于晶粒越细，造成裂纹所需要的应力集中越难，且裂纹传播所消耗的能量越高，裂纹在不同位向的各个晶粒内传播越困难，细化晶粒不但是重要的强化机制，还是理想的韧化方法，这是其他强化机制所不具有的。因此工业生产中常常采用控制铸造、轧制及热处理工艺细化晶粒，以达到强化金属材料的目的。

在铝合金中，添加微量合金元素细化组织是提高铝合金力学性能的另一种手段。细化组织包括铝合金基体晶粒细化、均匀化，也包括第二相的尺寸微细化、形状球粒化以及分布弥散均匀化。在变形铝合金中，添加微量 Ti、Zr、Cr、Mn 等，能形成诸如 Al_3Ti、Al_3Zr、Al_7Cr、Al_6Mn 等难熔化合物，在合金结晶过程中作为非自发晶核，起到细化晶粒作用，提高合金的强度和塑性。

在纳米尺寸的晶粒范围内 Hall – Petch 关系是否成立引起了人们广泛的关注。不少实验工作表明,该关系在低于 100 nm 的纳米晶中仍然有效。但理论模拟的结果显示,存在一个临界尺寸 d_c(如图 5 – 8 所示),当晶粒尺寸小于 d_c 时,出现了反 Hall – Petch 效应的现象,即强度随着晶粒尺寸的缩小反而降低,此时晶界附近的形变起了主导作用。模拟结果给出的金属的临界尺寸约在十几到二十纳米之间,例如 Cu 的临界尺寸 $d_c \approx$ 19.3 nm,Pa 的临界尺寸 $d_c \approx 11.2$ nm。

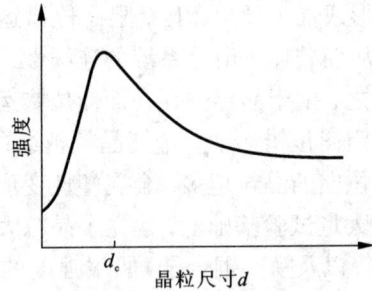

图 5 – 8   在纳米范围内强度随晶粒尺寸变化的示意图

5.2.3   形变强化(位错强化)

形变强化是指金属材料在再结晶温度以下进行冷变形,强度硬度增加,而塑性韧性下降,亦称为加工硬化。图 5 – 9 表示几种常见金属的抗拉强度随变形度增大而升高的情况。形变强化是金属材料常用的强化方法之一,适用于工业纯材料、固溶体型合金及热处理强化效果不佳的多相合金。形变强化主要着眼于位错数量与组态对塑变抗力的影响。一般而言,形变强化是指用增加位错密度提高金属强度的方法,因此又被称为位错强化。

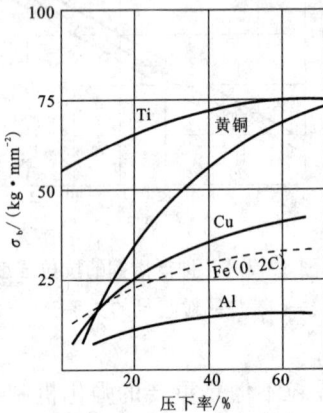

图 5 – 9   几种金属的屈服强度与压下率的关系

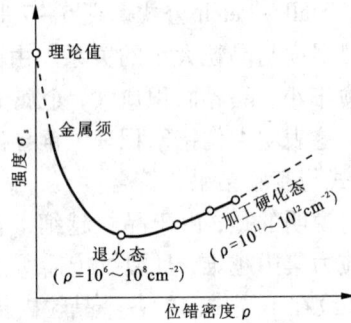

图 5 – 10   金属的强度与其中位错密度之间的关系

金属材料形变强化的机制是冷变形时金属内部位错密度增大,使位错运动时易于发生相互交割,形成割阶,引起位错缠结,形成胞状结构,造成位错运动的障碍,使不能移动位错数量剧增,给继续塑性变形造成困难,以致需要更大的力才能使位错克服障碍而运动,从而提高了钢的强度,如图 5 – 10 所示。

研究表明，金属的塑性变形抗力的增加与位错密度之间有以下关系：

$$\Delta\sigma = \alpha Gb\rho^{\frac{1}{2}} \tag{5-5}$$

式中：G——切变模量；

　　　b——柏氏矢量；

　　　α——强化系数（约为 0.5）；

　　　ρ——位错密度。

另外，由于位错组态的影响，一般面心立方金属比体心立方金属位错强化效应大。

从形变强化机制看出，添加合金元素应着眼于使塑性变形时位错易于增殖，或易于分解，提高金属材料的加工硬化能力。具体途径如下：

1) 细化晶粒。通过增加晶界数量，使晶界附近因变形不协调诱发几何上需要的位错，同时还可使晶粒内位错塞积群的数量增多。

2) 形成第二相粒子。当位错遇到第二相粒子时，希望位错绕过第二相粒子而留下位错圈，使位错数量迅速增多。

3) 促进淬火效应。淬火后希望获得板条马氏体，造成位错型亚结构。

4) 降低层错能。通过降低层错能，使位错易于扩展和形成层错，增加位错交互作用，防止交叉滑移。

5.2.4　第二相强化

第二相是指合金中除基体外的其他相。一般情况下，第二相硬而脆且数量较少。多相合金的组织，概括地说，是在较软的基体上分布着较硬的第二相。合金的力学性能与第二相的性质、第二相与基体的结合力、第二相的形成方式、形态和分布密切相关。

第二相强化是指弥散分布于合金基体组织中的第二相粒子可成为阻碍位错运动的有效障碍，是一种用于强化金属材料的有效方法之一。第二相强化的出发点是利用第二相粒子阻碍位错运动。

第二相强化的机制是运动着的位错遇到滑移面上的第二相粒子时，或切过或绕过，使滑移变形继续进行。该过程要消耗额外的能量，故需要提高外加应力，所以造成强化。根据强化机理不同，通常将第二相强化进一步分为沉淀强化和弥散强化两种。

1. 沉淀强化

沉淀强化又称为时效强化（着眼于切过第二相粒子，是指第二相粒子自固溶体沉淀（或脱溶）而引起的强化效应。

沉淀强化中第二相粒子可变形，并与母相具有共格关系，这种强化方式与淬火时效密切相关。其物理本质是沉淀相粒子及其应力场与位错发生交互作用，阻碍位错运动；同时，由于位错切过第二相，破坏了第二相的结构，增加了新界面，增加了能量的消耗，从而强化了金属材料，如图 5-11 和图 5-12 所示。产生沉淀强化的条件是第二相粒子能在高温下溶解，并且其溶解度随温度降低而下降。

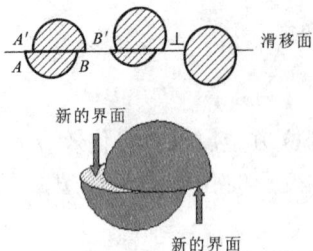

图 5 – 11　沉淀强化中位错切过粒子机制

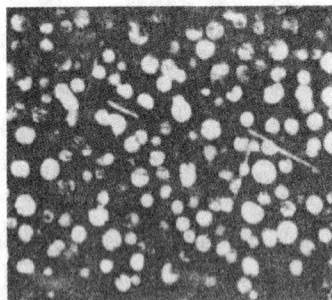

图 5 – 12　Al – Li 合金中位错切割 Al$_3$Li 相的电镜照片

　　一般情况下，沉淀强化是多种机制综合作用的结果，但常以共格应变强化作用为主。因此，峰时效常出现在能使沉淀相粒子与基体共格应变达到最大程度的时效阶段，即沉淀相粒子与基体的关系由共格到半共格过渡的时效阶段。

　　在固溶度随温度降低而减小的合金系中，当合金元素含量超过一定限度后，淬火可获得过饱和固溶体。在较低的温度加热时效，过饱和固溶体将发生分解，析出弥散的第二相，引起合金的强化。例如，铝合金要想获得高强度，必须配合以淬火时效处理，实现强度、硬度的增加。因此，沉淀强化是铝、镁、钛等金属材料常用的有效强化手段。

　　实验证明，过饱和固溶体的分解要经过一个过程，一般对大多数合金来说，开始是溶质元素扩散、偏聚、形成无数溶质元素富集的亚显微区域；随着时效时间的延长，或时效温度的升高，富集区长大为过渡相（具有与母相共格的过渡晶体结构），这种在沉淀过程中形成均匀、弥散分布的共格或半共格过渡相，在铝基体中强烈阻碍位错运动，提高合金强度。而后才形成析出相（具有独立的非共格的晶体结构）。

　　2. 弥散强化

　　弥散强化又称为过剩相强化（着眼于绕过第二相粒子），是指通过在合金组织中引入弥散分布的硬粒子，阻碍位错运动，导致强化的效应。

　　弥散强化中第二相粒子不参与变形，与基体有非共格关系。当位错遇到第二相粒子时，只能绕过并留下位错圈。其机制是位错不断绕过硬粒子，在粒子周围积累的位错圈相当于一个位错塞积群，阻碍后续位错靠近；另一方面相邻粒子间距随着位错圈塞积而减小，增大了位错运动的阻力，进一步使金属得到强化，如图 5 – 13 和图 5 – 14 所示。

　　过量的合金元素加入到基体金属中，一部分溶入固溶体，超过极限溶解度的部分则不能溶入，形成过剩的第二相。由于一般过剩相强度硬度较高，因此对合金具有强化作用。

　　弥散强化与第二相的形态、大小、数量和分布有关。第二相呈等轴状、细小和均匀分布时，强化效果较好。第二相粗大、沿晶界分布或呈针状、特别是粗大针状时，合金变脆，而且强度也不高。

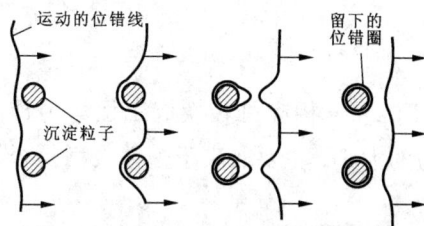

图 5 – 13 弥散强化中绕过粒子机制

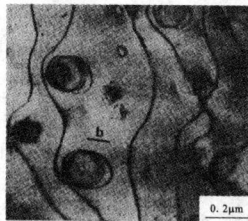

图 5 – 14 Ni 合金中位错绕过 Ni_3Al 相的电镜照片

通常第二相硬粒子本身不变形，位错难于切过。作为强化相的硬粒子有两个基本要求，一是其弹性模量要远高于基体弹性模量；二是要与基体呈非共格关系。这是从实用上把强化相粒子是否与基体具有共格关系看作区分弥散强化与沉淀强化的界限。

沉淀强化中第二相极为细小，弥散度大，在光学显微镜下观察不到；而弥散强化中第二相粗大，用低倍光学显微镜即可清楚看到。

此外，无论是沉淀强化，还是弥散强化，二者的强化机制存在共性，有时统称为弥散强化。其强化效果都与第二相粒子间距有关。在时效处理时，当第二相充分析出，数量达到最多，但第二相粒子还没有开始长大，此时第二相粒子间距最小，合金强度最高。当第二相粒子开始长大，且间距也随之增大，则合金的强度开始降低。因此，第二相强化机制比较复杂，往往要具体考虑第二相的大小、数量、分布以及性能等方面的影响。

5.3 改善塑性和韧性的途径

在工程实践中，许多建筑、桥梁、船舶、压力容器、输气管道都曾出现过不少的重大脆断事故。断裂是工程构件危害最大的破坏形式。随着人们对于客观事物认识的不断深入，人们逐渐认识到单纯将强度作为工程构件设计原则是远远不够的。因此，为减少或避免脆断事故，提高工程构件的安全性，人们需要对塑性指标，以及综合反映强度和塑性的韧性指标进行合理的设计，寻求改善金属材料塑性和韧性的基本途径。

金属材料的韧化，即要抑制其脆化。通过上述强化方式对金属材料进行强化，除细晶强化以外，一般均会发生材料脆化，即脆性转变温度上升的同时，塑性和韧性值都会出现下降。因此，在保证材料具有高强度的同时，使材料具有高的塑性和韧性。

韧性是断裂过程所需能量的参量，而这种能量取决于材料的强度和塑性，因此，韧性是材料强度和塑性的综合表现。提高韧性的思想应该是在保证所需强度的前提下增加塑性。强度和塑性都是材料的成分和组织结构在应力及其他外界条件作用下的表现，因此，在外界条件不变时，只有通过工艺改变材料的成分和组织结构，材料的韧性才能提高。当材料的成分和组织结构不变时，外界条件的改变可以改变材料的韧性。

5.3.1　塑性变化基本规律与改善塑性的途径

金属材料塑性有两个基本指标：一是均匀真应变(ε_u)，相应可转换成工程均匀延伸率(δ_u)。这一指标的物理意义是表征均匀塑性变形能力的大小，主要取决于塑性失稳是否易于出现。

另一指标是总真应变或断裂真应变(ε_T)，相应可转换成工程延伸率(δ_T)，其物理意义是表征材料的极限塑性变形的能力。这一塑性指标除与均匀真应变有关外，还取于颈缩后继续变形的程度，即 $\delta_T = \delta_u + \delta_P$。式中 δ_P 为颈缩后的变形，主要取决于微孔或微裂纹形成的难易程度。因此，改变塑性的途径是：在提高均匀塑性的同时，尽量避免或推迟微孔坑的形成。

5.3.2　影响塑性的主要因素

金属的塑性不是固定不变的，它受金属的内在因素(晶格类型、化学成分、组织状态等)和外部条件(变形温度、应变速率、变形的力学状态等)的影响。因此通过创造合适的内、外部条件，就有可能改善金属的塑性行为。

1. 化学成分的影响

化学成分对金属塑性的影响是很复杂的。金属的塑性主要取决于基体金属。但是工业用的金属除基本元素之外大都含有一定的杂质，杂质元素对钢的塑性变形一般都有不利的影响。有时为了改善金属的使用性能也往往人为地加入一些合金元素。它们对金属的塑性均有影响，一般表现为随着合金元素和杂质含量的加入，金属的塑性下降。

下面以碳钢为例进行说明。

碳对碳钢性能的影响最大。碳能固溶于铁形成铁素体和奥氏体，它们具有良好的塑性和低的变形抗力。当铁中的碳含量超过其溶碳能力时，多余的碳便与铁形成具有硬度很高的、而塑性几乎为零的渗碳体。对基体的塑性变形起阻碍作用，降低塑性，提高抗力。可见含碳量越高，碳钢的塑性成形性能就越差。钢中含碳量越高，渗碳体的数量越多，金属的塑性也越差。例如钢中含碳量小于 0.2%(质量分数)时，不仅强度高，塑性也好；含碳量达到0.4%时，塑性变差，不易进行冷变形，如图 5-15 所示。

合金元素加入钢中，不仅改变了钢的使用性能，而且改变了钢的塑性成形性能，其主要的表现为：塑性降低，变形抗力提高，如图 5-16 所示。这是由于合金元素溶入固溶体(α-Fe 和 γ-Fe)，使铁原子的晶体点阵发生不同程度的畸变；合金元素与钢中的碳形成硬而脆的碳化物(碳化铬、碳化钨等)；合金元素改变钢中相的组成，造成组织的多相性等，都使钢的抗力提高，塑性降低。

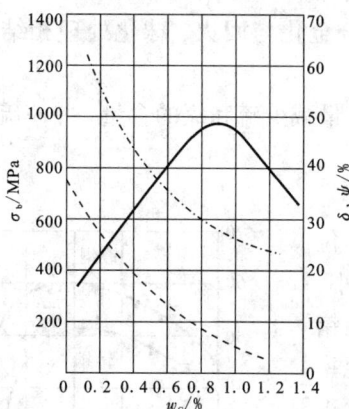

图 5 – 15　碳含量对碳钢塑性的影响

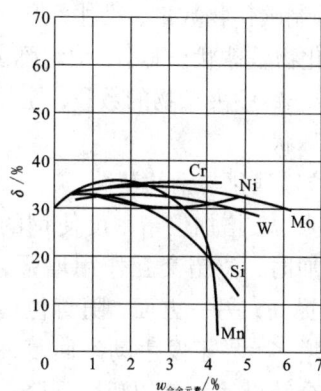

图 5 – 16　合金元素对钢塑性的影响

2. 组织结构的影响

钢在规定的化学成分内，由于组织的不同，塑性和变形抗力亦会有很大的差别。一般情况下，单相组织(纯金属或固溶体)比多相组织的塑性好，固溶体比化合物的塑性好。而多相组织的塑性又与各相的特性、晶粒的大小、形状、分布等有关。组织结构对塑性的影响可以从晶粒度、相结构、缺陷结构三方面进行分析。

(1)晶粒大小

细晶组织比粗晶组织具有更好的塑性。这是因为在一定的体积内细晶粒的数目比粗晶数目要多，塑性变形时有利于滑移的晶粒就较多，变形均匀地分散在更多的晶粒内。同时晶粒越细，晶界面越曲折，对微裂纹的传播越不利。这些都有利于提高金属的塑性变形能力。另一方面随着晶粒尺寸的减小，在位错塞积群中堆积的位错数目不断减少，从而使应力集中减弱，推迟微孔坑或微裂纹的形成。

(2)第二相的影响

通常第二相强化对塑性有害。第二相粒子常通过本身断裂，或者与基体界面开裂，成为诱发微孔坑的部分。所以，第二相粒子越多，便使微孔坑萌生的可能性越大。而且第二粒子的尺寸、形状、分布和种类也会影响金属材料的变形和断裂行为：

1)第二相粒子尺寸越大，塑性越低。

2)第二相粒子呈针状或片状较呈球状对塑性危害大。

3)第二相粒子均匀分布较沿晶分布对塑性危害小。

4)碳化物较氧化物和硫化物强度高，与基体结合好，对塑性危害小。

因此，为了改善塑性，第二相粒子多为球状、细小、均匀弥散分布，且本身强度高与基体结合好。这是充分发挥第二相弥散强化的同时，保证金属材料良好塑性的重要条件。

在采用第二相强化同时，可采用以下方法改善塑性：

1）控制碳化物数量、尺寸、形状及分布。可通过合金化与回火、球化处理相结合等方法，使碳化物呈球状、细小、均匀弥散分布状态。

2）减小钢中夹杂物的数量，控制夹杂物形态。要尽量减少硫和氧的含量，并使硫化物或氧化物呈球状。

（3）位错强化与钢的塑性

一般来说，增加位错密度使钢的塑性下降。原因是位错数量增加时，位错交互作用增强，使位错可动性减小，流变应力提高；另一方面，随着位错密度提高，异号位错相遇机会增多，易于发生动态回复，使金属的加工硬化率下降。综合结果使金属的塑性下降。例如，采用冷变形进行位错强化时，可使强度提高，而塑性下降。

（4）铸造组织的影响

一般而言，铸造组织具有粗大的柱状晶粒，具有偏析、夹杂、气泡、疏松等缺陷，因而塑性较差。如图 5 - 17 所示，Cr - Ni - Mo 钢铸造组织和锻造组织塑性的差别。

（5）晶格类型的影响

滑移是金属材料塑性变形的主要方式，因此金属材料中滑移系越多，金属发生滑移的可能性越大，塑性就越好，滑移方向对滑移所起的作用比滑移面大，所以面心立方金属比体心立方金属的塑性要好。表 5 - 1 给出了金属三种常见晶格的滑移系。

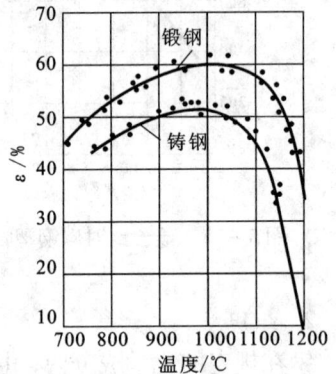

图 5 - 17 Cr - Ni - Mo 钢铸造组织和锻造组织塑性的差别

表 5 - 1 金属三种常见晶格的滑移系

晶格	体心立方晶格		面心立方晶格		密排六方晶格	
滑移面	$\{110\}$ ×6		$\{111\}$ ×4		$\{0001\}$ ×1	
滑移方向	$\{111\}$ ×2		$\{110\}$ ×3		$\{11\overline{2}0\}$ ×3	
滑移系	6×2=12		4×3=12		1×3=3	

3. 变形温度对塑性的影响

变形温度对金属和合金的塑性有很大的影响。就大多数金属和合金而言，总的趋势是：随着温度的升高，塑性增加，变形抗力降低。主要原因：

1）温度升度，发生回复与再结晶，消除了加工硬化；

2）温度升高，原子热运动加剧，原子动能增加，位错活动加剧，原子间结合力减弱，使临界剪应力降低，不同滑移系的临界剪应力降低速度不一样。因此，在高温下可能出现新的滑移系，滑移系的增加改善晶粒之间变形的协调性，提高了变形金属的塑性；

3）温度升高，原子的热振动加剧，晶格中原子处于不稳定状态。此时，如晶体受到外力作用，原子就会沿应力场梯度方向，由一个平衡位置转移到另一个平衡位置，使金属产生塑性变形。这种塑性变形的方式称为热塑性，也称扩散塑性。

4）温度升高，晶界强度下降，使得晶间滑移作用增强。同时，由于高温下扩散作用加强，使晶界滑移产生的缺陷得到愈合。如晶界切变抗力降低，晶界滑移引起的微裂纹被消除。

5）金属的组织、结构的变化，如由多相转变为单相，或者产生了晶格的结构改变。

然而，这种增加并非简单的线性上升，在升温过程中的某些温度区间，塑性会降低，出现脆性区。图5-18是碳钢的塑性随温度的变化曲线。如图所示，碳钢的塑性随温度的

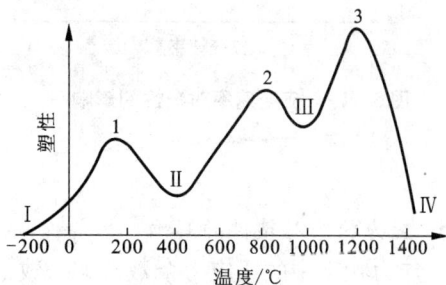

图5-18 碳钢的塑性随温度的变化曲线

变化可能有四个脆性区，三个塑性较好的区域。在区域Ⅰ中，一般塑性极低，到-200℃时几乎完全丧失掉塑性。区域Ⅱ位于200~400℃动态变形时效，由于塑变时位错运动速度与该温度下固溶的碳、氮原子的移动速度几乎相等，所以应变时效与塑性变形同时发生，因此产生了蓝脆区。区域Ⅲ位于800~950℃范围内，这是红脆区（热脆区）。区域Ⅳ位于1250℃，在这个温度区加热，金属可能过热或过烧，削弱了晶界的强度，因此产生了高温脆性区。

4. 变形速度对塑性的影响

所谓变形速度是指单位时间变形物体应变的变化量，塑性成形设备的加载速度在一定程度上反映了金属的变形速度。变形速度对塑性有两个不同方面的影响，谁大谁小，要视具体情况而定。

1）随变形速度的增大，要驱使更多的位错同时运动，使金属的真实流动应力提高，使变形抗力增大；同时由于变形速度大时，塑性变形来不及在整个变形体内均匀地扩展，此时，金属的变形主要表现为弹性变形。根据虎克定律，弹性变形量越大，则应力越大，变形抗力也就越大。因此，变形速度的增大使断裂提早，所以使金属的塑性降低。另外，在热变形条

件下，变形速度大时，可能没有足够的时间发生回复和再结晶，使塑性降低。

2）随着变形速度的增大，变形体吸收的变形能迅速地转化为热能（热效应），使变形体温度升高（温度效应）。这种温度效应一般会提高金属的塑性。

图 5 – 19 和图 5 – 20 给出了应变速率对塑性的影响及拉伸试验中不同应变速率下拉伸后试样延伸率的照片。

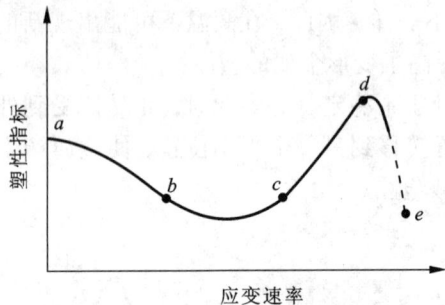

图 5 – 19　应变速率对塑性的影响

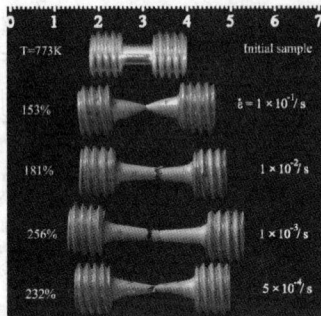

图 5 – 20　拉伸试验中不同应变速率下拉伸后试样延伸率

5. 应力状态对塑性的影响

主应力状态中的压应力个数越多，数值越大，金属的塑性越好；反之拉应力个数越多，数值越大，其塑性越低。原因是：压应力阻止或减小晶间变形；有利于抑制或消除晶体中由于塑性变形引起的各种微观破坏；能抵消由于不均匀变形所引起的附加应力。

综上所述，强化机制对金属材料的塑性有着直接的影响，因此在实际应用中，需要综合考虑金属材料强度与塑性这一对矛盾。

5.3.3　改善韧性的途径

断裂是工程构件最危险的一种失效方式，尤其是脆性断裂，它是突然发生的破坏，断裂前没有明显的征兆，这就常常引起灾难性的破坏事故。自从四五十年代之后，脆性断裂的事故明显地增加。例如，大家非常熟悉的巨型豪华客轮 – 泰坦尼克号，就是在航行中遭遇到冰山撞击，船体发生突然断裂造成了旷世悲剧！

经典的强度理论无法解释为什么工作应力远低于材料屈服强度时会发生所谓低应力脆断的现象。其主要原因是传统力学把材料看成均匀的，没有缺陷的，没有裂纹的理想固体，但是实际的工程材料，在制备、加工及使用过程中，都会产生各种宏观缺陷乃至宏观裂纹。

金属材料的韧性是表征在外力作用下，从变形到断裂全过程中吸收能量的能力。若吸收能量越大，则韧性越高，材料断裂越困难。根据试样形状和加载速率不同，可将韧性分为：光滑试样的静力韧性（静力韧度）、缺口静力韧性、缺口冲击韧性和裂纹韧性（或称为断裂韧性）。韧性是表征材料断裂抗力的力学参量，通常用冲击韧性 α_k、断裂韧度 K_{IC} 和脆性转变温度 T_k 等指标进行表征。

影响断裂韧性的高低，有外部因素如板材或构件截面的尺寸，服役条件下的温度和应变速率等，内部因素有材料的强度，材料的合金成分和内部组织。因此提高韧性的方法有许多种。例如细化奥氏体晶粒，从而细化铁素体晶粒；降低有害元素的含量，获得具有细微夹杂物的镇静钢和降低钢中的含碳量；利用稳定的残余奥氏体来提高韧性；获得不存在粗大碳化物质点和晶界薄膜的钢材料；应用相变诱发塑性等等。

根据外界条件的变化，金属材料通常可以表现出三种基本断裂类型：延性断裂、解理断裂和沿晶断裂。由于各断裂机制不同，所以改善和提高韧性的途径也不同，下面分别加以介绍。

1. 改善延性断裂的途径

延性断裂的微观机制是微孔坑的形成、聚集和长大的过程。图 5–21(a) 延性断裂宏观照片。延性断裂在宏观上有两种表现形式：一种是宏观塑性断裂，在断裂前有较大的塑性变形，在中、低强度钢中较为多见，如图 5–21(b) 所示；另一种是宏观脆性断裂(或称低应力断裂)，从宏观上看，在断裂之前不产生塑性变形，但从微观上看，在局部区域仍存在一定的塑性变形，这种断裂在高强度钢中比较突出，如图 5–21(c) 所示。两种表现形式的断裂均为孔坑型。

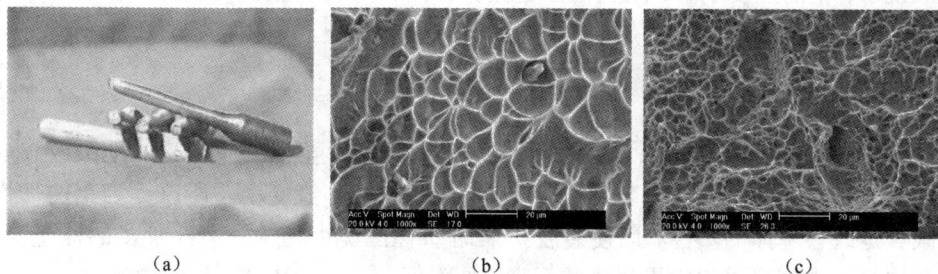

图 5–21　延性断裂示意图
(a) 延性断裂宏观照片；(b) 宏观塑性断裂的微观结构；(c) 宏观脆性断裂的微观结构

韧窝是金属塑性断裂的主要微观特征。根据这种断裂的微观机制，可知提高钢的断裂抗力的主要途径有：

(1) 减少钢中第二相数量

为了防止微孔坑的形成，尽量减少钢中第二相的数量，如氧化物、硫化物、硅酸盐、碳化物、氮化物等。按照 Krafft 的裂纹试样微孔坑和断裂模型，断裂韧度 K_{IC} 与第二相质点间距和第二相质点数目有如下关系

$$K_{IC} = E \cdot n \sqrt{2\pi d_T}$$

$$K_{IC} = \left[2 \cdot E \cdot \sigma_s \cdot \left(\frac{\pi}{6} \right)^{\frac{1}{2}} \cdot D \right]^{\frac{1}{2}} \cdot \varphi^{-\frac{1}{6}} \qquad (5-6)$$

式中：E——弹性模量；

n——加工硬化指数；

d_T——第二相颗粒间距；

σ_s——屈服强度；

D——第二相颗粒平均直径；

φ——第二相体积分数。

上式表明，材料愈纯，即 φ 愈小，则 K_{IC} 值愈大。因此尽可能减少第二相数量，特别是夹杂物的数量，是广泛用来提高断裂韧性的有效方法。细化第二相颗粒尺寸（即减小 D 值）也有利于改善钢的断裂韧性。对于强化相而言，数量过少时，会使强度损失过大。因而为改善钢的韧性又不降低强度，可选用细小且与基体结合好的析出相作为强化相，或者细化强化相颗粒。另外，第二相的形状对钢的韧性也有影响。第二相呈球状时对钢的韧性有利，而呈尖角时对钢的韧性不利。沿纵向分布的长条状夹杂物使钢的横向韧性显著下降，因此，为改善钢的韧性，宜加入稀土、Zr 等元素，以使硫化物呈球状。

（2）提高基体组织的塑性

一般说来，钢的强度越高，断裂韧性越低。这是因为裂纹主要在基体中扩展。基体组织中裂纹尖端的塑性区宽度与钢的屈服强度有如下关系

$$\gamma_P \propto \left(\frac{K_I}{\sigma_s} \right)^{\frac{1}{2}} \qquad (5-7)$$

由此可见，随着钢的强度升高，使裂纹尖端塑性区宽度显著降低。这表明裂纹扩展传播时所消耗的形变功明显下降，而裂纹扩展阻力的减小使 K_{IC} 值变小。所以提高钢的韧性的第二个着眼点是改善基体的塑性，以使裂纹扩展时塑性区宽度增大，消耗较多的能量。为此，宜减少基体组织中固溶强化效果明显的元素，如降低 Si、Mn、P、C、N 的含量。

提高组织的均匀性。提高组织均匀性的目的主要在于防止塑性变形的不均匀性，以减少应力集中。例如希望强化相如碳化物呈细小弥散分布，而不要沿晶界分布。所以对淬火回火钢，改善韧性的主要措施是提高回火温度，故而发展了调质钢。

2. 改善解理断裂抗力的途径

解理断裂是在正应力作用下产生的一种穿晶断裂，即断裂面沿一定的晶面（即解理面）分离。解理断裂常见于体心立方和密排六方金属及合金，低温、冲击载荷和应力集中常促使解理断裂的发生。面心立方金属很少发生解理断裂。

解理断裂通常是宏观脆性断裂，它的裂纹发展十分迅速，常常造成零件或构件灾难性的总崩溃。其断口特征：解理断裂断口的轮廓垂直于最大拉应力方向。新鲜的断口都是晶粒状

的，有许多强烈反光的小平面[称为解理刻面，见图 5-22(a)]。解理断口电子图像的主要特征是"河流花样"[见图 5-22(b)]，河流花样中的每条支流都对应着一个不同高度的相互平行的解理面之间的台阶。解理裂纹扩展过程中，众多的台阶相互汇合，便形成了河流花样。在河流的"上游"，许多较小的台阶汇合成较大的台阶，到"下游"，较大的台阶又汇合成更大的台阶。河流的流向恰好与裂纹扩展方向一致。所以人们可以根据河流花样的流向，判断解理裂纹在微观区域内的扩展方向。

(a)   (b)

图 5-22　解理断裂示意图

(a)解理断裂宏观照片；(b)河流花样微观形貌

影响解理断裂的因素，外因有环境温度、介质、加载速度、应力大小等，内因有材料的晶体结构、显微组织。一般来讲，钢的解理断裂有一个很重要的特性——冷脆现象，即当试验温度低于某一温度 T_k 时，材料由塑性转变为脆性，这种现象称为冷脆。此对于低碳钢尤为重要。

根据解理断裂机制，不难理解晶粒大小与解理断裂抗力有关。晶粒越细，则位错塞积的数目下降，便不产生应力集中，使解理断裂不产生，因而韧性增高，这使得塑脆转变温度 T_k 下降。晶粒的大小与 T_k 有如下关系

$$T_k = A - B\ln d^{-\frac{1}{2}} \qquad (5-8)$$

因此，防止解理断裂的第一种方法是细化晶粒。具体是正火、控制轧制、加入细化晶粒的合金元素。可见细化晶粒是一种非常重要的强韧化手段。另外，向钢中加入 Ni 元素可降低钢的 T_k。如果应用上述方法仍满足不了钢材低温性能的要求时，那就只有更换基体组织而采用没有冷脆现象的面心立方为基体的奥氏体钢了。

3. 改善沿晶断裂抗力的途径

沿晶断裂又称晶间断裂，它是多晶体沿不同取向晶

图 5-23　沿晶断裂示意图

粒间晶界分离的现象。一般的沿晶脆断断口微观特征是"冰糖状"，沿晶分离面平滑、干净，无微观塑性变形特征，可以清晰地辨认出一颗颗像冰糖样的晶粒。图5-23给出了沿晶断裂微观结构照片。

沿晶断裂的类型很多，例如回火脆、过热、过烧等都是晶界弱化而引起的沿晶断裂。一般说来，引起晶界弱化的因素有以下两个：

溶质原子在晶界上偏聚，造成晶界能量下降，因而裂纹易于沿晶界形成和扩展。

第二相质点沿晶界分布，致使微裂纹易于在晶界处形成，并使主裂纹易于沿晶界传播，为此使裂纹传播消耗的塑性变形功下降。其关系式为

$$\sigma_f = \frac{E(2\gamma_g + \gamma_P)}{\pi C} \tag{5-9}$$

为此，要提高沿晶界的断裂抗力，就要防止溶质原子沿晶界分布和第二相沿晶界析出。如加入合金元素 Mo、Ti 或 Zr，这几个元素与杂质元素有更强的交互作用，可以抑制杂质元素向晶界偏聚，从而减轻回火脆倾向；减少钢中 S 含量或加入稀土元素形成难熔的稀土硫化物，在高温加热时不会熔解，可以防止 MnS 在晶界析出。

总之，要改善钢的韧性，应视断裂机制的不同，采取相应的措施。

5.4　环境对强韧性的影响

金属材料或工件在服役过程中经常要与周围环境中的各种介质相接触。环境介质对金属材料力学性能的影响，称为环境效应。由于环境效应的作用，金属所承受的应力即使低于其屈服强度也会产生突然脆断的现象。除真空外，金属材料都工作于一定的环境介质中，例如自然环境、工业环境，以及外层空间环境。这些环境介质均以不同的形式对金属的力学性能造成影响甚至可能带来灾难性的后果。如油气管道中的硫腐蚀是油气生产中重要灾难常见原因。

随着工业的发展，对金属材料强度和韧性要求越来越高，同时金属材料或工件所工作的环境也愈加苛刻，近数十年间腐蚀、高温等环境造成的各种断裂及失效的比例逐年增加，因此，研究环境对金属材料的强韧性影响，具有重要的现实意义。由于介质、金属材料和载荷特征的多样性，金属在环境介质中力学行为表现出复杂性。它们有不同的特征、过程和机制，改善性能和防止破坏的措施也有多种途径。基本的环境行为包括应力腐蚀、氢脆、腐蚀疲劳、材料高温行为、液体金属致脆和辐照损伤等。

5.4.1　环境腐蚀对金属强韧性的影响

1. 环境的腐蚀性

(1)自然环境中的腐蚀

　　金属在自然环境中的腐蚀包括大气腐蚀、土壤腐蚀、海水腐蚀、淡水腐蚀和生物腐蚀等。这是金属所接触的腐蚀介质中最大量、最普遍的。

　　1）大气腐蚀。金属在自然大气环境条件下的腐蚀叫大气腐蚀。一般金属材料的力学性能指标都是在空气中测量的。但研究发现，金属在空气中的力学性能与真空中的不同。空气中的活性成分，如氧和水蒸汽被金属表面吸附会影响其力学行为。

　　大气的基本成分固定不变。在 10℃ 和 0.1 MPa 时，大气的大致组成见表 5 - 2。大气中普遍存在并与腐蚀有直接关系的成分是氧、水汽、二氧化碳。另外，大气中所存在的二氧化硫、二氧化氮等微量成分对腐蚀也有很大影响。

表 5 - 2　10℃ 和 0.1MPa 时，大气的大致组成

成分	重量/%	成分	重量/ppm
氮	75	氖	12
氧	23	氦	3
氩	1.26	氪	0.7
水汽	0.70	氙	0.4
二氧化碳	0.04	氢	0.04

　　大气腐蚀的快慢、特点及主要控制因素在很大程度上随大气的湿度而改变。根据金属表面的潮湿程度，可以把大气腐蚀分为干大气腐蚀、潮大气腐蚀和湿大气腐蚀。金属的腐蚀湿度存在一临界值，低于该临界湿度金属不易腐蚀。临界湿度值越低金属受腐蚀的倾向越明显。

　　2）土壤腐蚀。埋设在地下的种种金属构件容易受到土壤腐蚀。由于地下设施维修困难，因此研究其腐蚀行为具有重要意义。土壤是由各种颗粒状的矿物质、有机物质、水分、空气和微生物等所组成的多相的、有生物学活性和离子导电性的多孔的毛细管胶体体系。

　　土壤中含有水分和可溶解的盐类而具有电解质溶液的性质，因此土壤腐蚀是电化学腐蚀。土壤中潮湿程度和含盐量越大，土壤电阻越小，则其腐蚀性越大。土壤中含有氧气，氧的含量与其腐蚀性关系很大，同一金属材料在不同含氧量的土壤里会因氧浓度差而产生电位的不同，进而引起腐蚀。另外，土壤的酸碱性也是影响其腐蚀性的重要因素。通常酸性土壤的腐蚀性强。

　　3）海水腐蚀。海水是含盐量最大的电解质溶液。海水对金属设备、船舶及海上相关设施腐蚀十分严重。海水中含有大量的电解质，其中各种离子的含量见表 5 - 3，因此属于电化学腐蚀。由于海水导电性强，异种金属腐蚀严重；大量氯离子的存在也容易破坏金属钝化膜而引起严重腐蚀。

表5-3 海水中主要离子的成分

阴离子浓度		阳离子浓度	
阴离子	占总盐量的百分数/%	阳离子	占总盐量的百分数/%
Cl^-	65.04	Na^+	30.61
SO_4^{2-}	7.68	Mg^{2+}	3.69
HCO_3^-	0.42	Ca^{2+}	1.16
Br^-	0.19	K^+	1.10
F^-	0.004	Sr^{2+}	0.64
H_2BO_3	0.07		

4）淡水腐蚀。淡水一般指地下水、湖水和河水等含盐量少的天然水。淡水对金属的腐蚀随其硬度、含氧量、氯化物及硫的含量、pH值、温度和流动状态等的不同而不同。

5）生物腐蚀。由于生物活动的结果，直接或间接地产生对金属的腐蚀破坏作用叫作生物腐蚀。生物的生命活动也是一种化学过程，这个过程可以新陈代谢等方式参与金属的腐蚀过程。

（2）工业环境中的腐蚀

工业生产环境中的腐蚀包括酸、碱、盐、石油及其制品、卤素、有机化合物、液态金属及熔盐等腐蚀。随着科学技术与工农业生产的发展，金属与这类介质的接触机会增多，因而腐蚀也是十分严重的。

酸是工业生产中广泛使用的化工产品。酸对金属的腐蚀是严重的，其腐蚀规律在很大程度上取决于酸的氧化性。酸按其酸根的氧化性可大致分为氧化性酸与非氧化性酸。非氧化性酸对金属腐蚀的特点是腐蚀的阴极过程是氢离子的还原；氧化性酸对金属腐蚀的特点是腐蚀的阴极过程是以酸根的还原为主，同时也可能有氢离子的还原。

碱与盐类是生产设备常遇到的腐蚀介质。金属材料在碱及大多数盐类中被腐蚀时，虽然没有大量氢气析出，但腐蚀仍然是十分严重的。金属在碱和盐类介质中的基本腐蚀反应过程：

阳极为金属的溶解：

$$Me \rightarrow Me^{2+} + 2e^-$$

阴极为氧的还原：

$$O_2 + 2H_2O + 4e^- \rightarrow 4OH^-$$

只有在酸性盐的水溶液中才可能发生氢离子的还原。

由于液态金属和熔盐有良好的导热性能，有时可在熔融铅或盐中进行金属的热处理，利用其作为传热的介质，但当金属与液态金属或熔盐或碱接触时会引起不同程度的破坏。液态金属对金属的腐蚀主要是物理作用，具体表现为金属溶解在液态金属中、液态金属扩散入金属中、金属与液态金属生成金属间化合物。对于熔盐（或碱）是电解质，它可以引起金属的物理溶解，又可以使金属发生电化学腐蚀。

对于石油工业，存在许多腐蚀介质，主要包括硫化氢、氯化氢、环烷酸、氢、水和盐，此外还有灰分和乙醇胺。

2. 环境腐蚀形态对金属材料强韧性的影响

（1）应力腐蚀

1）应力腐蚀断裂及其特征。金属在特定腐蚀介质和应力的共同作用下，经过一段时间后所产生的低应力脆断现象，称为应力腐蚀断裂。应力腐蚀断裂是在低应力水平缓慢进行的过程，断裂方式是脆断，危害较大。需要指出的是，应力、环境介质和金属材料三者是产生应力腐蚀断裂的影响条件。根据工程实践和试验研究，应力腐蚀断裂具有以下特征：

A. 应力：材料或工件所承受的应力包括工作应力和残余应力。引起应力腐蚀断裂的应力是拉应力。残余应力是在零件的加工制造过程中形成的，如锻造、热处理、焊接或装配过程等。一般来说，产生应力腐蚀的应力很低，通常低于材料的屈服极限，应力腐蚀裂纹扩展方向基本上与外加拉应力垂直，断口形态具有脆性断口的特征。在应力腐蚀断口上可以看到裂纹萌生区、亚稳扩展区和失稳扩展区。在亚稳扩展区的断口上常可看到腐蚀产生，这是判断应力腐蚀的重要依据。

B. 腐蚀环境介质：特定金属材料只有在特定的腐蚀介质中才能产生应力腐蚀，即对于一定成分的合金只有在特定的腐蚀介质中才能出现应力腐蚀断裂，而不是在任何介质中都能出现。

表5-4　常用金属材料出现应力腐蚀断裂的敏感介质

金属材料	应力腐蚀断裂敏感介质
低碳钢和低合金钢	NaOH 溶液,沸腾硝酸盐溶液,海水、海洋性和工业性气氛
奥氏体不锈钢	酸性和中性氯化物溶液,熔融氯化物、海水
镍基合金	热浓 NaOH 溶液,HF 蒸汽和溶液
铝合金	氯化物水溶液,水及海洋大气,潮湿工业大气
铜合金	氨蒸气,含氨气体,含胺离子的水溶液
钛合金	发烟硝酸,300℃以上的氯化物,潮湿空气及海水

C. 金属材料：一般认为，纯金属不会产生应力腐蚀，所有合金对应力腐蚀都有不同程度的敏感性。此外，合金中结构对应力腐蚀关系 也较为密切。一般层错能低或滑移系少的合金，其位错易形成平面状结构；层错能高或滑移系多的易形成波纹状结构。前者对应力腐蚀的敏感性要比后者明显增大。

2）防止应力腐蚀的措施。从产生应力腐蚀的重要依据可知，防止应力腐蚀的措施，主要是合理选择材料、减少或消除工件中残余拉应力及改变腐蚀介质条件。此外，还可采用电化学方法防护。

A. 合理选择材料：针对工件所受的应力和使用条件选用耐应力腐蚀的金属材料。这是一个基本原则。例如，铜对氨的应力腐蚀敏感性很高，因此，接触氨的工件就应避免使用铜合金。

B. 改善组织结构：一般情况下，晶粒细小的金属材料，其应力腐蚀抗力较高。不同的晶体结构，其应力腐蚀抗力也不同，应进行合理的选择。

C. 减少或消除残余拉应力：残余拉应力是引起应力腐蚀的重要原因。因此，设法消除残余拉应力，在表面造成残余压应力层，均可改善零件的应力腐蚀性能。如去应力退火、表面喷丸等处理。

D. 改善腐蚀介质条件：一方面设法减少和消除促进应力腐蚀开裂的有害化学离子；另一方面，也可在腐蚀介质中添加缓蚀剂。

E. 电化学保护：由于金属在介质中只有在一定的电极电位范围内才会产生应力腐蚀现象，因此采用外加电位的方法，使金属在介质中电位远离应力腐蚀敏感电位区域，也是防止应力腐蚀的一种措施。一般采用阴极保护法。

（2）氢脆

氢脆断裂，是在应力和过量氢的共同作用下使金属材料的塑性和韧性降低而致脆的一种现象，简称氢脆。氢脆降低金属材料的塑性，其中断面收缩率的下降比延伸率的下降更明显；降低缺口试样的抗拉强度；还可能出现静载荷下的延滞断裂；但屈服强度基本不受影响。

1）氢的来源与存在形式。金属中氢的来源很多。如在金属冶炼过程中形成，或在加工服役过程中进入金属。金属中的氢以原子状态、分子状态或化合物状态存在。原子状态的氢在间隙中固溶于金属中。分子状态氢往往向缺陷，如空洞、气泡、裂纹和夹杂物等处聚集，形成氢分子。此外，氢还可能和一些过渡族、稀土或碱土金属元素作用生成氢化物，或与金属中的第二相作用生成气体产物。

2）氢脆类型。由于氢在金属中存在的状态不同以及氢与金属交互作用性质的不同，氢可通过不同的机制使金属脆化。常见的氢脆现象主要包括：氢蚀、白点、氢化物致脆、氢致延滞断裂。

A. 氢蚀：是由于氢与金属中的第二相作用生成高压气体，使基体金属晶界结合力减弱而导致金属脆化。

B. 白点（发纹）：由于钢中含有过量的氢，随着温度降低，氢的溶解度减小，但过饱和的氢未能扩散外逸，因而在某些缺陷处聚集成氢分子。当体积发生急剧膨胀，内压力很大足以把材料撕裂，而使钢中形成白点。

C. 氢化物致脆：一些金属与氢的亲和力较强，可形成金属氢化物如纯钛、α 钛合金、钒锆、铌及其合金中也可形成金属氢化物。这些金属氢化物与基体金属之间界面结合较弱，二者之间的弹塑性性质差别较大，在外力作用下界面易开裂，使金属塑性、韧性降低，产生脆化。

　　D. 氢致延滞断裂：上述三种氢脆均表现在通常拉伸试验中延伸率或断面收缩降低，或冲击韧性降低。氢致延滞断裂是金属在含氢环境中，受应力作用缓慢发生的断裂。所受应力较低，往往低于材料的屈服强度，表现为脆断。目前工程上所说的氢脆，大多数是指这类氢脆而言的。

　　3）防止氢脆的措施。针对氢脆现象，可以从以下三个方面防止氢脆的产生。

　　A. 环境因素：设法切断氢进入金属中的途径，或通过控制这条途径上的某个关键环节，延缓在这个环节的反应速度，使氢不进入或少进入金属中。

　　B. 力学因素：在机件设计和加工过程中应避免各种产生残余拉应力的因素。

　　C. 材质因素：含碳量较低且硫、磷含量较少的钢，氢脆敏感性低。钢的强度等级愈高，对氢脆愈敏感。钢的显微组织对氢脆敏感性有较大影响，一般按下列顺序递增：下贝氏体、回火马氏体或贝氏体、球化或正火组织。细化晶粒可提高抗氢脆能力，而冷变形可使氢脆敏感性增加。

　　（3）腐蚀疲劳

　　金属在交变载荷和腐蚀介质的共同作用下产生的断裂称为腐蚀疲劳。腐蚀疲劳是个复杂的过程，在环境介质中裂纹萌生和扩展的机理尚不清楚。腐蚀疲劳对环境介质没有特定限制，腐蚀疲劳一般也没有真正的疲劳极限，条件疲劳极限与材料的抗拉强度之间也没有直接的相关关系。腐蚀疲劳性能与加载频率的关系较明显，一般频率越低腐蚀疲劳越严重。一般来说组织结构对钢的腐蚀疲劳影响不大。只有大量加入合金元素成为不锈钢时，才能使腐蚀疲劳强度较明显的提高。气体介质中空气对腐蚀疲劳性能有明显影响，这是由于氧的吸附使晶界能降低的结果。卤族元素离子对金属有很强腐蚀性，加速疲劳裂纹的萌生和扩展，降低疲劳强度。另外，在腐蚀疲劳裂纹的萌生阶段，腐蚀起了极其重要的作用。腐蚀疲劳断裂的重要微观特征是穿晶解理脆性疲劳条纹。

5.4.2　高温对金属强韧性的影响

　　金属在高温下长时间承受载荷时，工件在远低于抗拉强度的应力下会产生破裂；工件在远低于屈服应力的情况下会连续和缓慢地发生塑性变形。金属室温力学性能与高温力学性能主要差别在于：高温下金属的力学性能还要受到温度和时间影响。

　　对于不同的金属材料划分高温的界限不同。这个界限应是金属在高温长时间受力作用时变形和断裂方式发生变化的温度。在一般情况下，金属的熔点越高，原子间结合力越强，这个温度界限也越高。因此这里所指的温度"高"或"低"是相对于该金属的熔点而言的。采用"约比温度"T/T_m（T 为试验温度，T_m 为金属熔点，单位均为绝对温度）。当 $T/T_m > 0.5$ 时，为

"高"温，反之为"低"温。

随着温度的升高，金属的强度、硬度逐渐降低，塑性逐渐升高。这一现象是普遍存在的。图 5-24 表示 20 号钢力学性能随温度变化的情况。由图可见，随着温度从室温上升到 600℃，除了在 200℃出现强度升高、塑性下降的所谓"蓝脆"区域外，从整体趋势来说表现为金属的韧塑性增加，强度下降。这一般归结于由于温度升高，金属材料原子活动力增加，位错易于运动的结果。

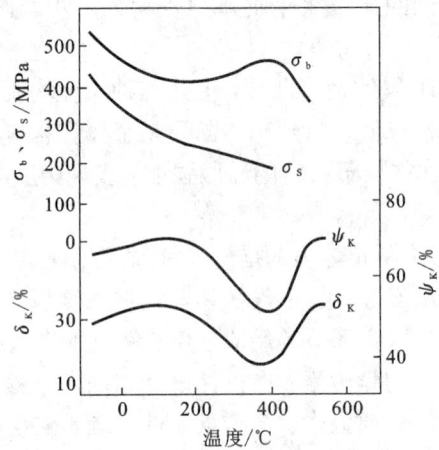

图 5-24　20 号钢力学性能随温度变化示意图

1. 金属的形变断裂形式与温度的关系

（1）形变方式

金属材料在低温下变形时一般都以滑移方式进行，但随着温度升高，载荷 作用时间加长，这时不仅有滑移，而且还有扩散形变及晶界的滑动与迁移等方式。扩散变形是在金属发生变形，但看不到滑移线的情况下提出的。这种变形机制是高温时金属内原子热运动加剧，致使原子发生移动，但在无外力作用下原子的移动无方向性，故宏观上不发生形变；当有外力作用时，原子振动极易发生且有方向性，因而促进变形。当温度升高时，在外力作用下晶界也会发生移动和迁移。温度越高、载荷作用时间越长，晶界滑动和迁移就越明显。

（2）断裂方式

由于温度和时间影响，金属在低温下断裂与高温下断裂形式也有所不同。在高温下金属的断裂形式由低温时的穿晶断裂（韧性断裂）过渡到高温的晶间断裂（脆性断裂）。这是因为金属强度是由晶粒和晶界强度组成。温度升高，由于原子结合力的下降，晶内和晶界强度都要下降。但由于晶界上原子排列不规则，缺陷较多，原子扩散较晶内快，因此晶界强度比晶内下降快。到一定温度时，原来室温下晶界强度高于晶内的状况会转变为晶界强度低于晶内，如图 5-25 所示。晶粒与晶界两者强度相等的温度称为等强温度，用 T_E 表示。另外，金属材料的等强温度不是固定不变的，变形速率对它有较大影响。由于晶界原子扩散速率较快，因此晶界强度对变形速率的敏感性要比晶粒的大

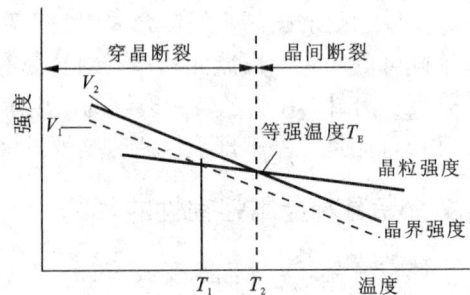

图 5-25　金属强度与温度关系
（加载速度 $V_2 > V_1$）

274

得多，表现为等强温度随变形速率的增加而升高，如图 5 - 25 所示。

常温下金属的断裂在正常情况下均属于穿晶断裂，这是由于晶界区域晶格畸变程度大，晶内强度低于晶界强度所致。但随温度升高，由于晶界区域晶格畸变程度小使原子扩散速度增加，晶界强度减弱。温度越高，载荷作用时间越长，则金属断裂方式更多地呈晶间断裂。

2. 金属材料的高温力学性能指标

综上述所述，对于工作于高温环境的材料，其力学性能不能简单地用应力 - 应变关系来评定，而需加入温度与时间两个因素，研究其在一定温度下应力、应变与时间的关系，建立评定高温力学性能的指标。

热强性是金属材料在高温和载荷作用下，抵抗塑性变形和破坏的能力。热强性包括材料在高温条件下的瞬时性能和长时性能。

瞬时性能是指在高温条件下进行常规力学性能试验所测得的性能指标，如高温拉伸、高温强度和高温冲击等。其特点是高温短时加载，其性能指标只能作为选材的一个参考指标。

长时性能是指材料在高温及载荷共同长时间作用下所测得的性能指标，包括有蠕变极限、持久强度、应力松弛、高温疲劳强度和冷、热疲劳等，这是评定高温材料必须建立的性能指标。

（1）高温短时力学性能指标

1）高温短时拉伸性能。有一些零件在高温下持续工作时间很短，如火箭上的某些零件。评定这类材料时，需要金属材料的高温短时力学性能数据。测量时在高温下采用宰温时的拉伸试验测量高温下的弹性模量、屈服强度、抗拉强度、延伸率和断面收缩率等强韧指标。

2）高温硬度。高温硬度对于高温轴承和某些高温工模具材料是很重要的性能指标。高温硬度可用于衡量金属材料在高温下抵抗塑性变形的能力。高温硬度的测量原理和方法与室温硬度相同，方法有布氏硬度、洛氏硬度和维氏硬度及显微硬度。

（2）高温长时力学性能指标

1）蠕变极限。金属在长时间的恒温、恒应力作用下，即使应力小于材料的屈服强度，也会缓慢地产生塑性变形，这个现象称为蠕变。为保证在高温长期载荷作用下的机件不致产生过量变形，要求金属材料具有高的蠕变极限。蠕变极限是一个强度指标，它表示金属在高温下受载荷长期作用时对塑性变形的抗力。

蠕变现象的本质是金属在高温和应力双重作用下强化和弱化两个过程同时发生与发展的结果。

在常温下，当金属承受的应力超过其屈服极限时，会发生变形，并由变形引起强化。当强化使强度与承受的应力相等时，变形即告中止。这时，即使长时间承受应力，也不会有蠕变现象发生。但如果金属受载时所处的温度，超过该金属的再结晶温度，那么在形变强化的同时，金属的组织中会发生回复及再结晶等一系列的弱化过程，则纯强化结果永远不能与外部载荷达到平衡，新的变形将持续地产生，因而出现了蠕变现象。

2）持久强度。金属材料在高温下的变形抗力与断裂抗力也是两种不同的性能指标，因此对于高温材料除测定蠕变极限还须测定其在高温长时载荷作用下抵抗断裂的能力。持久强度是指在一定温度下，在规定时间内材料断裂所能承受的最大应力。持久强度是表征材料在高温和应力的长期作用下抵抗断裂的能力，其也是一个强度指标。在一定的温度和应力下，材料能支持不断裂的时间愈长；或一定的温度、时间条件下材料的断裂应力愈高，则材料的持久强度性能愈好。

持久塑性是指持久试验断裂后的延伸率或断面收缩率，是持久试验中一项重要性能指标。许多金属或合金在室温下表现出很高的拉伸延伸率，但高温长期加载断裂后塑性很低。持久塑性是零件在高温下工作的安全性指标要求。较高的持

3）松驰稳定性。金属材料抵抗应力松驰的性能称为松驰稳定性。产生这种现象的原因，一般认为是承受弹性变形的金属，在高温下由于晶界的扩散过程和晶内部嵌镶的转动或移动过程，使弹性变形逐步转变为塑性变形，从而使应力不断降低。

3. 高温力学性能的影响因素与性能提高途径

随着温度升高，金属材料的原子结合力降低，原子扩散系数增大，从而导致金属材料组织由亚稳态向稳态过渡。如第二相的聚集长大、多相合金中的成分变化，亚结构粗化及发生再结晶等因素都导致金属材料软化，表现为抵抗塑性变形和断裂的能力不断降低。

要降低蠕变速率提高蠕变极限，必须控制位错攀移的速率；提高断裂抗力，即提高持久强度，必须抑制晶界的滑动和空位的扩散，也就是要控制晶内和晶界的扩散过程。因此高温下金属材料性能提高的主要出发点是提高金属材料的基体的原子间结合力，造成对抗蠕变有利的组织状态。

（1）增强基体原子间结合力，强化基体

基体金属是决定合金高温强度的最基本的因素。表征金属原子间结合力的首先是金属的熔点，熔点愈高，金属的原子间结合将愈强。这是因为在一定温度下，熔点愈高的金属自扩散激活能愈大，因而自扩散愈慢。基体强化的主要出发点是提高基体金属的原子间结合力，降低固溶体的扩散过程。

金属或合金的晶格类型也与晶体中的原子间结合力有关，对高温强度影响较大。堆垛层错能愈低者愈易产生扩展位错，使位错难以产生割阶、交滑移及攀移。这些都有利于降低蠕变速率。大多数面心立方结构金属的高温强度比体心立方结构的高，这是一个重要原因。

因此，高温用金属基体材料一般选用原子结合力强、熔点高、自扩散激活能大或层错能低的金属及合金。

此外，还可对选用基体，进行固溶强化提高原子间结合力，提高蠕变极限。除固溶强化作用外，还由于原子尺寸不同，在晶体中造成了局部的点阵畸变和应力场，导致溶质原子在位错附近形成气团，从而增加了位错运动的阻力，以及溶质原子与溶剂原子的结合力强，增大了扩散激活能，提高了蠕变抗力。一般情况下，合金元素熔点越高，原子半径与基体金属的相差越大，对热强性提高的效果越大。

（2）晶界强化

晶粒大小对金属材料高温性能的影响很大。当使用温度高于等强温度时，适当的粗化金属或合金晶粒，减少薄弱的晶界数量，以使之具有较高的蠕变抗力与持久强度。但晶粒太大会使持久塑性和冲击韧性降低。同时，可以对现存的晶界再进一步强化。

1)净化晶界。耐热合金中的硫、磷等低熔点杂质易在晶界偏聚和形成低熔点共晶，削弱晶界强度。加入硼、稀土等元素，与上述低熔点杂质形成高熔点稳定化合物，即可净化晶界。

2)填充晶界空位。晶界上空位较多，有利于扩散和蠕变裂纹扩展。加入适当元素如硼因其原子尺寸比铬、铁、钴小，比碳、氮等大。它的微量加入，无论处于置换还是间隙状态，都能稳定地填充晶界空位，也使晶界强化。

3)晶界沉淀强化。在晶界上沉淀析出不连续骨架状强化相，也可以强化晶界使裂纹沿晶扩展受阻。

（3）弥散相强化

合金中的第二相质点周围存在应力场，这种应力场对位错运动有阻碍作用，因而强化合金。这种强化作用，取决于弥散相质点的分布、性质及高温下的稳定性。实验证明，弥散相的大小有一个最佳值，弥散相之间的距离有一个临界值，弥散相本身应具有高温强度、高温稳定性，即高温下不聚集长大，不易和基体金属作合金元素的交换。

除此之外，还可用形变和热处理方法改变晶界形状，形成锯齿状晶界，并在晶内造成多边化的亚晶界，进一步使合金强化。

5.4.3　低温对金属强韧性的影响

实践表明，低温对金属材料力学性能有很大影响。随着温度的下降，多数材料会出现脆性增加的现象，严重时甚至发生脆断，这种现象称为冷脆。对光滑无缺陷零件而言，这种过渡一般在很低的温度下才会发生，因此没有实际危险性。但零件在生产及使用过程中，往往存在着缺口，甚至裂缝。带有尖锐的缺口和裂缝的零件，由宏观塑性过渡到宏观脆性则可能在一般的气温条件下，而且其断裂应力往往低于室温下的屈服极限。因此对于低温下使用的金属材料而言，冷脆具有很大的实际意义。

1. 塑性－脆性转变温度

金属的塑性随温度下降而发生陡降的特定温度称为塑－脆转变温度。通常用其作为评定材料冷脆倾向大小的指标。在这一温度下，金属的断裂由延性断裂转变为脆性断裂。图5－26为不同温度下几种金属拉伸时断面收缩率的变化，4种

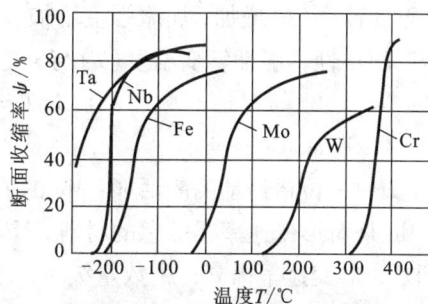

图5－26　不同温度下几种金属拉伸时断面收缩率的变化

金属的塑性－脆性转变均发生在一个狭窄的温度范围内。因此，严格地说，塑性－脆性转变温度是一个温区，包括三个特征温度：T_1—塑－脆转变起始温度，T_2—塑－脆转变温度或断口形貌转变温度；T_3—无塑性转变温度。

2．影响塑性－脆性转变温度的主要因素

塑性－脆性转变温度是一个结构敏感因子，受许多因素影响，如金属的晶体结构、强度、合金元素及晶粒大小等。此外，变形速度、试件尺寸、应力状态及缺口形式对塑脆转变温度也有较大的影响。

（1）应力状态

一般脆性断裂只发生在拉伸状态。由于加荷状态的不同，材料中的拉应力与切应力之比不同，所表现的塑性－脆性转变温度也不同。

缺口会引起双向或三向应力，如表 5－5 所示，对比光滑和缺口试样的拉伸试验结果，W、Mo、Nb 的塑性－脆性转变温度对缺口是敏感的。另外，冲击试验更能显露出材料的缺口敏感性。

表 5－5　缺口对塑性－脆性转变温度的影响

金属	退火条件	塑性－脆性转变温度/℃	
		光滑试样拉伸	缺口试样拉伸
W	1200℃ ×1h	150	275
Mo	1150℃ ×0.5h	－73	－10
Mo	1000℃ ×0.25h	－90	150
Nb	1100℃ ×0.25h	< －250	> －250
Ta	1200℃ ×3h	< －250	< －250

（2）形变速率

形变速率（$\dot{\varepsilon}$）增加，屈服强度增加（$\sigma = A\dot{\varepsilon}^n$），会引起塑性－脆性转变温度提高。体心立方金属的塑性－脆性转变温度（T）与 ε 之间存在下列关系：

$$1/T = A - (R/H)\ln(\dot{\varepsilon})$$

式中：A——常数；

H——位错运动的激活能，Mo 的 $H \approx 0.8\text{eV}$。

Mo 是对形变速率很敏感的材料，Mo 的塑性－脆性转变温度与形变速率的关系如图 5－27 所示，形变速率提高一个数量级时，塑性－脆性转变温度大约升高 20 ~ 30℃。

（3）间隙杂质（C、N、H、O）

塑性－脆性转变温度与化学成分有关，特别是间隙元素含量对其影响很大。少量的间隙杂质（C、N、H、O）能使金属的塑性－脆性转变温度剧烈地提高。第一，在于这些杂质在金属中溶解甚少。间隙杂质易在晶界形成这些杂质的偏聚区，或者形成碳化物、氧化物或其他脆性相，使晶界脆性。第二，由于间隙杂质与位错的交互作用的结果，即屈服强度增加，当等于或超过断裂强度时，就发生没有塑性变形的断裂，表现为脆性。

（4）合金元素

一般来说，合金元素会升高金属的塑性－脆性转变温度，但是，若合金元素能提高再结晶温度和清除基体点阵中间隙杂质，则可以起到降低塑性－脆性转变温度的作用。例如，Mo 中加入 0.5% Ti，能使 Mo 固溶强化，但不降低其低温塑性，这是因为 Ti 是强烈的氧化物、氮化物和碳化物生成元素，能起到清除基体中间隙杂质的作用。

（5）微观结构

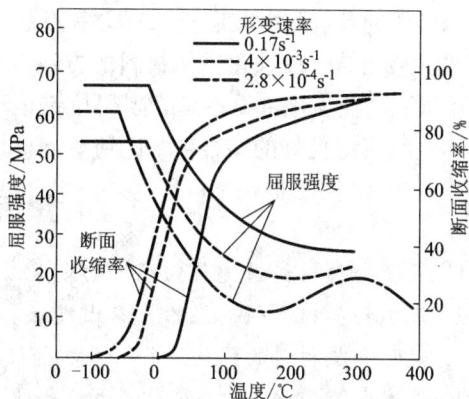

图 5－27　钼金属塑性－脆性转变温度与形变速率的关系

金属及其合金的晶粒愈粗，则塑性－脆性转变温度愈高，冷脆愈严重。因为晶粒粗则单位体积中晶界面积减少，单位面积晶界上杂质浓度提高，使晶界更为脆化。当温度升高时，晶界上脆性夹杂物溶解，达到一定温度后又恢复塑性状态。

5.5　金属强韧化研究的进展

人类使用金属材料的发展史上，长期追求的中心目标就是金属材料的强度、韧性和塑性的提高，以满足日益发展的需要。随着科学技术的飞速发展和人们认识水平的提高，人们对于金属材料强韧化有了更为深入的了解。

金属材料强韧化从机理上划分，可以分为三种：物理强韧化、化学强韧化和机械强韧化。三者之间有联系但有区别，实际金属的强韧化往往是综合作用的结果。

所谓物强韧化指的是金属内部晶体缺陷的作用和通过缺陷之间的相互作，对晶体的力学性能产生一定的影响，进而改变金属性能的现象，包括由形变引起的形变（位错）强化、细晶强化、第二相强化（沉淀强化和弥散强化）、位错与溶质原子相互作用的固溶强化。

化学强韧化指的是元素的本质决定的因素以及元素的种类不同和元素含量不同造成材料性能的改变。这里包括了元素之间的相互作用和结合对性能带来的影响，也包括元素的含量不同造成的由量变到质变的许多问题。

机械强韧化是一个与之完全不同的强韧化机理，除了结构、尺寸、形状方面的机械原因以外，主要指界面作用造成的强韧化。典型复合材料的强韧化就涉及不同材料界面造成的强韧化和各相的几何尺寸变化造成的强韧化。如纤维增强复合强化，就是用高强度纤维同适当的基体材料相结合以强化基体材料的方法。金属基体复合材料的强韧化机理与前述强化方式机理不同，这种强化主要不是靠阻碍位错运动，而是靠纤维与基体间良好的浸润性，使纤维与基体之间获得良好的结合，以达到整体材料的优异的强韧性。

思考练习题

1. 简述金属材料强度与韧塑性的定义或物理意义，并分别列举常见描述指标。
2. 说明金属材料强韧化的基本出发点。
3. 说明金属材料的强化途径分类，并列举主要的强化作用方式。
4. 简述固溶强化、细晶强化、形变强化、第二相强化的定义、出发点及机制。
5. 熟悉并能够运用霍尔－配奇(Hall－Petch)公式进行强化分析，并对霍尔－配奇(Hall－Petch)公式的应用范围有明确认识。
6. 简述影响金属材料塑性的主要因素与作用机理。
7. 简述腐蚀形态对金属材料强韧性的影响。
8. 说明温度对金属材料强韧性的影响。

第6章 钢铁材料

6.1 钢的合金化基础

在钢铁中加入合金元素，能够改变材料的工艺性能和使用性能。在工艺性能方面，保证材料具有良好的热塑性、冷变形性、切削性、淬透性和焊接性等。在使用性能方面，使材料有高的强度与韧性的配合，或高的低温韧性，或高温下有高的蠕变强度、硬度及抗氧化性，或具有良好的耐腐蚀性等。合金元素的加入产生了合金元素与铁、碳及合金元素之间的相互作用，改变了钢铁中各相的稳定性，并产生了许多新相，从而改变了原有的组织或形成新的组织，材料的性能也随之发生变化。

6.1.1 钢中的元素及其影响

按照元素的用途来分，钢中的元素分为合金元素和杂质元素。钢中的杂质元素主要是指硫、磷及氮、氧、氢等元素。这些杂质元素在冶炼时或者是由原料、燃料及耐火材料带入钢中，或者是由大气进入钢中，或者是脱氧时残留于钢中。它们的存在会对钢的性能产生影响。各种元素对钢的性能影响如下。

1. 合金元素的影响

为了提高钢的性能，必须在钢中加入合金元素，以改变其工艺性能和力学或物理性能。为合金化目的加入其含量有一定范围的元素称为合金元素。目前钢铁中常用的合金元素有十几个，主要有 Si、Mn、Cr、W、Mo、V、Ti、Nb、Al、Cu、B 等。这些元素，加入到钢中之后或是溶于碳钢原有的相(如铁素体、奥氏体、渗碳体等)中，或者是形成碳钢中原来没有的新相。概括来讲，主要有以下四种存在形式：以固溶体的溶质形式存在；形成碳化物或金属化合物等强化相；形成非金属夹杂物(氧化物、氮化物等)；以游离状态存在。合金元素究竟以这四种哪一种形式存在，主要取决于合金元素与铁和碳的相互作用情况。

2. 硫和磷的影响

S 和 P 在钢中都是有害元素。S 在 α-Fe 中的溶解度很小，在钢中常以 FeS 的形式存在。FeS 与 Fe 易在晶界上形成低熔点(985℃)的共晶体，当钢在 1000 ~ 1200℃进行热加工时，由于共晶体的熔化而导致钢材脆性开裂，这种现象称为热脆。加 Mn 消除 S 的这种有害作用：FeS + Mn→Fe + MnS，所生成的 MnS 熔点高(1600℃)，从而避免热脆。

P 能全部溶于铁素体中，有强烈的固溶强化作用，虽可提高强度、硬度，但却显著降低钢的塑性和韧性，这种现象称为冷脆性。但在某些钢中，P却可以改善钢的切削性。由于S、P对钢的质量影响严重，因此对钢中的S、P含量应严格控制。

3. 气体元素的影响

氢：钢中的氢是由锈蚀含水的炉料或从含有水蒸气的炉气中吸入的。氢对钢的危害是很大的，一是引起氢脆，由于常温下氢在钢中的溶解度很低，当氢在钢中以原子态溶解时，韧性降低，钢在低于钢材强度极限的应力作用下，经一定的时间后，在无任何预兆的情况下突然断裂，往往造成灾难性的后果；二是当氢在缺陷处以分子态析出时，会产生很高的内压，形成微裂纹，其内壁为白色，称白点或发裂。白点会使钢材的伸长率显著下降。

氮：室温下氮在铁素体中溶解度很低，钢中过饱和的氮在常温放置过程中会以 Fe_2N、Fe_4N 形式从铁素体中析出而使钢的强度硬度升高，塑性韧性下降，这种现象称为时效脆化。在钢中加入一定量的 Ti、V、Al 等元素，使氮以这些元素氮化物的形式被固定，从而消除时效倾向。

氧：氧在钢中主要以氧化物夹杂的形式存在，如 FeO、Al_2O_3、SiO_2、MnO 等，这些氧化物夹杂与基体的结合力弱，不易变形，破坏了钢的基体的连续性，往往成为裂纹的起点。

6.1.2 合金元素与铁和碳的相互作用

1. 合金元素与铁的相互作用

合金元素可以改变铁的同素异构转变温度，从而改变 Fe-Me(合金元素)二元合金相图。主要通过合金元素在 $\alpha-Fe$ 和 $\gamma-Fe$ 中的固溶度及其对 γ 相区和 α 相区的影响表现出来，体现为合金元素与铁构成的二元合金相图的不同类型，如图6-1所示。

(1) 无限扩大 γ 相区类型

如图6-1(a)所示，当合金元素超过某一限量后，使 A_3 降低，A_4 升高，α 相及 δ 相分别处于被封闭的区域内，可以在室温得到稳定的 γ 相。这一类合金元素称为无限扩大 γ 相区的合金元素。用Ni和Mn合金化的重要钢种属于这一类。如果加入足够量的 Ni 或 Mn，可完

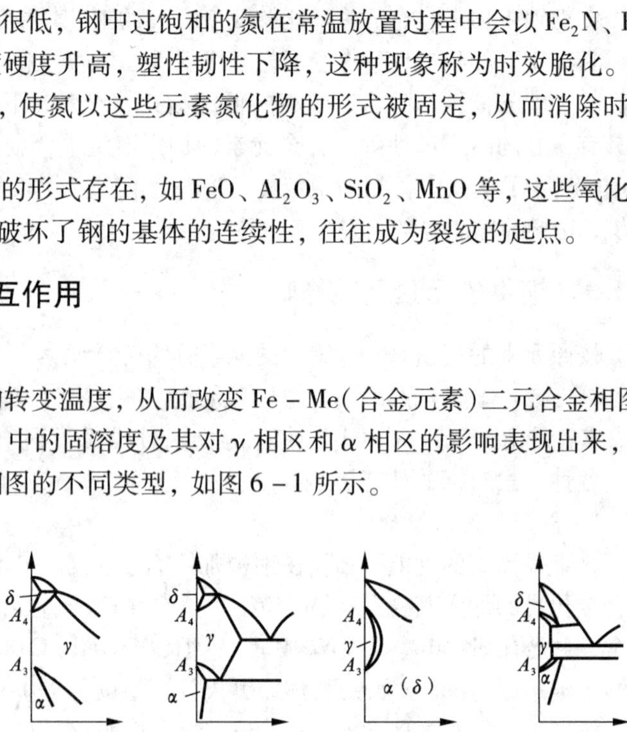

图6-1 铁基二元合金相图的类型

全使体心立方的 α 相从相图上消失，γ 相保持至室温。所以 Ni 和 Mn 使铁的 $\gamma\rightarrow\alpha$ 转变抑制到较低温度，即 A_1 和 A_3 点降低，故由 γ 区淬火到室温较易获得亚稳的奥氏体组织，它们是不锈钢中常用作获得奥氏体的元素。

(2) 有限扩大 γ 相区类型

如图6-1(b)所示，虽然 γ 相区也随合金元素的加入而扩大，但由于固溶度不大，只是

形成有限固溶体，不能使之无限扩大。这类元素称为有限扩大 γ 相区的元素。碳和氮是这种类型的最重要元素。Cu、Zn 和 Au 具有相同的影响。γ 区借助 C 及 N 而扩展，当 C 含量达到 2.0%，可获得均匀化的固溶体（奥氏体），它构成了钢的整个热处理的基础。

（3）封闭 γ 相区、扩大 α 相区类型

许多元素限制 γ-Fe 的形成，A_4 下降，A_3 升高，在较宽的成分范围内，促使铁素体形成，使相图中 γ 相区缩小到一个很小的面积，形成了相圈，见图 6-1(c)。这意味着这些元素促进了体心立方铁（铁素体）的形成，其结果使 α 相与 δ 相区连成一片。在生成 α 相的区域内合金不能用正常热处理制度（即通过 γ/α 转变区冷却进行热处理）。Si、Al 和强碳化物形成元素 Ti、V、Mo、W、Cr 均属于这一类元素。

（4）缩小 γ 相区类型

如图 6-1(d) 所示，这类合金元素虽然也使 γ 相区缩小，但由于固溶度小，不能使之完全封闭，故称为缩小 γ 相区元素。B 是这一类型中最有影响的元素，还有碳化物形成元素 Nb、Zr、Ta 均使 γ 相区显著缩小。

2. 合金元素与碳的相互作用

Fe_3C 是一种稳定性较低的碳化物，因为渗碳体中的 Fe 和 C 的亲和力较弱。当合金元素溶于渗碳体内，形成合金渗碳体，如 $(FeCr)_3C$ 时，其稳定性将会获得提高。而稳定性较高的合金渗碳体，在进行热处理加热过程中，较难溶于奥氏体，也不易聚集长大。

按照与碳的相互作用情况，将合金元素分为两大类：

（1）非碳化物形成元素

与碳亲和力很弱的非碳化物形成元素如 Ni、Si、Al、Co 等在合金钢中，基本上都溶于铁素体或奥氏体内，起固溶强化作用，有的形成非金属夹杂物和金属间化合物，如 Al_2O_3、SiO_2、$FeSi$、Ni_3Al 等。另外，Si 的含量高时，可能使渗碳体分解，使碳游离呈石墨状态存在，即有石墨化作用。

（2）碳化物形成元素

这类合金元素按照与碳的亲和力从大到小的顺序为：Zr、Ti、Nb、V、W、Mo、Cr、Mn、Fe。合金元素与碳的亲和力越大，所形成化合物的稳定性、熔点、分解温度、硬度、耐磨性就越高。在碳化物形成元素中，Ti、Nb、V 是强碳化物形成元素，所形成的碳化物如 TiC、VC 等；W、Mo、Cr 是中碳化物形成元素，所形成的碳化物如 $Cr_{23}C_6$、Cr_7C_3、W_2C 等；Mn、Fe 是弱碳化物形成元素，所形成的碳化物如 Fe_3C、Mn_3C 等。碳化物是钢中的重要组成相之一，其类型、数量、大小、形态及分布对钢的性能有着重要的影响。

6.1.3 合金元素对钢相变的影响

1. 合金元素对 Fe－Fe₃C 相图的影响

Fe－Fe₃C 相图是研究钢中相变和对碳钢进行热处理时选择加热温度的依据，因此在研究合金元素对相变的影响之前，首先了解合金元素对 Fe－Fe₃C 相图的影响。

(1) 对奥氏体和铁素体存在范围的影响

扩大或缩小 γ 相区的元素均同样扩大或缩小 Fe－Fe₃C 相图中的 γ 相区且同样 Ni 或 Mn 的含量较多时 A_3 温度降至 0℃ 以下，可使钢在室温下得到单相奥氏体组织，称为奥氏体钢(如 1Cr18Ni9 奥氏体不锈钢和 ZGMn13 高锰钢等)，而 Cr、Ti、Si 等超过一定含量时，奥氏体相区消失，使钢在室温获得单相铁素体组织称为铁素体钢(如 1Cr17Ti 高铬铁素体不锈钢)。

(2) 对 Fe－Fe₃C 相图临界点(S 和 E 点)的影响

扩大 γ 相区的元素使 Fe－Fe₃C 相图中的共析转变温度下降，缩小 γ 相区的元素则使其上升并都使共析反应在一个温度范围内进行。几乎所有的合金元素都使共析点(S)和共晶点(E)的碳含量降低，即 S 点和 E 点左移，强碳化物形成元素的作用尤为强烈。因而合金钢中共析体的碳质量分数就不再是 0.77%，而是小于 0.77%。同时碳在奥氏体中的最大溶解度不再是 2.11%，而是小于 2.11%。如高速钢 W18Cr4V，即使其碳质量分数只有 0.7% ~ 0.8%，在其铸态组织中也会出现莱氏体；热模具钢 3CrW8V，其平均碳质量分数仅为 0.3%，已属过共析钢。合金元素对 Fe－Fe₃C 相图的共析成分 S 点和共析反应温度 A_1 的影响如图 6 - 2 和图 6 - 3 所示。

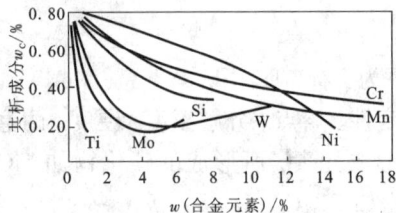

图 6 - 2　合金元素对共析成分 S 点的影响

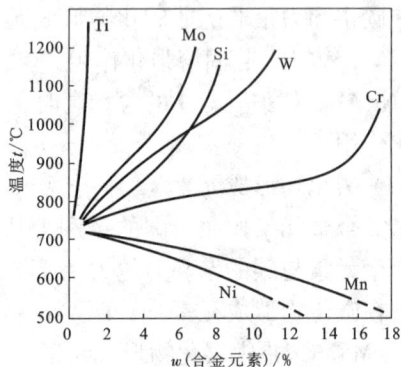

图 6 - 3　合金元素对共析温度 A_1 的影响

2. 合金元素对钢加热转变的影响

(1) 对奥氏体形成速度的影响

Cr、Mo、W、V 等强碳化物形成元素与碳的亲和力大形成难溶于奥氏体的合金碳化物，会显著减慢奥氏体形成速度，减缓奥氏体化进程。因此，合金钢在热处理时，要相应地提高加热温度或延长保温时间，这样才能保证奥氏体化过程的充分进行，使尽可能多的合金元素溶解入奥氏体中，发挥其提高淬透性的作用。

（2）对奥氏体晶粒长大倾向的影响

碳、氮化物形成元素阻碍奥氏体长大。合金元素与 C 和 N 的亲和力越大，阻碍奥氏体晶粒长大的作用也越强烈，因而强碳化物和氮化物形成元素具有细化晶粒的作用。Mn、P 对奥氏体晶粒的长大起促进作用，因此应控制钢中 P 的含量，含锰钢加热时应严格控制加热温度和保温时间。

6.1.4 钢的分类及编号

1. 钢的分类

钢的种类繁多，为了便于生产、使用、管理和选用，通常按以下几种方法分类：

（1）按化学成分分类

按化学成分将钢分为碳素钢和合金钢。碳素钢根据含碳量分为低碳钢（含碳量 <0.25%）、中碳钢（含碳量为 0.25%~0.6%）和高碳钢（含碳量 >0.6%）。合金钢根据合金元素总量分为低合金钢（合金元素总量 <5%）、中合金钢（合金元素总量为 5%~10%）和高合金钢（合金元素总量 >10%）。

（2）按用途分类

按用途将钢分为结构钢、工具钢和特殊性能钢。结构钢包括构件用钢和机器用钢，构件用钢用于建筑、桥梁、船舶、车辆等，而机器用钢包括渗碳钢、调质钢、弹簧钢、滚动轴承钢和耐磨钢。工具钢包括模具钢、刃具钢和量具钢。特殊性能钢包括不锈钢、耐热钢等。

（3）按冶炼方法分类

根据冶炼所用炼钢炉不同，将钢分为平炉钢、转炉钢和电炉钢。根据冶炼时的脱氧程度不同，又将钢分为沸腾钢、镇静钢和半镇静钢。沸腾钢在冶炼时脱氧不充分，浇注时碳与氧反应发生沸腾。这类钢一般为低碳钢，其塑性好、成本低、成材率高，但不致密，主要用于制造用量大的冷冲压零件，如汽车外壳、仪器仪表外壳等。镇静钢脱氧充分，组织致密，但成材率低。半镇静钢介于前两者之间。

（4）按显微组织分类

1）按平衡状态或退火状态的组织，分为亚共析钢、共析钢、过共析钢和莱氏体钢。

2）按正火组织分为珠光体钢、贝氏体钢、马氏体钢和奥氏体钢等。

3）按室温时的显微组织分为铁素体钢、奥氏体钢和双相钢。

（5）按品质分类

钢的质量是以硫、磷的含量来划分的。根据硫、磷的含量，将钢分为普通质量钢、优质钢、高级优质钢和特级优质钢。各质量等级钢的硫、磷含量列于表 6-1。

表6-1　各质量等级钢的硫、磷含量　　　　　　　　%

钢类	碳素钢		合金钢	
	S	P	S	P
普通质量钢	≤0.050	≤0.045	≤0.045	≤0.045
优质钢	≤0.040	≤0.040	≤0.035	≤0.035
高级优质钢	≤0.030	≤0.030	≤0.025	≤0.025
特级优质钢	≤0.020	≤0.025	≤0.015	≤0.025

2. 钢铁产品牌号表示方法

钢的牌号一般采用汉语拼音字母、化学元素符号和阿拉伯数字相结合的方法表示。采用汉语拼音字母表示钢产品的名称、用途、特性和工艺方法时，一般从代表钢产品名称的汉字的汉语拼音中选取第一个字母。采用汉语拼音字母，原则上只取一个，一般不超过两个。常用钢产品的名称、用途、特性和工艺方法表示符号见表6-2。

表6-2　常用钢产品的名称、用途、特性和工艺方法表示符号

名　称	采用的汉字及汉语拼音	采用符号	牌号中的位置	名　称	采用的汉字及汉语拼音	采用符号	牌号中的位置
碳素结构钢	屈	Q	头	矿用钢	矿	K	尾
低合金高强度钢	屈	Q	头	压力容器用钢	容	R	尾
耐热钢	耐热	NH	尾	桥梁用钢	桥	q	尾
易切削非调质钢	易非	YF	头	锅炉用钢	锅	g	尾
热锻用非调质钢	非	F	头	焊接气瓶用钢	焊瓶	HP	尾
易切削钢	易	Y	头	车辆车轴用钢	辆轴	LZ	头
碳素工具钢	碳	T	头	机车车轴用钢	机轴	JZ	头
塑料模具钢	塑模	SM	头	沸腾钢	沸	F	尾
(滚珠)轴承钢	滚	G	头	半镇静钢	半	b	尾
焊接用钢	焊	H	头	镇静钢	镇	Z	尾
钢轨钢	轨	U	头	特殊镇静钢	特镇	TZ	尾
汽车大梁用钢	梁	L	头	质量等级		A、B、C、D、E	尾

(1) 碳素结构钢和低合金结构钢

这两类钢采用代表屈服点的拼音字母"Q"，屈服点数值(单位为 MPa)和钢的质量等级、脱氧方法等符号表示，按顺序组成牌号。如碳素结构钢牌号表示为 Q235AF、Q235BZ 等；低合金高强度结构钢牌号表示为 Q345C、Q345D 等。

　　质量等级由 A 到 E，硫、磷含量降低，质量提高。碳素结构钢牌号中表示镇静钢的符号"Z"和表示特殊镇静钢的符号"TZ"可以省略，低合金高强度结构钢都是镇静钢或特殊镇静钢，其牌号中没有表示脱氧方法的符号。

　　根据需要，低合金高强度结构钢的牌号也可以采用两位阿拉伯数字（表示平均含碳量的万分之几）和化学元素符号，按顺序表示，如 16Mn 等。

　　（2）优质碳素结构钢

　　优质碳素结构钢的牌号以两位数字表示。这两位数字表示钢的平均含碳量的万分之几，如 08 钢表示平均含碳量为 0.08%。

　　钢的含锰量为 0.70% ~ 1.00% 时，在牌号后加锰元素符号，如 50Mn。高级优质钢在牌号后加字母"A"。特级优质钢在牌号后加字母"E"，如 45E。

　　沸腾钢和半镇静钢在牌号尾部分别加符号"F"和"b"。如平均含碳量为 0.08% 的沸腾钢，其牌号表示为 08F；平均含碳量为 0.10% 的半镇静钢，其牌号表示为 10b；镇静钢一般不标符号，如平均含碳量为 0.45% 的镇静钢，其牌号表示为 45。

　　（3）合金结构钢和合金弹簧钢

　　这两类钢的牌号由两位数字（表示平均含碳量的万分之几）加上其后带有百分含量数字的合金元素符号组成。当合金元素的平均含量小于 1.50% 时，只标元素符号，不标含量；当合金元素的平均含量为 1.50% ~ 2.49%、2.50% ~ 3.49%、3.50% ~ 4.49%、4.50% ~ 5.49%…时，在相应的合金元素符号后标 2、3、4、5…等数字，如 30CrMnSi、20CrNi3 等。

　　高级优质钢在牌号后加字母"A"，如 30CrMnSiA、60Si2MnA 等。特级优质钢在牌号后加字母"E"，如 30CrMnSiE 等。

　　（4）工具钢

　　工具钢主要包括碳素工具钢、合金工具钢和高速工具钢三种。

　　碳素工具钢的牌号由字母"T"与其后的数字组成，其后的数字表示平均含碳量的千分之几，如平均含碳量为 0.9% 的钢号为 T9。高级优质钢在牌号后加字母"A"，如 T10A。

　　合金工具钢和高速工具钢牌号的表示方法与合金结构钢基本相同，但一般不标明含碳量数字，如 Cr12MoV（平均含碳量为 1.60%）、W6Mo5Cr4V2（平均含碳量为 0.85%）。当合金工具钢的含碳量小于 1.00% 时，含碳量用一位数字标明，这一位数字表示平均含碳量的千分之几，如 8MnSi。

　　平均含铬量小于 1% 的合金工具钢，在含铬量（以千分之一为单位）前加数字"0"，如 Cr06。

　　（5）铬滚动轴承钢

　　高碳铬轴承钢的牌号由 GCr + 数字组成，数字表示铬含量平均值的千分之几，牌号中不标明含碳量，如 GCr15 的平均含铬量为 1.5%。渗碳轴承钢牌号的表示方法与合金结构钢相同，仅在牌号头部加字母"G"，如 G20CrNiMo。

（6）不锈钢和耐热钢

不锈钢和耐热钢（珠光体型耐热钢除外）的牌号由表示平均含碳量的数字（以千分之一为单位）与其后带有百分含量数字的合金元素符号组成。合金元素含量表示方法同合金结构钢。含碳量的表示方法为：当平均含碳量≥1.00%时，用两位数字表示，如 11Cr17（平均含碳量为 1.10%）；当 1.00% > 平均含碳量≥0.1%时，用一位数字表示，如 2Cr13（平均含碳量为 0.20%）；当含碳量上限 < 0.1%时，以"0"表示，如 0Cr18Ni9（含碳量上限为 0.08%）；当 0.03% ≥ 含碳量上限 > 0.01%时（超低碳），以"03"表示，如 03Cr19Ni10（含碳量上限为 0.03%）；当含碳量上限≤0.01%时（极低碳），以"01"表示，如 01Cr19Ni11（含碳量上限为 0.01%）。另外，在钢中能起重要作用的微量元素如 Ti、Nb、Zr、N 等也要在牌号中标出。

（7）铸钢

以强度为主要特征的铸钢牌号为"ZG"（表示"铸钢"二字）加上两组数字，第一组数字表示最低屈服强度值，第二组数字表示最低抗拉强度值，单位均为 MPa，如 ZG200 - 400。

以化学成分为主要特征的铸钢牌号为"ZG"加上两位数字，这两位数字表示平均含碳量的万分之几。合金铸钢牌号在两位数字后再加上带有百分含量数字的元素符号。当合金元素平均含量为 0.9% ~ 1.4%时，除锰只标符号不标含量外，其他元素需在符号后标注数字 1；当合金元素平均含量大于 1.5%时，标注方法同合金结构钢，如 ZG15Cr1Mo1V、ZG20Cr13。

6.2 构件用钢

6.2.1 概　述

构件用钢主要是用于各种工程结构，包括碳素结构钢和低合金高强度结构钢，也称作工程用钢或结构用钢，它广泛应用于国防、化工、石油、电站、车辆、造船等领域，如用于制造船体、建筑钢结构件、油井或矿井架、高压容器、输送管道、桥梁等。这类钢冶炼简便、成本低、用量大，一般不进行热处理。

6.2.2 构件用钢的力学性能特点

一般说来，工程构件的工作特点是不做相对运动，承受长期静载荷；有一定的使用温度，如有的（锅炉）使用温度在 250℃，而有的则在寒冷条件下工作，长期承受低温作用；通常在野外（如桥梁）或在海水中（如船舶）使用，承受大气和海水的侵蚀。根据工程结构件的服役条件要求构件用钢具有足够的强度和韧性，一般其屈服强度在 300 MPa 以上，延伸率为 15% ~20%，室温冲击韧性大于 600 ~ 800 kJ/m²；对于大型焊接构件，还要求有较高的断裂韧性，以便能够承受较大的载荷和减轻整个金属结构件。另外，由于工程结构件一般在 - 50 ~ 100℃ 范围内使用，因此还要求工程结构钢有较高的低温韧性。在其他力学性能方面，例如桥梁、船舶，它们会受到像风力或海浪冲击等引起的交变载荷，因此，某些工程结构钢还要求有较高的疲劳强度。

6.2.3　构件用钢的工艺性能

构件用钢必须有良好的工艺性能。为了制成各种构件，需要将钢厂供应的棒材、板材、型材、管材、带材等钢材先进行必要的冷变形，制成各种部件，然后用焊接或其他方法连接起来。焊接是构成金属结构的常用方法，金属结构要求焊缝与母材有牢固的结合，强度不低于母材，焊接热影响区有较高的韧性，没有焊接裂纹，即要求有良好的焊接性。另外，工程结构件成形时，常需要剧烈的变形，如剪切、冲孔、热弯、深冲等，因此还要求有良好的冷热加工性和成形性等工艺性能。

6.2.4　构件用钢的耐大气腐蚀性能

工程结构多是在大气或海洋大气中服役，在潮湿空气作用下，会产生电化学腐蚀而引起构件截面的减少而使金属结构件过早失效，因而要求有抗大气腐蚀的能力。钢中加入少量 Cu、P、Ni、Cr 等元素，都能提高钢抗大气腐蚀的能力。

少量 Cu 非常有效地提高钢的大气腐蚀抗力。钢中的 Cu 不易发生腐蚀，而以 Cu 元素沉积在钢的表面，它具有正电位，成了钢表面的附加阴极，促使钢在很小的阳极电流下达到钝化状态。为提高钢的抗大气腐蚀能力，一般在钢中加入质量分数为 0.25% ~ 0.50% Cu。有些铁矿石含 Cu，故也可以作为钢中的残留元素而发挥作用。

P 也有提高钢抗大气腐蚀的能力，为此钢中加入质量分数为 0.06% ~ 0.15% P。少量 Ni 和 Cr 都能促进钢的钝化，减少电化学腐蚀。加入微量的稀土金属也有良好效果。若同时加入几种耐蚀的少量和微量元素，则提高耐蚀性的效果更佳，其中 Cu 和 P 共同作用最为有效。

6.2.5　合金元素对构件用钢性能的影响

1. 对焊接性的影响

钢的焊接性是指在一定的焊接条件下获得良好焊接接头的难易程度，可理解为对焊接加工的适应性，它包括接合性能与使用性能。为了评估钢材的焊接性，通常是采用焊接碳当量（C_{eq}）的概念，即把单个合金元素对焊接热影响区硬化倾向的作用折算成 C 的作用，再与钢中 C 的质量分数加在一起，用 C_{eq} 来判断钢的焊接性。C_{eq} 越小，焊接性越好。这方面有一些推荐计算公式及其应用条件，如美国焊接学会推荐 C_{eq}：

$$C_{eq} = C + Mn/6 + Si/24 + Ni/15 + Cr/5 + Mo/4 + Cu/13 + P/2$$

式中元素符号为各元素之质量百分数。从式中可知，Mn、Cr、Mo 等元素能够显著提高碳当量，如 $w_{Mn} = 1.5\%$ 时，就相当于 $w_C = 0.25\%$。因此构件用钢成分一般选择低碳，以保证钢具有良好的韧性、焊接性及冷成型性。

2. 对力学性能的影响

构件用钢的合金化必须在保证构件工作安全可靠的前提下尽可能地提高屈服强度和抗拉强度，从而达到减轻构件重量、节约钢材的目的。由于构件用钢一般是在热轧空冷状态下使用，所以合金化提高强度的主要途径有固溶强化、细化晶粒、增加珠光体数量及沉淀强化等方法。所有溶入铁素体中的合金元素均能提高其硬度、抗拉强度和屈服强度，除 P 外，Si、Mn 的固溶强化作用最大，Ni 次之，W、Mo、V、Cr 的强化作用较小。

应当指出，合金元素的以上强化作用均使钢的塑性、韧性下降，尤其是钢的冷脆倾向增加，脆性转折温度提高，降低构件的安全可靠性。唯独细化晶粒是一种既强化又韧化的有效措施。为此，一方面加入 Al 和碳化物形成元素 Ti、Nb、V 等，以细化奥氏体晶粒；另一方面，加入 Ni、Mn 等降低 A_3 温度的元素，增加过冷奥氏体的稳定性，在热轧空冷或正火条件下得到细小的铁素体晶粒和较多的细珠光体。

3. 对耐大气腐蚀性能及其他性能的影响

加入 Cu 有利于在表面形成致密的保护膜，同时它溶入铁素体后还提高其电极电位，使钢具有较好的抗大气腐蚀性能，在钢中加入适量的 Cr、Ni、Ti 等元素，也提高铁素体的电极电位，从而提高其耐蚀性。另外，加入稀土元素，消除部分有害的杂质元素，净化钢材，改善韧性与工艺性能，还改变夹杂物的分布形态，使钢材在纵、横向上的性能一致。

6.2.6 碳素构件用钢

碳素构件用钢原称普通碳素结构钢，随后增加了 C、D 质量等级的优质钢。碳素结构钢易于冶炼，价格低廉，性能基本满足一般工程结构的要求，用量约占钢材总量的 70% ~ 80%。另外碳素构件用钢含碳量低，S、P 含量较高。这类钢通常在热轧空冷状态下使用，其塑性较高，焊接性好，使用状态下的组织为铁素体加珠光体。常以热轧板、带、棒及型钢使用，适合于焊接、铆接、栓接等。碳素构件用钢的牌号、成分、及性能如表 6 – 3 和表 6 – 4 所示。

表 6 – 3　碳素构件用钢的牌号和化学成分

牌 号	等 级	化 学 成 分/%				
		C	Mn	Si	S	P
				不大于		
Q195	—	0.06 ~ 0.12	0.25 ~ 0.50	0.30	0.050	0.045
Q215	A	0.09 ~ 0.15	0.25 ~ 0.55	0.30	0.050	0.045
	B	0.09 ~ 0.15	0.25 ~ 0.55	0.30	0.045	0.045

牌号	等级	化学成分/%				
		C	Mn	Si	S	P
				不大于		
Q235	A	0.14~0.22	0.30~0.65	0.30	0.050	0.045
	B	0.12~0.20	0.30~0.70	0.30	0.045	0.045
	C	≤0.18	0.35~0.80	0.30	0.040	0.040
	D	≤0.17	0.35~0.80	0.30	0.035	0.035
Q255	A	0.18~0.28	0.40~0.70	0.30	0.050	0.045
	B	0.18~0.28	0.40~0.70	0.30	0.045	0.045
Q275	—	0.28~0.38	0.50~0.80	0.35	0.050	0.045

表 6-4 碳素结构钢的力学性能

牌号	等级	拉 伸 试 验													冲击试验	
		屈服点 σ_s/MPa						抗拉强度 σ_b/MPa	伸长率 δ_s/%						温度/℃	V型冲击功(纵向)/J
		钢材厚度(直径/mm)							钢材厚度(直径/mm)							
		≤16	>16~40	>40~60	>60~100	>100~150	>150		≤16	>16~40	>40~60	>60~100	>100~150	>150		
		不小于							不小于							不小于
Q195	—	195	185	—	—	—	—	315~390	33	32	—	—	—	—	—	—
Q255	A	215	205	195	185	175	165	335~410	31	30	29	28	27	26		
	B	215	205	195	185	175	165	335~410	31	30	29	28	27	26	20	27
Q235	A	235	225	215	205	195	185	375~460	26	25	24	23	22	21		—
	B	235	225	215	205	195	185	375~460	26	25	24	23	22	21	20	27
	C	235	225	215	205	195	185	375~460	26	25	24	23	22	21	0	27
	D	235	225	215	205	195	185	375~460	26	25	24	23	22	21	20	27
Q255	A	255	245	235	225	215	205	410~510	24	23	22	21	20	19		—
	B	255	245	235	225	215	205	410~510	24	23	22	21	20	19	20	27
Q275	—	275	265	255	245	235	225	490~610	20	19	18	17	16	15	—	—

6.2.7 普通低合金构件用钢

普通低合金构件用钢是在碳素结构钢的基础上，加入少量的合金元素发展起来的，因为其强度显著高于相同含碳量的碳素结构钢,因而也常称这类钢为低合金高强度结构钢或简称为普低钢。

1. 性能要求

具有优良的综合力学性能、良好的焊接性能及压力加工性能、较好的抗腐蚀性能及较低的韧脆转变温度等性能特点,以满足桥梁、船舶、车辆及压力容器等各类工程构件的性能要求。

2. 化学成分

含碳量:低合金钢是一种低碳结构钢,为使其在具有高强度的基础上仍然保持良好的塑性及韧性,其碳质量分数一般控制在 0.2% 以下。

合金元素:这类钢的使用性能主要依靠加入少量合金元素 Mn、Ti、V、Mo Nb、Cu 及 RE(稀土)等来获得提高的,合金元素含量通常在 3.0% 以下。Mn 是起固溶强化作用的基本元素,其质量分数一般在 1.8% 以下,若含量过高将会显著降低钢的塑性和韧性,也影响焊接性能。Ti、V、Nb 等元素在钢中形成微细碳化物,起细化晶粒及弥散强化作用,从而提高钢的屈服强度、抗拉强度及低温冲击韧性。加入 RE,提高韧性、疲劳极限,降低韧脆转变温度。Cu、P 可提高钢对大气的抗腐蚀能力。

3. 常用钢种及用途

常用的普低钢有 Q345、Q390、Q460 等。Q345(16Mn)是应用最广、用量最大的低合金高强度结构钢,其综合性能好,广泛用于制造石油化工设备、船舶、桥梁、车辆等大型钢结构,如我国的南京长江大桥就是用 Q345 钢制造的。Q390(16MnR)钢含有 V、Ti、Nb,其强度高,可用于制造高压容器等。Q460 钢含有 Mo 和 B,正火后组织为贝氏体,强度高,可用于制造石化工业中温高压容器等。常用低合金结构钢的牌号、化学成分和力学性能及其用途列于表 6 - 5。

表 6 - 5 常用低合金结构钢的牌号、成分、性能及用途

钢号	旧钢号	主要化学成分/%			力学性能			用 途
		C	Si	Mn	σ_s/MPa	σ_b/MPa	δ_5/%	
Q295	09MnNb	≤0.12	0.20~0.60	0.80~1.20	280~300	400~420	21~23	桥梁、车辆
	12Mn	≤0.16	0.20~0.60	1.10~1.50	280~300	440~450	19~21	锅炉、容器、铁道车辆、油罐等
Q345	16Mn	0.12~0.20	0.20~0.60	1.20~1.60	290~350	480~520	19~21	桥梁、船舶、车辆、压力容器、建筑结构
	16MnRE	0.12~0.20	0.20~0.60	1.20~1.60	350	520	21	建筑结构、船舶、化工容器等
Q390	16MnNb	0.12~0.20	0.20~0.60	1.20~1.60	380~400	520~540	18~19	桥梁、起重设备等
	15MnTi	0.12~0.18	0.20~0.60	1.20~1.60	380~400	520~540	19~19	船舶,压力容器,电站设备等

钢号	旧钢号	主要化学成分/%			力学性能			用途
		C	Si	Mn	σ_s/MPa	σ_b/MPa	δ_5/%	
Q420	14MnVTiRE	≤0.18	0.20~0.60	1.30~1.60	420~450	540~560	18~18	桥梁,高压容器,大型船舶,电站设备等
	15MnVN	0.12~0.20	0.20~0.60	1.30~1.70	430~450	580~600	17~18	大型焊接结构,大桥,管道等
Q460	14MnMoV	0.10~0.18	0.20~0.50	1.20~1.60	500	650	16	中温高压容器(<500℃)
	18MnMoNb	0.17~0.23	0.17~0.37	1.35~1.65	500~520	650~650	16~17	锅炉、化工、石油高压厚壁容器(<500℃)

4. 热处理

普低钢大多在热轧状态下使用,组织为铁素体加珠光体。考虑到零件加工特点,有时也在正火及正火加回火状态下使用。

6.2.8　普低钢的性能提高的途径

随着工业和科学技术的发展,普低钢由于其优异的性能得到了广泛的应用,但同时也对其提出了更高的发展要求,目前提高普低钢性能的途径有以下几种。

1. 发展微合金化低碳高强度钢

这类钢的成分特点是低碳、高锰并加入微量合金元素 V、Ti、Nb、Cr、Zr、Ni、Pt 及 RE 等。常用 C 的质量分数为 0.12% ~0.14%,甚至降至 0.03% ~0.05%,降低 C 质量分数主要是从保证塑性、韧性和焊接性等方面考虑。微量合金元素复合(0.01% ~0.1%之间)加入对钢的组织与性能影响主要表现在:改变钢的相变温度、相变时间,从而影响相变产物的组织和性能;细晶强化;沉淀强化;改变钢中夹杂物的形态、大小、数量和分布;严格控制 P 的体积分数,从而获得少珠光体钢、无珠光体钢(如针状铁素体)乃至无间隙固溶体等新型微合金化钢种,常见的有微合金钢和管线钢等钢种。

微合金化高强度低合金钢,简称微合金钢,它是在普通软钢和普通高强度低合金钢基体化学成分中添加了微量合金元素(主要是强烈的碳化物形成元素,如 Nb、V、Ti、AL 等)的钢,合金元素的添加量不多于 0.1%(质量分数),它们在钢中形成弥散的氮化物或碳化物微粒,使钢在热轧或正火状态下得到细晶组织,从而显著地改善钢的强度和韧性。微合金钢的主要特点有:① 在低含 C 量和超低含 C 量下,具有良好的冷热成型性和焊接性;② 介于合金钢和非合金钢之间,添加少量(一般含量≤0.01%)的 C、N 化合物形成元素 Nb、V、Ti、Al、B、Zr、Ta 等,形成多种化合物,并以晶粒细化和析出强化为主要强韧化机制;③ 钢的屈服强度不低于 275 MPa;④ 在非热处理状态(控轧、控冷等)下使用。微合金钢中合金化元素作用的基本原理在于其在钢中的固溶、偏聚和沉淀作用,尤其是微合金化元素与 C、N 交互作用,产生了诸如晶粒细化、析出强化、再结晶控制、夹杂物改性等一系列的次生作用,这些因素对钢的强韧化所起的作用被广泛地应用于各类钢铁产品。

微合金钢目前的可用强度范围为 400~600 MPa(屈服强度),由于屈服强度高、韧性好、焊接性和耐大气腐蚀性好,用于大型桥梁建筑,制造各类车辆的冲压构件、安全构件、抗疲劳零件及焊接件,应用范围为建筑用钢材、重型工程结构(起重机、载重车辆等)、锅炉、高压容器、输油和输气管线、桥梁、汽车、集装箱、船舶等。由于上述用途钢材一般占社会对钢材总需求量的 60% 左右,所以微合金钢的应用前景广阔,是现代钢铁工业中的主力产品。

管线钢也是低合金高性能钢中的一种,管线钢是指用于远距离输送石油、天然气等的大口径焊接钢管用热轧卷板或宽厚板。管线钢在使用过程中,除要求具有较高的耐压强度外,还要求具有较高的低温韧性和优良的焊接性能,主要用于地下或海底的输油、输气管道。其主要特点是低碳(<0.15%),钢中 Si、S、P 的含量控制较低,Mn 是主要合金元素(<1.9%),钢中含有微量碳化物形成元素 Nb、V、Ti、Zr 等,各元素的加入量一般不超过0.07%,此外还添加少量 B、Cu、Cr、Ni、Mo 等,添加量一般在 0.30% 以下。通过调整化学成分、特别是微量元素含量以及控轧工艺来改变钢的强度水平。高的强度水平是通过合金元素的固溶强化(主要是 Mn),以及微量元素在控轧时发挥的晶粒细化强化、析出强化及位错强化来获得的。依据强度级别的不同,显微组织有铁素体—珠光体、贝氏体、铁素体—马氏体(双相钢)等。除了高的强度水平外,对材料的焊接性、低温韧性有高的要求,因此对化学成分的碳当量及钢的冶金质量有严格的要求。因此许多国家都制定严格的管线钢专用标准,国际上广泛采用美国石油协会(API)的 API 5L,API 5LX、API 5LU 标准,广泛采用的管线钢牌号级别有 X42、X56、X65、X70、X80、X100 等各级钢。

2. 发展新型普低钢

(1)低碳贝氏体型普低钢

其主要特点是使大截面的构件在热轧空冷(正火)条件下,能获得单一的贝氏体组织。发展贝氏体型钢的主要冶金措施是向钢中加入能显著推迟珠光体转变而对贝氏体转变影响很小的元素(如在 w_{Mo} = 0.5%、w_B = 0.003% 基本成分基础上,加入 Cr、Mn、V 等元素),从而保证热轧空冷条件下获得下贝氏体组织。

我国发展的几种低碳贝氏体型钢如表6-6,这些钢种主要用于锅炉和石油工业中的中温压力容器。

(2)针状铁素体型钢

为满足严寒条件下工作的大直径石油和天然气输送管道用钢的需要,目前世界各国正在发展针状 F 型钢,并通过轧制以获得良好的强韧化效果。此类钢合金化的主要特点是:采用低 C(0.04% ~0.08%);主要用 Mn、Mo、Nb 进行合金化;对 V、Si、N 及 S 质量分数加以适当限制。通过控制轧制后冷却时形成非平衡的针状 F 提供大量位错亚结构,为以后碳化物的弥散析出创造条件;利用 Nb(C、N)为强化相,使之在轧制后冷却过程中从 F 中弥散析出以造成弥散强化;采用控制轧制细化晶粒等。

表6-6　我国发展的几种低碳贝氏体钢

钢　号	质 量 分 数 /%					
	C	Mn	Si	V	Mo	Cr
14MnMoV	0.10 ~ 0.18	1.20 ~ 1.50	0.20 ~ 0.40	0.08 ~ 0.16	0.45 ~ 0.65	—
14MnMoVBRE	0.10 ~ 0.16	1.10 ~ 1.60	0.17 ~ 0.37	0.04 ~ 0.10	0.30 ~ 0.60	—
14CrMnMoVB	0.10 ~ 0.15	1.10 ~ 1.60	0.17 ~ 0.40	0.03 ~ 0.06	0.32 ~ 0.42	0.90 ~ 1.30

钢　号	质量分数/%		板厚	力学性能		
	B	RE(加入量)	/mm	σ_b/MPa	σ_s/MPa	σ_5/%
14MnMoV	—	—	30 ~ 115(正火回火)	≥620	≥500	≥15
14MnMoVBRE	0.0015 ~ 0.006	0.15 ~ 0.20	6 ~ 10(热轧态)	≥650	≥500	≥16
14CrMnMoVB	0.002 ~ 0.006	—	6 ~ 20(正火回火)	≥750	≥650	≥15

（3）低碳索氏体型普低钢

采用低碳低合金钢淬火得到低碳马氏体，然后进行高温回火以获得低碳回火索氏体组织，从而保证钢具有良好的综合力学性能和焊接性能。低碳索氏体型钢已在重型载重车辆、桥梁、水轮机及舰艇等方面得到应用。我国在发展这类钢中开展了不少工作，并成功地应用于导弹、火箭等国防工业中。

3. 发展新型超低碳钢

近些年来，超低碳钢由于其优良性能，在国际范围内取得飞速发展，逐渐成为继沸腾钢和铝镇静钢之后的新一代冲压用钢，是一个国家汽车用钢板生产水平的标志，代表着当今世界冲压钢板生产的最高水平和发展方向。超低碳钢的成分特点主要包括：超低碳，微合金化，钢质纯净。

由于真空脱气技术的进步，可以使钢中的碳含量大幅度降低，现在一般所说的超低碳钢是指 w_C ≤50 ppm，w_N ≤30 ppm 的钢，日本于 20 世纪 80 年代初开始超低碳钢的连铸生产，现在已经能够生产出成分为 0.0020% C、0.0020% N、0.0001% H、0.0005% S、0.0005% P 和 0.0010% O 的超低碳无间隙原子钢。我国的超低碳钢生产尚处于起步阶段，由于冶炼条件及连铸工艺等诸多方面的限制因素，超低碳钢生产面临严峻挑战，尤其是直接影响铸坯表面质量的连铸保护渣。国内外几种超低碳钢的碳含量如表 6-7 所示。

表6-7　国内外几种超低碳钢的碳含量

钢种	w_C/ppm
IF 钢(美国阿姆科公司)	20 ~ 120
BWJ-18(中国宝钢)	32
IF 钢(日本川崎)	≤28
ULCB(超低碳贝氏体钢)	≤250
OOCr17Ni14Mo2(上钢五厂)	≤100
超低碳钢(荷兰)	≤50

在超低碳钢中，成分构成是钢性能的先决因素。由于 C、N 含量决定了产品的最终性能和添加各合金元素量的多少，因此在冶炼过程中尽量降低 C、N 含量是稳定产品质量和减少成本的关键。把严重危害深冲性能的间隙原子和杂质元素控制在最低水平，并通过 Ti 或 Nb 合金化清扫固溶体中的间隙原子，所以经过适当的工艺控制后，使超低碳钢得到强烈的有利织构，从而获得深冲性能。

采用 Ti、Nb 等强碳氮化合物形成元素，将超低碳钢中的 C、N 等间隙原子完全固定为碳氮化合物，从而得到的无间隙原子的洁净铁素体钢，即为超低碳无间隙原子钢(Interstitial free steel)，简称为 IF 钢。以 IF 钢为代表的超低碳钢，是当今第三代深冲钢。典型的 IF 钢成分设计如表 6-8 所示。

表6-8　国内外典型的 IF 钢成分设计

成分	日本新日铁	美国阿姆科钢铁	韩国浦项钢铁	中国宝钢集团
C	≤0.0025	0.002~0.005	0.002~0.005	0.002~0.005
Si	≤0.03	0.007~0.025	0.010~0.020	0.010~0.030
Mo	0.200~0.300	0.25~0.50	0.10~0.20	0.10~0.20
P	0.015~0.025	0.001~0.010	0.005~0.015	0.003~0.015
S	0.012~0.022	0.008~0.020	0.002~0.013	0.007~0.010
Ti	0.035~0.060	0.080~0.310	0.010~0.060	0.010~0.040
Nb	—	0.060~0.250	0.010~0.015	0.004~0.010
N	≤0.0030	0.004~0.005	0.001~0.004	0.001~0.004
Al	—	0.003~0.012	0.020~0.070	0.020~0.070

IF 钢是超低碳钢品种系列中的一个核心钢种，其特点是具有超深冲性和非时效性。现已开发出的超低碳钢品种有：① 超深冲冷轧 IF 钢板；② 深冲热镀锌 IF 钢板；③ 高强 IF 钢板；④ 高强热镀锌 IF 钢板；⑤ 超低碳 BH 钢板；⑥ 超低碳热轧深冲钢板等。IF 钢的主要用途如表 6-9 所示。

与铝镇静钢相比，IF 钢成分特点如下：

(1) 超低碳氮

研究发现，固溶碳和固溶氮严重损害 IF 钢的塑性应变比。一般 IF 钢中碳含量小于 50×10^{-6}，氮含量小于 50×10^{-6}。降低钢中 C、N 等间隙原子的含量，可明显改善 IF 钢的塑性应变比，同时能够减少 Ti、Nb 等合金消耗。

(2) 微合金化

IF 钢生产的关键所在，就是通过 Ti、Nb 处理最终清除钢中的 C、N 等间隙原子，得到洁净的铁素体基体，从而完全消除 C、N 等间隙原子的不利影响。研究发现，通过适当的 Ti、Nb 处理后，IF 钢的塑性应变比显著增加。

表6-9 IF钢的主要用途

钢类	级别	汽车		其他
		暴露的	不暴露的	
软钢	冲压	车顶、外门、外挡板	内热板、内车盖、横梁、内门	音频设备、室内泵、微波炉、音箱座架
	深冲级	后驱、车顶	尾段板、门枢、燃料箱、侧梁	发动机座、音箱座架
	优良深冲级	后驱、正面板	油底壳、后驱、挡泥板	发动机座
	超深冲级	外侧梁	油底壳、内轮箱	
高强度深冲钢	35 K	外车盖、外挡板、前保护板	横梁	
	40 K	后覆盖板	加强板	
	45 K		加强板、侧梁	

（3）钢质纯净

除C、N等间隙原子的含量被严格控制外，IF钢中O、S等杂质元素也必须尽可能降低。研究发现，由于Mn与C、N等间隙原子的交互作用，其对于IF钢的塑性应变比有不利影响，当C、N等间隙原子被完全固定后，这种不利影响可减小。在生产高强IF钢时，应适当增加Si、Mn、P等铁素体强化元素的含量，但是必须考虑其对于成形性的影响作用。

国内外IF钢的生产工艺流程一般为：铁水预处理→转炉冶炼→RH真空精炼→连铸→热轧→冷轧→退火→平整。每一个工序均在不同程度上影响IF钢的最终产品性。

表6-10 国内外IF钢生产工艺的技术特点

工 序	技术要点
炼钢（铁水预处理→转炉冶炼→RH真空精炼→连铸）	1. 超低碳 2. 微合金化 3. 钢质纯净
热轧	1. 均匀细小的铁素体晶粒 2. 粗大稀疏的第二相粒子
冷轧	尽可能大的冷轧压下率
退火	1. 再结晶晶粒均匀粗大 2. 发展再结晶织构

4. 发展超细晶钢

经济建设和社会发展需要新一代钢铁材料，世界钢铁材料界在新一代钢铁材料开发领域展开了一场国际性竞争，在理论研究层面提出了"形变诱导相变"、"形变强化相变"、"形变诱导动态相变"等观点；在技术层面提出"洁净化、均质化、细晶化"的思路；在工艺方面提出了"低温、控轧和快冷"的措施。其研发目标是在制造成本基本不增加，少用合金资源和能源，塑性和韧性基本不降低条件下强度翻番和使用寿命翻番，而它的核心理论和技术是实现钢材的超细晶（或超细组织），故超细晶钢被认为是新一代钢铁结构材料的核心。

世界各国对钢材晶粒大小的表示方法一般均采用与标准金相图片比较评级的方法。生产中常见的晶粒度在 1~8 号范围内，其中 1~3 号（直径 250~125 μm）为粗晶，4~6 号（直径 88~44 μm）为中等晶粒，6~8 号（直径 31~22 μm）为细晶。目前国际上能做到的晶粒最细水平为：通过对奥氏体（γ）再结晶轧制最细达 40 μm，通过再结晶轧制并轧后冷却到最细铁素体（α）晶粒尺寸为 15~20 μm；对于低合金钢和微合金钢，通过采取控轧控冷（TMCP）工艺得到最细铁素体晶粒尺寸为 10 μm，理论计算和实验室验证最细为 5 μm。

日本等国在提出超级钢概念时，提出了研发超细晶钢（Ultra Fine Grain Steel，UFG），超细晶的目标是将晶粒度从传统的几十微米大小细化一个数量级，目标是达到 1~2 μm。研究表明，为"强度翻番"并保持良好强韧性配合，不同强度级别和钢类的超细化（超细晶或超细组织）目标不同。若纯铁在铁素体晶粒尺寸为 20 μm 时，普通钢材的屈服强度 ReL 是 200MPa级，若细化在 5 μm 以下，ReL 就能翻番；具有低碳贝氏体或针状铁素体的钢材若显微组织细化至 2 μm 以下，强度就能翻番。因此超细晶钢是将目前细晶钢的基体组织细化至微米数量级，新一代钢材目标强度与超细晶尺寸关系见表 6-11。

表 6-11　不同钢类确保"强度翻番"的超细晶化尺寸范围

钢 类	组 织	现有强度/MPa	目标强度/MPa	超细晶尺寸/μm
低碳钢	铁素体 + 珠光体	R_{eL} 约 200	R_{eL} 约 400	(α) 约 5
低（微）合金钢	低碳贝氏体或针状铁素体	R_{eL} 约 400	R_{eL} 约 800	(α) 约 1~2
合金结构钢	回火马氏体或贝/马复相钢	R_m 约 800	R_m 约 1500	(γ) 约 5

注：下屈服强度 $R_{eL}(\sigma_{SL})$，抗拉强度 $R_m(\sigma_b)$。

表 6-11 中的超细晶化目标与两个因素有关：第一，一方面，它与最终组织状态有关，低碳钢因没有微合金析出相钉扎晶界，晶粒超细化的难度大；另一方面，只要达到 5 μm 左右的晶粒尺寸就能满足"强度翻番"要求。低（微）合金钢有更多的组织细化方式，从更高强度要求看，应有更细的组织，不仅晶粒要细，而且组织中的板条束和板条尺寸甚至亚结构都应当细，因此更有代表性的提法是"超细组织"。合金结构钢多数在机械制造厂完成最终热处理，在确保奥氏体晶粒达到 5 μm 左右条件下，还要运用不同类型组织的强韧性和析出相强化手段才能保证综合性能。第二，它与产品要求的服役性能有关。超细晶化后不是所有服役性能都提高，也不是一切性能都是晶粒愈细愈好。研究发现，铁素体晶粒尺寸平均达 1 μm，

即部分晶粒尺寸达亚微米以后，拉伸试样的均匀伸长率下降，试样发生塑性失稳；尽管采用第二相组织协调和纳米化处理，可能解决塑性失稳，但也会牺牲一部分其他性能和经济性。在晶粒尺寸细化达亚微米或甚至更加超细化后，晶界面积增大，Hall—Petch 关系发生了变化，出现了目前微米级晶粒尺寸还没有揭露的新现象，这已超出当前对超细晶的认识。

　　我国正在进行大规模经济建设，高层建筑、轻型节能汽车、高速铁路、重载桥梁、油气输送管线、工程机械、大型船舶等各领域都需要大量性能好、使用寿命长、价格低廉的钢材。在国家"973"项目的支持下，宝钢、武钢、鞍钢、首钢、攀钢等多家单位进行了利用现有工艺流程制备超细晶粒钢的研究。2002 年 6 月，攀钢用 Q235 为实验钢，以独创的工艺技术路线，成功地进行了工业试生产。利用形变诱导铁素体相变和铁素体动态再结晶原理，紧密结合攀钢现有设备能力和生产条件，轧制出了晶粒尺寸为 5 ~ 6 μm、规格 310 mm × 1000 mm 超细晶钢；武钢在超细晶钢的研究上也取得了重大进展，目前已冶炼、轧制出了超细耐候钢和 800 MPa 超细晶钢，并利用 Q235 钢进行了工业性轧制实验，成功生产出抗拉强度为 510 ~ 535 MPa 和屈服强度为 390 ~ 410 MPa 的超细晶钢。

　　当前生产超细晶钢的关键技术主要有微合金化细化晶粒、形变诱导相变细化晶粒、大塑性变形细化晶粒、热处理细化晶粒、形变热处理细化、新型机械控制轧制技术细化晶粒、磁场或电场处理细化晶粒等，其中还存在着一些有待解决的问题：① 目前，上述部分技术仅限于实验阶段，制备所得超细晶材料尺寸小、成本高，难以达到钢铁材料低成本、大规模生产的要求；② 在工业生产中，单一的细化晶粒技术已很难满足实际需求，如何很好地将不同的制备超细晶钢的生产技术有机地结合起来，发挥不同制备技术的优势，实现生产工艺优化配置还有待于进一步研究；③ 困扰超细晶钢焊接技术的问题尚未得到彻底解决，严重制约了超细晶钢的应用范围。因此，研究新的制备超细晶钢的生产方法，确定适宜工业生产的工艺路线，生产出具有高的综合力学性能和良好焊接性能的超细晶钢是目前研究的主要方向。同样，我国在超细晶钢的研究方面，应立足于我国钢铁企业实际情况，结合现有的条件和设备，不断开发出适合我国工业生产所需的高效、高性能、节能降耗及环保的超细晶钢生产新工艺。

6.3　机器零件用钢

6.3.1　概　述

　　机械零件用钢用于制造各种机械零件，如轴类、齿轮、紧固件、轴承和高强度结构件，广泛应用在汽车、拖拉机、机床、工程机械、电站设备、飞机及火箭等装置上。这些零件的尺寸虽差别很大，但工作条件是相似的，主要是承受拉、压、弯、扭、冲击、疲劳应力，且往往是几种载荷同时作用。可以是恒载或变载，作用力的方向是单向或反复的；工作环境是大气、水和润滑油，温度在 – 50 ~ 100℃之间。机械零件要求有良好的服役性能，有足够高的强度、塑性、韧性和疲劳强度等。

机械零件用钢根据钢的生产工艺和用途,分为调质钢、低碳马氏体钢、超高强度结构钢、渗碳钢、氮化钢、弹簧钢、轴承钢和易削钢等。机器零件用钢大多采用优质碳素结构钢和合金结构钢,它们一般都经过热处理后使用。

6.3.2　机器零件用钢的合金化特点

根据机器零件的服役条件,机器零件用钢性能要求要具有良好的冷热加工工艺性,另外由于机器零件实际受力情况、载荷加载方式、工作环境比较复杂,机器零件用钢还要具有良好的力学性能。机器零件用钢一般为亚共析钢,钢中合金元素总量一般是小于5%,少数钢在5%~10%,即大部分机器零件用钢为低合金钢和中合金钢。钢的质量大都是优质钢和高级优质钢,杂质含量控制较严,冶金质量有保证。

机器零件用钢的合金化元素主要是 Cr、Mn、Si、Ni、W、Mo、V、B 等,或是单独加入,或是复合加入。其中,主加元素为 Cr、Mn、Si、Ni,其作用主要是提高钢的淬透性和力学性能;辅加元素有 W、Mo、V、B 等,这些元素的配合加入,能够降低钢的过热敏感性,提高回火稳定性,抑制钢的第二类回火脆性,改善钢中非金属夹杂物的形态和提高钢的切削加工性等工艺性能,进一步提高淬透性等作用,但含量一般都不高。

在结构钢中,常用合金元素量(质量,下同)的范围为:<1.2%Si,<2%Mn,1%~2%Cr,1%~4%Ni,<0.5%Mo,<0.2%V,0.4%~0.8%W,<0.1%Ti,≤0.003%B。合金元素的主要作用是提高钢的淬透性,降低钢的过热敏感性,提高回火稳定性,消除回火脆性。

6.3.3　渗碳钢

渗碳钢是用于制造渗碳零件的钢种。广泛用于制造汽车、机车及工程机械等动力机械的传动齿轮、凸轮轴、活塞销等各类要求表面高硬度耐磨,而心部具有良好的强韧性的机械零件。常用渗碳钢的牌号、热处理、性能及用途列于表6-12。

1. 性能要求

① 表面具有高硬度和高耐磨性,心部具有足够的韧性和强度,即表硬里韧;② 具有良好的热处理工艺性能,如高的淬透性和渗碳能力,在高的渗碳温度下,奥氏体晶粒长大倾向小以便于渗碳后直接淬火。

2. 成分特点

(1) 低碳

渗碳钢应用于表面以渗碳方法增碳,从而改变表面成分及性能的机械零件;而零件心部的性能则主要由材料的化学成分、特别是含碳量所决定,含碳量一般为0.1~0.25%,以保证心部有足够的塑性和韧性,含碳量过高则心部韧性下降。

表 6 – 12 常用渗碳钢的牌号、热处理、性能及用途

类别	钢号	热 处 理/℃			力学性能(不小于)			用 途
		渗碳	淬火	回火	σ_b/MPa	σ_s/MPa	δ/%	
低淬透性	15	930	770~800,水	200	≥500	≥300	15	活塞销等
	20Mn2	930	770~800,油	200	820	600	10	小齿轮、小轴、活塞销等
	20Cr	930	800,水、油	200	850	550	10	齿轮、小轴、活塞销等
	20MnV	930	880,水、油	200	800	600	10	同上,也用作锅炉、高压容器管道等
	20CrV	930	800,水、油	200	850	600	12	齿轮、小轴、顶杆、活塞销、耐热垫圈
中淬透性	20CrMn	930	850、油	200	950	750	10	齿轮、轴、蜗杆、活塞销、摩擦轮
	20CrMnTi	930	860、油	200	1100	850	10	汽车、拖拉机上的变速箱齿轮
	20Mn2TiB	930	860、油	200	1150	950	10	代 20CrMnTi
	20SiMnVB	930	780~800、油	200	≥1200	≥100	≥10	代 20CrMnTi
高淬透性	18Cr2Ni4WA	930	850 空	200	1200	850	10	大型渗碳齿轮和轴类件
	20Cr2Ni4A	930	780 油	200	1200	1100	10	同上
	15CrMn2SiMo	930	860 油	200	1200	900	10	大型渗碳齿轮、飞机齿轮

注:① 钢中的 S、P 含量均不大于 0.035%;② 15 钢的力学性能为正火状态时的力学性能,其正火温度为 920℃。

（2）合金元素

主加元素为 Cr、Mn、Ni、B 等,它们的主要作用是提高钢的淬透性,从而提高心部的强度和韧性;辅加元素为 W、Mo、V、Ti 等强碳化物形成元素,这些元素通过形成稳定的碳化物来细化奥氏体晶粒,同时还能提高渗碳层的耐磨性。

3. 常用钢种

根据淬透性不同,将渗碳钢分为三类。

（1）低淬透性渗碳钢

典型钢种如 20、20Cr 等,其淬透性和心部强度均较低,水中临界直径不超过 20~35 mm。只适用于制造受冲击载荷较小的耐磨件,如小轴、小齿轮、活塞销等。

（2）中淬透性渗碳钢

典型钢种如 20CrMnTi 等,其淬透性较高,油中临界直径约为 25~60 mm,力学性能和工艺性能良好,大量用于制造承受高速中载、抗冲击和耐磨损的零件,如汽车、拖拉机的变速齿轮、离合器轴等。

（3）高淬透性渗碳钢

典型钢种如 18Cr2Ni4WA 等,其油中临界直径大于 100 mm,且具有良好的韧性,主要用于制造大截面、高载荷的重要耐磨件,如飞机、坦克的曲轴和齿轮等。

6.3.4 调质钢

机械零件结构钢在调质(淬火加高温回火)后具有良好的综合力学性能,有较高的强度,

良好的塑性和韧性，经过这种热处理的钢种称为调质钢。调质钢主要用于制造受力复杂的汽车、拖拉机、机床及其他机器的各种重要零件，如齿轮、连杆、螺栓、轴类件等。

1. 性能要求

（1）具有良好的综合力学性能，即具有高的强度、硬度和良好的塑性、韧性；

（2）具有良好的淬透性。

2. 成分特点

调质钢的化学成分特点是中碳低合金。

（1）含碳量

调质钢的碳质量分数大多介于 0.30% ~ 0.50% 之间，属于中碳钢范围。在此含碳量范围内，钢经过调质处理后在获得一定的强度、硬度的基础上，仍能保持较好的塑性及韧性。若含碳量过高或过低都将对钢调质处理后的性能产生不利影响。

（2）合金元素

常含合金元素有 Cr、Ni、Mn、Si、Mo、V、AL 等。其大部分元素的主要作用是增加钢的淬透性，以适应于制造截面尺寸较大的零件。如钢中同时含有多种上述元素，对提高钢的淬透性效果将会更好；同时这些合金元素大多溶于铁素体中，产生固溶强化的作用，使高温回火后的索氏体组织获得强化；而 V 的主要作用是细化晶粒，提高综合力学性能；Mo 的主要作用是减轻或抑制第二类回火脆性的出现；Al 所起的主要作用是加速合金调质钢的渗氮过程及提高渗氮层的硬度、耐磨性等性能。

3. 常用钢种

根据淬透性不同，将调质钢分为三类。

（1）低淬透性调质钢

这类钢的油中临界直径为 30 ~ 40 mm，常用钢种为 45、40Cr 等，用于制造尺寸较小的齿轮、轴、螺栓等。

（2）中淬透性调质钢

这类钢的油中临界直径为 40 ~ 60 mm，常用钢种为 40CrNi，用于制造截面较大的零件，如曲轴、连杆等。

（3）高淬透性调质钢

这类钢的油中临界直径为 60 ~ 100 mm，常用钢种为 40CrNiMo，用于制造大截面、重载荷的零件，如汽轮机主轴、叶轮、航空发动机轴等。

常用的调质钢牌号、热处理、性能和用途示于表 6 - 13。

6.3.5　弹簧钢

弹簧钢主要用于制造各种弹簧或类似性能的结构件。常见弹簧钢的牌号、性能及用途列于表 6 - 14。

表 6－13　常用调质钢的牌号、热处理、性能和用途

类别	钢号	热处理/℃		力学性能（不小于）			应 用 举 例
		淬火	回火	σ_b/MPa	σ_s/MPa	δ_5/%	
低淬透性	45	840	600	600	355	16	主轴、曲轴、齿轮、连杆、链轮等
	40Mn	840	600	590	355	17	比 45 钢强韧性要求稍高的调质件
	40Cr	850 油	520	980	785	9	重要调质件，如轴类、连杆螺栓、机床齿轮等
	45Mn2	840 油	550	885	735	10	代替 40Cr 作 $\phi < 50$ mm 的重要调质件
	45MnB	840 油	500	1030	835	9	质件，如机床齿轮、钻床主轴等
	40MnVB	850 油	520	980	785	10	可代替 40Cr 或 40CrMo 制造汽车、拖拉机和机床的重要调质件
中淬透性	40CrNi	820 油	500	980	785	10	如曲轴、主轴、齿轮等
	40CrMn	840 油	550	980	835	9	代 40CrNi 作受冲击载荷不大零件
	35CrMo	850 油	550	980	835	12	代 40CrNi 作大截面齿轮和高负荷传动轴等
	30CrMnSi	880 油	520	1080	885	10	用于飞机调质件如起落架、螺栓等
高淬透性	37CrNi3	820 油	500	1130	980	10	高强韧性大型重要零件如汽轮机轮
	25Cr2Ni4WA	850 油	550	1080	930	11	如汽轮机主轴等
	40CrNiMoA	850 油	600	980	835	12	如飞机起落架、航空发动机轴

表 6－14　常见弹簧钢的牌号、热处理、性能和用途

牌 号	热处理/℃		力学性能（不小于）				用 途
	淬火	回火	σ_b/MPa	σ_s/MPa	δ/%	ψ/%	
65	840	500	980	785	9	35	调压调速弹簧、柱塞弹簧、测力弹簧及一般机械上用的圆、方螺旋弹簧
70	820	480	1080	880	7	30	
65Mn	830	480	1000	800	8	30	小汽车离合器弹簧、制动弹簧，气门簧
55Si2Mn	870	480	1275	1177	6	30	用于机车车辆、汽车、拖拉机上的板簧、螺旋弹簧、汽缸安全阀簧、止回阀簧及其他高应力下工作的重要弹簧，还可用作250℃以下工作的耐热弹簧
55Si2MnB	870	480	1275	1177	6	30	
60Si2Mn	870	480	1275	1177	5	25	
60Si2MnA	870	440	1569	1373	5	20	
60Si2CrA	870	420	1765	1569	6	20	用于承受重载荷及 300～350℃ 以下工作的弹簧，如调速器弹簧、汽轮机汽封弹簧等
60Si2CrVA	850	410	1863	1667	6	20	
55CrMnA	830～860	460～510	1226	1079	9	20	用于载重汽车、拖拉机、小轿车上的板簧、50mm 直径的螺旋弹簧
60CrMnA	830～860	460～520	1226	1079	9	20	
60CrMnBA	830～860	460～520	1226	1079	9	20	

注：① 65 钢的力学性能为正火状态时的力学性能，正火温度为810℃；② 淬火介质为油。

1. 性能要求

弹簧零件通常是在冲击、震动及周期变动载荷下工作的。它主要是利用在外力作用下产生的弹性变形所储存的能量来缓和机械上的冲击和震动作用。弹簧的主要失效形式是疲劳断裂，因此，要求弹簧钢必须具有高的抗拉强度、高的弹性极限和高的疲劳强度，以保证承受大的弹性变形和较高的载荷，同时又能够承受交变载荷的作用，同时还要求具有足够的塑性和韧性以及较好的淬透性和低的脱碳敏感性。

2. 成分特点

含碳量：通常情况下，碳素弹簧钢的含碳量为 0.6% ~ 0.9%，合金弹簧钢的含碳量为 0.45% ~ 0.7%。随着含碳量的增加，经淬火、回火后，钢的强度、硬度将明显升高。但若含碳量过高，将会显著降低其韧性，增加脆性。

合金元素：弹簧零件淬火时要求整个截面都淬透，使回火后获得均匀一致的截面性能。因此，对于截面尺寸较大、承受载荷较重的弹簧，一般选用合金弹簧钢制造。弹簧钢中主加元素是 Si、Mn，其主要作用是提高淬透性、强化铁素体，Si 还是提高屈强比的主要元素；辅加元素为 Cr、V、W 等，其主要作用是细化晶粒，防止由 Mn 引起的过热倾向和由 Si 引起的脱碳倾向。

3. 常用钢种

常用钢种有两大类：Si、Mn 系列弹簧钢和 Cr、V 系列弹簧钢，前者常见钢种为 65Mn、60Si2Mn，这类钢价格较低，性能高于碳素弹簧钢，主要用于制造较大截面弹簧，如汽车、拖拉机的板簧、螺旋弹簧等；后者常见钢种为 50CrV，这类钢淬透性高，用于大截面、大载荷、耐热的弹簧，如阀门弹簧、高速柴油机的气门弹簧等。

弹簧的表面质量对使用寿命影响很大，若弹簧表面有缺陷，就容易造成应力集中，从而降低疲劳强度，故常采用喷丸强化表面，使表面产生压应力，消除或减轻弹簧的表面缺陷，以便提高弹簧钢的屈服强度、疲劳强度。例如用于汽车板簧的 60Si2Mn，经喷丸处理后，使用寿命提高 3 ~ 5 倍。

6.3.6 滚动轴承钢

滚动轴承钢是用于制造滚动轴承的滚动体和轴承套的专用钢种，分为高碳铬轴承钢、渗碳轴承钢、不锈轴承钢和高温轴承钢四类。以高碳铬轴承钢为例，由于其属于高碳钢，因而也用于制造精密量具、冷冲模和机床丝杠等耐磨零件。滚球轴承钢的钢号、热处理、性能和用途列于表 6 - 15。

1. 性能要求

轴承工作时，滚动体和轴承套之间为点或线接触，接触应力高达 3000 ~ 3500 MPa，且承受周期性交变载荷引起的接触疲劳，频率达每分钟数万次。轴承的损坏形式经常是接触疲劳破坏，即在接触表面局部区域有小片金属剥落而形成麻点。滚动体和圈套之间不但存在滚动摩擦，而且也有滑动摩擦，因而亦往往造成过度磨损，降低精度而失效。

表 6 - 15　滚球轴承钢的钢号、热处理、性能和用途

钢　号	热处理规范及性能			主　要　用　途
	淬火/℃	回火/℃	回火后/HRC	
GCr6	800～820	150～170	62～66	<10mm 的滚珠、滚柱和滚针
GCr9	800～820	150～160	62～66	20 毫米以内的各种滚动轴承
GCr9SiMn	810～830	150～200	61～65	壁厚<14mm、外径<250mm 的轴承套;25～50mm 的钢球;直径25mm 左右滚柱等
GCr15	820～840	150～160	62～66	与 GCr9SiMn 同
GCr15SiMn	820～840	170～200	>62	壁厚≥14mm、外径 250mm 的套圈;直径 20～200mm 的钢球;其他同 GCr15
GMnMoVRE	770～810	170±5	≥62	代 GCr15 用于军工和民用方面的轴承
GSiMoMnV	780～820	175～200	62	与 GMnMoVRE 同

根据滚动轴承的工作条件,滚动轴承钢需具有以下性能:高的接触疲劳强度及弹性极限,良好的淬硬性及淬透性,足够的韧性及耐磨性,同时对润滑剂应具有较好的抗蚀能力。

2. 成分特点

(1) 高碳

含碳量一般为 0.95%～1.10%,高含碳量的目的是保证轴承钢具有高的硬度及良好的耐磨性。

(2) 合金元素

主加元素是 Cr,其主要作用是提高淬透性,Cr 还会进入渗碳体形成合金渗碳体,提高耐磨性。此外,Cr 还有提高耐蚀性的作用。当 Cr 含量高于 1.65% 时,会因残余奥氏体量增加而使钢的硬度和稳定性下降。钢中加入 Si、Mn、Mo 会进一步提高淬透性和强度,加入 V 则是为了细化晶粒。此外,轴承钢对杂质含量的控制很严,一般规定 S 质量分数小于 0.02%,P 质量分数小于 0.027%;非金属夹杂物(氧化物、硫化物、硅酸盐等)的数量、大小、形状及分布情况对轴承的使用寿命都有很大的影响。

3. 常用钢种

高碳铬轴承钢的牌号和化学成分示于表 6 - 15,其中应用最广的是 GCr15 钢,大量用于制造大中型轴承,此外,还常用来制造冷冲模、量具、丝锥等;制造大型轴承也可用GCr15SiMn。

6.4 工具钢

6.4.1 概　述

工具钢是用来制各种工具的钢种。对各种材料进行加工，需要使用各种工具，主要是各种刃具和模具，随着加工工业的飞速进步，刃具和模具负荷不断加大，因而要求更耐用的材料来制造各种工具和模具。工具钢按用途分为刃具钢、模具钢和量具钢。按照化学成分不同，工具钢又分为碳素工具钢、合金工具钢和高速钢三类。

各类工具钢由于工作条件和用途不同，对其性能的要求也不同。高硬度和高耐磨性是各类工具钢的共性，也是其最重要的性能要求之一，同时各类工具钢又有各自特殊的性能要求。刃具钢在切削过程中受到弯曲、剪切、冲击、扭转、震动、摩擦等力的作用，产生一定的热量，使刀刃升到600℃甚至更高的温度，同时刃部也发生磨耗，因而要求刃具有高硬度、高耐磨性、一定的韧性和塑性，有的还要求热硬性。

模具钢根据工作状态分为热作模具钢、冷作模具钢和塑料模具钢。热作模具用于加工赤热金属或液态金属，使之凝固成型。模具温度周期升降，受到"热疲劳"作用，还受到巨大压力、冲击、摩擦和冲刷，要求高温下有较好的硬度和强度，抗热疲劳和良好的韧性。冷作模具如冷冲模、冷镦模、剪切片和冷轧辊等，要求高硬度、耐磨性和一定的韧性。塑料制品大部分用模压成型，塑料模具钢也逐渐发展成专用钢系列。

量具钢用来制作量规、卡尺、样板等，用来测量工件尺寸和形状，要保证其测量的准确性，除要求高硬度、耐磨性外，还要求有很高的尺寸稳定性。

6.4.2 刃具钢

1. 工作条件及性能要求

刃具钢主要用于制造车刀、铣刀、铰刀、钻头、丝锥、板牙等各种刀具，其工作任务是对各种金属或非金属材料进行切削加工。在切削过程中，刀具受到工件的压力，刃部与切屑之间发生相对摩擦，产生热量，使刀刃的温度升高。切削速度越高，温度也越高。高速切削时刀刃的温度可达500～600℃。此外，刀具还承受一定的冲击和震动。据此，刃具钢经过适当热处理后应具有如下性能：

（1）高的硬度和耐磨性

只有刀具的硬度明显高于被切削加工材料的硬度时，才能顺利地进行切削加工。因此切削金属材料所用的刃具，其硬度值一般都在60HRC以上，同时高硬度也是保证耐磨性的必要条件，而耐磨性还与钢中碳化物的数量、种类、性质及其形态与分布有关。

（2）足够的塑性和韧性

刀具在切削过程中常受弯曲、扭转、振动、冲击等复杂的载荷作用，如无一定的塑性和韧性将导致刀具发生崩刃及断裂等破坏。

（3）高的热硬性（或红硬性）

热硬性是指钢在高温下保持高硬度的能力。刀具在切削金属材料过程时，因摩擦发热而不可避免地引起温度升高。因此，作为制造刀具的刃具钢，特别是制造高速切削刀具的刃具钢必须具有高的热硬性，以保证在高速切削过程受高温作用仍能保持高硬度的性能。

（4）良好的淬透性

使刃具经过淬火、回火处理后，整体具有均匀一致的力学性能，以延长其使用寿命。

2．碳素工具钢

碳素工具钢为高碳钢，其含碳量为 0.65% ~ 1.35%，随含碳量提高，钢中碳化物量增加，钢的耐磨性提高，但韧性下降。碳素工具钢牌号、成分及用途示于表 6-16。碳素工具钢的预备热处理一般为球化退火，其目的是降低硬度（HB≤217），便于切削加工，并为淬火作组织准备。最终热处理为淬火加低温回火。使用状态下的组织为回火马氏体加颗粒状碳化物加少量残余奥氏体，硬度可达 60 ~ 65HRC。

碳素工具钢的优点是成本低、耐磨性和加工性较好，在手用工具和机用低速工具上广泛应用。缺点是热硬性差（切削温度低于200℃），淬透性低，只适于制作尺寸不大、形状简单、工作温度不高的低速刃具、量具、模具等。

表 6-16　碳素工具钢的牌号、成分及性能

牌号	化学成分/%					退火硬度/HB 不大于	淬火温度/℃	淬火硬度/HRC
	C	Si	Mn	S	P			
				不大于				
T7	0.65 ~ 0.74	≤0.35	≤0.40	0.030	0.035	187	800 ~ 820	≥62
T8	0.75 ~ 0.84	≤0.35	≤0.40	0.030	0.035	187	780 ~ 800	
T8Mn	0.80 ~ 0.90	≤0.35	0.40 ~ 0.60	0.030	0.035	187		
T9	0.85 ~ 0.94	≤0.35	≤0.40	0.030	0.035	192		
T10	0.95 ~ 1.04	≤0.35	≤0.40	0.030	0.035	197	760 ~ 780	
T11	1.05 ~ 1.14	≤0.35	≤0.40	0.030	0.035	207		
T12	1.15 ~ 1.24	≤0.35	≤0.40	0.030	0.035	207		
T13	1.25 ~ 1.35	≤0.35	≤0.40	0.030	0.035	217		

注：淬火介质均为水。

3. 低合金工具钢

用于制造受热程度较低的手工工具或低速而小进刀量的机用工具，常选用价格便宜，且加工工艺性能良好的碳素工具钢，如 T8、T10、T12 等。但当对刀具有较高的性能要求时，如制造板牙、丝锥、铰刀、搓丝板及拉刀等低速切削刀具，则必须选用含有一定量合金元素的低合金刃具钢。

低合金工具钢是在碳素工具钢的基础上加入少量合金元素（≤3% ~5%）形成的。其在保持高的含碳量（0.75% ~1.50%）同时，加入了 Cr、Mn、Si、W、V 等合金元素，主加元素 Si、Cr、Mn 等的主要作用是提高钢的淬透性及回火稳定性。辅加元素有 W、V 等强碳化物形成元素，这类元素能与 C 形成高稳定性的碳化物，在正常的淬火温度下，这些碳化物基本上不溶于（或溶入很少）奥氏体中，其主要作用在于细化晶粒，增加钢的强度及韧性，并提高工具的耐磨性。由于加 Si、Cr 提高了淬透性，其油中临界直径可达 40 ~50 mm，另外，由于 Si 等还提高耐回火性，使钢在 250 ~300℃下仍保持 60HRC 以上的硬度。

低合金工具钢的热处理特点基本与碳素工具钢相同，采用球化退火作为预备热处理，最终热处理为淬火加低温回火，使用状态下的组织为回火马氏体加颗粒状碳化物加少量残余奥氏体。与碳素工具钢不同的是，由于加入了合金元素，钢的淬透性提高了，因此采用油淬火，淬火后的硬度与碳素工具钢处在同一范围，但淬火变形、开裂倾向小。切削温度可达 250℃，仍属于低速切削刃具钢。低合金工具钢的牌号、热处理及用途如表 6-17 所示。典型钢种是 9SiCr、9Mn2V、CrWMn 等，广泛用于制造形状复杂、要求变形小的低速切削刃具，如丝锥、板牙等，也常用作冷冲模。

表 6-17　低合金工具钢的牌号、成分、热处理与用途

钢组	牌号	淬火		交货状态硬度/HB	用途举例
		温度/℃	硬度/HRC		
量具刃具用钢	9SiCr	820~860 油	≥62	241~197	丝锥、板牙、钻头、铰刀、齿轮铣刀、冷冲模、轧辊
	8MnSi	800~820 油	≥60	≤229	木工凿子、锯条或其他刀具等
	Cr06	780~810 水	≥64	241~187	剃刀、刀片、刮刀、刻刀、外科医疗刀具
	Cr2	830~860 油	≥62	229~179	低速、材料硬度不高的切削刀具，量规、冷轧辊等
	9Cr2	820~850 油	≥62	217~179	冷轧辊、冷冲头及冲头、木工工具等
	W	800~830 水	≥62	229~187	低速切削硬金属的刀具，如麻花钻、车刀等
冷作模具钢	9Mn2V	780~810 油	≥62	≤229	丝锥、板牙、铰刀、小冲模、冷压模、料模、剪刀等
	CrWMn	800~830 油	≥62	255~207	拉刀、长丝锥、量规及形状复杂精度高的冲模、丝杠等

注：各钢种 S、P 含量均不大于 0.030%。

4. 高速工具钢(高速钢)

高速钢是一种用于制造高速切削刀具的高合金工具钢。高速钢具有良好的热硬性、高硬度及耐磨等特殊性能。当切削温度达到 600℃时，硬度仍能保持在 55～60HRC 以上，因而广泛应用于制造各种不同用途、不同类型的高速切削刀具，如车刀、铣刀、刨刀、拉刀及钻头等。用高速钢制造的刀具，在切削时明显比一般低合金刃具钢制的刀具更加锋利，因此又俗称锋钢。

(1)成分特点

高碳高合金：其含碳量约为 0.70%～1.6%，以保证形成足够量的碳化物。主要合金元素是 Cr、W、Mo、V，加 Cr 的主要目的是为了提高淬透性，各高速钢的 Cr 含量大多在 4% 左右，Cr 还提高钢的耐回火性和抗氧化性；W、Mo 的主要作用是提高钢的热硬性，原因是在淬火后的回火过程中，析出了这些元素的碳化物，使钢产生二次硬化；V 的主要作用是细化晶粒，同时由于 VC 硬度极高，提高钢的硬度和耐磨性。

(2)加工与热处理

高速钢的加工工艺路线为：下料→锻造→退火→机加工→淬火＋回火→喷砂→磨削加工。

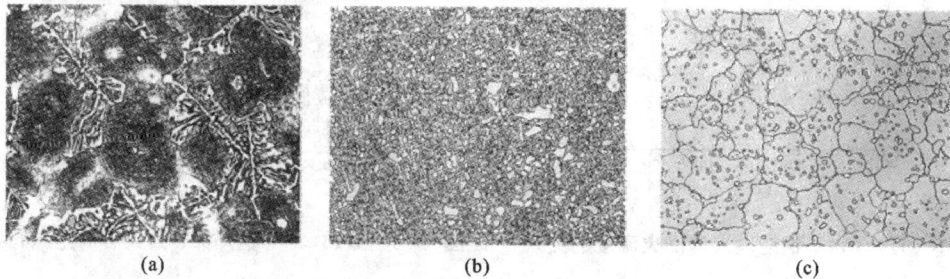

图 6 - 4　W18Cr4V 钢的组织　400×

(a)铸态；(b)退火；(c)淬火

1)锻造和退火。高速钢是莱氏体钢，其铸态组织为亚共晶组织，由鱼骨状莱氏体与树枝状的马氏体和托氏体组成见图 6 - 4(a)，这种组织脆性大且无法通过热处理改善。因此，需要通过反复锻打来击碎鱼骨状碳化物，使其均匀地分布于基体中。可见，对于高速钢而言，锻造具有成型和改善组织的双重作用。高速钢锻造后必须进行球化退火处理，目的不仅是消除应力，降低硬度便于切削加工，同时也为随后的淬火处理提供较好的原始显微组织。退火后组织为索氏体加细颗粒状碳化物，如图 6 - 4(b)所示。

2)淬火及回火。高速钢含有大量的合金元素，导热性差，塑性较低。如果直接将工件从室温加热至 1200℃以上，将产生很大的应力，加热时易引起变形开裂。因此高速钢淬火前需要进行分级预热，目的主要是减少温差和由温差造成的应力，减少变形、防止开裂；其次是为了防止脱碳和提高生产效率。另外高速钢的淬火温度都很高，以使更多的合金元素溶入奥氏体中，达到淬火后获得高合金元素含量马氏体的目的。但淬火温度不宜过高，否则易引起晶粒粗大。淬火冷却多采用盐浴分级淬火或油冷，以减少变形和开裂倾向。淬火后的组织为隐针马氏体加颗粒状碳化物和较多的残余奥氏体（约30%），如图6-4(c)所示，硬度为61~63HRC。

高速钢淬火后通常在550~570℃进行三次回火，其主要目的是逐步减少残余奥氏体量，稳定组织，并产生二次硬化，同时每次回火加热都使前一次回火冷却时产生的淬火马氏体回火。在回火过程中，随温度升高，大量细小弥散的W、Mo、V碳化物从马氏体中析出，使钢的硬度不仅不降，反而明显提高；同时由于残余奥氏体中的碳和合金元素含量下降及所受马氏体的压力降低，M_s点上升，在回火冷却时转变为马氏体，也使硬度提高，产生二次硬化。W18Cr4V钢的硬度与回火温度关系如图6-5所示。经淬火和三次回火后，高速钢的组织为回火马氏体、细颗粒状碳化物加少量残余奥氏体（<3%），如图6-6所示。

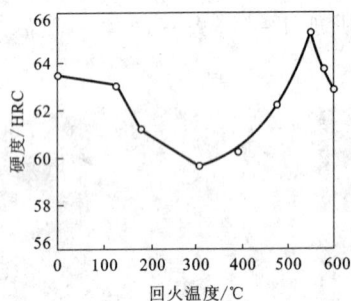

图6-5　W18Cr4V钢的硬度与回火温度的关系

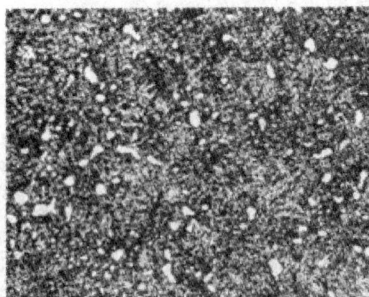

图6-6　W18Cr4V钢淬火、回火后的组织　400×

现以W18Cr4V钢为例，其淬火、回火处理工艺曲线如图6-7所示。

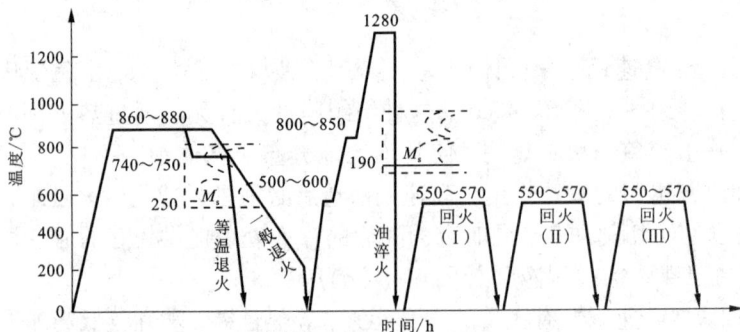

图6-7　W18Cr4V钢热处理工艺示意图

淬火：高速钢中含有大量的合金元素及碳化物，其导热性能及塑性较差。因此，在淬火加热过程中，如加热速度较快，就必须进行预热，预热温度为 800～840℃。预热之目的是减少变形，防止开裂，并缩短工件在淬火温度的高温停留时间，有利于防止产生氧化、脱碳等缺陷。对大型及形状复杂的刃具，预热工序尤为重要。

高速钢的淬火加热温度非常高，如 W18Cr4V 加热温度高达 1270～1280℃。因为高速钢淬火后所具有的热硬性及回火稳定性的高低，主要取决于马氏体中合金元素量，亦即在加热时溶于奥氏体中的合金元素量。淬火冷却应根据具体情况而定，一般采用分级淬火法，在 580～620℃进行分级冷却使刃具的表面及心部的温度趋于一致，然后从冷却介质(硝盐浴)中取出进行空冷，使马氏体转变在较缓慢的空冷过程中完成。这样显著减少热应力及组织应力，从而减少变形，防止开裂，如在真空炉内加热淬火，也可采用预冷后油淬或气淬(充氮气冷却)。W18Cr4V 钢正常淬火组织为马氏体、粒状碳化物及残余奥氏体组成。

回火：高速钢淬火后一般都要进行 3 次 550～570℃回火处理。淬火组织中呈不稳定状态的马氏体及大量的残余奥氏体，在回火过程均要发生变化。在此温度范围回火过程，在马氏体中将沉淀 W_2C、VC 等碳化物，弥散分布在马氏体的基体上。这些碳化物具有很高的稳定性，不易聚集长大，从而使淬火钢的硬度获得进一步的提高，即产生"弥散硬化"的效果；在回火加热过程中一部分碳及合金元素从残余奥氏体中析出，降低了残余奥氏体中碳及合金元素含量，从而降低其稳定性，并使马氏体的转变温度升高(M_s点)。当随后冷却时，部分残余奥氏体将会转变为马氏体，产生所谓"二次淬火"的效果，从而使钢的硬度获得提高(二次硬化)。

为进一步提高高速钢刃具的切削性能，在淬火、回火后通常进行表面化学热处理。如蒸汽处理、软氮化、硫氮共渗、氧氮共渗及离子渗氮等，使刃具表面形成高硬度、耐磨及良好抗咬合性能的化合物层，提高其使用寿命。

（3）常用钢种

常用的高速钢列于表 6 - 18，其中最常用的钢种为 W 系的 W18Cr4V 和 W - Mo 系的 W6Mo5Cr4V2。这两种钢的组织性能相似，但前者的热硬性较好，后者的耐磨性、热塑性和韧性较好。主要用于制造高速切削刃具，如车刀、刨刀、铣刀、钻头等。

6.4.3　模具钢

模具钢是用以制造各种冷热模具的钢种，分为冷作模具钢、热作模具钢和塑模用钢。

1. 冷作模具钢

（1）用途

冷作模具是使金属或非金属材料在常温状态下成型的模具。冷作模具钢主要用于制造此类的冲裁、成型、冷精压、冷镦、冷挤、冷滚压、拉拔模等，其工作温度一般不超过 200～300℃。

表 6 – 18　常用高速钢的牌号、成分、热处理及硬度

钢 号		W18Cr4V (18 - 4 - 1)	9W18Cr4V	W6Mo5Cr4V2 (6 - 5 - 4 - 2)	W6Mo5Cr4V3 (6 - 5 - 4 - 3)
化学成分/%	C	0.70~0.80	0.90~1.00	0.80~0.90	1.10~1.25
	Mn	≤0.40	≤0.40	≤0.35	≤0.35
	Si	≤0.40	≤0.40	≤0.30	≤0.30
	Cr	3.80~4.40	3.80~4.40	3.80~4.40	3.80~4.40
	W	17.50~19.00	17.50~19.00	5.75~6.75	5.75~6.75
	V	1.00~1.40	1.00~1.40	1.80~2.20	2.80~3.30
	Mo	—	—	4.75~5.75	4.75~5.75
热处理	淬火 淬火温度/℃	1260~1280	1260~1280	1220~1240	1220~1240
	冷却介质	油	油	油	油
	硬度/HRC	≥63	≥63	≥63	≥63
	回火 回火温度/℃	550~570 (三次)	570~580 (四次)	550~570 (三次)	550~570 (三次)
	硬度/HRC	63~66	67~68	63~66	>65

注：① 各钢种 S、P 含量均不大于 0.030%；② 淬火介质为油。

（2）性能要求

冷作模具在工作过程中主要受挤压、弯曲、冲击及摩擦作用，其主要损坏形式是磨损、断裂、崩刃及变形。因此，冷作模具钢经过适当热处理后具有如下性能：① 高的硬度和高耐磨性；② 足够的强度和韧性；③ 良好的工艺性能，如淬透性、切削加工性等。

（3）类型

冷作模具钢的选用应根据模具工作时的受力状况及损坏形式考虑，一般有以下几种情况：

1）工作时载荷较轻、形状简单、尺寸较小的冷作模具，选用碳素工具钢，如 T8A、T10A、T12A 等制造。

2）工作时载荷较轻、但形状复杂或尺寸较大的冷作模具，选用低合金刀具钢，如 9SiCr、9Mn2V、CrWMn 等制造。

3）重载荷，要求高耐磨性、高淬透性、变形量小的形状复杂的冷作模具，选用 Cr12 型钢制造；近年来还发展了 Cr6WV、Cr4W2MoV 等用于制造重负荷、以断裂为主要损坏形式的模具。

常用冷模具钢的成分、热处理及用途见表 6 – 19。冷作模具根据不同工作条件及损坏形式选择不同的钢种制造，冷作模具钢的选用举例见表 6 – 20。在冷作模具钢中，应用得较广泛，且最具代表性的钢种是 Cr12 型钢，其代表性钢号是 Cr12 及 Cr12MoV。

表 6-19 耐冲击工具用钢和冷作模具钢的牌号、热处理及硬度

钢组	牌号	淬火		交货状态硬度/HB
		温度/℃/冷却剂	硬度/HRC	
耐冲击工具用钢	4CrW2Si	860~900/油	≥53	217~179
	5CrW2Si	860~900/油	≥55	255~207
	6CrW2Si	860~900/油	≥57	285~229
	6CrMnSi2Mo1V	885(盐浴)或900(炉控气氛)/油冷,58~204回火	≥58	≤229
	5Cr3Mn1SiMo1V	941(盐浴)或955(炉控气氛)/空冷,56~204回火	≥56	
冷作模具钢	Cr12	950~1000/油	≥60	269~217
	Cr12Mo1V1	1000(盐浴)或1010(炉控气氛)/空冷,200回火	≥59	≤255
	Cr5Mo1V	940(盐浴)或950(炉控气氛)/空冷,200回火	≥60	≤255
	9CrWMn	800~830油	≥62	241~197
	Cr4W2MoV	860~980/油,1020~1040/油	≥60	≤269

注:各钢种 S、P 含量均不大于 0.030%。

表 6-20 冷作模具的选材举例

冲模种类	牌号			备注
	简单轻载	复杂轻载	重载	
硅钢片冲模	Cr12 Cr12MoV Cr6WV	Cr12 Cr12MoV Cr6WV	—	因加工批大,要求寿命较长,故采用高合金钢
冲孔落料模	T10A 9Mn2V	9Mn2V Cr6WV Cr12MoV	Cr12MoV	
压弯模	T10A 9Mn2V	—	Cr12 Cr12MoV Cr6WV	
拔丝拉伸模	T10A 9Mn2V	—	Cr12 Cr12MoV	
冷挤压模	T10A 9Mn2Cv	9Mn2V Cr12MoV Cr6WV	Cr12MoV Cr6WV	要求热硬性时还可选用高速钢
小冲头	T10A 9Mn2V	Cr12MoV	W18Cr4V W6Mo5Cr4V2	冷挤压钢件,硬铝冲头还可选用超硬高速钢

冲模种类	牌 号			备 注
	简单轻载	复杂轻载	重 载	
冷镦模	T10Ac 9Mn2V	—	Cr12MoV 8Cr8MoSiV Cr12MoV W18Cr4V Cr4W2MoV 8Cr8Mo2SiV2	

Cr12 型冷作模具钢主要用于重载荷、要求高耐磨性、高淬透性、变形量小的形状复杂的冷作模具。其化学成分特点是含 C 及含 Cr 量高，含 C 量为 1.40% ~ 2.30%，以保证高的硬度和耐磨性；主加合金元素是 Cr，其主要作用是提高淬透性，辅加元素有 W、Mo、V 等，这些元素与 Cr 一起形成高硬度的碳化物，从而提高耐磨性。

Cr12 型钢属莱氏体钢，其网状共晶碳化物需通过反复锻造来改变其形态和分布。其热处理主要采用淬火加回火处理，当回火温度较低时，钢的硬度可达 61 ~ 64HRC，耐磨性和韧性较好，适用于重载模具；当在较高温度下多次回火时，会产生二次硬化，钢的硬度达 60 ~ 62HRC，红硬性和耐磨性都较高，适用于在 400 ~ 450℃下工作的模具。热处理后的组织为回火马氏体、颗粒状碳化物及少量残余奥氏体。Cr12 型冷作模具钢在热处理淬火过程中，如恰当地选择加热温度及冷却方式，有效地将其变形量控制在很小的范围之内，因此，该钢亦有微变形钢之称。

2. 热作模具钢

（1）用途

热作模具钢主要用于制造使加热金属或液态金属成型的模具，如热锻模、热压模、热挤压模和压铸模等，工作时型腔表面温度可达 600℃以上。

（2）性能要求

热作模具在工作过程中均与热态材料接触，使模具的工作温度升高。如锤锻模具在锻打钢件时，模具的平均温度在 500 ~ 600℃之间，机锻模具甚至温升至 700℃左右。由于模具的温度升高，导致其组织、性能发生变化，从而影响其使用寿命。为此，热作模具在工作时，常常采用必要的冷却措施，以控制模具的温升，这样热作模具在工作时除受冲击载荷作用外，还受循环热应力的作用。因此，热作模具的失效形式主要有塑性变形、断裂、磨损及热疲劳。要求热作模具钢具有以下性能：① 高温下良好的综合力学性能；② 高的抗热疲劳性能和抗氧化性；③ 高的淬透性和良好的导热性；④ 良好的断裂韧性及冲击韧性。

（3）常用钢种

热作模具钢按不同用途，分为 3 种类型：

1）热锻模钢。是中碳低合金钢，其含碳量为 0.5% ~ 0.6%，加入的合金元素为 Cr、Ni、Mn、Mo 等，Cr、Ni、Mn 的主要作用是提高淬透性、强化铁素体，Mo 的主要作用是防止第二类回火脆性。其热处理为淬火加高温回火（调质），使用状态下的组织为回火索氏体。典型钢种如 5CrNiMo、5CrMnMo，前者用于大型热锻模，后者用于中小型热锻模。

2）压铸模钢。是中碳高合金钢，其含碳量一般为 0.3% ~ 0.6%，加入的合金元素有 Cr、Mn、Si、W、Mo、V 等，Cr、Mn、Si 的主要作用是提高淬透性，W、Mo、V 的主要作用是提高耐磨性，产生二次硬化，W、Cr 还有提高抗热疲劳的作用。其热处理为淬火后在略高于二次硬化峰值的温度（600℃左右）回火，组织为回火马氏体、颗粒状碳化物加少量残余奥氏体。典型钢种如 3Cr2W8V。

3）热冲裁模具钢。是高碳低合金钢，主要用于制造切边模具及平锻模具，其损坏形式以磨损为主。所以，模具经热处理后要求具有较高的硬度及良好的耐磨性，常选用含碳量较高的钢，如 8Cr3 钢。

目前应用最为广泛的热作模具钢是近年引进的 H13（4Cr5MoSiV1）和 H11（4Cr5MoSiV）钢。H13 钢的碳质量分数为 0.32% ~ 0.45%，属中碳钢，Cr 质量分数为 4.75% ~ 5.50%，V 的质量分数为 0.80% ~ 1.20%。该钢具有较高的热强性，是一种强韧兼备的质优价廉钢种，既可用作热锻模材料，也可用作模腔温升低于 600℃的压铸模材料，H13 和 H11 钢是 5CrMnMo、5CrNiMo 等传统热模具钢的最好代用材料，模具的使用寿命比后者提高 1 ~ 2 倍；此外，由于 H13 钢具有高的热强性、热稳定性和高的疲劳抗力及良好的韧性，制造铝合金型材热挤压模具、铜合金的热镦模具已获得广泛应用。热作模具钢及其选材举例分别列于表 6 - 21。

表 6 - 21　常用热模具钢的牌号、热处理、硬度及用途

钢 号		5CrMnMo	5CrNiMo	4Cr2W8V	4Cr5MoVSi	3Cr3Mo3V	4Cr3W4Mo2VTiNb	5Cr4W5Mo2V
化学成分 wt /%	C	0.50 ~ 0.60	0.50 ~ 0.60	0.30 ~ 0.40	0.32 ~ 0.42	0.25 ~ 0.35	0.37 ~ 0.47	0.40 ~ 0.50
	Si	0.25 ~ 0.60	≤0.40	≤0.40	0.80 ~ 1.20	≤0.50	≤0.50	≤0.50
	Mn	1.20 ~ 1.60	0.50 ~ 0.80	≤0.40	≤0.40	≤0.50	≤0.50	0.20 ~ 0.60
	Cr	0.60 ~ 0.90	0.50 ~ 0.80	2.20 ~ 2.70	4.50 ~ 5.50	2.50 ~ 3.50	2.50 ~ 3.50	3.80 ~ 4.50
	Mo	0.15 ~ 0.30	0.15 ~ 0.30		1.00 ~ 1.50	2.50 ~ 3.50	2.00 ~ 3.00	1.70 ~ 2.30
	W			7.50 ~ 9.00			3.50 ~ 4.50	4.50 ~ 5.30
	V			0.20 ~ 0.50	0.30 ~ 0.50	0.30 ~ 0.60	1.00 ~ 1.40	0.80 ~ 1.20
	其他		1.40 ~ 1.80Ni				0.1 ~ 0.2Ti	0.1 ~ 0.2Nb
退火	温度 /℃	780 ~ 800	780 ~ 800	830 ~ 850	840 ~ 900	845 ~ 900	850 ~ 870	850 ~ 870
	硬度 /HB	197 ~ 241	197 ~ 241	207 ~ 255	109 ~ 229		180 ~ 240	200 ~ 230

钢　号		5CrMnMo	5CrNiMo	4Cr2W8V	4Cr5MoVSi	3Cr3Mo3V	4Cr3W4Mo2VTiNb	5Cr4W5Mo2V
淬火	温度/℃	830~850	840~860	1050~1150	1000~1025	1010~1040	1160~1220	1130~1140
	冷却介质	油	油	油	油	空气	油或硝盐	油
回火	温度/℃	490~640	490~660	600~620	540~650	550~600	580~630	600~630
	硬度/HRC	30~47	30~47	50~54	40~54	40~54	48~56	50~56
用途举例		中型锻模（模高275~400mm）	大型锻模（模高>400mm）	压铸模、精锻模或高速锻模、热挤压模	热镦模、压铸模、热挤压模、精锻模	热镦模	热镦模	热镦模、温挤压模

3. 塑模用钢

（1）用途

塑模用钢主要用于制造塑料制品成形用的模具。近些年来塑料制品的应用越来越广泛，尤其在电器、仪表工业中。国内外广泛采用塑料制品代替金属、木材、皮革等传统材料制品。所以，塑料制品成型用模具的需要量迅速增加，近年来不少工业发达国家塑料制品成型用模具的产值已经超过了冷作模具的产值，在模具制造业中位居首位。塑料制品成型用的模具，目前研究开发的专门系列钢号还比较少，基本上都是其他材料应用于塑料模具。但是许多国家已经形成了范围很广大的塑料模具用材料系列，塑料制品很多是采用模压成型的，无论是热固性塑料成型或是热塑性塑料的成型，压制塑料所受的温度通常在200~250℃范围。部分塑料品种，如含Cl、F的塑料，在压制时析出有害气体，对型腔有较大的侵蚀作用。

（2）性能要求

根据塑料模的工作条件和特点，对塑料模提出如下的要求：① 模具加工表面应具有低的粗糙度，所以要求模具材料夹杂物少，组织均匀，表面硬度高；② 表面具有一定的耐磨耐蚀性，表面粗糙度要长期保持；③ 有足够的强度和韧度，能承受一定的负荷而不变形；④ 热处理时变形要小，以保证互换性和配合精度，这对于精密/超精密产品尤为重要。

（3）常用钢种

塑料模用钢范围非常广泛，主要为合金塑料模具钢。国内外常用塑料模具钢的牌号、成分、热处理及用途见表6-22。

根据模具的生产情况和工作条件，结合模具材料的基本性能和相关因素来选择制造塑料模具的材料。既要考虑模具的需要性，又要综合核计其经济性及技术上的先进性，有时还需要考虑模具材料的通用性。塑料模的制造成本高，材料费用只占模具成本的一小部分，一般在10%~20%，有时甚至低于10%。因此，模具材料一般是优先选用工艺性好、性能稳定和使用寿命长的材料。

表 6 – 22(a)　　国内外常用塑料模具钢的牌号及成分

钢 号	化学成分/%									
	C	Si	Mn	Cr	Mo	Ni	V	S	P	其他
JB – 3Cr2Mo	028 ~ 0.40	0.20 ~ 0.80	0.61 ~ 1.00	1.40 ~ 2.00	0.30 ~ 0.55			≤0.030	≤0.030	
JB – 3CrNiMnMo	028 ~ 0.40	0.20 ~ 0.80	0.60 ~ 1.00	1.40 ~ 2.00	0.30 ~ 0.55	0.80 ~ 1.20		≤0.015	≤0.020	
JB – 5CrNiMnVSCa	0.50 ~ 0.60	0.20 ~ 0.80	0.85 ~ 1.15	1.00 ~ 1.30	0.30 ~ 0.60	0.85 ~ 1.15	0.10 ~ 0.30	0.06 ~ 0.15	≤0.030	0.002 ~ 0.008Ca
JB – 8Cr2MnWMoVS	0.75 ~ 0.85	≤0.40	1.30 ~ 1.70	2.30 ~ 2.60	0.50 ~ 0.80		0.10 ~ 0.25	0.08 ~ 0.15	≤0.030	0.70 ~ 1.10W
YB – SM1CrNi3	0.05 ~ 0.15	0.10 ~ 0.40	0.35 ~ 0.75	1.25 ~ 1.75		3.25 ~ 3.75			≤0.030	
YB – SM3Cr2NiMo	0.32 ~ 0.42	0.20 ~ 0.80	1.00 ~ 1.50	1.40 ~ 2.00	0.30 ~ 0.55	0.80 ~ 1.20		≤0.030	≤0.030	
YB – SM2CrNi3MoAlS	0.20 ~ 0.30	0.20 ~ 0.50	0.50 ~ 0.80	1.20 ~ 1.80	0.20 ~ 0.25	3.0 ~ 4.0		≤0.100	≤0.030	1.0 ~ 1.60Al
AISI – P20	0.35	0.20 ~ 0.40	0.20 ~ 0.40	1.70	0.40			≤0.030	≤0.030	
ASSAB – 718	0.33	0.30	0.80	1.80		0.90		0.008		
BS – BP30	0.26 ~ 0.34	≤0.40	0.45 ~ 0.70	1.10 ~ 1.40	0.20 ~ 0.35					≤0.20Cu

表 6 – 22(b)　　国内外常用塑料模具钢的热处理及用途

钢 号	退 火		淬 火		回 火		用 途 举 例
	温度/℃	硬度/HBS	温度/℃	淬火介质	温度/℃	硬度/HRC	
JB – 3Cr2Mo	710 ~ 740	≤235	840 ~ 870	油	300 ~ 600	36 ~ 48	抛光性能极好,制造造注射模、压缩模等
JB – 3CrNiMnMo	750	≤255	850 ~ 870	油	400 ~ 650	35 ~ 47	大型塑料模或型腔复杂、要求镜面抛光模具
JB – 5CrNiMnVSCa	780	≤255	880	油或空	300 ~ 650	36 ~ 54	型腔复杂、变形极小的大型塑料成型模
JB – 8Cr2MnWMoVS	800	≤255	880 ~ 920	油	500 ~ 650	36 ~ 54	要求耐磨性好,镜面抛光的注射、压注模
YB – SM1CrNi3	730	≤212	渗 C 900 ~ 950	油	—	—	制造复压成型的塑料模具,要渗碳、淬火、回火
YB – SM3Cr2NiMo	760	≤250	850 ~ 880	油	500 ~ 650	≥32	用于制造大型精密塑料模具
YB – SM2CrNi3MoAlS	780	≤235	850 ~ 900	油	510 ~ 530	≥40	制造型腔复杂的精密塑料模具

钢 号	退 火		淬 火		回 火		用 途 举 例
	温度/℃	硬度/HBS	温度/℃	淬火介质	温度/℃	硬度/HRC	
AISI – P20	760 ~ 790	≤150 ~180	820 ~ 870	油	150 ~260	48 ~ 50	制造各种大型塑料制品射出模
ASSAB – 718	700	≤235	850	油	300 ~650	29 ~ 48	适于制造所有使用 PVC 原料的注塑模
BS – BP30	640 ~ 660	≤255	810 ~ 830	油或空	180 ~650	≥30	制造各种高要求的大小塑料模

非合金塑料模具专用钢主要有 SM45、SM50、SM55 等，其用量比较大，主要用于一般零件或次要零件上。对于中、小型且不很复杂的模具，现在还较多地采用 T7A、T10A、9Mn2V、CrWMn、Cr2 等工具钢造。在热处理时采取措施使变形尽量减少，使用硬度一般在 45 ~ 55HRC。对于大型塑料模具，采用 SM4Cr5MoSiV、SM4Cr5MoSiV1 或空冷微变形钢，如要求较高的耐磨性时可选用 SMCr12Mo1V1、Cr12MoV 等。

渗碳型塑料模具用钢一般不宜采用结构钢中的渗碳钢，如 20Cr、20CrMnTi 等。对于塑料模具零件，从工作性质和服役条件对性能要求上看，大多数零件没有必要采用渗碳钢和渗碳工艺来强化。有些复杂而精密的模具可使用 SM1CrNi3、12Cr2Ni4A 等渗碳钢造，用这些钢制造的模具淬火时变形小；也可采用空冷微变形钢和预硬钢制造。预硬钢是将模块预先进行热处理，供使用者直接进行成型切削加工，不再进行热处理。预硬钢的使用硬度一般在 30 ~ 40HRC，过高的硬度将使加工性变坏。常用的预硬钢有 40CrMo、5CrNiMo 等传统钢和专门开发的塑料模具钢 SM3Cr2Mo、SM3Cr2Ni1Mo、8Cr2MnWMoVS 等。另外，宝钢开发的非调质塑料模具用贝氏体型预硬钢（B30 和 B30H 两钢），组织和硬度沿模块分布均匀，型腔加工后不用热处理，有利于模具加工成型、抛光、修整，一次性完成，具有良好的抛光性能、较好的耐蚀性和渗氮性能。

对压制时会析出有害气体的塑料模具，采用 SM2Cr13、3Cr13、4Cr13Mo、9Cr18 等不锈钢制造。对于 SM2Cr13、3Cr13 制造的模具，在 950 ~ 1000℃ 加热淬火，油中冷却，在 200 ~ 220℃ 回火。即使是大型模具，热处理后硬度也可达到 45 ~ 50HRC。这类模具不需要镀铬。

塑料模在淬火加热时应注意保护，防止表面氧化和脱碳。回火后，模具的工作表面要经过研磨和抛光，最好是进行镀铬，以防止腐蚀、黏附，同时也提高模具的耐磨性。

6.4.4　量具钢

1. 用途

量具钢主要是用于制造各种测量工具如千分尺、块规、卡尺、塞规及螺旋测微仪等量具。

2. 性能要求

由于量具在使用过程中要与被测零件接触，承受摩擦与冲击，而且本身必须具有高的尺寸精度和稳定性，因此，要求满足以下主要性能：① 高硬度和高耐磨性，以此保证在长期使用中不致被很快磨损，而失去其精度；② 高的尺寸稳定性，以保证量具在使用和存放过程中保持其形状和尺寸的恒定；③ 足够的韧性，以保证量具在使用时不致因偶然因素（如碰撞）而损坏；④ 在特殊环境下具有抗腐蚀性。

3. 常用钢种

根据量具的种类及精度要求，量具用钢选用的钢种主要有以下几种，其材料选用列于表 6 – 23。

表 6 – 23　量具用钢的选用举例

用　途	选用的牌号	
	钢的类别	钢　号
尺寸小、精度不高、形状简单的量规、塞规、样板等	碳素工具钢	T10A、T11A、T12A
精度不高、耐冲击的卡板、板样、直尺等	渗碳钢	15、20、15Cr
块规、螺纹塞规、环规、样柱、样套等	低合金工具钢	CrMn、9CrWMn、CrWMn
各种要求精度的量具	冷作模具钢	9Mn2V、Cr2Mn2SiWMoV
要求精度和耐腐蚀的量具	不锈钢	4Cr13、9Cr18

（1）碳素工具钢

如 T10A、T12A 等，由于碳素工具钢的淬透性低，尺寸大的量具采用水淬会引起较大的变形。因此，这类钢只能用于制造尺寸小、形状简单、精度要求不高的量具。

（2）低合金工具钢和轴承钢

如 CrWMn、GCr15 等，由于这类钢是在高碳钢中加入 Cr、Mn、W 等合金元素，故提高淬透性、减少淬火变形、提高钢的耐磨性和尺寸稳定性，用于制造精度要求高、形状较复杂的量具。

（3）渗碳钢和渗氮钢

如低碳钢渗碳、中碳钢表面淬火或氮化，适合于制造承受磨损和冲击、质量要求较高的量具。

（4）不锈钢

如 4Cr13 和 9Cr18，用于制造在腐蚀条件下工作的量具，经淬火、回火处理后使其硬度达 56 ~ 58HRC，同时保证量具具有良好的耐腐蚀性和足够的耐磨性。

4. 热处理特点

量具钢热处理的主要特点是在保持高硬度与高耐磨性的前提下，尽量采取各种措施使量具在长期使用中保持尺寸的稳定。量具在使用过程中随时间延长而发生尺寸变化的现象称为量具的时效效应。由于通过适当热处理减少变形并提高组织稳定性，因此，对量具钢进行以下几个热处理工序：① 预备热处理采用球化退火或调质处理，因为球状碳化物稳定性最高，其目的是获得回火索氏体组织，以减少淬火变形和提高机械加工的光洁度；② 采用下限温度淬火和冷处理，目的是以减少残余奥氏体量.从而增加尺寸稳定性；③ 回火后进行长时间低温（120～150℃）时效处理，以消除内应力，降低马氏体的正方度。

6.5　不锈钢

6.5.1　概述

不锈钢是 Cr 含量大于 10.5%、且具有不锈性和耐酸性能的一系列铁基合金的统称。通常对在大气、水蒸气、淡水等弱腐蚀性介质中不锈和耐腐蚀的钢种称为不锈钢。对在酸、碱、盐等强腐蚀性介质种具有耐腐蚀性的钢种称为耐酸钢。两者合金成分的差异导致了其耐蚀性的不同，但习惯上都称为不锈钢。不锈钢通常用于制造在酸、碱、盐、大气、水蒸气、淡水等强弱腐蚀性介质下或在一定的温度条件下服役的各类零件的钢材，需要有特殊的力学、物理和化学性能。

6.5.2　金属的腐蚀与防护

腐蚀是指材料在外部介质作用下发生逐渐破坏的现象，是金属表面直接的化学反应或电化学反应的结果。金属的腐蚀分为化学腐蚀和电化学腐蚀两大类。

化学腐蚀是指金属在非电解质中的腐蚀，如钢的高温氧化、脱碳等。在化学腐蚀过程中，金属将直接与腐蚀介质发生化学反应，化学反应的结果将使金属逐渐被破坏。但如果反应所形成产物层非常致密，而且与基体结合得很牢固，它将有效地阻挡外界腐蚀介质原子往里扩散，对基体起到保护作用。例如，含 Al、Cr、Si 等元素的合金钢，在受高温氧化性气氛作用时，其表面将会形成 Cr_2O_3、Al_2O_3、SiO_2 等致密的氧化膜（钝化膜），从而阻碍氧化过程的继续进行，增强钢的抗氧化性能。化学腐蚀不单是氧化问题，除了钢的高温氧化，钢在水蒸气中或在石油中的腐蚀、氢气和含氢气体对碳钢强烈腐蚀（氢蚀）等等，都属于化学腐蚀的范畴。

电化学腐蚀是指金属在电解质溶液中的腐蚀，不同的相之间、同一相的晶界和晶内之间构成的原电池腐蚀，主要形式有均匀腐蚀、点腐蚀、晶界腐蚀、应力腐蚀、磨损腐蚀等，是有电流参与作用的腐蚀。大部分金属的腐蚀属于电化学腐蚀。

不同电极电位的金属在电解质溶液中构成原电池，使低电极电位的阳极被腐蚀，高电极电位的阴极被保护。金属中不同组织、成分、应力区域之间都构成原电池。

为了防止电化学腐蚀，采取以下措施：① 使钢得到均匀的单相组织，避免形成原电池；

② 提高合金基体的电极电位，来降低原电池电动势；③ 使表面形成致密稳定的保护膜如加入 Si、Al、Cr 等合金元素，切断原电池；④ 使不锈钢对具体使用的介质具有稳定钝化区的阳极极化曲线。

6.5.3 不锈钢的性能要求及影响其耐蚀性的因素

1. 性能要求

由于不锈钢主要在石油、化工、海洋开发、原子能、宇航、国防工业等领域用于制造在各种腐蚀性介质中工作的零部件和结构，因此对不锈钢的性能要求主要是耐蚀性。此外，根据零部件或构件不同的工作条件，要求其具有良好的力学性能。对某些不锈钢还要求其具有良好的工艺性能。

2. 影响耐蚀性的因素

(1) 碳含量

不锈钢的碳含量在 $0.03\% \sim 0.95\%$ 范围内。碳含量越低，则耐蚀性越好，但考虑钢的强度是随碳含量的增加而提高的，对不锈钢来说，耐蚀性是主要的，另外考虑钢的冷变形性、焊接性等工艺因素，故大多数不锈钢的碳含量为 $0.1\% \sim 0.2\%$；对于制造工具、量具等少数不锈钢，其碳含量较高，以获得高的强度、硬度和耐磨性。

(2) 合金元素

1) Cr。由于 Cr 是提高耐蚀性的主要元素，因此一般不锈钢含 Cr 量较大。Cr 的主要作用是提高钢基体的电极电位，当 Cr 的原子分数达到 1/8、2/8、3/8···时，钢的电极电位呈台阶式跃增，称为 $n/8$ 规律。所以 Cr 钢中的含 Cr 量只有超过台阶值(如 $n = 1$，换成质量百分数则为 11.7%)时，钢的耐蚀性才明显提高；Cr 是铁素体形成元素，当 Cr 含量大于 12.7% 时，使钢形成单相铁素体组织；Cr 能形成稳定致密的 Cr_2O_3 氧化膜，使钢的耐蚀性显著提高。

2) Ni。加入 Ni 的主要目的是为了获得单相奥氏体组织。

3) Mo。加入 Mo 的主要是为了提高钢在非氧化性酸中的耐蚀性。

4) Ti、Nb。加入 Ti、Nb 的主要作用是防止奥氏体不锈钢发生晶间腐蚀。晶间腐蚀是一种沿晶粒周界发生腐蚀的现象，危害很大。它是由于 $Cr_{23}C_6$ 析出于晶界，使晶界附近铬含量降到 12% 以下，电极电位急剧下降，在介质作用下发生强烈腐蚀。而加入 Ti、Nb 则先于 Cr 与 C 形成不易溶于奥氏体的碳化物，避免了晶界贫 Cr。

5) Mn、N 等。加入 Mn、N 部分代 Ni 以获得奥氏体组织，并能提高 Cr 不锈钢在有机酸中的耐蚀性。

6.5.4 不锈钢的分类和特点

不锈钢是钢铁材料中最复杂的钢类，其钢种和分类方法繁多，目前应用的不锈钢，被广泛接受和使用的是按钢的组织状态分类，主要分为马氏体不锈钢、铁素体不锈钢、奥氏体不锈钢、奥氏体 – 铁素体双相不锈钢、沉淀硬化不锈钢五大类。常用不锈钢的牌号、成分、热处理如表 6 – 24 所示。

6.5.5 铁素体、马氏体不锈钢

1. 马氏体不锈钢

马氏体不锈钢主要是 Cr13 型不锈钢和 9Cr18 不锈钢。典型钢号为 1Cr13、2Cr13、3Cr13、4Cr13。因 Cr 含量高，它们都有足够的耐蚀性，但因只用 Cr 进行合金化，它们只在氧化性介质中耐蚀，在非氧化性介质中不能达到良好的钝化，耐蚀性低。C 含量低的 1Cr13、2Cr13 钢耐蚀性较好，且有较好的力学性能，3Cr13、4Cr13 钢因 C 含量增加，强度和耐磨性提高，但耐蚀性降低。

1）1Cr13、2Cr13、3Cr13 的热处理为调质处理，使用状态下的组织为回火索氏体。这三种钢具有良好的耐大气、蒸汽腐蚀能力及良好的综合力学性能，主要用于制造要求塑韧性较高的耐蚀件，如气轮机叶片等。

2）4Cr13 的热处理为淬火加低温回火，使用状态下的组织为回火马氏体。这种钢具有较高的强度、硬度，主要用于要求耐蚀、耐磨的器件，如医疗器械、量具等。

3）9Cr18 是一种高碳不锈钢，经淬火及低温回火处理后，其硬度值通常大于 55HRC，适于制造优质刀具、外科手术刀及耐腐蚀轴承。

在马氏体不锈钢中，当基体 $w_{Cr} \geqslant 11.7\%$ 时，能在阳极区域基体表面形成一层富 Cr 的氧化物保护膜，这层膜会阻碍阳极区域反应，并增加其电极电位，使基体化学腐蚀过程减缓，从而使含 Cr 不锈钢具有一定的耐蚀性能。马氏体不锈钢主要是在氧化性介质中，如大气、水蒸气、淡水、海水、低于 30℃ 的硝酸、食品介质及浓度不高的有机酸中有良好的耐腐蚀性能。但在硫酸、盐酸、热磷酸、热硝酸溶液及熔融碱中，其耐蚀性能都很低。所以，这类不锈钢的所谓"不锈"是相对而言的。

2. 铁素体不锈钢

铁素体不锈钢的成分特点是高铬低碳，组织为单相铁素体，Cr 含量为 17% ~ 30%，C 含量低于 0.15%，耐蚀性比 Cr13 型钢更好，典型钢号如 1Cr17、1Cr17Ti 等。这类钢在退火或正火状态下使用，强度较低、塑性很好，可用 提高强度。主要用作耐蚀性要求高而强度要求不高的构件，例如化工设备、容器和管道等。由于铁素体不锈钢在加热冷却过程中不发生相变，因而不能进行热处理强化，可通过加入 Ti、Nb 等强碳化物形成元素或经冷塑性变形及再结晶来细化晶粒。这类钢广泛用于硝酸和氮肥工业的耐蚀件。

铁素体不锈钢的性能特点是耐酸蚀，抗氧化能力强，塑性好；其缺点是韧性较低，冷塑性变形能力差，焊接热影响区的晶粒粗大，因而脆性较大，具体为：

1）475℃ 脆性，即将钢加热到 450 ~ 550℃ 停留时产生的脆化，强度升高，而塑性、韧性急剧降低。在 475℃ 发展最快，这种脆化现象最为明显，因而称 475℃ 脆性。产生这种脆化现

象的原因是在此温度下，铁素体将析出富 Cr 的化合物，使钢的脆性剧增。所以，铁素体不锈钢应力求避免在此温度范围使用。如出现脆性的钢件，将其加热到 760～800℃、保温 0.5～1 h，脆性便可消除。

2) σ 相脆性，即钢在 600～800℃ 长期加热时，因析出硬而脆的 σ 相产生的脆化。

6.5.6　奥氏体不锈钢

奥氏体不锈钢的成分特点是低碳高铬镍，C 含量大多在 0.10% 以下，组织为单相奥氏体，因而具有良好的耐蚀性、冷热加工性及焊接性，高的塑韧性，这类钢无磁性。典型钢号如 Cr18Ni9 型（即 18－8 型不锈钢），钢中常加入 Ti 或 Nb，以防止晶间腐蚀。其强度、硬度很低，无磁性，塑性、韧性和耐蚀性均较 Cr13 型不锈钢更好。奥氏体不锈钢较适宜作冷成型，其焊接性能也较好，此时一般采用冷加工变形强化措施来提高其强度及硬度。

与马氏体型不锈钢比较，其切削加工性能较差，当碳化物在晶界析出时，还会产生晶间腐蚀现象，应力腐蚀倾向也较大。钢中 Cr 元素的主要作用是产生钝化，阻碍腐蚀过程的阳极反应，提高钢的耐蚀性能。而 Ni 元素的主要作用是扩大 γ 区，使钢在常温下呈单相的奥氏体组织，同样具有提高抗电化学腐蚀的效果。钢中加 Ti 元素的主要作用是抑制 $(Cr, Fe)_{23}C_6$ 在晶界上析出，以防止晶间腐蚀的出现。Ti 元素的质量分数一般不大于 0.8%，过多会使钢析出铁素体和产生 Ti 夹杂物，反而会降低钢的耐腐蚀性能。

一般利用形变强化提高强度。采用固溶处理进一步提高奥氏体型不锈钢的耐蚀性。奥氏体不锈钢常用的热处理为固溶处理，即加热到 920～1150℃ 使碳化物溶解后水冷，获得单相奥氏体组织。对于含有 Ti 或 Nb 的钢，在固溶处理后还要进行稳定化处理，即加热到 850～880℃，使钢中 Cr 的碳化物完全溶解，而 Ti 或 Nb 的碳化物不完全溶解，然后缓慢冷却，使 TiC 充分析出，以防止发生晶间腐蚀。

常用奥氏体不锈钢为 1Cr18Ni9、1Cr18Ni9Ti 等，广泛用于化工设备及管道等。

奥氏体不锈钢在应力作用下易发生应力腐蚀，即在特定合金－环境体系中，应力与腐蚀共同作用引起的破坏。奥氏体不锈钢易在含 Cl⁻ 的介质中发生应力腐蚀，其裂纹特征为枯树枝状。

6.5.7　铁素体－奥氏体双相不锈钢

铁素体－奥氏体双相不锈钢是在 18－8 型钢的基础上发展起来的，通常认为，在奥氏体中含有体积分数≥15% 铁素体或在铁素体中含有体积分数≥15% 奥氏体的钢称为铁素体－奥氏体双相不锈钢。典型钢号如 0Cr26Ni5Mo2、03Cr18Ni5Mo3Si2 等。

这类钢提高了 Cr 含量或加入其他铁素体形成元素，其晶间腐蚀和应力腐蚀破坏倾向较小，强度、韧性和焊接性能较好，而且节约 Ni，因此得到了广泛的应用。其组织由奥氏体和 δ 铁素体两相组成（其中铁素体约占 5%～20%），其晶间腐蚀和应力腐蚀倾向小，强韧性和焊接性较好，用于制造化工、化肥设备及管道，海水冷却的热交换设备等。

铁素体－奥氏体双相不锈钢兼有奥氏体和铁素体不锈钢的特性，与铁素体不锈钢相比，它的韧性高、脆性转变温度低、耐晶间腐蚀和焊接性能显著提高，但仍保留475℃脆性、σ 相脆性等。与奥氏体不锈钢相比，其强度水平高，其屈服强度是奥氏体不锈钢的 2 倍，此外耐晶间腐蚀、耐应力腐蚀破裂、耐腐蚀疲劳性能显著提高。

6.5.8 沉淀硬化不锈钢

沉淀硬化不锈钢主要用作高强度、高硬度且耐腐蚀的化工机械和航天用的设备、零件等，典型钢号如 0Cr17Ni7Al、0Cr15Ni7Mo2Al 等。

不锈钢要获得高强度，一般采用在马氏体基体上产生沉淀强化的方法。为此加入合金元素 Mo、Ti、Al 等，形成新的沉淀强化相。如 Fe_2Mo、Ni_3Mo、Ni_3Al 等。沉淀硬化不锈钢分为两类：

1. 马氏体型沉淀硬化不锈钢

这类钢是通过减 Cr 增 Ni 以消除 δ 铁素体，并加入 Mo、Ti、Al、Nb 等强化元素，经高温奥氏体区固溶处理后，冷却时发生马氏体转变，然后经 425～600℃时效，从过饱和的马氏体基体中析出弥散的金属间化合物而产生沉淀强化。这类钢用于锻件或棒材，由于热处理温度低，变形量小，在固溶处理后精加工，然后再时效强化。这类钢同时有良好的工艺性能和低的加工费用。

2. 半奥氏体型沉淀硬化不锈钢

这类钢是在 Cr17Ni7 钢的基础上加入强化元素发展起来的。Mo、Al 等形成金属间化合物，在马氏体基体上析出产生沉淀强化。钢经固溶处理后，在室温下为奥氏体及少量 δ(8～10%)铁素体组织。这类钢要获得马氏体，有三种热处理工艺：① 两次时效，先经 1065℃固溶，再在 760℃保温 1.5 h 的调整处理，空冷后经 510℃时效 30 min；② 冷处理及时效 1 h，经 1065℃固溶后再经 950℃调整处理，冷到室温后再在 －73℃冷处理，停留 8 h，最后在 510℃时效 1 h；③ 冷加工及时效，经 1065℃固溶处理，冷至室温进行冷加工，形变量为 60%，再在 480℃时效 1 h。

这类钢经固溶、二次加热及时效处理后，组织为在奥氏体—马氏体基体上分布着弥散的金属间化合物，有同奥氏体不锈钢一样良好的冷变形能力，能承受大变形量冷轧。但在 315℃以上使用，会继续析出金属间化合物而使钢变脆，并且仍存在 475℃脆性和高温回火脆性，因而要限制其使用温度。

表 6 – 24　常用不锈钢的牌号、成分及热处理

类别	牌号	化学成分/%			热处理/℃	
		C	Cr	其他	淬火	回火
马氏体型	1Cr13	≤0.15	11.50~13.50	Si≤1.00、Mn≤1.00	950~1000 油冷	700~750 快冷
	2Cr13	0.16~0.25	12.00~14.00	Si≤1.00、Mn≤1.00	920~980 油冷	600~750 快冷
	3Cr13	0.26~0.35	12.00~14.00	Si≤1.00、Mn≤1.00	920~980 油冷	600~750 快冷
	4Cr13	0.36~0.45	12.00~14.00	Si≤0.60、Mn≤0.80	1050~1100 油冷	200~300 空冷
	9Cr18	0.90~1.00	17.00~19.00	Si≤0.80、Mn≤0.80	1000~1050 油冷	200~300 油、空冷
铁素体型	1Cr17	≤0.12	16.00~18.00	Si≤0.75、Mn≤1.00	退火 780~850,空冷或缓冷	
奥氏体型	0Cr18Ni9	≤0.07	17.00~19.00	Ni8.00~11.00	固溶 1010~1150,快冷	
	1Cr18Ni9	≤0.15	17.00~19.00	Ni8.00~10.00	固溶 1010~1150,快冷	
	1Cr18Ni9Ti	≤0.12	17.00~19.00	Ni8.00~10.00	固溶 920~1150 快冷	
奥氏体—铁素体型	0Cr26Ni5Mo2	≤0.08	23.00~28.00	Ni3.0~6.0、Mo1.0~3.0、Mn≤1.50	固溶 950~1100 快冷	
	03Cr18Ni5Mo3Si2	≤0.030	18.00~19.50	Ni4.5~5.5、Mo2.5~3.0、Si1.3~2.0、Mn1.0~2.0	固溶 920~1150 快冷	
沉淀硬化型	0Cr17Ni7Al	≤0.09	16.00~18.00		固溶 1000~1100,快冷	
					固溶后,于(760±15)℃保持90min;在1h内冷却到15℃以上,再加热到(565±10)℃保持90min 空冷	
					固溶后,于(955±10)℃保持10min,空冷到室温,在24h内冷却到(−73±6)℃,保持8h,再加热到(510±10)℃保持60min 后空冷	

6.6　耐热钢

　　耐热钢是指在高温下具有高的热化学稳定性和热强性的特殊钢。它们广泛用于热工动力、石油化工、航空航天等领域制造工业加热炉、锅炉、热交换器、汽轮机、内燃机、航空发动机等在高温条件下工作的构件和零部件。

6.6.1　耐热金属材料的工作条件及性能特点

1. 性能特点

由于耐热钢一般用于制造加热炉、锅炉、燃气轮机等高温装置中的零部件，因此要求在高温下具有良好的抗蠕变和抗断裂的能力，良好的抗氧化能力、必要的韧性以及优良的加工性能；同时，具有较好的抗高温氧化性能和高温强度（热强性）。

（1）高的热化学稳定性

热化学稳定性是指金属在高温下对各种介质化学腐蚀的抗力。其中最主要的是抵抗氧化的能力，即抗氧化性。提高抗氧化性的途径主要是通过在金属表面形成一层连续致密的结合牢固的氧化膜，阻碍氧进一步的扩散，使内部金属不被继续氧化。

（2）高的热强性

热强性是指金属在高温下的强度。其性能指标为蠕变极限和持久强度。所谓蠕变是指金属在高温、低于 σ_s 的应力下所发生的极其缓慢的塑性变形。在一定温度、一定时间内产生一定变形量时的应力称为蠕变极限，如 700℃、1000 h 内产生 0.2% 变形量时的蠕变极限用 $\sigma_{0.2/1000}^{700}$ 表示；在一定温度、一定时间内发生断裂时的应力称为持久强度，如 700℃、1000 h 内发生断裂时的应力用 σ_{1000}^{700} 表示。提高热强性的途径主要有：① 固溶强化；② 第二相强化；③ 晶界强化，这是由于晶界在高温下是弱化部位。

2. 成分特点

耐热钢中不可缺少的合金元素是 Cr、Si 或 Al，特别是 Cr。它们的加入，能提高钢的抗氧化性，Cr 还有利于热强性。钢中加入 Mo、W、V、Ti 等元素，能形成细小弥散的碳化物，起弥散强化的作用，提高室温和高温强度。

（1）提高抗氧化性

加入 Cr、Si、Al，在合金表面上形成致密的 Cr_2O_3、SiO_2、Al_2O_3 氧化膜。其中 Cr 的作用最大，当合金中 Cr 含量为 15% 时，其抗氧化温度可达 900℃，当 Cr 含量为 20%~25% 时，抗氧化温度高达 1100℃。

（2）提高热强性

① 加入 Cr、Ni、W、Mo 等元素的作用是产生固溶强化、形成单相组织并提高再结晶温度，从而提高高温强度；② 加入 V、Ti、Nb、Al 等元素的作用是形成弥散分布且稳定的 VC、TiC、NbC 等碳化物和稳定性更高的 Ni_3Ti、$Ni_3Al(\gamma')$、$Ni_3Nb(\gamma'')$ 等金属间化合物，它们在高温下不易聚集长大，有效地提高高温强度；③ 加入 B、Zr、Hf、RE 等元素的作用是净化晶界或填充晶界空位，从而强化晶界，提高高温断裂抗力。

6.6.2　耐热钢的分类

常用耐热钢包括抗氧化钢及热强钢两大类。抗氧化钢分为铁素体型和奥氏体型抗氧化钢。热强钢按其正火组织分为三类：珠光体耐热钢、马氏体耐热钢、奥氏体耐热钢。

6.6.3 抗氧化钢

在高温下具有良好的抗氧化性能，而且有一定强度的钢称为抗氧化钢，又叫耐热不起皮钢。广泛用于工业炉中的构件、炉底板、料架、马弗罐、辐射管等，这些零部件大多在高温氧化性气氛的作用下服役，所以必须具备良好的抗氧化性能。

这种用途的抗氧化钢分为铁素体抗氧化钢和奥氏体抗氧化钢两大类。

1. 铁素体型抗氧化钢

铁素体型抗氧化钢是在铁素体不锈钢基础上进一步进行抗氧化合金化而形成的钢种。具有单相铁素体基体，表面容易获得连续的保护性氧化膜，按使用温度的不同分为使用温度在800～850℃的构件，用铁素体类Cr13型钢，如Cr13Si3、Cr13SiAl等；使用温度在1000℃左右的构件，用Cr18型钢，如Cr18Si2、Cr17Al4Si；使用温度在1050～1100℃的，用Cr25型钢，如Cr24Al2Si、Cr25Si2。铁素体抗氧化钢和奥氏体不锈钢一样，因为无相变，有晶粒长大倾向，韧性较低。但抗氧化性能强，还耐含硫气氛的腐蚀。

2. 奥氏体型抗氧化钢

通常使用的奥氏体型抗氧化钢，也是在奥氏体不锈钢基础上进一步经Si、Al抗氧化合金化而形成的，如Cr18Ni25Si2。这类钢不仅使用温度和Cr25铁素体型钢相当，而且比铁素体钢有更好的工艺性和热强性。但因消耗大量的Ni资源，故从五十年代起研究了Fe-Al-Mn系和Cr-Mn-N系抗氧化钢，并已获进展。

（1）Fe-Al-Mn系抗氧化钢

Cr、Si、Al是有效的抗氧化合金元素。为了节约Cr，研究Si、Al合金化的钢。Si的加入量超过3%以后，会引钢的脆性，因此很难靠单独用Si来获所需的抗氧化性。Al在Fe中含量增加，能使钢具有高的抗氧化性。促Al和Fe的合金是体心立方结构，高温强度很低。为了使钢具有足够的高温强度，应该使钢具有奥氏体组织，然后再对这个基体用Al来进行抗氧化的合金化。使钢形成奥氏体基体的元素有Ni、Mn、C、N。Ni的资源有限，属战略元素，尽可能不用，而以C、N合金化的奥氏体在低温下要发生分解。因此重点选用Mn，这样就形成了Fe-Al-Mn抗氧化钢的系列。

Fe-Al-Mn抗氧化钢熔炼浇铸时要尽可能地减少夹杂，严格控制浇注温度，防止Al的氧化。铸件冷凝过程中，因线收缩较大，还易产生裂纹，故对铸件结构的截面突变应加以限制。

（2）Cr-Mn-N系抗氧化钢

经过近些年来的研究，国内应用得比较好的钢种有Cr19Mn12Si2N和Cr20Mn9Ni2Si2N等。这类奥氏体钢和Fe-Al-Mn系钢相比，由于还保留了大量的Cr，所以保护性氧化膜有Cr和Al的氧化物，使用温度范围850～1100℃。在Cr20Mn9Ni2Si2N中保留了少量的Ni，它能进一步稳定奥氏体，使钢中的 Cr 含量上限提高，从而提高钢的抗氧化性，同时也改善钢的工艺性能。这类钢在高温下有较高的持久强度，除做铸件外，还可制作锻件，可用做连续加热炉的传送带。

6.6.4　珠光体及马氏体耐热钢

1. 珠光体耐热钢

珠光体耐热钢一般在正火＋回火状态下使用，组织为珠光体＋铁素体，其工作温度低于 600℃。由于含合金元素量少，工艺性好，常用于制造锅炉、化工压力容器、热交换器、气阀等耐热构件，常用钢种为 15CrMo 和 12Cr1MoV 等，其中 15CrMo 主要用于锅炉零件。这类钢在长期使用过程中，易发生珠光体的球化和石墨化，从而显著降低钢的蠕变和持久强度。通过降低含 C 量和含 Mn 量，适当加入 Cr、Mo 等元素，抑制球化和石墨化倾向。

此外，20、20Cr 也是常用的珠光体耐热钢，常用于壁温不超过 450℃ 的锅炉管件及主蒸汽管道等。常用珠光体耐热钢的牌号、成分、热处理及用途列于表 6－25。

2. 马氏体耐热钢

马氏体耐热钢是在低碳的 Cr13 型马氏体不锈钢基础上发展起来的，通过加入 Mo、W、V、Nb、N、B 等元素来进行综合强化所得到的。低碳的 Cr13 型马氏体不锈钢虽有高的抗氧化性和耐蚀性，但组织稳定性较差，只能做 450℃ 以下的汽轮机叶片等。常用钢种有 Cr12 型、2Cr12MoV 和 2Cr12WMoV 等。

Cr12 型马氏体耐热钢是通过加入 Mo、W、V、Nb、N、B 等元素来进行综合强化，做 570℃ 汽轮机转子，并用于 593℃、蒸气压 3087MPa 的超临界压力大功率火力发电机组。Cr12 型马氏体耐热钢中加入 W、Mo 后，消除了 Cr_7C_3，只出现单一的 $(Cr, Mo, W, Fe)_{23}C_6$，并具有沉淀强化作用。钢中加入 V 或 Nb，能析出 VC 或 NbC，起沉淀强化作用。加入 N 后，也能增加沉淀强化相数量，有利于加强沉淀强化效应。W、Mo 除部分溶于 $M_{23}C_6$ 和 M_6C 碳化物外，大部分溶于基体起固溶强化作用。钢中 W、Mo 的比例影响到钢的强度和韧性，若 Mo 高 W 低，则有高的韧性和塑性，但蠕变强度较低；反之，则有高的蠕变强度而韧性和塑性较低。钢中 B 起晶界强化作用。

2Cr12MoV 和 2Cr12WMoV 钢的主要强化相是 $M_{23}C_6$ 型碳化物，固溶有 W、Mo 和 V 而提高了稳定性，高于 650℃ 才开始显著聚集长大。由于钢中合金元素含量高，因而有很高的淬透性。钢经 1000～1050℃ 淬火、650～750℃ 回火，得到回火屈氏体或回火索氏体组织，有良好的回火稳定性，适合制造 500～580℃ 工作的大型热力发电设备中大口径厚壁高压锅炉蒸气管道、汽轮机转子和涡轮叶片等。常用马氏体耐热钢的牌号、成分、热处理及用途列于表 6－26。

表 6 – 25 常用珠光体耐热钢的牌号、成分、热处理及用途

钢号		16Mo	12CrMo	15CrMo	20CrMo	12CrMoV	24CrMoV
化学成分/%	C	0.13 ~ 0.19	≤0.15	0.12 ~ 0.18	0.17 ~ 0.24	0.08 ~ 0.15	0.20 ~ 0.28
	Si	0.17 ~ 0.37	0.17 ~ 0.37	0.17 ~ 0.37	0.17 ~ 0.37	0.17 ~ 0.37	0.17 ~ 0.37
	Mn	0.40 ~ 0.70	0.40 ~ 0.70	0.40 ~ 0.70	0.40 ~ 0.70	0.40 ~ 0.70	0.40 ~ 0.6
	Cr	—	0.40 ~ 0.60	0.80 ~ 1.10	0.80 ~ 1.10	0.40 ~ 0.60	1.20 ~ 1.50
	Mo	0.40 ~ 0.55	0.40 ~ 0.55	0.40 ~ 0.55	0.15 ~ 0.25	0.25 ~ 0.35	0.50 ~ 0.60
	V	—	—	—	—	0.15 ~ 0.30	0.15 ~ 0.25
	S	≤0.04	≤0.04	≤0.04	≤0.04	≤0.04	≤0.04
	P	≤0.04	≤0.04	≤0.04	≤0.04	≤0.04	≤0.04
热处理规范		正火：900 ~ 950℃空冷 高温回火：630 ~700℃空冷	正火：920 ~930℃空冷 高温回火：720 ~740℃空冷	正火：910 ~940℃空冷 高温回火：650 ~ 720℃空冷	调质淬火：860 ~ 880℃油冷 回火：600℃空冷	正火：960 ~980℃空冷 高温回火：700 ~760℃	淬火：880 ~ 900℃油冷 回火：550 ~650℃
用途		锅炉中壁温＜540℃的受热面管，壁温＜510℃的联箱，蒸汽管道和介质温度＜540℃的管路中的大型锻件和高温高压垫圈	蒸汽参数450℃的汽轮机零件，如隔板、耐热螺栓、法兰盘以及壁温达475℃的各种蛇形管，以及相应的锻件	用于介质温度＜550℃的蒸汽管路、法兰等锻件，并用于高压锅炉壁温560℃的水冷壁管和壁温560℃的联箱和蒸汽管等	在500～520℃使用，用作汽轮机隔板、隔板套，并曾作汽轮机叶片	蒸汽参数540℃主汽管，转向导叶片，汽轮机隔板、隔板套以及壁温570℃的各种过热器管，导管和相应的锻件	直径＜500mm，在450～550℃下长期工作的汽轮发电机转子、叶轮和轴，在锅炉制造中用于要求高强度的工作温度在350～525℃范围内的耐热法兰和螺母

表 6 – 26 常用马氏体耐热钢的牌号、成分、热处理及用途

钢号		1Cr13	2Cr13	1Cr11MoV	15Cr12WMoVA	4Cr9Si2	4Cr10Si2Mo
化学成分/%	C	≤0.15	0.16 ~ 0.24	0.11 ~ 0.18	0.12 ~ 0.18	0.35 ~ 0.50	0.35 ~ 0.45
	Cr	12.0 ~ 14.0	12.0 ~ 14.0	10.0 ~ 11.5	11 ~ 13	8.0 ~ 10.0	9.0 ~ 10.5
	Ni	—	—	—	0.4 ~ 0.8	—	≤0.5
	Si	≤0.6	≤0.6	≤0.5	≤0.4	2.0 ~ 3.0	1.90 ~ 2.60
	Mo	—	—	0.5 ~ 0.7	0.5 ~ 0.7	—	0.70 ~ 0.90
	其他	—	—	V0.25 ~ 0.40	W0.7 ~ 1.1 V0.15 ~ 0.30	—	—

钢号	1Cr13	2Cr13	1Cr11MoV	15Cr12WMoVA	4Cr9Si2	4Cr10Si2Mo
热处理规范	淬火：950～1050℃油冷 回火：700～750℃空冷	淬火：950～1050℃油冷 回火：700～750℃空冷	淬火：1050～1100℃油冷 回火：720～740℃空冷	淬火：1000～1050℃油冷 回火：680～700℃空冷	淬火：950～1050℃油冷 回火：700～850℃空冷	淬火：950～1050℃油冷 回火：750～800℃
用途	主要用于汽轮机,作变速轮及其他各级动叶片,并经氧化后制造一些承受摩擦又在腐蚀介质中工作的零件	多用于大容量的机组中作末级动叶片,它们的工作温度都低于450℃。并还作高压汽轮发电机中的阀件螺钉,螺帽等	工作温度为535～540℃的汽轮机静叶片,动叶片及氮化零件	550～580℃汽轮机叶片,550～570℃的汽轮机隔板,550～560℃的紧固件,550～560℃工作的叶轮,转子	适用于700℃以下受动载荷的部件,如汽车发动机、柴油机的排气阀,也用作900℃以下的加热炉件,如料盘,炉底板等	用于制造正常载荷及高载荷的汽车发动机和柴油机排气阀,以及中等功率的航空发动机的进气阀和排气阀,亦可做温度不太高的炉子构件

6.6.5 奥氏体耐热钢及合金

具有体心立方结构的铁素体型耐热钢,在 600～650℃条件下的蠕变强度明显下降,而具有面心立方结构的奥氏体型耐热钢,在 650℃或更高温度下有较高的高温强度。同时,奥氏体耐热钢的耐热性能优于珠光体耐热钢和马氏体耐热钢,其冷塑性变形性能和焊接性都很好,一般工作温度在 600～900℃,广泛用于航空、舰艇、石油化工等工业部门制造汽轮机叶片,发动机气阀及炉管等。

按合金化程度不同,奥氏体高温合金分为奥氏体钢、铁基合金、镍基合金和钴基合金。奥氏体钢有铬镍钢、铬锰氮钢和铬锰镍氮钢等。铁基合金中又分为固溶强化型、碳化物沉淀强化型、金属间化合物沉淀强化型。

1）奥氏体钢。奥氏体钢就其热强性,只能在 750℃以下使用。

2）镍基合金。具有良好的高温强度和组织稳定性,价格较高,主要用于燃气轮机高温零件。

3）钴基合金。高温性能好,但 Co 为稀有昂贵金属,故使用不多,多数用作铸造合金,制造燃气轮机高温导向叶片等。常用奥氏体耐热钢的牌号、成分、热处理及用途列于表 6－27。

1. 固溶强化型

固溶强化型奥氏体耐热钢如 1Cr14Ni19W2NbB、1Cr18Ni14Mo2Nb 等,是以 W、Mo 进行固溶强化,以 B 进行晶界强化的一类奥氏体耐热钢。这类钢用来制造在 600～700℃下工作的蒸气过热器和动力装置的管路,680℃以下燃气轮机动、静叶片及其他锻件。经 1100～1150℃固溶处理、650～700℃长时间保温后,有不大的时效硬化倾向。具有中等持久强度和高塑性,在 650℃时 $\sigma_{10000}=200$ MPa,$\sigma_{100000}=100$ MPa,伸长率为 36%。

表 6−27 常用奥氏体耐热钢的牌号、成分、热处理及用途

钢 号		1Cr18Ni9Ti	1Cr18Ni9Mo	1Cr14Ni14W2MoTi	4Cr14Ni14W2Mo
化学成分 wt /%	C	<0.12	<0.14	≤0.15	0.4~0.5
	Cr	16~20	16~20	13~15	13~15
	Ni	8~11	8~11	13~15	13~15
	Si	—	—	—	—
	Mo	—	2.5	0.45~0.60	0.25~0.40
	其他	0.8Ti		2.0~2.75W、0.5Ti	1.75~2.25W
热处理规范		1100~1150℃ 水冷	1100~1150℃水冷	1100℃空冷 850℃时效10h	1100℃空冷 750℃时效5h
用途		在锅炉和汽轮机方面，用来制作610℃以下长期工作的过热气管道以及构件、部件等	同左	用以制造长期工作温度为500~600℃的超高参数锅炉和汽轮机的主要零件，以及蒸汽过热气管道	适用于制造航空、船舶、载重汽车的发动机进气、排气阀门，以及蒸汽和气体管道

2. 碳化物沉淀强化型

碳化物沉淀强化型耐热钢的沉淀强化相为 MC 型碳化物，并含有 W、Mo 等固溶强化元素。以 NbC 为沉淀强化相的钢为 4Cr13Ni13Co10Mo2W3Nb3。但在实际中常用的是以 Mn 部分代 Ni 的 4Cr13Mn8Ni8MoVNb(GH36、3H481)钢，含有 1.4% V、0.4% Nb 的沉淀强化相是 (V, Nb)C，它以 VC 为主，溶有部分 Nb。当 V、Nb 和 C 的比例正好和 VC 和 NbC 的化学式相等时，具有最佳的高温强度。VC 析出的最高温度在 670~700℃，在此温度时效后，具有最高的沉淀硬化效果。

另外一种碳化物是复合的 $M_{23}C_6$ 型的 $(Cr, Mn, Mo, Fe, V)_{23}C_6$，但不能成为沉淀强化相。当 $w_{Nb} > 0.6\%$ 时，钢中才会单独出现 NbC 相，它溶有不多的 V 和 Mo。$M_{23}C_6$ 在较低温度析出量很少，其最高析出温度在 900℃。Mo 主要起固溶强化作用。GH36 钢的固溶温度为 1140℃，保温 1.5~2 h，然后水冷，以防止冷却时析出 VC 而造成大截面零件在时效时内外组织和性能的不均匀性。为消除零件内外差别，固溶处理后进行两次时效处理，第 1 次在 670℃时效 16 h，第 2 次在 760~800℃时效 14~16 h，然后空冷。第 1 次时效温度较低，VC 析出呈细小而弥散分布，其强度虽高，但塑性和韧性较低，且具有缺口敏感性。第 2 次时效温度高于工作温度，弥散的 VC 颗粒适当长大，这种组织在低于 750℃有很好的稳定性，改善了在 670℃时效后钢在性能上的缺陷。

GH36 耐热钢用于工作温度在 650℃的零件，如涡轮盘件。采用微合金化方法创制了改进型 GH36 钢，加入少量 Mo(0.30%)以结合钢液中的 N，减少含 V 和 Nb 的碳氮化物 M(C, N)夹杂，以充分发挥 V 和 Nb 的沉淀强化作用。同时加入微量 B(0.003%~0.005%)来强化晶界，提高持久塑性。

3. 金属间化合物沉淀强化型

金属间化合物沉淀强化型耐热钢的合金元素 Ti 和 Mo 在奥氏体耐热钢时效过程中能析出金属间化合物 γ′ 相为主要的沉淀强化相。γ′ – Ni$_3$(Ti、Al)点阵常数与奥氏体基体相近，二者仅稍有差别，当 γ′ 相析出时，能形成共格，产生沉淀强化。

0Cr15Ni26MoTi2AlVB(GH132 或 A – 286)钢用来制造喷气机的发动机部件，有较高的高温强度，可以在 650 ~ 700℃ 使用；对要求抗氧化而强度要求不高的零件，可以在 850℃ 下长期工作。它还具有好的热加工性和切削加工性。

Cr 主要是提高钢的化学稳定性，控制在 15% 左右；Mo 主要起固溶强化作用。与这些铁素体形成元素相平衡，必须加入足够量的奥氏体形成元素 Ni，以获得稳定的奥氏体组织。再考虑形成 γ′ – Ni$_3$(Ti、Al)所需 Ni 量，钢中总 Ni 量为 26%。Ti 和 Al 加入钢中主要是形成 γ′ – Ni$_3$(Ti、Al)，经过时效处理产生沉淀强化。Fe – 15Cr – 26Ni 钢中 Ti 要超过 1.4% 才能产生 γ′ 相。含 Ti 高而含 Al 极低的钢，析出的 γ′ 相不稳定，会逐渐转变成简单六方结构的 η – Ni$_3$Ti。Al 控制在一定含量，主要是用来稳定含铁的 γ′ – Ni$_3$(Ti、Al)相的面心立方结构，保持沉淀强化作用。Al 含量过高，除形成 γ′ 相外，还出现 Ni2AlTi 相，其稳定性差，易聚集长大，不能做沉淀强化相。随钢中 Ti 提高到 2.3%，γ′ – Ni$_3$(Ti、Al)相数量增加，在 700 ~ 760℃ 时效获得最大的强化效果。加入质量分数不超过 0.40% 的 Al，是为了稳定 γ′ – Ni$_3$(Ti、Al)相，防止产生胞状沉淀 η – Ni$_3$Ti。产生沉淀强化最适宜 Ti 质量分数为 2.15%；当 Ti 质量分数较高时，易产生缺口敏感性，除加入 Mo 来改善外，还需加入 V 和 B 才能消除。B 还能产生晶界强化并提高持久塑性，B 质量分数为 0.001% ~ 0.010%。

Si 是钢中的残存元素，质量分数在 0.4% ~ 1.0%。当含 Si 质量分数在上限时，钢中出现 G 相(Ni14Ti9Si6)，呈粗粒状无沉淀强化作用，同时从钢中抽走了 Ni，提高了形成 σ 相和 Fe2Ti 相的倾向。Si 和 Mn 稍高时，出现以 Fe$_2$Ti 为基础的(Fe、Cr、Mn、Si)$_2$(Ti、Mo)相，钢中是不希望出现上述两种相的，因此必须将 Si 和 Mn 控制在下限范围。

冷变形量对固溶处理后晶粒大小有重要影响。为避免临界变形量(2%)导致再结晶晶粒的异常长大，冷变形量必须超过 6%，热加工变形量必须超过 10%。冷变形加速时效时 γ′ 相的沉淀，并使得在服役时钢的组织稳定性差。为使冷变形量不均匀的零件在整个截面上都得到均匀的性能，采用两次时效工艺，第 1 次 760℃、16 h，第 2 次 704℃、16 h。薄板在固溶处理后经过冷变形，直接进行二次时效。为获得最佳性能，GH132 钢中 C 和 Si 应控制在下限，Mn 和 B 控制在中下限，Ti 和 Al 控制在上限，其余元素按中限控制。用 W、Mo、Ti、Al 进一步强化的铁基耐热合金，如 GH135(Cr15Ni35W2Mo2Ti2Al2)等，可在 700 ~ 750℃ 工作。由于采用高 Ti 和 Al，增加了 γ′ 相总量，增强了沉淀强化效果。用高 W、Mo 和 Cr 增加固溶强化，但合金在长时间高温后在晶界析出 σ 相、μ 相以及 AB$_2$ 相，降低组织稳定性和造成脆化倾向，这需要从调整成分和细化晶粒来减少其析出程度。

6.7 铸 铁

铸铁是人类使用最早的金属材料之一。到目前为止，铸铁仍是一种被广泛应用的金属材料。从整个工业生产中使用金属材料的数量来看，铸铁的使用量仅次于钢材，铸铁之所以获得广泛的应用，主要是由于它的生产成本低廉和具有优良的铸造性、耐磨性和减震性。另外，随着铸造技术的进步，球墨铸铁和蠕墨铸铁的研制成功以及对铸铁进行合金化和热处理等强化手段的采用，已经可以制取多种性能优异的铸造合金。

铸铁是以铁和碳为主的合金，其化学成分一般为 $2\% \sim 4\%\,C$、$1\% \sim 3\%\,Si$、$0.1\% \sim 1\%\,Mn$、$0.02\% \sim 0.25\%\,S$、$0.05\% \sim 1.0\%\,P$。所以，铸铁实际上是一种以 Fe、C、Si 为主要成分的且在结晶过程中具有共晶转变的多元铁基合金。

6.7.1 概 述

1. 铸铁的组织特点

铸铁中的碳主要有下列三种分布形式：① 固溶于铁中形成间隙固溶体，如铁素体和奥氏体中的碳；② 与铁作用形成渗碳体（Fe_3C）；③ 以游离的石墨（G）形式析出。

铸铁的组织是由基体和石墨组成的，基体组织有三种，即铁素体、珠光体和铁素体加珠光体，可见铸铁的基体是钢的组织，因此铸铁的组织实际上是在钢的基体上分布着不同形态石墨的组织。

2. 铸铁的性能特点

（1）力学性能低

由于石墨相当于钢基体中的裂纹或空洞，破坏了基体的连续性，减少有效承载截面，且易导致应力集中，因而其强度、塑性及韧性低于碳钢。

（2）耐磨性能好

这是由于石墨本身有润滑作用，此外，石墨脱落后留下的空洞还可以贮油。

（3）消振性能好

这是由于石墨可以吸收振动能量。

（4）铸造性能好

这是由于铸铁硅含量高且成分接近于共晶成分，因而流动性、填充性好。

（5）切削性能好

这是由于石墨的存在使车屑容易脆断，不粘刀。

3. 铸铁的分类与牌号表示方法

根据碳在铸铁中存在的形式及石墨的形态，将铸铁分为下列五类。① 灰口铸铁：碳全部或大部分以游离的片状石墨形态存在，断口处呈浅灰色；② 球墨铸铁：碳全部或大部分以游离的球状石墨形态存在；③ 蠕墨铸铁：碳全部或大部分以游离的蠕虫状石墨形态存在；④ 可锻铸铁：碳全部或大部分以游离的团絮状石墨形态存在，与灰口铸铁相比，有较好的韧性和塑性，因此而得名，但实际上并不可以锻造；⑤ 白口铸铁：碳全部或大部分以化合态的 Fe_3C 形式存在，断口呈白亮色，故称白口铸铁。

为了保证铸件有一定的韧性，一般很少铸成全白口组织，而是采用表面激冷的办法，使铸件仅形成一定厚度的白口表面层，而心部仍保持为灰口组织，这种铸铁叫冷硬铸铁。表 6-28 为各类铸铁的石墨形态、基体组织和牌号。

表 6-28　铸铁的石墨形态、基体组织和牌号表示方法

铸铁名称	石墨形态	基体组织	编号方法		牌号实例
灰铸铁	片状	F	HT + 一组数字	表示最低抗拉强度值，MPa	HT100
		F+P			HT150
		P		灰铸铁代号	HT200
可锻铸铁	团絮状	F	KTH + 两组数字	KTH、KTB、KTZ 分别为黑心、白心、珠光体可锻铸铁代号；第一组数字表示最低抗拉强度值；第二组数字表示最低延伸率值，%	KTH300-06
		表 F、心 P	KTB + 两组数字		KTB350-04
		P	KTZ + 两组数字		KTZ450-06
球墨铸铁	球状	F	QT + 两组数字	第一组数字表示最低抗拉强度值；第二组数字表示最低延伸率值	QT400-15
		F+P			QT600-3
		P		球墨铸铁代号	QT700-2
蠕墨铸铁	蠕虫状	F	RuT + 一组数字	表示最低抗拉强度值	RuT260
		F+P		蠕墨铸铁代号	RuT300
		P			RuT420

注：表中的铸铁代号，由表示该铸铁特征的汉语拼音的第一个大写字母组成。

6.7.2　铸铁的结晶与石墨化

1. $Fe-Fe_3C$ 和 $Fe-G$ 双重相图

铸铁中的碳除少量固溶于基体中外，主要以化合态的渗碳体和游离态的石墨两种形式存在。石墨是碳的单质态之一，其强度、塑性和韧性都几乎为零。渗碳体是亚稳相，在一定条件下将发生分解：$Fe_3C \rightarrow 3Fe + C$，形成游离态石墨。因此，铁碳合金实际上存在两个相图，即 $Fe-Fe_3C$ 相图和 $Fe-G$ 相图，这两个相图几乎重合，只是 E、C、S 点的成分和温度稍有变化，如图 6-8 所示，图中的虚线为 $Fe-G$ 系相图。根据条件不同，铁碳合金可全部或部分按其中一种相图结晶。

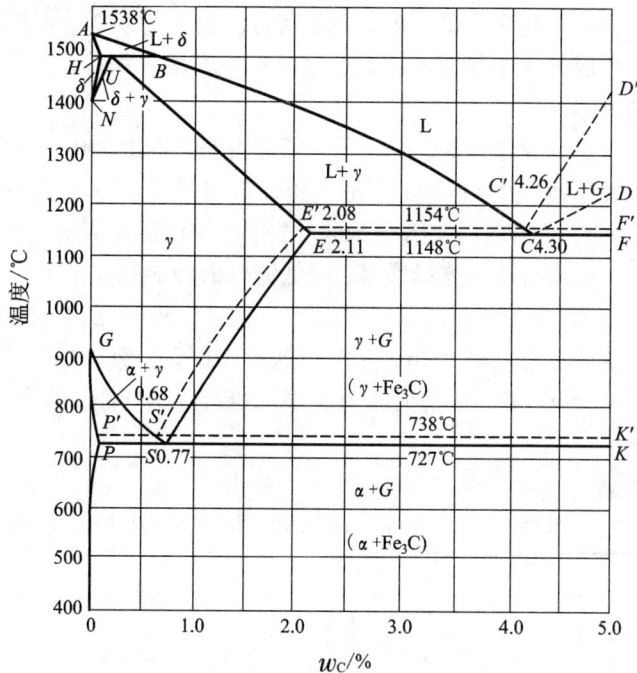

图 6 – 8 铁碳合金的双重相图

2. 铸铁的石墨化过程

铸铁中的碳原子析出形成石墨的过程称为石墨化。铸铁中的石墨可以在结晶过程中直接析出，也可以由渗碳体加热时分解得到。

铸铁的石墨化过程分为两个阶段，在 $P'S'K'$ 线以上发生的石墨化称为第一阶段石墨化，包括结晶时一次石墨、二次石墨、共晶石墨的析出和加热时一次渗碳体、二次渗碳体及共晶渗碳体的分解；在 $P'S'K'$ 线以下发生的石墨化称为第二阶段石墨化，包括冷却时共析石墨的析出和加热时共析渗碳体的分解。具体石墨化过程如下：

1）共晶铸铁(4.26%C)的石墨化过程按 Fe – C 系状态图进行结晶，其过程如下：

L 共晶→G 共晶 + γ 共晶 γ→G_{II} + γ_s γ 共析→α + G 共析

2）亚共晶铸铁(3.0%C)的石墨化过程如下：

L→L_1 + γ 初 L 共晶→G 共晶 + γ 共晶 γ→G_{II} + γ_s γ 共析→α + G 共析

3）过共晶铸铁(4.5%C)的石墨化过程如下：

L→L_1 + G_1 L 共晶→G 共晶 + γ 共晶 γ→G_{II} + γ_s γ 共析→α + G 共析

石墨化程度不同，所得到的铸铁类型和组织也不同，如表 6 – 29 所示。

3. 影响石墨化的因素

铸铁的组织取决于石墨化进行的程度，为了获得所需要的组织，关键在于控制石墨化进行的程度。铸铁的化学成分和结晶时的冷却速度是影响石墨化和铸铁显微组织的主要因素。

（1）化学成分的影响

综合铸铁中较为常见的化学元素，并按其对石墨化的不同影响，分为促进石墨化元素和阻碍石墨化元素两大类。铸铁中的 C 和 Si 是强烈促进石墨化的元素，3% 的 Si 相当于 1% C 的作用。C、Si 含量过低，易出现白口组织，使力学性能和铸造性能变差；C、Si 含量过高，会使石墨数量多且粗大，基体内铁素体量增多，降低铸件的性能和质量。因此，铸铁中的 C、Si 含量一般控制在下列范围：2.5% ~4.0% C，1.0% ~3.0% Si。P 虽然可促进石墨化，但其含量高时易在晶界上形成硬而脆的磷共晶，降低铸铁的强度，只有耐磨铸铁中 P 含量偏高（达 0.3% 以上）。此外，Al、Cu、Ni、Co 等元素对石墨化也有促进作用，而 S、Mn、Cr、W、Mo、V 等元素则阻碍石墨化。

表 6-29　铸铁的石墨化程度与其组织之间的关系（以共晶铸铁为例）

石墨化进行程度		显微组织	类　型
第一阶段石墨化	第二阶段石墨化		
完全进行	完全进行	F + G	灰口铸铁
	部分进行	F + P + G	
	未进行	P + G	
部分进行	未进行	Le' + P + G	麻口铸铁
未进行	未进行	Le'	白口铸铁

注：Le'表示为低温莱氏体。

（2）冷却速度的影响

铸件的冷却速度对石墨化过程也有明显的影响，一般来说，铸件冷却速度越缓慢，即过冷度较小时，越有利于按照 Fe - G 系状态图进行结晶和转变，即越有利于石墨化过程的充分进行。反之，当铸件冷却速度较快时，即过冷度增大时，原子扩散能力减弱，有利于按照 Fe - Fe$_3$C 系状态图进行转变，即不利于石墨化的进行。尤其是在共析阶段的石墨化，由于温度较低，冷却速度增大，原子扩散更加困难，所以在通常情况下，共析阶段的（即第二阶段）石墨化难以完全进行。

铸件冷却速度是一个综合的因素，它与浇注温度、造型材料、铸造方法以及铸件壁厚均有关系。图 6-9 为在一般砂型铸造条件下，铸件壁厚和碳硅含量对其组织的影响。

6.7.3 灰铸铁

灰铸铁是指石墨呈片状分布的灰口铸铁。灰铸铁价格便宜、应用广泛、产量大,其大致成分范围为 2.5% ~ 4.0% C、1.0% ~ 3.0% Si、0.25% ~ 1.0% Mn、0.02% ~ 0.20% S、0.05% ~ 0.50% P。灰铸铁根据组织分为普通灰铁和孕育灰铁两大类。

1. 灰铸铁组织

灰铸铁的组织是由液态铁水缓慢冷却时通过石墨化过程形成的,其基体组织有铁素体、珠光体和铁素体加珠光体三种。灰铸铁的显微组织如图 6 – 10 所示。为提高灰铸铁的性能,常对灰铸铁进行孕育处理,以细化片状石墨,常用的孕育剂有硅铁和硅钙合金,经孕育处理的灰铸铁称为孕育铸铁。

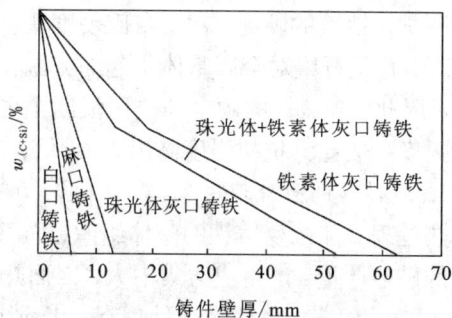

图 6 – 9 铸件壁厚和碳硅含量对铸铁组织的影响

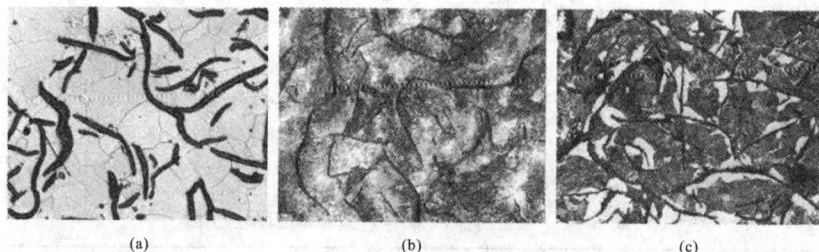

图 6 – 10 灰铸铁的显微组织 400 ×
(a)铁素体灰铸铁;(b)珠光体灰铸铁;(c)铁素体加珠光体灰铸铁

2. 灰铸铁的性能及其与组织的关系

(1)抗拉强度

灰铸铁的抗拉强度比同样基体的钢要低得多,如珠光体基体的灰铸铁 HT200 的抗拉强度仅为 200 MPa、HB 为 197 ~ 269。灰铸铁抗拉强度低的原因,归于交错的石墨片网。一般说来,石墨数量越多,其共晶团越粗大,强度越低。灰铸铁的抗拉强度还与基体的强度有密切关系,基体中珠光体数量越多,珠光体中 Fe_3C 片层愈细,则抗拉强度越高。

(2)延伸率

灰铸铁在拉伸试验中测出的延伸率很低,大致都在 0.2% ~ 0.7% 之间,这说明灰铸铁是一种脆性材料,其原因在于组织中片状石墨尖端的应力集中效应。

▶ 337

（3）硬度和抗压强度

测试灰铸铁的硬度，常用布氏硬度法；测抗压强度采用压缩试验法。在静压试验的应力状态下，片状石墨对金属基体所起的分割作用和引起的应力集中现象不像在拉伸试验时那么严重，因此，灰铸铁的硬度和抗压强度主要取决于组织中基体本身的强度和数量。灰铸铁的抗压强度一般比其抗拉强度高出 3~4 倍，灰铸铁的布氏硬度值与同样基体的正火钢相近。

3．灰铸铁的热处理

热处理只能改变铸铁的基体组织，而不能改变石墨的形状和分布。由于石墨片对基体连续性的破坏严重，产生应力集中大，因而热处理对灰铸铁强化效果不大，其基体强度利用率只有 30%~50%。常用的热处理有：① 消除内应力退火（又称人工时效）：主要是为了消除铸件在铸造冷却过程中产生的内应力，防止铸件变形或开裂。常用于形状复杂的铸件，如机床床身、柴油机汽缸等，其工艺为：加热温度 500~550℃，加热速度 60~120℃/h，经一定时间保温后炉冷到 150~220℃ 出炉空冷。② 消除白口组织退火：铸件的表层和薄壁处由于铸造时冷却速度快，易产生白口组织，使得硬度提高、加工困难，需进行退火以降低硬度，其工艺为：加热到 850~900℃，保温 2~5 h 后炉冷至 250~400℃ 出炉空冷。③ 表面淬火：对于一些表面需要高硬度和高耐磨性的铸件，如机床导轨、缸体内壁等，可进行表面淬火处理，表面淬火后的组织为回火马氏体加片状石墨。

4．灰铸铁的用途

灰铸铁主要用于制造承受压力和振动的零部件，如机床床身、各种箱体、壳体、泵体、缸体等。灰铸铁的牌号、显微组织及应用示于表 6-30。

表 6-30　灰铸铁的牌号、显微组织及应用

分类	牌号	显微组织		应 用 举 例
		基体	石墨	
普通灰口铸铁	HT100	F + P（少）	粗片	端盖、汽轮泵体、轴承座、阀壳、管子及管路附件、手轮；一般机床底座、床身及其他复杂零件、滑座、工作台等
	HT150	F + P	较粗片	
	HT200	P	中等片	汽缸、齿轮、底架、机件、飞轮、齿条、衬筒；一般机床床身及中等压力液压筒、液压泵和阀的壳体等
孕育铸铁	HT250	P（细）	较细片	阀壳、油缸、汽缸、联轴器、机体、齿轮、齿轮箱外壳、飞轮、衬筒、凸轮、轴承座等
	HT300	S（索氏体）或T（屈氏体）	细小片	齿轮、凸轮、车床卡盘、剪床、压力机的机身；导板、自动车床及其他重载荷机床的床身；高压液压筒、液压泵和滑阀的体壳等
	HT350			
	HT400			

6.7.4 球墨铸铁

球墨铸铁是指石墨呈球形的灰口铸铁，是通过球化和孕育处理得到球状石墨，有效地提高了铸铁的力学性能，特别是提高了塑性和韧性。它是20世纪50年代发展起来的一种高强度铸铁材料，其综合性能接近于钢，正是基于其优异的性能，已成功地用于铸造一些受力复杂，强度、韧性、耐磨性要求较高的零件。球墨铸铁已迅速发展为仅次于灰铸铁的、应用十分广泛的铸铁材料。

球墨铸铁的大致成分范围为 $3.8\% \sim 4.0\%$ C、$2.0\% \sim 2.8\%$ Si、$0.6\% \sim 0.8\%$ Mn、$< 0.04\%$ S、$< 0.1\%$ P 和适量的稀土、镁等球化剂。与灰铸铁相比，它的碳当量（$w_C + 1/3 w_{Si}$）较高，一般为过共晶成分，这有利于石墨球化。

1. 球墨铸铁的生产

球墨铸铁的生产，除了要选用合适的化学成分之外，更重要的是在浇注前对铁液进行球化和孕育处理，其生产的主要步骤为：① 严格要求化学成分，对原铁液要求的碳硅含量比灰铸铁高，降低球墨铸铁中 Mn、P、S 的含量；② 铁液出炉温度比灰铸较铁更高，补偿球化、孕育处理时铁液温度的损失；③ 进行球化处理，即往铁液中添加球化剂；④ 进行孕育处理；⑤ 球墨铸铁流动性较差，收缩较大，因此需要较高的浇注温度及较大的浇注系统尺寸，多应用冒口、冷铁，采用顺序凝固原则；⑥ 进行热处理。

2. 球墨铸铁的组织

球墨铸铁的显微组织如图6-11所示，是由基体和球状石墨组成的，铸态下的基体组织有铁素体、铁素体加珠光体和珠光体三种，球状石墨是液态铁水经球化处理得到的。加入到铁水中能使石墨结晶成球形的物质称为球化剂，常用的球化剂为 Mg、RE 和稀土镁。镁是阻碍石墨化的元素，为了避免白口，并使石墨细小且分布均匀，在球化处理的同时还必须进行孕育处理，常用孕育剂为硅铁和硅钙合金。

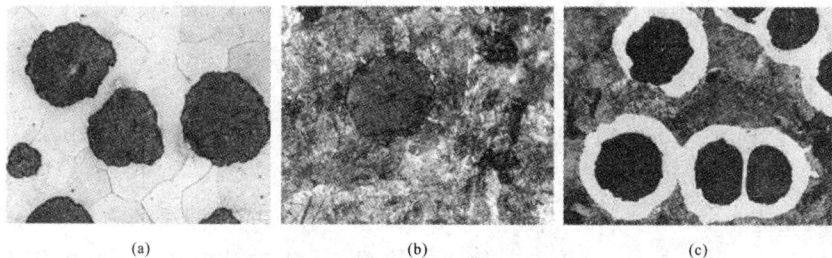

(a)   (b)   (c)

图 6-11 球墨铸铁的显微组织 400×

（a）铁素体球墨铸铁；（b）珠光体球墨铸铁；（c）铁素体加珠光体球墨铸铁

3. 球墨铸铁的性能

由于球状石墨圆整程度高，对基体的割裂作用和产生的应力集中更小，使铸铁的强度达到基体组织强度的70%～90%，抗拉强度较高，并且具有良好的韧性，接近于碳钢，塑性和韧性比灰铸铁和可锻铸铁都高，强度、塑性与韧性都大大优于灰铸铁，力学性能可与相应组织的铸钢相媲美。缺点是凝固收缩较大，容易出现缩松与缩孔，熔铸工艺要求高，铁液成分要求严格。

4. 球墨铸铁的热处理

由于球状石墨危害程度小，因而对球墨铸铁可进行各种热处理强化，铸态下的球墨铸铁基体组织一般为铁素体与珠光体，采用热处理方法来改变球墨铸铁基体组织，有效地提高力学性能。球墨铸铁的热处理特点是：① 奥氏体化温度比碳钢高，这是由于铸铁中硅含量高，使 S 点上升；② 淬透性比碳钢高，这也与 Si 含量高有关；③ 奥氏体中 C 含量可控，这是由于奥氏体化时，以石墨形式存在的 C 溶入奥氏体的量与加热温度和保温时间有关。球墨铸铁的热处理主要有退火、正火、淬火加回火、等温淬火等。

1）退火。球墨铸铁的退火分为去应力退火、低温退火和高温退火。去应力退火工艺与灰铸铁相同，低温退火和高温退火的目的是使组织中的渗碳体分解。为了获得塑性好的铁素体基体，改善切削性能，消除铸造内应力，应对铸件进行退火处理。

2）正火。正火的目的是为了增加基体中珠光体的数量或获得全部珠光体的基体，细化组织，从而提高球墨铸铁的强度和耐磨性。

3）淬火加回火。目的是为了获得回火马氏体或回火索氏体基体。对于要求综合力学性能好的球墨铸铁件，采用调质处理；而对于要求高硬度和耐磨性的铸铁件，则采用淬火加低温回火处理。

4）等温淬火。等温淬火的目的是为了得到下贝氏体基体，获得最佳的综合力学性能。由于盐浴的冷却能力有限，一般仅用于形状复杂，热处理易变形开裂，要求强度高、塑性和韧性好、截面尺寸不大的零件。

此外，为提高球墨铸铁件的表面硬度和耐磨性，还采用表面淬火、氮化、渗硼等工艺。总之，碳钢的热处理工艺对于球墨铸铁基本上都适用。

5. 球墨铸铁的用途

球墨铸铁在汽车、机车、机床、矿山机械、动力机械、工程机械、冶金机械、机械工具、管道等方面得到广泛应用。可代替部分碳钢制造受力复杂，强度、韧性和耐磨性要求高的零件，如在机械制造业中，珠光体球墨铸铁常用于制造拖拉机或柴油机的曲轴、连杆、凸轮轴、各种齿轮、机床的主轴、蜗杆、蜗轮、轧钢机的轧辊、大齿轮及大型水压机的工作缸、缸套、活塞等；铁素体球墨铸铁常用于制造受压阀门、机器底座、汽车后轮壳等。球墨铸铁的牌号、组织、力学性能及用途列于表6-31。

表 6 – 31　球墨铸铁的牌号、组织、力学性能及用途

牌　号	σ_b/MPa	σ_s/MPa	δ/%	硬度/HB	基体组织	应用举例
	不　小　于					
QT400 – 18	400	250	18	130 ~ 180	铁素体	汽车、拖拉机底盘零件；阀门的阀体和阀盖等
QT400 – 15	400	250	15	130 ~ 180	铁素体	
QT450 – 10	450	310	10	160 ~ 210	铁素体	
QT500 – 7	500	320	7	170 ~ 230	铁素体 + 珠光体	机油泵齿轮等
QT600 – 3	600	370	3	190 ~ 270	铁素体 + 珠光体	柴油机、汽油机的曲轴；磨床、铣床、车床的主轴；空压机、冷冻机的缸体、缸套
QT700 – 2	700	420	2	225 ~ 305	珠光体	
QT800 – 2	800	480	2	245 ~ 335	珠光体或回火组织	
QT900 – 2	900	600	2	280 ~ 360	贝氏体或回火马氏体	汽车、拖拉机传动齿轮等

6.7.5　蠕墨铸铁

　　蠕墨铸铁是 20 世纪 60 年代发展起来的一种新型铸铁，是将铁水经过变质处理和孕育处理后所获得的一种铸铁。往铁水中加入某些元素，就能获得蠕虫状石墨铸铁，这些能使石墨改变形状的变质元素，称为蠕化剂。蠕化剂一般有两类，一类是以镁为主的蠕化剂，一类为以稀土元素为主的蠕化剂。近年来采用的孕育剂正向多元复合孕育的方向发展，即除了选用硅铁合金外，在孕育剂中还可含有相当数量的 Ca、Al、Be、Sr、Zr 等元素。其大致成分范围为 $3.5\% \sim 3.9\%$ C、$2.2\% \sim 2.8\%$ Si、$0.4\% \sim 0.8\%$ Mn、$< 0.1\%$ S、$< 0.1\%$ P。

　　蠕墨铸铁的显微组织由金属基体和蠕虫状石墨组成。金属基体比较容易获得铁素体基体。在大多数情况下，蠕虫状石墨总是与球状石墨共存。通过对蠕虫状石墨微观结构的分析，发现其结晶位向和球状石墨有较多的相似性。蠕墨铸铁的显微组织由基体与蠕虫状石墨组成，如图 6 – 12 所示。

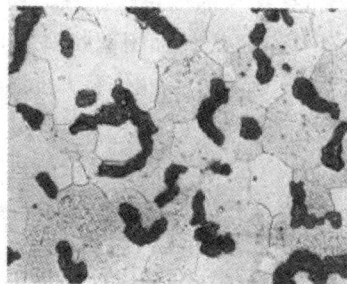

图 6 – 12　蠕墨铸铁的显微组织（铁素体基体）

　　与片状石墨相比，蠕虫状石墨的长厚比值明显减小（一般长/宽比值在 2 ~ 10 范围内），尖端变钝，因而对基体的割裂程度和引起应力集中减小，所以蠕墨铸铁的强度、塑性和抗疲劳性能优于灰铸铁，其力学性能介于灰铸铁与球墨铸铁之间。常用于制造承受热循环载荷的零件，如钢锭模、玻璃模具、柴油机汽缸、汽缸盖、排气阀以及结构复杂、强度要求高的铸件，如液压

阀的阀体、耐压泵的泵体等。蠕墨铸铁的牌号、组织、力学性能及用途列于表 6 – 32。

表 6 – 32　蠕墨铸铁的牌号、组织、力学性能

牌号	σ_b/MPa	σ_s/MPa	δ_s/%	硬度 /HB	基体组织
	不　小　于				
RuT420	420	335	0.75	200 ~ 280	珠光体
RuT380	380	300	0.75	193 ~ 274	珠光体
RuT340	340	270	1.0	170 ~ 249	珠光体 + 铁素体
RuT300	300	240	1.5	140 ~ 217	铁素体 + 珠光体
RuT260	260	195	3.0	121 ~ 197	铁素体

6.7.6　可锻铸铁

可锻铸铁是由白口铸铁经石墨化退火获得的一种铸铁,其石墨呈团絮状。可锻铸铁的大致成分范围为 2.4% ~2.7% C、1.4% ~1.8% Si、0.5% ~0.7% Mn、<0.06% Cr、<0.25% S、<0.08% P。要求 C、Si 含量不能太高,以保证浇注后获得白口组织,但又不能太低,否则将延长石墨化退火周期。

1. 可锻铸铁的组织

可锻铸铁按基体组织不同分为铁素体可锻铸铁和珠光体可锻铸铁,根据热处理工艺、组织和性能的不同,也分为黑心可锻铸铁(KTH)、白心可锻铸铁(KTB)和珠光体可锻铸铁(KTZ)。可锻铸铁的组织与第二阶段石墨化退火的程度和方式有关。当第一阶段石墨化充分进行后(组织为奥氏体加团絮状石墨),在共析温度附近长时间保温,使第二阶段石墨化也充分进行,则得到铁素体加团絮状石墨组织,由于表层脱碳而使心部的石墨多于表层,断口心部呈灰黑色,表层呈灰白色,故称为黑心可锻铸铁,如图 6 – 13(a)所示。若通过共析转变区时冷却较快,第二阶段石墨化未能进行,使奥氏体转变为珠光体,得到珠光体加团絮状石墨的组织,称为珠光体可锻铸铁,如图 6 – 13(b)所示。图 6 – 14 为获得上述两种组织的工艺曲线。

如退火是在氧化性气氛中进行,表面脱碳层约 1.5 ~2.0 mm 厚,内部组织为珠光体和团絮状石墨,因石墨数量少而呈白亮色,故称其为白心可锻铸铁,由于其生产工艺复杂、退火周期长且性能并不优越,很少应用。

2. 可锻铸铁的性能

由于可锻铸铁中的石墨呈团絮状,对基体的割裂作用较小,因此它的力学性能比灰铸铁好,塑性和韧性好,接近于铸钢,但可锻铸铁并不能进行锻压加工。可锻铸铁的基体组织不

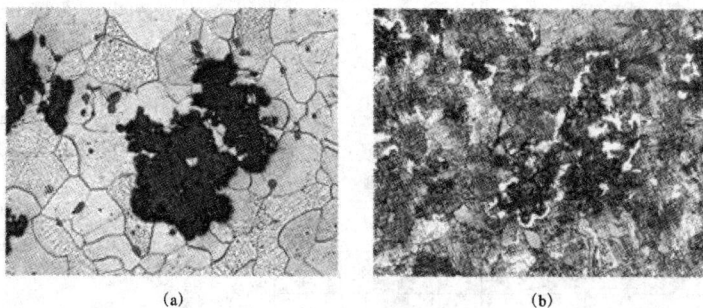

图 6 – 13　可锻铸铁的显微组织 400 ×

（a）黑心可锻铸铁；（b）珠光体可锻铸铁

同，其性能也不一样，其中黑心可锻铸铁具有较高的
塑性和韧性，而珠光体可锻铸铁具有较高的强度、硬
度和耐磨性。为缩短石墨化退火周期，细化晶粒，提
高力学性能，在铸造时进行孕育处理，常用孕育剂为
硼、铝和铋。

3. 可锻铸铁的用途

由于可锻铸铁的力学性能远高于灰口铸铁，不
再是脆性材料，所以用于承受冲击和振动的零件，如
汽车、拖拉机的后桥壳、轮壳、管接头、低压阀门、
转向机构，曲轴、连杆、凸轮、齿轮、活塞，扳手等。

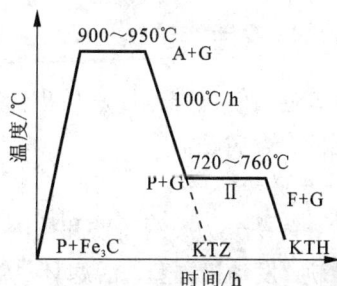

图 6 – 14　可锻铸铁石墨化退火工艺曲线

但中、大型零件不宜采用可锻铸铁。目前，球墨铸铁已经代替了部分可锻铸铁。可锻铸铁的
牌号、力学性能及用途列于表 6 – 33。

6.7.7　白口铸铁

按 Fe – Fe$_3$C 系结晶的铸铁，碳大部分以 Fe$_3$C 形式存在，断口呈亮白色的铸铁，称为白
口铸铁。根据室温组织及含碳量的不同，白口铸铁分为亚共晶白口铸铁（$w_C = 2.11\%$ ~
4.3%）、共晶白口铸铁（$w_C = 4.3\%$）和过共晶白口铸铁（$w_C = 4.3\%$ ~6.69%）。

这类铸铁的组织中都存在着共晶莱氏体，使用硬而脆，很难切削加工，所以很少直接用
来制造各种零件。但有时利用它硬而耐磨的特性，铸造出表面有一定深度的白口层、中心为
灰组织的铸件，称为冷硬铸铁件。冷硬铸铁件常用作一些要求高耐磨的工件，如轧辊、球磨
机的磨球及犁铧等。

表 6-33　可锻铸铁的牌号、力学性能及用途

分类	牌 号	σ_b/MPa	σ_s/MPa	δ/%	硬度/HB	应用举例
		不 小 于				
黑心可锻铸铁	KTH300-06	300	—	6	≤150	管道、弯头、接头、三通、中压阀门
	KTH330-08	330	—	8		各种扳手、犁刀、犁柱、车轮壳等
	KTH350-10	350	200	10		汽车拖拉机前后轮壳、减速器壳、转向节壳,制动器等
	KTH370-12	370	—	12		
珠光体铸铁	KTZ450-06	450	270	6	150~200	曲轴、凸轮轴、连杆、齿轮、活塞、犁刀、靶片等
	KTZ550-04	550	340	4	180~230	
	KTZ650-02	650	430	2	210~260	
	KTZ700-02	700	530	2	240~290	

6.7.8　特殊性能铸铁

在普通铸铁基础上加入某些合金元素,使铸铁具有某些特殊性能,从而获得一类具有特殊性能的合金铸铁。

1. 耐磨铸铁

耐磨铸铁分为减磨铸铁和抗磨铸铁两类。前者在有润滑、受粘着磨损条件下工作,例如机床导轨、发动机缸套、活塞环、轴承等;后者在干摩擦条件下工作,例如轧辊、犁铧、磨球等。

（1）减磨铸铁

减磨铸铁的组织通常是在软基体上牢固地嵌有坚硬的强化相。控制铸铁的化学成分和冷却速度获得细片状珠光体能满足这种要求。铸铁的耐磨性能随珠光体数量增加而提高,细片状珠光体耐磨性能比粗片状好,粒状珠光体的耐磨性能不如片状珠光体,故减磨铸铁希望得到细片状珠光体基体。托氏体和马氏体基体铸铁耐磨性能更好。球墨铸铁的耐磨性比片状石墨铸铁的好,但球墨铸铁的吸震性能差,铸造性能又不及灰铸铁,所以减磨铸铁一般多采用灰铸铁。

在普通灰铸铁基础上加入适量的 Cu、Mo、Mn 等元素,强化基体,增加珠光体含量,有利于提高基体耐磨性;加入少量的 P 能形成磷共晶;加入 V、Ti 等碳化物形成元素形成稳定的、高硬度的 C、N 化合物质点,起着支撑骨架作用,能显著提高铸铁的耐磨性能。

（2）抗磨铸铁

抗磨铸铁在干摩擦条件下工作不仅受到严重的磨损,而且承受很大的负荷,因此获得高而均匀的硬度是提高这类铸铁耐磨性能的关键。

白口铸铁就是一种良好的耐磨铸铁，普通白口铸铁中加入 Cr、Mo、Co、V、B 等元素，形成珠光体合金白口铸铁，既具有高硬度和高耐磨性，又具有一定的韧性。加入 Cr、Ni、B 等提高淬透性元素，形成马氏体合金白口铸铁，获得更高的硬度和耐磨性。

将铁液注入放有冷铁的金属模成型，形成激冷铸铁，铸铁表层因冷却速度快得到一定深度的白口层而获得高强度、高耐磨性，又具有一定的韧性。加入合金元素 Cr、Mn、Ni 进一步提高铸件表面的耐磨性和心部强度，广泛用来作轧辊和机车车轮等耐磨件。

含 Mn 质量分数为 5.0% ~9.0%、S 为 3.0% ~5.0% 的中锰合金球磨铸铁耐磨性很好，并具有一定的韧性。这种铸铁的组织为马氏体 + 碳化物 + 球状石墨(5% ~7% Mn)或为奥氏体 + 碳化物 + 球状石墨(7% ~9% Mn)，适合用于制造在冲击载荷和磨损条件下工作的零件，如犁铧、球磨机的磨球及拖拉机履带板等，也用来代替部分高锰钢和锻钢。

2. 耐热铸铁

铸铁的耐热性是指在高温下铸铁抵抗"氧化"、"生长"的能力。氧化是铸铁在高温下与周围气氛接触使表层发生化学腐蚀的现象。生长是铸铁在反复加热和冷却时产生的不可逆体积的现象。铸件在高温和负荷作用下，由于氧化和生长最终会导致零件变形、翘曲，产生裂纹，甚至破裂。耐热铸铁就是在高温下能抗氧化和抗生长，并能承受一定负荷的铸铁。

加入 Cr、Al、Si 等元素在铸铁表面形成 Cr_2O_3、Al_2O_3、SiO_2 等稳定性高、致密而完整的氧化膜，具有良好的保护作用，阻止铸铁继续氧化和生长。Cr、Al、Si 等元素提高铸铁的相变温度，促使铸铁得到单相铁素体基体；加入 Mn、Ni 或 Cu 时，能降低相变温度，有利于得到单相奥氏体基体，从而使铸件在高温时不发生转变。加入 Cr、V、Mo、Mn 等元素使碳化物稳定，在高温下不发生分解，以免发生石墨化过程。此外，通过加入球化剂和 Cr、Ni 等合金元素，促使石墨细化和球化，球状石墨互不联通，防止或减少氧化性气体渗入铸铁内部。白口铸铁无石墨化存在，氧气渗入机会少。显然，白口铸铁、球墨铸铁的耐热性比灰铸铁好。

按加入合金元素分类，耐热铸铁分为硅系、铝系、硅铝系及铬系铸铁等。牌号为 RTSi -5.5 的中硅耐热铸铁，硅质量分数为 5% ~6%，高温下能形成 SiO_2 保护膜，同时能获得单相铁素体基体，其上分布细片状石墨，Si 还使铸铁的相变温度(A_{c1} 点)提高到 900℃以上，故在 850℃以下工作温度范围不发生 α→γ 转变，因此中硅耐热铸铁具有良好的耐热性。但是这种耐热铸铁的含硅量高，故硬度高，脆性大，适宜制造载荷较小、不受冲击的零件，如锅炉炉栅、横梁、换热器、节气阀等零件。

采用 RQTSi -5.5 中硅球墨铸铁，进一步提高中硅铸铁的耐磨性。这种铸铁的组织为铁素体 + 球状石墨(珠光体体积分数不大 10%)，由于石墨呈球状，不仅改善力学性能，铸铁的耐热性也明显提高，工作温度提高到 900 ~950℃。

铸铁中加入 Al(20% ~24%)，形成高铝耐热铸铁，在高温下表面形成 Al_2O_3 保护膜，能得到单相铁素体基体，因此具有良好耐热性，能在 950℃以下温度长期使用。用于制造加热炉炉底板、炉条、滚子框架等零件。同样，采用高铝球墨铸铁，改善高铝耐热铸铁脆性较大的缺点，并使耐热温度提高到 1000~1100℃，用于制造炉管、热换器以及粉末冶金用坩埚等零件。

含 Si 质量分数为 4.0%~5.0% 和 Al 为 4.0%~6.0% 的铝硅耐热铸铁，铸造性能良好，耐热性能更高，可在 1000~1100℃ 高温下工作，是耐热铸铁中最常用的一种材料，广泛用于制造加热炉炉门、炉条、炉底板、炉子传送链及坩埚等。

含 Cr 耐热铸铁也具有很好的耐热性，铬含量越高，铸铁耐热性越好。例如，低铬铸铁（RTCr-0.8 和 RTCr-1.5）适合于 650℃ 以下工作。高铬铸铁（RTCr-28 和 RTCr-34）使用温度高达 1000~1200℃，用作在 1000℃ 下工作的热处理炉的运输链条等，但因价格贵，应用较少。

3. 耐蚀铸铁

在石油化工、造船等工业中，阀门、管道、泵体、容器等各种铸铁经常在大气、海水及酸、碱、盐等介质中工作，需要具备较高的耐蚀性能。普通铸铁是有石墨、渗碳体和铁素体组成的多相合金，在电解质溶液中，石墨的电极电位最高，渗碳体次之，铁素体最低；石墨和渗碳体是阴极，铁素体是阳极，组成微电池。因此，铁素体将不断被溶解，产生严重的电化学腐蚀。铸铁表面与水气接触，也能产生化学腐蚀作用。

加入 Cr、Al、Si、Mn、Mo、Ni、Cu 等合金元素，在铸件表层形成牢固致密的保护膜（Cr、Al、Si），能提高铸铁基体的电极电位（Cr、Si、Ni、Mo、Cu 等），还可以使铸铁得到单相铁素体或奥氏体基体（Cr、Si、Ni），从而显著提高铸铁的耐蚀性能。此外，减少石墨数量，形成球状或团絮状石墨等也能减少微电池数目，提高铸铁的耐蚀性。

按加入合金元素分类，常用的耐蚀铸铁分为高硅、高铝、高铬、高硅钼等耐蚀铸铁。

高硅耐蚀铸铁的组织由铁素体、细小石墨和硅化铁（Fe_2Si 或 $FeSi$）组成。主要牌号有 NSTSi-15（高硅铸铁）和 NSTSi15Re（稀土高硅铸铁）。高硅铸铁硬度很高，强度和韧性很低，加工性能差。此外，流动性好，但吸气性大，线收缩和内应力较大，铸造时易于开裂。稀土高硅铸铁由于加入稀土合金处理，去气效果好，铸件致密度增加。稀土元素又能细化晶粒和改善石墨形态，因此合金强度和冲击韧性都有提高。高硅铸铁硅含量高，力学性能下降。为进一步提高铸铁强度，适当降低硅质量分数至 10%~12%，再加 1.8%~2.0% 的 Cu、0.4%~0.6% 的 Cr，仍用稀土合金处理，形成稀土中硅合金（$NSTSi11CrCu_2Re$），虽然耐蚀性稍有下降，但力学性能显著提高，广泛用于耐蚀泵、管道、阀门等零件。

高铝耐蚀铸铁主要用作碳酸钠、氯化铵、硫酸氢铵等设备上的耐蚀材料，如各类泵类零件。其化学成分为 4%~6% Al、2.8%~3.3% C、1.2%~2.0% Si、0.5%~1.0% Mn、<0.12% S、<0.2% P。组织为珠光体 + 铁素体 + 石墨 + 少量的 Fe_3Al。质量分数为 4%~6% 的 Al 可在铸铁表面形成 Al_2O_3 保护膜，因而高铝铸铁具有良好的耐蚀性能，同时具有一定的耐热性，其工作温度达到 600~700℃。

高铬耐蚀铸铁中 Cr 质量分数高达 26%~36%，能在铸铁表面形成 Cr_2O_3 保护膜，并能提高基体的电极电位。因此，高铬铸铁不仅具有优良的耐蚀性，同时具有优异的耐热性，而且力学性能也良好，主要缺点是耗铬量太多。常用来作离心泵、冷凝器、蒸馏塔、管子等各种化工铸件。

思考练习题

1. 请说明合金元素与铁和碳的相互作用的分类。
2. 简述机器零件用钢的合金化特点与分类。
3. 以 W18Cr4V 钢为例说明高速钢的成分、加工与热处理工艺特点。
4. 简述模具钢的分类与性能特点。
5. 说明常用量具钢的性能要求与热处理特点。
6. 试说明铁素体不锈钢脆性原因与分类。
7. 简述铸铁组织与性能特点。
8. 参考铁碳双重相图说明铸铁石墨化过程，并简述影响石墨化的因素。
9. 以石墨形态不同，说明常用铸铁的组织与性能特点。

第7章　有色金属及其合金

在工业生产中，通常把铁及其合金称为黑色金属，如钢与铸铁，把其他非铁金属及其合金称为有色金属。

有色金属通常可分为 5 类：①密度小于 4500 kg/m³ 的轻金属，如铝（Al）、镁（Mg）、钾（K）、钠（Na）、钙（Ca）、锶（Sr）、钡（Ba）等；②密度大于 4500 kg/m³ 的重金属，如铜（Cu）、镍（Ni）、钴（Co）、铅（Pb）、锌（Zn）、锡（Sn）、锑（Sb）、铋（Bi）、镉（Cd）、汞（Hg）等；③价格比昂贵、化学性质稳定的贵金属，如金（Au）、银（Ag）及铂（Pt）族金属；④性质介于金属和非金属之间的半金属，如硅（Si）、硒（Se）、碲（Te）、砷（As）、硼（B）等；⑤地壳丰度低、提纯困难的稀有金属，稀有金属包括稀有轻金属，如锂（Li）、铷（Rb）、铯（Cs）等；稀有难熔金属，如钛（Ti）、锆（Zr）、钼（Mo）、钨（W）、铼（Re）、铪（Hf）等；稀有分散金属，如镓（Ga）、铟（In）、锗（Ge）、铊（Tl）等；稀土金属，如钪（Sc）、钇（Y）、镧（La）系金属；放射性金属，如镭（Ra）、钫（Fr）、钋（Po）及锕（Ac）系元素中的铀（U）、钍（Th）等。由于稀有金属在现代工业中具有重要意义，有时也将它们从有色金属中划分出来，单独成为一类，而与黑色金属、有色金属并列，成为金属的三大类别。

有色金属元素有 80 余种，性能各异的有色合金种类更是繁多。有色金属及其合金产量小，总产量和应用量远小于黑色金属的总产量和应用量，但由于其具有许多优良的特性，如特殊的电、磁、热性能，耐蚀性能及高的比强度（强度与密度之比）等，有色金属及其合金已成为机械制造业、建筑业、电子工业、航空航天、核能等现代工业领域中不可缺少的结构材料和功能材料。

有色金属种类很多，本章仅介绍铝、铜、钛、镁及高温合金。

7.1　铝及铝合金

铝及铝合金是除钢铁以外的用量最多、应用范围最广的第二大类金属材料，其产量占有色合金的首位，地壳中的蕴藏量也占首位。

铝作为一种金属元素是 1825 年被发现的，1866 年 Hall - Heroult 熔盐电解法问世后，铝的生产进入了工业化规模阶段。近百年来，铝工业发展很快，1921 年全世界铝产量仅为 20.3 万 t，到 2005 年，全世界铝产量已达 3170 万 t（其中中国 786.6 万 t）。目前，铝及铝合金已广泛用于航空、航天、建筑、电力、交通、运输、建筑、包装等领域。

7.1.1　铝及铝合金的主要特征

铝为面心立方结构金属，晶格常数为 4.049Å。铝及铝合金之所以能获得长足发展和广泛应用，除了资源丰富、制取容易、成本低廉外，更主要的是它们具有一系列可贵的特性。

1. 密度小、比强度高

室温下纯铝的密度约 2.72 g/cm³，常用工业铝合金的密度为 2.63 ~ 2.85 g/cm³，如 Al - 4Li 和 Al - 12Fe 分别 2.4 g/cm³ 和 3.06 g/cm³，比 Cu、Fe 及其合金都轻很多，约为钢铁的 1/3。由于密度低，强度高，铝及铝合金比强度（强度/密度）很高，可以与高强度低合金钢相媲美（LY12 的比强度约为 17.4，而 40Cr 的约为 12.8）。因此，铝及铝合金是一种重要的轻质结构材料，在航天航空、高速列车、舰船车辆、武器装备等工业部门得到了广泛的应用，对航天器、汽车、高速磁悬浮列车、火箭导弹等的轻量化起着积极的推动作用。

2. 导电、导热性能好

铝的导电性（60% ~ 65% IACS）、导热性［2.26 W/(mK)］仅次于金、银、铜，位居第四，远优于 Fe、Ti 等，导电率约为纯铜的 60%。因此，纯铝和某些合金化程度较低的铝合金常被用来代替昂贵的铜，来制作输电电线、电缆或用于其他电器元件。

3. 抗腐蚀性能好

铝的化学活泼性高，标准电极电位很低（- 1.67V）。与氧的化学亲和力大，在大气中极易和氧作用，表面会很快生成一层牢固致密的氧化膜（约为 50 ~ 100Å 厚），即使在熔融状态，仍然能维持氧化膜的保护作用。在大气、淡水、强氧化性的浓硝酸（80% ~ 98%）、各种硝酸盐和各种有机物等环境中均有极高的稳定性，优于 Ni - Cr 系不锈钢。基于这一特性，铝及铝合金广泛地用于管道（天然气、输油）、容器、餐具等石化工业和日常生活用品。

然而，值得注意的是，Al_2O_3 膜具有酸、碱两重性的氧化物，在卤素离子（Cl^-）和碱离子（OH^-）的强烈作用下氧化膜易遭破坏，故在大多数的硫酸、盐酸、碱、盐和海水等溶液中均不稳定，氧化膜破坏，因此，用铝及铝合金制作的容器不能盛放盐和碱溶液。

4. 加工性能好，强韧性好

纯铝熔点 660.2℃，铝合金熔点更低，熔体流动性好，可以获得高质量铸件。铝及铝合金基体为面心立方晶格，无同素异构转变，具有较高的塑性（δ = 30% ~ 50%，ψ = 80%），易于压力加工成型，能通过铸造或塑性加工制成生产出管、棒、板、带、线、箔等各种形状的（半）成品以及挤压、锻压、冲压、旋压等制品。

纯铝具有良好的低温强度，并且无低温脆性。在摄氏零度以下随着温度的降低，其强度和塑性不仅不会降低，反而提高，见表 7 - 1 所示。纯铝的强度、硬度低，一般不能直接用于制作受力的结构件，而铝合金通过压力加工和热处理，抗拉强度可达到 500 ~ 700 MPa，成为飞机、导弹、火箭等航空航天飞行器的主要结构材料。

另外，铝及铝合金属于非铁磁材料，磁化率极低，可以认为无磁性。冲击不产生火花常被用来作为如仪表材料、屏蔽材料等来制造电气设备的特殊构件和一些易燃、易爆物的生产器材。铝的热中子俘获面小(0.22bar)，在强烈辐射之后性能不致变坏，故铝及铝合金也被应用于原子能工业领域中。

表7-1 工业纯铝的低温性能材料状态试验温度

材料	状态	试验温度 /℃	抗拉强度 /(MN·m^{-2})	伸长率 /%
板材 (厚15mm)	退火	+20	80	36
		-70	105	43
		-196	175	51

7.1.2 铝的合金化、分类与牌号

1. 铝的合金化

纯铝的力学性能仅可达到如下水平：$\sigma_b = 80 \sim 100$ MPa，$\sigma_{0.2} = 30 \sim 50$ MPa，HB = 25 ~ 30，$\delta = 35\% \sim 40\%$，即使经过60% ~ 80%冷变形，冷作强化将强度 σ_b 提高到150 ~ 250 MPa，但塑性 δ 锐减至1% ~ 1.5%，难以满足现代工业对轻质高强韧结构材料的要求，因此需合金化。铝的合金化主要依靠固溶强化、弥散强化(包括沉淀相、过剩相等)、细化组织强化(包括基体和第二相)等来实现材料强韧化。

(1) 固溶强化

通常，固溶强化程度主要取决于基体金属与合金元素原子半径差别的大小，原子半径差别越大，强化效果越明显。对无限互溶或广泛互溶的合金系，组元物理化学性质相似，组元间原子尺寸差别小，固溶体晶格畸变程度低，固溶强化增益不大，例如，Al - Zn、Al - Ag 简单二元合金没有实用价值。相反，采用溶解度超过1%的其他几个元素，如 Al - Mg、Al - Cu、Al - Mn、Al - Si 二元合金在工业上都有实际应用。

(2) 沉淀强化

对铝合金来说，单纯的固溶强化难以获得高强度，必须配合以淬火时效处理，实现强烈的弥散强化效果。为此，合金元素在铝中要有较大的极限溶解度，且其溶解度随温度的降低而急剧减小；在沉淀过程中能形成均匀、弥散分布的共格或半共格过渡相，这种沉淀相在铝基体中强烈阻碍位错运动，提高合金强度。工业生产中常采用多元少量的合金化方法，来形成新的强化相或改变沉淀硬化特性，增加强化效果，例如，Al - Cu - Mg 系中可形成 Al$_2$Cu、Al$_2$CuMg 等强化相，合金强化显著。类似的 Al - Mg - Si、Al - Zn - Mg 和 Al - Li 系铝合金都被称之为可热处理强化铝合金，可以通过淬火 + 时效处理来实现强韧化。

(3) 过剩相强化

当合金元素加入量超过了其在铝中极限溶解度，在铝合金(铸件和铸锭)中第二相高温加热时，部分第二相不能溶入基体，这部分第二相被称为过剩相。在铝合金中的过剩相多为硬而脆的金属化合物，它们的存在可以提高合金强度和硬度，但也降低塑性和韧性。例如，Al

- Si 系铸造铝合金易得到高质量铸件，但对于 Al - Si 二元合金，主要是通过过剩相（硅晶体）来强化，随着硅含量增加，过剩相增多，强度、硬度提高，但硅含量不能超过共晶成分，否则，出现块状初晶硅，强度和塑性急剧降低。对于这种存在过剩相的合金体系，提高材料强韧性的关键是实现过剩相尺寸微细化、形状球粒化以及分布弥散均匀化。

（4）组织细化导致的强化

通过加微量合金元素细化组织以达到强化目的是提高铝合金力学性能的另一种手段。细化组织既包括铝合金基体晶粒细化、均匀化，也包括第二相的尺寸微细化、形状球粒化以及分布弥散均匀化。在变形铝合金中，添加微量 Ti、Zr、Cr、Mn 等，能形成诸如 Al_3Ti、Al_3Zr、Al_7Cr、Al_6Mn 等难熔化合物，在合金结晶过程中作为非均匀形核点，而起到细化晶粒作用。如在 Al - Mn 系合金中，通过添加 0.02% ~ 0.3% Ti 来实现组织细化。铸造铝合金中常加入微量元素（即变质剂）进行变质处理来细化合金组织，提高强度和塑性。例如，Al - Si 系铸造铝合金中加入微量钠或钠盐或锑，第二相（硅晶体）可细化和球化，且弥散均匀分布，合金强度和塑性显著提高。另外，在铝合金中，加入少量锰、铬或钴等元素能使杂质铁形成的板块状或针状化合物 AlFeSi 细化，从而提高塑性和韧性。

Al - Ti - B 常用于 Al 及其合金的生产，熔体中生成 Al_3Ti 和硼化物（如图 7 -1 所示），从而细化铸造晶粒。为了提高 Al - Zn - Mg 合金的可焊性，一般会加入少量锆，这是因为生成的 Al_3Zr（图 7 - 2）可以起到强烈的异质形核作用，细化晶粒，提高可焊性。实践证明，锆量低于 0.1%，对可焊性的改善作用不大；加入 0.2% Zr，焊接裂纹显著降低；加入 0.3% ~ 0.4% Zr，焊接灵敏性几乎消失。Ti、Nb、V、W、Hf、Ta、Sc 也有类似作用，钛也被常用来提高可焊性，但

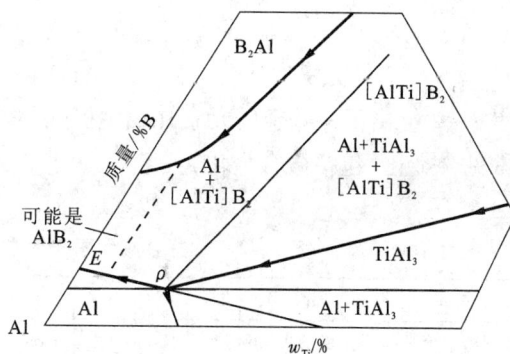

图 7 - 1　Al - Ti - B 三元相图

效果比锆小。Sc 效果比锆大，如 Sc 和 Zr 同时加入则效果更加明显，只是 Sc 贵，成本高，限制了含钪铝合金的应用。

可见，从合金强化的角度看，可选择的主合金化元素应有如下特点：固溶度大（低温），或高温极限固溶度大而低温固溶度小，或可形成作为结晶晶核的第二相颗粒或钉扎晶界的稳定相颗粒。另外，在进行铝合金设计时，在选择加入主合金化元素的同时，辅以加入微量合金化元素，来提高诸如耐蚀、耐热、焊接等其他的性能。

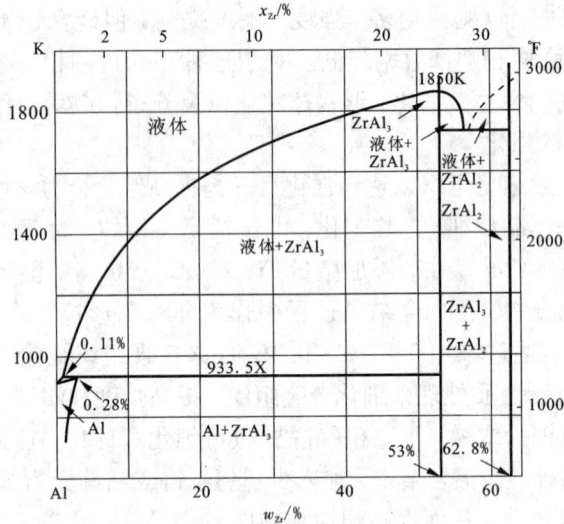

图 7 – 2　Al – Zr 二元相图

2. 常见合金化元素

表 7 – 2 给出了一些金属元素在铝中极限固溶度和室温溶解度。除 Ge 外，其他均是铝合金中常见合金化(包括微合金化)元素。

表 7 – 2　一些金属元素在铝中极限固溶度和室温溶解度

元素	Zn	Ag	Mg	Cu	Li	Si	Mn	Cr	Ca	Ge	V	Ti	Zr	Mo	Fe
极限溶解度/%	82.2	55.6	17.4	5.6	4.2	1.65	1.8	0.72	0.6	0.4	>0.37	0.28	0.28	0.2	0.05
室温溶解度/%	<4	<0.7	<1.9	<0.1	<0.85	<0.17	<0.3	<0.015	<0.3	0.0002	~0	~0	~0	~0	~0

在实际工业条件下，Zn、Mg、Cu、Li、Si、Mn 通常可作铝合金的主加元素，这些主加元素除了固溶于铝基体，起固溶强化作用外，还可以通过相互之间或与 Al 之间的交互作用，形成诸如 Al_2Cu、Al_2CuMg、$MgZn_2$、Al_2Mg_3Zn、Mg_2Si、Al_3Li、Al_2CuLi 等沉淀相(可作为 Al – Cu、Al – Cu – Mg、Al – Mg – Si、Al – Zn – Mg、Al – Zn – Mg – Cu、Al – Li 等不同体系铝合金的主要强化相)，起明显的弥散强化作用。

Zr、V、Cr、Ti、B、Mn、Be 等溶解度小，随温度变化大，可作辅加元素，可细化晶粒、补充强化、产生组织强化效应、提高再结晶温度、提高耐热性、提高塑性和韧性、改善抗蚀性等。Cr、Zr、Mn 等虽然在铝中溶解度小，但它们能明显抑制再结晶细化晶粒，对提高合金强度、改善耐蚀性有明显效果。微量 Ag、Ge、In、Sn 等能影响某些铝合金的时效过程提高时效强化效应。目前，添加微量的 Ag、Sc、稀土（RE）等是铝合金微合金化研究的重要方向之一。

Fe、Si 通常在铝合金中为杂质，但在 Al – Mg – Si、Al – Cu – Mg – Fe – Ni、Al – Si（铸造铝合金）中例外，Fe、Si 是主要的合金化元素。

值得指出的是，快速凝固、喷射沉积、机械合金化等新型制备技术的发展打破了上述合金设计的框架。在变形铝合金中，主加元素选择发生了变化，合金元素加入量已突破了极限固溶度界限，如表 7 – 3 所示，出现了 Al – Fe – V – Si、Al – Fe – Ce、Al – Fe – Mo、Al – Cr – Zr – Mn、Al – Zr – V – Ti 等新型铝合金。

表 7 – 3 美国铝协标准中列入的快速凝固耐热铝合金合金成分（%）

合金牌号	Al	Si	Fe	Mn	Cr	Zn	V	Ti	O	Ce	其他	
											每个	总量
AA8009	余量	1.7 ~ 1.9	8.4 ~ 8.9	0.1	0.1	0.25	1.1 ~ 1.5	0.1	<0.3		0.05	0.15
AA8019	余量	0.2	7.3 ~ 9.3	0.05		0.05		0.05	0.20 ~ 0.5	3.5 ~ 4.5	0.05	0.15
AA8022	余量	1.2 ~ 1.4	6.2 ~ 6.8	0.1	0.1	0.25	0.4 ~ 0.8	0.01	0.05 ~ 0.20		0.05	0.15

3. 铝合金的分类

根据合金的成分和生产工艺不同将铝合金分为两类：变形铝合金和铸造铝合金。如图 7 – 3 所示，变形铝合金是成分小于 D 点的合金，适合于塑性变形。铸造铝合金成分大于 D 点的合金，凝固时发生共晶反应，熔点低、流动性好，适于铸造成型。

在变形铝合金中，又可以分成两类：热处理可强化铝合金和热处理不可强化铝合金。成分位于 F 与 D 之间的合金，其固溶体成分随温度而变化，可进行淬火 + 时效处理强化，称之为热处理可强化铝合金，而成分小于 F 点的合金不能通过淬火 + 时效来实现热强化，称之为热处理不可强化铝合金。对于 Al – Mn 和 Al – Mg 系铝合金而言，虽然加入的合金元素 Mn、Mg 在铝中的溶解度随温度下降也明显减小，但淬火 + 时效的强化效果不大，只能以退火状态或冷作硬化状态应用，故也称之为热处理不可强化铝合金。

我国早期铝合金的大体分类如图 7 – 4 所示。纯铝根据纯度不同可分为高纯铝和工业纯铝，而变形铝合金根据其性能特征可分为防锈铝、硬铝、锻铝、超硬铝。其中纯铝、防锈铝（包括 Al – Mn 系、Al – Mg 系合金）为热处理不可强化铝合金，硬铝（Al – Cu – Mg 系合金）、锻铝（包括 Al – Mg – Si 和 Al – Cu – Mg – Fe – Ni 系合金）、超硬铝（Al – Zn – Mg（ – Cu）系合金）为热处理可强化铝合金。

然而，这种分类方法并不能囊括所有的铝合金体系，实际上，Al – Li 合金、快速凝固 Al

–Fe – Ce 和 Al – Fe – V – Si 合金、机械合金化 Al – Ti 合金等新型铝合金无法分属于上述分类中。

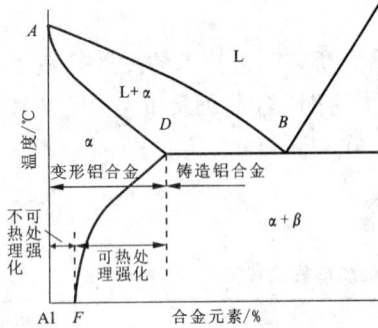

图 7 – 3 铝 – 主加元素相图的一般形式

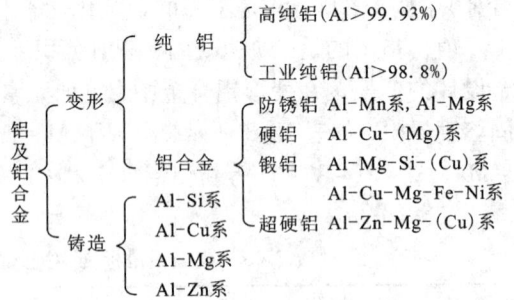

图 7 – 4 铝及铝合金的传统分类

4. 变形铝及铝合金的牌号与状态代号

过去国内一直沿用着基于如图 7 – 4 所示传统分类的变形铝及铝合金牌号体系，显然，这种牌号体系不适合变形铝合金长足发展的需求。

美国铝业协会（AA）的变形铝及铝合金标定采用国际四位数字体系牌号。如表 7 – 4 所示，第 1 位数字表示合金类别，第 2 位数字表示合金改进型或杂质限量，最后 2 位数字确定铝合金或表明铝的纯度。

表 7 – 4 变形铝及铝合金四位数字体系的类别牌号类别

牌号类别	主要合金化元素
1 × × ×	铝含量不小于 99.00%
2 × × ×	Cu
3 × × ×	Zn
4 × × ×	Si
5 × × ×	Mg
6 × × ×	Mg 和 Si，并以 Mg2Si 为强化相
7 × × ×	Zn
8 × × ×	除上述元素以外的其他元素
9 × × ×	备用组

国内 20 世纪 90 年代启用 GB/T 16474—1996《变形铝及铝合金牌号表示方法》，国内变形铝及铝合金牌号亦采用四位阿拉伯数字（或大写英文字母）体系标定。第 1 位为数字，表示合金类别，如表 7 – 4 所示，第 2 位可以为数字，直接引用国际四位数字体系牌号，也可以为字母（C、I、L、N、O、P、Q、Z 除外），表示原始纯铝或铝合金的改进情况，最后 2 位数字标识同一组不同铝合金或表示铝的纯度。例如，国内的新牌号为 7A04，大致相当于 AA7075，其改进型 7B04，大致相当于 AA7475。这样，完善了我国变形铝及铝合金牌号标定系统，一方面成功与国际四位数字体系接轨，吸纳了国际四位数字体系牌号；另一方面吸纳了国内过去已有的变形铝及铝合金牌号，并为发展中的变形铝及铝合金提供了更大更有序的标定空间。

材料性能除了取决于它的化学成分外，也很大程度地受材料加工历史影响，与加工状态有强烈的依存关系。变形铝合金状态主要可以分为5类,具体代号如下:F—自由加工状态;O—退火状态;H—加工硬化状态;W—固溶热处理状态;T—热处理状态(不同于F、O、H状态)。

H的细分状态:

在字母H后面添加两位数字(H××)表示H的细化状态。

H后面的第一位数字表示获得该状态的基本处理程序:H1—单纯加工硬化状态;H2—加工硬化及不完全退火状态;H3—加工硬化及稳定化处理状态;H4—加工硬化及涂漆处理状态。

H后面的第二位数字表示加工硬化程度,数字8表示硬状态,数字1~7表示硬化程度。第二位数字为2对应1/4硬,4对应于1/2硬,6对应3/4硬,8对应硬,9对应超硬。如H18表示严重冷加工或完全硬化状态,相当于原始横断面积大约减小75%。

T的细化状态及其代号如下:T0—固溶热处理后经自然时效再冷加工状态;T1—由高温成形过程中冷却,然后自然时效至基本稳定的状态;T2—由高温成形过程中冷却,经冷加工后自然时效至基本稳定的状态;T3—固溶处理后进行冷加工,再经自然时效至基本稳定的状态;T4—固溶处理后自然时效至基本稳定状态;T5—由高温成形过程中冷却然后进行人工时效的状态;T6—固溶处理后进行人工时效的状态;T7—固溶处理后进行过时效的状态;T8—固溶处理后经冷加工然后进行人工时效的状态;T9—固溶处理后人工时效,然后进行冷加工的状态;T10—由高温成形过程中冷却后,进行冷加工然后人工时效状态。

T××、T×××、T××××等均表示各种特定的热处理工艺,具有丰富的内涵。

5. 铸造铝合金的牌号及状态代号

铸造有色金属及其合金牌号表示方法目前较为统一,其牌号由该金属元素符号及主要合金化元素的符号组成,元素符号后为表示其名义质量分数(单位为10^{-2})的整数值,如果名义质量分数小于1,则不标数字。牌号前冠以汉语拼音字母Z表示铸造合金,优质合金在牌号后标注字母A。即,①铸造有色纯金属的牌号为Z+该金属元素符号+纯度百分含量数字(或用一短横加顺序号),如ZAl99.5和ZTi-1。②铸造有色合金的牌号为Z+基体元素符号+主要合金元素符号及其名义百分含量数字+其他合金元素符号及其百分含量数字,如ZAlSi7Cu4、ZAlSi12、ZCuZn31Al2、ZSnSb11Cu6等。混合稀土元素符号用RE表示。铸造铝合金常用这种牌号标定方法来标定。当然,还有很多标定方法,不同国家也有不同的标准。

美国铝业协会(AA)的铸造铝合金牌号采用ANSI标准体系,以三位数字组+小数点+尾数来标定,例如100.1、201.0、384.1、390.0、520.2等(如表7-5所示);第1位数表示分类号,对纯铝第2、3位数字而言,表示小数点以后的最低铝含量,对铝合金,表示编号;小数点后的尾数表示为铸件或铸锭:0—铸件,1,2—铸锭。

另外，我国铸造铝合金一直沿用一种合金代号，这种代号由字母 ZL（表示铸铝）及后面的三个阿拉伯数字组成，第 1 位数字代表合金系别，分四类，即，ZL1××——Al - Si 系，ZL2××——Al - Cu 系，ZL3××——Al - Mg 系 ZL4××——Al - Zn 系。第二位和第三位代表顺序号。例如，ZL101 为 Al - Si 系第一号铸造铝合金、ZL201 为 Al - Cu 系第一号铸造铝合金等。铸造铝合金一般用于制作质轻、耐蚀、形状复杂及有一定力学性能的零件，如铝合金活塞、仪表外壳、水冷式发动机缸件、曲轴箱等，若为航空专用铸造铝合金，则在牌号前加 H 字母，如 HZL - 201。另外，若为优质合金，则在牌号后加标 A，如 HZL201A。

表 7 - 5　铸造铝及铝合金 ANSI 标准体系的类别

牌号类别	主要合金化元素
1××.×	铝含量不小于 99.00%
2××.×	Cu
3××.×	Si，同时还加入了 Cu 或/和 Mg
4××.×	Si
5××.×	Mg
6××.×	暂无
7××.×	Zn
8××.×	Sn
9××.×	除上述元素以外的其他合金元素

表 7 - 6　铸造铝合金热处理种类和用途

热处理类别	表示符号	用途	说明
未经淬火的人工时效	T1	用于改善零件的切削加工性，提高表面光洁度。能提高像 ZL103、ZL105 这类合金的力学性能（约 30%）	在湿砂型或金属型铸造时就已经有些淬火效果的铸件，采用此类热处理有良好效果。
退火	T2	为显著消除铸造或残余应力，消除机加工产生的加工硬化，提高合金塑性	保温时间和温度选择决定于零件的用途
淬火	T3	用以提高冶金强度	此规范实际上和 T4 一样
淬火及自然时效	T4	为了提高合金强度，用于 100℃ 以下工作的抗蚀性又较高的零件	自然时效的温度低，保温时间长
淬火及不完全人工时效	T5	可得到足够高的强度，并保持高的塑性	人工时效的温度较低或保温时间较短
淬火及完全人工时效	T6	在塑性有些降低情况下，得到最大强度	和 T5 相比，人工时效温度较高，或保温时间较长
淬火及稳定化回火	T7	为得到足够高的强度和比较高组织及尺寸稳定性，用于高温工作零件	在比 T6 更高温度下和接近零件工作温度下时效
淬火及软化回火	T8	靠降低强度得到高塑性和尺寸稳定性	时效温度比 T7 更高
冷处理或冷热循环处理	T9	为使零件几何尺寸更加稳定	机加工后零件冷处理（在 - 50℃、- 70℃ 或 - 196℃ 保持 3～6 h）或循环处理（冷至 - 70℃ 有时到 - 196℃，再加热到 350℃）。根据零件用途，可进行多次，选用的温度决定于零件工作条件及合金本性

　　铸造铝合金组织性能与变质处理、铸造方法、热处理等有关，铸造铝合金状态代号主要包括如下：B—变质处理；F—铸态；T—热处理状态。和变形铝合金一样，铸造铝合金也可进行退火，淬火和时效等处理。各种热处理的代号、目的及适用范围见表7—6。有时也加上铸造方法代号(S—砂型铸造、J—金属型铸造、R—熔模铸造、K—壳型铸造；Y—压力铸造)

7.1.3　典型变形铝合金简介

　　1. 纯铝(1×××)

　　工业纯铝的 Al 大于99.0%，而高纯铝的 Al 大于99.93%。在过去的国家标准中有一个 L6(~98.8% Al)的工业纯铝牌号，现已取消，标定为8A06，归入 8××× 变形铝合金类别中。随着铝中杂质含量增加，纯铝强度有所提高，而导电性、导热性、耐蚀性和可塑性则会降低。

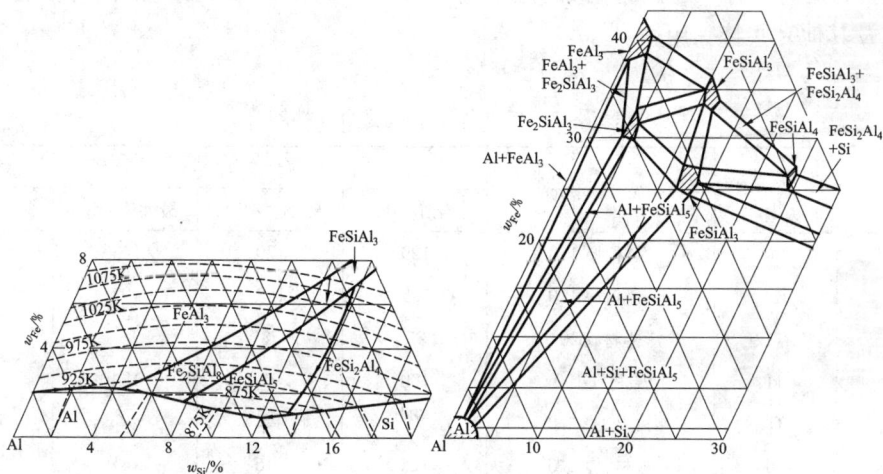

图7-5　Al-Fe-Si 三元相图

　　纯铝中的主要杂质为 Fe、Si (w_{Fe} + w_{Si} < 1.0%)，它们的含量及相对比例对纯铝的使用性能和工艺性能影响很大。Fe、Si 固溶于铝晶格，导致晶格畸变，导电、导热、耐蚀性变差。铁、硅在共晶温度下的极限溶解度分别为 0.052% 和 1.65%，且随温度下降而急剧减少。因此，如图7-6所示，铝中含 Fe 或 Si 很少时就会出现 $FeAl_3$ (又称 $Al_{13}Fe_4$)或 β(Si)外，它们都是较硬而脆的相，呈块状、针状或片状(如图7-6)。在工业生

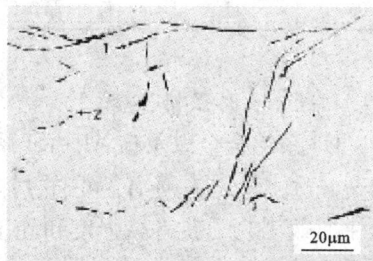

图7-6　工业纯铝1350(铸态)中的主要相组成

1—Al_3Fe；2—$Al_{12}Fe_3Si$

产凝固冷却条件下，当 Fe 和 Si 同时存在时，除了 $FeAl_3$ 或 Si 外，还可能出现 $Al_{12}Fe_3Si$、Al_8Fe_2Si、$Al_9Fe_2Si_2$ 等三元化合物，这些化合物对纯铝的塑性也不利。铝中 Fe、Si 比例对合金的组织性能有明显影响，当 $w_{Fe} > w_{Si}$ 时，Fe、Si 与 Al 形成 $Al_{12}Fe_3Si$ 网状或骨骼状相，当 $w_{Fe} < w_{Si}$ 时，形成针状 $Al_9Fe_2Si_2$ 脆性相，导致铝的强度提高，塑性下降，铸造性能变差，有裂纹倾向。为了减少铸锭开裂倾向，当 Fe + Si < 0.65% 时，应使 $w_{Fe} > w_{Si}$，当 $(w_{Fe} + w_{Si}) > 0.65\%$，使 $w_{Fe}\% < w_{Si}\%$。事实上，$(w_{Fe} + w_{Si})$ 总量大于 0.65% 时，w_{Fe}/w_{Si} 比的影响效果减弱。

不同牌号的纯铝性能有差异(如表 7-7 所示)，用途也不尽相同。大部分纯铝都用来制造铝合金，有些纯度不高的纯铝也用来加工成各种(半)成品。一般地讲，纯铝多用于电线电缆以及强度要求不高的用具或器皿。对于电器工业用和日常生活用品用的纯铝，除了要求好的导电性外，还需具有一定强度，故一般采用 1070、1060 和 1050A 制造。高纯铝通常只用于科学研究及其他一些特殊用途。

表 7-7 工业纯铝的室温力学性能

牌号	状态	产品、规格/mm	抗拉强度 σ_b			延伸率
			均值/MPa	最小值/MPa	最大值/MPa	/%
1050A	H4	板材,厚1.0	129	120	143	7.8
1050A	H8	板材,厚1.0	189	178	197	4.8
1050A	H112	棒材,$\phi20$	83	78	89	40.8
1050A	H112	棒材,$\phi100$	100	95	104	36.2
1035	O	板材,厚2.0	75	74	76	46.0
1035	H4	板材,厚2.0	125	116	141	10.0
1035	H112	棒材,$\phi20$	72	65	79	42.7
8A06	O	板材,厚2.0	82	80	85	36.9
8A06	H4	板材,厚0.5	135	120	145	10.5

2. Al-Cu 系高强铝合金(2×××)

Al-Cu 系铝合金以及在 Al-Cu 系基础上添加 Mg 的 Al-Cu-Mg 系合金是热处理可强化铝合金，过去称之为硬铝，可通过淬火 + 时效来显著提高强度和硬度。因为可以通过合适的淬火 + 时效工艺来获得高强度和硬度或获得良好的强度、塑性和韧性组合，2××× 系铝合金是一类重要的高强变形铝合金，如 2A01。

图 7-7 是 Al-Cu-Mg 三元体系富铝角的平衡相图。除了 $\alpha-Al$、$\theta-CuAl_2$、$\beta-Mg_5Al_8$ 外，由图中可知还存在 2 个相：$S-CuMgAl_2$ 和 $T-CuMg_4Al_6$，其中 $\theta-CuAl_2$ 和 $S-CuMgAl_2$ 的

强化效果最大，$T-CuMg_4Al_6$ 强化效果较弱，而 $\beta-Mg_5Al_8$ 不起强化作用。在工业变形 Al-Cu-Mg 合金中，Mg 含量较低，一般不会出现 Mg_5Al_8。但在非平衡条件下，能出现，甚至有的合金中还会出现诸如 $Al_{20}Mn_3Cu$、$Al_6(Mn、Fe)$ 等其他相。2×××系铝合金的相组成与 Cu、Mg 的相对含量有关，合金设计的相组成多以 $\alpha-Al$、$\theta-Al_2Cu$ 和（或）$S-Al_2CuMg$ 为主，如图 7-7 所示。通常，Cu 含量愈高，S 相愈少而 θ 相愈多，反之，随着 Mg 含量提高，θ 相减少而 S 相增多。当 Cu、Mg 含量比达到 2.61（例如 Cu 为 4.0% ~ 5.0%，Mg 为 1.5% ~ 2.0%）时，合金中强化相几乎全是 S 相。若 Mg 含量进一步提高，T 相和 β 相出现，使强化效果下降。因此，2×××系铝合金中 Mg 含量很少超过 2%。

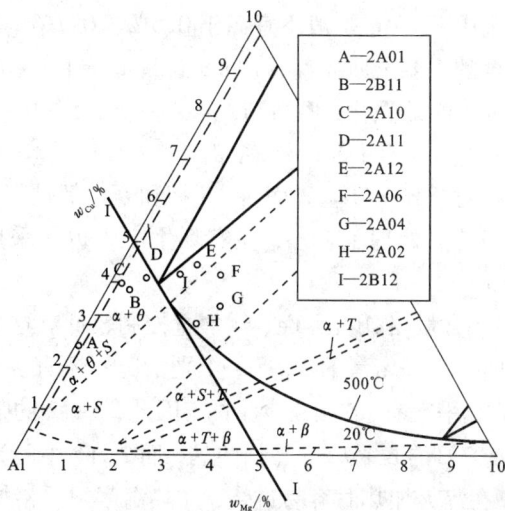

图 7-7　Al-Cu-Mg 三元体系
富铝角 20℃和 500℃的等温截面

Al-Cu-Mg 系（2A12）合金半连续铸造状态及均匀化退火状态的组织如图 7-15 所示，除了合金设计外，在整个加工过程中控制合金组织演变对获得所需要的加工工艺性能和最终使用性能尤为重要。

2×××系铝合金中添加 Mn、Ti、Cr、Zr 等的主要作用是抑制再结晶和细化晶粒，提高强度。Mn 能起到一定的固溶强化作用，能延缓和减弱 Al-Cu-Mg 系合金人工时效过程中强度下降，而且 Mn 也可以中和 Fe 的有害影响，提高耐蚀性。虽然 Mn 时效强化效果小，但是 Mn 是 2×××系铝合金中一个重要的微合金化元素。但，2×××系铝合金中 Mn 含量一般控制在 0.5% ~ 1.0% 或以下，图 7-8 给出了 2A12 合金在 500℃保温 30 min，水中淬火，并在 170℃时效 12 小时后的显微组织（透射电子显微镜）。当 Mn 含量超过 1.0% 时，会形成粗大（Mn、Fe）Al_6 化合物，严重降低合金塑性加工能力。Fe 在 2×××系

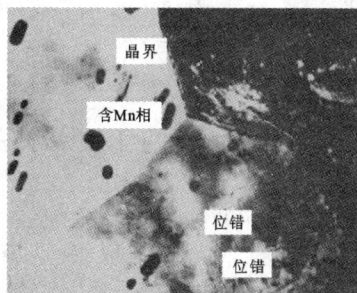

图 7-8　Al-Cu-Mg 系 2A12 铝合金
淬火-时效态的显微组织
（透射电子显微镜）

铝合金中可生成 Al_7Cu_2Fe 化合物，导致 θ 相减少，降低时效强化效果，另外，Fe 还可以与 Mn、Ti、Cr 等形成粗大脆性化合物，使得合金综合力学性能和变形能力下降。在 2×××系

铝合金中 Fe 含量一般不宜高于 0.5% ~ 0.7%。除 Fe 之外，Si 也是须严格控制的 2 × × × 系铝合金的主要杂质元素。在 Mg 含量低于 1.0% 时，若 Si 含量超过 0.5%，则形成 Mg_2Si，有利于人工时效强化，但当 Mg 含量高于 1.5% 时，合金时效强度会随硅含量增加而下降，且耐热性降低。因此，2 × × × 系铝合金中 Si 含量一般限制在 0.5% 以下。

相对于 α – Al 基体而言，S 相和 θ 相都是阴极相，2 × × × 系铝合金耐蚀性较差。除了采用适当的热处理工艺外，在实际生产中也常采用纯铝包覆来解决 2 × × × 系铝合金的保护问题。

Mg 含量略高，且 Fe、Si 含量控制较低。这样，在 2A11 中主要强化相为 θ 相，在 Si 含量较高时存在一定量的 Mg_2Si，个别情况下还有少量的 S 相，而在 2A12 中主要强化相为 S 相，Mg_2Si 几乎没有，θ 相是少量的，因此，2A12 的强度高于 2A11，且耐热性好。2A12 中存在熔点为 507℃ 的 $\alpha + \theta + S$ 三相共晶，而 2A11 中则为熔点为 517℃ 的 $\alpha + \theta + Mg_2Si$ 三相共晶，故 2A12 在淬火加热时容易过烧，加热温度须严格控制。

表 7 – 8 2A11 和 2A12 经不同热处理后的典型力学性能

合金	状态	产品规格/mm	σ_b/MPa	$\sigma_{0.2}$/MPa	δ/%
2A11	T42	板材,厚2.0	380	214	24.3
2A11	T4	管材,ϕ22×厚2.0	489	328	16.3
2A11	T4	棒材,ϕ30	481	359	15.8
2A11	T4	棒材,ϕ100	457	316	15.2
2A12	T42	板材,厚2.0	428	268	20.9
2A12	O	板材,厚2.0	172	—	19.7
2A12	T62	板材,厚2.0	410	335	8.5
2A12	T4	棒材,ϕ22	549	424	13.5
2A11	T6	型材,壁厚<5	499	469	5.0
2A16	T6(190℃×18h)	板材,厚2.0	380	271	10.7
2A16	T6(210℃×12h)	板材,厚2.0	353	244	11.2
2A16	T62	型材,壁厚2.0	384	262	10.5
2A16	T6(190℃×18h)	挤压型材,壁厚1.0	392	245	12.0
2A16	T6	棒材,ϕ50	423	324	19.4

2A12 在铝合金中产量很大，用途很广，如飞机蒙皮、骨架、隔框、翼肋、翼梁等主要受力构件几乎都是采用 2A12 制作，一般在自然时效状态下使用，以保证较好的耐蚀性能。2A12 也可在温度可达 150℃ 的条件下使用。2A11 合金可用作中等强度的飞机结构件，如骨

架零件、模锻紧固结头、支柱、螺旋桨叶等，2A11 的锻造性能比 2A12 好，用作锻件较多，但不宜在高温下使用。

2×××系铝合金是发展最早的一种热处理可强化铝合金，也是发展较为成熟的合金体系，除了 2A11、2A12 外，还有诸如 2024、2524、2618、2219、2519 等很多的成熟合金在航空航天工业工业领域里得到了广泛应用，推动了航空航天科技的高速发展。

3. Al – Mn 系防锈铝合金(3×××)

Al – Mn 系防锈铝合金属于热处理不可强化铝合金，工业用 Al – Mn 系防锈合金的牌号少，但产量大，是用量最大的铝合金之一。

图 7 – 9 为 Al – Mn 的二元相图。在 Al 角有 L→α – Al + MnAl$_6$ 二元共晶反应，在共晶温度下，Mn 在 Al 中的极限固溶度为 1.8%。通常，Mn 固溶于 Al 基体中，可产生固溶强化。随锰含量增加，Al – Mn 系合金强度提高，当含锰量在 1.0% ~ 1.6% 范围内时，合金不但有较高强度，而且有良好的塑性和加工工艺性能。然而，随着锰含量继续提高，由于形成大量 MnAl$_6$ 相，合金塑性变形能力变差，容易开裂。一般工业 Al – Mn 系合金的锰含量不宜超

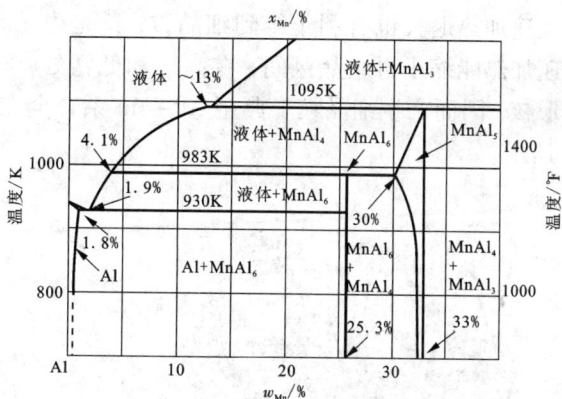

图 7 – 9　铝 – 锰二元相图

过 1.6%。另外，因 MnAl$_6$ 电极电位和铝基体十分接近，故合金耐蚀性高，大致与纯铝相当。

Al – Mn 二元相图有以下几个特点：①液相线斜率很小，等温结晶间隔甚宽；②液相线和固相线垂直结晶间隔很小，仅 0.5 ~ 1.0℃；③在共晶温度，锰在铝中的最大溶解度与共晶点成分相差很小，分别为 1.8% 和 1.9% Mn；④锰在铝中的固溶度变化很大，随温度的下降急骤减少。且锰在铝合金中扩散系数又很小，合金在半连续铸造时易产生严重的晶内偏析。由于 Mn 的严重分布不均匀，Al – Mn 系防锈铝合金合金制品退火时，极易产生粗大晶粒，致使合金半制品在深冲或弯曲时表面粗糙或出现裂纹，因此，在加工过程中须通过合适的合金化和严格控制工艺过程中组织演变，以保证获得细小均匀的晶粒结构，以保证良好的性能。

再结晶退火时出现粗大晶粒的主要原因是，在半连续铸造铸锭的晶粒和枝晶内存在有严重的锰偏析。因锰能显著地提高合金的再结晶温度，锰的晶内偏析又使合金的再结晶温度区间加宽，即不同的区域 Mn 含量不同，再结晶温度存在较大的差异，致使合金在退火时，尤其是缓慢加热退火时，低 Mn 区率先发生再结晶，而高 Mn 区不但不发生再结晶，而且会发生回复，降低储能，再结晶门槛温度提高，阻碍再结晶过程。升高温度进行退火，高 Mn 区开始发

生再结晶，但低 Mn 区晶粒已长大，这样，极易形成不均匀的粗大晶粒组织，产生所谓的"晶粒粗大现象"。为了消除这种晶粒粗大现象，可以采取如下措施：①进行铸锭均匀化退火，消除晶内枝晶偏析；②高温压延时能加速过饱和固溶体分解，增加 MnAl$_6$ 析出相质点，阻碍晶粒长大；③适当加入 Fe、Ti 等合金元素，Fe 可以降低 Mn 的晶内偏析，Ti 可以细化晶粒，故，含 Ti 及含 Fe 量较高的 Al – Mn 合金可以不进行均匀化退火。另外，采用快速加热退火也有利于得到细晶粒，这是由于快速加热能缩小再结晶区间，在高锰和低锰处

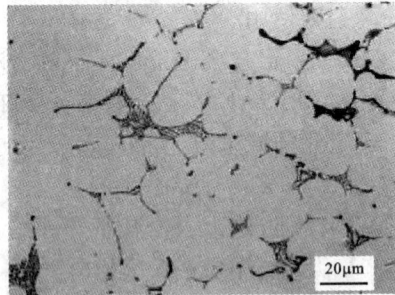

图 7 – 10　Al – Mn 系 3105
铝合金铸态显微组织

同时形核，因而产生细晶粒。典型 Al – Mn 系合金在不同加工状态 F 的组织如图 7 – 10 至 7 – 14 所示。

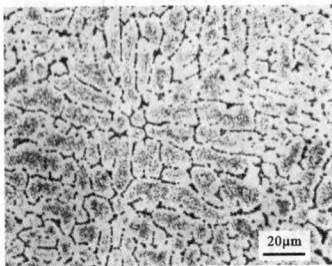

图 7 – 11　Al – Mn 系 3A21 铝合金
均匀化退火的金相显微组织

图 7 – 12　Al – Mn 系 3A21 – O 铝合金
拉拔管材的金相显微组织

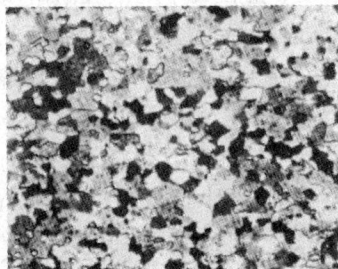

图 7 – 13　Al – Mn 系 3A21 – O 铝合金
拉拔管材的金相显微组织（偏光）

图 7 – 14　Al – Mn 系 3A21 合金半连续铸
造 – 轧制 – 退火后的粗大晶粒组织（偏光）

国内常用的 Al - Mn 系合金为 3A21(即 LF21),其典型力学性能如表 7 - 12 所示。3A21 合金中含 1.0% ~ 0.6% Mn,铸锭组织中将出现 α - Al + MnAl$_6$ 共晶。由于 Fe、Si 杂质的存在,3A21 合金由 α - Al、MnAl$_6$、(Fe, Mn)$_3$SiAl$_{12}$ 相组成。另外,3×××系合金中有的也会含有一定量的镁。镁对表面质量不利,但起固溶强化的作用,能使 Al - Mn 合金强度大为提高。国外已开始大量应用 Al - Mn - Mg 系合金,例如美国的 AA3004 合金。

3×××系铝合金强度比 1×××系纯铝的大,而抗蚀性与纯铝相当,可焊性好,抛光性好,可做各种铝制工艺品。3A21、AA3004 等合金塑性好,可以加工成板、管、棒、型及线材,用于那些承受负荷较小且要求有较好耐蚀性和焊接性的零件,如飞机油箱、汽油及润滑油导管、铆钉等。

4. Al - Si 系铝合金(4×××)

铝 - 硅二元体系状态图如图 7 - 15 所示,为简单的二元共晶相图,Si 可以少量固溶于 Al 中,随着硅含量增大,硅可以共晶硅、初生硅的形式出现在 Al - Si 合金中。

表 7 - 11 Al - Mn 系铝合金经不同加工状态后的典型力学性能

合金	状态	产品规格/mm	σ_b/MPa	$\sigma_{0.2}$/MPa	δ/%
3A21	O	板材,厚2.0	130	50	23
3A11	H14	板材,厚2.0	170	130	10
3A11	H18	板材,厚2.0	220	180	5
3003	O	薄板	110	42	35
3003	H14	薄板	130	125	15
3003	H18	薄板	200	285	7
3004	O	薄板	180	69	22
3004	H34	薄板	240	200	11
3004	H38	薄板	285	250	5
3105	O	薄板	115	55	24
3105	H14	薄板	170	150	5
3105	H18	薄板	215	195	3

常用的 Al - Si 系合金均含有 α + Si 共晶体和 β(Al$_5$FeSi) 相。由于各合金中含硅量不同,4A01、4A13 和 4A17 合金组织中的共晶体量也依次递增。4A13 和 4A17 合金中含有锰,故还有 AlFeMnSi 相出现。

含硅量约 5% 的合金经阳极氧化后呈黑色,可用于制造装饰件;用于轧制钎焊板的合金中硅含量可高达 12%。Al - Si 系合金由于具有流动性好、铸造收缩小、耐腐蚀、焊接性能好、易钎焊等优点,成为广泛应用的工业铝合金。

多数 Al – Si 合金最多的是用作铸造合金，这将在铸造铝合金中进一步介绍。Al – Si 系亚共晶合金也具有良好的加工性能，硅加入铝中具有一定的强化作用，Al – Si 变形合金主要是加工成焊料，用于焊接镁含量不高的所有变形铝合金和铸造铝合金，其次是加工成锻件，制造活塞和在高温下工作的零部件。例如，4032 由于合金可以塑性变形，且热膨胀系数小，抗蠕变和抗疲劳，常用来加工成锻件与锻坯，制造活塞及其他在高温下工作的耐热耐磨件。Ni 能提高 Al

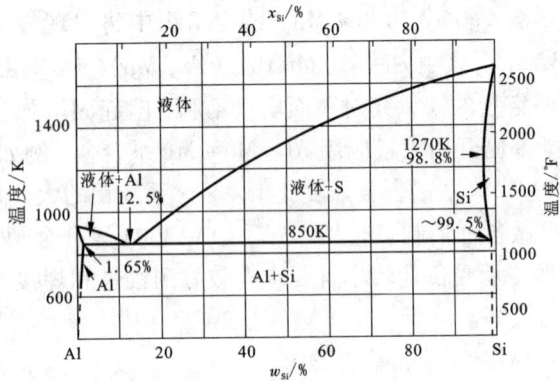

图 7 – 15　铝 – 硅二元相图

– Si 合金高温强度与硬度，且不降低其线膨胀系数。4043 合金多用于焊条，可焊接除高镁含量的铝合金以外的其他所有变形铝合金和铸造铝合金。表 7 – 10 中列出了 4043 合金经不同加工状态后的典型力学性能。

表 7 – 10　Al – Si 系铝合金 4043 经不同加工状态后的典型力学性能

合金	状态	产品规格/mm	σ_b/MPa	$\sigma_{0.2}$/MPa	δ/%
4032	T6	棒材,ϕ20	380	315	9
4043	H16	焊丝,ϕ5.0	205	180	1.2
4043	H14	焊丝,ϕ3.2	170	165	1.3
4043	H16	焊丝,ϕ1.2	200	185	0.4
4043	O	焊丝,ϕ5.0	130	50	25

5. Al – Mg 系防锈铝合金(5×××)

　　与 Al – Mn 合金一样，Al – Mg 合金也是不可热处理强化的铝合金，耐蚀性能优良，所以又称为"防锈铝"。Al – Mg 合金亦有良好的焊接性能。

　　根据 Al – Mg 二元系状态图(如图 7 – 16)，共晶温度下镁在铝中最大溶解度为 17.4%，但在半连续铸造的快速冷却条件下，溶解度仅为 3% ~6%，当镁含量超过这一值时，合金组织中将出现 α – Al + β – Mg_5Al_8 共晶体。镁含量低于 7% 时，二元合金没有明显的沉淀强化效果。当 Mg 量较高时虽然随着温度的降低镁在铝中的固溶度迅速减小，理论上可以热处理强化。但实际上 Al – Mg 系合金时效强化效果不大。由于沉淀时形核困难，核心少，沉淀相尺寸大，强化效果不明显，而且粗大的沉淀相 β – Mg_5Al_8 有沿晶界呈网状析出的倾向（严重时，需均匀化退火），反而损害合金性能。

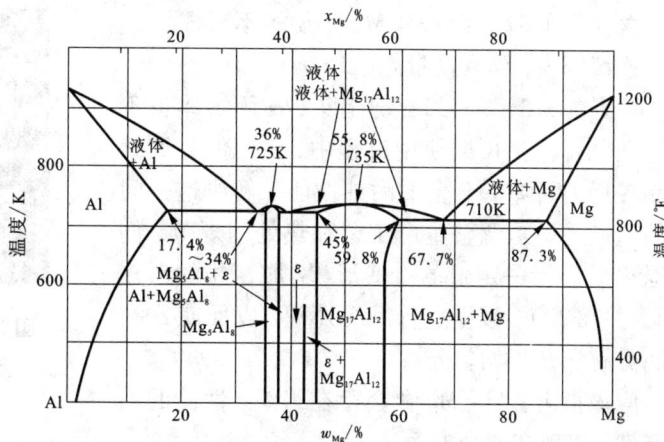

图 7 – 16　铝 – 镁二元相图

通常，随着镁含量的提高，Al – Mg 系合金强度升高，但塑性下降。除此之外，提高镁含量还会带来一些其他问题。例如，由于表面氧化膜不致密而恶化抗氧化性能，影响铸锭质量，同时高镁铝合金有时发生钠脆的倾向。在实际生产中往往用加入微量铍及避免使用钠盐熔剂等办法来解决。加入微量的 Be(0.0001% ~ 0.005%)，主要是提高 Al – Mg 合金氧化膜的致密性，降低熔炼烧损，改善加工产品的表面质量。

Al – Mg 合金中通常加入的少量或微量的 Mn、Cr、Be、Ti 等以及杂质元素 Fe 和 Si，在该系合金中，除形成少量 Mg_2Si 和 $(Mn、Fe)Al_6$ 相外，没有发现其他相。Mn 除少量固溶外，大部分形成 $MnAl_6$，可使含 Mg 相沉淀均匀，提高强度，进一步提高合金抗应力腐蚀能力。同时 Mn 还可以提高合金再结晶温度，抑制晶粒长大，并提高合金的强度，所以 Al – Mg 系合金均加有锰，其含量在 0.15% ~ 0.8% 之间。某些合金（如 5052 合金）添加一定含量的 Cr，不仅有一定的弥散强化作用，同时还可以改善合金的抗应力腐蚀能力和焊接性能，例如，5A02 合金用铬代替锰。有些合金加入钒和钛，起细化晶粒的作用。加入钒和钛主要是细化晶粒。铁和硅对 Al – Mg 系合金的强度、延伸率及抗腐蚀性能均有不良影响，尤其对塑性要求高的合金，铁、硅含量必须严格控制。5A03 中含有 0.5% ~ 0.8% 硅，目的是降低焊接时形成裂纹的倾向。铜和锌均降低合金耐蚀性，也应严格控制。

Al – Mg 系防锈铝合金一般不能采用热处理强化，需依靠固溶强化和加工硬化来提高合金力学性能，在热变形、冷变形状态及退火状态下使用，因此控制热变形、冷变形、回复与再结晶的组织演变（如图 7 – 17 和图 7 – 18 所示）对这种热处理不可强化合金尤其重要。

Al – Mg 系合金具有高的耐蚀性。例如，5A02 合金在中性介质中的耐蚀性与纯铝相当而优于 3A21；在酸性和碱性介质中稍次于 3A21。应当指出，Al – Mg 系合金优良的耐蚀性只有当 β 相沿晶内或晶界均匀分布时才能显示出来。因为 β 相的电极电位低于 α 固溶体，在腐蚀介质中起阳极作用而被腐蚀。若 β 相沿晶界呈连续网状分布，则合金呈现明显的晶间腐蚀和应力腐蚀倾向。β 相的分布状态与镁含量关系很大。含镁量低时($\leqslant 0.3\%$ Mg),β 相不形成沿晶界的连续网膜,而含镁量高($\geqslant 6\% \sim 7\%$ Mg)的合金,即使在 $315 \sim 330℃$ 充分退火,α 固溶体也不能完全分解。在长期使用过程中,β 相仍会继续沿晶界析出而降低合金的耐蚀性能。解决这一问题的途径之一是调整生产工艺和热处理规范,例如退火后进行一定量的冷变形(增加 β 相的形核点),并在 $200℃$ 以上进行沉淀处理,以促使 α 相彻底分解和 β 相均匀分布。

图 7 – 17　Al – Mg 系合金 5154 的
热加工状态的金相显微组织

应该指出,Al – Mg 合金存在组织、性能的不稳定性,表现在两个方面:

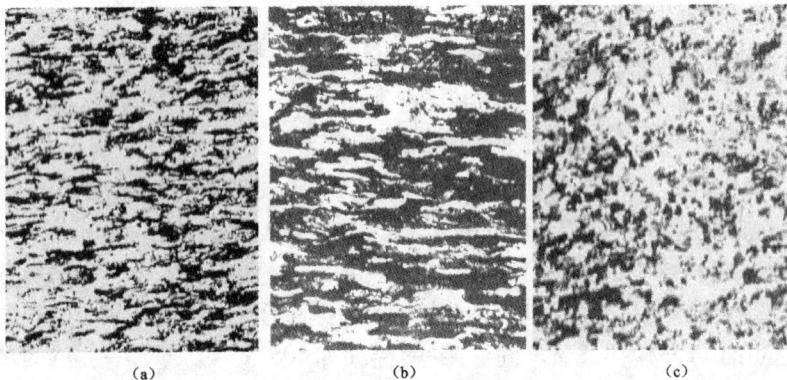

(a)　　　　　　　(b)　　　　　　　(c)

图 7 – 18　Al – Mg 系合金 5A06 的冷变形和不同退火态的金相显微组织

(a)冷变形板材;(b)240℃退火,再结晶开始;(c)280℃退火,再结晶终了

1)如果 Mg 含量较高(一般大于3%时),此时 β – Mg_5Al_8 有优先在晶界和滑移带沉淀的倾向,可能导致晶间腐蚀和应力腐蚀。即使在室温下,β 相也会缓慢析出,当冷变形程度大或加热时,β 相的析出速度加快。在 Al – Mg 合金中添加微量 Mn 和 Cr,所形成的化合物可以起到弥散强化的作用,同时可以提高再结晶温度。含 2.7% Mg – 0.7% Mn – 0.12% Cr 的 5054 合金,其抗拉强度与 Al – 4% Mg 的合金强度相当,也不存在加热时不稳定的问题,这就是 5054 合金用途广泛的原因。

2)加工硬化的合金在室温下有可能产生所谓"时效软化"。随着加工硬化速率增大,软化量也增大,即拉伸性能由于变形合金晶粒内部的局部回复而下降。这可用弛豫过程或 β 相在滑移带优先析出来解释。H3 状态可以克服这种现象,也就是使加工硬化达到稍高于要求的水平,然后加热到120～150℃使之稳定。这样可使拉伸性能降低到所要求的水平,而且也达到了稳定化的目的。

表7-11为典型的Al-Mg合金材料的性能。这类合金一般具有较高强度、优良的耐蚀性和良好的焊接性能,疲劳强度也较高,广泛用于制造内燃机和柴油机的油管,焊接油箱及其他焊接结构。

表 7-11　Al-Mg 系铝合金经不同加工状态后的典型力学性能

合金	状态	产品规格/mm	σ_b/MPa	$\sigma_{0.2}$/MPa	δ/%
5A03	H112	挤压型材,厚2.0	210	145	17
5A03	H112	管材,厚10.0	250	188	20
5A03	O	冷拉管材,厚2.0	230	133	20
5A03	H4	冷拉管材,厚2.0	285	225	12.4
5A05	O	板材,厚2.0	297	162	26
5A05	H112	板材,厚7.0	290	150	23
5A05	H112	挤压棒材,ϕ20	330	187	21
5A06	H112	管材,ϕ20	320	265	18
5A06	H112	冷拉管,壁厚2.0	325	205	20
5A06	O	轧制板材,厚2.0	345	170	25
5A06	H112	轧制板材,厚35	330	170	22
5A06	H112	棒材,ϕ100	337	205	21
5154	O	板材,厚2.0	205	75	12
5154	H32	板材,厚2.0	250	180	5
5154	H38	板材,厚2.0	310	240	3
5154	H112	板材,厚7.0	220	125	8

6. Al-Mg-Si(-Cu)系可锻铝合金(6×××)

Al-Mg-Si(-Cu)系(6×××)铝合金的最主要特点是具有良好的热塑性,与2×××中2A14、2A50、2B50、2A70、2A80、2A90、2218、2618等一样,适于生产锻件,故称"锻铝"。

(1)Al-Mg-Si 系合金

Al-Mg-Si 系合金是热处理强化的铝合金中唯一对应力腐蚀不敏感的合金。它们具有中等强度,优良的耐蚀性,可焊接性及良好的加工性能,因而在工业上得到广泛应用。

Al-Mg-Si 三元系状态图如图7-19所示,合金中的强化相为 Mg_2Si。在实际工业合金设计时,可以参考 Al-Mg_2Si 系伪二元状态图(图7-20),合金成分基本上是按形成 Mg_2Si

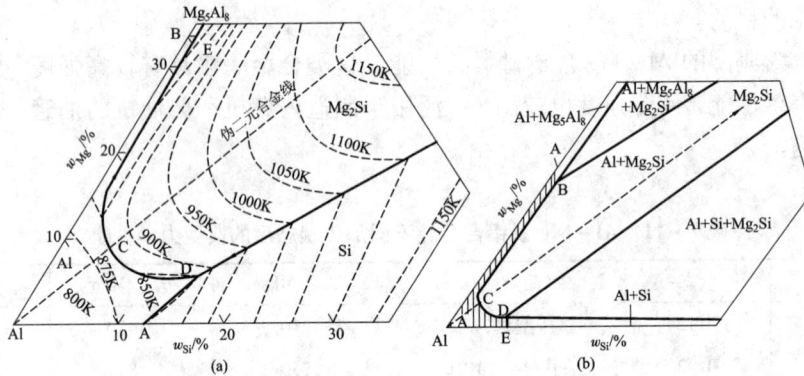

图 7 - 19 Al - Mg - Si 三元相图(a)和富铝角(b)

的化学计量比来确定 Mg 和 Si 配比。Mg_2Si 在铝中的溶解度不但与温度有关，而且与镁的含量有关。Mg_2Si 在铝中的溶解度随温度变化而明显变化。共晶温度下的极限溶解度为 1.85%，200℃ 时仅有 0.27%。在固溶处理后的时效过程中，Mg_2Si 的脱溶序列为：Al - SSSS(过饱和固溶体)→含大量空位的针状 G. P. 区→内部有序的针状 G. P. 区→棒状的 β' - Mg_2Si 过渡相→板状 β - Mg_2Si 平衡相。Al - Mg_2Si 系合金具有明显的时效强化效应。

当 Mg/Si > 1.73 时，除形成 Mg_2Si 外，尚有过剩 Mg 存在，过剩的 Mg 将显著降低 Mg_2Si 在固态铝中的溶解度。而硅过剩时则不影响 Mg_2Si 的溶解度。另外，根据 Mg、Si 和 Fe 的不同比例，可形成富 Fe 相 $Al_{12}Fe_3Si$ 和 $Al_9Fe_2Si_2$ 或它们的混合物。因

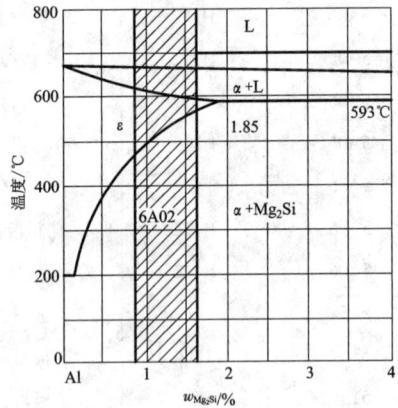

图 7 - 20 Al - Mg_2Si 伪二元状态图

此，工业用 Al - Mg - Si 系合金中的硅含量一般高于形成 Mg_2Si 所需的量，使 Si 含量适量过剩。过剩 Si 可以细化 Mg_2Si，但过量 Si 易在晶界偏析引起合金脆化，降低塑性。加入 Cr 和 Mn 可减小过剩 Si 的不良作用。

2) Al - Mg - Si - Cu 系合金

Al - Mg - Si 系合金可自然时效，但时效过程比较缓慢，而人工时效则可使合金获得显著的时效效果，因此该系合金一般采用人工时效状态。图 7 - 21、22 和 23 给出了 Al - Mg - Si - Cu 系 6A02 合金半连续铸造状态以及经加工后淬火时效态的显微组织，对于 Al - Mg - Si -

Cu 系合金, 合金的主要强化相除了 β – Mg_2Si 外, 当 Cu 含量较高时, 还可能有 θ – Al_2Cu 等相。

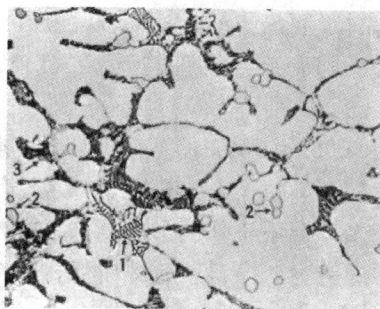

图 7 – 21 Al – Mg – Si – Cu 系 6A02 合金
半连续铸造的金相显微组织

1—Mg_2Si; 2—Al_6(FeMnSi); 3—Al_2Cu

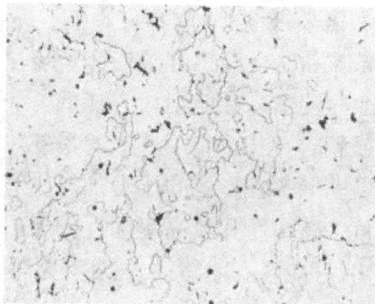

图 7 – 22 Al – Mg – Si – Cu 系 6A02 合金
淬火 + 时效后的金相显微组织

一般说来, 随着 Mg_2Si 含量增加, Al – Mg – Si 系合金的强度会增加, 但 Mg_2Si 含量增加会使 Al – Mg 系合金淬火敏感性也提高。更突出的问题是, 当 Mg_2Si 含量高于 0.9% 时, Al – Mg – Si 合金存在一个"停放效应"的现象, 即 Al – Mg – Si 合金淬火后在室温停放一段时间再人工时效的强化效果低于淬火后立即直接人工时效的强化效果。该现象的产生可能与溶质原子的团簇化有关, 室温停放时的自然时效中会发生溶质原子的团簇化, 使溶质原子在固溶体中的过饱和度降低, 当温度提高到人工时效温度时, 空位和溶质过饱和度会进一步下降, 形成稳定团簇的临界尺寸增大, 致使一些团簇继续

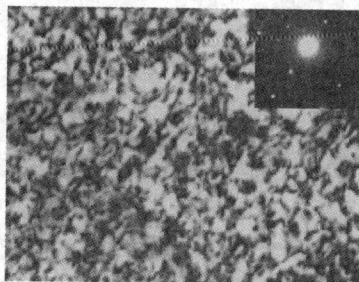

图 7 – 23 Al – Mg – Si – Cu 系
铝合金的 TEM 组织

长大, 另一些团簇则溶解。在室温停留的时间越长, 人工时效开始时的过饱和度就越低, 团簇数量也越少, 沉淀相更为粗大, 因而使力学性能降低。这一"停放效应"问题会给生产和使用带来一定的困难, 因为淬火后在室温下停留往往是不可避免的, 必须注意防止。防止措施主要包括: ①加入 Cu, 稳定空位, 或与 Mg、Si、空位形成迁移能力低的复杂原子团, 稳定 G. P. 区; ②淬后立即进行一次短时预人工时效, 使 G. P. 区长到稳定尺寸或转变成 β' 相。因此, 从合金化的角度, 在合金中加入少量铜, 于是, 在 Al – Mg – Si 系的基础上发展成 Al – Mg – Si – Cu 系合金。

Al－Mg－Si 系中加入约 0.1%～0.4% 的 Cu 能降低 Al－Mg$_2$Si 合金的时效速率,有效地减少"停放效应"。此外,加入一定量铜可形成 W(Al$_1$CuMg$_5$Si$_4$)四元相,出现 S 相和 θ 相,因而保证了合金的强度性能。但是,加铜也会降低塑性和工艺性能,对耐蚀性不利,这需加入少量锰和铬来抵消 Cu 的不良影响,提高耐蚀性,细化晶粒(阻滞再结晶)和提高强度。

一般来讲,可锻铝合金在镁、硅含量相近的情形下,随着铜含量递增,强度增高,而塑性、耐蚀性及工艺性能则相应降低。

该系铝合金中,应用最广的是 6A02、6005、6061 和 6063。6A02 的塑性最好,变形抗力小,易于进行各种形式的压力加工,适用于自由锻造、轧制、冲压等工艺操作。常用作要求中等强度、高塑性和较高耐蚀性的飞机和发动机零件以及室温下工作的形状复杂的锻件和模锻件,如各种叶轮、接头、框架支架等零件,也可加工成管材、棒材、型材和板材。6063 含 0.8%～1.2% 的 Mg$_2$Si,具有优良的挤压性能和低的淬火敏感性,可以实现"挤压淬火",即,挤压或锻造之后只要温度高于淬火加热温度,直接喷水即可达到淬火目的。6063 合金具有中等强度、高的塑性及抗蚀性,焊接性优良,冷加工性好,同时阳极氧化效果好,而且极易氧化着色,是一种使用广泛,很有前途的合金。在建筑型材和装潢用材料方面得到极广泛应用。6061 中 Mg$_2$Si 含量较高,达 1.6% 左右,时效后强度明显增加,但其淬火敏感性高,不能实现"挤压淬火"。6061 合金耐蚀性能优良,强度高于 6063 合金,可作为舰船和海洋环境使用的结构件。

7. Al－Zn－Mg(－Cu)系超高强铝合金(7×××)

A1－Cu－Mg 系和 A1－Zn－Mg(－Cu)系合金通称为高强度铝合金,前者静强度略低于后者,但使用温度却比后者高。Al－Zn－Mg(－Cu)系合金的强度比硬铝高,故有超硬铝之称。

(1)Al－Zn－Mg 系中强可焊铝合金

由 Al－Zn 二元状态图(图7－24)可知,Zn 在 Al 中极限固溶度大,且随着温度的降低 Zn 在铝中的固溶度迅速减小,但这个二元体系中并没有形成有效强化相,因此,Al－Zn 二元合金中通常需加入 Mg。由图7－25 Al－Zn－Mg 三元状态图可见,锌和镁在铝中共存时,锌和镁除和铝分别形成 β－Mg$_5$Al$_8$、γ－Mg$_3$Al$_4$、δ－Mg$_{17}$Al$_{12}$、ξ－MgZn、η－MgZn$_2$、θ－MgZn$_5$ 等二元相外,还形成 T－Al$_2$Zn$_3$Mg$_3$ 三元化合物,其中,η 相和 T 相在铝中不但有很大的溶解度,而且其溶解度随温度的升降而剧烈变化,因而 Al－Zn－Mg 合金有很高的时效强化效果。

Al－Zn－Mg 系中强可焊铝合金中 Zn 和 Mg 是主要的合金元素,η 相(MgZn$_2$)是其中的主要强化相。工业生产的 Al－Zn－Mg 系 7003 合金成分处于 Al－Zn－Mg 合金相图的 α＋T ＋η 相区内。故 7003 合金铸态组织中,除 T 外,还有 η 相。铁、硅杂质在 7003 合金组织中以 AlFeMnSi 相存在,硅还和镁生成 Mg$_2$Si 相。为了改善合金焊接性能,7003 合金中还同时加入铬、钛、锆等过渡元素。这些元素除部分溶入 α－Al 中外,还会溶入 AlFeMnSi 相中或生成 ZrAl$_3$ 初晶。因此 7003 合金的铸态相组成应为 η、T、Mg$_2$Si、AlFeMnSi,可能还有 ZrAl$_3$ 初晶。

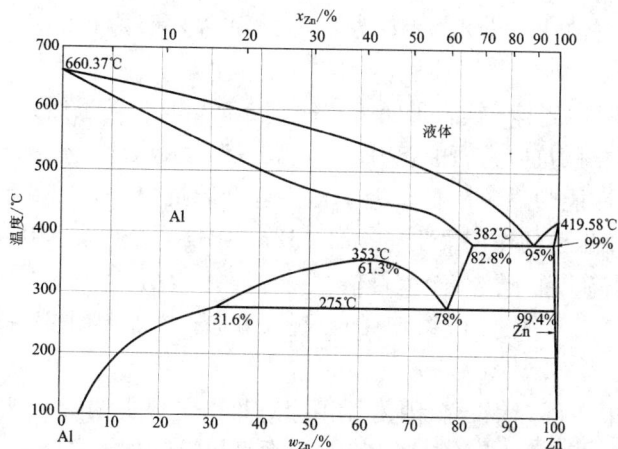

图 7 – 24　Al – Zn 二元相图

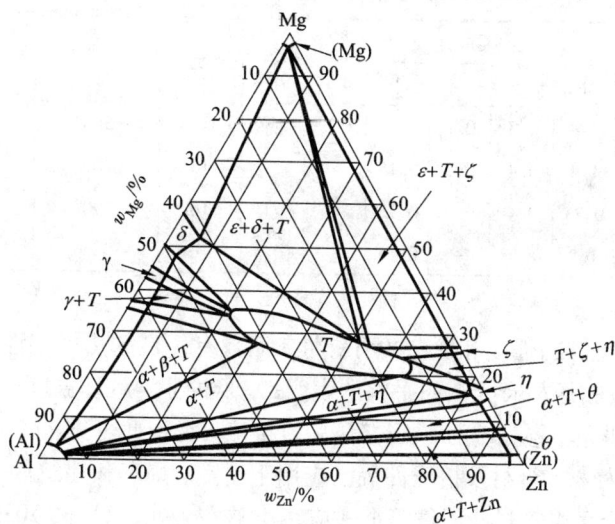

图 7 – 25　Al – Zn – Mg 三元相图

　　随着锌、镁含量的提高,合金强度和硬度也大大提高,但抗应力腐蚀性能显著降低,塑性和焊接性能也随之恶化。为了保证这些性能,必须恰当选择锌、镁含量,同时加入诸如锰、铬、锆、钛、铜等某些合金元素。在许多 Al – Zn – Mg 合金中同时含有锰、铬,它们能急剧提高热变形半成品、特别是挤压制品的再结晶温度,提高合金抗应力腐蚀性能,尤其是含5% ~7.5%(Mg + Zn)的合金,效果最为明显。锆、钛是铝合金中非常有效的变质剂,显著细化铸态晶粒、减小铸造时的裂纹倾向、减弱晶界无沉淀析出带、提高 Al－Zn－Mg 合金的可焊性。Fe、Si 对合金的耐蚀性、强度、焊接裂纹倾向等产生不良影响，必须严格控制 Fe、Si 杂质元素的含量。

对可焊铝合金而言，当锌、镁含量低于 6% ~7% 时，其强度虽然只有 400 MPa 左右，但有高的焊接性能和合格的抗应力腐蚀能力。只有锌、镁含量大于 7% 的合金，强度才能达 500 MPa 以上，但其焊接性能却显著降低。为了提高合金的抗应力腐蚀性能，经常加入少量的锰、铬、钒和铜，其中以铬的作用最明显。Al－5Zn－3Mg 合金中加入 0.45% Cr，抗应力腐蚀寿命比加同量锰者要高出几十倍甚至上百倍。铜含量由 0 增加到 0.8% ~1.0% 时，强度和抗应力腐蚀性能随之增加，但增加了焊接时的热裂纹倾向，故焊接用 Al－Zn－Mg 合金的铜含量应低于 0.3%。

Al－Zn－Mg 系中强可焊铝合金国内无国家标准牌号，美国 AA 牌号则有 7004、7005、7039 等。表 7-12 给出了国外几个 Al－Zn－Mg 系可焊铝合金的成分和力学性能。

表 7-12　Al－Zn－Mg 系铝合金经不同加工状态后的典型力学性能

| 合金 | 国别 | 主要成分/% | | | | | | | 状态 | σ_b /MPa | $\sigma_{0.2}$ /MPa | δ /% |
		Zn	Mg	Mn	Cr	Zr	Cu	Ti				
AlZnMg1	德	4.7	1.4	0.3	0.1	—	0.1	微量	T6	360	280	12
7005	美	4.5	1.4	0.4	0.1	0.15		微量	T6	400	325	14
7003	日	5.75	0.75	0.4	—	0.15		微量	T6	390	330	17
7004	加	4.2	1.5	0.45		0.15		微量	T6	395	330	14

这些合金不仅有足够的强度和优良的可焊性，而且有优良的热加工性能，适于扎制、挤压和锻造；抛光性能好，挤压材有光洁而平整的表面；有低的固溶处理温度，对淬火冷却速度不敏感。由于固溶处理温度范围宽，适于进行挤压后直接淬火。由此可见，Al－Zn－Mg 系合金工艺性能优良。这些合金板材、管材及挤压件等已应用于航空、汽车和建筑等焊接结构方面。高强度 Al－5Zn－3Mg 合金多以管材及锻件等形式应用于航空工业。另外，7039 合金不但焊接性能好，而且在低温下仍有优良的机械性能，可做冷冻条件下工作的结构材料。

（2）Al－Zn－Mg－Cu 系超硬铝合金

Al－Zn－Mg 系在 20 世纪 30 年代开始研究，高锌、镁含量的 Al－Zn－Mg 系合金强度高，但由于存在严重的应力腐蚀现象未得到应用。直至 40 年代初，在 Al－Zn－Mg 合金基础上，加入 Cu、Mn、Cr 等元素开发出塑性、抗应力腐蚀和抗剥落腐蚀的性能良好的 7075 合金，从此 Al－Zn－Mg－Cu 系超硬铝合金才在工业上得到广泛应用。70 年代以后，在 7075 合金的基础上，开发出了几种新合金，例如，为了提高强度，通过增加 Zn、Mg 元素含量，开发出

7178 合金；为了提高塑性和锻件的均匀性，通过降低 Zn 含量，产生了 7079 合金；为了获得良好的综合性能，通过调整 Zn/Mg 比、提高 Cu 含量以及以 Zr 代 Cr，研制出了 7050 合金；通过降低 Fe、Si 杂质含量和纯净化手段，开发出了韧性和抗应力腐蚀性能更好的 7175 合金和 7475 合金。近年来，国内外均在大力开发高强、高韧、高均匀的新一代高强铝合金，以满足航空、航天等部门的需求。

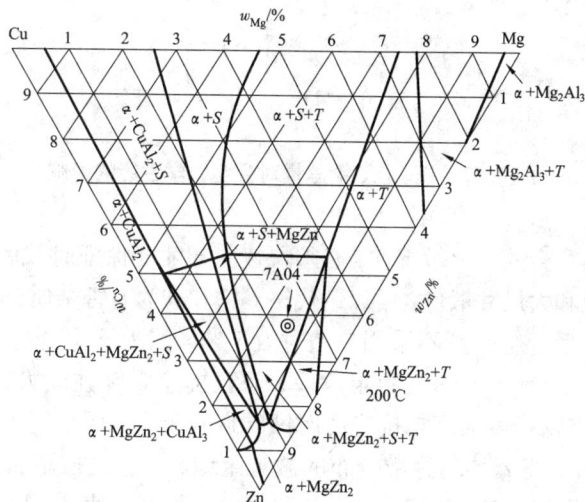

图 7 – 26　Al – Zn – Mg – Cu 四面体中含 90% Al 平面上 200℃时相区的分布

图 7 – 26 给出了 Al – Zn – Mg – Cu 四面体中含 90% Al 平面上 200℃时相区的分布。Al – Zn – Mg – Cu 系超硬铝合金中主要强化相有 η – $MgZn_2$ 和 T – $Al_2Zn_3Mg_3$ 相，随 Cu 含量增加，可能还增加一些含 Cu 的强化相。对于 Al – Zn – Mg – Cu 系超硬铝合金，w_{Zn}/w_{Mg} 值高时，强度也高，热处理效果好，应力腐蚀敏感性高；比值低时，焊接性好，淬火敏感性低，但强度下降。锌、镁、铜的总含量决定合金的性能，增加合金中的锌、镁含量使强度提高，延伸率降低，并使合金的抗应力腐蚀性能降低。当总含量大于 9% 时，强度特高，而抗蚀性、成型性、焊接性则不好；总含量为 6% ~8% 时，强度仍高，但成形性能及焊接性能则好得多；总含量下降到 5% ~6% 时，具有极好的加工性能，应力腐蚀敏感性也比较低。图 7 – 27 为锌、镁、铜总量对合金力学性能的影响。

铜对强度的有利影响与固溶强化及生成强化相 S 有关，而改善应力腐蚀性能则是由于铜能降低晶内和晶界之间的电位差，使腐蚀得以均匀进行。除 Zn、Mg、Cu 之外，合金中往往加入少量 Cr、Mn、Zr 等元素。这些元素可强烈提高合金的再结晶温度，有效地阻止晶粒长大，可细化晶粒并保证热加工及热处理后保持未再结晶或部分再结晶的纤维组织，使强度相应提高，抗应力腐蚀性也较好。在改善抗应力腐蚀性能方面，铬的效果最好，锰的作用较弱。添

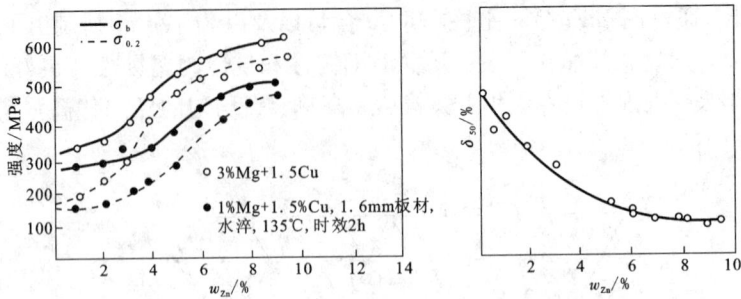

图 7 - 27　锌、镁、铜总量对合金力学性能的影响

加铬、锰的缺点是提高合金的淬火敏感性，必须快速冷却才能保证时效后的强度。锆代铬可提高淬透性，故对于厚板和大尺寸锻件，常以锆代铬。铁和硅为有害杂质，应尽量降低其含量。

　　Al - Zn - Mg - Cu 系合金一般不采用自然时效工艺，因为该系合金 G. P. 区形成缓慢，自然时效过程往往延续几个月才能达到稳定阶段，而且抗应力腐蚀能力也低于人工时效状态。超硬铝在单级时效时难以获得强度与抗应力腐蚀的良好配合，而采用多级时效或形变热处理或回归再时效处理，可获得 ζ 均匀弥散分布的微观组织，尤其是控制晶界无沉淀带。

　　国内常用的两个超硬铝合金的牌号、成分和力学性能列于表 7 - 13。

表 7 - 13　Al - Zn - Mg - Cu 系铝合金经不同加工状态后的典型力学性能

合金	状态	产品规格/mm	方向	σ_b/MPa	$\sigma_{0.2}$/MPa	δ/%
7A04	T62	板材,厚3.0	LT	563	495	11.7
7A04	T6	板材,厚3.0	LT	560	488	9.5
7A04	O	板材,厚3.0	LT	219	—	16.4
7A04	T6	棒材	L	609	569	7.7
7A04	T6	型材	L	594	558	8.3
7A04	T6	模锻件	L	575	535	9.0
7A04	T6	模锻件	LT	544	509	8.7
7A04	T6	模锻件	ST	525	480	8.2
7A09	T62	板材,厚2.0	T	470	400	7
7A09	T6	板材,厚2.0	T	480	410	7
7A09	O	板材,厚2.0	T	245	—	10
7A09	T6	挤压棒材	L	510	420	7
7A09	T6	挤压型材	L	540	460	6
7A09	T74	挤压型材	L	500	440	6

7A04 合金与美国的 7075、前苏联的 B95 相当，是应用最早和最广的超硬铝合金。它可以板、型材和模锻件等应用于飞机结构件中。7A04 的主要相组成物是 α、$MgZn_2$、T 和 S 相，由于加入锰和铬，还可能有锰铬相存在。其主要缺点是热强性低，对工作温度非常敏感。因此，7A04 合金只能在 120℃ 以下工作。7A03 与 7A04 相近，是铆钉用超硬铝，塑性高。为了使 7A03 合金获得高的塑性和铆接性能，不仅将杂质铁和硅降低到最低限度，不加锰和铬，而且降低了对塑性不利的镁含量，提高了锌的含量。

Al – Zn – Mg – Cu 系超硬铝合金另一缺点是耐蚀性低。为了解决这个问题，除了采用合适的热处理来改善组织性能外，通常也需包铝保护，其包铝层的成分为 Al – 1% Zn 合金。对于不能包铝的挤压材及锻件，可用阳极氧化处理法镀上氧化膜予以保护。

随着现代科技高速发展，世界各国对研制开发高强铝合金给予了极大的重视，其中最具代表性的是美国和俄罗斯。自美国开发 7075(1943 年) 和俄罗斯研制 B95(1944 年)以来，高强铝合金经历了 20 世纪 60 年的长足发展，开发了 30 多个高强(或超高强)铝合金牌号。高强铝合金合金向高合金化、低 Fe、Si 杂质含量发展，热处理状态沿着 T6→T73→T76→T74→T77 方向发展，以控制合金组织演变，达到晶界沉淀相、无析出带和基体沉淀相的最佳配合。几种典型 7××× 合金热处理后的性能见表 7 – 14。

表 7 – 14　7XXX 系超高强铝合金力学性能

合金牌号	热处理状态	σ_b/MPa	$\sigma_{0.2}$/MPa	δ/%
7075	T6	572	503	11
	T73	503	434	13
7475	T651	524	462	6
7050	T6	556	502	12.8
	T76	541	491	12.1
	T74	510	455	11.0
	T73	497	423	14.9
7150	T7651	606	572	12
	T7751	606	565	12
	T77511	648	613	12
7055	T7751	648	634	11
	T77511	661	641	10

8. Al – Li 系合金

(1)合金特点

锂是自然界最轻的金属元素，密度小，约为 0.534×10^3 kg/m³，是铝密度的五分之一。铝中加锂可使合金密度大为降低。可显著提高合金的弹性模量。Al – 2.8% Li 合金的密度为 2.49×10^3 kg/m³，比高强度的 2A12 合金的密度（2.78×10^3 kg/m³）低得多。Al – 2.84% Li 合金挤压件在最高强度状态下的弹性模量为 80.6GPa，而 2024（相当于 2A12）合金挤压件淬火 +1% ~ 3% 拉伸矫直 + 自然时效（T351）状态下的弹性模量为 74.5GPa。

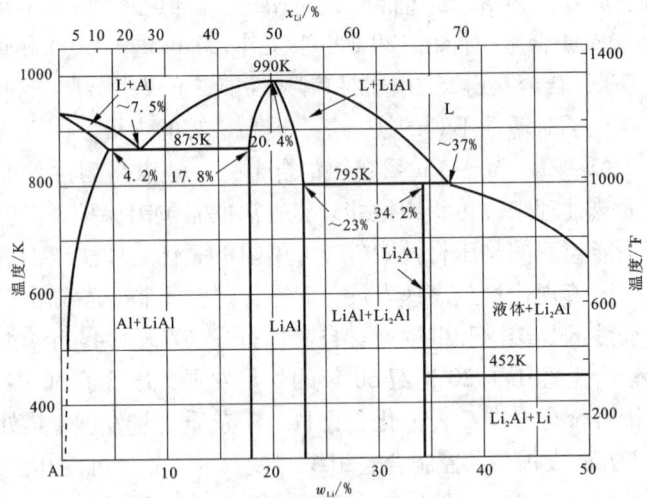

图 7 – 28　Al – Li 二元相图

Al – Li 系合金亦泛指含 Li 的铝合金。Li 在 Al 中溶解度大，最大固溶度可达 4.2%（摩尔分数为 13.9%），并且随温度变化固溶度有变化显著（图 7 – 28），因此，Al – Li 系合金具有明显的时效强化效果。另外，Al – Li 系合金的疲劳裂纹扩展速率很低，耐蚀性很好。总之，Al – Li 合金是一种很有发展潜力的轻质结构材料，具有高强度，高弹性模量、低密度、低的裂纹扩展速率和极好的耐蚀性，特别是对于航空、航天领域有着十分重要的意义。

(2)发展概况

Al – Li 合金的研究与开发可追溯到 20 世纪 30 年代，其合金化、生产工艺研究和新型合金的开发在早期就得到了长足发展。美国铝业公司于 1957 年研制了 Al – Cu – Li 系的 2020 合金（Al – 4.5Cu – 1.2Li – 0.5Mn – 0.2Cd），并用以制造侦察机主翼的上下蒙皮。前苏联在 20 世纪 60 年代也研制了类似 2020 的 ВАД23 合金（Al – 5.3Cu – 1.2Li – 0.6Mn – 0.17Cd）和 1420 合金。因为 2020 合金韧性低，特别是缺口敏感性高，生产工艺上也存在一些问题，故美国于 1969 年停止生产。20 世纪 70 年代中期以来，Al – Li 系合金的研究又引起人们的重视，并再度进入发展高潮，其中最有代表性的合金是俄罗斯研制成功的 1420 合金，美国 Alcoa 公司研制出的 2090 合金，英国 Alcan 公司的 8090 和 8091 合金，法国 Pechiney 公司开发出的 2091 合金等。这些铝锂合金具有密度低、弹性模量高等优点，其主要目标是直接替代航空航天飞行器中采用的传统铝合金 2024、7075 等。进入 90 年代以后，人们针对铝锂合金本身仍存在的诸如不可焊、各向异性、塑韧性低、缺口效应强等问题，开发出了一些具有一定特殊优势的铝锂合金，主要有高强可焊的 1460，低各向异性的 AF/C – 489、AF/C – 458 合金，高强高韧的 2097、2197 合金等。现在，国外 Al – Li 合金在航天航空领域的应用已进入实用阶段。俄罗斯在 Mig29，Su – 27，Su – 35 等战斗机及一些中、远程导弹弹头壳体上都采用了 1420 合金构件。

部分 Al – Li 系合金的成分和力学性能分别列于表 7 – 15 和表 7 – 16。

表 7 – 15　美国军方实验室研发的部分 Al – Li 系合金的化学成分

Alloy	Cu	Mg	Li	Zr	Si	Fe	其他成分	研制者
Weklalite049	2.3 ~ 5.2	0.25 ~ 0.8	0.7 ~ 1.8	0.14	0.10[a]	0.10[a]	Ag:0.25 ~ 0.8	
Weklalite210	4.5	0.4	1.3	0.14	0.10[a]	0.10[a]	Ag:0.4、Zn:0.5	
AF/C489	2.7	0.3	2.1	0.05	0.10[a]	0.10[a]	Mn:0.3、Zn:0.6	美空军莱
AF/C458	2.7	0.3	1.8	0.08	0.10[a]	0.10[a]	Mn:0.3、Zn:0.6	特实验室

注：a 表示允许的最大含量。

表 7 – 16　部分 Al – Li 系合金的力学性能

合金牌号	材料状态	σ_b/MPa	$\sigma_{0.2}$/MPa	δ/%	K_{IC}/(MPa·m$^{1/2}$)
1460	20 mm 厚板	570	490	8.0	—
	挤压型材	620	530	0.8	—
	冷轧薄板纵向	540	485	6.0	—
	冷轧薄板横向	560	495	8.0	—
	冷轧薄板 45°	530	470	11.0	—
Weldalite049	挤压棒材 T6	720	681	3.7	—
	挤压棒材 T8	714	692	5.3	—
2094	挤压棒材 T6	706	672	4.5	—
	挤压棒材 T8	717	696	8.5	—
2095	挤压棒材 T6	718	683	3.8	—
	挤压棒材 T8	700	667	8.0	20
2195	7.8 mm 板 T6 纵向	612	581	9.8	—
	7.8 mm 板 T6 横向	592	551	12.1	—
	7.8 mm 板 T6 45°	522	489	12.6	—
Weldalite210	挤压棒材 T6	758	731	2.8	—
	挤压棒材 T8	751	733	7.5	—
2197	38 mm 厚板 T8(L)	440	420	4.0	—
	38 mm 厚板 T8(LT)	440	420	8.0	—
	38 mm 厚板 T8(ST)	420	380	2.0	24.2
AF/C489	热轧厚板 T8 纵向	550	500	3.0	42.4
	热轧厚板 T8 横向	538	468	1.5	33.6
	热轧厚板 T8 45°	545	474	3.0	37.9
AF/C458	12.7 mm 厚板 T8 纵向	530	496	10.7	—
	12.7 mm 厚板 T8 横向	544	475	8.9	—
	12.7 mm 厚板 T8 45°	503	419	12.8	—

目前，国内外注册的 Al－Li 合金大体上有三个体系，即 Al－Li－Zr，Al－Li－Cu 系和 Al－Li－Mg 系。当前，在航空航天工业中获得应用的 Al－Li 合金主要有：1420、Weldalite 049、2090、2091、2094、2095、2195、X2096、2197、8090、8091、8093 等等。

（3）微合金化

Al－Li 合金的塑性差，断裂韧性和短横向强度较低，且力学各向异性明显，主要原因是合金对有害杂质具有较高的敏感性。微合金化是解决这些问题的良好方法之一。

稀土元素的添加可以改善合金超塑性、热变形性、抗腐蚀性、焊接性等，并能减轻杂质的危害。俄罗斯系统地研究了 16 种稀土元素在 Al－Li 合金中的作用，证明 Sc、Ce、Y 是 Al－Li 合金中最有效果的稀土元素，发展出一系列含 Sc 的 Al－Li 合金。Sc 是 3d 过渡族元素，又是稀土元素，在 Al－Li 合金中兼具两者的作用，可提高合金强度、塑性、抗蚀性、焊接性，降低热裂纹敏感性。从微合金化效果而言，Sc 是其他元素不可取代的，但其价格极高，仅因加 Sc 就使合金成本大幅增加。Sc 在高 Cu 含量的 Al－Li 合金中易形成有害 $Al_{4\sim8}Cu_{2\sim4}Sc$（W）相，不利于有效地发挥其 Sc 合金化的优势。而 Ce 的价格便宜，一般添加量为 0.04%～0.16%，利用 Ce 微合金化，不仅可改善合金性能，且对成本影响很小。

对于含 Ag 的 Al－Li 合金，Ag 富集在 δ' 粒子中置换 Al 或 Li 原子，增大 δ' 粒子与基体的错配度而起强化作用，同时，Ag 减小 Li 在 Al 中的固溶度，使析出的 δ' 粒子体积分数增大。另外，研究发现 Cd、In、Be、Zn 也能提高 Al－Li 合金的时效效果。过渡族元素（Zr、Ti、Hf、Mn、Cr、V 等）由于特殊的电子结构和独特的性质，添加到 Al－Li 合金中对合金的性能有显著的改善，其中 Zr 的作用最大，既是最好的变质剂，又能提高再结晶温度，阻碍位错滑移，提高合金塑性和断裂韧性，现在常用的 Al－Li 合金也大都含有一定量的 Zr。

（4）制备方法

Al－Li 合金的制备方法主要有两大类：一类是铸锭冶金法（IM），另一类是粉末冶金法（PM）。

铸锭冶金法（IM）是 Al－Li 合金的主要生产方法。但由于锂的化学性质活泼，采用此方法熔炼 Al－Li 合金时，必须加保护气氛。通常 Al－Li 合金的熔炼炉大多采用密闭式，在惰性气体保护下，快速感应加热熔炼，有利于铸锭质量的提高。但该方法制备的 Al－Li 合金中锂的质量分数不超过 3%，很难满足要求。

粉末冶金法（PM）是一种能制备复杂形状近净形产品的生产技术，也是生产 Al－Li 合金的重要方法。由于冷却速度较高（可达 $10^3℃/s$），大大提高了合金元素的溶解度，使微观组织均匀细小，减少了偏析，从而改善了合金塑性，提高了合金强度。但该工艺流程长、粉末易氧化、成本高等。

7.1.4　铸造铝合金

铸造铝合金是铝合金的一个重要组成部分，广泛应用于交通运输和汽车制造等工业部门。工程应用的铝合金铸件，可以采用任何一种铸造工艺进行生产。根据使用性能的要求和批量大小，可以分别采用砂型模、永久模、熔模、压铸、真空吸铸、流变铸造等生产方法。这些生产工艺简便，同时铸造铝合金力学性能和工艺性能优良。

图 7 – 47　铸造 A1 – Si 合金的典型金相显微组织
(a)亚共晶；(b)共晶；(c)过共晶

优秀的铸造铝合金应当含有适量的共晶体以提高流动性，不易形成冷热裂纹，能用热处理或其他方法提高强度，且具有良好的耐蚀性和切削加工性能。铸造铝合金一般分为四大类，即 Al – Si 系、Al – Cu 系、Al – Mg 系、Al – Zn 系。

1. Al – Si 铸造合金

Al – Si 系合金又称"硅铝明"，以硅为主要合金化元素的铸造 Al – Si 合金是重要的工业铸造合金之一，是品种最多，应用最广的铸造铝合金。亚共晶、共晶、过共晶 Al – Si 合金都有着广泛的工业应用。亚共晶和共晶合金的组织由韧性的 α – Al 固溶体和硬脆的共晶硅相组成，铸造 Al – Si 合金的典型金相显微组织如图 7 – 29 所示。铸造 A1 – Si 合金强度高，有一定塑性，流动性好，缩松少，线胀系数小，有良好的气密性和较好的耐蚀性、焊接性。过共晶合金中含坚硬的初生硅相，有良好的耐磨性、低的线胀系数和极好的铸造性能，已成为内燃机活塞的专用合金。

二元 A1 – Si 合金虽然有着良好的铸造性能、优良的气密性和耐磨性，但强度较低，耐热性能差，往往加入合金化元素以改善其性能。加入 Mg，可生成 β – Mg_2Si 相，可以通过热处理使合金强化。在 Al – Si – Mg 系中加入 Cu，随 Cu 含量的增加，合金强度显著增加，伸长率下降，而耐热性能提高。同时加入 Mg 和 Cu，比单独加入其中一种元素所获得的热处理效果要好。由于希望出现比 β 相耐热的 θ 相，因此常将 Cu/Mg 质量比保持在 2.5 左右。

A1 – Si 合金共晶体中的硅相，在自发生长条件下会长成片状，这种片状脆性相会严重地割裂基体。力学性能低，而且这种组织一旦形成即使在高温下长期退火也无法改善。为了改善 Al – Si 合金的组织和性能，必须使初晶硅和共晶中的硅相细化，通常在熔体中加入氟化钠与氯盐的混合物，或加入微量的纯钠，或加入 Sr 等其他变质剂进行变质处理。

ZL102 是典型的二元 Al – Si 合金，含硅量为 10% ~ 13%，正好处于共晶点附近（共晶成分为 11.7% Si），其组织几乎全部由共晶组成。因此，该合金流动性好，铸件热裂倾向小，同时焊接性、耐蚀性和耐热性都相当好。但结晶时生成大量分散缩孔，致密度不高。ZL102 合金热处理强化效果不大。生产上该合金一般只进行退火：300℃ ±10℃，保温 2 ~ 4 h 空冷或炉冷。

ZL102 经变质后强度提高不多，满足不了负荷较大的零件的要求。为提高硅铝明的强度，可在降低硅含量的同时向合金中加入能形成 CuAl₂（θ 相）、Mg₂Si（β 相）和 Al₂CuMg（S 相）等强化相的合金元素。这样的合金经淬火时效处理后强度可进一步提高。例如，ZL101 中含硅量较少（6% ~ 8% Si），但加入了少量镁（0.2% ~ 0.5%），可形成 Mg₂Si，经变质处理并淬火时效后，强度可达 196 ~ 226 MPa。若减少硅含量时加入少量铜，就得到 ZL107 合金。此合金强化相为 CuAl₂，经淬火及人工时效后强度可达 245 ~ 275 MPa，可用于强度和硬度要求较高的零件，但耐蚀性较低。向 Al – Si 合金中同时加入铜和镁可得到 Al – Si – Cu – Mg 系铸铝合金，ZL110、ZL105、ZL108、ZL109 均属此类。这些合金的强化相有 CuAl₂、Mg₂Si 及 S 相等，使合金在淬火时效后获得很高的强度和硬度。此类合金常用来制造形状复杂，性能要求较高和在较高温度下工作的零件以及承受重载荷的大铸件。

2. Al – Cu 铸造合金

Al – Cu 系铸造合金是耐热性能最好的铸造铝合金。根据 Al – Cu 二元相图（图 7 – 30），该系金属的大型凝固组织为 Al + Al₂Cu 二元共晶组织（图 7 – 31）。

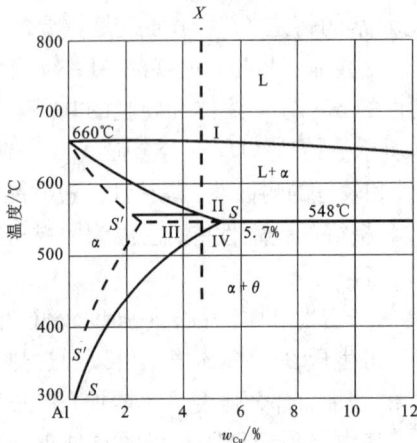

图 7 – 30 Al – Cu 合金的非平衡凝固过程

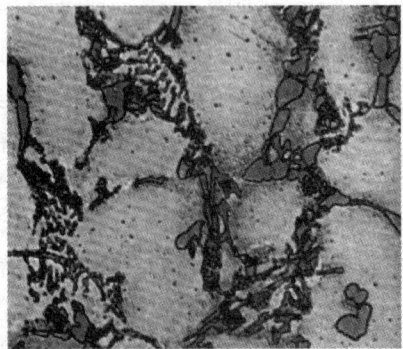

图 7 – 31 铸造 Al – Cu 合金铸态组织（化染）

Al – Cu 二元合金有 ZL202 和 ZL203 合金。Cu 在 Al 中的极限溶解度为 5.7%，但随着温度的下降，Cu 在 Al 中的溶解度减小，室温时为 0.05%。在淬火时效过程中，Cu 在 Al 中可形成 θ' – CuAl$_2$ 强化相，因此，Al – Cu 系铸造合金可热处理强化。在淬火时效状态下，合金具有较高的力学性能。在 350℃ 以下合金有良好的耐热性能。Cu 含量一般应控制在 5% 左右，过低强化不足，过高则固溶处理后的组织中将有未溶的 CuAl$_2$ 存在，会降低合金的塑性。Cu 含量约为 10% 的 Al – Cu 铸造合金，多用于高温下强度和硬度都要求高的零件。

对于含 Cu 量小于 5% 的 Al – Cu 系铸造合金，由于铸造时冷却较快，固相线向 Al 的一侧移动(如图 7 – 48 所示)，使原来含 Cu 低于 5.7% 的固溶体型合金变成亚共晶型合金，结晶时发生 L→Al + Al$_2$Cu 二元共晶反应。如含 4.5% Cu 的 ZL203 合金的金相组织中就有较多的 Al + Al$_2$Cu 共晶组织。含 Fe 量较高时，合金组织中除有 Al、Al$_2$Cu 相外，还可能有 Al$_7$Cu$_2$Fe 相、Al$_3$Fe 相。含有少量 Mg 的合金，会产生 Al$_2$CuMg 相。

在 Al – Cu 系铸造合金中添加 Mn、Ni、Fe，可提高其耐热性能。通常还加入 Ti 或稀土元素以细化晶粒。另外，有时也添加 2% ~3% Si，来改善其铸造工艺性能，添加少量的 Cd，添加微量 V、Zr、B 来影响合金脱溶过程和细化组织。

Al – Cu 合金切削性能好，焊接性尚可，但结晶范围宽，铸件缩松倾向大，流动性低，铸造性能较差，对工艺要求严格，气密性和耐蚀性较低。该类合金的重要用途是铸造柴油发动机活塞和航空发动机缸盖等，其应用范围仅次于 Al – Si 铸造合金。

3. Al – Mg 铸造合金

Al – Mg 铸造合金室温力学性能高，切削性能好，耐蚀性优良，在铸造铝合金中耐蚀性最好的，可在海洋环境中服役，但长期使用时又产生应力腐蚀倾向，且熔铸工艺性能差。

Mg 在 Al 中的最大溶解度在共晶温度时达 14.9%，共晶组织为 $\alpha + \beta$(Mg$_2$Al$_3$)虽然 Mg 在 Al 中有很大的固溶度，但 Mg 含量低于 7% 时，二元合金没有明显的沉淀强化作用。因此，Al – Mg 变形合金属于热处理不可强化的合金。铸造 Al – Mg 合金中，ZL301 和 ZL305 合金 Mg 含量均在 7% 以上，可进行热处理强化。而 ZL303 合金 Mg 含量较低，热处理强化效果不明显。Al – Mg 铸造合金多在铸态下使用。

Al – Mg 系铸造合金主要牌号如表 7 – 17 所示。在 Al – Mg 铸造合金中加入微量的 Be，可大大增加合金熔体表面氧化膜的致密度，提高合金熔体表面的抗氧化性能，从而改善熔铸工艺，并能显著减轻铸件厚壁处的晶间氧化和气孔，降低力学性能的壁厚效应。加入微量的 Zr、B、Ti 等晶粒细化剂，能明显细化晶粒，并有利于补缩，使 β 相更为细小，提高热处理效果。它们可以单独使用，其中 Zr 的作用最强。

Al – Mg 铸造合金常用作承受高的静、动负荷以及与腐蚀介质相接触的铸件，例如作水上飞机及船舶的零件、氨用泵体等。

表 7 – 17   Al – Mg 合金的化学成分 (摘自 GB/T 1173—1995)

合金牌号	合金代号	主 要 元 素 / %						Al
		Si	Mg	Zn	Mn	Ti	其他	
ZAlMg10	ZL301	—	9.5 ~ 11.0	—	—	—	—	余量
ZAlMg5Si	ZL303	0.8 ~ 1.3	4.5 ~ 5.5	—	0.1 ~ 0.4	—	—	余量
ZAlMg8Zn1	ZL305	—	7.5 ~ 9.0	1.0 ~ 1.5	—	0.1 ~ 0.2	Be0.03 ~ 0.1	余量

4. Al – Zn 铸造合金

Al – Zn 系铸造合金具有中等强度，形成气孔的敏感度小，焊接性能良好，热裂倾向大，耐蚀性能差。

Zn 在 Al 中的最大固溶度达 70%，室温时降至 2%，室温下没有化合物，因此在铸造条件下 Al – Zn 合金能自动固溶处理，随后自然时效或人工时效可使合金强化，节约了热处理工序。Al – Zn 系铸造合金可采用砂型模铸造，特别适宜压铸。

Al – Zn 系铸造合金主要牌号如表 7 – 18 所示。Al – Zn 合金强度不高，需进一步合金化。加 Si 可进一步固溶强化，在 Al – Zn – Si 系合金 (如 ZL401) 中加入 Mg，形成 Al – Zn – Mg 系合金 (如 ZL402)，强化效果明显。合金加 Cr 和 Mn，可使 $MgZn_2$ 相和 T 相均匀弥散析出，提高强度和提高抗应力腐蚀能力。Al – Zn 铸造合金中加 Ti 和 Zr 可以细化晶粒。

表 7 – 18   Al – Mg 合金的化学成分 (摘自 GB/T 1173—1995)

合金牌号	合金代号	主 要 元 素 / %					Al
		Si	Mg	Zn	Ti	其他	
ZAlZn11Si7	ZL401	6.0 ~ 8.0	0.1 ~ 0.3	9.0 ~ 13.0	—	—	余量
ZAlZn6Mg	ZL402	—	0.5 ~ 0.65	5.0 ~ 0.65	0.15 ~ 0.25	Cr0.4 ~ 0.6	余量

Al – Zn 铸造合金适宜于制造需进行钎焊的铸件。

另外，值得注意的是，除了四大类铸造铝合金外，有时也把 Al – RE (稀土) 归为一类。

7.2　铜及铜合金

铜及铜合金有着广泛的应用，是人类历史上最早应用的一种金属材料，早在 3700 多年前我国商代就开始使用青铜制造鼎和各种兵器。

铜是极其宝贵的有色金属，它具有美丽的颜色，优良的导电、导热、耐蚀、耐磨等性能，容易提取、加工、回收，在国民经济和人民生活中被广泛应用。主要用作导电、导热并兼有耐蚀性的器件,如导电元件、换热元件、输油管道等,也可以制造各种铜合金,用于制造弹性元件以及诸如轴承、衬套、齿轮等抗磨零件,是航天航空、电气仪表、机械、化工、造船等工业部门的重要材料。铜及铜合金仍旧是应用最广的金属材料之一,在产量上仅次于钢和铝而居第三位的金属材料。铜及铜合金习惯上可分为紫铜、黄铜、青铜和白铜四大类。它们已成为不可或缺的现代工程材料,铜工业也成为现代大工业的重要组成部分。

7.2.1　铜及铜合金的分类及牌号

铜及铜合金按成型方法分类,可分为变形铜合金和铸造铜合金。我国习惯按色泽分类,一般分为紫铜、黄铜、白铜、青铜等四大类,其中紫铜即纯铜,黄铜、白铜、青铜为铜合金。

1. 紫铜

紫铜牌号用汉语拼音字母"T"加顺序号表示,如 T1、T2、T3 等,数字增大表示纯度降低。紫铜的主要品种有无氧铜、磷脱氧铜、银铜等。无氧铜以"TU"加顺序号表示,如 TU1 和 TU2。TUP 表示磷脱氧铜。

2. 黄铜

黄铜系指铜与锌为基础的合金,又可细分为简单黄铜和复杂黄铜二种,而复杂黄铜中又以第三组元冠名,例如铝黄铜、锡黄铜、镍黄铜、硅黄铜等。

简单黄铜为 Cu – Zn 二元合金,以"H"表示,H 后面的数字表示合金的平均含铜量,如 H70 表示含铜量为 70%,其余为锌。

复杂黄铜是在 Cu – Zn 合金中加入少量铅、锡、铝、锰等,组成三元,四元,甚至五元的合金。第三组元为铅的称铅黄铜,为铝的称铝黄铜,如 HSn70 – 1 表示含 70% Cu,1% Sn,余为锌的锡黄铜(三元复杂黄铜),四元、五元合金则以第三种含量最多的元素称呼,例如:HMn57 – 3 – 1 表示含 57% Cu、3% Mn、1% Al,余为锌的锰黄铜(四元复杂黄铜):HAl66 – 6 – 3 – 2 表示含 66% Al、6% Al、3% Fe、2% Mn,余为锌的铝黄铜(五元复杂黄铜)。

3. 白铜

白铜是指铜为基,镍为主要合金元素的铜镍系合金。以 B 表示,例如 B10 表示含 Ni 量为 10%,其余为铜;B30 为 30% Ni,余为铜的铜镍合金。

4. 青铜

青铜是指除黄铜(以 Zn 为主要合金元素)和白铜(以 Ni 为主要合金元素)之外的铜基合金。青铜按主加元素(如 Sn、Al、Be 等)分别命名为锡青铜、铝青铜、铍青铜,并以 Q 加上主添元素化学符号及百分含量表示,如 QSn6.5 – 0.1 表示含 6.5% Sn、0.1% P,余为铜的锡磷青铜。QAl5 表示含 5% Al,余为铜的铝青铜。QBe2 为含 2% Be,余为铜的铍青铜。

四种铜合金系的相图、成分和力学性能的关系如图 7 – 32 所示。铜及铜合金的力学、工艺(也包括物理、化学)等性能随着合金元素种类和加入量不同而变化,当然,也随生产工艺条件(诸如加工方式、加热温度与时间、变形程度等)不同而变化。

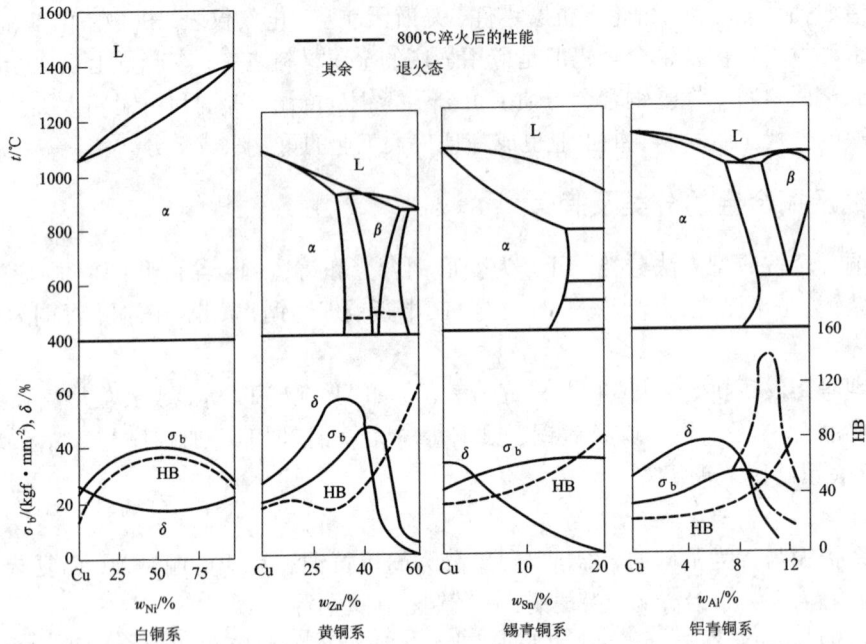

图 7 - 32 四种主要铜合金系的相图、成分和力学性能的关系

这样，就构成了很多不同系列、不同成分的铜及铜合金牌号，可以形成不同组织性能的铜及铜合金材料和产品。

7.2.2 紫铜（纯铜）

纯铜的新鲜表面呈玫瑰红色，表面形成氧化亚铜 Cu_2O 膜，通常呈紫红色，故在我国又称紫铜。工程中应用的纯铜品位一般为含铜 99.90% ~ 99.99%。需指出的是，紫铜因呈紫红色而得名。它不一定是纯铜，有时还加入少量脱氧元素或其他元素，以改善材质和性能，因此也归入铜合金。

紫铜具有优良的导电性、导热性、延展性和耐蚀性，除了用于制作各种铜合金的原材料外，紫铜在工业应用中广泛用于制作要求导电、导热、耐蚀的零部件，在工程技术界中被广泛的应用。

1. 紫铜（纯铜）的性能特点

纯铜的密度约 $8.94 \times 10^3 \ kg/m^3$，原子量 63.54，属于重金属，晶体结构为面心立方晶格，无同素异型转变，无磁性。它的基本物理性质主要如表 7 - 19 所示。铜的优良导电、导热性使之用作导电器材和散热导热元件。

表7-19 铜的主要物理性质

性质	数值	性质	数值
晶格常数 a/nm	0.360758	电导率 χ,m/$(\Omega \cdot mm^{-2})$	35 ~ 58
原子直径 d/nm	0.256	热导率 $\lambda(0-100℃)$/$(W \cdot m^{-1} \cdot K^{-1})$	240 ~ 399
熔点 T_m/℃	1083 ± 0.1	弹性模量 E/$(kN \cdot mm^{-2})$	100 ~ 130
沸点 T_b/℃	2595	电阻率 ρ_e/$(\Omega \cdot mm^{-2} \cdot m^{-1})$	0.03 ~ 0.017
线热膨胀系数(20℃)/$(1 \cdot ℃^{-1})$	$16.5 \sim 17.6 \times 10^{-6}$	比电阻(20℃)/$n\Omega \cdot cm$	17.421
比热(20℃)/$(kJ \cdot kg^{-1} \cdot K^{-1})$	0.388	电阻温度系数(20℃)/$(n\Omega \cdot cm^{-1} \cdot ℃^{-1})$	0.0680
导热率(20℃)/$(W \cdot m^{-2} \cdot K^{-1})$	391	磁化率 χ/$(\times 10^{-8} \cdot kg^{-1})$	-0.086

国际电工委员会采用了相对标准退火铜线电导率(称国际退火铜标准 International Annealed Copper Standard,简称 IACS)作为衡量相对电导率的标准,即在20℃时,铜的电阻率等于 0.017241 $\Omega \cdot mm^2/m$ 时,相对标准电导率为100%。

纯铜的强度较低,塑性优良,具有优秀的耐低温性能。在深冷状态下,纯铜的力学性能有所提高,是理想的耐低温材料;随着温度升高,铜的强度下降,塑性升高。室温下铜的一般力学性能列入表7-20。

表7-20 紫铜的一般典型力学性能和加工性能

加工状态	弹性极限 σ_e/MPa	屈服点 σ_s/MPa	抗拉强度 σ_b/MPa	伸长率 δ/%	面缩率 φ/%	布氏硬度 HBS	剪切强度 σ_r/MPa	冲击韧性 a_k/J	抗击强度 σ_y/MPa	镦粗率 $\Delta H/H_0$/%
加工	280 ~ 300	340 ~ 350	370 ~ 420	4 ~ 6	35 ~ 45	1100 ~ 1300	210	—	—	—
退火	20 ~ 50	50 ~ 70	220 ~ 240	45 ~ 50	65 ~ 75	350 ~ 450	150	16 ~ 18	—	—
铸造	—	—	170	—	—	400	—	—	1570	65

除了上述主要性能特点外,紫铜之所以能获得广泛应用,是因为它还具有下列重要特性:

(1)化学稳定性高,抗蚀性好

在室温下的干燥空气和没有 CO_2 的潮湿气体中,铜被一层看不见的 Cu_2O 薄膜所覆盖,腐蚀速度大大降低,这一特点对架设户外电线很有利。当温度超过130℃时,铜的氧化速度大为增加,并在表面上生成红色的 Cu_2O 薄膜。氧化初期优先生成 CuO,但因铜原子供应较快,靠近铜侧的 CuO 迅速转变成 Cu_2O,并因 Cu_2O 层内的 Cu^+ 扩散快,CuO 很快被消耗掉,最终全变成 Cu_2O。因此,在1026℃以下的空气中形成的氧化膜,在 Cu_2O 层的表面还应存在一薄层 CuO。空气中含有 SO_2、H_2S、CO_2 或 Cl_2 时,在铜表面会生成 $CuSO_4 \cdot 3Cu(OH)_2$、

$CuCO_3 \cdot Cu(OH)_2$ 及 $CuCl_2 \cdot 3Cu(OH)_2$ 等复式化合物，颜色为青绿色，俗称铜绿。铜绿（铜锈）能增加建筑物及艺术品的外观美，又有降低腐蚀速度的作用。

紫铜在淡水、冷凝水、大多数工业用水及蒸汽中具有高的化学稳定性、优良的耐蚀性，因此，铜被广泛用于冷、热水的配水设备、热水泵及废热锅炉的制造。铜的抗腐蚀能力与水中的氧或二氧化碳的浓度有关，在静止水中最大溶解量可达 2 g/m^3，如有铜绿保护，可降至 $0.1 \sim 0.3$ g/m^3。提高水温、水流速度以及空气流通量可加速腐蚀。铜在非氧化性酸（如盐酸）、碱、一些有机酸（如醋酸、柠檬酸等）中也有良好的抗蚀性，但在氧化剂和氧化性的酸（如硝酸、浓硫酸），以及各种盐类（如 NH_4OH、氨盐、氯化物、碳酸盐、碱性氰化物、汞盐等）的溶液、湿润的卤素元素氧化性矿物酸和含硫气体中，均不耐蚀。

另外，与其他金属接触时，能使被接触的金属腐蚀加快。因此，结构件中铜或铜合金与其他金属接触时，需要镀锌保护。

（2）工艺性能好

铜在自然界中的主要矿物有硫化矿和氧化矿，铜很容易被还原，也很容易用硫酸浸出，可以用普通的火法和湿法提取，可以用电解法提纯，其纯度可达99.99%。纯铜可以在各种类型的炉子中熔化，配制人们所希望的合金。铜的晶体具有面心立方晶格结构（晶格常数 $a = 0.36075$ nm），具有较多的变形滑移系，在高温、室温下表现出很高的塑性变形能力。铜及铜合金铸锭可以承受较大变形的热、冷加工，可以采用诸如热轧、热锻、热挤、冷轧、冷锻、冷拉、冷冲等压力加工方法，生产各种形式半成品和成品。铜及铜合金具有优秀的焊接性能，可以钎焊、电子焊、自耗电极焊和非自耗电极焊；还具有良好的机械加工性能，可以加工成各种精密元件。铜及合金的各种废料、残料可以直接配制合金，具有宝贵的回收价值，有利于铜制品成本降低。

（3）无磁性

铜是反磁性物质，磁化系数极低。故铜及铜合金常被用来制造不允许受磁性干扰的磁学仪器，如罗盘、航空仪器、炮兵瞄准环等。

2. 紫铜中主要杂质元素及其影响

根据杂质在铜中的溶解度及存在状态，可将铜中的杂质分为三类：

（1）溶解于铜中的杂质

属于这一类的有铝、铁、镍、锡、锌、银、镉、砷、锑等。当其含量很少时与铜形成固溶体，在允许含量范围内，对塑性影响不大，但能提高铜的强度和硬度，而降低其导电、导热性能。

（2）几乎不溶于铜并形成易熔共晶的杂质

属于这一类的有铅和铋。铅、铋是对铜的塑性最有害的杂质。铜中含十万分之几的铋即能使热加工发生严重困难，若其含量达到万分之几，则明显开裂。铅的影响与铋类似。这是因为铅和铋在铜中不溶解，只能形成低熔点共晶 Cu + Bi（共晶点 99.8% Bi，270℃）和 Cu + Pb（共晶点 99.94% Pb，327℃），如图 7 - 33 和 7 - 34 所示。在铸锭冷凝过程中，这种低熔点共晶体最后结晶。故多呈网膜状(最薄的铋膜只有几个原子层厚),分布于晶界上。当热加工温度超过共晶温度时,共晶膜熔化,使晶粒之间的结合力降低,引起材料"热脆性"。另外,铋本身很脆,故除了造成热脆外,铜中含铋量高,也会引起铜的冷脆性。因此,它们在铜中的含量必须严加限制,一般铋的允许含量不应超过0.003%,甚至要求低于0.002%,铅的允许量稍大一些,不应超过0.05%。锑含量较大时,对铜的塑性变形性能有害,其含量一般不得超过0.05%。

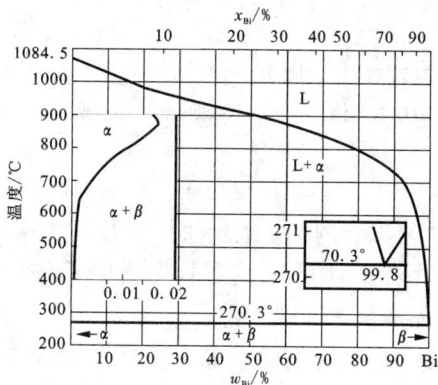

图 7 - 34　Cu - Bi 二元相图

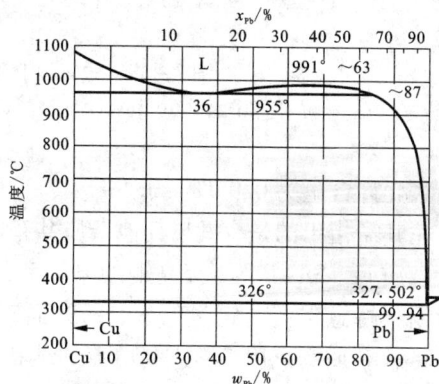

图 7 - 35　Cu - Pb 二元相图

　　铜中含有较大量的铅或铋,热脆性严重,以致不能轧制时,可向铜中加入微量铈、锆及钙等元素,它们与铋、铅形成 BiCe(熔点 1525℃)、PbCe(熔点 1160℃)、BiZr(熔点 2200℃)等化合物。这些化合物大多分布于晶内,使铜的高温塑性提高,可消除热脆性。铜中加0.05%Ti,可细化晶粒3~4倍,晶粒细化后,晶界总面积增加,单位晶界上分布的低熔点杂质的相对含量减少,从而使热轧成品率提高。硼、锆、铁等具有与钛类似的作用。

　　(3)与铜生成脆性化合物的杂质

　　属于这一类的主要是硫和氧。杂质硫、氧等在铜中分别形成 Cu$_2$S 和 Cu$_2$O,与铜形成 Cu + Cu$_2$S 及 Cu + Cu$_2$O 两相共晶组织(图 7 - 35)。

　　氧在铜中除极少量固溶外,均以 Cu$_2$O 形式存在,铜的氧化物不固溶于铜,呈现 Cu + Cu$_2$O 共晶组织。含氧铜凝固时,氧以(Cu + Cu$_2$O)共晶体的形式析出,共晶体多呈沿晶分布。然而,由于这两种共晶体共晶温度高(前者为1067℃,后者为1065℃),高于热加工温度,故对铜的热加工性能没有什么影响。但这两种共晶体中的化合物很脆,严重降低铜的冷加工塑性,致使金属发生"冷脆",冷变形困难。另外,氧还降低铜的耐蚀性和焊接性能。含氧量达到0.003%的铜极易发生"氢气病",所以只有无氧铜才能在高温还原性气氛中加工使用。因此,铜材中氧及硫的含量要加以严格限制。纯铜中氧的最大允许含量为0.02%~0.1%,硫

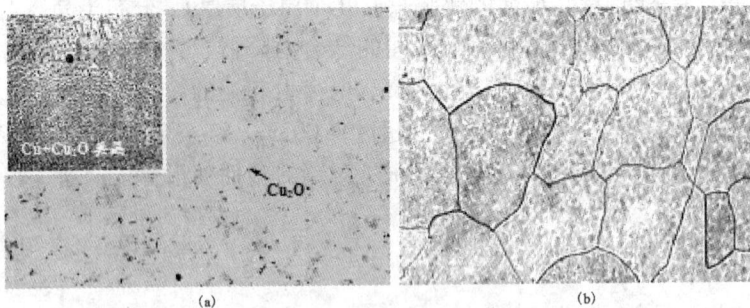

图 7 – 35　脱氧程度不同的紫铜的典型金相显微组织
(a)脱氧不足(0.39% ~0.46% O)铜中的 Cu_2O 和 $Cu + Cu_2O$ 共晶体;(b)含氧量极低,晶界清晰

的最大允许含量为 0.05% ~0.1% 。

尤其需指出的是,氧与其他杂质共存时影响极为复杂,例如,微量氧可氧化高纯铜中的痕量杂质 Fe、Sn、P 等,提高铜的电导率,若杂质含量较多,则氧的这种作用就显不出来。有些紫铜还特意保留一定量的氧,一方面它对铜的性能的影响不大,另一方面 Cu_2O 可与 Bi、Sb、As 等杂质起反应,形成高熔点的球状质点分布于晶粒内,消除了晶界脆性。微量的 As、P 等对纯铜的组织影响不大。

3. 氢气病

"氢气病"简称"氢病",也有的称之为"氢脆病"。普通紫铜(尤其是含氧铜)在含氢的还原性气氛(如 H_2、CH_4 等气体介质)中加热时,或在其他高温场合(如熔炼凝固过程)下接触含氢气的气氛时,氢会渗入铜体内,与晶界的氧化亚铜(Cu_2O)发生作用,产生高压水蒸汽,使铜变脆甚至开裂。这种现象常称为铜的"氢气病"。另外,在一氧化碳还原性气氛中加热,一氧化碳与氧化亚铜(Cu_2O)发生作用,生成高压 CO_2 使铜破裂,产生类似的脆化或破裂现象,但不像氢那样敏感。人们也把这种现象归于铜的"氢气病"。

4. 紫铜分类及用途

根据氧含量和生产方法的不同,纯铜可分为三类:纯铜(含氧量 0.02% ~0.06%);无氧铜(含氧量 <0.003%);脱氧铜(含氧量 <0.01%)。

我国紫铜加工材按成分可分为:普通紫铜(T1、T2、T3、T4)、无氧铜(TU1、TU2 和高纯、真空无氧铜)、脱氧铜(TUP、TUMn)、添加少量合金元素的特种铜(砷铜、碲铜、银铜)四类,具体牌号详情请查找相关手册,在此略。另外,随着科学技术发展,高纯铜也开始应用,纯度可达99.99% ~99.9999%,又称为4N、5N、6N 铜。

紫铜具有优良的导电、导热、耐蚀、无磁、良好的塑性加工工艺性能,且耐蚀、可焊,可制造成管、棒、线,板,带等各种形状的成品(或半成品),主要用于制作发电机、母线、电缆、开关装置、变压器等电工器材和热交换器、管道、太阳能加热装置的平板集热器等导热器材。

无氧铜 TU1、TU2 含氧量极微，其他杂质也极少，有更高的导电，导热性，可焊性和用于电子管的封装性，可用于电真空器件，如大功率振荡管的阳极及其他电子管的阳极底盘等。

7.2.3　铜的合金化

铜合金具有变好的抗疲劳、抗蠕变和耐磨性能。许多铜合金也具有极好的延性、耐蚀性、导电和导热性。对纯铜，通常采细化晶粒或应变硬化方法来提高其强度。然而，要进一步提高强度，并保持较高的塑性，必须在铜中加入适当元素合金化。

从现有的二元相图可知，有 20 多个元素在固态铜中的极限溶解度大于 0.2%，如表 7 - 21 所示。但是常用的只有锌、铝、锡、锰、镍，它们在铜中的固溶度均大于 9.4%。有些元素，如铂、钯、铟、镓等在铜中的固溶度也很大，但因属稀贵元素，一般不用作铜的合金元素。有的元素，如锑、砷在铜中的固溶度也较大，但这些元素会使合金的塑性下降，很少用作固溶强化元素。

除了固溶强化外，过剩相强化在铜合金中也是常用的强化方法。二元相图表明，许多元素在固态铜中的溶解度随温度降低而剧烈减小，故可进行淬火时效强化。这方面最突出的是 Cu - Be 合金。含 2% Be 的铜合金热处理后强度可达 1400 MPa，接近高强度合金钢的强度。此外，Cu - Ni - Al、Cu - Ni - Si 合金也具有良好的淬火时效强化效果。

表 7 - 21　合金元素在铜中的极限固溶度

Zn	Ga	In	Sn	Sb	Al	Ag	As	Ti	Co	Si
39.0	20.8	18.2	15.8	10.4	9.4	8.0	8.0	7.4	5.0	4.6
Fe	Cd	Mg	Be	P	Zr	Cr	Ni	Pd	Pt	
4.0	3.0	2.8	2.75	1.7	1.0	0.7	无限	无限	无限	

1. 元素对铜组织性能的影响

微量元素进入铜是不可避免的，有的是生产过程中进入的，有的是各种原料带入的，也有人为加入的。由于元素特性的不同，对铜合金性能的影响也不同。

（1）锌、锡、铝、镍

锌、锡、铝、镍这 4 个元素在铜中的固溶度很大，分别达到 39.9%、15.8%、9.4%，镍则无限互溶。它们能够明显地提高铜的力学性能、耐蚀性能，但都使铜的导电、导热性能降低，与其他金属材料相比较，仍属于优良的导电和导热材料。它们与铜形成的合金，可分为黄铜、青铜、白铜合金，构筑了庞大合金系的基础，这些合金具有优秀的综合性能，比如，黄铜具有高强、耐磨、耐蚀、高导热、低成本；青铜具有高强、耐磨、耐蚀；白铜具有极为优秀的耐恶劣水质和海水腐蚀性能，所有这些优点都是其他金属材料不能代替的。

（2）铁、锆、铬、硅、银、铍、镉

这七种金属元素的共同特点是：它们有限固溶于铜，固溶度随着温度变化而激烈的变化。当温度降低时，会以金属化合物或单质形态从固相中析出。这些元素固溶于铜中能够明显地提高其强度；当它们从固相中析出时，又产生了弥散强化效果，导电和导热性能得到部分恢复。微量银使铜的导电率、导热率降低不大，能显著提高再结晶温度、抗蠕变性能和耐磨性能，广泛用于电机整流子，近来又普遍用于制造高速列车的接触导线。镉铜具有冲击时不发生火花特性，是重要的航空仪表材料，由于镉具有毒性，污染环境，用途日益缩小。铍铜是著名的弹性材料，铍对铜的强化最为显著，热处理后的铍铜强度，可达纯铜的 4~5 倍。铁可以细化晶粒，改善铜及合金性能，在要求抗磁的环境下，应严格控制铁的含量，一般应控制在 0.003% 以下。含锆、铬的铜合金具有很高的导电率，在航天发动机中有重要的应用。硅青铜具有高的强度和耐磨性能，铁、锆、铬青铜是著名的高强高导铜合金，在电极制造中有重要应用；铁、硅、锆、铬铜合金成了集成电路引线框架铜合金的基础，其合金成分、性能的研究非常活跃。

（3）锑、铋、硫、碲、硒

锑、铋、硫、碲、硒这些元素在铜中固溶度极小，室温下基本不溶于铜，多以金属间化合物形式存在，分布于晶界，对铜的导电、导热影响不大，但是都严重的恶化了铜及合金的塑性加工性能，应该严格控制其含量（不超出 0.005%）。但由于含有这些元素的铜具有良好的切削性能，比如可以作为真空开关中断路器触头的铋铜，含铋量可高达 0.5%~1.0%。含碲 0.15%~0.5% 的碲铜合金，可作为高导电、易切削无氧铜使用，能够加工成精密的电子元器件。作为特殊用途的铜合金，可以加入这些元素，但其加工工艺特殊，可采用包套挤压、粉末冶金等方法。

（4）砷、硼

砷在铜中有很大的固溶度，可达 6.8%~7.0%。砷会强烈降低铜的导电率和导热率，但能够防止脱锌腐蚀，这对黄铜冷凝器合金来说尤为宝贵。近一百年来火电和舰船冷凝器管材使用实践表明，含砷 0.1%~0.15% 的黄铜，能够防止黄铜脱锌腐蚀，解决了黄铜冷凝管早期泄漏的致命问题，所以各国材料标准中都规定必须加入砷。不含砷的 HSn70-1 冷凝管，经常在使用初期的 2~3 年内发生泄漏事故，而加入砷之后，寿命可增至 15~20 年，被称为铜合金研究中重大的技术进步。研究表明，砷能够降低铜的电极电位，从而降低了电化学腐蚀倾向。由于砷的氧化物污染环境，对人体有害，所以熔炼合金的工厂都应有专门的环保和防护措施。

（5）磷

铜-磷二元相图表明，在 714℃ 时存在着共晶反应：$L(8.4\% P) \rightarrow \alpha(1.75\% P) + Cu_3P$，随着温度降低，磷在铜中的固溶量迅速减少，300℃ 时为 0.6%P，200℃ 时为 0.4%P。固溶的磷显著降低铜的导电率，含 0.014%P 的软铜带导电率为 94% IACS，而含 0.14%P 的导电率仅为45.2% IACS。磷是最有效、成本最低的脱氧剂，微量磷的存在，可以提高熔体的流动性，改善铜及合金的焊接性能、耐蚀性能、提高抗软化程度，所以磷又是铜及合金的宝贵添加元素。含0.015% ~ 0.04% P的磷铜合金广泛用于生产建筑用水道管、制冷和空调器散热管、舰船海水管路；低磷铜合金板、带材在电子和化工工业中广泛应用，集成电路引线框架铜带也大量使用低磷铜合金；共晶成分的磷铜合金，是优良的焊接材料，高磷铜合金在580 ~ 620℃之间具有超塑性，可以热挤成 $\phi3 ~ 5$ mm焊丝，是焊接铜及铜合金、钢和铜零件的重要材料。

（6）铅

铅不固溶于铜，在铜合金中固溶度也很小，与铜形成易熔共晶组织，38.0% ~ 38.7%范围的铅，液态下与铜液互不混熔，凝固时形成偏晶组织；固态下，铅在铜中以单质状态分布，可以分布在晶内和晶界。在发生相变或再结晶时，晶界的铅可以转移到晶内；铅对铜及合金导电和导热性能无显著影响，但可以改善切削性能，铅质点又是软相，正是轴承材料所希望的，所以含铅铜合金是宝贵的易切削材料与轴承材料。含铅铜可以铸态使用，也可以压力加工。

然而，含铅铜合金在使用中，有铅的溶出，对环境造成污染，因此具有优良切屑性能的无铅铜合金研究正在展开，特别是广泛使用的铅黄铜材料的代用问题已经提到日程，其中可以考虑的替代元素是铋、硫、硅等。

（7）氢

氢与铜不形成氢化物，氢在液态和固态铜中的溶解度随着温度升高而增大，凝固时，会在铜中形成气孔，从而导致铜制品的脆性和表面起皮。各种元素对氢在铜中的溶解度影响不一，其中Ni、Mn等元素引起溶解度增加，P、Si等元素减少氢在铜中的溶解度，可以通过减少熔炼时间，调整成分，控制炉料中氢气含量，熔体表面采用木炭覆盖等办法减少铜中氢的含量。

（8）氧

氧在铜的生产过程中是不可避免的。氧对铜及合金性能的影响是复杂的，微量氧对铜的导电率和力学性能影响甚微，氧对铜导电率的影响如图7 - 37所示，工业铜具有很高的导电率，其原因是氧作为清洁剂，可以从铜中清除掉许多有害杂质，以氧化物形式进入炉渣，特别是能够清除砷、锑、铋等元素，含有少量氧的铜其导电率可以达到100% ~ 103% IACS，高纯铜如6N铜在深冷条件下电阻值相当低。

为了控制氧含量，在无氧铜生产中都应选择优质电解铜原料，在熔炼工艺中采取还原性气氛，加强熔池表面覆盖，一般使用木炭保护；铜及铜合金熔炼时，一般均应进行脱氧，脱氧剂有磷、硼、镁等，以中间合金方式加入，磷是最有效的脱氧剂。

（9）难熔金属、稀贵金属和稀土元素

难熔金属钨、钼、钽、铌不固溶于铜，微量存在可以作为结晶核心细化晶粒、提高再结晶温度，粉末法生产的钨铜、钼铜具有很高的耐热性能，热容很大，导热性优于难熔合金，是重要的热沉材料，用于电子工业中的固体器件。

稀贵金属中金、钯、铂、铑与铜无限互溶，是宝贵的焊料合金，用于电子元器件的封装和各种触点；其他稀有、稀散和锕系元素微量存在于铜中，或与铜形成合金，在特殊环境中有着重要应用，许多元素在铜中行为的研究正不断深化。

以铈为代表的稀土元素几乎不固溶于铜，它们在铜中的作用是变质和净化，可以脱硫与脱氧，并能与低熔点杂质形成高熔点化合物，消

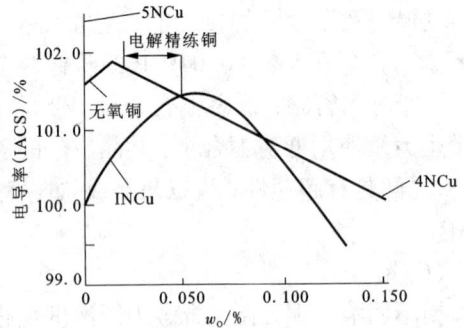

图 7 - 36　氧对铜的导电率影响规律

除有害作用，提高铜及合金的塑性，在上引铸造线坯中加入稀土元素，能够改善塑性，减少冷加工的裂纹。

（10）其他金属元素对铜的影响

镁、锂、钙有限固溶于铜，锰与铜无限互溶，这四个元素都可作为铜的脱氧剂。锰可以提高铜的强度，低锰铜合金具有高强和耐蚀性能。在化学工程中有所应用。锰铜电阻温度系很小，是优良的电阻合金；由于有同素异晶转变，铜锰合金固态下相变十分复杂，固相下具有调幅分解、孪晶转变等过程，具有减振降噪性能。

2. 铜的合金化原则

不同合金元素对铜的组织和性能影响不同，为了研制出具有优良性能的铜合金，人们积累了丰富的经验，总结了许多重要的合金化原则。

1）所有元素都无一例外地降低铜的电导率和热导率。在铜中没有固溶度或很少固溶的元素，对铜的导电和导热性能影响很小，应该指出有些元素在铜中固溶度随着温度降低而剧烈降低，以单质和金属化合物析出，既可固溶和弥散强化铜，又对电导率降低不多，这对高强高导合金 非常重要。铁、硅、锆、铬高强高导合金。

2）铜基耐蚀合金的组织都应该是单相，避免在合金中出现第二相，为此加入的合金元素在铜中都应该有很大的固溶度，甚至是无限互溶的元素。在工程上应用的单相黄铜、青铜、白铜都具有优良的耐蚀性能。

3）铜基耐磨合金组织中均存在软相和硬相，因此在合金化中必须确保所加入的元素，除固溶于铜之外，还应该有硬相析出，铜合金中典型的硬相有 Ni_3Si、$FeAlSi$ 化合物等。

4）固态有孪晶转变的铜合金具有阻尼性能，如 Cu - Mn 系合金；固态下有热弹性马氏体转变过程的合金具有记忆性能，如 Cu - Zn - Al、Cu - Al - Mn 系合金。

5）铜的颜色可以通过加入合金元素的办法来改变，比如加入锌、铝、锡、镍等元素，随着

含量的变化,颜色也发生红青黄白的变化,合理地控制含量会获得仿金材料和仿银合金,如 $Cu-7Al-2Ni-0.5In$ 和 $Cu-15Ni-20Zn$ 合金系分别是著名的仿金和仿银合金。

6)铜及其合金的合金化所选择的元素应该是常用、廉价、无污染,所加元素应该多元少量,合金残料能够综合利用,合金应具有优良的工艺性能,适于加工成各种成品和半成品。

7.2.4　黄铜

黄铜是以锌作主要添加元素的铜合金,具有美观的黄色。铜锌二元合金称普通黄铜(或称简单黄铜)。在此基础上加入其他合金元素构成的三元以上的黄铜称特殊黄铜(或称复杂黄铜)。为了改善黄铜的性能,常添加其他元素,如铝、镍、锰、锡、硅、铅等。铝能提高黄铜的强度、硬度和耐蚀性,但使塑性降低,适合作海轮冷凝管及其他耐蚀零件。黄铜铸件常用来制作阀门和管道配件等。黄铜具有良好的力学性能、耐蚀性能、导电性能、导热性能和加工工艺性能。与紫铜和许多铜合金相比,黄铜还具有价格较低,色泽美丽的优点,是重有色金属中应用最广的合金材料。

1. 普通黄铜

(1)普通黄铜的相图与组织

铜-锌二元系相图如图 7-37 所示,有 5 个包晶反应和固相下的 α、β、γ、δ、ε、ζ 等 6 个相。锌在铜中有很大的固溶度。Cu-Zn 合金的 α 相区存在着两个有序化合金区,即 Cu_3Zn 区及 Cu_9Zn 区。Cu_3Zn 有两个变体,即 α_1 和 α_2;约在 420℃ α 固溶体有序化为 α_1,在 217℃ α_1 转变为 α_2。

α 相是以铜为基的固溶体,面心立方晶格,晶格常数随锌含量的增加而增大(纯铜 $a=0.3603$ nm,当含 37.5% Zn 时,$\alpha=0.3693$ nm)。锌在固态铜中的溶解度很大,室温下达 37%。锌在铜中的溶解度有随温度的升高而减少的现象。α 相的塑性很好,适于冷、热压力加工,在上述有序化区有低温退火硬化现象(详见后述),常存在孪晶结构(图 7-38),并有优良的焊接和镀锡的能力。

β 相是以电子化合物 CuZn 为基的固溶体,电子浓度为 3/2,体心立方晶格。如图 7-37 所示,456~468℃的虚线为 β 相发生有序化转变的温度。即,在 456~468℃以下无序相 β 转变为有序相 β'(Cu 原子占据晶胞的顶角,Zn 原子占据晶胞的中心),此有序化转变进行很快,自 β 区淬火亦不能抑制其进行。无序的 β 相塑性极高,适于热加工,而有序的 β' 相比较脆硬,冷变形较困难,故含 β' 相的黄铜应采用热压力加工。

γ 相是以电子化合物 Cu_5Zn_8 为基的固溶体,电子浓度为 21/13,复杂立方晶格。在 270℃以下为有序固溶体,硬且脆,不能压力加工。故实际工业用黄铜的含锌量是在 46% 以下,即不含 γ 相。

工业上应用的黄铜退火组织分别为 α 相、$\alpha+\beta'$ 或 β' 相所组成,因此,按组织特征黄铜可分别称为 α 黄铜,$\alpha+\beta$ 黄铜及 β 黄铜。α 黄铜的典型金相显微组织如图 7-39 所示。随着

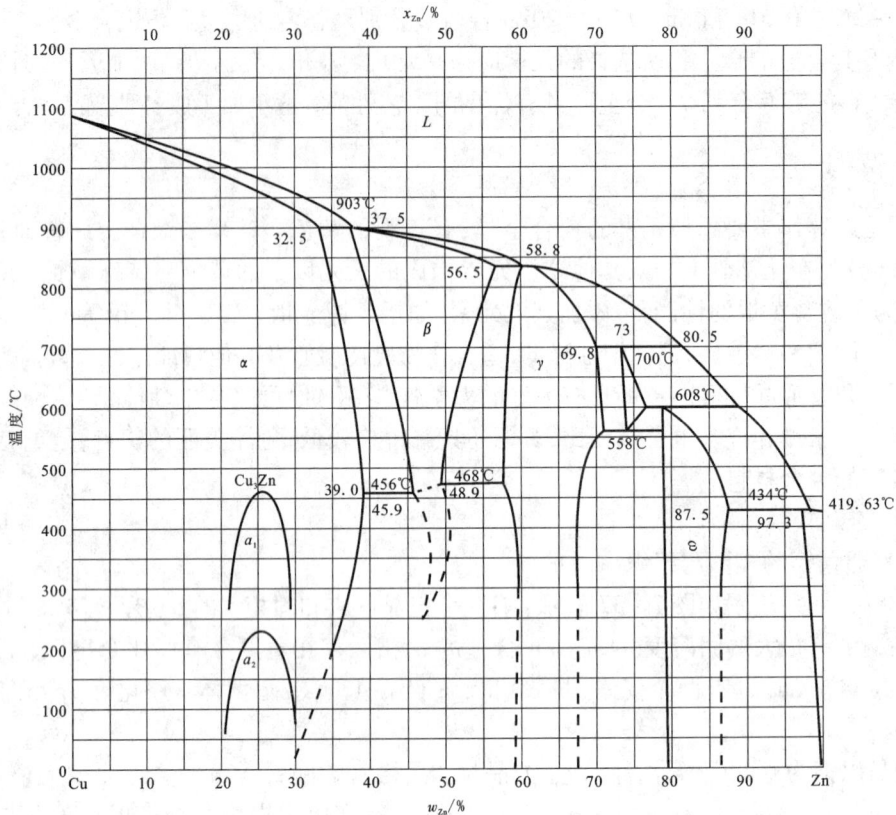

图 7 - 37   Cu - Zn 二元平衡相图

Zn 含量增加，超过约 32%，开始有 β′相出现，α 黄
铜和 α + β 黄铜的显微组织对比如图 7 - 40 所示。α
黄铜的退火组织与纯铜极相似，有明显的孪晶存在。

含锌 44.5% ~ 50.0% 合金冷却或加热，进入 β′相
区，形成单相组织，多呈等轴晶粒，无孪晶。在淬火
后能全保留下来，但冷速不足，或等温冷却，454 ~
458℃ 可能发生 β→β′有序化转变，则在继续冷却过程
中有 α 相在晶界和晶内析出，而含锌超过 50.0% 的合
金析出 γ 脆性相。

(2) 普通黄铜性能随 Zn 含量和工艺条件变化的
规律

图 7 - 38   黄铜中的退火组织(化染)

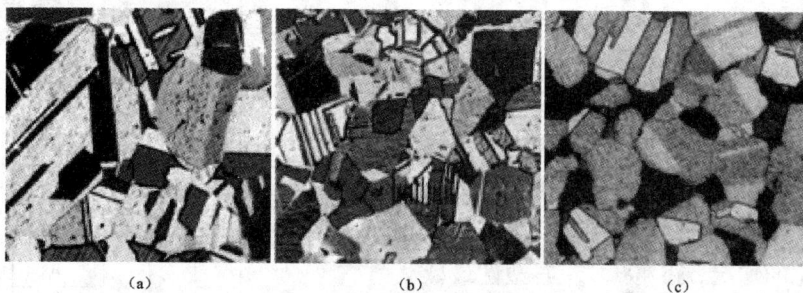

图 7-39　α 黄铜和 α+β 黄铜的金相显微组织对比

(a) Cu-10% Zn；(b) Cu-32% Zn；(c) Cu-38% Zn

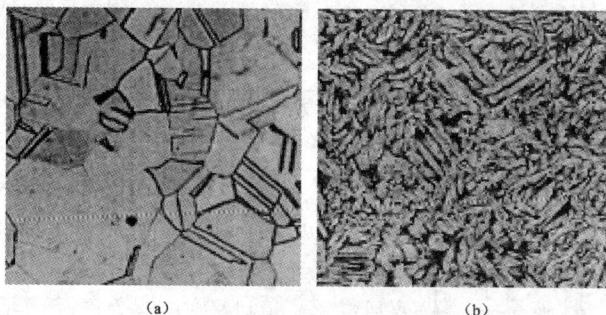

图 7-40　普通黄铜的组织特征

(a) Cu-32% Zn 单相黄铜；(b) Cu-41% Zn 双相黄铜

　　由于 Cu-Zn 合金系中液相线与固相线距离很近，结晶间隔小，故黄铜的铸造性能良好。黄铜的力学性能主要是决定于锌含量，如图 7-41 所示，α 黄铜的强度和塑性随锌含量增加而升高，达 32% Zn 时塑性最高。当锌含量达到 α 相的饱和浓度时，塑性急剧下降，在 47% ~50% Zn 时降至最小值。但强度只有在进入 β 相区后才开始下降，这是因为进一步增加锌含量时，出现不平衡组织 β' 相，β' 相比 α 相硬脆，故塑性急剧降低，而当锌含量达到约 45% 时，α 相已全部消失，代之以 β' 相，使 σ_b 急剧降低。

　　因此，α 黄铜的塑性最好，α+β 黄铜次之，β 黄铜最差。α 黄铜室温塑性好，适于冷加工。在 300~700℃ 区间有一脆性区，故其热加工温度需超过 700℃。α+β 及 β 黄铜室温塑性较低，但 500℃ 以上却极柔软，适于热加工。

　　Cu-Zn 合金经变形及退火后，强度和塑性均比铸态高。由于组织比较均匀，故锌含量超过 32% 以后，δ 的降低较铸态平缓。值得指出的是，含锌量为 30% 的黄铜具有最大的塑性，是 Cu – Zn 合金中塑性最好的合金。

　　锌的加入降低了铜的导电性、导热性及密度。锌含量越高，合金的导电、导热性及密度越低，但线膨胀系数则随 Zn 含量的增加而提高。单相黄铜具有良好的塑性，能承受冷、热压力加工，但在中温有脆性区，其具体温度范围随含 Zn 量不同而有所变化，一般在 299 ~ 700℃ 之间，含 28% Zn 的黄铜的断面收缩率随温度而变化的情况，在 400℃ 左右塑性最低。

　　黄铜在大气中有良好的抗蚀性，在纯净淡水中腐蚀速度也不大，在海水、有机酸以及除氨以外的碱性溶液中腐蚀速度虽略有增加，但也有好的耐蚀性。然而，对无机酸、盐类特别是对盐酸和硫酸的抗蚀性极低。黄铜最常见的腐蚀形式是"脱锌"和"应力腐蚀破裂"。

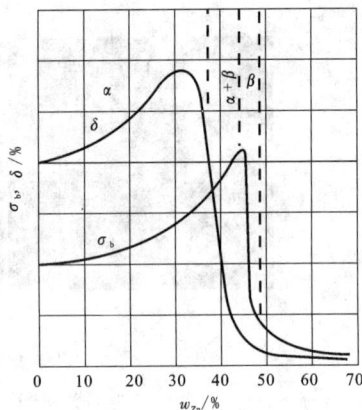

图 7 – 41　铸态 Cu – Zn 合金的
力学性能与含锌量的关系

　　脱锌是指在黄铜在腐蚀介质中，锌优先溶解而在工件表面上残留一层多孔状的纯铜，致使工件破坏。α + β 黄铜的脱锌腐蚀现象比 α 黄铜明显。由于锌的电极电位远低于铜，所以黄铜在中性盐类水溶液中极易发生电化学腐蚀。电位低的锌被溶解，铜则呈多孔薄膜残留在表面，并与表面下的黄铜组成微电池，使黄铜成为阳极而加速腐蚀。为了防止脱锌可采用低锌黄铜（如锌含量 < 15%）或加入少量（0.02% ~ 0.06%）砷等合金元素。

　　应力腐蚀又称季节性破裂（季裂）或自动破裂（自裂），是指含锌高于 20% 的黄铜有内应力存在时，在潮湿大气特别是在含氨、铵盐的大气或在汞盐的溶液中发生腐蚀破裂现象。经冷变形的黄铜工件或半成品，有时在车间放置几天，甚至更短的时间会发生自动破裂。黄铜在存放期间自行破裂的现象实际上是一种应力腐蚀破裂的结果，是在张应力（包括工件内部的残留张应力）、腐蚀介质（主要是氨或 SO$_2$）、氧及潮湿空气的联合作用下产生的。黄铜含锌量越多，越容易自裂，含锌量在 25% 以上的黄铜，如 H70、H68、H62、H59 等对应力腐蚀很敏感。张应力是产生黄铜自裂的根源，黄铜制品一般须进行低温退火（260 ~ 300℃）消除内应力，零件退火后要避免撞伤或在装配过程中产生新的张应力。压应力不产生腐蚀破裂，而且对腐蚀破裂还有抑制作用，对零件表面进行喷丸处理或滚压是防止黄铜自裂的一种方法。在黄铜中加入少量（1%）硅，或 0.02% ~ 0.06%As，或 0.1% Mg，均能减小自裂倾向。另外，黄铜制品的表面镀层（锌、锡或镉）镀锌也能防止自裂。

　　（4）工业用普通黄铜的成分、性能和用途

　　常用普通黄铜的典型力学性能和耐蚀性能列入表 7 – 22。

表 7 – 22　常用普通黄铜的典型力学性能和耐蚀性能

合金	σ_b/MPa		δ/%		在海水中质量损失 /(g·m^{-2}·昼夜$^{-1}$)
	软态①	硬态②	软态①	硬态②	
H96	240	450	50	2	0.20
H68	320	660	55	3	0.48
H62	330	600	49	3	0.60
H59	390	500	44	10	0.98

注：①软态——600℃退火；②硬态——变形程度为50%。

低锌黄铜 H96、H90、H80，具有良好的导热性能和抗蚀性能，并有足够的强度、良好的塑性和优良的冷、热加工性能，大量用来制造导电零件、导管、冷凝器、散热器、铜网等，由于这类黄铜表面呈鲜艳的金黄色，故亦常用于制造工艺品。H70 和 H68 即所谓三七黄铜，三七黄铜强度较高，塑性特别好，适于用冷冲压或深拉伸法制造各种形状复杂的零件，大量用作枪弹壳和炮弹筒，故有"弹壳黄铜"之称，也可以制造散热器外壳、导管、波纹管等，还可用精密铸造法制造接管嘴、法兰盘等。H62 是 $\alpha + \beta$ 黄铜的代表，足够高的强度，且耐蚀，塑性也比较好，适用于热加工，多以棒材、板材、管材等形式应用，广泛用于制造销钉、铆钉、垫圈、螺帽、导管、夹线板及散热零件，也可用作水管、油管等，是应用最广的黄铜合金，有"商业黄铜"之称。H59 黄铜含锌多，强度高，价格较便宜，塑性低，但热变形能力较好，对应力腐蚀很敏感，多以棒材和型材应用于机械制造业，可作一般零件和焊料。航空工业上H68、H62 主要用作封严垫、封严环、波纹管、铆钉等零件。

2. 特殊黄铜

为了进一步显著改善简单黄铜的耐蚀性、切削加工性和工艺性，提高力学性能，在铜 – 锌合金中加入锡、铝、锰、铁、硅、镍、铅等元素，形成特殊黄铜。Sn、Al、Ni、Si、Mn 等合金元素在黄铜中有较大的固溶度，其加入量均以不出现第三相为原则，按照三元相图，应使合金尽量落入单相区，通常是少量加入，即一般为 1% ~2%，少数达 3% ~4%，极个别可到5% ~6%。这样，构成三元，四元、甚至五元合金，组成了庞大的复多元杂黄铜系。

工业上常用的特殊黄铜有以下几类：铝黄铜、镍黄铜、锰黄铜、铁黄铜、锡黄铜、铅黄铜、锡黄铜、硅黄铜等。常用特殊黄铜的性能参见表 7 – 23。

铝黄铜以 HAl77 – 2 用量最大，最为常用。HAl77 – 2 是典型的 α 单相合金，主要制成高强、耐蚀的管材，广泛用于海船、舰艇和动力站的冷凝管等。铝黄铜的颜色随成分而变化，通过调整成分，可获得金黄色的铝黄铜，作为金粉涂料的代用品，单独加镍的 HNi65 – 5 也为单相黄铜，有极高的耐蚀性和耐磨性，强度高，韧性好，适于冷、热加工，其用途与 HAl77 – 2类似。铝黄铜中加镍可进一步提高强度和抗海水腐蚀能力，含铝、镍的黄铜还有热处理强化效果，最常用的如 HAl59 – 3 – 2。表 7 – 32 中列出了几种常用特殊黄铜的典型力学性能和耐蚀性能。

表 7 - 23　常用特殊黄铜的典型力学性能和耐蚀性能

类别	合金	σ_b/MPa		δ/%		在海水中质量损失 /(g·m⁻²)昼夜	制品种类
		软态①	硬态②	软态①	硬态②	/(g·m⁻²)昼夜	
锡黄铜	HSn62 - 1	400	700	40	4	0.55	板、带、棒、线
铅黄铜	HPb63 - 3	350	600	55	5		板、带、线
铝黄铜	HAl59 - 3 - 2	380	650	50	15	0.04	管
锰黄铜	HMn58 - 2	400	700	40	10	—	板、带、棒、线
铁黄铜	HFe59 - 1 - 1	450	700	50	10	0.22	板、棒

注:①软态—600℃退火;②硬态—变形程度为50%

　　铝黄铜中加铁和锰也有提高强度和耐蚀性的作用,典型合金如 HAl60 - 1 - 1。少量锰能提高黄铜的强度、硬度和耐蚀性,降低应力腐蚀倾向。

　　在锰黄铜中加铁,可细化组织,提高强度,且有高的韧性、耐磨性和耐蚀性。这类合金的代表为 HMn58 - 2、HMn55 - 3 - 1 及 HFe59 - 1 - 1。其组织为$(\alpha + \beta)$,加铁者组织为 $\alpha + \beta + Fe$。适于锻造、挤压和热轧,广泛应用于海船制造和电讯工业中。锰黄铜、特别是同时加有铝、锡或铁的锰黄铜广泛用于造船及军工等部门。

　　黄铜中加入 0.5% ~ 1.5% 锡能显著提高在海洋大气和海水中的耐蚀性,适于海船制造,故锡黄铜有"海军黄铜"之称。少量锡还能固溶于 α 相中,稍许提高合金的强度和硬度。锡黄铜主要用于海轮,热电厂作高强、耐蚀冷凝管、热交换器,船舶零件等。锡黄铜(HSn70 - 1)是著名的冷凝管合金,为防止脱锌腐蚀均需加入微量砷和硼(0.03% ~ 0.06% As、0.01% ~ 0.02% B)是内陆冷却水质的冷凝器唯一的选材,我国核电站和火力发电厂普遍应用。

　　铅黄铜成本低廉,有极好的耐磨性能和切削性能优良,且高强、耐蚀、导电性好,又可以使用各种合金残料生产合金,因此,以棒材、扁材、带材等广泛用于各种工程中,供应汽车、拖拉机、钟表、电器等工业,用以制作各种螺丝、螺母、电器插座,钟表零件等。HPb59 - 1 为最常用的铅黄铜,其组织为 $\alpha + \beta + Pb$,具有高的强度和良好的热加工性能,多以半成品形式供制造各种零件。它是应用量广,价格最为便宜的黄铜。黄铜中加硅能显著提高耐蚀性,硅黄铜属于高强耐磨黄铜,用于各种轴系材料。

7.2.5　青铜

　　所谓青铜最早是指 Cu - Sn 合金,由于其 δ 相呈青白色而得名。近几十年来,在工业中应用了大量含铝、硅、铅、铍、锰的铜基合金,现在习惯上将黄铜和白铜以外的铜合金都称青铜。为了区别起见,我们把铜与锡的合金叫锡青铜,其他均称为无锡青铜,或分别叫做铝青铜、铍青铜等。

青铜也分为压力加工产品及铸造产品两类(表7-26和表7-27),青铜牌号以"Q+主要合金元素符号+主要合金元素+第二、第三、……元素成分"表示,如QSn6.5-0.1表示含6.5%Sn和0.1%P,余为铜的青铜。铸造合金则在牌号前冠以"Z"。

1. 锡青铜

(1)Cu-Sn二元相图

Cu-Sn二元状态图如图7-42所示,其中α相是锡溶于铜中的固溶体,具有面心立方结构,适于冷、热变形;β相是以电子化合物Cu_5Sn为基的固溶体,体心立方结构,本身在高温时塑性良好,但降低温度至586℃时迅速发生共析反应$\beta \rightarrow \alpha + \gamma$,塑性急剧降低,在常温下变为硬脆组织。因此,锡含量达20%的合金只适用于在高温下加工。γ相是以复杂立方晶格的电子化合物$Cu_{31}Sn_8$为基的固溶体,高温稳定;当温度降至520℃时发生共析反应$\gamma \rightarrow \alpha + \delta$,δ相与γ相成分相当,是以电子化合物$Cu_{31}Sn_8$为基的固溶体,复杂立方结构,在常温下极其硬脆,不能进行塑性变形。在350℃发生共析反应$\delta \rightarrow \alpha + \varepsilon$,但δ相的分解极其缓慢,一般情况下不会发生,所以δ相是Cu-Sn合金在室温下的基本相之一,在铸态及一般退火情况下,合金组织中共析体呈$(\alpha + \delta)$存在,而不是呈$(\alpha + \varepsilon)$存在。δ相硬脆,它的出现将使合金塑性下降。ε相是以电子化合物Cu_3Sn为基的固溶体,性极硬而脆。

(2)锡青铜的组织

由于锡原子在铜中的扩散比较困难,故实际生产条件下的Cu-Sn合金组织与平衡组织相差很大。铸态组织可参照图7-42中的虚线来分析,在一般铸造状态下,只有含锡量小于5%的锡青铜才能得到α相固溶体单相组织,而含锡更高一些的合金组织多由$\alpha + (\alpha + \delta)$组成的(图7-43)。在变形和退火状态下,由于α相在520℃以下所发生的溶解度变化极为缓慢,二次相不会析出,故含锡量小于

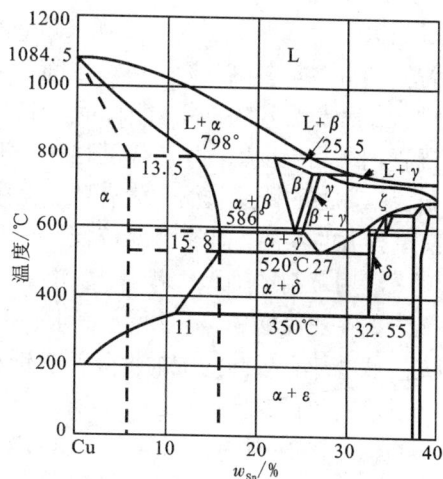

图7-42　Cu-Sn二元状态图

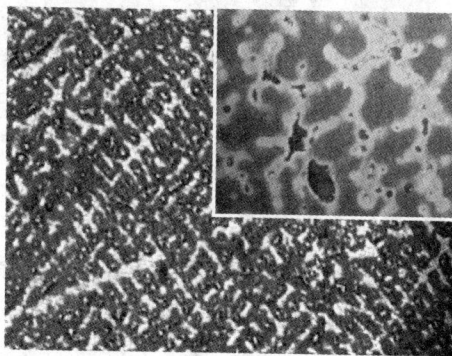

图7-43　锡青铜铸态显微组织

14%的锡青铜的退火组织也为单相α。另外，由于锡青铜冷凝区间（即结晶温度间隔）大，因此，α相通常呈现晶内偏析现象。

（3）锡青铜的性能

含锡量对锡青铜力学性能的影响很大。一般来讲，当锡小于5%～6%时，随含锡量增加，抗拉强度和延伸率均增加，含锡量大于6%～7%后，由于δ相的出现，延伸率迅速降低；当含锡量大于20%后，组织中出现大量δ相，合金变脆，强度也随之强烈降低。因此，工业用锡青铜的锡含量多在3%～14%之间，含锡小于5%适于冷加工用，含锡5%～7%适于热加工用，含锡大于10%的锡青铜，适于铸造用。

锡青铜结晶温度区间大，流动性小，不易形成集中缩孔，而易形成分散的微缩孔，易产生偏析，锡青铜的铸造收缩率为有色合金中最小者，充满铸模的能力高，故适于铸造形状复杂、壁厚较大的零件，但致密度较低，所以不适于铸造要求致密度高的和密封性好的铸件。锡青铜一般用于制造轴承、蜗轮、齿轮等。

锡青铜在亚硫酸钠、矿物酸、氨水、盐酸和硫酸中抗蚀性均不理想，但在大气、海水和无机盐类溶液中却有极高的抗蚀性。锡青铜在大气（包括海洋大气）、淡水、海水及蒸汽中的耐蚀性优于紫铜和黄铜。

（4）锌、铅、磷对锡青铜组织性能的影响

锌 锌能大量溶解于锡青铜，当锌量≤10%时，不出现含锌相。锌能改善机械性能和流动性，能缩小锡青铜的结晶间隔，提高合金的流动性，减小偏析，且能脱氧、除气，提高合金致密性。

铅 不溶于铜中，以孤立的夹杂物形式析出，铅在锡青铜中也以纯组元形式存在，显著改善合金的切削加工性和耐磨性能。

磷 熔炼时以磷铜形态加入，常用作脱氧剂，以消除硬脆夹杂物 SnO_2。磷还能显著提高合金的强度、弹性极限、弹性模量和疲劳强度。用磷脱氧后，若含磷量大于0.2%时，会生成 Cu_3P 硬质点，如图7-44所示。但磷在锡青铜中的极限溶解度仅为0.2%左右，含磷过多将形成熔点为628℃的 $\alpha + \delta + Cu_3P$ 三元共晶，热轧时会出现热脆性，只能冷加工。

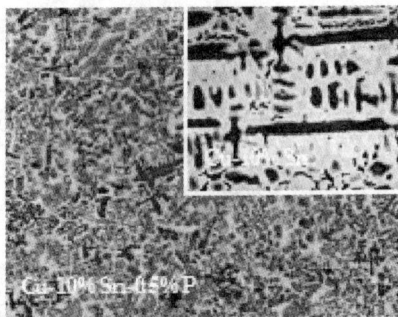

Cu-10% Sn-0.5%P

图7-44 磷对锡青铜显微组织的影响

（5）几种常用锡青铜

二元锡青铜易偏析，不致密，力学性能得不到保证，故很少应用。一般工业上应用的锡青铜均添加了锌、铅、磷等元素，形成含锌或磷的青铜。典型的锡锌青铜有 QSn4-3，可替代锡青铜，满足铸件对高致密度的和高密封性的要求。

含磷的锡青铜是工业上广泛应用的弹性材料,典型的含磷的锡青铜有 QSn6.5 - 0.1,其铸造及变形 + 退火的微观组织如图 7 - 45 所示,在磷青铜生成 Cu3P 硬质点,可以提高合金的抗磨性因而含磷的锡青铜,可用于制造轴承、齿轮、轴套等耐磨零件。某些锡青铜中加入一定量的铅形成的铅青铜是现代发动机和磨床广泛使用的轴承材料。

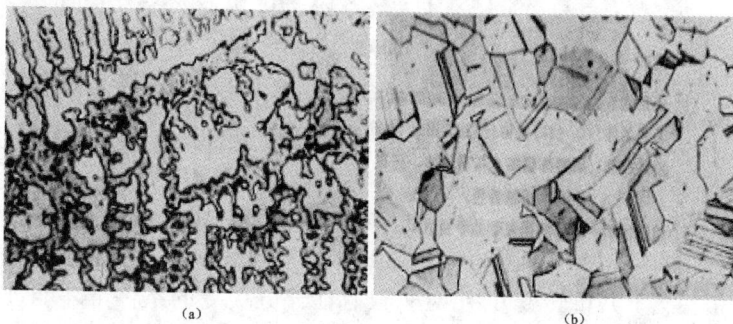
(a)　　　　　　　　　　　　　　(b)

图 7 - 45　QSn6.5 - 0.1 铸造及变形 + 退火的金相显微组织

(a)半连续铸造锭坯;(b)挤压棒(完全再结晶)

2. 铝青铜

铝青铜是机械制造中作结构材料最值得注意的铜合金,尤其是以 Cu - Al 系为基的铝铁青铜、铝铁锰青铜、铝铁镍青铜等具有高的强度和良好的抗蚀性,可以用于制造各种结构零件。

(1)Cu - Al 二元相图

Cu - Al 二元状态图的富铜部分如图 7 - 46 所示。α 相是铝溶解于铜中的固溶体,为面心立方晶格,有较高强度,加工性能好,可以进行冷、热变形加工。β 相是以电子化合物 Cu_3Al 为基的固溶体,体心立方晶格,在高温下稳定,当温度降至 565℃时,发生共析转变

$$\beta \longrightarrow \alpha + \gamma_2$$

γ_2 相是以 Cu_9Al_4 合物为基的中间固溶体,为复杂体心立方晶格(与 γ 相黄铜相同),质硬而脆。

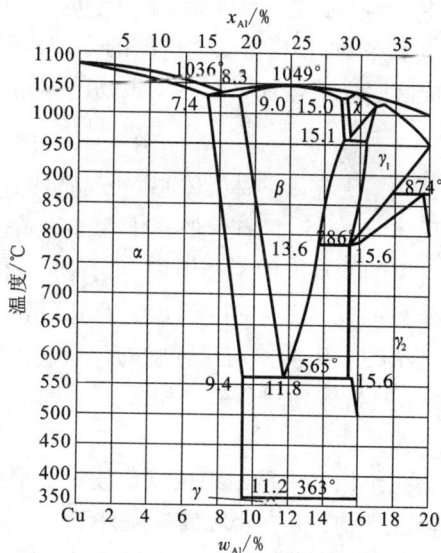

图 7 - 46　Cu - Al 二元状态图

(2)铝青铜的组织

铝青铜的组织可根据成分按照 Cu - Al 状态图确定。β' 相在 450℃以下相当稳定,很难分

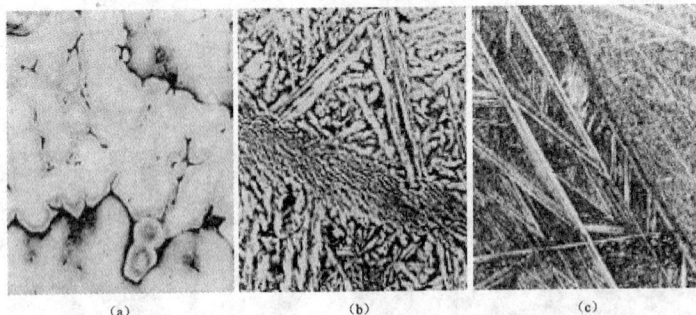

图 7 – 47   铝青铜 QAl7 不同冷却条件下铸造样品的金相显微组织

(a)半连续铸造；(b)快冷铸造；(c)激冷铸造

解为($\alpha + \gamma_2$)二相状态。共析转变 $\beta \rightarrow \alpha + \gamma_2$ 只有在充分缓冷的条件下才能进行，当快冷时，即使冷速只高于 $5 \sim 6 \, ℃/min$，共析分解转变也会被抑制。典型铝青铜的金相显微组织如图 7 –47 所示。对于大型的铝青铜铸件而言，由于冷却缓慢，仍可能发生部分共析转变(即所谓"自动回火"现象)，这将造成铝青铜脆性明显增大。

铝青铜由 β 相区温度淬火，能获得与钢的马氏体相似的介稳组织，一般用 β' 表示。即，在快冷条件下，β 相将以无扩散的方式转变成马氏体 β'，即 $\beta \rightarrow \beta'$。若合金中含铝量较高，则先形成有序固溶体 β_1，而后发生马氏体相变，转变为 β'(或 γ')，即

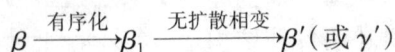

$$\beta \xrightarrow{\text{有序化}} \beta_1 \xrightarrow{\text{无扩散相变}} \beta'(\text{或}\, \gamma')$$

其中 β 相是无序固溶体，体心立方晶格；β_1 为体心立方的有序固溶体；β' 和 γ' 为含铝量不同的马氏体，二者均具有近似密排六方的晶格，呈针状，硬度、强度高，但塑性低。

常用的铝青铜的平衡组织有两种：一种是含铝量 <9.4% 的，组织为单一的树枝状 α 相，用于压力加工。图 7 –48 给出了 QAl7 挤压态的组织。一种是含铝量 9.4% ~11.8% 的，组织为树枝状的 α 固溶体与层片状的($\alpha + \gamma_2$)共析体，如图 7 –49 所示，白色为 α 相，暗色者为($\alpha + \gamma_2$)共析体。图 7 –50 和图 7 –51 给出了铝青铜(Cu –11.8% Al)慢冷和快冷的金相显微组织。

铸态组织与平衡组织区别比较大。根据状态图，只有含铝量大于 9% 的合金才具有 β 相及其转变产物，但在实际铸造条件下，含 7% ~8% Al 的合金组织中也常会有部分 $\alpha + \gamma_2$ 共析体出现。为了得到 $\alpha + \beta$ 组织，可以采取急冷的办法避免 β 相的分解，或在合金中加入 Ni、Mn 元素扩大 α 相区，减少 β 相区。

图 7 - 48　铝青铜 QAl7 挤压态的组织

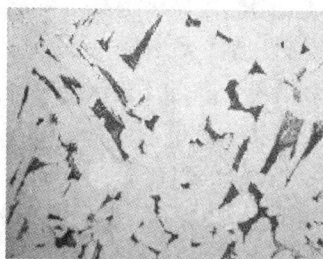

图 7 - 49　铝青铜(Cu - Al) 的组织

图 7 - 50　铝青铜(Cu - 11. 8% Al)
慢冷的金相显微组织

(980℃加热 1 h 后炉冷至 482℃, 空冷)

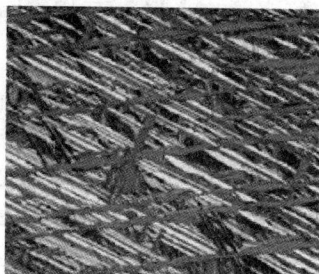

图 7 - 51　铝青铜(Cu - 11. 8% Al)
水淬后的金相显微组织

(900℃加热 1 h 后水淬, 形成了马氏体)

（3）铝青铜的性能

铝含量对铝青铜力学性能的影响很大。当含铝小于5%时, 强度很低; 在5% ~7%时, 塑性最好, 适于冷加工; 超过7% ~8%时, 由于部分 $\alpha + \gamma_2$ 共析体的出现, 塑性急剧降低; 高于12%时, 塑性很差, 加工困难。因此, 实际应用的铝青铜含铝量一般在 5% ~12% 范围。合金强度随铝含量增加而提高, 含铝10%左右时, 强度最高, 常以热加工和铸态使用。

铝青铜结晶温度范围很窄(仅 10 ~30℃), 熔体流动性好, 易获得致密铸件, 且固液二相浓度差小, 铸造结晶时不易发生偏析。但其收缩率大, 易形成集中缩孔, 且易形成氧化铝夹杂, 生产铸锭或铸件时应密切注意, 可分别用增大冒口和特种铸造方法来解决。

（4）锰、铁、镍对铝青铜组织性能的影响

锰在铝青铜中溶解度很大, 能提高耐蚀性和冷、热变形能力。锰的加入不仅可以提高强度, 而且具有良好的工艺性能和抗蚀性。锰能降低合金熔点, 改善合金的铸造性, 并显著降低 β 相的共析转变温度和速度, 抑制 β 相的共析转化, 防止合金在凝固过程中的缓冷脆性, 避免自动回火脆性, 是抑制铝青铜产生自行退火脆性的最有效元素。

铁在铝青铜中溶解度极低, 以 $FeAl_3$ 化合物状态存在(图 7 - 52), 它可以细化晶粒和阻滞再结晶过程,因而可显著提高铝青铜的强度、硬度和耐磨性。铁还有推迟 $\beta \rightarrow (\alpha + \gamma_2)$ 相变的作用,能阻滞自动回火,防止大型铸件的脆性。值得注意的是,含铁量过高时(>6%),会出现富铁相和特殊形状的不良夹渣,降低合金抗蚀性和机械性能。

镍能提高铝青铜的力学性能和抗磨性能,但更主要的是为了改善合金的抗蚀性能。

(5)几种常用的铝青铜

铝青铜不但力学性能比黄铜和锡青铜高,而且具有优良的抗蚀性,在大气、海水、碳酸以及大多数有机酸溶液中有比黄铜和锡青铜均高的抗蚀性。因此,铝青铜强度高,耐蚀性好,另外,还具有耐磨、耐寒及冲击时不发生火花等优异性能,可用于铸造高载荷的齿轮、轴套、船用螺旋桨等。

工业使用的铝青铜有二元铝青铜,如 QAl5、QAl7,但应用较多的是在二元铝青铜基础上加入锰、铁、镍等元素的多元铝青铜。含 4% Fe 的 QAl9 - 4 铝铁青铜的铸态组织是由 $\alpha + (\alpha + \gamma_2)$ 共析体 + $FeAl_3$ 组成,由于有分布均匀的 $FeAl_3$ 化合物的存在,不仅具有高的强度和耐蚀性,而且具有高的抗磨性。因此广泛用于制造重要用途的齿轮、轴套等抗磨、耐蚀零件。含 2% Mn 的 QAl 9 - 2 铝锰青铜铸态组织为 $\alpha + (\alpha + \gamma_2)$ 共析体,在造船工业中可用来铸造简单的大型铸件。铝铁青铜加入少量锰组成铝铁锰青铜 QAl 10 - 3 - 1.5,它兼有铝铁青铜的高耐磨性和铝锰青铜的高强度和耐蚀性,是一种综合性能极好的材料,在航空和机械制造工业中应用广泛。镍能进一步提高铝铁青铜的强度、硬度和耐蚀性能,且可热处理强化。QAl10 - 4 - 4 和 QAl11 - 6 - 6 是典型的铝铁镍青铜,它们是机械制造和航空工业用的综合性能最好的材料,QAl10 - 4 - 4 的显微组织如图 7 - 53 所示。在 400 ~ 500℃ 以下有高的强度和耐磨性,抗淡水和海水腐蚀能力也很高。含铁、镍更高的 QAl 11 - 6 - 6 可用于铸造在高压、高速与高温(达 500℃)工作条件下的铸件,如齿轮、蜗杆、轴套、阀等。

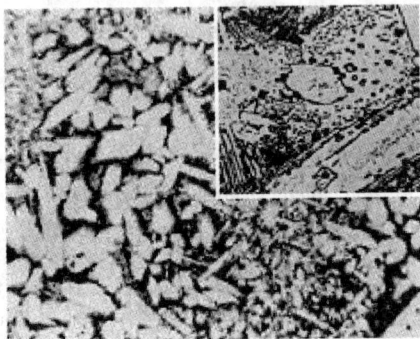

图 7 - 52　含 Fe 的铝青铜的金相显微组织

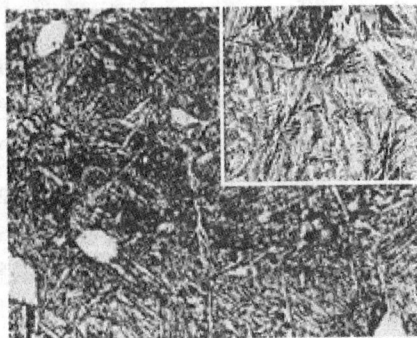

图 7 - 53　QAl10 - 4 - 4 的典型金相显微组织

3. 铍青铜

铍青铜即含 1.5% ~2.5% Be 的铜合金,简称铍铜,是其中极具特色的高弹性铜合金,具有很高强度。

(1)Cu – Be 二元相图

Cu – Be 二元状态图如图 7 – 54 所示。α 相为铍溶解在铜中的固溶体,β 相是以 CuBe 电子化合物为基的固溶体。β 相在 575℃时发生共析转变 β→(α + γ)。铍在铜中的最大溶解度为 2.7%,室温时降至 0.2%。时效硬化时由于富铍相的沉淀和析出而产生硬化。时效硬化程度的大小则由处理温度、含铍量及微量添加元素等所决定。铍青铜在淬火状态下有良好塑性,因而,在淬火状态下可以进行冷压力加工或其他变形操作。

(2)铍青铜的淬火和时效

由于铍青铜有很高的热处理强化效果,其制品一般都要进行淬火时效处理。

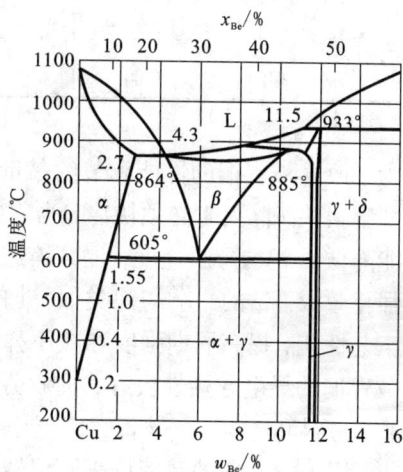

图 7 – 54　Cu – Be 二元状态图

对于含铍量高于 1.7% 的铍青铜,其最佳淬火温度为 780 ~790℃,保温时间一般不超过 15 min(当零件过厚或装炉量较大时应适当延长)。

时效时过饱和固溶体分解为 $\alpha + \gamma_2$ 两相。若淬火后残留 γ_1 相,则时效时 γ_1 相会以共析分解方式形成 $\alpha + \gamma_2$ 共析体。关于铍青铜的脱溶过程目前尚有争议,多数人认为其脱溶过程如下:过饱和固溶体→γ''→γ'→γ_2,其中,γ''为原子有序排列的过渡相,与基体完全共格。以前曾把 γ'' 认为是 G. P. 区,其实它不是溶质原子的偏聚区,而是具有过渡晶体结构的片状沉淀物。γ' 也是过渡相,与基体部分共格。由于 γ'' 相与基体的比容差及共格应变大,时效强化效果最高。

铍青铜时效过程中,在发生连续脱溶的同时往往伴随有不连续脱溶。实验证明,当时效温度低于 380℃时,铍青铜以连续脱溶为主,不连续脱溶只在晶界周围相当小的区域发生,一般不高于 325 ~330℃。

(3)铍青铜的组织性能与应用

QBe2 在不同状态下的力学性能如表 7 – 27 所示,铍青铜可通过热处理大大提高强度、硬度、弹性。含 2.0% Be 的铍青铜经 800℃水淬、300℃时效 2 h 后,其 σ_0 可达 1250 ~1500 MN/m^2,布氏硬度(HB)可达 350 ~400,而其延伸率仍可保持 2% ~4%。该合金强度和硬度远远超过目前常用的所有其他铜合金。

表 7-24　QBe2 的力学性能

材料状态	σ_b/MPa	$\delta/\%$	HV	备注
软(淬火后的)	400~600	≥30	≤130	
硬(淬火后冷轧的)	≥650	≥2.5	≥170	
软状态时效处理的	≥1150	≥2	≥320	时效条件:320±10℃,保温2 h
硬状态时效处理的	≥1200	≥1.5	≥360	时效条件:320±10℃,保温2 h

为了改善铍青铜的性能和节约昂贵的铍,经常加入少量镍、钛和钴。铍青铜的过饱和固溶体分解很快,淬火时必须快冷,当零件尺寸较大或操作不够迅速时,往往降低热处理质量。加镍能降低 α 相的分解速度,提高淬透性。加镍量一般在 0.2%~0.5% 范围内。过多会降低铍的强化效果。钴的影响与镍类似。加入少量钛替代部分铍,可节约铍以降低成本,还可以改善工艺性能,提高周期强度和减小弹性迟滞现象。

铍青铜的导电导热性极好,抗疲劳性高,耐腐蚀性好,因此,铍青铜是极优良的弹性材料、耐磨材料和电材料。铍青铜广泛用于制造各种重要弹性元件、耐磨零件及其他重要电气零件,可用于制造各种精密仪表及仪器的弹簧及弹性元件,也可用于制造电接触器、电焊机电极、钟表和罗盘的零件、齿轮以及在高温,高速下工作的轴承和轴套等。

另外,铍青铜的抗磨性、耐海水腐蚀性、耐热性均优于其他铜合金,而且耐寒、无磁性、受冲击时不生火花,因此还用来制造油库、煤矿、油井等使用的无火花工具。

4. 电工用特殊青铜

近代电力工业及电气设备的发展,需要各种高强度、高硬度、高导电、耐热、耐磨、导热的铜合金。紫铜虽然导电性很好,但强度和耐热性很低,满足不了工业要求。为此,要发展高强、耐热、导电性良好的铜合金,以适应工业发展的需要。

这类材料研究开发所遇到的主要问题是强度与电导率之间的矛盾。按照合金化理论,合金化程度高,合金的强度就高,但电导率低;反之,电导率升高,强度则降低。为了在尽量少降低电导率的前提下,大力提高强度和耐热性,合金化的基本原则是:

(1)低合金化和冷作硬化

加入合金元素总量要少,并且采用很少降低铜的电导率的元素,如 Ag,Cd、Cr、Zr、Ni 等,这样,在固溶强化的同时,很少降低电导率。

(2)靠时效硬化来提高强度

加入起沉淀强化作用的元素时,应多元少量,最好使合金元素之间形成不含基体元素的复杂强化相,而且这种强化相在基体中的溶解度随温度而急剧变化。因而,这种合金既具有较好的电导率,又具有高的强度和耐热性。

(3)利用粉末冶金方法

在纯铜中人工地引入强化质点 Al_2O_3，形成弥散强化无氧铜(含 0.2% ~ 1.1% Al_2O_3)。

电工用各种特殊铜合金的强度与电导率之间的关系，如图 7 - 57 所示。

为了叙述方便，现将这类材料按其强度和电导率分为三类。

1)特高强低导电铜合金：强度 σ_b > 900 MPa，电导率 = 10% ~ 30% IACS，如 Cu - Ti 合金、含 Be 较高的 Cu - Be、Cu - Be - Co 系合金。

2)高强中导电铜合金：强度 σ_b = 550 - 900MPa，电导率 = 45% ~ 50% IACS，属于这类合金的有 Cu - Be，Cu - Be - Co，Cu - Ni - Be，Cu - Ni - S1，Cu - Ni - Co，Cu - Co - Si 等系合金。

3)中强高导电铜合金：强度 σ_b = 350 ~ 650 MPa，电导率 = 70% ~ 80% IACS，如 Cu - Ag、Cu - Cd、Cu - Cr、Cu - Zr 及近年发展的 Cu - Hf、Cu - Hf - Zr、Cu - Zr - As 等。

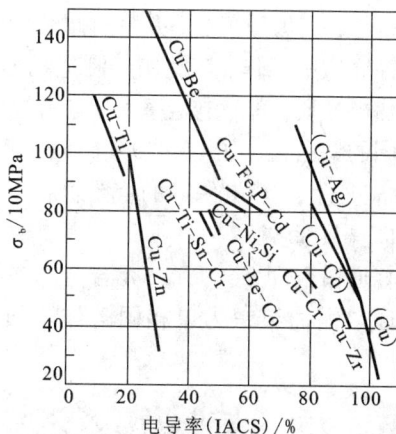

图 7 - 55　各种铜合金的抗拉强度与相对电导率之间的关系

含少量 Ag、Cd、Mg 等元素的合金，很少降低铜的电导率，主要是借固溶强化和冷作硬化来提高其强度，其软化温度比铜高 100 ~ 200℃。

除 Cu - Ag、Cu - Cd，Cu - Mg 合金外，其他导电合金几乎全部是时效强化型的。

Cu - Zr 合金中，Zr 能强烈提高铜的软化温度，例如：0.05% ~ 0.08% Zr 能使铜的开始软化温度提高到 550 ~ 560℃，而电导率只降低 10% ~ 15%。Cu - Zr 的时效效果比 Cu - Cr 小，需要在淬火后进行较大的冷变形，再在适当温度下时效，以改善其强度和导电性。室温下的强度次于铬青铜，但电导率比铬青铜高。Cu - Zr 合金主要特点是蠕变抗力及耐热性高，导电导热性很好。

Cu - Cr - Zr 是目前引人注目的导电性高、高强耐热的铜合金。Zr 和 Cr 的同时加入能进一步提高 Cu 的耐热性和导电性。添加 0.15% ~ 0.35% Cr 和 0.08% ~ 0.25% Zr 的 Cu - Zr - Cr 合金，是电导率可达90%的高强度耐热青铜。Cu - Cr 和 Cu - Cr - Zr 可作铝合金和低碳钢点焊或滚焊机的电极及在高温中工作的电机整流子材料。

7.2.6　白铜

以镍为主要合金元素的铜基合金称为白铜。白铜牌号以"B + 镍含量"表示，如果加入了其他元素，则用"B + 第三组元符号 + 镍含量 + 第三组元含量 + 第三组元含量"表示。如 B25 表示含 25% Ni 的白铜；BMn3 - 12 表示 3% Ni 和 12% Mn 的锰白铜。

铜 - 镍二元合金称普通白铜；加有锰、铁、锌、铝等元素的白铜合金称复杂白铜。工业用白铜按用途分为结构白铜和电工白铜两大类。结构白铜的特点是具有高的力学性能和极高的抗蚀性，色泽美观，并具有耐热耐寒的性能，如 B19、B30、BZnl5 – 20 等，可以在高温和强腐蚀介质中工作，广泛用于制造精密机械、化工机械和船舶构件。电工白铜一般具有特殊的热电性质，即，电阻率大、电阻温度系数小和热电动势大等，锰铜、康铜、考铜是含锰量不同的锰白铜，如 BMn40 – 1.5、BMn3 – 12 等，是制造精密电工仪器、变阻器、精密电阻、应变片、热电偶等的重要材料，在电工技术及仪器仪表制造中获得广泛应用。

1. 普通白铜

普通白铜即 Cu – Ni 二元合金。在液态及固态下铜与镍都能无限溶解，形成连续固溶体，故普通白铜的组织为单相固溶体。图 7 – 56 和图 7 – 57 给出了普通白铜典型的金相显微组织。

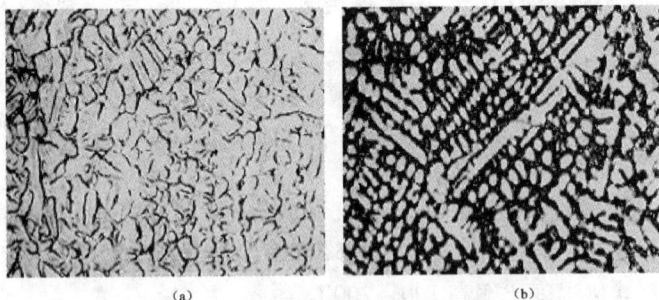

(a)　　　　　　　　　　　(b)

图 7 – 56　白铜铸造状态的金相显微组织

(a) B10；(b) B30

固态下除了磁性变化外，无相变发生，故采用一般的热处理方法不易改变性能。普通白铜冷、热加工性能好，可生产各种尺寸的板、带、管、棒等半成品。

普通白铜的突出特点是在各种腐蚀介质中有极高的化学稳定性，所以在海洋船舶、石油化工、能源电力、医疗器械等部门得到广泛应用，部分替代黄铜用作冷凝器、热交换器、蒸发器及各种高强耐蚀件。舰艇用冷凝器含镍多为 10% ~ 30%。B30 是应用历史最长、应用范围极广的白铜，抗高速(甚至含气泡的)污染海水的腐蚀，工作温度可达 400℃。后来发现 Cu – 10Ni 中加入 0.75% Fe 的合金与 B30 具有同样的耐蚀性，并可节约大量镍，故近年来 B10 合金在很多方面已取代了 B30 合金。

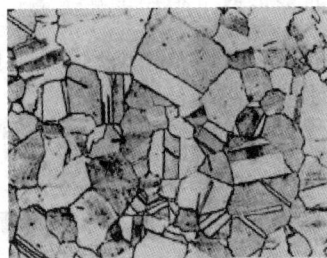

图 7 – 57　B10 白铜冷轧后经 800℃退火状态的金相显微组织

Cu – Ni 合金是在很低温度下工作的重要结构材料。二元 Cu – Ni 合金有高的耐热性，高的电动势和在极小的电阻温度系数下有很大的电阻系数,故电气工业上这是极其重要的材料。

铸造 Cu – Ni 合金往往还加入铁、锰、锌、铅、锡等元素。

在普通白铜中加入少量铁和锰,能细化晶粒,不仅可以提高强度,而且能显著提高耐蚀性。

铝在 Cu – Ni 合金中的溶解度随温度下降而减小,析出 θ(NiAl)或 β(NiAl$_2$)相,故 Cu – Ni – Al 合金能进行热处理强化,而且强化效果很大,故铝能显著提高白铜的力学性能。例如合金 BAl13 – 3 在轧制后于 900℃淬火,抗拉强度为 25 ~ 35 MPa,伸长率为 20%。若淬火后冷轧 25%,而后于 550℃时效则抗拉强度升高到 80 ~ 90 kgf/mm^2,伸长率为 5% ~ 10%。

锌白铜中加入少量铅(<2%)可改善其切削加工性能,但只能冷轧,不能热轧。

2. 特殊白铜

(1)铁白铜 铁白铜 BFe30 – 1 – 1 等在制造海船和其他在强烈腐蚀介质中工作的零件方面得到日益广泛的应用,与普通白铜相比,其工作寿命成倍提高。

(2)铝白铜 铝白铜可以热处理强化,将铝白铜从 900 ~ 1000℃淬火,然后 500 ~ 600℃时效时,由过饱和固溶体中析出高度弥散的 θ 相(Ni$_3$Al)或 θ 相和 β 相(Ni$_2$Al),故强度和硬度大大提高。另外,这类合金进行低温形变热处理也有显著的强化效果。工业上常用的铝白铜有 BAl13 – 3 和 BAl6 – 1.5,其组织为 α + (α + θ)共析体。

(3)锌白铜 锌白铜亦称"镍银"或""德国银",含 5% ~ 35% Ni 和 13% ~ 45% Zn。应用最广泛的是含 15% Ni 及 20% Zn 的锌白铜(BZn15 – 20),其组织为单相 α – Cu 固溶体。锌白铜具有极高的耐蚀性,且强度高,弹性好,呈漂亮的银白色,在空气中不氧化。

(4)锰白铜 锰白铜主要有 BMn3 – 12(又称"锰铜")、BMn40 – 1.5(又称"康铜")和 BMn43 – 0.5(又称"考铜")。其组织均为单相固溶体。它们的特点是具有极高的电阻率和很低的电阻温度系数,是制造标准电阻、热电偶、补偿导线和变阻器等的重要材料。

7.2.7 铸造铜合金

除了变形铜及铜合金外,铜及铜合金也可以直接铸造成形,制造成各种铸件来使用。铸造铜及铜合金广泛地应用于电工电子、石油化工、航空航天、航海舰船、机械冶金、建筑装饰、核能电站等现代工业领域中。例如,纯铜铸件主要由作传导材料、轴承材料以及抗应力腐蚀的结构材料;铸造黄铜熔化温度温度窄,一般没有偏析,可以用于气体管道和水管配件、家具配件、电气用铸造构件;铸造青铜可以用作涡轮、齿轮、滑动轴承、高压装配件、泵轮、轴套、艺术品等,铸造白铜适于铸造、钻孔和切削加工,可以保持银白色,具有优异的抗蚀性,可用于电枢、阀门、装配件、铸造艺术品及卫生用具等。总之,铸造铜及铜合金是日常生活广泛应用的材料,也是现代工业的重要工程材料。

与铝及铝合金相对比,铜及铜合金的铸造材料和变形材料成分相差较少,但是,对于一些特殊的需求,铸造铜及铜合金的成分也会有一些调整。例如,对于需要高温强度,细化晶粒和不渗水、气的铜铸件,一般要求在纯铜中加入 1% ~ 2% 的合金元素。纯铜铸件强度和硬度相对较低,但是仍具有其他方面的优异性能,例如,高的导电性、良好的抗蚀性、优异的延展性等。因此,在变形铜合金中常用的合金元素(如锡、锌、铝、铅、镍、铍等)都可以单独或复合添加,以提高或改善铜铸件的某一种或某一些性能,以满足使用要求。铜铸件具有高的静态和动态强度、良好的高温强度、高的硬度、良好的耐磨性、抗蚀性等。

7.3 钛及钛合金

钛及钛合金是第二次世界大战后才登上工业舞台的新型工业金属材料。虽然钛元素发现于 18 世纪末,但金属钛直到 1910 年才被美国科学家用钠还原法(亨特法)提炼出来。1936 年卢森堡科学家克劳尔用镁还原法(克劳尔法)还原 $TiCl_4$,制得海绵钛,奠定了金属钛生产的工业基础。1948 年美国首先开始海绵钛的工业生产。中国继美、日、前苏联之后,于 1958 年开始钛的生产。

钛一般被列为"稀有金属",但钛元素在地壳中的含量是十分丰富的。它在全部元素中名列第 10 位,在结构金属元素中仅次于铝、铁、镁,居第 4 位。钛及其合金一般是用真空自耗电弧熔炼方法(VAR)将海绵钛制成铸锭,然后用与钢材生产相近的工艺和设备加工成各种钛材(板、带、箔、管、棒、丝及锻件等)。精密铸造及粉末冶金法也用于钛制品的生产。由于综合性能好,用途广,资源丰富,发展前景好,作为尖端科学技术材料,钛及钛合金具有强大的生命力,被誉为正在崛起的"第三金属"。

钛及钛合金之所以成为一种十分重要的结构材料,是因其具有一系列突出的优点。首先是钛的比重小、比强度高。钛的比重为 4.5,介于铝(2.7)和铁(7.6)之间,但比强度高于铝和铁(如图 7 - 58 所示)。钛合金的耐热性也比铝合金高得多,其工作温度范围较宽,如耐热钛合金的工作温度可达 500℃ 左右,低温钛合金则在 - 253℃ 还能保持良好的塑性,若能克服 550℃ 以上的氧化污染问题,则钛合金的使用温度还可能进一步提高。钛及其合金的另一个突出优点是有优良的抗蚀性,特别在海水和海洋大气中抗蚀性极高,这对舰艇以及水上飞机都是十分有利的。

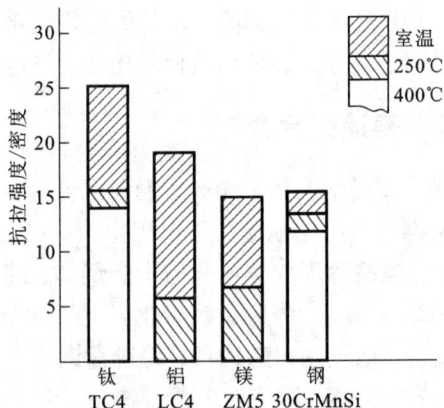

图 7 - 58 几种金属材料在不同温度下的比强度

由于钛的化学活性高,熔点高,提取困难,冶炼制取工艺复杂及价格昂贵等方面的问题,使钛及钛合金的发展与应用受到了一定限制。随着科学技术的不断进步，这些问题正在不断被解决。20 世纪 50 年代钛开始用于航空工业，用做航空发动机和机体的轻型结构材料，然后逐渐扩展到一般工业领域，用做容器、管路、泵、阀类的耐蚀结构材料。20 世纪末，钛又逐渐进入人们的日常生活，用做高档建材、体育娱乐用品、医疗器材、餐具器皿及工艺美术品等。钛及钛合金由于其所具有的优异特性，必将由高科技领域应用的"稀有金属"变为公众熟知、广泛应用的"常用有色金属"。

7.3.1　工业纯钛

1. 钛的基本性质

（1）钛的物理性能

钛在周期表中属ⅣB 族元素，原子序数为 22，原子量为 47.9，元素钛的基本物理特性列于表 7 – 25。

表 7 – 25　元素钛的物理特性

原子体积	10.6	导电率	3% IACS（铜为 100%）
其价半径	0.132 nm	电阻率	0.478 $\mu\Omega \cdot m$
一级电离能	661.5 $[MJ \cdot (kg \cdot mol)^{-1}]$	电阻温度系数	0.0026 K^{-1}
热中子吸收截面	560 $fm^2 \cdot atom^{-1}$	磁化系数	$1.25 \times 10^{-6} emu \cdot g^{-1}$
晶体结构	α 密排六方（低温相）	磁化率20℃	$3.2 \times 10^{-6}(\alpha)$
	β 体心立方（高温相）	900℃	$4.5 \times 10^{-6}(\beta)$
密度	4.5 g/cm^3	导磁率	1.00004 $H \cdot m^{-1}$
熔点	1668℃ ±4℃	弹性模量	102.7GPa
沸点	3400℃（3250℃）	泊松比	0.41
比热容（25℃）	0.518 $[J \cdot (kg \cdot K)^{-1}]$	摩擦系数	0.8（40 $m \cdot min^{-1}$）
热导率	21 $[W \cdot (m \cdot K)^{-1}]$		0.68（300 $m \cdot min^{-1}$）
熔化热	440 $kJ \cdot kg^{-1}$	光发射率	0.482（1000℃,6520Å）
晶型转变潜热	3.68 ~ 3.97 $kJ \cdot mol^{-1}$	光反射率	57.9%（6000Å）
气化潜热	428.5 ~ 470.3 $kJ \cdot mol^{-1}$	光折射指数	1.82（6000Å）
热膨胀系数	$8.64 \times 10^{-6} K^{-1}$	光吸收系数	2.69（6000Å）

与常用金属材料性质相比（表 7 – 26），工业纯钛的主要特征如下：①钛密度小而强度高。大致在 – 253 ~ 600℃范围内，钛的比强度是最高的；②钛的弹性模量中等，比不锈钢约低 50%，比弹性模量稍低于钢，适于做弹性元件，但加工时回弹比较大。合金化可使钛弹性模量发生很大变化；③钛具有电导率、热导率和线膨胀系数均低的特性。钛的热容与不锈钢相

当,电阻率比不锈钢稍大;④钛的熔点高,但由于同素异构转变和高温下吸气、氧化倾向的影响,它的耐热性为中等,介于铝和镍之间。

表 7－26　纯钛与几种常用金属的物理特性

物理性质	Ti	Mg	Al	Fe	Ni	Cu
密度/(g·cm^{-3})	4.54	1.74	2.7	7.8	8.9	8.9
熔点/℃	1668	650	660	1535	1455	1083
沸点/℃	3260	1091	2200	2735	3337	2588
膨胀系数/(10^{-6}·K^{-1})	8.5	26	23.9	11.7	13.3	16.5
热导率/[10^2W·(m·K)$^{-1}$]	0.1463	1.4654	2.1771	0.8374	0.5945	3.8518
弹性模量 E/GPa	113	43.6	72.4	200	210	130

(2)钛的化学性质与耐蚀性能

钛在室温下比较稳定,在高温下却很活泼,在熔化状态能与绝大多数坩埚或造型材料发生作用。在高温下也会与卤素、氧、硫、碳、氮等元素进行强烈的反应,而使钛受到污染。因此,钛要在真空或惰性气氛下熔炼,如在真空自耗电弧炉,电子束炉、等离子熔炉等设备中熔炼。钛在氮气中加热即可燃烧,钛尘在空气中有爆炸危险,所以钛材加热和焊接宜用氩气保护。钛在室温就能吸收氢气,在500℃以上吸气能力尤为强烈,故可作为高真空电子仪器的脱气剂。另外,利用钛吸氢和放氢的特性,可以作储氢材料。钛元素与人体相容性好,耐体液腐蚀。

纯钛在大多数介质中具有很强的耐蚀性,尤其是在中性及氧化性介质中的耐蚀性很强。在海水中的耐蚀性优于铝合金、不锈钢、铜合金和镍合金。室温下钛对不同浓度的硝酸、铬酸、以及碱溶液和大多数有机酸均有很好的耐蚀性。但钛在任何浓度的氢氟酸中均能迅速溶解。另外,钛的腐蚀性能的突出特点是不发生局部腐蚀和晶间腐蚀现象,纯钛一般只发生均匀腐蚀,抗腐蚀疲劳性能好。

钛在550℃以下能与氧形成致密的氧化膜,具有良好的保护作用。在538℃以下,钛的氧化符合抛物线规律。但在800℃以上,氧化膜会分解,氧原子会以氧化膜为转换层进入金属晶格,此时氧化膜已失去保护作用,使钛很快氧化。

(3)钛的晶体结构与组织特点

纯钛在固态下有两种同素异晶体,多型性转变温度随钛的纯度而有所不同。工业纯钛的多型性转变温度为882.5℃,在转变温度以下为密排六方的 α－Ti,在转变温度以上直到熔点之间为体心立方的 β－Ti。α－Ti 点阵常数(20℃)为:$a=0.295111$ nm,$c=0.468433$ nm,$c/a=1.5873$,β－Ti 的点阵常数在25℃时,$a=0.3282$ nm;在900℃时,$a=0.33065$ nm。

工业纯钛的室温组织随加工和热处理而异。冷变形的钛在多型性转变温度以下退火时,得到等轴 α 晶粒,若由 β – Ti 区缓冷到 α – Ti 区,则得到魏氏 α 组织快冷至室温,则发生马氏体相变,得到针状马氏体组织。

(4)钛的力学性能和工艺性能

钛的主滑移面是棱柱面 $\{10\bar{1}0\}$ 及棱锥面 $\{10\bar{1}1\}$,而不是基面 $\{0001\}$,滑移方向是 $<10\bar{1}2>$,见图 7 – 59。高纯钛的塑性很好,强度不高,用碘化法制取的高纯钛呈等轴 α 组织,强度仅能达到如下水平:$\sigma_b = 216 \sim 255$ MPa,$\sigma_{0.2} = 118 \sim 167$ MPa,而延伸率 δ 可达 50% ~60%,断面收缩率 ψ 可达 70% ~80%,冲击韧度 $\alpha_k \approx 2.45$ MJ/m^2。这是因为密排六方结构的纯钛晶轴比 (c/a) 小于理想球形轴比 1.633,在室温下变形时,不仅底面(0001)参加滑移,而且棱锥面 $\{10\bar{1}1\}$ 和棱柱面 $\{10\bar{1}0\}$ 也参加滑移,并起主要作用。滑移方向都是沿基面的密排方向 $<1\bar{2}10>$,这是纯钛不同于六方晶系的镁、锌、镉的原因。纯钛变形的另一个特点是,当温度降低时,虽然滑移变形会减少,但孪晶面大量增加,从而使钛在低温时具有很好的塑性(甚至比室温还高)。随杂质含量增加,强度升高而塑性大大下降。钛可以承受锻造、轧制、挤压、冲压等各种压力加工,原则上加热钢材所采用的设备都可以用于钛材加热,要求炉内气氛保持中性或弱氧化性气氛,绝不允许使用氢气加热。纯钛力学性能的另一个特点是屈强比($\sigma_{0.2}/\sigma_b$)较高,一般在 0.7 左右,合金化后可达 0.95。这说明变形抗力大,只有当应力接近破断应力时才开始屈服或塑性变形,而钛的弹性模量相对较低,因此钛材的加工成型比较困难。

纯钛有很好的低温塑性,特别是间隙元素含量很低的 α 型合金,适宜在低温下使用,可用在火箭发动机或载人飞船上作超低温容器。

钛的熔点虽然比铁和镍都高,但耐热性却比铁和镍低,这与钛原子自扩散系数大和存在同素异晶转变有关。此外,钛的耐磨性较差。

钛的切削加工比较困难,主要原因是钛的摩擦系数大,导热性差,热量主要集中在刀尖上,使刀尖很快软化。同时钛的化学活性高,温度升高容易粘附刀具,造成粘结磨损。在切削加工时,应正确选用刀具材料,保持刀具锋锐,并采用良好的冷却。

2. 杂质对纯钛的影响

一般来讲,随钛中杂质元素量增加,强度显著升高,塑性却大大降低。按在晶格中存在形式区分,杂质元素与钛可形成间隙式或置换式两种固溶体。杂质含量较多时,也会形成脆性化合物。形成间隙固溶体的杂质主要有氧、氮、氢及碳等。这些杂质可造成严重的晶格畸变,强烈阻碍位错运动,提高硬度。另外,氢的扩散能力较强,应变时效现象比较明显,而且

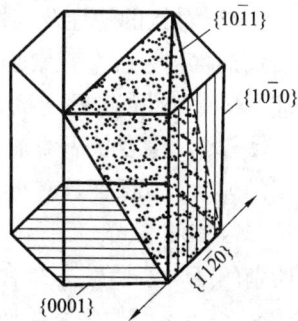

图 7 – 59 六方晶格的滑移
面和滑移方向

容易以 TiH 化合物形式析出，引起氢脆，严重损害钛的韧性。形成置换式固溶体的杂质主要有铁、硅等，对钛的塑性及韧性的影响程度小于间隙式杂质的影响。在有的合金中，甚至还将置换式杂质作为合金元素加入。钛中的杂质(尤其是间隙式杂质)，不但使塑性及韧性降低，而且对疲劳性能、蠕变抗力、热稳定性及缺口敏感性等也有很大危害。现有的和发展中的高强钛合金，主要依靠添加各种合金元素来强化基体，但其先决条件之一是钛基体必须具有较高的纯度，以保证具有足够的塑性储备。

3. 工业纯钛简介

所谓的"工业纯钛"是指含有一定量杂质的纯钛，其氧、氮、碳、铁、硅等杂质总量一般为 0.2% ~0.5%。这些杂质使工业纯钛具有一定的强度和硬度，又具有适当的塑性和韧性。

按杂质含量和力学性能不同，我国有 5 个纯钛的牌号分别为 TD、TA0、TA1、TA2 及 TA3。TD 为碘化法制取的高纯钛，TA0 为高纯钛，其余三种为工业纯钛。牌号不同，杂质含量亦不同。四种纯钛的牌号、成分与力学性能见表 7 – 27。

表 7 – 27 纯钛的化学成分与力学性能

牌号	杂 质 含 量						材料类型	力学性能		
	Fe /%	Si /%	C /%	N /%	H /%	O /%		σ_b /MPa	δ_s /%	α_k / (MJ·m^{-2})
TA0	0.04	0.03	≤0.03	≤0.01	≤0.015	≤0.05	板材	250 ~290	56 ~64	2.5
TA1	0.15	0.10	≤0.05	≤0.03	≤0.015	≤0.15	板材	350 ~500	30 ~40	-0.8
							棒材	350	25	
TA2	0.30	0.15	≤0.10	≤0.05	≤0.015	≤0.20	板材	450 ~600	25 ~30	-0.7
							棒材	450	20	
TA3	0.40	0.15	≤0.10	≤0.05	≤0.015	≤0.30	板材	550 ~700	20 ~25	-0.5
							棒材	550	15	

杂质对纯钛硬度的影响如图 7 –60 所示。工业纯钛的硬度是每个杂质元素强化效应叠加的结果，经验公式如下：

$$HB = 57 + 196 \sqrt{w_N} + 158 \sqrt{w_O} + 45 \sqrt{w_C} + 20 \sqrt{w_{Fe}} \qquad (6-1)$$

式中：w——杂质的质量分数，%。

工业纯钛的显微组织如图 7 –61 所示，一般纯金属强度都很低，而工业纯钛则不然，其 σ_b 可高达 550 MN/m^2，甚至更高，已经接近于高强度铝合金的水平。且塑性良好，易焊接，焊缝强度可达基体的 90%，耐蚀性也好。故工业纯钛可用作结构材料，直接用于航空产品，常以板和棒等形式用于制造 350℃ 以下工作的飞机构件，如蒙皮和隔热板等。

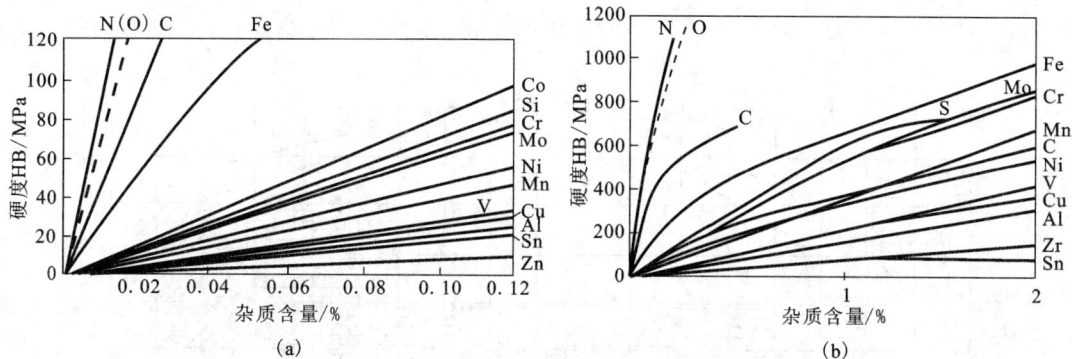

图 7 – 60　一些杂质含量对纯钛硬度的影响

(a)杂质含量 0 ~ 0.12% ；(b)杂质含量 0 ~ 2%

7.3.2　钛合金

1. 钛与合金元素之间的作用

钛是活性金属，在较高温度下，钛能与许多元素发生作用。钛与其他元素之间的相互作用，取决于它们的原子核外层电子结构、原子尺寸和晶体结构三者的差异，钛是ⅣB族过渡元素，最外层的电子结构为 $3d^2 \cdot 4s^2$，存在未填满的 d 电子层。周期表中，各元素按与钛作用性质和强弱，可归纳为四类，如图 7 – 62 所示。

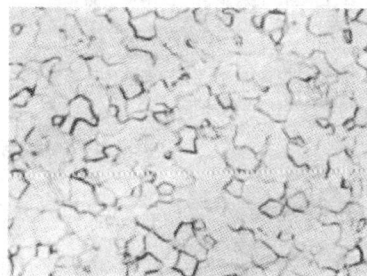

图 7 – 61　工业纯钛的典型金相显微组织

第一类：与钛形成离子键与共价键的元素，包括卤素和氧族元素，它们的负电性很强。

第二类：与钛形成有限固溶体和金属间化合物的元素，包括许多过渡族元素以及氢、铍、硼族、碳族和氮族元素。

第三类：与钛生成无限固溶体的元素，包括同族元素(Zr、Hf)、钒族、铬族和钪族。其中锆、铪与钛的外层电子结构相同，原子直径差很小，所以它们与 α – Ti 和 β – Ti 均形成无限固溶体，而近族元素(V、Nb、Ta、Cr、Mo)与钛的电子结构合原子直径相差不大，晶型则与 β – Ti 相同，而与 α – Ti 有差异，故它们与 β – Ti 无限固溶，但在 α – Ti 中有限固溶。

第四类：与钛不发生反应或基本不发生反应的元素，包括惰性元素、碱金属、碱土金属、稀土元素(钪除外)、锕、钍等。

2. 钛合金的二元相图类型

根据合金元素对转变温度的影响不同，钛的二元相图可分为下列 4 种类型(图 7 – 63)。

(1)与 α 钛及 β 钛均无限互溶的相图

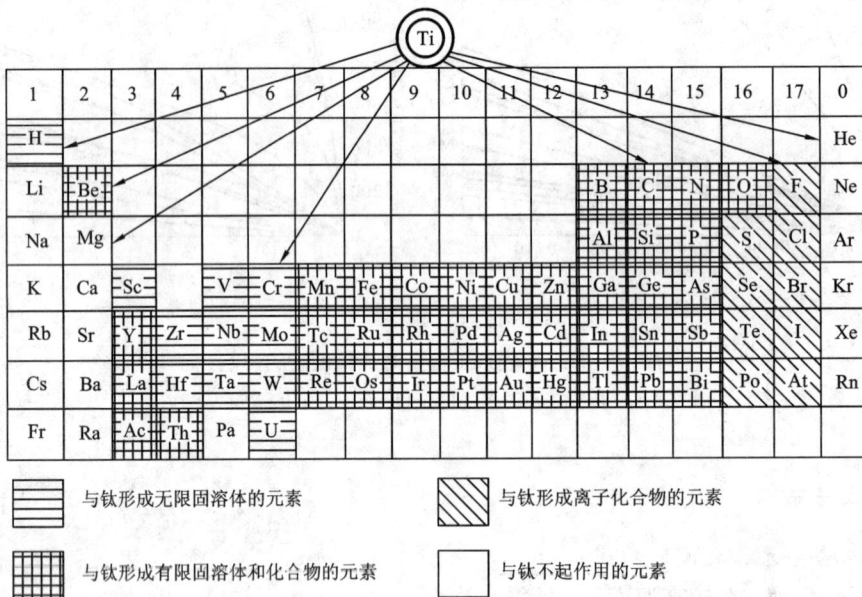

图 7 - 62　钛与元素周期表中各元素的相互作用

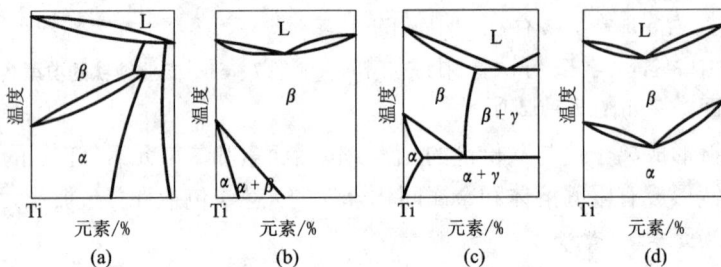

图 7 - 63　二元钛合金相图的主要类型

能形成这类相图的只有钛的同族元素锆和铪，这两个元素在 α 钛和 β 钛中的溶解能力相同，对 α 相和 β 相的稳定性影响不大，对 α/β 相变温度的影响较小，故称为中性元素，钛 - 锆二元相图（如图 7 - 64 所示）可作为这类相图的代表。

（2）与 β 钛无限互溶，与 α 钛有限溶解的相图

在周期表上的位置靠近钛，而且晶格类型与 β 钛相同的元素，如钒、钼、铌、钽等与钛形成这类相图。钛 - 钒相图（如图 7 - 65 所示）可作为这类相图的代表。

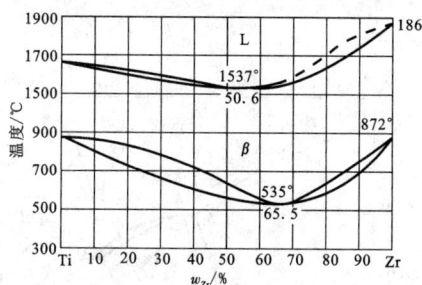

图7-64　Ti-Zr相图

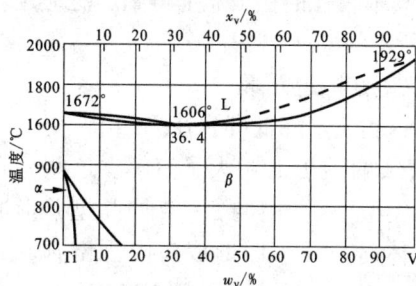

图7-65　Ti-V相图

（3）与α、β钛均有限溶解并具有共析反应的相图

与钛形成这类相图的元素有锰、铁、钴、镍、硅等。这些元素在α和β钛中均为有限溶解，但在β钛中的溶解度比α钛中大，能使$(\alpha+\beta)/\beta$相变温度降低，稳定β相的能力比β同晶型元素还大。

这类元素的外层d电子数在5以上，可从钛取得电子形成d^{10}稳定壳层。d层电子愈多，这一倾向愈大，易形成化合物。

（4）与α和β均有限溶解，并且有包析反应的相图

在周期表中离钛更远一些的金属和非金属元素如铝、镓、锆、锡、碳、氮、氧等与钛形成这一类相图。这些元素的电子结构、化学性质等与钛的差别很大，除锡对$(\alpha+\beta)/\beta$相变温度影响不大，可划为中性元素外，其他元素都使此相变温度提高，起稳定仅相的作用，称α稳定元素。

3. 合金元素的分类

钛在合金化时，由于添加元素的种类和数量不同，其多型性转变温度将发生变化，因此造成组织和结构的变化。合金元素可分为三大类：α稳定元素、中性元素和β稳定元素，如表7-28所示。

表7-28　钛及钛合金中最常见元素的分类

分　类		元素类型
α稳定元素	间隙式	O、C、N、B
	替代式	Al、Ga
中性元素	替代式	Zr、Sn、Hf
β稳定元素	替代式 同晶型	Mo、V、Ta、Nb
	替代式 快共晶型	Cu、Ni
	替代式 慢共晶型	Cr、Fe、Mn、Co、Pd
	间隙型	H、Si

（1）α稳定元素

这类元素能在α相中大量溶解并增加α相在热力学上的稳定性，提高转变点，扩大α相区。属于此类的有Al、Ga、O、C、N、B等，O、C、N、B主要溶于α相，形成间隙固溶体，升高相变点，Al、Ga主要溶于α相，固溶度较大，形成替代式固溶体，升高相变点，但添加量大时，会形成金属间化合

物，其中只有铝在工业上得到广泛应用。这些元素与钛形成的状态图的基本形式如图 7 - 63（a）所示。

(2)β 稳定元素

这类元素降低(α+β)/β 相转变点和扩大 β 相区，能在 β 相中大量溶解。这些元素又有两种类型，一类是与 β - Ti 同晶型并形成无限固溶体而与 α - Ti 形成有限固溶体，如 Mo、V、Ta、Nb 等谓之同晶型 β 稳定元素，简称 β 同晶元素，其状态图如图 7 - 63(b)所示。另一类是强烈降低相变点，与 β - Ti 形成有限固溶体并具有共析转变型的状态图［图 7 - 63（c）］，如锰、铁、钴、镍、铜、硅等，称为共析型 β 稳定元素，简称 β 共析元素，其中 Cu、Ni 与钛发生共析反应，生成化合物，易生成层状组织；Cr、Fe、Mn、Co、Pd 与钛发生共析相变，生成化合物，但不易出现珠光体片层状组织。这类元素含量愈多，钛合金组织中的 β 相就愈多。当它们的含量达到一定的临界值时，快冷能使合金中的 β 相保持到室温，这一临界值一般称为"临界浓度"。合金元素的临界浓度反映其稳定 β 相的能力。临界浓度越小的元素，稳定 β 相的能力越大。各元素的临界浓度见表 7 - 29。

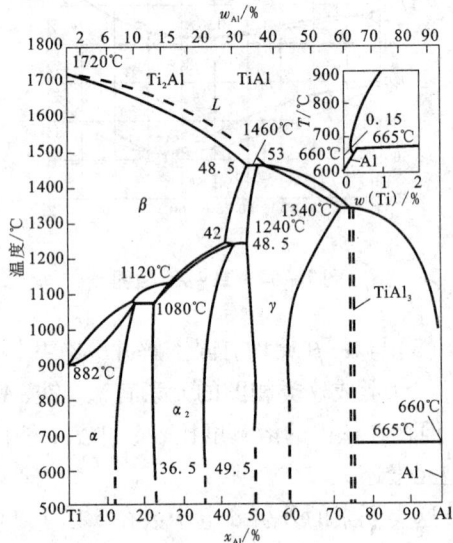

图 7 - 66 Ti - Al 系相图

表 7 - 29 β 稳定元素的临界浓度

合金元素	临界浓度		原子浓度	元素类型
	% (原子)	% (重量)		
铁	4.5 ~ 4.9	5.2 ~ 5.7	4.2	β 共析型
锰	5.0	5.7	4.2	β 共析型
钴	4.9	6.0	4.2	β 共析型
镍	5.8 ~ 6.3	7.0 ~ 7.6	4.2 ~ 4.3	β 共析型
铬	8.4	9.0	4.2	β 共析型
钼	5.8	11.0	4.1	β 同晶型
钒	18.4	19.3	4.2	β 同晶型
铼	6.0	20.0	4.2	β 同晶型
钨	8.7	26.6	4.2	β 共析型
铌	23	26.8	4.2	β 同晶型
钽	21	50.0	4.2	β 同晶型

（3）中性元素

在 α 相和 β 相中都能大量溶解，对相变温度影响不大（略降低）的元素，如 Zr、Sn、Hf 等，其典型状态图如图 7 - 63(d) 所示。

钛合金的合金化即以上述作用规律为基础，根据实际需要合理地调整合金元素的种类和加入量，以获得必要的组织、使用性能和工艺性能。

4. 合金类型与成分的关系

根据合金元素的种类、数量及室温组织的不同，可将钛合金分为三大类：α 钛合金、α + β 钛合金和 β 钛合金。钛合金的类型主要取决于新添加的 α 稳定元素、β 稳定元素及中性元素量。

铝是工业钛合金中广泛使用的 α 稳定元素。由 Ti - Al 相图（图 7 - 66）可知，铝在 α - Ti 中的最大固溶度出现在 1080℃，约为 11%。550℃ 时，铝在 α - Ti 中的固溶度约为 7%。在 Ti - Al 相图的富钛侧，存在 α、β、α_2 和 γ 4 个单相区。α_2 与 γ 相的晶体结构示于图 7 - 67。α 和 β 无序固溶体是塑性相，而 α_2(Ti_3Al) 和 γ(TiAl) 分别是面心正方和六方晶型的有序化合物，是脆性相。因此，随铝含量的增加，能形成 α、α + α_2、α_2、α_2 + γ 和 γ 等 5 种不同类的钛合金。铝提高钛的 α/β 相变点、再结晶开始温度、弹性模量和比电阻等，但降低合金的塑性和韧性。铝在钛合金中用做基本强化元素。添加 1% Al，可提高钛室温强度 30 ~ 50 MPa。但超过 α 相的极限溶解度时，铝会导致 α_2(Ti_3Al) 相的析出，引起脆化。在研究高温钛合金热稳定性时发现，其他 α 稳定元素和中性元素对钛合金的相结构和性能有类似的影响。

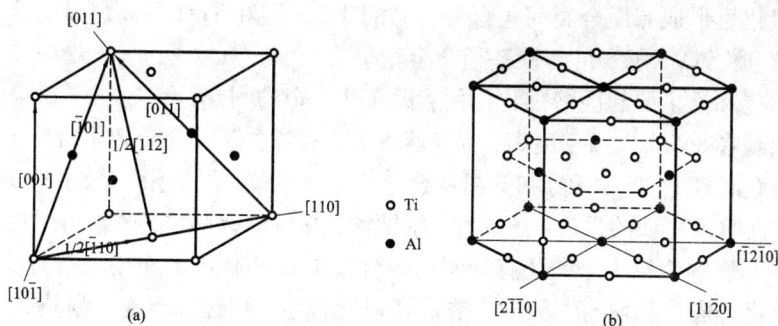

图 7 - 67　γ 相（a）和 α_2 相（b）的晶体结构

（1）合金元素的作用

1）合金化的一般规律

钛合金的 4 个基本相为 α、β、α_2 和 γ。由于晶体结构复杂性和扩散系数的差异，表现出不同性能，其中耐热性顺序是 $\gamma > \alpha_2 > \alpha > \alpha + \beta > \beta$，而塑性顺序是 $\gamma < \alpha_2 < \alpha < \alpha + \beta < \beta$。因此，发展传统型耐热钛合金（以固溶体为基）应选择为高合金化的 α 或近 α 钛合金，即钛中应

添加较多的 α 稳定元素(Al)和中性元素(Sn、Zr)进行固溶强化，添加微量 Si，进行硅化物弥散强化，并添加可改善高温抗氧化性的元素(如 Nb)。发展结构钛合金(要求强度、塑性、韧性与工艺性能的良好匹配)主要选择亚稳定 β 钛合金或 $\alpha + \beta$ 两相钛合金。通过 β 稳定元素(Mo、V、Cr、Fe 等)的高合金化，获得固溶强化和 β 相分解产生第二相(次生 α)进行弥散强化。通过调控第二相的形状、数量、大小、分布来调节钛合金的强度、塑性、韧性及工艺性能。发展以有序金属间化合物为基的耐热钛合金，主要是克服 α_2 相与 γ 相的室温脆性。对 α_2(Ti_3Al)而言，其韧化途径主要是添加某些 β 稳定元素(如 Nb、Mo、V)，产生少量 β 塑性相，细化晶粒和激活非基面滑移，形成 $\alpha_2 + \beta$ 相两相合金。对 γ(TiAl)型合金而言，其韧化途径是添加少量 β 稳定元素(如 Mn、Cr)、细化晶粒、激活孪晶和减小单位晶胞体积来获得 $\gamma + \alpha_2$ 型两相合金(α_2 约占 10%)。

2) 主要合金元素的作用

实践表明，钛合金最常用的金属合金元素是 α 稳定元素铝、中性元素锡和锆，β 稳定元素钼、钒、铬、铁、镍 。最有影响力的非金属元素是氧、氮、碳、氢、硅和硼。

铝 铝是钛最重要的固溶强化元素，在 $\alpha - Ti$ 中的固溶度约为 7%(550℃)。它同时提高钛的室温强度和高温强度，提高 α/β 相变点、再结晶开始温度、弹性模量和比电阻等，但降低合金的塑性和韧性。超过溶解度极限(7%)，会导致 α_2 相(Ti_3Al)析出，引起合金脆化，严重损害室温塑性和韧性，降低高温热稳定性。常规钛合金中一般要求合金中铝当量要小于 8%。在亚稳 β 钛合金中，添加少量铝(3% 左右)可防止亚稳 β 相分解时产生 ω 相而引起脆化。添加大量铝可形成有序金属间化合物为基的 Ti_3Al 型和 TiAl 型高温钛合金，其使用温度可分别达到 700℃ 和 900℃，可与镍基超合金竞争。

锡和锆 锡和锆主要起固溶强化作用，提高钛合金的耐热性。锡在 α 钛中的最大固溶度为 18.6%，出现在 865℃。锡密度高，本身熔点低，制备含锡钛合金较困难。因此，锡用在某些耐热钛合金(如 TC9、Ti - 679)和低温钛合金中，如 TA7，添加量一般小于 3%。锆为无限固溶元素，它同时提高钛的强度、耐热性、耐蚀性，并可细化晶粒，改善可焊性。它对室温和低温塑性的不利影响比较小。锆还有抑制高钼合金中 ω 相析出的作用。锆与钛的熔点、密度差不大，合金化时成分易均匀。因此，锆是高强钛合金、耐蚀钛合金、耐热钛合金和低温钛合金中都用的一种元素。但锆资源有限，价贵，且锆增加合金的吸氢性，锆含量一般小于 4%。

钼 钼在 $\alpha - Ti$ 中的固溶度在 600℃ 时仅为 0.8%，在 $\beta - Ti$ 中无限固溶。钼具有中等程度稳定 β 相的能力。钼提高钛的强度、耐热性和耐蚀性。钼含量越高，钛合金的淬透性越好，高钼(超过 24%)钛合金，即使空冷，也能获得全 β 合金。一些著名的高强钛合金(如 βc、$\beta 21S$、TB3)、耐热钛合金(如 IMI829、IMI834)、耐蚀钛合金(如 Ti - 32Mo、Ti - 25Mo - 5Nb)等都含有大量的钼。但是，钼密度高、熔点高，易生成钼夹杂或钼偏析。大量的钼对塑性、抗氧化性和可焊性也不利。

钒　钒与 β – Ti 无限固溶, 而在 α – Ti 中有限固溶。600℃时钒在 α – Ti 中的固溶度为 3.5%, 但钒在 α 相中的固溶度是随着温度下降而略为增加, 因而合金中没有过饱和 α 相及其分解问题。钒提高合金的室温强度和淬透性, 且不降低其塑性。因此, 钒是中强和高强钛合金中最常用的合金元素。著名的 Ti – 6Al – 4V 合金是世界上第一个实用钛合金, 其用量占全部钛合金的 50% 以上。高钒合金(如 Ti – 15 – 3、TB3 等)的加工性、冷成形性好。钒还是阻燃钛合金(如 Ti – 35V – 15Cr)的重要组元。但钒降低钛合金的耐热性和耐蚀性。钒还有毒性, 价格也较贵, 人们正在努力发展不含钒或少含钒的合金。

铬　铬在 β 相中无限固溶, 在 α 相中的最大溶解度为 0.5%, 出现在 670℃。在此温度下发生共析转变 $\beta \rightarrow \alpha + TiCr_2$。铬在钛合金中主要起固溶强化作用。高铬合金往往有较好的塑性、韧性和高的淬透性。由于铬是快共析元素, 含铬合金的时效强化时间较短。近年来, 铬在阻燃钛合金和 TiAl 基合金中也在发挥作用。

铁　铁在 β – Ti 中的最大固溶度为 25%, 出现在 1085℃; 而在 α – Ti 中, 最大固溶度为 0.5%, 出现在 590℃, 在此温度下发生共析转变, $\beta \rightarrow \alpha + TiFe$。铁是最强的 β 稳定元素, 显著提高钛合金的淬透性。因此, 铁主要用于高强高韧高淬透性的 β 钛合金(如 Ti – 1023)和形状记忆合金(如 Ti – Ni – Fe)。铁在大铸锭中易产生偏析, 在钛材中形成"β 斑"型冶金缺陷。铁还降低钛的耐蚀性, 但由于铁便宜, 在发展低成本钛合金时它是一个重要合金元素。在钛合金中一般添加 1.5% ~ 3% Fe 就足够了。

铌和钽　铌和钽是弱的 β 稳定元素。铌在 β – Ti 中无限固溶, 600℃时在 α – Ti 中的固溶度为 4%。铌提高钛合金的耐热性、抗氧化性和耐蚀性, 降低钛的氢脆敏感性。铌在高温钛合金(如 IMI829)、高强高温钛合金(如 β21S: Ti – 15Mo – 3Nb – 3Al)、Ti_3Al 基合金(如 Ti – 24Al – 11Nb)、TiAl 基合金(如 Ti – 48Al – 2Nb – 2Cr)、耐蚀钛合金(如 Ti – 15Mo – 5Nb)、宽滞后形状记忆合金和生物工程用钛合金(Ti – 12Nb – 10Zr)中获得了应用。铌是一个日益受到重视的合金元素。但由于铌熔点高, 价较贵。其应用受到限制。钽对钛合金的耐蚀性和耐热性有益, 但由于其熔点高(2996℃), 密度高(16.6 g/cm³), 合金化困难, 并降低比强度, 它只在耐硝酸的钛合金(如 Ti – 5Ta)和某些实验型高温钛合金中使用。

镍　镍在 β – Ti 中的最大固溶度为 13%, 出现在 955℃。镍在 α – Ti 中的最大固溶度为 0.2%, 出现在 770℃。在 770℃时发生共析转变($\beta \rightarrow \alpha + Ti_2Ni$)。近似等原子比的 TiNi 合金具有形状记忆效应、超弹性、高阻尼性和耐蚀耐磨性。TiNi 是目前最广泛使用的形状记忆合金。镍改善钛的抗缝隙腐蚀能力, 但镍增加钛的吸氢性。含镍合金在真空热处理时, 如果冷却速度太慢, 会导致 Ti_2Ni 析出, 降低合金的冲击韧性。

锰　锰也是钛的一个有益合金元素。少量锰有固溶强化作用, 并使其保持较好的塑性和可焊性。原苏联在缺钒时代曾大力发展含锰的钛合金。近来发现, 在 TiAl 基合金中添加锰, 可降低其室温脆性。但锰蒸气压高, 在真空熔炼时挥发, 合金成分难控制, 一般避免使用。

硅　硅在 β – Ti 和 α – Ti 中的最大溶解度分别为 3.0% 和 0.45%, 一般将硅看作是降低钛塑性和韧性的有害杂质。但在耐热钛合金中，微量硅能起固溶强化作用，并通过 Ti_5Si_3 化合物起弥散强化作用，提高合金的蠕变强度。耐热钛合金中的硅含量一般控制在 0.3% 以下，过量硅会严重损害热稳定性。

  氧、氮和碳 氧、氮、碳三种间隙元素，一般视为降低塑韧性的杂质，其中氮的害处最大，但有时也看成合金元素。氧提高基体屈服强度，可看做钛的基本强化元素。在一切热加工过程与使用过程中，氧往往扮演重要角色，必须特别关注。国外有人在发展含氮钛合金。在 IMI834 合金中，碳被作为合金添加剂，碳的作用是提高相变点，增加初生 α 相的含量，以便获得所需要的双态组织。在工业实践中，氧、氮、碳是通过合理选择原料品位来综合加以控制的。

  氢 氢与钛的关系比较复杂。如前所述，钛中的氢可能引起"氢脆"：应变时效氢脆和氢化物氢脆。在应力的长时间作用下，晶格间隙中的氢原子向应力集中处扩散，氢原子与位错交互作用，钉扎位错，使基体变脆，这称为应变时效氢脆。当温度降低，氢在钛中的溶解度下降，从钛固溶体中析出片状氢化钛（TiH）而引起的脆性，称为氢化物氢脆。如果钛中氢含量不高，尚不足以析出氢化物，即氢仍以过饱和状态存在时，则在应力作用下，将产生应变时效型氢脆或延迟性氢脆。氢脆最明显的特征不是塑性下降而是冲击韧性剧烈下降。纯钛中氢含量低于 200 ppm 时，可避免氢化物氢脆，但可出现应变时效氢脆（又称应力感生氢脆）。应该指出的是，氢与氧、氮、碳不同，它在钛中的存在是可逆的。在热加工及酸洗过程中钛可能吸氢，但在真空熔炼和真空热处理时也可以脱氢。人们常用"氢化 – 脱氢"原理制取高纯钛粉，也利用这一原理使某些难变形的钛合金产生"氢增塑性"，氢被看作"临时性合金元素"。

  (2) 工业钛合金

  根据合金元素的种类、数量及室温组织的不同，可将钛合金分为 α、β 及 $\alpha + \beta$ 三大类，其组织特点见表 7 – 30。

表 7 – 30 三种不同的钛合金的合金化、组织、性能特点

钛合金	合 金 化	组 织	性 能	典型合金
α 合金	全 α：只含 α 稳定元素及中性元素	100%α	低强或中强 耐热性、耐蚀性、可焊性好	Ti – 5Al – 2.5Sn
	近 α：含少量 β 稳定元素	α + 少量 β α + 少量化合物		Ti – 8Al – Mo – 1V Ti – 2.5Cu
$\alpha + \beta$ 合金	含 α 及 β 稳定元素	$\alpha + \beta_{转}$	可强化热处理，性能介于 α 与 β 合金之间	Ti – 6Al – 4V
β 合金	亚稳 β：含大量稳定 β 元素	$\beta + \alpha_{次}$	强度高，塑性好，成材性好	Ti – 15V – 3Cr – 3Sn – 3Al
	稳定 β：全部为 β 稳定元素	100%β	耐热性、低温性不好	Ti – 32Mo

1)α 钛合金 这类合金的主要合金元素是 α 稳定元素铝和中性元素锡及锆，主要为固溶强化作用，它们不含或只含极少量的 β 稳定元素。退火状态的组织为单相 α 固溶体或 α 固溶体加微量金属间化合物。工业 α 钛合金典型的金相显微组织如图 7-68(a) 所示。

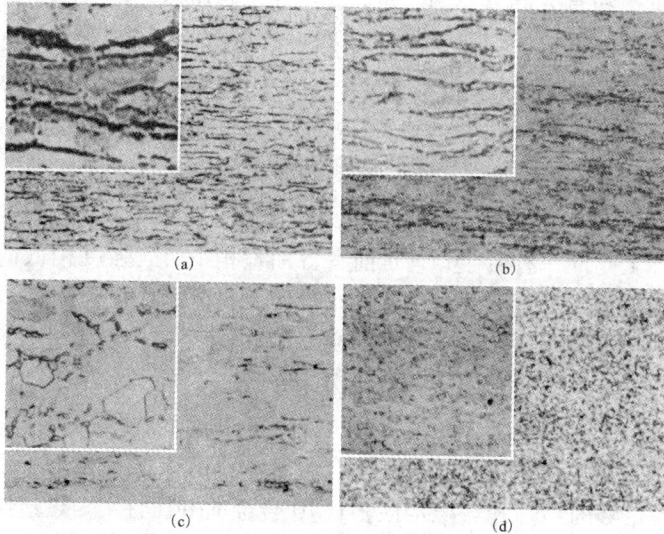

图 7-68 钛合金典型的金相显微组织

(a)Ti-2.5Cu-0.02Fe, α; (b)Ti-1.4Al-1.4Mg-0.04Fe, α+β;

(c)Ti-5.1Al-2.5Sn-0.04Fe, α+β;

(d)Ti-2.4Al-10.0Sn-1.0Mo-5.5Zr-0.03Fe-0.2Si, α+β

α 钛合金具有优良的焊接性能。不能热处理强化，在室温下具有中等强度，600℃ 以下有良好的热强性和抗氧化能力，可高温锻造，但板材弯曲时的塑性不及 α+β 合金，特别是不及 β 合金。

在我国 TA7 是应用最多的 α 钛合金，其大致成分为 5%Al、2.5%Sn，余为钛。

TA7 合金的组织与塑性加工和退火条件有关。在 α 相区内加工和退火得到等轴晶组织。从 α+β 相区(1024-1052℃)或 β 相区(1052℃ 以上)冷却时形成针状 α 相。在这种情况下，快冷形成针状 马氏体，慢冷则生产粗大针状 α 相组织，所有在高温下未转变的 β 相冷却后仍能保留其原等轴晶形态。TA7 合金无热处理强化效果，仅在退火状态下使用。该合金热稳定性能很好，可在 450℃ 下长期工作。同时焊接性能优良，最适合于制造需要焊接的各种零件。

2)α+β 钛合金 这类合金的退火组织为 α+β 相。除含 β 稳定元素外，α+β 钛合金一般也含有一定量的铝、锡、锆等。工业 α+β 钛合金典型的金相显微组织如图 7-68(b)、(c)和(d)所示。

α+β 钛合金可热处理强化，强化效果随 β 稳定元素浓度的增加而提高。这类合金的室温

强度和塑性高于 α 合金，加工成形性比 α 合金及 β 合金都好，但焊接性能和耐热性不如 α 合金。其牌号用"TC"+顺序号表示。表7–40列有 α+β 合金的牌号和成分。

TC4 是典型的 α+β 合金，也是用量最大的一种钛合金，属 Ti–Al–V 系，其成分约为 6% Al、4% V，余为钛。钒是 β 同晶元素，在 β 钛中能无限固溶，在 α 钛中也有较大的溶解度（650℃下的最大溶解度为 3.5%）。钒的原子半径与钛很接近，所以强化作用比铁、锰、铬等元素小。钛中加钒能适当提高强度，改善加工性能，在赋予合金以热处理强化能力的同时，还能保持良好的塑性，甚至能稍稍提高塑性。另外，钛铝钒系合金没有硬脆化合物存在，在较宽的温度范围内有较高的稳定性。因此，该系合金在各种条件下都具有良好的综合力学性能，工业上得到广泛应用。

TC3 与 TC4 实际上是同一种合金，只是前者含铝量稍低，故强度稍低而塑性较好，可生产板材。后者含铝量高些，塑性较差，主要生产锻件。另外，TC4 合金热塑性良好，并可进行各种形式的焊接，焊缝强度可达基体强度的 90%；耐蚀性和热稳定性好，可生产在 400℃下长期工作的零件，如压气机盘叶片及飞机结构件等。

TC10 是在 TC4 基础上发展起来的。为进一步提高强度和耐热性，不仅将钒量提高到 6%，而且加入 2% 的锡和少量铁和铜，以强化合金基体。由于加入的元素都在溶解度范围以内，故合金仍可保持足够的塑性和热稳定性。TC10 合金的冲压性能、热塑性、可焊性和焊缝强度与 TC4 相同，耐蚀性和热稳定性较高，适于制造 450℃下长期工作的零件。

上述三个 Ti–Al–V 系合金的组织基体相同，变形并退火后的组织均为 α+β。TC4 合金的金相显微组织如图 7–69 所示。可见，950℃空冷，粗大的 β 晶粒在冷却过程中转变成粗大的片状 α+β 组织，β 相分布在 α 片间，而快冷形成粗针状 α′ 马氏体。采用合适的退火工艺，也可以获得等轴状的 α+β 组织。

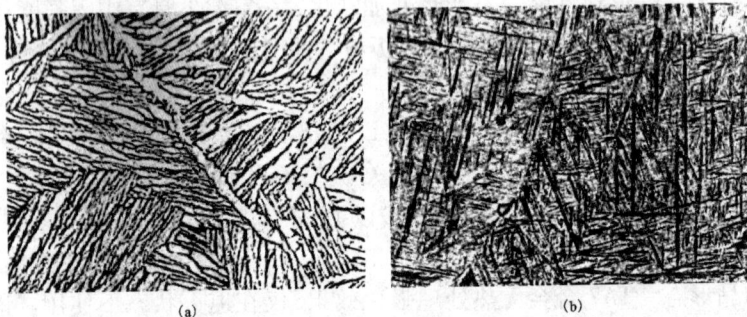

(a)   (b)

图 7–69 TC4 合金的金相显微组织
(a)950℃加热，空冷，(b)淬火

这类合金淬火与时效后强度可提高 20% ~ 25%，塑性有所降低。但 TC4 合金因淬透性较差，淬火与时效工艺应用不广，目前多以退火状态使用。

3)β 钛合金　β 钛合金是发展高强度($\sigma_0 \geqslant 1400 \sim 1500\ MN/m^2$)钛合金潜力最大的一类。其合金化的主要特点是加入大量 β 稳定元素(有的还加入少量 α 稳定元素),通过热处理来大幅度提高其强度。作为结构材料用的 β 钛合金往往只是在淬火或空冷条件下才能得到全 β 相组织,因此是介稳定的。β 钛合金塑性好,有良好的冷加工性能。但焊接性能较差,且组织和性能不够稳定,工作温度一般不能高于 200℃。β 钛合金以"TB" + 顺序号表示。

从组织和性能的稳定性方面考虑,β 钛合金中最好是加入 β 同晶元素钼、钒、钽和铌等,但这些元素稳定 β 相的能力不如共析型 β 稳定元素(铁、铬、锰)。单独加钼或钒时,加入量必须很大($w_{Mo} > 12\%$ 或 $w_V > 20\%$)才能得到稳定的 β 组织。同时,钽、铌价格昂贵,且熔点高,熔炼时成分不易均匀。因此,β 合金中一般同时加入 β 同晶元素和共析型 β 稳定元素。但共析型 β 稳定元素中的锰易挥发,铁降低塑性,应用很少。

β 钛合金以 TB2 为代表。TB2 中还加入少量铝,一方面提高耐热性,但更主要的是保证热处理后获得高强度。合金室温组织为 α + β,若从 β 相淬火,则得到单相 β 组织。由于钒对塑性有利,所以该合金在淬火状态下有高的工艺塑性,时效后有 β 相中析出大量 α 相弥散质点,使强度显著提高而塑性大大降低。TB2 合金目前还处于试用阶段,可以制造飞机结构件和紧固件。

5. 钛合金中固态相变与组织演变

钛由于存在同素异形体,钛合金的固态相变非常丰富。这些相变是钛合金物理冶金的重要基础。钛合金固态相变的特点是其具有多样性和复杂性,金属中所发生的各类相变,在钛合金中都有可能出现。了解了合金的组织转变规律,就可以通过加工和热处理控制合金的组织,从而改善材料的性能,指导钛合金材料设计和工艺设计。

(1)加热时的固态相变

1)回复与再结晶

同其他金属一样,冷变形的钛和钛合金在一定温度下会发生回复和再结晶。回复温度一般为 500 ~ 600℃。再结晶温度根据合金成分的不同,会有较大变化。例如,工业纯钛的再结晶温度约为 550℃,TA7 约为 600℃,TC4 约为 700℃,而 TB2 合金则为 750℃。近 α 与 α + β 合金在再结晶过程中常伴随着 α 相的溶解及 β 相成分的变化。

2)α→β 多型性转变

将钛和钛合金加热到 β 相区时,会发生 α→β 多型性转变。这一过程也称为重结晶,α 相和 β 相始终保持一定的位向关系。对 α + β 钛合金,这一过程为固溶处理的一部分。钛合金的一个显著特点是:扩散系数 $D_\beta \approx 100 D_\alpha$。在 β 区晶粒长大的速度要比在 α 区快得多。

α + β 两相钛合金的固溶处理通常选在 β 相变点以下约 40℃,一方面可保留少量初生 α 相,另一方面可防止晶粒过分长大,这都有利于改善合金的塑性。β 合金的固溶处理是在高于相变点的温度下进行,以利于所有合金元素均匀地溶于 β 相中。但防止 β 晶粒长大是钛合金加工与热处理工艺中一个极为重要的问题。

（2）冷却时的固态相变

1）在缓慢冷却中的转变

从 α 区缓慢冷却到 $\alpha+\beta$ 相区时，要发生 $\beta\rightarrow\alpha$ 的多型性转变，此时 α 相的形核是马氏体型的，靠热激活长大。新相与母相的位相关系是：$(110)_\beta/\!/(0001)_\alpha$，$[111]_\beta/\!/[1\bar{1}20]_\alpha$。

2）在快速冷却时的转变

从 β 区快速冷却时，会形成各种亚稳定相。随着合金元素量的不同，会发生四种不同类型的转变：马氏体相变、ω 相变、保留高温 β 相和形成过饱和 α 相。这些转变的产物、产生的条件及特点详见表 7-31。应特别指出的是，钛合金中的马氏体 α' 和 α'' 是软相，即它的强度和硬度与 α 相相差无几。淬火获得的亚稳 β 相也是软相，只有时效后才产生明显的强化，这与钢铁中的淬火强化现象是非常不同的。

表 7-31　钛及钛合金在快速冷却时的转变及转变产物

转变类型	转变产物	晶格类型	生成条件	转变机构及形态	特点
马氏体型相变	α'	六方	α 合金或 β 稳定元素含量较小的 $\alpha+\beta$ 合金，从 β 相区或接近 $(\alpha+\beta)/\beta$ 相变点的高温淬火	依 β 稳定元素含量大小而不同，含量小时 β 相以块状结构转变；含量大时 β 相以针状结构转变	块状马氏体无法测得位向关系；针状马氏体 α' 与 β 相保持布拉格位向关系，惯析面为 $(334)_\beta$ 或 $(344)_\beta$
	α''	斜方	在 β 稳定元素较多的 $\alpha+\beta$ 合金中，由 β 相区或接近 $(\alpha+\beta)/\beta$ 相变点的高温淬火		在 Ti-Mo、Ti-W、Ti-Re 中发现但 Ti-V 系却没有；α'' 的点阵参数随成分而变化；α'' 使合金塑性降低
淬火 ω 相形成	ω_q	六方	在 β 稳定元素含量处于临界浓度附近的系统中，有 β 相区淬火	通过位移控制型相变方式进行	ω_q 是尺寸很小的粒子，仅能通过电子显微术观察；ω_q 使弹性模量及硬度提高，使塑性下降
高温 β 相的保留	过冷 β 相	体心立方	β 相中 β 稳定元素含量在临界浓度以上，其成分在室温时处于 β 相区	高温相保留	温度合应力不能使其发生分解
	亚稳定 β 相 (β_m)	体心立方	β 相中 β 稳定元素含量在临界浓度以上，其成分在室温时处于 $\alpha+\beta$ 相区	高温相保留	提高温度或施加应力可以发生分解
过饱和 α 相形成	过饱和 α 相 $(\alpha_{过饱和})$	六方	在钛与快共析型 β 稳定元素的系统中，亚共析成分，于共析温度之下快速冷却	高温相保留	提高温度可以发生分解

ω 相是过渡相，只有在高压下生成，其结构复杂，硬度极高，会使合金变脆。在高钼的合金中会出现 ω 相。添加少量铝有利于抑制 ω 相形成。含 ω 相的钛合金，经过回火处理也可消除 ω 相，获得平衡的 $\alpha+\beta$ 或 $\alpha+\mathrm{Ti}_x\mathrm{M}_y$ 组织（$\mathrm{Ti}_x\mathrm{M}_y$ 为合金化合物）。

　　3)时效中的转变

　　与铝合金相似,钛合金可时效强化,但必须是人工时效。在快冷时生成的亚稳定相在时效时向平衡组织转变。这种相转变过程可分为 β 相的分解、ω 相分解、马氏体 α' 或 α'' 的分解和过饱和 α 相分解 4 种类型。这些转变的过程、转变条件、转变方式及转变产物的形态列于表 7 - 32。

表 7 - 32　钛及钛合金在时效时的相变

转变类型	转变过程	转变条件	转变方式	形态及特点
亚稳定 β 相的分解	$\beta_m \to$ $\beta + \omega_\alpha$ $\to$ $\beta + \alpha$	亚稳定 β 相在 550℃ 以下温度时效首先析出 ω_α,继续时效 ω_α 转变为 α 相	$\beta_m \to \beta + \omega_\alpha$ 的机理尚不清楚,但 ω_α 向 α 相转变可按合金系和时效温度分为三种情况:(1)在 β_m/ω_α 之间点阵错配度小的系统中,α 相在 β_m 晶界或 $\beta_m\omega_\alpha$ 母相上不均匀生核,长大并吞食 ω_α;(2)在点阵错配度大的系统中。α 相在 β_m/ω_α 界面位错或锋刃处形核并吞食 ω_α 长大;(3)在接近 ω_α 相稳定限的高温时效,上述系统中 ω_α 均以共析反应析出 α 相	在全部分解方式中这是最快的一种;ω_α 呈椭球形态,最终组织为片层状 α + β 瘤状区或不均匀的 α 相;ω_α 呈立方形态,α 相粒子均匀弥散
β 相的分解	$\beta_m \to$ $\beta + \beta'$ $\to$ $\beta + \alpha$	在 ω_α 不能出现的低温时效,或在 β 稳定元素含量高,或因第三组元作用 ω_α 被抑制的系统中于低温时效	$\beta_m \to \beta + \beta'$ 为相分离反应,是通过拐点分解方式进行;β' 向 α 相转变是直接由 β' 上生核,长大过程则依合金系统而异	β' 与 β_m 具有相同晶格,粒子极小,且均匀弥散,此时 α 粒子也细小弥散
	$\beta_m \to \alpha$	在相分离反应和 ω_α 相均不能出现高温时效	在 β 稳定元素含量较小和有大量铝的系统中,β_m 直接析出魏氏体 α,与母相保持布拉格位向关系;在 β 稳定元素含量较多和少量无铝的系统中,β_m 则以群体的 α 粒子或透镜状 α 片形式析出	无论怎样,α 相是不均匀的;魏氏体 α;群集 α 粒子及透镜状 α 片
马氏体 α' 的回火	$\alpha' \to$ $\beta + \alpha$	在钛与同晶型 β 稳定元素的系统中,α' 回火	在 α' 相界面或亚结构上非均匀形核,在回火后期,在平衡 β 相量少的系统中,α 母相发生再结晶,再平衡 β 相量多的系统中,β 相在 α' 界面上形成连续的 β 层	形核转变 α 相发生再结晶
	$\alpha' \to$ $\alpha +$ 化合物	在钛与快共析元素形成的系统中 α' 的回火	回火初期首先生成富溶质区。即 G.P 区与母相共格,进而共析关系破坏生成化合物相	形成共格区
	$\alpha' \to \beta$ $\to \beta +$ 化合物	在钛与慢共析元素形成的系统中,α' 的回火	首先生成 β 相而后再析出化合物	析出化合物的过程十分缓慢
马氏体 α'' 的回火	$\alpha'' \to$ $\beta + \alpha$	在 $M_s(\alpha'')$ 明显高于室温的系统中	α 首先在 α'' 基体上均匀析出,随后变粗,最终形成 $\alpha + \beta$ 瘤状区	均匀生核转变有瘤状区形成
	$\alpha'' \to$ $\beta \to$ 再分解	在 $M_s(\alpha'')$ 接近室温的系统中	α'' 向 β 相转变而后 β 相再分解	

转变类型	转变过程	转变条件	转变方式	形态及特点
过饱和 α 相的分解	α 过饱和→α + 化合物	在钛与共析型 β 稳定元素形成的系统中，主要时快共析元素，铜、硅等	与相同系统 α' 回火的过程和方式相同	
	α 过饱和→ α₂ + α	在钛与铝、锡、镓等元素形成的系统中	析出方式随合金系统和时效温度而变化	

钛合金的时效温度一般为 450 ~ 600℃，时效时间一般为 4 ~ 24 h。含快共析 β 稳定元素的钛合金，时效时间较短。亚稳 β 相的分解要经历三个阶段；合金元素偏聚分为贫化 β' 和富化 β；β' 中析出 α'' 或 ω 相；α'' 或 ω 相分解为 α + β 相。在含 β 同晶型元素的合金中，α' 通过生核和长大过程直接分解为 α + β 相；在含 β 共析型元素的合金中，α' 通过合金元素偏聚后再分解为 α + Ti$_x$M$_y$ 混合物。在 Ti – Cu、Ti – Si、Ti – Al、Ti – Sn、Ti – Ga 等合金中，会发生过饱和固溶体分解。时效产生的 Ti$_x$M$_y$ 或 Ti$_3$Al 有序相(α_2)会使合金变脆。

4）共析转变

在某些含快共析元素的合金中（如 Ti – 2.5Cu），100℃/s 的冷却速度下会出现细小的珠光体型片状组织，在珠光体形成温度以下进行等温处理时，也可以转变为贝氏体型的非片状组织。这种转变常使合金塑性降低。

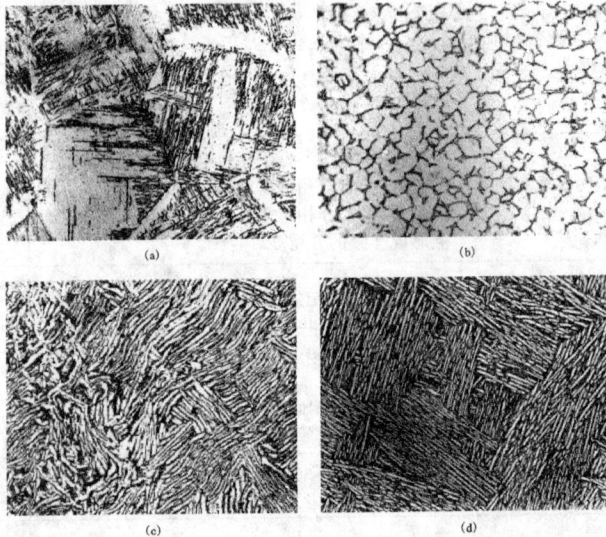

图 7 – 70 不同加工状态 TC4 和 TC9 合金的金相显微组织

(a)1000℃加热，空冷；(b)950℃加热，炉冷；(c)锻造；(d)TC9，双重退火

5）应力诱发相变

在外加应力的作用下，过饱和 α 固溶体也可发生马氏体相变，转变产物可能是六方马氏体 α′ 或斜方马氏体 α″。这一转变使钛合金均匀伸长率提高，屈服强度 $\sigma_{0.2}$ 下降，有利于降低钛合金过大的屈服比（$\sigma_{0.2}/\sigma_b$）。在 Ti – Ni 基形状记忆合金中，在 M_s 点以上发生的应力诱发相变，会产生机械记忆效应或超弹性。

（3）钛合金组织演变规律

钛合金由于同时存在多型性转变、马氏体转变和时效反应，因此，钛合金的组织多样性集钢铁与铜、铝合金之大成，非常复杂。如图 7 – 70 所示，给出了不同加工状态 TC4 和 TC9 合金的金相显微组织。

钛合金的显微组织演变与下列因素有关：①合金成分（合金类型）；②变形温度（变形温度分 β 区、α + β 区和跨 β 区）和变形程度；③变形方式（锻造、挤压、轧制、拉拔等）；④加热温度和时间（加热温度对两相钛合金分 4 区：Ⅰ—T_β 以上；Ⅱ—T_β 与 M_s 之间；Ⅲ—M_s 与 M_f 之间；Ⅳ—M_f 以下）；⑤冷却速度（一般分水淬 WQ、空冷 AC 和炉冷 FC）。

α 钛合金和稳定 β 钛合金的组织变化比较简单，亚稳 β 钛合金的组织变化与铝合金相似，在此不详述，这里主要讨论在工业上广泛应用的 α + β 两相钛合金（以 Ti – 6Al – 4V 为例）的组织演变规律。

1）变形条件对组织的影响

图 7 – 71 示出了在 β 区变形和冷却后形成的典型显微组织。可以看出，在变形程度低时（1 ~ 3），β 晶粒仅被压扁和拉长，在变形程度高时（4 ~ 5），由于出现动态再结晶，产生新晶粒而使组织

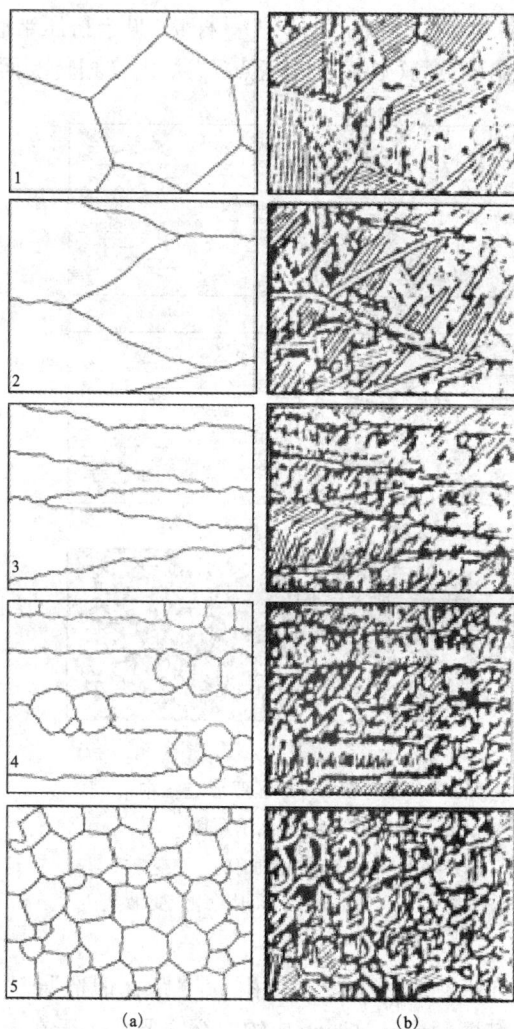

（a）　　　　　　　　（b）

图 7 – 71　在 β 区变形和冷却过程中形成的片状组织示意图

（1 – 5 表示变形程度由低到高）

（a）同素异晶转变前；（b）同素异晶转变后

▶ **429**

细化。冷却后，获得不同粗细程度的片状 $\alpha + \beta$ 组织。

图 7 - 72 示出了在 $\alpha + \beta$ 两相区变形后形成的显微组织。在两相区变形时，随着变形程度的增加($a \rightarrow b$)，原始 β 晶粒和晶内 α 片同时被压扁、拉长、破碎。当变形程度达 60% ~ 70%时，就没有可见的片状组织痕迹。在一定变形程度和温度下，发生再结晶。α 相内的再结晶先于 β 相内的再结晶，再结晶后的 α 晶粒呈扁球状，没有经过再结晶的 α 晶粒可以是盘状(常见于锻件和模锻件中)、杆状(见于挤压半成品中)或纤维状(见于轧制和锻造棒材中)。变形温度越高(越接近相变点 T_β)，由 β 相转变而来的片状 α 相的数量越多。

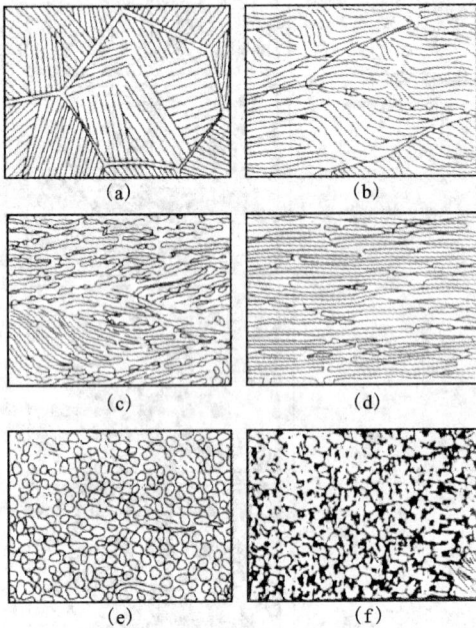

图 7 -72　在 $\alpha + \beta$ 区变形过程中
形成的组织变化示意图

(a) ~ (d)　变形程度增加时的组织变化；
(e) ~ (f)　变形温度升高时的组织变化

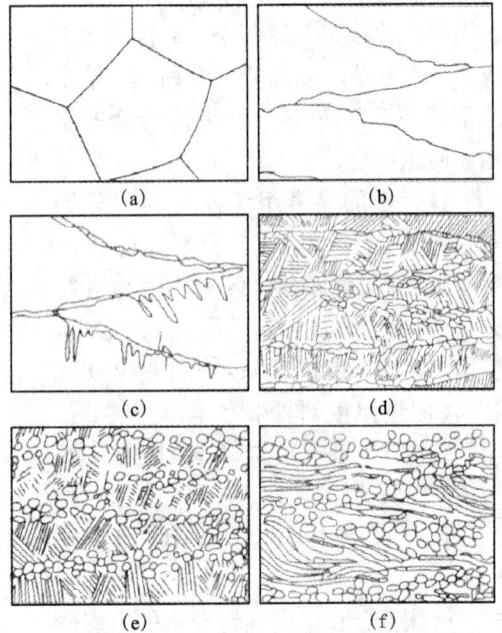

图 7 -73　跨 β 变形时产生的组织变化示意图

(a) ~ (f)是在 β 和 $\alpha + \beta$ 相区温度下的组织变化顺序)

在工业实践中，常采用的是"跨 β 锻造"或"亚 β 锻造"，即从 β 相区开始变形，在 $\alpha + \beta$ 相区结束变形。这时形成的组织主要取决于在 $\alpha + \beta$ 相区的变形程度。当变形程度大于 50% ~60%时，其组织类似于通常的 $\alpha + \beta$ 锻造。但如变形程度较小时，会产生局部不均匀组织，它由交替的片状和球状 α 相组织区域构成，如图 7 - 73 所示。

2)热处理条件对组织的影响

图 7 -74 示出了热处理条件(加热温度和冷却速度)对已充分变形的 Ti - 6Al - 4V 合金显

微组织的影响。在工业实践中，原始β晶粒尺寸、初生α相的含量、尺寸、形貌和分布是5个非常重要的参数，对材料的综合性能有很大影响。例如，为保证材料有良好的塑性，一般初生α相量要达到20%以上，初生α与转变β各50%时，超塑性最好。细小等轴状初生α有利于增加塑性，而粗大扁豆状α有利于提高断裂韧性。初生α相的含量取决于加热温度，而新生α的大小还取决于加热的时间。因此，控制热处理条件很重要。

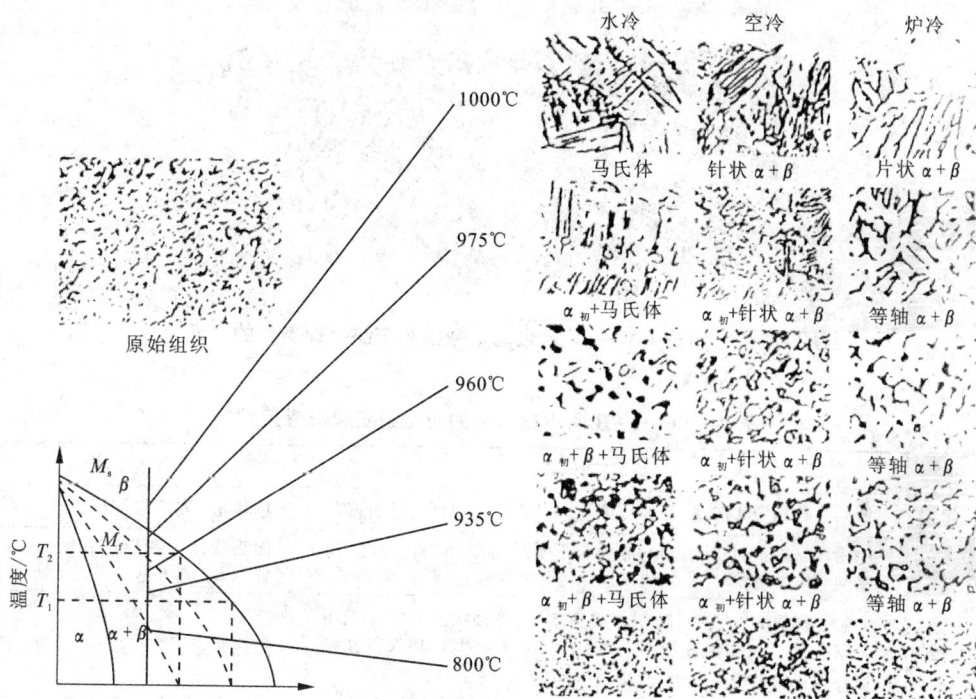

图7-74 Ti-6Al-4V合金的显微组织与热处理条件的关系

$\alpha+\beta$两相钛合金的显微组织虽然是多种多样的，但可以归纳为以下4个基本类型：Ⅰ类，典型魏氏组织；Ⅱ类，网篮状组织；Ⅲ类，双态组织；Ⅳ类，等轴组织。其典型组织形貌分别见图7-75所示，这四类组织的特征及形成条件见表7-33。

$\alpha+\beta$两相钛合金的性能与显微组织的关系如表7-34所示，Ti-6Al-4V合金显微组织对其性能影响如表7-35所示，可见，组织类型对$\alpha+\beta$两相钛合金性能影响明显。

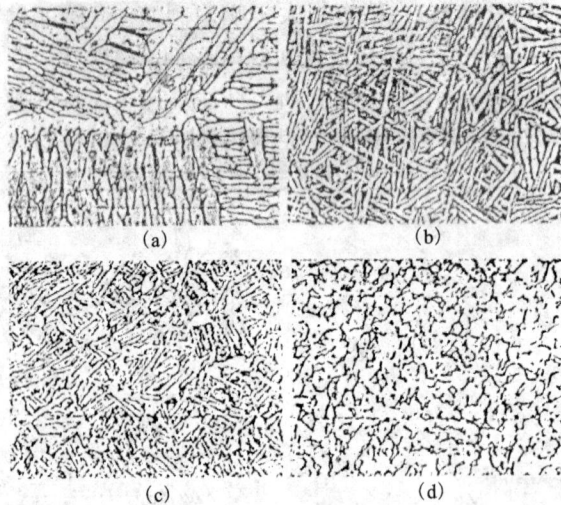

图7-75　Ti-6Al-4V合金的显微组织与热处理条件的关系

表7-33　$\alpha+\beta$ 两相钛合金的典型组织和形成条件

类型	组织特征	形成条件
全魏氏组织	原始 β 晶界完整清晰,晶界 α 明显,晶内 α 呈粗片状规则排列	加热和变形都在 β 相区进行
网篮状组织	原始 β 晶界不同程度破碎,晶界 α 不明显,晶内 α 片短而粗,排列呈网篮编织物状	加热或开始变形在 β 区,在 $\alpha+\beta$ 区有不大的变形
双态组织	原始 β 晶界完全消失,转变 β 成为基体,等轴状的初生 α 无序地分布在 $\beta_{转}$ 上,初生 α 量小于50%。$\beta_{转}$ 为次生 α 和保留 β 相的混合体。这类组织又称为"混合组织"	加热和变形均在 $\alpha+\beta$ 区的上部
等轴组织	原始 β 晶界完全消失,等轴状的 $\alpha_{初}$ 成为基体,均匀分布,$\alpha_{初}$ 量大于50%,$\beta_{转}$ 无序分布在 $\alpha_{初}$ 基体上	加热和变形在 $\alpha+\beta$ 区的中部,低于相变点约50℃

表7-34　$\alpha+\beta$ 两相钛合金的性能与显微组织的关系

性　能	魏氏组织	网篮组织	双态组织	等轴组织
抗拉强度和屈服及强度(σ_b, $\sigma_{0.2}$)	高	较高	较高	稍低
拉伸塑性(δ, ϕ)	低	良	好	优
冲击韧性(A_k)	低	优	好	较好
疲劳强度(σ_1)	低	较好	好	优
断裂韧性(K_{IC})	高	较好	较好	低
蠕变能力	高	较好	较好	低

表 7 – 35　不同显微组织类型对 Ti – 6Al – 4V 合金力学性能的影响

力 学 性 能	魏氏组织	网篮组织	双态组织	等轴组织
σ_b/MPa	1040	1030	1000	980
$\sigma_{0.2}$/MPa	977	931	834	900
δ_5/%	9.5	13.5	13.0	16.5
ψ/%	19.5	35	40	45
A_k/J	0.292	0.432	0.352	0.384
K_{IC}/MPa · mm$^{\frac{1}{2}}$	3290			1900
$\sigma_1(N = 10^7)$/MPa	427	496	507	533
断裂持续时间(400℃,600 MPa)/h		>400	187	92
蠕变残余变形(400℃,300 MPa, 100 h)/%		0.125	0.142	0.162

7.3.3　钛合金热处理的特点

在不同的加热、冷却条件下,钛合金中会出现各种相变,得到不同的组织。适当的热处理可控制这些相变并获得所希望的显微组织,从而改善合金的力学性能和工艺性能。

1. 钛合金热处理的一般特点

在钛合金热处理工艺的制定与实施过程中,必须充分注意的钛合金热处理的一般特点:

1) 钛合金的马氏体相变不引起合金显著强化,这与钢铁马氏体相变不同。钛合金的热处理强化只能依赖淬火形成的亚稳相(包括马氏体相)的时效分解。

2) 应避免形成 ω 相。形成 ω 相会使合金变脆,正确选择时效工艺(如采用高一些的时效温度),即可使 ω 相分解为平衡的 $\alpha + \beta$。

3) 同素异构转变难于细化晶粒。

4) 导热性差。由于导热性差,钛合金(尤其是 $\alpha + \beta$ 合金)淬透性差,淬火热应力大,零件易翘曲。变形时也易引起局部温升过高,有可能超过 β 相变点,而形成魏氏组织。

5) 化学性活泼。热处理时,钛合金易吸氢,引起氢脆,也易与氧和水蒸汽反应,在工件表面形成具有一定深度的富氧层或氧化皮,使合金性能变坏。

6) β 相变点差异大。即使是同一成分,但冶炼炉次不同的合金,其 β 转变温度有时差别很大(一般相差 5 ~ 70℃)。这是制定工件加热温度时要特别注意的特点。

7) 在 β 相区加热时 β 晶粒长大倾向大。β 晶粒粗化可使塑性急剧下降,故应严格控制加热温度与时间. 并慎用在 β 相区温度加热的热处理。

2. 退火

钛合金退火具体形式有去应力退火、再结晶退火、双重退火、等温退火和真空去氢退火等。各种退火方式和工艺参数应根据材料或零件的不同要求合理选用。表 7 – 36 列出了工业钛合金退火工艺参数。

耐热钛合金为了保证在高温及长期应力作用下组织及性能稳定,通常采用双重退火:第一次高温退火是使再结晶充分进行,并控制初生 α 相的数量;第二次低温退火是使组织更接近于平衡状态。

表 7 - 36 工业钛合金的临界点(T_s)及退火规范

合金牌号	临界点(T_s)/℃	再结晶温度/℃	低温退火温度/℃	再结晶退火温度/℃		备注
				板材	棒材及锻件	
TA1 ~ TA3	885 ~ 920	580 ~ 700	445 ~ 485	520 ~ 540	670 ~ 690	空冷
TA6	1000 ~ 1020		550 ~ 650	—	800 ~ 850	空冷
TA7	1000 ~ 1025		550 ~ 650	700 ~ 750	800 ~ 850	空冷
TA8	950 ~ 980		550 ~ 650		750 ~ 800	空冷
TC1	910 ~ 950	720 ~ 840	520 ~ 560	640 ~ 680	740 ~ 760	空冷
TC2	920 ~ 960		545 ~ 585	660 ~ 680	740 ~ 760	空冷
TC3	950 ~ 990	700 ~ 850	600 ~ 650	750 ~ 800	750 ~ 800	空冷
TC4	980 ~ 1000	700 ~ 850	600 ~ 650	750 ~ 800	750 ~ 800	空冷
TC6	960 ~ 1000	780 ~ 900	550 ~ 620		870 ~ 920 + 550 ~ 650	空冷
TC9	1000 ~ 1020		550 ~ 650		950 ~ 980 + 530 ~ 580	空冷
TC10	~935		550 ~ 650		760	空冷
TB2	750	500 ~ 770	480 ~ 650	790 ~ 810	800	空冷

对于 β 稳定元素含量较高的 α + β 型合金,最好采用等温退火,这是因为 β 相稳定性高,空冷不能使 β 相充分分解,而采用等温冷却可使 β 相完全转变。真空退火是消除氢脆的主要措施之一,氢在钛中的溶解析出过程是可逆的,故可采用真空退火方法降低钛中的氢浓度。退火温度为 650 ~ 680℃,保温 1 ~ 6 h,真空度应不低于 1.33×10^{-1} Pa。

3. 淬火时效

淬火时效是钛合金热处理强化的主要方式,故又称强化热处理。

1) 钛合金与钢铁强化机制区别主要表现在:①钢淬火所得马氏体硬度高,强化效果大,回火使钢软化。而钛合金淬火所得马氏体硬度不高,强化效果不大,时效使钛合金产生弥散强化。②钢只有一种马氏体强化机理,而同一成分的 α + β 型钛合金有两种强化机理:高温淬火 β 相中所含 β 稳定元素小于临界浓度,得到马氏体,时效时马氏体分解产生弥散强化;低温淬火 β 相中所含 β 稳定元素大于临界浓度,得到亚稳定 β + α,再经时效 β 相分解为弥散相使合金强化。

2) 时效强化效果主要决定于合金元素的性质、浓度及热处理规范,因为这些因素将影响所形成的亚稳定相结构、数量、分解程度及弥散性。对同一合金系，在相同的淬火时效条件下，强化效果随合金浓度的增加而提高。一般在临界浓度 C_k 附近，达到强化峰值，对应 C_A 浓度含金淬火可获得 100% 的亚稳 β 相，而且 β 相在时效过程中，分解也最充分。超过 C_A 值，过冷 β 相稳定性增加，时效分解程度下降，强化效果反而减弱。不同成分的合金时效强化效果亦不同，一般是稳定 β 相能力越强(C_k值越低)的元素，时效强化效果越大。

表 7 - 37 列出了常用工业钛合金的淬火时效规范。时效温度和时间的选择应以获得最好的综合性能为准则，一般 $\alpha + \beta$ 钛合金时效温度为 500～600℃，时间 4～12 h，可热处理 β 型合金时效温度为 450～550℃，时间 8～24 h，低于450℃时效塑性较低，高温时效则强化作用不足，冷却方式均采用空冷。为了控制析出相的大小、形态和数量，某些钛合金可采用分级时效，即先在450℃时效较长时间，再加热到550℃以上时效几分钟，使已析出的弥散相集聚，改善塑性。为了使合金具有较好的热稳定性，可采用在使用温度以上进行时效，使组织稳定，这种时效又称稳定化处理。在时效前进行冷加工和低温预时效都显著加速 β_m 的分解速度，并使析出 α 的相更为弥散，提高时效强度。

表 7 - 37　工业钛合金的淬火时效规范

合金	淬火温度	时效温度/℃	时效时间/h
TC3	880～930	450～500	2～4
TC4	900～950	450～500	2～4
TC6	860～900	500～620	1～6
TC8	920～940	500～600	1～6
TC9	920～940	500～600	1～6
TC10	850～900	560～600	6
TB2	800	550	8

7.3.4　钛合金的发展趋势

钛及钛合金具有一系列优良特性，是有很大发展前景的优质材料，先进的钛工业是国家综合国力的体现。在过去的 50 多年中，全世界已研制了几百种钛合金，但投入工业生产的不到 100 种。我国研制的钛合金近 60 种。在 21 世纪，钛材工业必定会有一个更大的发展。

从长远看，钛合金还处于发展的早期。目前钛合金发展的趋势是开发竞争力更强的钛合金，实现高性能化、多功能化和低成本化。主要在以下几个研究方向：

(1) 发展耐热性更高的高温钛合金

发展耐热钛合金的动力主要来自燃气涡轮发动机。美国的 Ti - 6 - 2 - 4 - 2(Ti - 6Al - 2Sn - 4Zr - 2Mo)、Ti - 6 - 2 - 4 - 6(Ti - 6Al - 2Sn - 4Zr - 6Mo) 和英国的 IMI829(Ti - 5.5Al - 3.5Sn - 3Zr - 1Nb - 0.3Mo - 0.3Si) 等都是较成熟的耐热合金。美国在 Ti - 5Al - 6Sn - 2Zr - 0.8Mo - 0.25Si(5621S) 基础上研制了两种新的合金，即 Ti - 5Al - 5Sn - 2Zr - 2Mo - 0.25Si(5522S) 和 Ti - 5Al - 5Sn - 2Zr - 4Mo - 0.25Si(5524S)，其工作温度可达 540℃。通过合金化和加工工艺的改进，现在可制成能在 600℃ 以下工作的钛合金。为满足高推重比航空发动机生产的需要，国内外正在研究 600～650℃(甚至更高温度)长时使用的钛合金：①在固溶体为

基的钛合金的基础上,研制新型的抗氧化钛合金,其极限温度估计为650℃;②金属间化合物为基的钛合金,即 Ti_3Al 基与 TiAl 基合金,其极限使用温度分别为750℃和900℃,高铌的 TiAl 基合金甚至可达 $1000 \sim 1100℃$。这些高比强、高比模、抗氧化的钛合金,可以向镍基超合金挑战,用于航空发动机的"热端"(涡轮部分)。近年来,α_2 和 γ 型合金已进入工程评价阶段,预计在近10年内可获得实际应用;③以 SiC 纤维增强的钛基复合材料和以 TiC 或 TiB 颗粒增强的钛基复合材料。复合材料技术已比较成熟,它将使航空发动机的结构发生革命性变化,实现压气机的"叶盘一体化",使发动机的推重比达到20以上。

(2)发展综合性能更好的高强钛合金

过去,发展高强度钛合金,主要是研制 β 型合金以及淬透性更好的 $\alpha + \beta$ 合金,例如,美国1981年发展的 Ti – 10 – 2 – 3(Ti – 10V – 2Fe – 3Al)近 β 钛合金、1974年生产的 CORONA5(Ti – 4.5Al – 5Mo – 1.5Cr)$\alpha + \beta$ 钛合金,以及前苏联研制的 Ti – 3Al – 7Mo – 1.5Cr – 3Fe 等合金,它们具有强度高、韧性好的特点。目前,高强钛合金已达到 $\sigma_b \geqslant 1250$ MPa 水平,其强度可与 30CrMnSiA 优质结构钢媲美,但其伸长率与断裂韧性(K_{IC})及弹性模量还差一些,耐热性在350℃以下。人们正努力提高其综合性能。

(3)发展高韧性的低温钛合金

由于新技术的发展,对能在低温和超低温条件下工作的结构件的需求日益增多,例如宇宙飞行器中的液氧、液氮、液氢等的贮箱,其工作温度分别为 – 183℃、– 196℃和 – 253℃。一般金属材料在低温下变脆,不能使用。为了使材料在低温下保持高韧性,必须尽量减少材料内部的晶格畸变和降低内应力。根据这一观点,前苏联研制了一系列不含铝的 Ti – Zr –(Mo、Nb、V)系 α 型低温钛合金。其特征是所加入的合金元素化学性质与钛很接近,它们之间不生成任何化合物而呈单相 α 固溶体。其中锆与 α – Ti 能完全互溶,而钼、铌、钒与 β – Ti 完全互溶,在 α – Ti 中的溶解度则随温度降低而增大。由这些元素与钛形成的固溶体在低温下高度稳定,晶格畸变和内应力很小,故可在高温下保持高的韧性。据称此类合金的室温强度为 $600 – 800$ MN/m^2,在液氮或液氢的低温下仍有很高的韧性。美国研制了一种间隙元素(氧、氮、碳、氢)含量极低的 Ti – 5Al – 2.5Sn,用以制造在 – 196℃以下低温工作的液氢贮箱和高压容器。该合金甚至在 – 253℃的低温下仍具有良好的塑性,而普通 Ti – 5Al – 2.5Sn 合金此时已明显脆化。

(4)发展耐蚀性更好的钛合金

美国研制了 Ti – 6Al – 3Nb – 1Ta – 0.8Mo 近 α 合金。该合金具有良好的韧性及高的抗海水应力腐蚀疲劳性能,可用于深海船的壳体。但钽和铌价格昂贵,一直以来难预测其实际应用价值。近年来,特别需要发展在还原性介质中像 Ti – 32Mo 一样耐蚀,但加工性较好的低成本的合金。

除此之外,人们也正积极发展如形状记忆合金、储氢钛合金、恒弹性钛合金、低膨胀钛合金、高电阻钛合金、消气剂用钛合金、抗弹钛合金、透声钛合金、低屈强比易冷成形的钛合金和高应变速率的超塑成形钛合金等多用途的专用钛合金。需发展不含或少含贵重元素的低成本钛合金，充分利用残料的钛合金和易切削加工的钛合金等。另外，钛合金在工艺上的另一个新进展是快速凝固、喷射沉积等技术的应用。这些工艺被认为是发展具有良好显微组织和性能的新合金(特别是沉淀硬化型合金)的有效途径。

7.4　镁及镁合金

Mg是地壳中埋藏量较多的金属之一(2.1%)，仅次于Al和Fe而占第三位。Mg的化合物占地壳总重量的2.35%，此外还有大量的Mg储存在海水(0.14%)、盐泉水和湖水中。Mg的原子序数为12，原子量等于24.32，电子结构为$1S^22S^22P^63S^2$，位于周期表第二族。

7.4.1　镁及镁合金的特点

Mg具有密排六方结构。Mg的主要物理性能数据见表7-38，其特点是比重小，比热和膨胀系数较大(超过Fe一倍，比Al也高)，而其弹性模量在常用航空金属中是最低的。

表7-38　Mg、Al、Fe的主要物理性能比较表

金属	物理性能					
	密度 /(g·cm^{-3})	熔点 /℃	膨胀系数 /(10^{-6}℃$^{-1}$)	导热率 /[W·(m·℃)$^{-1}$]	比热 /(J·kg^{-1}·℃$^{-1}$)	弹性模量 /GPa
Mg	1.74	651	26	159.1	1.017	44.6
Al	2.70	650.1	23.1	210.2	0.896	77
Fe	7.86	1535	11.5	83.7	0.450	210

1. 密度小

Mg及Mg合金的最大特点是密度小(1.74×10^3 kg/m^3)，强度比Al合金低，但有比包括铝合金、钢。铁等在内的任何合金都高的比强度(强度/密度)和比刚度。

2. 化学活性强

镁活性很强，抗蚀性很差。在空气中也能形成氧化膜，但这种膜很脆，不致密，远不如铝合金氧化膜坚实，故保护性很差。在空气中会逐渐氧化发暗，在高温下(甚至在切削加工时)极易氧化并可能燃烧。镁合金在熔炼时若接触空气，或者工具、熔剂等潮湿，则可能由局部燃烧而爆炸，所以在熔炼镁及其合金时，要用干燥熔剂覆盖镁液表面，热处理时也应采取措施防止发生燃烧。

镁合金耐蚀性低。除了在碱类、石油和液体燃料中有高的耐蚀性外，镁在潮湿大气、淡水、海水及绝大多数酸、盐溶液中易受腐蚀，因此在镁合金的生产、加工、贮存和使用期间，

应采取适当防护措施，如表面氧化处理、涂胶或涂漆等。镁合金在与其他金属接触时，会发生接触腐蚀。为此，在和铝合金（Al－Mg 合金除外）、钢、铜合金及镍基合金组装时，在接触面上应垫以浸油纸或浸石腊的硬化纸。

Mg 及其合金在一般大气中虽能生锈和使表面粗糙化，但与 Al 合金不同，对晶界腐蚀却是免疫的。另外，随着冶炼技术的进步和 Mg 锭纯度的提高，Mg 的抗蚀性也会明显提高。镁合金在氢氟酸、铬酸、碱和矿物油（如汽油、煤油等）中比较稳定，可用作输油管道。

3. 加工性能差

由于 Mg 属六方晶体结构，主滑移面为基面，滑移系少，故加工性能比铝差。虽然 Mg 单晶在取向有利时，伸长率可达 100%，但对多晶 Mg，室温和低温塑性仍较低，容易脆断。纯镁变形温度提高到 150～225℃，则棱柱面（10$\bar{1}$0）和棱锥面（10$\bar{1}$0）也参与滑移，滑移系增加，变形能力显著提高，绝大多数镁合金都可以进行各类形式的热变形加工。镁除以滑移方式进行塑性变形外，孪晶也起重要作用，主要孪晶面是{10$\bar{1}$2}和{10$\bar{1}$3}。对于板材通常采用交叉轧制或调整合金成分来降低其各向异性。另外，镁的物理及机械性能与晶粒方向和大小关系很大，所以细化镁合金的晶粒很重要。

4. 屈服强度低

镁及镁合金力学性能的另一特点是屈服强度较低，压力加工制品的性能具有比较明显的方向性，表 7－39 为工业纯镁的典型力学性能数据。

表 7－39 工业纯镁的力学性能

加工状态	σ_b/MPa	σ_s/MPa	δ/%	ψ/%	HB/MPa
铸态	115	25	8	9	300
变形状态	200	90	11.5	12.5	360

另外，镁中主要杂质是镍、铁、铜、硅、锡。其中镍、铁、铜，特别是镍的危害性最大，急剧降低镁的抗腐性。镍的熔点和比重远远超过镁。但它与铁、钴、铬等金属不同，很容易在液态镁中溶解。因此，镁合金坩埚熔炼必须用含镍量很低的钢材制造，以防污染。

Mg 合金的屈服强度低，缺口敏感性大，且耐蚀性低，这极大地限制了镁及镁合金的广泛应用。然而，Mg 及 Mg 合金的密度小、比强度和比刚度高，并有高的抗震能力，能承受比 Al 合金大的冲击载荷，此外，Mg 及 Mg 合金还有优秀的切削加工和抛光性能，在需要减轻重量的结构如飞机、导弹、人造卫星、装甲车、车辆等某些部件上，使用镁合金是有利的。正因为有如此优异的性能特点，近十多年来，Mg 及 Mg 合金材料开发得到国内外材料界有识之士极大的关注，其制备与应用技术都得到了长足发展，Mg 及 Mg 合金已成为了航空、航天、导弹、仪表、光学仪器、无线电和汽车制造工业的重要结构材料。

7.4.2 镁的合金化

Mg 合金化原则与 Al 合金大致相同,细晶强化、固溶强化和时效硬化是主要强化手段,只是没有 Al 合金那样明显而已。因此凡是能在 Mg 中大量固溶、能细化晶粒、形成弥散强化相的元素,都是 Mg 合金的有效合金元素。根据合金元素的作用特点和极限溶解度,可大致分成三类:包晶反应类,如 Zr(3.8%) 和 Mn(3.4%);共晶反应类,如 Ag(15.5%)、Al(12.7%)、Zn(8.4%)、Li(5.7%) 和 Th(4.5%);稀土元素(RE),包括 Y(12.5%)、Nd(3.6%)、La(1.9%)、Ce(0.85%)、Pr(0.5%) 和混合 RE(以 Ce 或 La 为主)。

包晶反应型元素的主要作用是细化晶粒,但也有净化合金(消除杂质 Fe),提高抗蚀性和耐热性的作用。共晶反应型元素是高强度镁合金的主要合金元素,如 Mg - Al - Zn 和 Mg - Zn - Zr 系合金等。稀土元素也多属共晶反应型元素,有利于抗蠕变性能。如 Mg - RE - Zr 和 Mg - RE - Mn 系合金是耐热 Mg 合金,可在 150 ~ 250℃ 工作。RE 除了提高耐热性外,还能降低液、固二态合金的氧化速度,改善铸造和变形性能。其中 Nd 的综合作用最佳,能同时提高室温和高温强化效应;Ce 和混合 RE 次之,有改善耐热性的作用,但常温强化效果很弱;La 的效果更差,两方面都赶不上 Nd 和 Ce。

1. 主要合金元素及其作用

按合金元素与镁的作用性质,镁的二元相图可分为三类:①在液态及固态只能有限互溶的合金系,如镁与碱金属钠、钾、铷、铯及高熔点过渡族元素钒、铌、铀等组成的二元系属于这种情况。②在液态及固态均可完全互溶的合金系,如 Mg - Cd。③在固态有限溶解并具有共晶或包晶转变的二元系。绝大多数元素属于这种情况,也是工业镁合金的主要合金系。

镁合金设计针对材料不同的用途除了考虑固溶强化和沉淀硬化外,还需同时考察微观组织结构的控制和变质处理。一般认为,对于结构用镁合金,主要合金元素的作用可以归属于三类:①可以同时提高强度和塑性的,按强度递增顺序为 Al、Zn、Ca、Ag、Ce、Ga、Ni、Cu、Th 等,按塑性递增顺序为 Th、Ga、Zn、Ag、Ce、Ca、Al、Ni、Cu 等;②对合金强度提高不明显,但对塑性提高明显的,如 Cd、Tl、Li 等;③牺牲塑性来提高强度的,如 Sn、Pb、Bi、Sb 等。

铝、锌是高强镁合金的主要合金元素。图 7 - 76 为 Mg - Al 系相图,其中 γ 相为 $Mg_{17}Al_{12}$,具有与 α - Mn 相同的立方晶体结构。铝在镁中的溶解度在 437℃ 时为 12.6%,并随温度下降而迅速减小,室温下约为 1.5%。经固溶时效处理后,γ 相弥散析出,有一定的强化作用。Mg - Zn 二元相图较复杂(图 7 - 77),在共晶温度下,锌在镁中的溶解度为 8.4%;室温下则小于 1.0%。冷却时析出 MgZn 对 Mg 基体可产生强化效果。Mg - Al - Zn 和 Mg - Zn - Zr 系是发展高强镁合金的基础,变形合金中元素含量较低,以保证良好的工艺塑性。应该指出,含高铝的变形镁合金有明显的应力腐蚀开裂倾向。

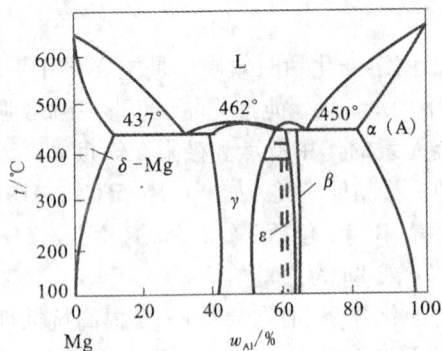

图 7 - 76　Mg - Al 相图

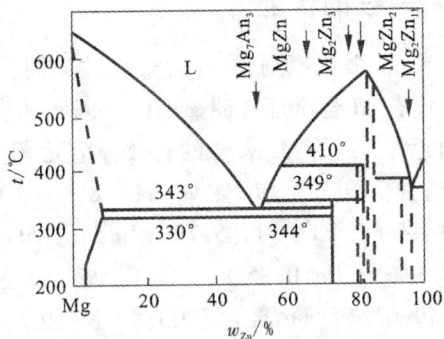

图 7 - 77　Mg - Zn 相图

　　锆在镁合金中为辅助元素,其作用主要是细化晶粒。Mg - Zr 组成包晶系(见图 7 - 78)。熔融镁合金在冷凝时,首先结晶出与镁有相同晶体结构的 α - Zr,成为非均匀形核点,明显细化合金组织。同时,锆在镁中还有相当的固溶强化效果,可全面改善合金的强度和塑性,工业镁合金中大多数含有一定量的锆。锆的另一重要作用是对合金的净化作用。镁中的杂质铁在熔炼过程中与锆化合成 $ZrFe_2$ 及 Zr_2Fe_3,因比重较大而沉积在坩埚底部,这样就提高了合金的纯度,改善了力学性能及抗蚀性。

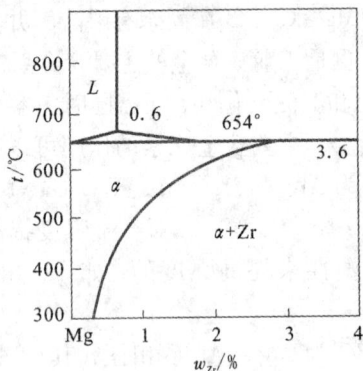

图 7 - 78　Mg - Zr 相图

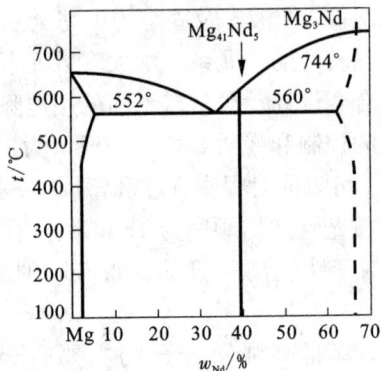

图 7 - 79　Mg - Nd 相图

　　稀土添加于 Mg 基体形成 Mg - RE 系合金,在镁合金中常用的有钕(Nd)、铈(Ce)、镧(La)及其混合稀土(MM)。它们与镁构成类似的共晶系,有相近的相组成。以 Mg - Nd 为例(见图 7 - 79),在近镁端 552℃进行共晶转变:$L \rightarrow \alpha + Mg_9Nd$。$Mg_9Nd$ 具有极复杂的晶体结构。钕在镁中溶解度随温度而变化,540℃时为 3.2%,500℃时为 2.2%,400℃时为 0.7%,300℃时为 0.16%,20℃时约为 0.08%。含稀土族元素的镁合金之所以具有较好的耐热性是因为 Mg-RE 系中 α 固溶体及化合物相热稳定性较高，Mg-RE 系的共晶温度比 Mg-Al 及 Mg-Zn 系高得多，在 $200\sim300$℃ 的使用温度下，原子扩散速度较低；镁中加入三价稀土元素被认为提高了电子浓度，增强了原子间结合力，另外，Mg_9Nd 相本身的热稳定性超过 $Mg_{17}Al_{12}$ 和 MgZn，Mg-RE 系在 $200\sim300$℃ 固溶度变化较小，时效相析出比较均匀，相界面附近浓度梯度小。这些因素都有助于阻止高温下晶界迁移和减小扩散性蠕变变形。稀土元素除可改善合金的耐热性外，可降低合金氧化速率电响帮助。Mg-RE 系合金还具自良好的铸造工艺性和热变形能力。

Mg-RE-Mn 系中的锰，有一定的固溶强化效果，同时降低合金的原子扩散能力，提高耐热性，并有增加合金抗蚀性的作用。耐热铸造镁台金大多选用 Mg-RE-Zr 系，而耐热变形镁合金则多属 Mg-RE-Mn、Mg-Th-Mn 系。锰虽可提高合金的耐热性，但对铸造性能有不利影响，故铸造镁合金中一般避免添加。

以上介绍了高强及耐热镁合金中的主要合金元素的作用。除此以外，在工业镁合金中还可能采用镉、银、铟、钇、钍、钪、锂等元素，这里不一一论述。

2. 镁合金的晶粒细化问题

Mg 合金的一个重要缺陷是晶粒粗大和分布不均匀，给强度和塑性带来极坏的影响（表 7-40）。因此，晶粒细化是 Mg 合金化必须考虑的重要问题之一。

表 7-40　晶粒度对 AZ92(Mg-9Al-2Zn) 铸件力学性能的影响

晶粒度/mm	σ_b/MPa	δ/%
0.076	286	10.6
0.635	216	4.5

Mg-Al 合金晶粒细化的传统方法是对液态合金进行过热处理，将合金过热到 850℃ 左右保温 30 min，然后快冷到铸造温度浇注。这种处理最适于砂模铸造，尤其是含 Al、Mn 和杂质 Fe 的合金细化效果最为明显。$MnAl_4$ 或具有六方晶格的其他高熔点化合物在结晶过程中起晶核作用，是晶粒细化的主要原因。另一种观点认为，液态合金冷却到铸造温度时结晶的 Al_4C_3 化合物是结晶核心。现在熔炼含 Al 合金常用的挥发性含碳化合物，如甲烷、丙烷、四氯比碳、六氯乙烷或固体炭粉等有明显的细化晶粒作用，就可能是液态合金中的 Al 与 C 反应生成 Al_4C_3 或 $AlN·Al_4C_3$ 等结晶核心的结果。过热处理法的缺点是只适用于 Mg-Al 系合金，而且必须快速冷却到铸造温度在短时间内即铸造完毕，否则过热处理效果消失，铸造工艺难于控制。

近些年来，人们发展了另一种处理方法，向液体合金中加入少量无水 $FeCl_3$，生成高熔点含 Fe 化合物，起结晶核心作用。这种方法的缺点是 $FeCl_3$ 易于潮解，还原到 Mg 合金中的 Fe（0.005%）有损抗蚀性。加 Mn 可以消除 Fe 的有害影响，但却又能降低 $FeCl_3$ 的细化效果。

除了上述晶粒细化处理方法外，添加合金 Zr。加入 $0.2\%\sim0.7\%$Zr 即能显著细化晶粒，消除铸件的显微缩孔或疏松，改善铸锭质量和塑性加工性能。Zr 必须充分溶解在 Mg 液中才有细化晶粒的作用，在理论上溶于 Mg 液中的 Zr 必须超过 0.58%，才能得到预期的效果。为了保证这一点，在坩埚底部必须保持过剩的 Zr，才能保证 Mg 液中溶解足够的 Zr。

Zr 对 Mg 铸件力学性能的影响如表 7−41 所示，0.7% Zr 即能显著细化晶粒，能同时提高强度和塑性，效果甚为显著。

表 7−41　Zr 对纯 Mg 铸件力学性能的影响

牌　号	状态	σ_b/MPa	$\sigma_{0.2}$/MPa	δ/%
工业纯 Mg	铸造	95	18	6.0
Mg−0.68Zr	铸造	165	38	13.1
Mg−0.66Zr	铸造	179	60	18.5

Zr 在 Mg−Zn−Zr、Mg−Ce−Zr 和 Mg−Th−Zr 合金中的晶粒细化作用非常有效，但应限制 Mn 含量，也不能用 Al 作这类合金的合金元素。

7.4.3　镁及镁合金的牌号

镁及镁合金的标记方法有很多，各国的标准也各不相同，其中以美国的 ASTM 标准的标记规则应用最为广泛。我国工业镁合金牌号也常沿用着 ASTM 标准的标记规则。

按 ASTM 标准，纯镁牌号以 Mg 加数字的形式来表示，数字表示 Mg 的质量分数，镁合金牌号采用"1−2 个化学元素的字母标记，后随数字大致表示合金元素名义成分"的方法来标记，如表 7−42 和图 7−80 所示，例如，AZ91 表示 Mg−Al−Zn 系镁合金，Al 的名义含量 9%，而 Zn 的名义含量 1%。

表 7−42　美国 ASTM 标准中工业镁合金牌号的字母标记与化学元素的对应关系

字母标记	化学元素	中文名称	字母标记	化学元素	中文名称
A	Al	铝	M	Mn	锰
B	Bi	铋	N	Ni	镍
C	Cu	铜	P	Pb	铅
D	Cd	镉	Q	Ag	银
E	RE	混合稀土	R	Cr	铬
F	Fe	铁	S	Si	硅
G	Mg	镁	T	Sn	锡
H	Th	钍	W	Y	钇
K	Zr	锆	Y	Sb	锑
L	Li	锂	Z	Zn	锌

有时还加 A、B、C、D 等后缀表示同一牌号合金在某一特定范围内的改变。

镁合金的加工热处理状态的表示方法与铝合金的相同，这里不再重复阐述。

7.4.4 常用的工业镁合金

目前实际应用的工业镁合金，无论是铸造合金或是变形合金，主要集中在 Mg－Al、Mg－Zn 和 Mg－RE 系，除此之外，人们也在其他系列中开展了大量研究，包括 Mg－Mn、Mg－Th、Mg－Ag、Mg－Li 等二元系，以及 Mg－Al－Zn、Mg－Zn－Zr、Mg－RE－Zr、Mg－RE－Mn 等三元或多元合金系。

铸造镁合金密度约 1.75～1.91

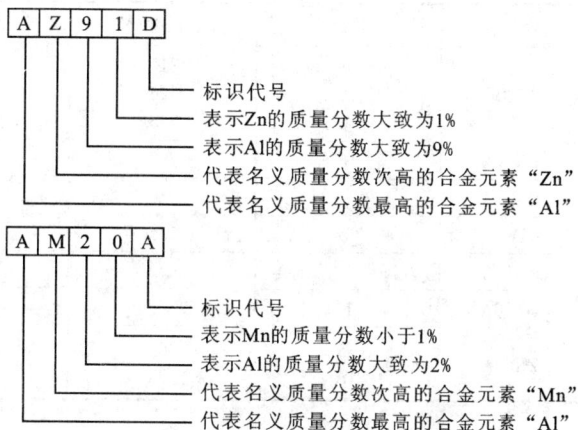

图 7－80 镁合金牌号标记方法示例

g/cm³，比强度高，在铸造材料中，仅次于铸造钛合金和高强度铸钢。铸造镁合金中主要有 Mg－Al－Zn、Mg－Zn－Zr 系高强镁合金和 Mg－RE－Zr 系耐热镁合金。铸造镁合金弹性模量低，约为铝的 69%，钢的 20%，刚度低，但比刚度大，弹性好，抗冲击振动，阻尼性能好，可用于航天航空、交通运输、电子器件等工业领域，例如，用作精密电子仪器的底座、轮毂和风动工具等零件。

与铸造镁合金相比，变形镁合金具有更高的强度、更好的延展性和更多样化的力学性能，生产成本更低。另外，变形镁合金在未来空中运输、陆上运输以及军工领域的重要结构材料，许多板材、棒材、管材等变形镁合金是无法用铸造产品替代的。例如，笔记本电脑壳体和激光唱机壳体等薄壁件用镁合金锻压件。

国外对于变形镁合金的研究和开发，给予了极大的关注，都建立了各自的合金体系，美国主要的变形镁合金有 Mg－Al－Zn 系的 AZ31、AZ61、AZ80 等，Mg－Zn－Zr 系的 ZK30、ZK60、ZK61 等。特别是 AZ31 合金，可以轧制成薄板、厚板，挤压成棒材、管材、型材，加工成锻件，且性能与铸造的相比明显提高。

如表 7－43 至 7－45 所示，给出了一些变形镁合金的典型力学性能。

表 7－43 镁合金锻件室温下的典型力学性能

合 金	状态	抗拉强度/MPa	拉伸屈服强度/MPa	压缩屈服强度/MPa	伸长率/%
AZ31B	F	260	195	85	9
AZ61B	F	195	180	115	12

合 金	状态	抗拉强度/MPa	拉伸屈服强度/MPa	压缩屈服强度/MPa	伸长率/%
AZ80A	F	315	215	170	8
	T5	345	235	195	6
	T6	345	250	185	5
EK31A	T6	290	195	155	7
HK31A	F	260	195	140	21
HM21	T5	235	150	110	9
ZH11A	F	232	147		13
HK30A	F	309	224	193	8
ZK60A	T5	305	205	195	16
	T6	325	270	170	11

表 7 - 44　镁合金挤压管材室温下的典型力学性能

合金	状态	抗拉强度/MPa	拉伸屈服强度/MPa	压缩屈服强度/MPa	伸长率/%
	F	230	145	70	8
	F	250	165	85	12
	F	285	165	110	14
AZ10A	F	240	145		9
	F	278	193		7
	F	325	240	175	13
	T5	340	270	180	12

表 7 - 45　镁合金挤压棒材及型材室温下的典型力学性能

合 金	状态[①]	抗拉强度/MPa	拉伸屈服强度/MPa	压缩屈服强度/MPa	伸长率/%
AZ10A	F	204 ~ 240	145 ~ 150	70 ~ 75	10
AZ31B(或C)	F	260	195 ~ 200	95 ~ 105	14 ~ 15
AZ61	F	310 ~ 315	215 ~ 230	130 ~ 145	15 ~ 17
AZ80A	F	330 ~ 340	240 ~ 250		9 ~ 12
	T5	345 ~ 380	260 ~ 275	215 ~ 240	6 ~ 8
M1A	F	225	180	125	12
HM31A	T5	305	270	160 ~ 185	10
ZC71A	T6	356	330	141	5
ZH11A	F	263	147		18
ZK10A	F	293	208		13

续表 7－45

合　金	状态①	抗拉强度/MPa	拉伸屈服强度/MPa	压缩屈服强度/MPa	伸长率/%
ZK30A	F	309	239	213	18
ZK60A	F	330～340	250～260	160～230	9～14
	T5	360～365	295～305	215～250	11～12
ZN21A	F	255	162		11

注：①F：加工态；T5：热加工后人工时效；T6：固溶处理及人工时效。

这里，主要介绍 Mg－Mn、Mg－Al(－Zn－Mn)、Mg－Zn(－Zr)和 Mg－RE(－Mn)等系变形镁合金组织性能及其应用特点。

1. Mg－Mn 系合金

Mg－Mn 系属不可热处理强化的镁合金，是具有优良的抗蚀性和可焊性。但铸造工艺性较差，故只用于生产变形合金。Mg－Mn 系合金中 Mn 含量约为 1.2%～2.5%，有 M1A、M2M、ME20M 等牌号。

M2M 合金的退火组织为 α－Mg 固溶体＋点状 β－Mn。β－Mn 相提高合金强度和硬度，也提高其耐蚀性、耐热性和焊接性能。表 7－46 给出了 M2M 和 ME20M 的化学成分及性能的对比，M2M 合金力学性能较低，冷加工可稍提高强度。ME20M 是 M2M 合金的改型，即在其中加入 0.15%～0.35% Ce，细化再结晶晶粒，并使冷变形容易，同时还提高合金的力学性能。ME20M 有中等强度，高温性能比 M2M 更好，已取代 M2M 合金应用。

表 7－46　M2M 和 ME20M 合金的主要成分及规定的力学性能

牌号	合金元素/%		状态	性能		
	Mn	Ce		σ_b/MPa	$\sigma_{0.2}$/MPa	δ/%
M2M	1.3～2.5	—	板材,热轧＋退火	170	90	3.0
ME20M	1.3～2.2	0.15～0.35	板材,热轧＋退火	205	110	10.0

ME20M 合金的铈含量很少，其组织与 M2M 基本相同，不容易发现 Mg_9Ce 质点。M2M 合金的退火制度：340～400℃，3～5 h，空冷；ME20M 合金为 280～320℃，2～3 h，空冷。ME20M 合金的退火温度不能过高，如超过 400℃，晶粒变粗，力学性能降低，抗蚀性也变坏。

M2M 和 ME20M 的塑性好，能制成板、带、棒、型和各种冲压件，型、棒材一般以热挤压状态经表面氧化处理后出厂。它们抗蚀性较高，应力腐蚀倾向小，容易焊接，是应用较多的变形镁合金。板材可制造飞机蒙皮、壁板和内部零件；模锻件可制造外形复杂的构件；管材多用于汽油和滑油系统等要求抗蚀性好的管路。

2. Mg－Al(－Zn－Mn)系合金

Mg－Al－Zn 系合金中铝是主要合金元素(含量为 3%～9%)，锌为辅助强化元素(含量为 0.5% ~3.0%)。Mg - Al 系合金可热处理强化,强化相为 γ 相(Mg$_{17}$Al$_{12}$)。如图 7 - 81 所示,在 Mg - Al - Zn 三元系中除二元相 Mg$_{17}$Al$_{12}$ 及 Mg$_7$Zn$_3$ 外,还有三元相 T(Al$_2$Mg$_3$Zn$_3$)。合金的相组成物随铝锌含量比不同而异,含铝 3% ~9% 而含锌小于 1.5% 的合金中主要强化相为 Mg$_{17}$Al$_{12}$,含锌量超过 2% 后,出现 T 相。合金中均加入 0.15% ~0.8% Mn,目的是消除铁的有害作用,提高耐蚀性和强度,并可细化晶粒。

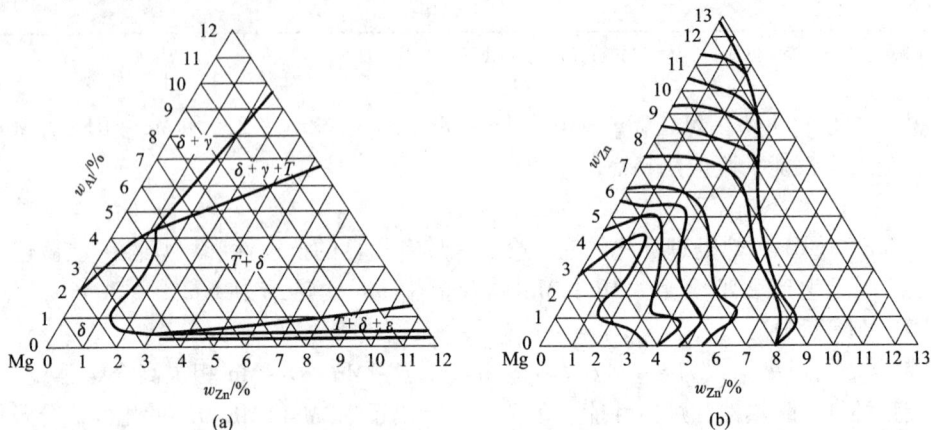

图 7 - 81　Mg - Al - Zn 三元系状态图

(a)Mg - Al - Zn 三元相图 Mg 角部分相区分布(20℃);(b)Al、Zn 在 Mg 中溶解度随温度的变化

Mg - Al(- Zn - Mn) 系合金是发展较早,应用最广的一类镁合金,其主要牌号包括有 AZ31B、AZ31C、AZ40M、AZ41M、AZ61M、AZ62M、AZ80M,强度高且有良好的铸造性能,但耐蚀性较 Mg - Mn 系合金稍差,屈服强度和耐热性也不够高。

表 7 - 47 列出了 Mg - Al - Zn 系变形镁合金的主要成分及力学性能,在 AZ40M ~AZ80M 五种变形镁合金中,AZ40M 和 AZ41M 合金化程度低(铝含量低于 5.0%),时效强化效果小,一般不能进行淬火 + 时效强化热处理,主要以退火态应用。

表 7 - 47　Mg - Al - Zn 系镁合金的主要成分及力学性能

牌号	合金元素			状态	力学性能		
	Al /%	Zn /%	Mn /%		σ_b /MPa	$\sigma_{0.2}$ /MPa	δ /%
AZ40M	3.0 ~4.0	0.2 ~0.8	0.15 ~0.50	板材,退火	235	125	12.0
AZ41M	3.7 ~4.7	0.8 ~1.4	0.30 ~0.60	板材,退火	245	145	12.0
AZ61M	5.5 ~7.0	0.5 ~1.5	0.15 ~0.50	锻件,退火	260	—	8.0
AZ62M	5.0 ~7.0	2.0 ~3.0	0.20 ~0.50	挤压棒,T4	300	—	10.0
AZ80M	7.8 ~9.2	0.2 ~0.8	0.15 ~0.50	挤压棒,T4	300	—	8.0

AZ40M、AZ41M 等低合金化镁合金强度虽低，但工艺塑性好，具有高的热塑性、合格的焊接性，且应力腐蚀倾向小，适于生产形状复杂的锻件和模锻件。AZ41M 合金强度和塑性高于 AZ40M，但应力腐蚀较明显。AZ61M、AZ62M、AZ80M 合金中的含铝量依次提高，AZ61M 强度较 AZ40M、AZ41M 两合金都高，热变形性能良好，但焊接性较低，薄壁件对应力腐蚀敏感，主要制造承受大负荷的零件。AZ62M 含铝量较低，但含锌量较高，有 γ 和 T 两个强化相，热处理强化效果显著。AZ80M 的含锌量较低，但含铝量比其他几种合金都高，也能热处理强化。AZ62M、AZ80M 强度较高，但工艺性能、可焊性及应力腐蚀抗力均下降，主要用于生产如热挤棒材、型材、模压件、模锻件、薄壁管等（半）成品，用在如摇臂、支架等要求高强度的工件和结构上。

3. Mg – Zn(– Zr) 系合金

锌在镁中有高的溶解度和大的固溶强化效果，有明显的时效硬化效应。当 Zn < 5% 时，强度和延伸率均随锌量增加而提高，当 Zn > 5% 合金后，强度和延伸率同时开始下降，因此，变形 Mg – Zn 合金的 Zn 含量一般约为 5% 左右。Mg – Zn – Zr 系镁合金晶粒粗大，易产生热裂，可加入少量锆，从而形成 Mg – Zn – Zr 系。加入少量 Zr 合金化的目的在于细化晶粒和提高力学性能，实践证明，锆的加入量达 0.6% – 0.8% 时才有最大的细化晶粒和提高力学性能的作用。

Mg – Zn – Zr 系高强度镁合金强度可达到 294 ~ 392MN/m^2。Mg – Zn – Zr 系变形合金中，生产和应用历史较久的是 ZK61M 合金（含 5.0% ~ 6.0% Zn，0.3% ~ 0.9% Zr 和 0.1% Mn），其组织由 $\alpha + \gamma$(MgZn) 构成，MgZn 相为强化相，偏析严重，还可能出现 Zr_2Zn_3。ZK61M 合金时效处理时过饱和固溶体 α – Mg(ssss) 的沉淀顺序是 α – ssss→γ''→γ'→γ，具有较高的沉淀硬化效应。ZK61M 合金的缺点是铸造性能较差，且加锆困难，容易偏析。另外，应注意控制合金成分及杂质，以防锆与铝、硅、铁、锡、镍等元素发生作用，而降低锆的有益效果。ZK61M 合金的另一个主要缺点是工艺塑性差，不易焊接，主要用于生产挤压制品和锻件，用于制造承受一定载荷的翼肋、座舱滑轨、机身长桁和操纵系统的摇臂等零件。在 Mg – Zn – Zr 合金基础上添加适量的稀土元素钇，以改善合金的工艺性能，并增强耐热性，主要用于生产厚板、型材和锻件，制造飞机内部构件。

4. Mg – RE(– Mn – Zn – Zr) 系合金

Mg – RE 系是近年来发展比较迅速的一种镁合金。实践证明，前述几种镁合金的工作温度不超过 150℃，欲使工作提高到 250℃，则使用 Mg – RE 系合金是合适的，Mg – RE 系多以钕和铈为主要合金元素，再加以适量的锰、锌和锆，以获得补充强化。添加少量锆可减小铸件的壁厚效应，提高组织均匀性和性能稳定性的作用。RE 添加形成 Mg – RE 合金，由于 RE 与 Mg 原子间结合力增加、原子扩散速度减小。稀土金属与镁形成的化合物可使耐热性大为提高具有较高的热稳定性。此外，稀土元素还可降低镁在高温下的氧化倾向。因此，可以认为 Mg – RE(– Mn – Zn – Zr) 系合金在性能上是较全面的，略嫌不足的是室温强度稍低。

国内外研究最多且开始应用的有 Mg – Mn – Ce 系、Mg – Mn – Nd 系、Mg – Zn – Zr – Nd 系和 Mg – RE – Zn – Zr 系。近年来的研究表明，由于钕、钇在镁中溶解度大，Mg – Zn – Zr – Nd – Y 系也是很有希望的一种耐热镁合金，可长期在 200 ~ 250℃ 温度下工作。新型 Mg – Y – Zn – Zr 系合金具有很高的热强性，特别但 Y/Zn 比在 1.5 左右时，耐热性最好，工作温度可达到 300℃，一般在稳定化时效处理(315℃ × 16h)后使用。

5. 其他镁合金

除上述镁合金外，还有 Mg – Li、Mg – RE 及 Mg – Th 等系合金。

Mg – Li 系是发展高强、超轻合金的重要合金系统，目前还处于研究阶段。含锂 >10% 的合金由体心立方晶格的 β 相组成，具有极高的冷、热塑性变形能力。若再加入适量的铝、镉、锌、银等元素，则可明显提高强度和屈服极限，但该系合金熔炼困难，耐蚀性差，需进一步研究和改善。

Mg – Th 系合金是作为更耐热的镁合金而发展的。该系合金的工作温度可提高到 300 ~ 350℃，甚至达 400℃。国外研究和应用较多的是 Mg – Th – Mn 系和 Mg – Th – Zn – Zr 系，该系合金之所以耐热是因为其强化相 Mg_4Th 热稳定性高，高温下不易软化。大多数 Mg – Th 系合金的钍含量为 1.5% ~ 4.0%，可进行强化热处理，且其铸造性加工工艺及耐蚀性均较好，可以焊接，所以是航空工业用的最好的一种轻型耐热结构材料。

7.4.5 镁合金的热处理特点

镁、铝及其合金均无多型性转变，故镁合金的热处理方式与铝合金基本相同，不论是铸造镁合金还是变形镁合金，其热处理的类型均用与铸造铝合金相同的热处理代号表示。镁合金铸件及半成品的热处理类型也主要包括均匀化退火、回复与再结晶退火、淬火及时效等，由于基本规律在铝合金一章中已有详细论述，这里不再重复。这里不再重复。

然而，镁合金的热处理也有其特点：

1) 大多数合金元素在镁中扩散系数低，使镁合金在结晶过程中(甚至在冷速很小的情况下)易于形成明显的枝晶偏析。因此，镁合金铸锭在变形前都要进行均匀化退火，对偏析严重的镁合金采用分段加热工艺，以防止加热时非平衡相熔化造成过烧。

2) 在选择再结晶退火时，应注意镁合金晶粒在高温下易于长大的倾向。由于镁合金变形时允许的变形程度较小，晶粒长大倾向特别明显，因此再结晶退火温度不应太高。消除内应力应在造成残余应力的序完成后马上进行，退火温度大大低于再结晶温度。

3) 镁合金在淬火后强度有较大的提高，某些合金(如 Mg – Al – Zn 系)还同时大大提高其塑性，因此往往在 T4 状态下使用。另外，大部分镁合金(如 Mg – Mn 系、Mg – Al – Zn 系等)脱溶过程简单，往往从过饱和固溶体中直接析出与基体不共格的平衡相，不存在预脱溶期和过渡相，因而时效强化效果不大。在 Mg – Zn – Zr – RE 系合金中，过饱和固溶体有类似 Al – Cu 系合金的脱溶过程，故这类合金有明显的时效强化效果。

4) 由于镁合金合金元素扩散系数小, 过饱和固溶体比较稳定, 故淬火冷却速度无严格要求, 淬火加热后通常采用在静止或流动空气或 80~95℃ 热水中冷却即可实现淬火。另外, 由于过饱和固溶体难于分解, 绝大多数镁合金对自然时效不敏感, 淬火后在室温下放置仍能保持淬火状态的原有性能, 因此不存在自然时效, 人工时效的时间也较长。

最后应指出, 镁合金氧化倾向比铝合金强烈, 为了避免燃烧事故发生, 热处理加热炉内应保持一定的中性气氛或通入 SO_2 气体保护。最简便的做法是在炉中装入盛有硫化铁矿的小盒, 其输入量可按每立方米炉子工作空间 0.5~1 kg 计算, 这样就可保证镁合金安全进行热处理操作。

7.5　镍及镍合金

镍及镍合金是现代工业中最重要的金属材料之一。它们不但具有高的力学性能和极优秀的耐蚀性, 而且通过适当的合金化还会得到高的电阻, 高的热强度和热稳定性以及特殊的电磁和热膨胀等物理性能。因此在化工精密机械、仪器、电工、电子和喷气式发动机等工业部门得到极为广泛的应用。不足之处是镍资源较为短缺, 使其应用上受限制。

纯镍的牌号以 "N" 后附以 Y 和 D, 即 NY 和 ND。镍合金 (耐热合金除外) 是 "N" 后附上主添加元素符号和近似含量, 次要元素只记含量不记化学符号。例如 NCu40 – 2 – 1 表示含 40% Cu、2% Mn 和 1% Fe 的镍合金。

7.5.1　纯镍

镍为面心立方晶格, 无同素异构转变, 熔点高 (约 1455℃)。镍是铁磁性金属, 居里温度为 358℃。镍强度高、塑性好、耐蚀、耐热, 冷、热压力加工性能好, 可冷、热加工。在中性和微酸性溶液, 有机溶剂以及在大气、淡水和海水中化学性稳定, 但不耐氧化性酸和高温含硫气体的腐蚀, 是耐热浓碱溶液腐蚀的最好材料。

镍中常见杂质有锰、铁、硅、铜、碳、氧和硫等, 其中铁、锰、铜和硅等与镍形成固溶体, 少量上述元素对镍的力学性能和加工性能影响不大。最有害的杂质是碳、氧和硫。

碳含量在 0.15% 以下时, 碳固溶于镍中, 提高强度并促进加工硬化; 当碳含量大于 0.15% 时, 退火以石墨状沿晶界析出, 引起冷脆, 故高塑性镍要求含碳量小于 0.1%。在未脱氧的镍中, 氧与镍形成高熔点 (1435℃) 共晶 (α – Ni + NiO), 含氧小于 0.24% 的镍仍可热轧, 但在还氧性气氛中加热时出现晶间裂纹 (氢病)。硫与镍生成低熔点 (644℃) 共晶 (α – Ni + Ni_3S_2) 分布于晶界, 引起热脆, 镍中含硫大于 0.01% 即不能热轧, 退火的镍含硫大于 0.002% 即显冷脆。锰和镁既可脱氧又可脱硫, 脱硫时分别形成 MnS 和 MgS 取代 Ni_3S_2, 其熔点都比 Ni_3S_2 高, 危害性小, 而且 MgS 还可作为人工核心细化晶粒。锰还是良好的去气剂, 生产中常用锰除气及初步脱氧去硫, 后加适量镁再脱氧去硫。

铋、铅、锑、镉和磷等都是有害杂质，其含量亦应严格控制。

纯镍的主要用途是供电镀及作为钢和有色合金的合金元素，还以板、片、线等半成品应用于电子工业。一般用作机械、化工设备的耐腐蚀构建，精密仪器结构件，电子管和无线电设备零件，医疗器械及食品工业餐具器皿等。

7.5.2 结构用镍合金

镍中加入铜、铁、锰等元素能形成单相固溶体，不仅强度和塑性高，而且有优良的耐蚀性和耐热性，是极贵重的一种结构材料。其他加入的合金元素主要包括 Al（约3%）、Sn、Be、Si 等。

列入我国标准的结构用镍合金只有一种，即 NCu28 – 2.5 – 1.5，约含27% ~ 29% Cu、2% ~ 3% Fe 及 1.5% ~ 1.8% Mn。国外称为"蒙乃尔"合金。该合金强度高，具有良好的加工性能，耐高温，对大气、盐、碱、淡水、海水及蒸汽等多种介质均有良好的耐蚀性，并且在400℃以下其力学性能几乎不变，故以管、棒、线、带、板、波、箔等形式广泛用于测量仪表、精密机械、医疗器具、化工设备等方面。向该合金中加入铝、铍、硅等元素，则变成热处理强化的合金。例如，加入 3% Al 可形成 Al – Ni 化合物强化相，经800℃淬火后，$\sigma_b = 700$ MN/m²，$\delta = 40\%$；再经600℃时效，其强度和延伸率分别为 $\sigma_b = 1150$ MN/m²，$\delta = 20\%$。

应当注意，此合金用作高强度耐蚀件时，不能用其他金属（如铁）的铆钉铆接，否则极易腐蚀。另外，此合金熔炼时要特别防止增碳，因碳呈游离石墨析出，使合金变脆。

7.5.3 电工用镍合金

此类合金分为电热体用、热电偶用和电真空用镍合金三大类。

（1）电热用镍合金

这类合金主要用作加热设备和电阻炉的加热元件，因此必须具备电阻高、电阻温度系数小及优良的耐热性等特点。含15% ~ 20% Cr 的 NCr20 合金是最常用的电热体材料，它是单相固溶体，有极高的电阻和极低的电阻温度系数，耐热性也非常好，可在 1000 – 1100℃的高温下长期工作。

NCr20 合金的最大缺点是塑性低，生产过程非常复杂。为改善其塑性，可加入 15% ~ 20% 的铁，加铁后仍为单相固溶体合金。铁不仅改善 Ni – Cr 合金的塑性，而且提高电阻，但减低耐热性。工作温度也不能超过 1000℃。常用的加铁合金为 NCr15 – 16 – 1.5，合金中加入 1% ~ 2% 的锰可提高力学性能，耐热性、工艺性能及电阻，尚能除硫，去氧和脱碳。

铬在镍中的溶解度很大（500℃时82% Cr，1100℃时52% Cr），能显著提高镍的电阻和耐热性，故镍铬合金被广泛应用于 900 ~ 1100℃温度下的电阻加热线，使用寿命长，但生产过程复杂，成本高，应用受限。

（2）热电偶用镍合金

这类合金主要用于制造测量温度低于 1200℃ 的热电偶和补偿导线，前者应具有高的电阻、热电势和耐热性，后者在 0~100℃ 间应与连接的热电偶有相同的热电势。镍铬合金是目前最典型、最基本的热电偶材料之一，一般用于热电偶正极和高电阻仪器，

表 7-63 中所列的这类合金中，除 NCr₉ 用作补偿导线外，其余均作热电偶用。

镍铬合金热电偶的优点是具有大的灵敏度。镍铬合金在不加特殊保护时可用于 900℃（细的则只能用在 700~800℃），而与空气隔绝良好时则可达 1000~1100℃。人们还广泛地使用镍铬（含 9.0%~10.0% Cr 和少量 Mn）-镍铝（含 2% Al，2% Mn 和 1% Si）热电偶。其中 NCr10-NMn2-2-1 热电偶（前者为正、后者为负）为目前常用的镍铬/镍铝热电偶，使用温度为 1000℃ 以下，该热电偶亦可用 NCr10-NSi2.5（镍铬/镍硅）代替。以 NCr17-2-2-1 为正极、NAl3-1.5-1 为负极的镍钴-镍铝热电偶，在 300℃ 以下不产生热电势，故无需补偿导线，使用温度为 300~1000℃，在航空工业中得到广泛应用。

有的镍硅合金在 600~1250℃ 范围内有足够大的热电势与热电势率，抗蚀性好，所以用作制造热电偶负极材料。

（3）电真空用镍合金

含少量锰和硅的 Ni-Mn 及 Ni-Si 合金，有优良的耐热性和电子放射性能，适于制造火花电咀和制造真空管电极，如 NMn3 和 NMn5 由于有高的耐热、耐磨性和塑性、耐蚀性，主要制造飞机和拖拉机内燃发动机的火花电咀。

NSi0.2 合金特性与纯镍 N6 相似，在高温和真空中的挥发倾向极小，故主要制造真空管和电真空仪器的电极板和网。

另外，镍锰合金有较高的室温和高温强度，耐热、耐腐蚀性好，加工性能优良。在温度较高的含硫气氛中耐蚀性比纯镍高，热稳定性和电阻率也比纯镍高。一般用作内燃机火花塞电极、电阻灯灯泡丝、电子管的栅极。

镍镁合金及镍硅合金，具有高的电真空性能，耐腐蚀性好，可用作电子管氧化物阴极芯。此类镍合金主要用作低寿命的一般性无线电真空管氧化物阴极芯镍钨合金。

7.5.4　耐热镍合金

耐热镍合金是最重要的高温合金之一，广泛应用于航空、舰艇及电站等的涡轮发动机的热部件，如燃烧室、涡轮叶片、涡轮盘等。由于是在高温、高压、高速和强烈腐蚀环境下工作的合金，不但要求具有足够的高温拉伸强度、持久强度和抗蠕变性能，而且要有良好的机械疲劳和热疲劳性能、抗氧化、抗腐蚀性能及适当的塑性。

耐热镍合金也分为变形合金和铸造合金两类（还有部分粉末合金），本节只介绍几种常用的变形合金。

1. 耐热镍合金的显微组织及其对性能的影响

耐热镍合金的显微组织主要由基体、γ'相和碳化物组成，这些组成相的成分、数量、形态

及分布等对合金的性能有很大影响。

(1)基体

耐热镍合金的基体是以镍为基的固溶体，面心立方结构，以 γ 表示。γ 相中能溶解大量钨、钼、铬、钒等元素，起固溶强化作用。固溶于基体中的钨或钼除强烈提高高温强度和抗蠕变性能外，还能促进 γ' 相的沉淀，调整 $\gamma - \gamma'$ 相间的错配度，或形成晶界，对合金的抗蠕变性能也起积极作用。铬起固溶强化作用，但更重要的作用是改善抗氧化性能。

(2)γ' 相

γ' 相是耐热镍合金的主要强化相，具有长程有序的面心立方结构，是 A_3B 型金属间化合物，化学式为 Ni_3Al。由于 γ' 和基体 γ 之间晶体结构相同，错配度很小($0.05\% \sim 1.0\%$)，界面能极低，在高温下与 γ 相长期保持共格关系而难于聚集粗化。另外，γ' 为有序相，当位错切割时引起很高的反相畴界能，造成强烈的时效强化效果。同时，在 800℃ 以下 γ' 相的强度随温度的升高而提高，且塑性也较高，不会出现严重的脆化现象。

此外，γ' 相中除铝、钛外，还可溶入钴、铬、铁、钽、铌、钒、钨和钼等元素，这些元素的进入，使 γ' 相的组成更为复杂，强化作用更为显著。γ' 相是耐热镍合金中性能优异的强化相，镍基合金的高温强度随 γ' 相数量的增加而提高，大多数合金中 γ' 相的体积分数在30%以上，最强的合金中达60%以上。

γ' 相的形态与 $\gamma - \gamma'$ 之间的错配度有关，也与热处理温度有关。一般情况下，错配度小于0.2%时 γ' 相呈球状，$0.5\% \sim 1.0\%$ 时呈立方体形，错配度大于1.25%时则呈片状。γ' 相的形态和尺寸影响合金高温性能。一般认为，当合金中存在大型立方体形 γ' 相和细小的球状 γ' 相相间分布，如图7-82所示，则既有利于高、低温强度，又能促使强度和塑性的良好配合，充分发挥时效效果。

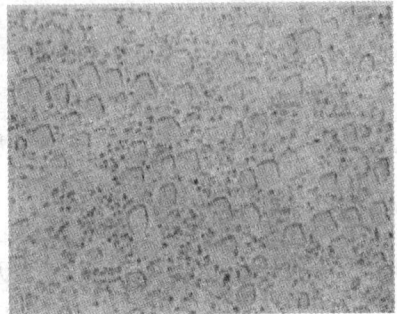

图7-82　γ' 相和细小的球状 γ' 相相间
分布的显微组织特点(金相)

(3)碳化物

耐热镍合金中一般含 $0.05\% \sim 0.2\%$ 的碳，并含有铌、钒、钼、钨、铬等碳化物形成元素，因而形成各种类型的碳化物，如 MC、$M_{23}C_6$、M_6C 等，其数量不多(约1% ~2%)，但对合金的力学性能影响很大。

MC 为初生碳化物，在热处理过程或使用温度下能发生所谓退化反应：

$$MC + \gamma \longrightarrow M_{23}C_6 + \gamma'$$

$$MC + \gamma \longrightarrow M_6C + \gamma'$$

其中 $M_{23}C_6$ 和 M_6C 为低碳化合物，即可由上述退化反应产生，也可由基体中直接形成，一般存在于晶界。如果它们以链状析出于晶界，可阻碍晶界移动，提高断裂强度，而胞状或网状的碳化物形态则使合金脆化。

另外，碳化物形成时产生的 γ' 相包覆于碳化物周围及分布于晶界两侧，有利于提高合金的高温性能。变形耐热镍合金的组织特征示于图 7 - 83 和图 7 - 84。

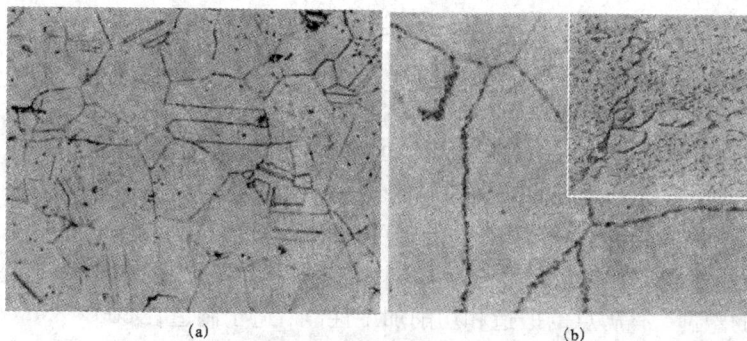

(a)　　　　　　　　　(b)

图 7 - 83　变形耐热镍合金的典型金相显微组织

(a)孪晶；(b)晶界与第二相颗粒

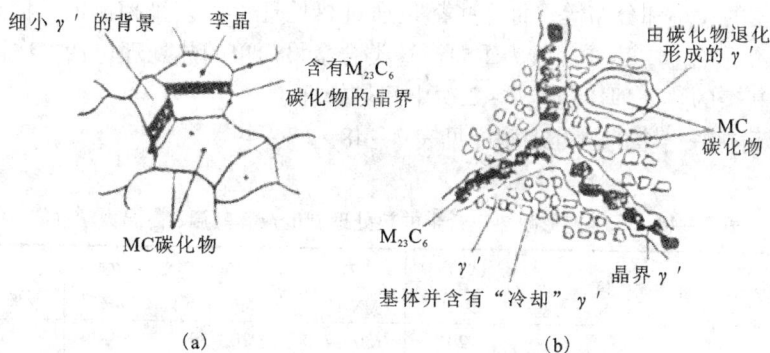

(a)　　　　　　　　　(b)

图 7 - 84　变形耐热镍合金的典型金相显微组织示意图

(a)孪晶；(b)晶界与第二相颗粒

除上述相组成物外，不少合金中还加入表面活性元素硼、锆、铈(混合稀土)等元素，形成 $Cr_{23}(B、C)_6$、Cr_2B 和 M_3B_2 等化合物，在强化晶界方面起极其重要的作用。

2. 工业用耐热镍合金及其性能和用途

耐热镍合金是在 NCr20 的基础上发展起来的。由于镍中加铬不仅产生固溶强化，而且提高耐蚀性和抗氧化性能。因此，NCr_{20} 具备了作为耐热合金的基本条件。但 NCr_{20} 高温强度较低，在800℃的持久强度 σ_{1000} 几乎与纯镍相同。在该合金中加入少量钛和铝，可在保证高的抗氧化性能的条件下，提高高温强度，这就形成了时效硬化型的 Ni – Cr – Ti – Al 系合金，即所谓"尼木尼克"（Nimonic）合金，其强化相为 Ni_3（Al、Ti）。

NCr_{20} 中加入 2.5% Ti 和 0.7% Al 即为 GH32（Nimonic 80A）。在 GH32 基础上提高铝含量并加入 0.005 ~ 0.015% B 和 0.1% Ce，就变成 GH33。由于硼强化了晶界，故 GH33 比 GH32 有更高的持久强度。在 Ni – Cr – Ti – Al 四元合金中加入钨和钼，可进一步强化固溶体和提高再结晶温度，阻止 γ' 相聚集粗化，从而进一步强化固溶体和提高再结晶温度，阻止 γ' 相聚集粗化。GH37 和 GH43 即属于这种多元耐热镍合金。

GH30 是典型的镍基板材合金，强度低，但有优良的抗氧化性能和良好的冲压和焊接性能，适于制造在 800℃ 以下工作的燃烧室等的零件，或在温度更高但低应力条件下工作的其他零件。GH32 是时效硬化型合金，有高的强度、良好的抗氧化性能和冷、热加工性能，主要制造在 700℃ 以下工作的涡轮叶片和在 750℃ 以下工作的涡轮盘等。GH37 有高的热强性、疲劳强度和足够的塑性，有满意的锻造和切削加工性能，适于制造在 800 ~ 850℃ 工作的燃气涡轮工作叶片。GH49 的耐热性很好，有良好的疲劳强度，缺口敏感性小，但工艺塑性较差，适于制造在 850 ~ 900℃ 工作的燃气涡轮工作叶片。

3. 耐热镍合金的热处理特点

耐热镍基合金的性能不但与成分有关，而且取决于其组织状态，如晶粒大小、碳化物形态和分布、γ' 相的大小和分布等，而这些都是通过热处理等工艺来控制的。因此，对于耐热镍合金特别是变形合金，热处理极为重要。这类合金最简单的热处理包括一次固溶处理和最终时效处理，复杂的热处理还包括 1 ~ 2 次中间热处理。

几种变形耐热镍合金的热处理制度见表 7 – 48 和 7 – 49。

表 7 – 48　几种变形耐热镍合金的热处理制度及其室温、高温力学性能

牌号	热 处 理 制 度	试验温度/℃	σ_b/ (MN·m^{-2})	$\sigma_{0.2}$/ (MN·m^{-2})	σ_5 /%	ψ /%	a_k/ (kJ·m^{-2})
CH30	淬火:980 ~ 1020℃ ,5 min 空冷	20	730 ~ 780	270 ~ 300	38 ~ 40	—	—
		600	600 ~ 620	210 ~ 220	38 ~ 40	—	—
		800	180 ~ 220	100 ~ 110	60 ~ 70	—	—
GH32	淬火:1080 ± 10℃ ,8 h,空冷 时效:700 ± 10℃ ,16 h,空冷	20	1000	600	25	28	784
		600	880	530	20	15	—
		800	550	420	12	18	—
GH33	淬火:1080 ± 10℃ ,8 h,空冷 时效:700 ± 10℃ ,16 h,空冷	20	950 ~ 1100	620 ~ 700	15 ~ 30	15 ~ 30	392 ~ 980
		600	880 ~ 950	580 ~ 650	20 ~ 30	25 ~ 40	—
		800	500 ~ 600	420 ~ 480	12 ~ 20	20 ~ 45	—

牌号	热处理制度	试验温度/℃	σ_b/ (MN·m^{-2})	$\sigma_{0.2}$/ (MN·m^{-2})	σ_5 /%	ψ /%	a_k/ (kJ·m^{-2})
GH37	一次淬火:1180±10℃,2 h,空冷 二次淬火:1050±10℃,4 h,空冷 时　　效:800±10℃,16 h,空冷	20	1140	750	14	15	147~294
		600	990	680	16	19	—
		800	750	460	5.5~8	12	940
		900	490	280	9~14	19	1313
GH43	一次淬火:1170±10℃,2 h,空冷 二次淬火:1070±10℃,8 h,空冷 时　　效:800±10℃,16 h,空冷	—	—	—	—	—	—
GH49	一次淬火:1200±10℃,2 h,空冷 二次淬火:1050±10℃,4 h,空冷 时　　效:850±10℃,8 h,空冷	20	1000~1200	750~800	6~12	8~12	—
		600	900~1000	700~750	8~12	10~12	—
		800	800~900	600~700	9~12	10~15	—
		900	600~700	400~500	11~20	12~15	—

表 7-49　几种变形耐热镍合金的持久强度和蠕变强度

牌号	σ_{100}/(MN·m^{-2})				$\sigma_{0.2/100}$/(MN·m^{-2})			
	600℃	700℃	800℃	900℃	600℃	700℃	800℃	900℃
GH30	—	105	45	15	—	40	10	—
GH32	380	360	140~150	—		240	—	
GH33	730	450	250	—	580	400	170	
GH37	—	480	250	130		400	230	
GH39	—	730~740	440~420	210~220			350	140

（1）固溶处理

固溶处理一方面是为了使基体内的碳化物、γ' 相等充分溶解,获得均匀的过饱和固溶体;另一方面是为了获得适宜的晶粒度,以保证合金的高温抗蠕变性能。固溶处理温度随合金化程度的不同而有明显差异,一般在 1040~1230℃ 范围内。固溶处理加热和保温后,常在空气中冷却,一般不大量析出沉淀相。但高合金化的合金基体过饱和度极大,空冷时可能析出一定量的 γ' 相。

（2）时效

时效过程中析出 γ' 相及碳化物相。时效温度与合金中（Al + Ti）的含量有关,（Al + Ti）总量增加时,γ' 相的溶解温度升高,时效温度亦应相应提高,一般在 700~1000℃ 范围内。

（3）中间热处理

对于某些合金,两阶段热处理(即固溶处理 + 时效)不能得到满意的组织和性能,故在第一次固溶处理之后及最终时效处理之前进行 1~2 热处理，即此中间热处理。中间热处理可能是中间时效，也可能是第二次固溶处理，以 γ' 相溶解温度为界。

GH37、GH43、GH49 等复杂合金化的合金，生产中即进行两次固溶处理。在 1180~1200℃ 进行的第一次固溶处理，目的是使 γ' 相充分固溶以保证空冷过程中形成大尺寸的立方体形 γ' 相。第二次固溶处理温度为 1000~1150℃，目的之一是使第一次空冷时形成的小尺寸 γ' 相质点溶解，大尺寸 γ 相继续长大，然后空冷时再析出尺寸更小的球状 γ' 相，以获得大、小两种尺寸的 γ' 相，改善综合性能。第二次固溶处理的另一目的是调整晶界组织，使晶界析出链状碳化物而强化。当过饱和度较低时，还会析出晶界贫 γ' 区，过饱和度高时，在链状碳化物周围形成 γ' 相包覆膜，改善晶界塑性和增加沿晶断

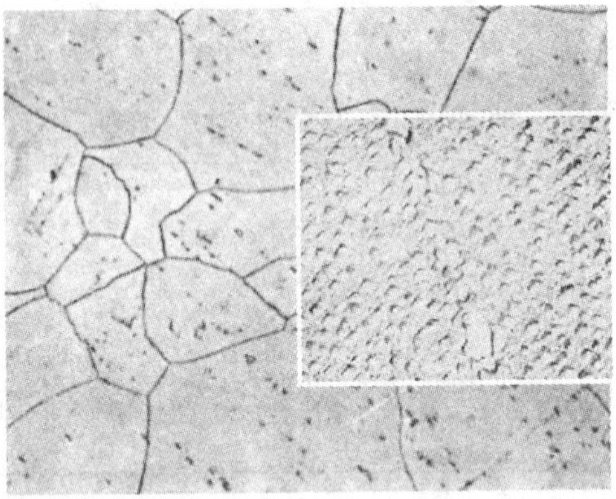

图 7-85　GH49 耐热镍合金的金相显微组织
(1200℃保温 2 h，空冷 +1050℃保温 4 h，
空冷 +850℃保温，空冷)

裂阻力。也有的合金进行两次时效处理，即在 800~850℃ 进行一次高温时效，获得均匀的大尺寸立方体形 γ' 相，然后再在 700~760℃ 进行一次低温时效，以便在立方体形 γ' 相之间析出细小的球状 γ' 相，这样也可得到两种尺寸的 γ' 相(图 7-85)。

综上所述，中间热处理的目的可归纳为两方面：①调整晶界析出相的类型、大小和分布形态；②调整晶内 γ' 相的分布，获得两种尺寸的 γ' 相粒子。

7.6　难熔金属及其合金

难熔金属亦称高熔点金属，主要由其熔点高而得名。通常指熔点高于 1650℃ 的金属。主要包括钨、铼、钽、钼、铌、铬、钒、锆等。但是，从性能和经济价值方面考虑，钨（W）、钼（Mo）、钽（Ta）、铌（Nb）最有工业意义，这里只介绍应用面较广的这四种难熔金属。

第二次世界大战之后，电子、原子能、航空航天、精密机械等技术密集型"尖端工业"兴起，传统的金属材料已不能充分满足需要，难熔金属及其合金应运而生。目前，难熔金属已是现代工程技术领域的核心材料之一。日常照明、广播、电视都离不开难熔金属，信息技术也需要 W、Mo、Nb、Ta 材料做成的电子器件，发射导弹和卫星，需要能耐 3000℃ 以上高温的钨喷管。因此，难熔金属材料对国民经济的发展和国防现代化建设都有重要的意义。

与钢铁和常用有色金属加工相比，难熔金属的加工有其特点：

1）熔点高，熔炼困难，在锭坯制取上，难熔金属以粉末冶金工艺为主，其次真空熔炼；

2）高温下难熔金属易吸气与氧化，加工过程常需要在真空或保护性气氛下进行，有时还要加包套或涂层；

3）难熔金属的变形抗力大，加工过程是高能耗的过程。

高温烧结炉、真空电弧炉、电子束炉、重型锻造机与挤压机、冷热等静压机等现代冶金设备，是难熔金属加工厂的常用装备。

我国难熔金属资源较丰富，钨储量居世界第一位，钼储量居世界第二位，钨制品（特别是钨丝）和钽丝的产量居世界的前列。目前我国年产难熔金属材料超过 1500 t，在世界上占有重要地位。

7.6.1　难熔金属的主要特征

难熔金属是过渡族元素，同为体心立方点阵，且均无多型性转变。它们具有如下许多宝贵的特性：

1. 物理特性

4 种难熔金属 W、Mo、Ta、Nb 的主要物理性能如表 7-50 所示。它们具有熔点高、再结晶温度高、蒸气压低、线膨胀系数小、导电性和导热性好等特性。W 及其合金密度最大，随钨、钽、钼、铌的顺序，它们的密度依次下降，其中铌的密度仅稍高于奥氏体高合金钢。W 及其合金熔点高、高温强度好，而 Ta、Nb 及其合金具有很强的耐蚀性和独特的电性能。

表 7-50　四种难熔金属的主要物理特性

性能	W	Mo	Ta	Nb
原子序数	74	42	73	41
相对原子质量	183.85	95.95	180.9	92.9
原子半径/nm	0.14	0.136	0.142	0.147
晶体结构	bcc	bcc	bcc	bcc
熔点/℃	3410	2625	3996	2415
密度/$(g \cdot cm^{-3})$	19.3	10.2	16.6	8.57
弹性模量/GPa	396	320	180	100
线胀系数/$℃^{-1}$	4.45×10^{-6}	5.3×10^{-6}	5.9×10^{-6}	7.1×10^{-6}
室温热导率/$[W \cdot (m \cdot ℃)^{-1}]$	201	147	54	52
热容/$[J \cdot (g \cdot ℃)^{-1}]$	0.138	0.243	0.142	0.268
室温电阻/$\mu\Omega \cdot m$	0.05	0.05	0.12	0.14
电子逸出功/eV	4.55	4.20	—	—

2. 化学特性

难熔金属在常温下比较稳定，一般不氧化，但加热时易氧化，这是钨、钼、钽、铌等难熔金属的最大缺点，也是决定它们作为高温结构材料应用及加工和热处理工艺中的重大问题。

氧化速度按钽、铌、钨、钼顺序递增。铌和钽在温度分别超过200℃及280℃时在空气中开始氧化，在500℃及700℃以上发生激烈氧化，生成 Ta_2O 和 Nb_2O。铌和钽的氧化物熔点较高（Nb_2O_3 于1400℃熔化），但它们的比容大大超过基本金属的比容，因此氧化膜易于龟裂并剥落，使金属进一步氧化。钼在低于300℃时相当稳定，超过300℃则在表面生成蓝色氧化膜，高于500℃时生成 MoO_2 挥发。温度越高，挥发越迅速，超过650℃时，形成 MoO_2 白烟，可以目测金属迅速消融。钨在400~500℃于空气中开始氧化，随着温度的升高迅速氧化，600℃以上时表层为 WO_3 薄层，故达到一定厚度后发生龟裂，氧化速度显著增加，超过850℃后 WO_3 升华挥发，金属以更快速度氧化。

难熔金属与氮的作用较之与氧的作用小得多。它们与氮开始作用的温度分别为：Nb—350℃、Ta—450℃、Mo—1500℃，钨实际不与氮发生反应。因此，在空气中加热时，它们基本上只发生氧化。

W、Mo 的化合物在一定温度下与氢气（H）作用，可被还原成金属，故常用氢气做 W、Mo 冶炼过程中的还原剂和加工过程中的保护气体。但是，需注意的是，Ta、Nb 则大量吸收氢气，导致严重脆化。由于难熔金属对氧、氮等的高度活性，故在高温加工与高温热处理时应加以保护，而在高温条件下使用难熔金属及其合金时，需采用涂层加以防护。

难熔金属在常温下的许多介质（水、盐水、无机酸等）中是稳定的，但可被氧化性酸、氢氧化钠和氢氧化钾严重地腐蚀，特别是钼。难熔金属对许多金属熔体（如 Na、K、Li、Mg、Hg、Pb、Bi 等）的耐蚀性也是好的。钼对玻璃及石英熔体的突出耐蚀性是其在玻璃工业中广泛应用的原因。钽和 Nb–Ta 合金（某些情况下也包括钼）是金属材料中最耐酸腐蚀的材料。

在某些条件下（如高温下的强无机酸和某些工业介质中）其他耐蚀材料无法工作，而钽或 Nb–Ta 合金则可胜任。例如在沸腾硫酸中，耐酸的 Cr–Ni–Mo–Cu 钢只能在浓度≤5% H_2SO_4 条件下工作，耐酸镍基合金（80% Ni + 20% Mo）能在浓度≤20% H_2SO_4 条件下运转，而钽可用于浓度≤80% H_2SO_4 的环境中。因此，钽、铌等合金常用于化学工业。虽然成本高，但耐蚀性好，能长期使用，在经济上还是合理的。

难熔金属是无毒的，但它们的化合物有不同程度的毒性。钽、铌的生物相容性好，可以做人体外科植入材料。

3. 力学特性

难熔金属的力学特性与其纯度、致密化方法及加工状态有密切关系。一般来说，W 和 Mo 的硬度和强度高，而 Ta 和 Nb 的塑性好。难熔金属可以通过应变硬化及晶粒细化来强化。难熔金属的最重要性质之一是具有高的高温强度，表7–51、表7–52和表7–53给出了铌、钼、钨、钽等一些合金的牌号、成分与耐热性能。纯钨在3000℃左右仍保持较好强度，可短期使用。经合金化后，难熔金属高温强度可进一步提高，因此，在高温下使用的是钨、钼、钽、铌的合金而不是纯金属。虽然室温强度与钢和钛的相当，但是由于它们具有优良的高温强度和耐热性能,难熔金属及其合金已应用于火箭、导弹、宇宙飞船等装置。

表7-51　铌、钼等一些合金的牌号、成分与耐热性能

类别	成分/%	$\sigma/(MN \cdot m^{-2})$			$\sigma_{100}/(MN \cdot m^{-2})$			
		1100℃	1200℃	1300℃	1100℃	1200℃	1300℃	1315℃
铌合金	工业纯铌	75	65	42	32	28	—	
	4.5Mo、<0.05C	310~350	180~200	—	140			
	10Mo、1.5Zr、0.3C	700	550	—	280		100	
	4Mo、0.7Zr、<0.08C	450	300	—	130			
钼合金	工业纯钼	190	—	—	80			
	0.1Zr、0.1Ti、0.004C	380	340	—	230	80		
	0.35Zr、0.2Ti、0.02C	480	450	—	260	150	—	
	0.45Zr、1Ti、1.4Nb、0.35C			500~570				250
	0.3Zr、0.02C	550	500	400		180	—	

表7-52　一些钨合金的牌号、成分与耐热性能

合金	成分/%	$\sigma_b/(MN \cdot m^{-2})$			$\sigma_{100}/(MN \cdot m^{-2})$
		1650℃	1927℃	2204℃	在1650℃下
W	工业纯	175	114	44	32
W-Mo	15Mo	253	79	39	51

表7-53　一些钽合金的牌号、成分与耐热性能

合金	成分/%	$\sigma_b/(MN \cdot m^{-2})$			$\sigma_{100}/(MN \cdot m^{-2})$	
		1315℃	1650℃	1927℃	1315℃	1650℃
Ta	工业纯	60	25		18	—
ES-60	10W	278	135	60	162	60
WS-222	10W、2.4Hf、0.01C	378	168	100	197	34

　　除面心立方晶格的金属外,其余晶体结构的金属均存在一个塑性-脆性转变的问题,即,在一定温度以上是可塑的,温度降至一定程度(即塑性-脆性转变温度)后,则变为无形变塑性或塑性很小的状态,表现出冷脆性。难熔金属钨、钼、钽、铌等属体心立方晶体结构,无疑存在着塑性-脆性转变现象。钨的塑性-脆性转变温度高于室温,钼的在室温附近,而钽和铌的则在室温以下,塑性-脆性性转变温度按钨、钼、铌、钽依次降低。从生产和使用

的角度考虑，当然希望塑性 – 脆性转变温度尽可能低。再结晶会导致塑—脆转变温度上升。因此，难熔金属常以消除应力状态而不是完全退火状态供货。难熔金属常采用温加工或温成形来生产。

7.6.2 难熔金属的合金化

难熔金属材料合金设计时，高温强度是难熔金属及其合金最主要的技术性能指标，因此，除了固溶强化外，难熔金属的强韧化(尤其是提高耐热性)更多的是采用沉淀强化、弥散强化或者三种机制有机结合的途径来实现。

1. 固溶强化

Ta、Nb、Mo、Cr、V 多以置换型固溶原子存在于钨基体中，对钨有一定强化作用，但高温强化效果不大。微量(总量 0.1% ~ 1%)的 Ti、Zr、B、La 等对钼可产生有限的固溶强化。研究表明，在 Mo 中加入(s + d)电子数目比 Mo 多的元素，会引起合金软化。钽的强化主要采用固溶强化，强化作用最大的是 W、Re、Zr 和 Hf，加 1% Re 可显著提高蠕变强度，当 W 含量超过 13%，或 Re 含量大于 3% 时会降低塑性。

对铌而言，W、Mo、V 是有效强化元素，可同时提高室温与高温强度，而 Ta 加入量小于10% 时，对铌的强度几乎没有影响，对高温蠕变强度来说，最有效的强化元素为 W，其次为Os、Ir、Re、Mo、Ru、Ta，而 Hf、V、Zr、Ti 会降低铌的蠕变强度。因此，在工业上 W、Mo、Re是 Nb 的有效固溶强化元素。

2. 沉淀强化

碳化物的沉淀强化对难熔金属的强韧化(尤其是提高耐热性)有着非常重要的意义。高温稳定的碳化物可以强烈地阻碍位错和晶界运动，提高再结晶温度，改善耐热性。

难熔金属碳化物的熔点和生成自由能如表7 – 54。可见，碳化物是非常稳定的，其中 HfC不仅在热力学上十分稳定，而且 Hf 在难熔金属中扩散速率极慢，HfC 颗粒也不易粗化。C 和Hf 在 W 和 Mo 中的溶解度如图 7 – 86 和 7 – 87所示。在理论上，HfC 是最佳的弥散强化相，但Hf 资源少，价格贵，HfC 的应用受限制。

在工业生产中，更常用 TiC 和 ZrC 作为沉淀强化相。利用碳化物作沉淀强化相的典型合金有：W – 0.2% Hf – 0.26% C 钨合金、TZM(Mo –0.5Ti – 0.03Zr – 0.15C)钼合金、Ta – 8W – 1Re –1Hf – 0.025C 钽合金和 Nb – 22W – 2Hf – C 铌合金。

表 7 – 54　难熔金属碳化物的熔点和生成自由能

碳化物	熔点/℃	1500℃生成热/$[J \cdot (g \cdot ℃)^{-1}]$
HfC	3830	– 180
ZrC	3420	– 163
TiC	3150	– 459
TaC	3825	– 159
NbC	3480	– 150
MoC	2486	– 63
WC	2795	– 88

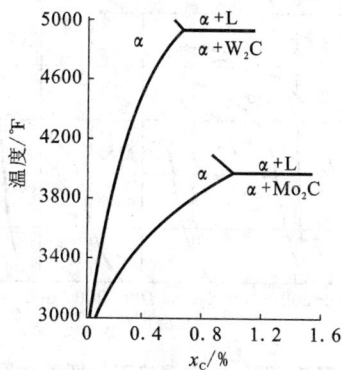

図 7 – 86　碳在钨、钼中的溶解度

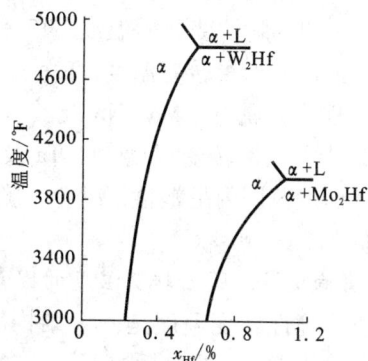

図 7 – 87　铪在钨、钼中的溶解度

3. 弥散强化

这里的弥散强化指的是,采用粉末冶金方法加入一些细小的非共格弥散粒子(如钨中加入 ThO_2 粒子),提高难熔金属材料的高温强度和蠕变性能这些粒子还可以起到强烈的阻碍合金再结晶和晶粒长大的作用,从而细化晶粒,改善低温延性,降低塑 – 脆转变温度。

难熔金属作为 1000℃ 以上使用的高温结构材料,必须解决高温氧化问题。解决途径有两种:一是制备高温抗氧化能力强的合金,二是在合金表面施加抗氧化防护层。合金化原则是:① 加入高价金属离子,减少氧化物的导电性。例如,在 Ta 或 Nb 中加入 Mo 或 W 就起这个作用。② 加入小半径的金属离子,改变氧化物的晶格常数,减少氧化物的比体积,从而减少因起鳞现象而引起的快速氧化,如 Nb 中加入 V 或 Mo 符合这一原理。③ 加入高温活性金属元素,优先形成比基体金属氧化物更稳定的氧化物或与基体金属一起形成复杂氧化物,在 Nb 中加入 Zr、Ti、Hf 有很好效果,就属于这种情况。

然而,合金化的作用非常有限。例如,所有工业钼合金(如 Mo – 0.5% Ti、TZM、TZC 等)的抗氧化性能与纯钼相差无几,都存在灾难性氧化现象,只有某些铌合金(如 D – 31、D – 36 和 Nb – 753)有较好的抗氧化性能。事实上,不论是作为动力系统部件,如涡轮、叶片、进气导向叶片、喷嘴、燃烧室部件等,还是作为航天飞行器高温部件,如飞船的前缘、热挡板、鼻锥等,使用温度可达 800 ~ 2000℃,难熔金属材料必须加涂层保护。

7.6.3　塑性 – 脆性转变温度及其影响因素

1. 塑性 – 脆性转变温度

金属的塑性随温度下降而发生陡降的特定温度称为塑 – 脆转变温度。在这一温度下,金属的断裂由延性断裂转变为脆性断裂。图 7 – 88 为不同温度下这 4 种金属拉伸时断面收缩率的变化,4 种金属的塑性 – 脆性转变均发生在一个狭窄的温度范围内。因此,严格地说,塑性－脆性转变温度是一个温区，包括三个特征温度：T1——塑－脆转变起始温度，T2——塑－脆转变温度或断口形貌转变温度，T3——无塑性转变温度。难熔金属 W、Mo、Nb 及其合金均存在较高的塑性－脆性转变温度，而 Ta 及其合金在相当宽的温度范围内呈塑性，塑性－脆性转变温度非常低。

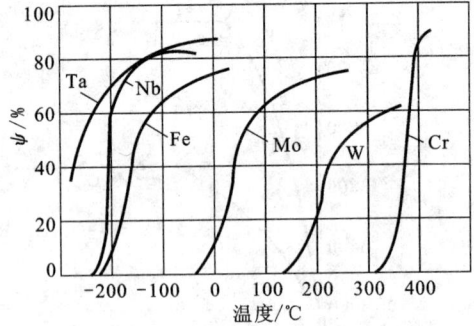

图 7－88　不同温度下这四种金属拉伸时断面收缩率的变化

2. 影响塑性－脆性转变温度的因素

塑性－脆性转变温度是一个结构敏感因子，受许多因素影响，主要包括如下：

(1)应力状态

一般脆性断裂只发生在拉伸状态。由于加荷状态的不同，材料中的拉应力与切应力之比不同，所表现的塑性－脆性转变温度也不同。如图 7－89 所示，钼在 25°拉伸时，塑性为零，而在 －100℃作扭转试验时，仍有一定的塑性。

如表 7－55 所示，缺口会引起双向或三向应力对比光滑和缺口试样的拉伸试验结果，W、Mo、Nb 的塑性－脆性转变温度对缺口是敏感的。另外，冲击试验更能显露出材料的缺口敏感性。

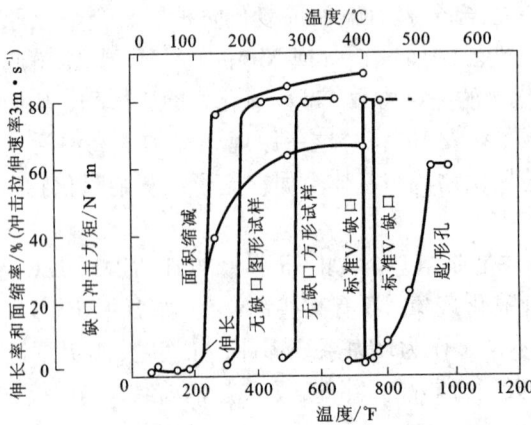

图 7－89　应力状态对再结晶钼的转变温度的影响

表 7－55　缺口对塑性－脆性转变温度的影响

金属	退火条件	塑性－脆性转变温度	
		光滑试样拉伸	缺口试样拉伸
W	1200℃×1 h	150	275
Mo	1150℃×0.5 h	－73	－10
Mo	1000℃×0.25 h	－90	150
Nb	1100℃×0.25 h	＜－250	＞－250
Ta	1200℃×3h	＜－250	＜－250

(2)形变速率

形变速率(ε)增加，屈服强度增加($\sigma = A\varepsilon^n$)，会引起塑性－脆性转变温度提高。体心立方金属的塑性－脆性转变温度(T)与 ε 之间存在下列关系：

$$1/T = A - (R/H)\ln(\dot{\varepsilon})$$

式中：A——常数；

H——位错运动的激活能，Mo 的 $H \approx 0.8$ eV。

Mo 是对形变速率很敏感的材料，Mo 的塑性－脆性转变温度与形变速率的关系如图 7-90 所示，形变速率提高一个数量级时，塑性－脆性转变温度大约升高 20～30℃。

（3）间隙杂质（C、N、H、O）

塑性－脆性转变温度与化学成分有关，特别是间隙元素含量对其影响很大。少量的间隙杂质（C、N、H、O）能使难熔金属的塑性－脆性转变

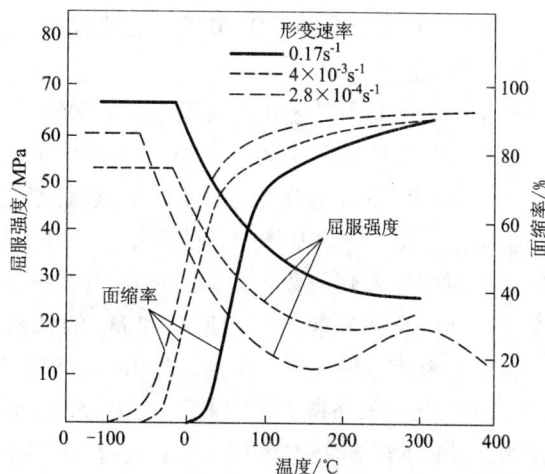

图 7-90　塑性－脆性转变温度与形变速率的关系

温度剧烈地提高，主要原因在于这些杂质在金属中溶解甚少，如表 7-56 所示。间隙杂质易在晶界形成这些杂质的偏聚区，或者形成碳化物、氧化物或其他脆性相，使晶界脆性。

表 7-56　中等冷却速度下间隙元素在难熔金属中的溶解度

难溶金属	H	C	N	O
W		$< 0.1 \times 10^{-4}$	$< 0.1 \times 10^{-4}$	1×10^{-4}
Mo	0.1×10^{-4}	$(0.1 \sim 1) \times 10^{-4}$	1×10^{-4}	1×10^{-4}
Nb	9000×10^{-4}	100×10^{-4}	300×10^{-4}	1000×10^{-4}
Ta	4000×10^{-4}	70×10^{-4}	1000×10^{-4}	200×10^{-4}

通常，对于 V_B 族金属（Nb、Ta），塑性－脆性转变温度上升是间隙杂质与位错的交互作用的结果。当屈服强度增加到等于或超过断裂强度时，就发生没有塑性变形的断裂，表现为脆性。而对于 VI_B 族（W、Mo），间隙杂质影响较为复杂。由于固溶度小，间隙元素生成第二相或偏聚在晶界都对材料的塑性不利。当杂质浓度相同时，钨和钼的塑性－脆性转变温度明显高于铌和钽，这是因为氢、氮、碳、氧在钽、铌中的溶解度大于在钨、钼中的溶解度。研究表明，当氧、氮、氢含量在 20×10^{-4}% 上下波动时，钨的塑性－脆性转变温度基本不变。微量氧使钼的塑性－脆性转变温度直线上升，氮和碳的影响较次。在钼中加入少量碳，对改善钼的低温塑性有利，这可以归结于碳的脱氧作用改善了晶界结合强度，但过量碳会在晶界产生碳化钼脆性相，对塑性也不利。

　　为了降低塑性－脆性转变温度，应尽量降低间隙杂质的含量。对于钨、钼而言，必须使其中 C＋N＋O 的总量不大于 0.001％，而要达到这一要求在实际上是非常困难的。

　　(4)合金元素

　　一般来说，合金元素会升高难熔金属的塑性－脆性转变温度。然而，当合金元素提高再结晶温度和清除基体点阵中间隙杂质时，则可以降低塑性－脆性转变温度。例如，Mo 中加入 0.5％ Ti，能使 Mo 固溶强化，但不降低其低温塑性，这是因为 Ti 是强烈的氧化物、氮化物和碳化物生成元素，清除基体中间隙杂质。

　　难熔金属中加入其他替代式固溶体的元素一般也提高塑性－脆性转变温度。但铼(Re)是一个很独特的合金元素，它能使 W 和 Mo 的低温塑性大为改善。随着 Re 含量的增加，塑性－脆性转变温度逐渐下降，直到超过 Re 固溶度。例如，Mo 中加入 35％ Re，可使其塑性－脆性转变温度由 50℃ 下降到 －254℃(表 7－57)，而 W 中加入 28％ Re，可使其塑性－脆性转变温度由 335℃ 下降到 75℃。事实上，在钨、钼中加入一定数量铼、锇、铱、铂，都可造成固溶软化，降低塑—脆转变温度。这一现象称为"铼效应"。

表 7－57　钼合金的塑性－脆性转变温度与铼含量的关系

物质的量比/％	Mo	Mo－10Re	Mo－20Re	Mo－25Re	Mo－30Re	Mo－35Re
塑性－脆性转变温度/℃	50	－35	－90	－140	－175	－254

　　"铼效应"的机理尚不十分确定，过去认为是由于加入这些元素后使钨、钼原子非对称的电子云结构改变成趋向球状对称之故，现在认为可能有多种原因：①增加间隙元素在基体中的溶解度。如 Re 可使 Mo 中碳的固溶度增加约 5 倍，改变了 Mo 中碳化物的析出量及其形状和分布。②提高再结晶温度，如 Mo 中加入 47％ Re(摩尔分数)，可使再结晶温度提高 300 ～ 350℃，达到 1350℃，因而在同样条件下退火后，含 Re 合金的晶粒很细，约为纯 Mo 晶粒的五分之一。③改变变形机制，含 Re 合金在低温时会出现大量机械孪晶。铼的韧化作用虽然很大，但铼是非常昂贵的稀散金属，资源有限，不能大量应用，它主要用在做高温热电偶的钨铼合金丝中。

　　此外，由于镍偏聚于晶界附近而阻碍间隙杂质向晶界的富集，在钼合金中加入镍，也可避免晶界脆化。稀土金属在难熔金属中可起净化作用，降低间隙元素含量，因而降低塑性－脆性转变温度。

　　(5)微观结构

　　难熔金属及其合金的晶粒愈粗，则塑性－脆性转变温度愈高，冷脆愈严重。对 W、Mo、Nb 来说，塑性－脆性转变温度与平均晶粒直径的对数成直线关系，如图 7－91 所示。因为晶粒粗则单位体积中晶界面积减少，单位面积晶界上杂质浓度提高，使晶界更为脆化。当温度升高时，晶界上脆性夹杂物溶解，达到一定温度后又恢复塑性状态。据此可以认为，当金属处于变形状态或回复状态时，脆性夹杂物将分布在极为细密的亚晶界上，因而可减少冷脆倾向，降低塑-脆转变温度。

因此，难熔金属的一个显著特点是：再结晶退火不仅不能使材料塑性升高，反而使材料脆化，即使其塑性-脆性转变温度上升也如此。工业生产中的一个重要经验是：温加工(低于再结晶温度而高于室温的加工)和消除应力可使 W 和 Mo 的塑性-脆性转变温度降低。这是因为，在温加工或消除应力过程中，会发生回复过程，部分点缺陷消失。通过位错滑移和攀移，产生多边化，减少晶格畸变，增加塑性。实际上，冷变形的钨、钼及其合金较之再结晶状态具有更高的强度和塑性，所以其产品往往以变形状态或回复退火状态供应。

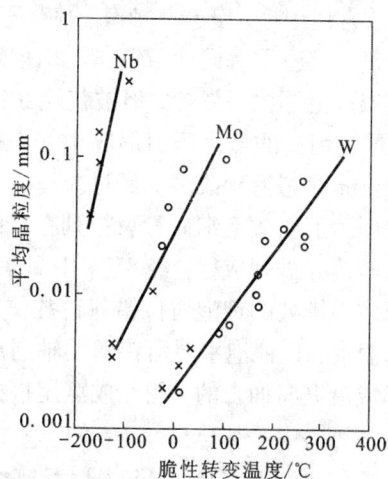

图 7-91　一些难熔金属的塑性-脆性转变温度随晶粒尺寸的变化

7.6.4　钨及钨合金

钨是银白色的稀有难熔金属，它在地壳中的含量为 0.007%，储量非常小。钨矿大约有 15 种，其中主要是黑钨矿($FeMnWO_4$)和白钨矿($CaWO_4$)，集中分布在环太平洋一带。我国钨资源占世界第一，其次为澳大利亚和加拿大。

1783 年西班牙人从黑钨矿中制取了钨氧化物，并用碳还原法首先获得金属钨。1909 年，美国人采用粉末冶金法制得钨丝。我国于 20 世纪 50 年代开始建立钨材加工业，目前，钨材产量居世界第一位。

钨及钨合金广泛用于制造电光源和电子管的灯丝。钨还用于电子管的栅极、阴极、阳极、焊接电极、电触头、火箭喷管、高温炉部件(发热体、反射屏等)、压铸模具、真空镀膜器材、X 光管阳极、半导体衬底及高温热电偶等。

钨及钨合金一般用粉末冶金方法制成坯料再经锻(或挤压)后轧制、拉伸成各种半成品。坯料亦可经电子束熔炼获得。为提高钨的耐热强度，在钨中加入 Al、Nb、Zr、Re、Th 以及 TaC、ThO_2、CeO_2 等。

工业钨材有纯钨(W1、W2)、钨铝(WAl1、WAl2)、钨钍(WTh7、WTh10、WTh15)、钨铈(WCe7、WCe10、WCe15)、钨铼(WRe1～WRe26，共 7 个牌号)、高比重合金(WFeNi、WNiCu)、W50Mo 及 W-Cu 等。除此之外，还有 W-2Mo、W-15Mo、W-0.6Nb 等合金。

纯钨丝主要用作白炽灯泡中的灯丝。灯丝在高温下工作，而一般纯钨丝的高温性能不佳，故常使用掺杂钨丝。在钨粉制备过程中，往三氧化钨或蓝色氧化钨中加入钾、硅、铝等掺杂剂，经还原后成掺杂钨粉。用掺杂钨粉压制的坯料，在烧结过程中大部分掺杂剂分别在不同温度范围内挥发掉，但被包藏在钨基体内部的钾原子，因原子半径大而难于通过扩散逸出，最终因高的蒸汽压而形成小气泡存在于钨条中。在旋锻和再结晶退火过程中，坯料中的气泡分布状态得到改善。经过拉丝，钨晶粒变成纤维束，而气泡因存在内压而不能闭合，在多向压力下变成毛细血管束排列在纤维组织内部和晶界上。随着丝径进一步变细，毛细管束逐渐破碎并排列成行，经 850～1800℃ 退火后，在表面张力作用下形成成串排列的气泡钾泡。由于成串排列的钾泡对位错起钉扎作用，阻止晶界迁移，从而使纤维组织保持到 1700℃ 或更高的温度；且钾泡主要沿钨丝的轴向成串排列，在再结晶过程中阻碍晶界横向运动，促使钨丝形成沿纵向伸长的、相互成燕尾搭接的再结晶晶粒组织，提高钨丝的高温抗下垂能力。

在钨粉中添加总量约 1% 的 SiO_2、Al_2O_3 和 K_2O，加工后获得分别含有 $10 \times 10^{-4}\%$、$30 \times 10^{-4}\%$、$100 \times 10^{-4}\%$ 的 Si、Al、K 夹杂。图 7-92 为掺杂对钨组织影响由于钾泡的作用，钨丝的一次再结晶在 1200～1860℃ 范围内进行。1860℃ 以上退火或使用时，掺杂钨丝发生二次再结晶，出现不均匀的异常晶粒长大，即在钾泡的作用下，竹节状晶粒择优长大。掺杂钨丝具有良好的抗高温下垂性能，获得广泛应用。由于"钾泡"的作用，钨铝丝有很好的抗下垂性能，适于制造各种灯丝、支架和高温炉丝。

除灯丝外，纯钨丝广泛应用于工作温度达 2500℃ 的真空炉加热体，此外还用作 X-光管阴极及对阴极、高温放大器零件、气体放电管及发射管、高压整流器、电器触头等。纯钨中的氧含量要求小于 0.05%（W1）或 0.01%（W2），主要可用做钨坩埚、钨流口（化纤生产用）和高温炉反射屏等。

钨钍是含 0.4%～4.2% ThO_2 的钨合金。它具有很高的热电子发射能力、高的再结晶温度、优异的高温强度和抗蠕变性能，被用做电子管热阴极、汽车电极及氩弧焊电极。但 Th 有放射性，生产中要注意劳动保护。

钨铈是含少量 CeO（2% 以下）的钨，其性质与用途与钨钍相近，但没有放射性，在焊接电极方面常用作钨钍的代用品。

钨铼合金含有 3%～26% Re，它有很好的热电性能、延性和抗高温性能，主要用做钨铼热电偶，使用温度可达 2000～2800℃。在电子管、显像管方面，钨铼也是核心材料。

高比重合金是在钨中同时加入约 2.5% Ni 和 2.5% Fe 及其他少量元素而形成的合金。采用液相烧结，密度达 17～18.5 g/cm^3，抗拉强度可达 1200 MPa 以上。WNiFe 系合金强度较高，微磁性；WNiCu 系强度稍低，但无磁性。高比重合金适于做穿甲弹弹头、陀螺转子、射线屏蔽材料及配重材料等。钨铜、钨银合金（20%～70% Cu 或 Ag），它兼有钨的高熔点、耐电弧烧蚀、高导电、高导热等特性，大量用做各种电触头及火箭喷管等。

钨钼合金含 50% Mo，比纯钨具有更高的电阻率和更好的韧性，用做电子管热丝、玻璃封接引出线、电火花切割线等，钨与钼配对热偶可用于测量 1200～2000℃ 的温度。

未掺杂试样的金相图
热处理条件：1—1200℃，20 min；2—1650℃，20 min；3—1800℃，20 min

掺杂Al、Si、K元素的试样的金相图
热处理条件：1—1200℃，20 min；2—1650℃，20 min；3—1800℃，20 min

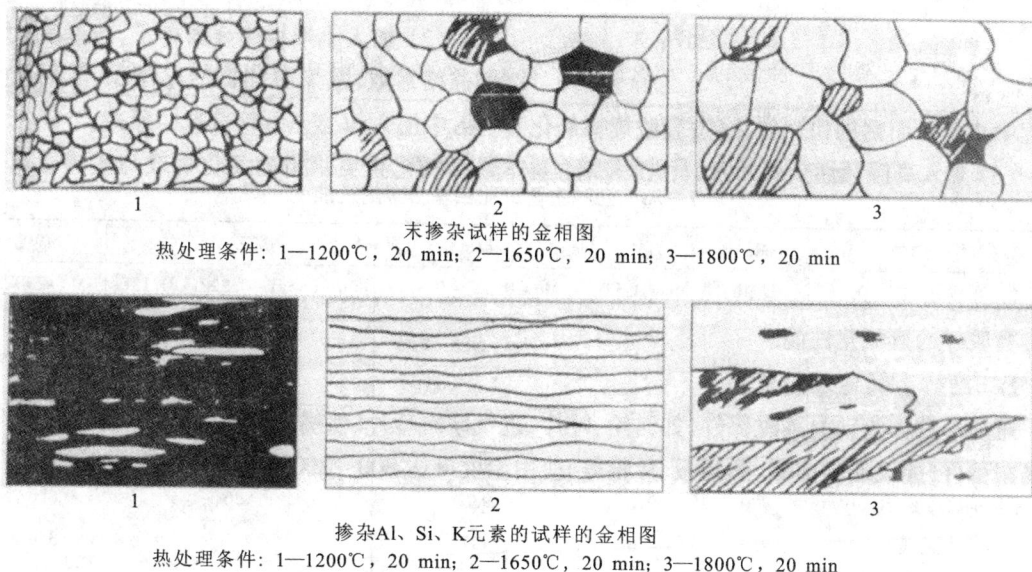

图 7 - 92　未掺杂与掺杂 Si、Al、K 元素的金相组织比较示意图

高温下使用钨合金通常用渗硅、Al_2O_3 及 ZrO_2 喷涂以及釉浆涂层予以防护。采用特殊防氧化措施后，钨合金可用于制造工作温度达 2000～2500℃ 的零件。目前钨合金已应用于高真空技术、燃气透平、原子能装置以及火箭、导弹中作为热强合金材料。

7.6.5　钼及钼合金

钼是银灰色金属，它在地壳中含量为 0.01%，稍多于钨。1782 年瑞典科学家首先分离出钼，19 世纪用氢还原法制得了较纯的金属钼。钼矿有 20 余种，其中主要是辉钼矿，在钼的开采量中约占 90%。美国、加拿大、中国、智利等国钼资源丰富。中国钼资源占世界第一位。

钼及其合金可用粉末冶金方法或电弧熔炼法生产坯料，然后经挤压或锻造，再经轧制、拉伸制成各种半成品。工业钼材有纯钼（Mo1、Mo2、Mo1 - 1、Mo2 - 1）、MT（Mo - 0.5% Ti）、TZM、TZC、Mo20W、Mo50W、Mo - 47Re 及高温钼等，用量最大的是纯钼和 MT、TZM 合金。Mo1、Mo2 是用粉末冶金法生产的，Mo1 - 1 和 Mo2 - 1 分别是用电子束熔炼和真空电弧炉熔炼法生产的。后两者纯度比较高。

向钼中加入其他元素可提高高温强度和抗氧化性能，改善低温塑性。钼的合金化通常是加入少量活性金属钛、锆、铪、铌及其他碳化物形成元素，同时加入少量碳，可脱氧还形成活性金属的难熔碳化物，起强化作用。钼中加入钨、钽、铼等形成固溶体的元素，可提高合金的原子结合力。其中大量合金化的合金是 Mo - W 合金。随钨含量的提高，合金强度升高，但热变形能力有所恶化。另外,向钼中加入适量铝、钴、镍、铬等元素,可使合金抗氧化性能大大提高。

几种典型的钼及其合金的成分及性能见表7-58。从纯钼到TZM和TZC合金的再结晶温度、强度(特别是高温强度)是增加的。

表7-58　几种主要工业钼基合金的性能

合　　金	Mo	TM	TZM	TZC	MW
成分/%	纯钼	Mo-0.5Ti	Mo-0.5Ti-0.8Zr	Mo-0.5Ti-0.32Zr-0.15C	Mo-30W
密度 $\rho/(g \cdot cm^{-3})$	10.22	10.2	10.2	10	—
熔点 $T_m/℃$	2620	2592	2592	2592	—
线胀系数/$(\times 10^{-6} \cdot ℃^{-1})$	1.5-4.3	3.4	2.7	—	—
弹性模量 E/GPa	315	322	322		—
室温抗拉强度 σ_b/MPa	770	910	980	826	826
1093℃抗拉强度 σ_b/MPa	210	420	497	417	350
1640℃抗拉强度 σ_b/MPa		77	84	63	

由于熔点高,导热及导电性好,高温耐热性好,能在1000℃以下保持高的强度,钼及钼合金在冶金工业和电子工业中有广泛的用途。

在冶金、化工工业中,可作工作温度达1200~1700℃时高温电炉的发热体(钼丝炉)和反射屏材料,可作挤压模、压铸模、铸模型芯、穿孔顶头以及抗液态金属腐蚀和熔融玻璃侵蚀的化工设备或工具,使用寿命长且成本较低。钼及钼合金用作无缝钢管轧制穿孔顶头,穿轧无缝钢管,在穿孔温度下具有较高的强度,并且生成的氧化膜有利于润滑。在电子、电工工业中,可用来制造电子管阴极、栅极、高压整流器元件以及半导体集成电路的导体等。

钼合金在高温下使用时也必须采用保护层,最有前途的方法是渗硅,在合金表面生成0.03~0.04 mm的硅化层,可在1000~1200℃完全避免氧化,在1700℃可保证零件工作30 h。此外还可用镍及耐热镍合金包覆表面,也可在合金表面喷涂硅、镍及硼的合金。在表面涂层的保护下,钼合金可制作飞机的燃气涡轮叶片、导向叶片、冲击发动机的喷管、火焰导向器、燃烧室、宇宙飞行器的蒙皮、喷管等。

7.6.6　钽及钽合金

钽是暗灰色的难熔金属,熔点和密度仅次于钨和铼。它在地壳中的含量极少,为0.002%。在自然界中,钽总与铌相互伴生。钽铌矿物有130多种,其中铌钽铁矿和钽铁矿是常见矿物。钽提取冶金工艺复杂,成本很高。

1802 年钽元素被发现，1903 年首次制得致密的纯金属钽，1922 年开始进行钽的工业生产，1940 年大容量钽电容器的出现促进了钽工业的发展。中国 20 世纪 50 年代开始钽的研究与开发，80 年代后获得较快的发展。

不同加工方法得到的纯钽材性能比较见表 7 - 59。国外某些钽合金的性能见表 7 - 60。

表 7 - 59　不同加工方法得到的钽材拉伸性能比较

生产方法	状态	σ_b/MPa	$\sigma_{0.2}$/MPa	δ/%	弯曲角/(°)
粉末冶金法	退火前	870		7.5	>140
	1200℃ ×1h	403	315	42.5	>140
电子束熔炼法	退火前	485	465	9.5	>140
	1200℃ ×1h	493	478		>140

表 7 - 60　国外 - 工业生产的某些钽合金标准成分及其性能

合金牌号	合金组成	密度/(g·cm⁻³)	熔点/℃	线胀系数/℃⁻¹	重结晶温度/℃	退火温度/℃	延性 - 脆性转变温度/℃	弹性模量/MPa	抗拉强度/MPa	屈服强度/MPa	延长率/%
Ta - 10W	Ta - 10W - 0.03Mo - 0.1Nb	16.84	3033	3.74×10⁻⁴ (1649℃)	1316 ~ 1538	1203 ~ 1232	-196	203890	562	471	25
T - 111	Ta - 8W - 2Hf - 0.1Zr - 0.1Nb - 0.04Mo	16.73	2982	4.2×10⁻⁴ (1649℃)	1427 ~ 1649	1093 ~ 1316	-196	—	773	703	29
T - 222	Ta - 10W - 2.5Hf - 0.1 Zr - 0.1Nb - 0.02Mo	16.79	3027	—	1538 ~ 1649	1093 ~ 1316	-196	203890	773	703	30

钽的熔点高，蒸汽压低，加工性能好，热膨胀系数小。钽具有最低的塑—脆转变温度和最好的室温塑性，易加工成丝材和箔材。工业钽材牌号有纯钽（Tal、Ta2）及钽合金（Ta - 10%W、Ta - 7.5%W、Ta - 2.5%W、Ta - 30%Nb - 7.5%V、Ta - 5%W - 2.5%Mo、Ta - 8%W - 2%Hf、Ta - 10%W - 2.5%Hf - 0.01%C、Ta - 10%W - 2.5%Mo 及 Ta - 7%W - 3%Re 等）。产品品种有丝、棒、管、板、带、箔材等。钽丝直径为 3.0 ~ 0.6 mm 者为粗丝，直径在 0.6 mm 以下者为细丝，工业生产细丝直径可达到 0.03 mm 水平。

钽的氧化膜致密，具有优良的介电性质，纯钽的主要用途是制作电解电容器。钽电容器具有体积小，电容大（比同样大小的其他电容器的电容大 5 倍以上），可靠性高，工作温度范围大，绝缘电阻大，抗震性好，使用寿命长等特点，为其他电容器所不可比拟，是钽的第一大应用领域，其用量占总用量的 60% 以上。

钽合金可制造超声速飞机的结构材料，Ta - W、Ta - W - Re、Ta - W - Hf 等类型的合金，主要用于制造火箭、导弹及喷气发动机的耐热部件。如 Ta - 10W 合金曾用做美国阿吉纳宇宙飞船的燃烧室及导弹发动机鼻锥，使用温度达 2500℃。用液态金属冷却的火箭喷管，必须用 Ta – W 合金。Ta – Hf 合金用做火箭喷嘴,使用温度可达 2200℃。

钽对液态金属汞、钠、钠钾合金具有很高的化学稳定性,故在原子能工业中用钽合金做液态金属容器和高温释热元件的扩散壁,用在这方面的合金有 Ta – 2.5Re – 3W、Ta – 10W、T – 111(Ta – 8W – 2Hf)和 T – 222(Ta – 9.6W – 2.4Hf – 0.01C)等。

钽也是高功率电子管零件的良好材料,可以做电子管阳极、阴极和栅极。钽在强酸中非常稳定,这是由于 0.5μm 厚的 Ta_2O_5 薄膜起到了良好保护作用。钽是极耐蚀的材料,常在关键性化工设备上应用(主要是与硫酸接触的设备)。钽有很高的高温强度,在宇航工业中用做高温部件,但需要加抗氧化涂层。钽同人体组织有良好相容性,可用于颅脑外科手术。

7.6.7　铌及铌合金

铌和钽为同族元素,物理化学性质十分相似。铌与钽伴生,铌在地壳中的含量为 2.4×10^{-3}%,为钽储量的 10.4 倍。巴西资源最丰富。中国铌资源占世界的 6.59%,多为贫矿,90% 集中在包头。1801 年研究人员发现铌元素,1866 年用氢还原法制得金属铌,1907 年得到致密金属铌,20 世纪 60 年代中国开始铌材的生产。铌像钽一样能形成阴极氧化膜,可部分代替钽做小型低压电解电容器。Nb – Zr 合金抗钠蒸汽的腐蚀,用做高压钠灯的封帽,钠灯比高压汞灯节电 50%,需求量不断增长。铌合金喷丝头、铌合金电镀加热器在化工领域获得广泛应用。Nb – Zr 合金或 Nb_3Sn 化合物可制造超导线材或带材,用于试验型高磁场磁体。铌钛超导材料在核磁共振人体成像仪、磁悬浮列车、电输送、电磁分离、核聚变等方面有独特的用途,是铌应用的最大潜在市场。

另外,与其他难熔合金相比,铌合金具有较高的比强度,优良的加工和焊接性能及良好的塑性。同时其热中子俘获面小,抗液态金属侵蚀并具有优良的超导性能。

铌通过合金化可以获得不同的强度、塑性和抗氧化性能。铌合金的强化机制有固溶强化和沉淀强化。通常,按强度和塑性的不同,可将铌合金分为三类:第一类为高强度合金,其主要特点是钨、钼含量较高,起固溶强化作用。同时加入碳和碳化物形成元素铪或锆,以形成碳化物起沉淀(弥散)强化作用。第二类为中等强度和塑性合金,其主要特点是含固溶强化元素较少,且大多数合金中不加碳。第三类是低强度、高塑性合金。这类合金既不加入固溶强化元素,也不加碳。除上述三类外,处于发展阶段的还有高强度和抗氧化合金;塑性抗氧化合金及抗蚀合金等。

工业铌材的主要牌号有纯铌(Nb1、Nb2)、Nb – 1Zr、Nb – 5Zr、Nb – 5V、C – 103(Nb – 10Hf – 1Ti)、Nb – 10W – 10Ta、Nb – 28Ta – 10W – 1Zr 等 20 余种。目前,C – 103(Nb – 10Hf – 1Ti)等铌合金在航空航天领域获得重要应用,已用作飞机结构材料、快速反应堆的容器材料及导弹、宇宙飞船等的耐热元件。因此,铌合金被认为是最有发展前途的高温材料之一。

部分铌及铌合金的性能见表 7 – 61 和表 7 – 62。

表 7 – 61　几种铌合金的物理性能

合　金	密度/(g · cm⁻³)	熔点/℃	再结晶温度/℃	延性 – 脆性转变温度/℃
Nb	8.57	2468	1070 ~ 1200	
Nb – 5Zr	8.57	2180	980 ~ 1300	
Nb – 10Ti – 10Mo – 0.1C	8.08	2260		– 73
Nb – 10Ti – 5Zr	7.92	1930	970 ~ 1150	
Nb – 10W – 1Zr – 0.1C	9.02	2590	1150 ~ 1430	
Nb – 33Ta – 1Zr	10.3	2510		
Nb – 28Ta – 10W – 1Zr	10.8	2590	1310 ~ 1370	– 196
Nb – l0W – 2.5Zr	9.02	2430	1150 ~ 1430	– 196
Nb – 10W – 10Ta	9.60	2600		< – 196
Nb – 10Hf – 1Ti – 0.5Zr	8.86			< – 196
Nb – 10W – 10Hf	9.5		980 ~ 1200	135
Nb – 4V	8.47	2380	930 ~ 1200	
Nb – 5V – 5Mo – 1Zr	8.44	2370	1100 ~ 1370	< – 196
Nb – 1Zr	8.57	2470	1000 ~ 1280	< – 73

表 7 – 62　几种铌基合金的室温抗拉性能

合金	实验状态	屈服强度 $\sigma_{0.2}$/MPa	抗拉强度/MPa	伸长率/%
Nb – 5Zr	消除应力	429	527	15
Nb – 10Ti – 10Mo – 0.1C	再结晶	633	689	15
Nb – 10Ti – 5Zr	再结晶	506	562	20
Nb – 10W – 1Zr – 0.1C	消除应力	492	611	21
Nb – 33Ta – 1Zr	消除应力	633	689	12
Nb – 28Ta – 10W – 1Zr	消除应力	647	769	14
Nb – 10W – 2.5Zr	再结晶	492	590	22
Nb – l0W – 10Ta	再结晶	422	529	25
Nb – 10Hf – 1Ti – 0.5Zr	再结晶	352	415	26
Nb – 10W – 10Hf	再结晶	506	619	26
Nb – 4V	再结晶	380	548	32
Nb – 5V – 5Mo – 1Zr	再结晶	534	710	26
Nb – 1Zr	再结晶	246	338	15

7.6.8 难熔金属及合金的热处理

难熔金属及合金的热处理的基本形式是各种形式的退火，包括均匀化退火、回复退火（不完全退火）及再结晶退火（完全退火）。

均匀化退火有实际意义的是铌合金和钼合金。铌锭均匀化退火温度为 1800～2000℃，真空度为 10^{-4}～10^{-5} mmHg，一般保温 5～10 h。TZM 型钼合金铸锭均匀化退火可在氢气保护下进行，温度为 2065～2200℃，时间约 2～3 h。

难熔金属的层错能高，冷作硬化后加热时易于多边形化，因此在回复阶段即明显软化，但完全消除加工硬化仍需使其发生再结晶过程。

铌、钽合金再结晶退火后不显冷脆性，但若晶粒长大，将使其强度和塑性降低，故再结晶退火时要控制温度上限和保温时间。

钨、钼及其合金按其再结晶退火后的综合性能可分为两组。一组是纯钨、纯钼及大多数常用合金，这类合金经再结晶退火后在室温下强度及塑性降低，而当晶粒长大后，在室温下完全过渡到脆性状态。如果材料具有多边形化亚结构，则其冷脆温度降低。因此，在这类合金的加工过程中，接近成品的中间退火或半成品退火，一般采用回复退火。另一组是再结晶退火后不出现脆性的 W – Re、Mo – Re、Mo – W – Re 及 Mo – Zr – Ni – C 系合金，这些合金只有晶粒粗化时才在室温转变成脆性状态。

除各类退火处理外，某些难熔金属合金（如 TZM、Mo – 0.5Ti、W – Hf – C、W – Re – Hf – C、Nb – 10W – 1Zr – 0.1C 等）还进行形变热处理。另外还可对难熔金属合金进行渗碳、渗氮、渗硼、渗硅等化学热处理，以大大改善耐磨、耐蚀及热稳定等性能。

第8章 机械零件的选材及加工路线

任何产品失效或出现质量问题都可以追溯到某一构件或某些零构件的失效，尽管具体零件可能千差万别，但在绝大多数条件下，失效是由于构成零件的材料的损伤和变质引起的。因此，要保证产品质量，提高产品的使用寿命、安全性和可靠性，正确选择材料和毛坯，合理应用加工工艺，保证材料的微观结构能最大限度地满足所需要的使用性能是非常关键的一环。另外，各种产品作为商品，除要求使用安全、可靠外，还要考虑价格、环保、节能、使用寿命、美观等因素，这对材料选择又提出了进一步的要求。

选材也就是如何正确地使用材料，是材料工程中很重要的一部分。在选材料时应根据零件的工作条件、失效形式，找出该零件选用材料的主要性能指标。

8.1 金属材料与零件的失效分析

绝大多数金属零件或构件工作于不同的载荷与环境下。如果金属材料对变形和断裂的抗力与服役条件不相适应，便会使机件失去预定的效能而损坏，即产生所谓"失效现象"。常见的失效现象如过量弹性变形、过量塑性变形、断裂和磨损等。因此，金属材料的力学性能在某种意义上来说，又可称为金属材料的失效抗力。

材料失效分析目前已发展成为一门新兴的综合性分析学科。分析失效原因，提出预防措施，使工作正常安全运行的科学，称为失效分析学。在工程实践中，

8.1.1 失效的概念

失效是指材料或零件在使用过程中，由于工作环境的作用引起尺寸、形状、性能或组织的变化，而失去规定功能的现象。材料或零件失效，可能影响加工精度，产生故障或事故，甚至危及人身安全，造成巨大的经济损失。

机械零件在使用过程中如果发生了以下三种情况中的任何一种，即认为该零件已失效：①完全破坏不能使用；②虽然能工作但不能满意地起到预定的作用；③损伤不严重但继续工作不安全。各种机器零件失效的形式归纳起来可分为过量变形、断裂和表面损伤三种类型。

8.1.2 机械零件的失效形式

1. 变形失效

材料在载荷作用下，其尺寸或形状的变化超过了所允许的范围，导致材料不能胜任预定

的功能或妨碍了其他零件的正常运行，称为变形失效或过量变形失效。主要包括弹性变形失效、塑性变形失效、蠕变变形失效。

引起弹性变形失效的原因，主要是零件刚度不足或因温度升高造成弹性模量降低而造成。例如汽车车厢下面的弹簧，经长期使用后弹性性能即松弛性能的降低导致弹簧不能起缓冲作用，这时就发生了弹性失效。一般过量的弹性变形不会引起灾难性的事故。

塑性变形是由于外加应力超过材料的屈服强度而造成的。引起零件塑性变形的因素，除在弹性畸变中所讨论的有关影响因素外，常见的还有材质缺陷、使用不当、设计有误等，特别是热处理不良更为突出，实际上往往是多种因素的综合结果。塑性变形失效会造成零件间相对位置变化，致使整个机械运转不良而失效。例如，汽轮机的叶片经过长时间运转后，叶片逐渐伸长，当叶片与外壳相接触时，汽轮机就不能正常运行。这时，叶片由于过量的伸长而失效。

蠕变变形失效过程相对缓慢，不易观察，可成造成灾难性事故，需引起充分重视。在恒定载荷和高温下，蠕变一般是不可避免的，通常是以金属在一定温度和应力下，经过一定时间所引起的变形量来衡量。

2. 断裂失效

断裂失效是机械产品最主要和最具危险性的失效，特别是在没有明显塑性变形的情况下突然发生的脆性断裂，往往会造成灾难性事故。其分类比较复杂，按断裂机理分为滑移分离、韧窝断裂、蠕变断裂、解理与准解理断裂、沿晶断裂和疲劳断裂；按断裂路径分为穿晶、沿晶和混晶断裂；按断裂的外界作用因素分为静载荷或冲击载荷下的断裂、疲劳断裂以及应力腐蚀破裂等；按断裂性质分为韧性断裂、脆性断裂和疲劳断裂，在失效分析实践中大都采用这种分类法。

(1)韧性断裂失效

韧性断裂又叫延性断裂和塑性断裂，即零件断裂之前，在断裂部位出现宏观塑性变形或吸收较大能量的断裂称为韧性断裂。其特点是断裂前有一定程度的塑性变形，韧口多呈韧窝状。在工程结构中，韧性断裂一般表现为过载断裂，即零件危险截面处所承受的实际应力超过了材料的屈服强度或强度极限而发生的断裂。

(2)脆性断裂失效

材料在断裂之前没有塑性变形或塑性变形很小的断裂称为脆性断裂。电镜下特征形貌为河流花样或冰糖形貌，如解理断裂和沿晶断裂。疲劳断裂、腐蚀断裂和蠕变断裂等均属于脆性断裂。由于脆性断裂大都没有事先预兆，具有突发性，对工程构件与设备以及人身安全常常造成极其严重的后果。因此，脆性断裂是人们力图予以避免的一种断裂失效模式。防止零件脆断的方法，是准确分析零件所受的应力、应力集中的情况，选择满足强度要求并具有一定塑性和韧性的材料。

（3）疲劳断裂

零件在交变应力作用下，经一定循环周次后在比屈服应力低很多的应力下发生的突然脆断，称为疲劳断裂。其断裂特征表现为低应力、瞬时性，因此危害性极大。工程上 80% 以上的断裂属于疲劳断裂，其断口特征为存在明显的疲劳辉纹。

3. 表面损伤失效

表面损伤失效是指零件表面失去正常工作所必需的形状、尺寸和表面粗糙度造成的失效，称为表面损伤失效。表面损伤失效是一种慢性失效的行为，当材料由于受到应力或温度的作用而造成的表面损耗，或者是由于材料与介质（周围环境）产生的化学或电化学反应而使金属表面损伤。零件的表面损伤主要发生在零件的表面，常见的有表面疲劳、表面磨损、腐蚀破坏等，据资料介绍，70% 的机器是由过量磨损而失效的。例如，齿轮长期使用后，齿面磨损、精度降低属于表面磨损；飞机变速箱油压下降、控制失灵，是因非金属夹杂物引起的轴承表面接触疲劳失效。磨损不仅消耗材料，损坏机器，而且耗费大量能源。

（1）磨损失效

磨损失效是工程上常见的失效形式。任何相互接触并作相对运动的物体，由于机械作用所导致的材料位移及分离的破坏形式而使零件不能继续工作的现象称为磨损失效。磨损失效主要有：粘着磨损、磨料磨损、犁削磨损、表面疲劳磨损、冲刷磨损等几种失效形式。

1）粘着磨损：两个金属表面的微凸部分在局部高压下产生局部粘结（固相粘着），使材料从一个表面转移到另一表面或撕下作为磨料留在两个表面之间，这一现象称为粘着磨损，如图 8-1 所示。

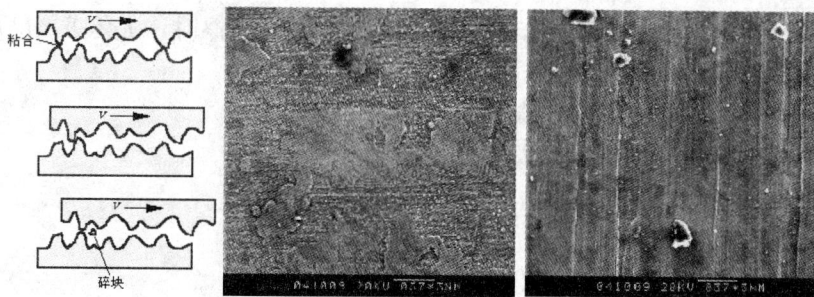

图 8-1　粘着磨损示意图

2）磨料磨损：配合表面之间在相对运动过程中，因外来硬颗粒或表面微突体的作用造成表面损伤（被犁削形成沟槽）的磨损称为磨粒（料）磨损，如图 8-2 所示。

3）犁削磨损：硬材料表面的微凸点切削较软材料的表面，在较软材料的表面形成"犁沟"，如图 8-3 所示。

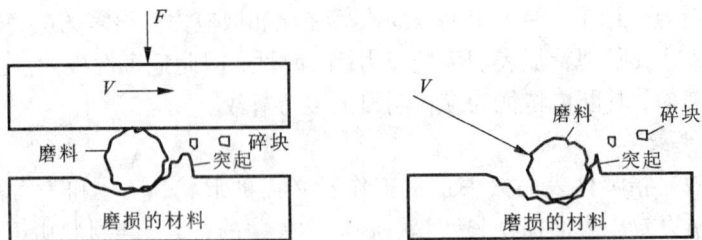

图 8 - 2　磨料磨损示意图

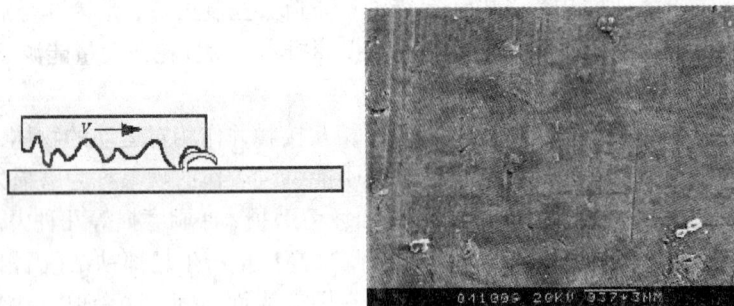

图 8 - 3　犁削磨损示意图

4)表面疲劳磨损：两个接触面作滚动或滚动滑动复合摩擦时，在交变接触压应力作用下，使材料表面疲劳而产生材料损失的现象称为表面疲劳磨损。

5)冲刷磨损：冲刷磨损是由于含固态粒子的流体(常为液体)冲刷造成表面材料损失的磨损，如图 8 -4 所示。

6)腐蚀磨损：腐蚀磨损是金属在摩擦过程中，同时与周围介质发生化学或电化学反应，产生表层金属的损失或迁移现象。

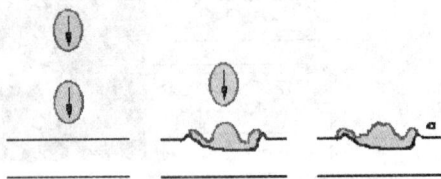

图 8 - 4　冲刷磨损示意图

(2)腐蚀失效

腐蚀是金属暴露于活性介质环境中而发生的一种表面损耗，它是金属与环境介质之间发生的化学和电化学作用的结果。因化学或电化学作用引起金属材料尺寸、形状和性能的改变，而造成的失效称为腐蚀。根据腐蚀形态可以分为均匀腐蚀和局部腐蚀两大类。局部腐蚀又可分为电偶腐蚀、点腐蚀、缝隙腐蚀、晶间腐蚀、选择性腐蚀、应力腐蚀等。

　　1）均匀腐蚀：均匀腐蚀是一种最常见的腐蚀，又称一般腐蚀或连续腐蚀。在整个金属的表面均匀地发生，金属表面均匀的减小。腐蚀均匀性的前提是：被腐蚀的金属表面具有均匀的化学成分和显微组织，腐蚀环境包围金属表面是均匀的而且不受限制。例如钢浸在稀硫酸中，通常是在全部表面上均匀地溶解。均匀腐蚀容易觉察，并可估算金属的使用寿命，因此一般不会造成灾难性事故。

　　2）电偶腐蚀：两种电极电位不同的金属相接触并放入电解质溶液中时，电极电位较负的金属会加速腐蚀，而电极电位较正的金属腐蚀速度会降低（得到保护）的腐蚀现象叫做电偶腐蚀。也叫双金属腐蚀或接触腐蚀。

　　电偶腐蚀受面积效应、环境和溶液电阻的影响。应该避免小阳极大阴极的连接，如：用铁铆钉连接铜板，腐蚀速度就很快，而用铜铆钉连接铁板，腐蚀速度就大大降低了，如图 8 - 5 所示。

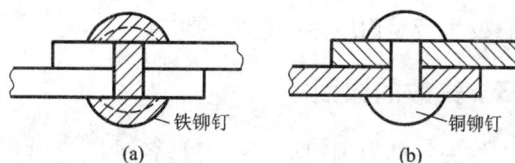

图 8 - 5　不同阴/阳极面积比时，电偶腐蚀示意图

　　3）点腐蚀：点腐蚀又叫做孔蚀，是常见的局部腐蚀现象，其形貌是多种多样的，见图 8 - 6 所示。腐蚀的结果是在金属的表面形成蚀孔。它往往是由于表面钝化膜局部破引起的，另外，金属表面的缺陷、疏松、非金属夹杂物等也是引起点腐蚀的重要原因。金属的点蚀受金属本性的影响，一般具有自钝化特性的金属对点蚀的敏感性比较高，金属的表面越干净，光洁度越高，抵抗点蚀的能力就越强；合金元素 Mo 可以降低钢的点蚀敏感性；金属的组织、介质成分、性质、pH 值、温度和流速都会对点蚀发生影响。

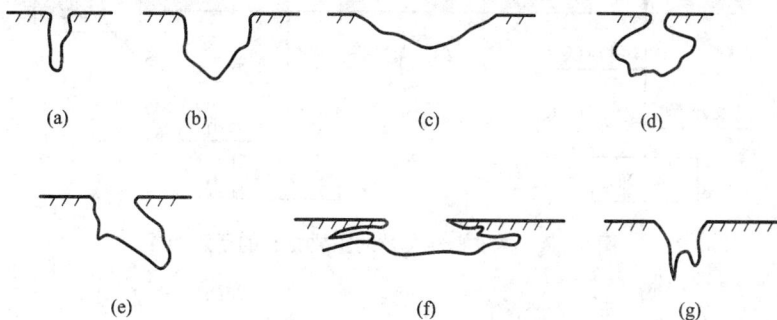

图 8 - 6　点蚀的几种形貌示意图

（a）窄深；（b）椭圆形；（c）宽浅；（d）在表面下面；（e）底切形；（f）水平形；（g）垂直形

　　4）缝隙腐蚀：金属表面上由于存在异物或结构上的原因而形成缝隙，使缝内溶液中与腐蚀有关的物质迁移困难所引起的缝内金属的腐蚀，总称为缝隙腐蚀。例如，金属铆接螺栓连接的接合部等情况下所形成的缝隙。

5）晶间腐蚀：晶间腐蚀是金属材料在特定的介质中沿晶界发生的一种局部腐蚀。其主要原因是晶界处化学成分、微观结构不均匀，导致它们之间存在腐蚀电位，晶界为阳极，晶粒为阴极，晶界被腐蚀。最广泛被接受的晶间腐蚀理论为贫化理论。该理论认为，晶间腐蚀是由于晶界易析出第二相，导致晶界处某一种成分的贫化。例如不锈钢产生晶间腐蚀的原因是由于晶界附近铬含量的不足，所以对于不锈钢，贫化理论又可称为贫铬理论。

6）选择性腐蚀：选择性腐蚀是指多元合金在腐蚀过程中，合金中较活泼的组元优先溶解而使合金破坏的腐蚀。比较典型的选择性腐蚀是黄铜的脱锌和灰口铸铁的石墨化。

（3）表面疲劳失效

表面疲劳失效是指两个相互接触的零件相对运动时，在交变接触应力作用下，零件表面层材料发生疲劳而脱落所造成的失效。

8.1.3 失效的原因

工件失效的原因很多，一般是各种因素共同作用的结果。主要原因可概括为设计、选材、加工和安装使用等四个方面。图8-7是导致零件失效的主要原因示意图。

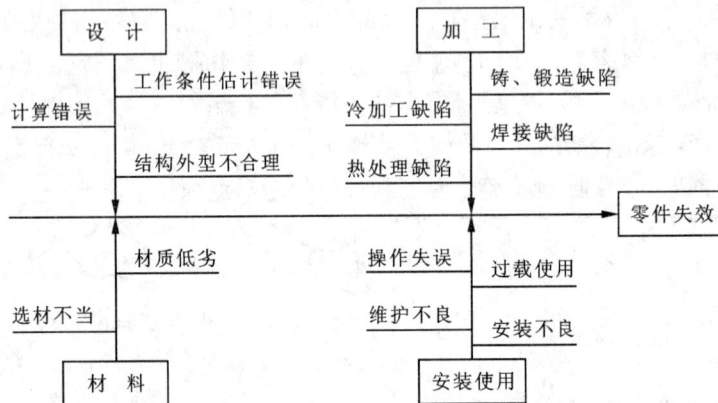

图 8-7 导致零件失效的主要原因的示意图

（1）设计不合理

设计时应从强度、结构形式、选材、使用条件和环境的影响等方面周密考虑使用寿命问题。设计不合理主要体现在零件尺寸和结构设计上，即在零件的高应力处存在明显的应力集中源。如键槽、孔或截面变化较剧烈的尖角处或尖锐缺口处容易产生应力集中，出现裂纹。另外，对零件工作条件及过载情况估计不足，或对环境的恶劣程度估计不足，都会造成零件过早失效。如对工作中可能的过载估计不足，因而设计的零件的承载能力不够。

（2）选材不当

选材所依据的性能指标，不能反映材料对实际失效形式的抗力，不能满足工作条件的要求，所用材料的化学成分、组织不合理、质量差也会造成零件的失效。另外材料的冶炼、铸造、锻造中的缺陷都是零件失效的常见发源地。因此选材的基本原则是在技术和经济合理前提下，使材料的使用性能与产品的设计功能相适应，即从材料的使用性能、工艺性能和经济性三个方面进行考虑。

（3）加工工艺不合理

零件在加工制造过程中一般要经历冷加工、热加工、热处理和焊接等步骤。若不注意加工质量，会产生加工缺陷而导致产品早期失效。冷（热）加工中切削刀痕、磨削裂纹等都可能引发零件的早期失效。零件热处理时常见的缺陷有氧化与脱碳、变形与开裂、过热与过烧，以及焊接时产生的气孔、焊接裂纹等均是产生失效的重要原因。

（4）安装使用不当

工件安装不良、操作失误、过载使用、维修保养不当等，均可导致工作在使用过程中失效。例如零件装配过紧或过松会使零件在工作中产生附加应力或振动，使零件不能正常工作，造成失效。

8.1.4　提高失效抗力的方法

材料失效的形式多种多样，究其原因可能与设计、材料质量、制造工艺、使用和维护等几方面的因素有关，因此减少失效提高抗力的方法就需要根据实际原因提出具体的解决方案。

1. 合理设计

认真分析零件受载情况，合理设计结构形式，提高承载能力，减少应力集中。

2. 提高材料质量

微量杂质元素对钢的性能危害极大，因此必须采用精炼，提高金属材料的纯净度，显著改善材料的失效抗力。同时对于金属材料加入合金元素如铝、钒、钛、锆硼等可提高强韧性，降低裂纹扩展速率，延长工件使用寿命。

3. 合理先进的加工制备工艺

强韧化工作是提高材料的失效抗力指标的有效途径。细化金属材料晶粒可同时提高材料的强度和韧性，因此细化材料晶粒尺寸可提高失效抗力。对铸态使用的合金合理控制冶铸工艺，如增大过冷度、加入变质剂、进行搅拌和振动等可细化材料晶粒；对热轧或冷变形后退火态使用的合金，控制轧制可获细晶组织；对热处理强化态使用的合金：控制加热和冷却工艺参数，利用相变重结晶来细化晶粒。

此外，采用局部复合强化，克服薄弱环节，具有重要意义。例如利用高功率激光束扫描、加热工件表面，依靠工件本身的传热实现金属材料表面快速冷却淬火，达到强化材料表面的目的。

4. 注意工作环境及维护

工作环境是引起材料失效的重要原因，因此针对于不同的工作环境需要合理设计选择材料。对于工作于腐蚀环境下的材料，需选择不锈钢等具有耐蚀能力的材料；对于工作于高温环境的材料，选择耐热钢及耐热合金则更有利于提高材料的失效抗力。

总之，材料存在的宏观、微观缺陷以及选材和加工工艺不当，是导致工作失效的重要原因。运用材料科学基本原理，从材料成分、组织结构以及环境因素分析，探索增强失效抗力的主要措施，以提高产品的使用寿命和可靠性。

8.2　选材的基本原则

由于零件的工作条件和制造工艺不同，失效的原因是多方面的，机械零件失效的原因涉及到零件的结构设计、材料的选用、加工制造、装配、维护等各个方面，而合理选用材料是从材料应用上去防止或延缓失效的发生。

在众多的可选材料中，如何选择一个能充分发挥材料潜能的适宜材料，一般是在满足零件使用性能要求的前提下，再考虑材料的工艺性能和总的经济性，并要充分重视、保障环境不被污染，符合可持续发展要求。

8.2.1　满足使用性能

1. 材料的最终性能应满足零件的技术要求

使用性能主要是指零件在使用状态下材料应该具有的力学性能、物理性能和化学性能。对大量机器零件和工程构件，则主要是力学性能。对一些特殊条件下工作的零件，则必须根据要求考虑到材料的物理、化学性能。材料的使用性能应满足使用要求。

设计零件进行选材时，主要根据零件的工作条件，提出合理的性能指标。一个零件的使用性能指标是在充分分析了零件的服役条件和失效形式后提出的。零件的服役条件包括：受力状况——拉伸、压缩、弯曲、扭转；载荷性质——静载、冲击载荷、循环载荷；工作温度——常温、低温、高温；环境介质——有无腐蚀介质或润滑剂的存在；特殊性能要求——导电性、导热性、导磁性、密度、膨胀等。

常用的力学性能指标主要有强度、硬度、塑性、韧性等，而零件的实际受力条件是比较复杂的，有时还受到短时过载、润滑不良、材料内部缺陷等因素的影响。因此选材时必须根据具体情况，找出关键性指标，同时兼顾其他性能。

通常选材时经常要问的一个问题是：强度能否满足抵抗服役载荷的应力。其主要判据就是强度，屈服强度对于成形工序估计所需外力或考虑单个过载的影响时，都是重要的指标。提高强度指标可以减轻机器质量，延长使用寿命，但通常会使塑性、韧性有不同程度降低，当过载时零件就会有脆性断裂的危险。

硬度一般是表示材料抵抗局部塑性变形的能力，它在本质上与强度属于同一范畴，它最广泛的应用是作为热处理的质量保证。由于材料的强度与其他力学性能都存在一定的关系，所以通过硬度也可以间接表示强度、塑性、韧性。同时，由于测定硬度的方法最为简便，因此，大多数零件在图纸上只标出所要求的硬度值，以综合体现零件所要求的力学性能。

塑性也是材料选择中的重要因素，它的主要作用是增加零件的抗过载能力，提高零件的安全性。若塑性不足，应力集中处(如台阶、键槽、螺纹、内部夹杂等)将产生裂纹，导致脆性破坏。如果金属具有足够塑性，则在静载荷作用下能通过局部塑性变形削弱应力峰值，加之加工硬化提高零件的强度，从而保证了零件使用安全，同时较高的塑性可对零件起到过载保护作用，使零件成形更为容易。

冲击韧度的实质是表征在冲击载荷和复杂应力状态下材料的塑性，它对材料组织缺陷和温度更为敏感，是判断材料脆断的一个重要指标。

2. 考虑力学性能时应注意的问题

(1)金属材料的尺寸效应

金属材料的力学性能不仅取决于化学成分，还与它们尺寸大小有密切关系。例如钢材零件，它们的截面大小不同，即使热处理相同，其力学性能也有差别。随着截面尺寸的增加，其力学性能将降低，这种现象称为尺寸效应。尺寸效应除与大截面材料内部产生冶金缺陷的可能性增大外，对钢材而言，还与淬透性有密切关系：淬透性低的钢(如碳钢)，尺寸效应特别明显。当截面增大时，力学性能指标显著下降。在材料手册中，钢材的力学性能数据，一般都用淬透的小尺寸(15 或 25 mm)试样获得，故在使用这些数据时，只有在零件的直径(或厚度)与材料临界淬透直径相近时才可用手册上的数据作为设计和选材的依据。如果设计零件的截面尺寸大于该材料的临界淬透直径，则应改变其热处理方案或另选淬透性较大的材料。否则，零件热处理后实际上达不到所要求的性能，而造成早期失效。

(2)试样本身的尺寸、形状等因素的影响

试样的尺寸、形状、取样部位、试验方法及热处理状态，对某些性能数据有显著影响。例如，测定的 A_k、K_{Ic} 等指标，试样的尺寸和形状对数据的影响很大，而且往往数据比较分散，因此只有相同试样的性能数据才能进行比较。

同一牌号材料的不同状态，其性能值也不相同。例如铸造状态和锻造状态、经冷变形和未经冷变形材料，其性能值可明显相同；而且冷变形程度不同，以及热处理状态不同，它们的性能也不相同。所以，选用材料时必须注意是何种状态的性能数据。在设计图纸上除了注明材料牌号外，还应在技术条件中注明要求的性能指标。

(3)实际零件形状和工作条件的影响

实际零件的形状和工作条件不可能与试样完全一样，所处的应力状态复杂得多，而且还有很多冶金和加工带来的缺陷，如夹杂、裂纹、焊缝、刀痕等，所以设计时要考虑一定的安全系数。对十分重要的零件或构件，还要在相似工作条件下做模拟试验。

(4)数据的可靠程度

由于同一牌号材料的化学成分不完全相同，仅是一个范围，而且制造工艺(浇注、轧制等)也不完全相同，因此性能也不会完全相同。

8.2.2 满足工艺性能

材料的工艺性能表示材料加工的难易程度，要能够用现有的工艺方法加工成所需形状。金属材料的加工工艺路线复杂，要求的工艺性能较多，通常包括铸造性能、可锻性能、焊接性能、切削加工性能以及热处理工艺性能。材料的工艺性能好坏，直接影响零件的加工质量和制造成本，甚至影响使用。材料的工艺性能与材料的种类和化学成分有关。同种材料的状态不同，工艺性能也有差异；不同材料相比较，其工艺性能也各有优缺点。选材时在满足使用性能指标的前提下，要对工艺性能给予考虑，注意扬长避短，抓主要矛盾。对工艺性能较差的材料应采取适当的工艺措施，使其不良的工艺性能得到改善，以适应加工方法的要求。各种工艺性能简述如下：

1. 锻造性能

材料的塑性高，变形抗力小，则可锻性能好。按热锻性能比较，在碳钢中，低碳钢的可锻性能最好，中碳钢次之，高碳钢较差。低合金钢的可锻性近于中碳钢，高合金钢的较差，它的变形抗力比碳钢大好几倍，硬化倾向大，塑性低，而且导热性差。

高合金钢的锻造温度范围窄，仅 $100 \sim 200℃$(碳钢一般为 $350 \sim 400℃$)，从而增加了锻造时的困难。铝合金虽可锻造成各种形状锻件，但它的塑性较差，而且锻造温度窄(一般为 $100 \sim 150℃$)，所以可锻性能并不很好。铜合金的可锻性一般较好，黄铜在 $20 \sim 200℃$ 及 $600 \sim 900℃$ 下有较高的塑性，因而热态、冷态均可锻造，锻造所需的能量较碳钢低。

2. 铸造性能

金属材料的铸造性能包括流动性、收缩性、偏析倾向以及吸气性、熔点等。比较常用金属材料的铸造性能，铸造铝合金和铜合金的铸造性能优于铸铁和铸钢；铸铁又优于铸钢，而其中以灰铸铁为最好。在钢铁材料中，碳钢的铸造性能又比合金钢好。另外铸造成本较低，可制成形状复杂(特别是复杂内腔)的毛坯，而且其尺寸、重量、用材等大多不受限制。但铸件力学性能一般不如锻件与型材制的零件，而且质量不够稳定，废品率高。

3. 焊接性能

金属材料的焊接性指它在生产条件下接受焊接的能力。一般用焊缝处出现裂纹、脆性、气孔等缺陷的倾向来衡量。焊接性优良是指焊接时不易产生裂纹和其他各种缺陷外，焊接工艺还应简单，焊接接头还应有足够的强度和韧性。

影响钢的焊接性能主要是含碳量和合金元素的含量。含碳量和合金元素含量越高，焊接性能越差。低碳钢和含碳量低于 0.18% 的合金钢有较好的焊接性能；含碳量大于 0.45% 的碳钢和含碳量大于 0.35% 的合金钢焊接性能较差；高合金钢的焊接性能最差。灰铸铁的焊接性能很差，在焊接时易产生裂纹，故灰铸铁一般只进行补焊；球墨铸铁的焊接性能比灰铸铁还差。铜合金、铝合全的焊接性一般都比碳钢差，因为它们焊接时易产生氧化物而形成脆性夹杂物，易吸气而形成气孔，膨胀系数大而易变形。由于这两种金属的导热性大，故需要功率大而集中的热源或采取预热。

4. 切削加工性

材料的切削加工性一般用允许的切削速度、断屑能力及刀具的耐用度来衡量。切削抗力的大小、零件加工后的表面粗糙度、断屑能力及刀具的耐用度来衡量。金属的切削加工性能一般用刀具耐用度为 60 分钟时的切削速度 v_{60} 来表示，v_{60} 越高，则金属的切削加工性能越好。如以 $\sigma_b = 600$ MPa、45 钢的 v_{60} 为标准，记作 $(v_{60})_f$，其他材料的 v_{60} 与 $(v_{60})_f$ 的比值 K_V 称为相对加工性，K_V 值越大金属切削加工性能越好，见表 8 - 1。

表 8 - 1 常用金属材料切削加工性能的比较

等级	切削加工性能	K_V	代表性材料
1	很容易加工	8 ~ 20	铝、镁合金
2	易加工	2.5 ~ 3.0	易切削钢
3	易加工	1.6 ~ 2.5	30 钢正火
4	一般	1.0 ~ 1.5	45 钢
5	一般	0.7 ~ 0.9	85 钢（轧材）、2Cr13 调质
6	难加工	0.5 ~ 0.65	65Mn 调质、易切削不锈钢
7	难加工	0.15 ~ 0.5	1Cr18Ni9Ti、W18Cr4V
8	难加工	0.04 ~ 0.14	耐热合金、钴合金

钢的可加工性的好坏与其化学成分、金相组织和力学性能（硬度）有关。一般来说，硬度在 170 ~ 230HBS 范围内可加工性好。为此，生产上 $w_C \leqslant 0.25\%$ 的低碳钢大多在热轧或正火状态（或冷塑性变形状态）进行切削加工；$w_C > 0.60\%$ 的高碳钢，一般进行球化退火获得球化组织，使硬度适当降低之后再加工；对 $w_C = 0.25\% \sim 0.50\%$ 的中碳钢，为了获得较好的表面粗糙度，常采用正火处理得到较多的细片状珠光体，使硬度适当提高；对 $w_C > 0.50\%$ 以上的中碳铜，宜采用一般退火或调质处理以获得比正火略低的硬度来满足加工性能的要求。为了降低表面粗糙度，硬度可提高到 250HBS；但过高的硬度不但难于加工，而且刀具很快磨损。当硬度大于 300HBS 时，可加工性能显著下降。

5. 热处理工艺性

材料的热处理工艺性包括淬透性、淬硬性、变形开裂倾向、过热敏感性、回火脆性倾向以及氧化脱碳倾向等方面性能。金属材料中，钢的热处理性能较好，合金钢的热处理性能比碳钢好。选材时要综合考虑淬硬性、淬透件、变形开裂倾向性、回火脆性等性能要求。

由于合金元素提高淬透性，淬火时可用油冷，从而减少变形开裂倾向，而且合金元素有细化晶粒的作用，过热敏感性低，因此合金钢的热处理工艺性比碳钢好。对碳钢来说，随着碳含量由低至高，淬火后的马氏体由板条状变为片状。片状马氏体过饱和度大、比容大、组织应力大，因此含碳量高的钢比含碳量低的钢的变形与开裂倾向大。在选择弹簧材料时，要特别注意材料的氧化和脱碳倾向；在选择渗碳钢时，要注意材料的过热敏感性；选择调质钢作调质处理时，应注意材料的高温回火脆性。另外对于常见的有色金属，铝合金的热处理要求严格；铜合金只有很少几种可通过热处理方法强化。

材料的切削加工性和热处理工艺性对大批量生产的零件尤为重要，往往是生产的关键，选材时应特别注意。在一些产品中，在满足使用性能的前提下工艺性能甚至成为选材的主要标准。例如汽车发动机箱体，它对材料的力学性能要求不高，但结构复杂，而且成批生产，制造方法便成为保证产品质量的关键，所以一般用铸造方法生产，选材只能考虑铸铁。

8.2.3 满足经济性

材料的经济性是选材的一条重要原则。在保证力学性能和加工性能的条件下，尽量选择便宜的材料，把总成本降至最低，取得最大的经济效益，使产品在市场上具有最强的竞争力，始终是工程技术和设计的一项十分重要的课题。选材的经济性主要从以下几个角度考虑：

1）材料价格。材料价格在产品的总成本中占有较大比重，一般占产品价格的 30% ～ 70% 。如果能用价格低的材料满足工艺及使用要求时，就不用价格高的材料。

2）提高材料的利用率。如用精铸、模锻、冷拉毛坯，还有近净成形技术，可以减少冷加工对材料的浪费。

3）零件的加工费用、研究费用、维修费用等要尽量低。

4）采用组合结构。如蜗轮齿圈可采用减磨性好的贵重材料，而其他部分采用廉价的材料。

5）材料的合理代用。对于生产批量大的零件，要考虑我国的资源状况，材料来源要丰富；零件要尽量避免采用我国稀缺而需进口的材料；尽量用高强度铸铁代替钢，用热处理方法等强化的碳钢代替合金钢。

总之，零件的总成本与其使用寿命、质量、加工费用、研究费用、维修费用和材料价格有很大关系。零件选用的材料必须保证其生产和使用的总成本最低。因此，材料的经济性不仅表现在价格，还要估算和比较加工、维修费用的投入，如工时、工艺装备费、材料利用率等成本因素，看所选材料是否能按时供应（否则会造成停工待料损失）、材料质量的稳定性、材料的运输、零件的生产批量等方面。只有综合权衡多方面的费用，才能降低总的成本。

8.2.4　从资源与环境关系的角度选材

随着人类社会的不断发展，物质文明与地球有限的资源及环境污染之间的矛盾日益尖锐，经济发展对环境的影响(资源、能源的耗损及环境污染)越来越为人们所关注。人类在利用先进的科学技术向自然获取更多的物质文明的同时，已面临着因为对自然界的破坏而造成的新的生存威胁，因此走可持续发展道路才符合人类的长远利益。同时，材料与环境之间的关系极为密切。首先，材料的性能和使用行为在很大程度上受环境的影响，这是过去材料工作者所侧重的研究内容；其次，材料的生产、使用和报废又对环境(包括资源、能源)产生重大的影响——有益作用或有害作用，而这点恰恰是以往人们所忽视的，由此造成了资源和能源的极大浪费，环境的严重污染，如涂镀材料的生产、使用与废弃，含有害元素的易切削钢，难降解塑料所造成的"白色污染"，复合材料的难于回收与再生等。因此从整个人类社会的可持续发展角度考虑，选材还要考虑以下两个方面：

1. 节约资源和能源

地球资源是有限的，随着工业的发展，资源和能源的问题日渐突出，选用材料时必须对此多加考虑，特别是对于大批量生产的零件，所用材料应该来源丰富并顾及我国资源状况。

另外，还要注意生产所用材料的能源消耗，在满足使用性能的条件上，尽量选用节约资源、降低能耗的材料。例如，汽车发动机曲轴，多年来选用强韧性良好的钢制锻件，但高韧性并非必需要求，因弯曲了的曲轴同样不能再使用，后成功地选用铸造曲轴(球墨铸铁制造)，使成本降低很多。再比如建筑物窗户所用材料，除考虑美观、安全外，节能也是一个重要的方面，自古以来都用木窗；考虑到环境保护，20 世纪 60 年代用钢窗代替了木窗，80 年代用铝合金代替了钢窗，近年来又有用塑钢窗代替铝合金窗的趋势。在隔热保温方面塑钢优于铝合金，铝合金又优于钢。窗户的隔热好，就容易做到室内冬暖夏凉，减少空调、暖器的使用，达到节能的效果。

2. 环境保护

为保证人类社会的可持续发展，在材料设计和制造上必须考虑到废弃材料的回收、再生利用。这样一方面可以减轻地球的环境负担，另一方面变废为宝，也可避免资源枯竭。在材料使用上，也应尽量采用可回收再生或重复使用的材料。目前日常生活中，司空见惯的一次性筷子与塑料包装袋的使用就是一个突出的问题。如果每个人在材料使用上都有环境意识，人类社会就会得到可持续发展。另外，从环境保护角度选材还包括材料制造、使用过程中要尽量减少环境污染等问题。

综上所述，合理选材是使用性、工艺性、经济性和可持续发展综合考虑平衡的结果。必须改变只考虑性能、经济原则的传统选材用材思想；应树立综合考虑材料的性能(使用性能和工艺性能)、经济和环境(包括资源、能源、环保)等三大要素的先进选材思想。

8.3 典型零件的选材分析及应用实例

8.3.1 机床零件的选材分析

机床零件按结构、用途和受载特点可分为：轴类零件、齿轮类零件、机床导轨等。

1. 机床轴类零件的选材

机床主轴是机床中最主要的轴类零件。机床类型不同，主轴的工作条件也不一样。根据主轴工作时所受载荷的大小和类型，可分为 4 类：

1）轻载主轴：工作载荷小，冲击载荷不大，轴颈部位磨损不严重，例如普通车床的主轴。这类轴一般用 45 钢制造，经调质或正火处理，在要求耐磨的部位采用高频表面淬火强化。

2）中载主轴：中等载荷，磨损较严重，有一定的冲击载荷，例如铣床主轴。一般用合金调质钢制造，如 40Cr 钢，经调质处理，要求耐磨部位进行表面淬火强化。

3）重载主轴：工作载荷大，磨损及冲击都较严重，例如工作载荷大的组合机床主轴。一般用 20CrMnTi 钢制造，经渗碳、淬火处理。

4）高精度主轴：有些机床主轴工作载荷并不大，但精度要求非常高，热处理后变形应极小。工作过程中磨损应极轻微，例如精密镗床的主轴。一般用 38CrMoAlA 专用氮化钢制造，经调质处理后，进行氮化及尺寸稳定化处理。

2. 机床齿轮类零件的选材

机床齿轮按工作条件可分为三类：

1）轻载齿轮：转动速度一般都不高，大多用 45 钢制造，经正火或调质处理。

2）中载齿轮：一般用 45 钢制造，正火或调质后，再进行高频表面淬火强化，以提高齿轮的承载能力及耐磨性。对大尺寸齿轮，则需用 40Cr 等合金调质钢制造。

3）重载齿轮：对于某些工作载荷较大，特别是运转速度高又承受较大冲击载荷的齿轮大多用 20Cr、20CrMnTi 等渗碳钢制造。经渗碳、淬火处理后使用。如变速箱中一些重要传动齿轮等。

3. 机床导轨的选材

机床导轨的精度对整个机床的精度有显著的影响，必须防止其变形和磨损，所以机床导轨通常都是选用灰口铸铁制造，如 HT200、HT350 等。灰口铸铁在润滑条件下耐磨性较好，但抗磨粒磨损能力较差。为了提高耐磨性，可对导轨表面进行淬火处理。

8.3.2 典型模具的选材分析

1. 热作模具

（1）工作条件及性能要求

料套必须具有高的回火稳定性，高的抗热疲劳性能，足够的强度、韧性以及硬度和耐磨性。

（2）选材及加工工艺路线

选用 4Cr5MoSiv1 钢（H13 钢）。其加工工艺路线：下料→锻造→球化退火→机械加工→淬火、中温回火→粗磨内孔→渗氮→精磨内孔至尺寸。H13 钢由于合金元素使其共析点左移，属于过共析钢。锻造的作用是细化晶粒及使碳化物均匀化。球化退火的作用使钢中渗碳体变成球状（颗粒状），以利于切削加工及为最终淬火处理作好组织准备。中温回火的温度应高于零件的使用温度，否则，零件在使用过程中会发生不均匀回火产生内应力而导致开裂。为提高零件的热疲劳强度及耐磨性，进行渗氮表面处理。最终组织与性能：基体为回火托氏体（或回火索氏体），硬度为 45~50HRC；表层为渗氮层（≥0.3 mm），硬度为 63~65HRC。

2. 冷作模具

（1）工作条件和性能要求

模具在工作时，把陶瓷粘土置于模具方格内，凸模将粘土压至紧密，加工成陶瓷坯料。粘土中含有高硬度的硅、铝氧化物，模腔受到摩擦发生磨损，因此模具需具有高的硬度和耐磨性；此外，粘土在压紧时模具承受压应力，而且是一种周期交变应力，因此模具需具有足够的强度和抗疲劳破坏的性能。

（2）选材及加工工艺路线

选用 Cr12MoV。其加工工艺路线：下料→锻造→球化退火→机械加工→淬火、低温回火→磨平→线割加工。Cr12MoV 钢为高碳高合金钢，钢中有大量的碳化物，原材料中的碳化物往往是呈带状或网络状分布，对使用寿命危害极大。为改善碳化物分布状态，提高模具使用寿命，锻造必须充分。球化退火的作用是使碳化物球化，改善机械加工性能和热处理工艺性能。为保证精度，线割加工作为最后工序。最终组织与性能：组织为隐晶回火马氏体和粒状碳化物，硬度为 58~60HRC。为进一步提高模具疲劳强度特别是腐蚀疲劳强度，可线割加工后安排渗氮处理。

8.3.3　汽车及拖拉机零件的选材分析

1. 发动机和传动系统零件的选材

发动机和传动系统包括的零件较多。其中，有大量的齿轮和各种轴，还有在高温下工作的零件，如进、排气阀和活塞等。它们的用材都比较重要，目前一般都是根据使用经验来选材。对于不同类型的汽车和不同的生产厂，发动机和传动系统的选材是不尽相同的。应该根据零件的具体工作条件及实际的失效方式，通过大量的计算和试验选出合适的材料。

2. 汽车、拖拉机齿轮的选材

汽车、拖拉机齿轮主要分装在变速箱和差速器中。在变速箱中，通过它来改变发动机、曲轴和主轴齿轮的转速；在差速器中，通过齿轮来增加扭转力矩，且调节左右两车轮的转速，并将发动机动力传给主动轮，推动汽车、拖拉机运行，所以传递功率、冲击力及摩擦压力都很大，工作条件比机床齿轮繁重得多。因此，耐磨性、疲劳强度、心部强度冲击韧性等方面都有更高的要求。

3. 减轻汽车自重的选材

随着能源和原材料供应的日趋短缺，人们对汽车节能降耗的要求越来越高。而减轻自重可提高汽车的重量利用系数，减少材料消耗和燃油消耗，这在资源、能源的节约和经济价值方面具有非常重要的意义。减轻自重所选用的材料，比传统的用材应该更轻且能保证使用性能。比如，用铝合金或镁合金代替铸铁，重量可减轻至原来的 1/3 ~ 1/4，但并不影响其使用性能；采用新型的双相钢板材代替普通的低碳钢板材生产冲压件，板材减薄，自重减轻，但不降低构件的强度；在车身和某些不太重要的结构件中，采用塑料或纤维增强复合材料代替钢材，也可以降低自重，减少能耗。

8.3.4　机座箱体类零件

1. 机座及箱体类零件的工作条件及性能要求

机座和箱体类零件是整台机器或部件装配的基础，机器的全部重量和载荷通过它们传至基础上，一般受力比较复杂（拉压、弯曲、扭转可能同时存在）。强度和刚度是评定机座和箱体零件工作能力的基本指标。锻压机床等一类机器的机座尺寸，主要由强度条件决定，其损坏形式一般为断裂；对于金属切削机床及其他要求精度高的机器，其尺寸主要由刚度决定，零件的损坏形式一般是变形或磨损；其力学性能要求一般为有足够的抗压强度和刚度；良好的减震性能。

2. 机座和箱体类零件常用材料

机座和箱体类零件一般具有形状复杂、体积较大、壁薄的特点，一般选用铸造毛坯。对工作平稳和中等载荷的箱体，一般选用灰铸铁 HT150、HT200、HT300 等材料。要求质量轻、散热良好的箱体，例如飞机发动机气缸体，多采用铝合金铸造。如果在强度方面有特别的要求，载荷较大、承受冲击的箱体，如轧钢机机架、汽轮机机座等，可采用铸钢材料，常用牌号为 ZG230 ~ 450、ZG270 ~ 500 等。对于要求减震性好的机座如机床床身，只能选用灰铸铁，不能采用钢铁，因为钢铁材料的减震性能不及灰铸铁的十分之一。

对于单件生产的机座或箱体，为了制造简便，缩短制造周期和经济，可采用焊接结构，如用 Q235、16Mn 等制造；对于挖掘机底座、支架、船用万匹柴油机底座等机器，为了减轻重量，也都采用焊接结构；汽车底盘虽然大量生产，也采用焊接结构。

3. 机座和箱体类零件常用热处理

铸造和焊接的机座和箱体都存在着残余应力，对于精度要求较高的必须进行去应力退火。普通零件可经一次去应力退火，安排在粗加工后进行，因为粗加工会增加工件的内应力。对于精度要求高的零件，如精密机床床身等，一般应经两次去应力退火，第一次安排在粗加工后，第二次安排在精加工后。

8.3.5　热能装置的选材分析

热能装置主要指动力工程中所用的各种装置，如锅炉、气轮机、燃气轮机等。这类装置中很多零件都在高温下工作，因此必须选用各种高温材料，如耐热钢及高温合金等。

1. 锅炉和汽轮机的选材

锅炉和汽轮机组结构庞大、复杂，包括许多的零、部件。按工作温度分为两大类：一类的工作温度在350℃以下，这时蠕变现象在钢铁中微不足道，可不考虑高温性能，选材方法与一般的机械装置类似；另一类的工作温度在350℃以上，选材时主要考虑其高温性能，应根据具体零件的工作温度和应力大小等选择合适的耐热材料。在这类零件的选材过程中，首先应考虑工作温度，其次考虑应力大小。以锅炉管为例，锅炉管的工作温度并不一样，非受热面锅炉管（如水冷壁管、省煤器管）工作温度较低；受热面锅炉管（如蒸汽导热管或过热器管）的工作温度较高，某些高温高压锅炉的温度可达600℃左右。锅炉管的主要失效方式是爆裂，它是由蠕变断裂引起的。因此锅炉管的材料应具有足够高的持久强度、蠕变断裂塑性及蠕变极限。

2. 汽轮机叶片的选材

叶片是汽轮机的关键部件，它直接起着将蒸汽或燃气的热能转变为机械能的作用。其工作条件主要为：① 受蒸汽或燃气弯矩的作用；② 承受中、高压过热蒸汽的冲刷或湿蒸汽的电化学腐蚀或高温燃气的氧化和腐蚀；③ 受湿蒸汽中的水滴或燃气中的杂质磨损；④ 气流作用的频率与叶片自振频率相等时产生的共振力的作用。汽轮机叶片的最主要失效方式是蠕变变形、断裂（包括振动疲劳断裂、应力腐蚀开裂、蠕变疲劳断裂及热疲劳开裂）和表面损伤（包括氧化、电化学腐蚀和磨损），故叶片的性能要求主要有：① 高的室温和高温强度、塑性及韧性，以防止蠕变变形和疲劳断裂；② 高的化学稳定性，以防止氧化、腐蚀及应力腐蚀开裂；③ 导热性好、热膨胀系数小，以防止热疲劳破坏；④ 耐磨性好，以防止冲刷磨损和机械磨损；⑤ 减振性好，以防止共振疲劳破坏；⑥良好的冷、热加工性能，以利于叶片成型、提高生产效率。

叶片材料的选择主要取决于工作温度。对于中、低压汽轮机，叶片工作温度不高（<500℃），其失效的主要方式不是蠕变，而是共振疲劳和应力腐蚀开裂，因此，除在结构设计上避免共振外，应选用减振性能好的1Cr13和2Cr13马氏体不锈钢。对于工作于过热蒸汽中的前级叶片，虽温度较高（450~475℃），但腐蚀不明显，可采用低合金钢20CrMo进行氮化、镀硬铬或堆焊硬质合金。汽轮机后级叶片的工艺路线为：备料→模锻→退火→机械加工→调质→热整形→去应力退火→机械加工叶片根→镀硬铬→抛光→磁粉探伤→成品。退火是为了消除锻造应力，细化组织，改善切削加工性能，为调质作组织准备；调质是为了使叶片获得良好的综合力学性能和高温强度；热整形可提高叶片精度，校正热处理变形；去应力退火是

为了消除热整形内应力;镀硬铬是为了提高抗氧化和耐蚀性。

对于高压汽轮机,叶片工作温度高于500℃,蠕变破坏是其失效的主要方式,1Cr13钢已不能满足热强性要求,应选用奥氏体耐热钢1Cr18Ni9Ti。工作温度低于600℃的高压汽轮机叶片也可选用马氏体耐热钢5Cr11MoV、15Cr12WMoV、15Cr12WMoVNbB、18Cr12WMoVNb。

3. 燃气轮机的选材

与汽轮机相比,燃气轮机的工作条件具有工作温度高、腐蚀严重和工作寿命短等特点。所以,从工作条件出发,燃气轮机在高温下工作的零件,应主要考虑高温持久强度和腐蚀抗力。其中材料问题比较突出的零件是涡轮叶片、转子和涡轮盘,燃烧室火焰筒和喷嘴。它们失效的主要方式是蠕变变形、蠕变断裂、蠕变疲劳或热疲劳断裂。

燃气轮机的转子及涡轮盘的工作温度比较低,因此一般采用铁基耐热合金。燃烧室火焰筒及喷嘴的工作温度虽然很高,但工作应力低,一般采用镍基合金板制作。叶片材料的选择决定于工作温度,工作温度低于650℃时,用奥氏体耐热钢;工作温度在700~750℃时,用铁基耐热合金;750℃以上直到950℃时,用镍基耐热合金。近年来,镍基高温合金的精密铸造、精密模锻、爆炸成形等新工艺已应用于燃气轮机叶片,采用复合材料即用难熔碳化物(TaC、Nb2C等)纤维作为增强剂,加在定向结晶的镍基合金中,可以使工作温度提高到1050℃左右。如果采用陶瓷材料,特别是SiC或Si3N4陶瓷,其导热率比镍基合金还高,而热膨胀系数比镍基合金低,因此抗热冲击能力很强,由于是共价键结合,直到1300℃时蠕变抗力仍然很高;它唯一的不足之处是韧性太低,只有镍基合金的1/25,因而限制了它的使用。

8.3.6 典型零件的选材实例

1. 轴杆类零件

在机床、汽车、拖拉机等制造工业中,轴杆类零件是占有相当重要地位的结构件,是机械产品中支承传动件、承受载荷、传递扭矩和动力的常见典型零件,其结构特征是轴向(纵向)尺寸远大于径向(横向)尺寸,包括各种传动轴、机床主轴、丝杠、光杠、曲轴、偏心轴、凸轮轴、齿轮轴、连杆、摇臂、螺栓、销子等,如图8-8所示。

下面以机床主轴、镗床镗杆、磨床砂轮主轴和内燃机曲轴等典型零件为例进行分析。

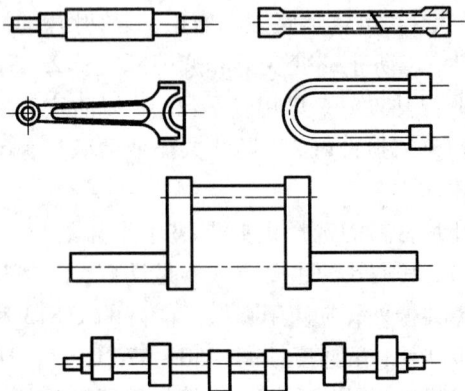

图8-8 轴杆类零件

(1)机床主轴

机床主轴是典型的受扭转和弯曲复合作用的轴件,它受的应力不大(中等载荷),承受的冲击载荷也不大，如果使用滑动轴承，轴颈处要求耐磨。因此大多采用 45 钢制造，并进行调质处理，轴颈处通过表面淬火强化。载荷较大时则用 40Cr 等低合金结构钢制造。图 8 – 9 为 C620 车床主轴简图，该主轴承受交变扭转和弯曲载荷，但载荷和转速不高，冲击载荷也不大，轴颈和锥孔处有摩擦。按以上分析，C620 车床主轴可选用 45 钢，经调质处理后，硬度为 220～250HB，轴颈和锥孔需进行表面淬火，硬度为 46～54HRC。

其工艺路线为：备料→锻造→正火→粗机械加工→调质→精机械加工→表面淬火 + 低温回火→磨削→装配。正火可改善组织，消除锻造缺陷，调整硬度便于机械加工，并为调质做好组织准备。调质可获得回火索氏体，具有较高的综合力学性能，提高疲劳强度和抗冲击能力。表面淬火 + 低温回火可获得高硬度和高耐磨性。

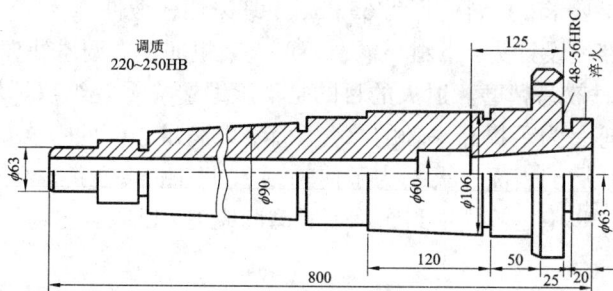

图 8 – 9　C620 车床主轴简图

（2）镗床镗杆

图 8 – 10 为 T611 镗床镗杆结构图，由于镗床镗杆在重负荷条件下工作，承受冲击载荷；精度要求极高，≤0.005 mm，并在滑动轴承中运转；内锥孔和外锥圆经常有相对摩擦，因此，表面要求有极高的硬度 HV850 以上），心部有较高的综合力学性能。

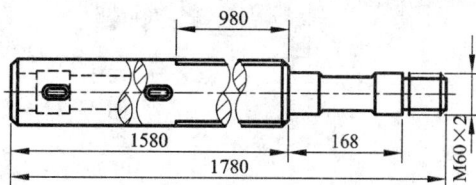

图 8 – 10　T611 镗床镗杆结构

根据镗杆的工作条件和性能要求，选用 38CrMoAl 钢。这是一种调质渗氮钢，钢中含有 Cr、Mo、Al 元素，对形成合金氮化物有利，进行渗氮处理可使镗杆表层获得极高的硬度。镗杆加工工艺路线为：下料→锻造→退火→粗加工（留调质余量）→调质→精加工（留磨削余量）→去应力退火→粗磨→渗氮→精磨、研磨。

退火的目的是为了消除锻造组织缺陷，细化晶粒，组织为珠光体 + 铁素体，由于钢中含有一定的合金元素，该钢的预先热处理宜采用完全退火，不用正火，正火硬度偏高，难于机械加工；调质的目的是为了淬火 + 高温回火后获得回火索氏体组织，具有良好的综合力学性能；去应力退火的目的是为了消除精加工产生的加工应力，零件在释放应力时产生的变形用后工序粗磨消除，保证镗杆精度；渗氮的目的是为了表层获得高硬度的氮化层（细小、均匀分布的 AlN、CrN、MoN 等），渗氮后不需要进行回火处理，通常渗氮温度比调质处理的回火温度低，因此心部组织不变，仍保持回火索氏体组织，渗氮后研磨，确保镗杆的精度。

（3）磨床砂轮主轴

图 8-11 为磨床砂轮主轴，生产批量中等。砂轮主轴主要用于传递动力，该零件精度要求高，工作中将承受弯曲、扭转、冲击等载荷，要求具有较高的强度；同时，砂轮主轴与滑动轴承相配合，由于主轴转速高容易导致轴颈与轴瓦磨损，故要求轴颈具有较高的硬度和耐磨性；另外，砂轮在装拆过程中易使外圆锥面拉毛，影响加工精度，所以要求这些部位具有一定的耐磨性。根据以上要求，材料选择为 65Mn，毛坯采用模锻件。

砂轮主轴的加工路线设计为：下料→锻造→退火→粗加工→调质处理→精加工→表面淬火→粗磨→低温人工时效→精磨。退火的目的是消除锻造应力及组织不均匀性，降低硬度，改善加工性。调质处理是为了提高主轴的综合性能，以满足心部的强度要求，同时在表面淬火时能获得均匀的硬化层。表面淬火是为了使轴颈和外圆锥部分获得高硬度，提高耐磨性。人工时效的作用是进一步稳定淬硬层组织和消除磨削应力，以减少主轴的变形。

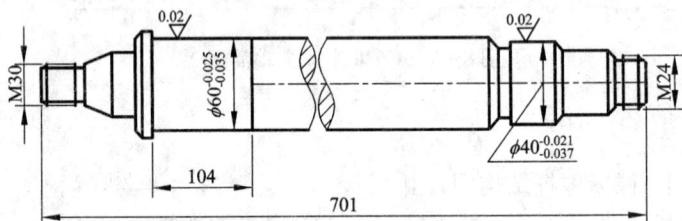

图 8-11　磨床主轴简图

（4）内燃机曲轴

曲轴是内燃机的脊梁骨，工作时受交变的扭转、弯曲载荷以及振动和冲击力的作用。按内燃机的转速不同可选用不同的材料，通常低速内燃机曲轴选用正火态的 45 钢或球墨铸铁；中速的内燃机曲轴选用调质态的 45 钢、调质态的中碳合金钢（如 40Cr）或球墨铸铁；高速内燃机曲轴选用强度级别再高一些的合金钢（如 42CrMo）。内燃机曲轴的工艺路线为：备料→锻造→正火→粗机械加工→调质→精机械加工→轴颈表面淬火 + 低温回火→磨削→装配。各热处理工序的作用与机床主轴的相同。

目前，常采用球墨铸铁代替 45 钢制作曲轴，其工艺路线为：备料→熔炼→铸造→正火→高温回火→机械加工→轴颈表面淬火 + 低温回火→装配。铸造质量是球墨铸铁的关键，首先要保证铸铁的球化良好、无铸造缺陷，然后再经风冷正火，以增加组织中的珠光体含量并细化珠光体,提高其强度,硬度和耐磨性,高温回火的目的是消除正火所造成的内应力。球墨铸铁制造曲轴,既可以解决锻造设备不足的困难,又能充分发挥球墨铸铁的力学性能。球墨铸铁正火后有较高的疲劳强度、较好的减震性、小的缺口敏感性,经小能量多次冲击抗力试验表明,当曲轴所受应力不大于 380MPa 时,球墨铸铁比 45 钢好。对于强度要求更高的可以采用加入少量合金元素 Mo、Cu 等的合金球墨铸铁。目前,小型内燃机的曲轴以球墨铸铁用得较多。

2. 齿轮类零件

齿轮是机械工业中应用广泛的重要零件之一,主要用于传递动力、调节速度或方向。在机床、汽车和拖拉机中是一种十分重要、使用量很大的零件。齿轮工作时的一般受力情况为齿部承受很大的交变弯曲应力;换当、启动或啮合不均匀时承受击力;齿面相互滚动、滑动、并承受接触压应力。所以,齿轮的主要失效形式为断齿,除因过载(主要是冲击载荷过大)产生断齿外,大多数情况下的断齿是由于传递动力时,在齿根部产生的弯曲疲劳应力造成的;齿面磨损,由于齿面接触区的摩擦,使齿厚变小、齿隙加大;接触疲劳,在交变接触应力作用下,齿面产生微裂纹,遂渐剥落,形成麻点。据此,要求齿材料具有高的弯曲疲劳强度和接触疲劳强度;齿面有高的硬度和耐磨性;齿轮心部有足够高的强度和韧性。此外,还要求有较好的热处理工艺性,如变形小,并要求变形有一定的规律等。

下面以机床齿轮、汽车齿轮、拖拉机齿轮为例进行分析。

(1)机床齿轮

机床齿轮工作条件较好,工作中受力不大,转速中等,工作平稳无强烈冲击,因此其齿面强度、心部强度和韧性的要求均不太高,一般用 45 钢制造,采用高频淬火表面强化,齿面硬度可达 HRC52 左右,这对弯曲疲劳或表面疲劳是足够了。齿轮调质后,心部可保证有HB220 左右的硬度及大于 40J 的冲击韧性,可满足工作要求。对于一部分要求较高的齿轮,可用合金调质钢(如 40Cr)制造。这时心部强度及韧性都有所提高,弯曲疲劳及表面疲劳抗力也都增大。

图 8 – 12 为 C620 – 1 车床主轴箱中Ⅲ轴上的三联滑动齿轮简图,该齿轮主要用来传递动力并改变转速,通过拨动箱外手柄使齿轮在Ⅲ轴上作滑移运动,与Ⅱ轴上的不同齿轮啮合,以获得不同的转速。考虑到整个齿轮较厚,采用中碳钢难以淬透,生产中也可选用中碳合金钢如 40Cr,齿面经高频淬火提高表面硬度和耐磨性。其加工工艺路线为:下料→锻造→正火→粗加工→调质→精加工→齿轮高频淬火及回火→精磨,正火处理对锻造齿轮毛坯是必需的热处理工序,它可消除锻造压力,均匀组织,改善切削加工性,对于一般齿轮,正火也可作为高频淬火前的最后热处理工序;调质处理可以使齿轮获得较高的综合力学性能,齿轮可承受较大的弯曲应力和冲击力,并可减少淬火变形;高频淬火及低温回火提高了齿轮表面硬度和耐磨性,并且使齿轮表面产生压应力,提高了抗疲劳破坏的能力;低温回火可消除淬火应力,对防止产生磨削裂纹和提高抗冲击能力是有利的。

（2）汽车、拖拉机齿轮

汽车、拖拉机齿轮的工作条件远比机床齿轮恶劣，特别是主传动系统中的齿轮，它们受力较大，超载与受冲击频繁，因此对材料的要求更高。由于弯曲与接触应力都很大，用高频淬火强化表面不能保证要求，所以汽车、拖拉机的重要齿轮都用渗碳、淬火进行强化处理。因此，这类齿轮一般都用合金渗碳钢 20Cr 或 20CrMnTi 等制造，特别是后者在我国汽车齿轮生产中应用最广。为了进一步提高齿轮的耐用性，除了渗碳、淬火外，还可以采用喷丸处理等表面强化处理工艺，喷丸处理后齿面硬度可提高 HRC 至 1～3 个单位，耐用性可提高 7～11 倍。

图 8-13 为解放牌汽车变速齿轮，采用 20CrMnTi 钢，经渗碳淬火处理及低温回火后表面硬度为 58～62HRC，心部硬度为 30～45HRC，这种钢具有良好的工艺性能，有利于大量生产。毛坯生产方法采用模锻，20CrMnTi 钢经锻造及正火后，切削加工性较好，同时有良好的淬透性、过热倾向小、渗碳速度快及淬火变形小等热处理工艺性能。

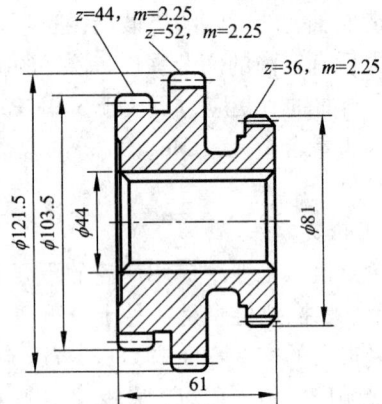

图 8-12　车床主轴箱中三联滑动齿轮简

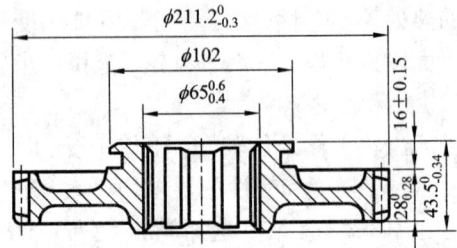

图 8-13　解放牌汽车变速齿轮简图

具体加工工艺路线为：下料→模锻→正火→机械粗、半精加工（内孔及端面留磨量）→渗碳→淬火、低温回火→喷丸→校正花键孔→磨齿尺寸。正火是为了均匀和细化组织，消除锻造应力，获得较好的切削加工性；渗碳、淬火及低温回火是为了使齿面具有高硬度及耐磨性，而心部可得到低碳马氏体组织，有高的强度和足够的韧性；喷丸处理是一种强化手段，可使零件渗碳表层的压应力进一步增大，有利于提高疲劳强度，同时也可清除氧化皮。

以上各类零件的选材，只能作为机械零件选材时进行类比的参照。其中不少是长期经验积累的结果，经验固然很重要，但若只凭经验是不能得到最好的效果的。在具体选材时，还要参考有关的机械设计手册、工程材料手册，结合实际情况进行初选，重要零件在初选后，需进行强度计算校核，确定零件尺寸后，还需审查所选材料淬透性是否符合要求，并确定热处理技术条件。目前比较好的方法是，根据零件的工作条件和失效方式，对零件可选用的材料进行定量分析，然后参考有关经验作出选材的最后决定。

思考练习题

1. 简述失效的概念与原因。
2. 说明失效的形式与提高失效抗力的方法。
3. 简述失效的原因。
4. 说明选材的基本原则。
5. 请以典型轴和齿轮零件为例，简述金属材料的选材思路。
6. 能够对机床、模具、汽车、箱体等常见机构进行合理选材与设计。

主要参考文献

[1] Porter D A, Easterling K E. 金属和合金中的相变. 李长海, 余永宁译. 北京: 冶金工业出版社, 1988

[2] 余永宁. 金属学原理. 北京: 冶金工业出版社, 2003

[3] William F. Smith, Javad Hashemi, Foundation of Materials Science and Engineering. 机械工业出版社, 2006

[4] 长崎 诚三, 平林真. 二元合金状态图集. 刘安生译. 北京: 冶金工业出版社, 2004

[5] 戚正风. 金属热处理原理. 北京: 机械工业出版社, 1987

[6] 冯端等. 金属物理学. 北京: 科学出版社, 1987

[7] 徐洲, 赵连成. 金属固态相变原理(第1版). 北京: 科学出版社, 2004

[8] 胡光立, 谢希文. 钢的热处理. 修订版. 西安: 西北工业大学出版社, 1996

[9] 康煜平. 金属固态相变及应用. 北京: 化学工业出版社, 2007

[10] 陆兴. 热处理工程基础. 北京: 机械工业出版社, 2007

[11] 刘宗昌. 材料组织结构转变原理. 北京: 冶金工业出版社, 2006

[12] 夏立芳. 金属热处理工艺学(第3版). 哈尔滨: 哈尔滨工业大学出版社, 2007

[13] 戚正风. 金属热处理原理. 北京: 机械工业出版社, 1987

[14] R. W. K. Honeycombe, R. F. Mehl Medalist, Transformation from Austenite in Alloy Steels, Metallurgical Transactions, 1976

[15] C. Krauss. Principles of Heat Treatment of Steel, American Society for Metals, 1985

[16] 刘宗昌, 任盟平, 宋义全. 金属固态相变教程. 北京: 冶金工业出版社, 2003

[17] 戚正风. 固态金属中扩散与相变. 北京: 机械工业出版社, 1998

[18] 徐祖耀. 马氏体相变与马氏体. 北京: 科学出版社. 1999

[19] 任颂赞, 张静江, 陈质如等. 钢铁金相图谱. 上海: 上海科学技术文献出版社, 2003

[20] 徐祖耀, 刘世楷. 贝氏体相变与贝氏体. 北京: 科学出版社, 1991

[21] 俞德刚, 王世道. 贝氏体相变理论. 上海: 上海交通大学出版社, 1998

[22] 中国标准出版社, 金属热处理标准化技术委员会. 中国机械工业标准汇编(金属热处理卷)(第2版). 北京: 中国标准出版社, 2002

[23] 中国机械工程学会热处理学会,《热处理手册》编委会. 热处理手册(第1卷)(第3版). 北京: 机械工业出版社, 2005

[24] [苏] И. И. 诺维柯夫. 金属热处理理论. 王子佑译. 北京: 机械工业出版社, 1987

[25] 周守则, 赵敏, 左汝林. 钒对共析钢珠光体组织的影响. 特钢技术, 1997 (2): 23－26

[26] 《常用结构钢金相图谱》编写组. 常用结构钢金相图谱. 北京: 国防工业出版社, 1982

[27] 李松瑞, 周善初. 金属热处理. 长沙: 中南大学出版社, 2003

[28] 徐洲, 赵连城. 金属固态相变原理. 北京: 科学出版社, 2006

[29] 司乃潮, 傅明喜. 有色金属材料及制备. 北京: 化学工业出版社, 2006

[30] 中国机械工程学会热处理专业委员会,《热处理手册》编委会. 热处理手册(第1卷). 北京: 机械工业出版社, 2001

[31]《有色金属及热处理》编写组. 有色金属及热处理. 北京: 国防工业出版社, 1981

[32] 刘宗昌, 任慧平, 宋全义. 金属固态相变教程. 北京: 冶金工业出版社, 2003

[33] 刘云旭. 金属热处理原理. 北京: 机械工业出版社, 1981

[34] 陈景榕, 李承基. 金属与合金中的固态相变. 北京: 冶金工业出版社, 1997

[35] 程晓农, 戴起勋, 邵红红. 材料固态相变与扩散. 北京: 化学工业出版社, 2006

[36] 陈景榕, 李承基. 金属与合金中的固态相变. 北京: 冶金工业出版社, 1997

[37] 余永宁. 金属学原理. 北京: 冶金工业出版社, 2000

[38] 戚正风. 金属热处理原理. 北京: 机械工业出版社, 1987

[39] 金子秀夫. 金属热处理原论. 东京: 丸善株式会社, 1967

[40] 王祝堂, 卢载浩, 王洪华. 铝合金回归热处理进展及其新应用领域. 轻合金加工技术, 1998, 26(11)

[41] 韦绿梅. 双重时效的低温形变热处理对 Al – Mg – Si – RE 合金力学性能的影响. 中国有色金属学报, 1998, 8(8)

[42] 李志辉, 熊柏青, 张永安等. 704B铝合金的时效沉淀析出及强化行为. 中国有色金属学报, 2007, 17(2)

[43] 李慧中, 张新明, 陈明安等. 2519铝合金时效过程的组织特征. 特种铸造及有色合金, 2005, 25(5)

[44] 肖纪美. 合金相与相变. 北京: 冶金工业出版社, 2004

[45] 崔忠圻, 刘北兴. 金属学及热处理原理. 哈尔滨: 哈尔滨工业大学出版社, 2004

[46] 潘金生, 仝健民, 田民波. 材料科学基础. 北京: 清华大学出版社, 1998

[47] 胡赓祥, 蔡珣, 戎咏华. 材料科学基础. 上海: 上海交通大学出版社, 2006

[48] H. X. Li, X. J. Hao, Characteristics of the continuous coarsening and discontinuous coarsening of spinodally decomposed Cu – Ni – Fe alloy, J. Mater. Sci, 36, 779 – 784, 2001

[49] 卡恩, 哈森, 克雷默. 材料科学与技术丛书 – 材料的相变. 北京: 科学出版社, 1998

[50] 黎文献等. 有色金属材料工程概论. 北京: 冶金工程出版社, 2007

[51] D. Duly, J. P. Simon and Y. Brechet, On the competition between continuous and discontinuous precipitations in binary Mg – Al alloys. Acta. Metall. Mater, 43, 101 – 106, 1995

[52] S. Celotto. TEM study of continuous precipitation in Mg – 9Al – 1Zn alloy. Acta. Mater, 48, 2000, 1775 – 1787

[53] S. Celotto and T. J. Bastow, Study of precipitation in aged binary Mg – Al and ternary Mg – Al – Zn alloys using Al NMR spectroscopy. Acta. Mater, 49, 2001, 41 – 51

[54] N. Gey, M. Humbert. Characterization of the variant selection occurring during the $\alpha \rightarrow \beta \rightarrow \alpha$ phase transformations of a cold rolled titanium sheet, Acta Mater, 50, 2002, 277 – 287

[55] N. Stanford, P. S. Bate. Crystallographic variant selection in Ti – 6Al – 4V. Acta. Mater, 2004, 52, 5215 – 5224

[56] M. A. Imam, C. M. Gilmore. New observations of the transformation in Ti – 6Al – 4V. Washington DC, 2005

[57] 王慧敏，陈振华，严红革，刘应科. 镁合金的热处理. 金属热处理，2005

[58] 康煜平. 金属固态相变及应用. 北京：化学工业出版社，2007

[59] 赵乃勤. 合金固态相变. 长沙：中南大学出版社，2008

[60] 张宝昌等. 有色金属及热处理. 陕西：西北工业大学出版社，1992

[61] 潘复生，张丁非等. 铝合金及应用. 北京：化学工业出版社，2006

[62] 张津，张宗和等. 镁合金及应用. 北京：化学工业出版社，2004

[63] 陈振华等. 镁合金. 北京：化学工业出版社，2004

[64] 张喜燕，赵永庆，白晨光. 钛合金及应用. 北京：化学工业出版社

[65] 王晓敏. 工程材料学. 北京：机械工业出版社，1992

[66] 陈全明. 金属材料及强化技术. 上海：同济大学出版社，1992

[67] 俞德刚. 钢的强韧化理论与设计. 上海：上海交通大学出版社，1990

[68] 刘荣藻. 低合金热强钢的强化机理. 北京：冶金工业出版社，1981

[69] 杨德庄. 位错与金属强化机制. 哈尔滨：哈尔滨工业大学出版社，1991

[70] 王德尊. 金属力学性能. 哈尔滨：哈尔滨工业大学出版社，1993

[71] 那顺桑，姚青芳. 金属强韧化原理与应用. 化学工业出版社，2006

[72] 王笑天. 金属材料学. 机械工业出版社，1987.9

[73] 候增寿，卢光熙. 金属学原理. 上海科学技术出版社，1990.7

[74] 张树松，仝爱莲. 钢的强韧化机理与技术途径. 兵器工业出版社，1995.12

[75] 梁耀能. 机械工程材料. 广州：华南理工大学出版社，2002

[76] 于永泗，齐民. 机械工程材料(第6版). 大连：大连理工大学出版社，2006

[77] 戴起勋. 金属材料学. 北京：化学工业出版社，2005

[78] 李云凯. 金属材料学. 北京：北京理工大学出版社，2006

[79] 齐宝森，李莉，房强汉. 机械工程材料(第2版). 哈尔滨：哈尔滨工业大学出版社，2005

[80] 王笑天. 金属材料学. 北京：机械工业出版社，1987

[81] 崔忠圻，覃耀春. 金属学及热处理(第2版). 北京：机械工业出版社，2007

[82] 沈莲. 机械工程材料(第3版). 北京：机械工业出版社，2007

[83] 朱张校. 工程材料(第3版). 北京：清华大学出版社，2001

[84] 苏俊义. 铬系耐磨白口铸铁. 北京：国防工业出版社，1990

[85] 翁宇庆. 超细晶钢—钢的组织细化理论与控制技术. 北京：冶金工业出版社，2003

[86] 刘承军，江茂发. 超低碳钢连铸保护渣. 沈阳：东北大学出版社，2004

[87] 康永林. 现代汽车板的质量控制与成型. 北京：冶金工业出版社，1999

[88] 雍岐龙，马鸣图，吴宝榕. 微合金钢—物理和力学冶金. 北京：机械工业出版，1989

[89] 齐俊杰，黄运华，张跃编著. 微合金化钢. 北京：冶金工业出版社，2006

[90] 冯耀荣，高惠临，霍春勇等. 管线钢显微组织的分析与鉴别. 西安：陕西科学技术出版社，2008

[91] 干勇，田志凌，董瀚等. 中国材料工程大典(第2卷). 北京：化学工业出版社，2006

[92] 刘宗昌. 金属学与热处理. 北京：化学工业出版社，2008

[93] 黎文献等. 有色金属材料工程概论. 北京：冶金工程出版社，2007

［94］邓至谦等. 金属材料及热处理. 长沙：中南工业大学出版社，1988

［95］林肇琦等. 有色金属材料学. 辽宁：东北工学院出版社，1986

［96］《有色金属及其热处理》编写组. 有色金属及热处理. 国防工业出版社，1981

［97］张宝昌等. 有色金属及热处理. 陕西：西北工业大些出版社，1992

［98］谭树松等. 有色金属材料学. 北京：冶金工业出版社，1993

［99］高强. 最新有色金属金相图谱大全. 北京：中国冶金工业出版社，2005

［100］赵志远. 铝和铝合金牌号与金相图谱速用速查及金相检验技术创新应用指导手册. 中国知识出版社，2005

［101］王章忠. 机械工程材料（第2版）. 北京：机械工业出版社，2007

［102］顾家琳，杨志刚，邓海金等. 材料科学与工程概论. 北京：清华大学出版社，2005

［103］赵忠. 金属材料及热处理. 北京：机械工业出版社，1998

［104］冯旻，刘艳杰，高郁. 机械工程材料及热加工. 哈尔滨：哈尔滨工业大学出版社，2005

图书在版编目（CIP）数据

金属材料及热处理 / 崔振铎主编. -- 长沙：中南大学出版社，
2010.9
ISBN 978 - 7 - 5487 - 0058 - 6

Ⅰ. 金…　Ⅱ. ①崔…②刘　Ⅲ. ①金属材料－高等学校－
教材②热处理－高等学校－教材　Ⅳ. TG1

中国版本图书馆 CIP 数据核字 (2010) 第 137015 号

金属材料及热处理

主编　崔振铎　刘华山

□责任编辑　周兴武
□责任印制　易红卫
□出版发行　中南大学出版社

　　　　　　社址：长沙市麓山南路　　　　邮编：410083
　　　　　　发行科电话：0731 - 88876770　　传真：0731 - 88710482
□印　　装　长沙雅鑫印务有限公司

□开　　本　787×960　1/16　□印张 32.25　□字数 699 千字
□版　　次　2010 年 9 月第 1 版　□2019 年 3 月第 4 次印刷
□书　　号　ISBN 978 - 7 - 5487 - 0058 - 6
□定　　价　65.00 元